电路分析与电子技术基础(I)
——电路原理

浙江大学电工电子基础教学中心　电路课程组　编

姚缨英　孙盾　李玉玲　主编

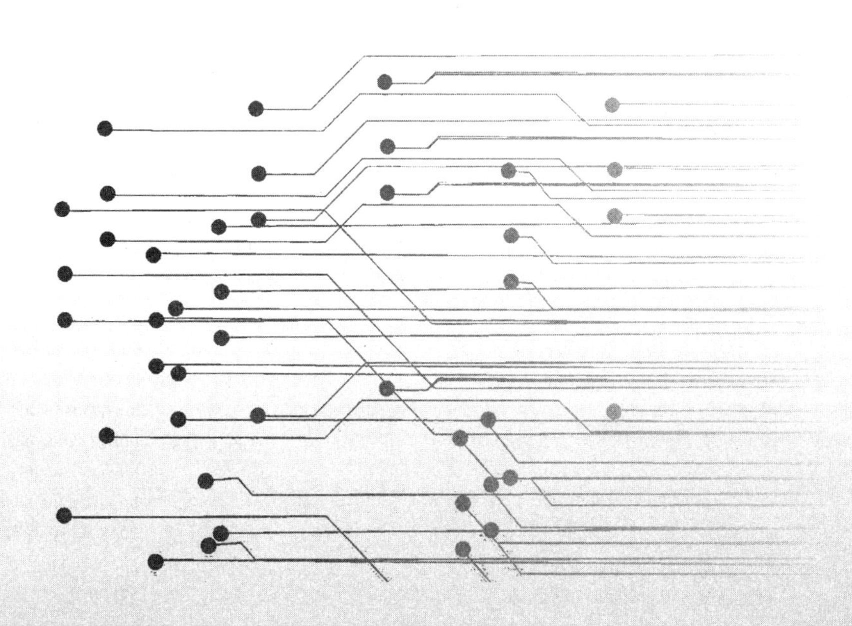

高等教育出版社·北京

内容简介

本书将原“电路原理”“模拟电子技术基础”课程中的知识点，通过伏安特性和等效电路模型有机地融合在一起，突出工程背景与应用，强调基本原理与分析，按线性电路元件—电子电路元件—线性电路分析方法—稳态分析—暂态分析—非线性电路分析的脉络展述，并引入应用示例分析和基于Matlab的计算机辅助分析展示电路理论与工程实际相关联的结合点。

本书主要内容包括：电气电子电路的模型化，元件特性、参数及其等效电路模型，基本电路定律，线性电阻电路分析和定理，正弦稳态电路分析，谐振、互感与三相电路，非正弦稳态电路与频率响应，线性动态电路时域分析和复频域分析，非线性电阻电路等。附录电子器件基础介绍半导体基础知识、PN结单向导电性、晶体管及其载流子的可控原理以及场效晶体管及其沟道控制原理。

本书内容符合教育部高等学校电工电子基础课程教学指导委员会制定的教学基本要求，适合普通高等学校电子信息与电气类各专业使用，也可供相关工科专业高年级学生、研究生、教师以及有关科技人员参考。

图书在版编目（CIP）数据

电路分析与电子技术基础. Ⅰ，电路原理/浙江大学电工电子基础教学中心电路课程组编；姚缨英，孙盾，李玉玲主编. --北京：高等教育出版社，2018.10（2019.11重印）

ISBN 978-7-04-050678-5

Ⅰ.①电… Ⅱ.①浙… ②姚… ③孙… ④李… Ⅲ.①电路分析-高等学校-教材②电子技术-高等学校-教材③电路理论-高等学校-教材 Ⅳ.①TM133②TN

中国版本图书馆CIP数据核字（2018）第222250号

策划编辑 王勇莉　责任编辑 王耀锋　封面设计 李树龙　版式设计 马敬茹
插图绘制 于 博　责任校对 张 薇　责任印制 尤 静

出版发行 高等教育出版社
社　　址 北京市西城区德外大街4号
邮政编码 100120
印　　刷 廊坊十环印刷有限公司
开　　本 787mm×960mm 1/16
印　　张 31.75
字　　数 570千字
购书热线 010-58581118
咨询电话 400-810-0598
网　　址 http://www.hep.edu.cn
　　　　 http://www.hep.com.cn
网上订购 http://www.hepmall.com.cn
　　　　 http://www.hepmall.com
　　　　 http://www.hepmall.cn
版　　次 2018年10月第1版
印　　次 2019年11月第2次印刷
定　　价 59.00元

物 料 号 50678-00

序 言

在工程科学技术学科群中，基于电磁理论及其应用，电气工程学科涵盖电力工程、电机电器与控制、电力电子工程、系统科学与控制等领域，是研究电磁现象和过程的客观规律及其应用的重要工程科学技术学科。

随着近代科学和工程技术日新月异的发展，百余年来，电气工程学科不仅在以电磁能量和信息的产生、传输与转换为核心的强电与弱电领域中日益展示其对社会生产、经济和民生可持续发展的重要支柱作用，而且在旁及军事、生态、医学、航天等众多领域中，与其他学科之间的相互交叉、渗透，进一步展示了电气工程学科所主导的工程科学技术日趋综合化、集成化和智能化的特征。其中，强、弱电技术的融合，超高电压与绝缘技术，高能量密度大型电磁装置的优化设计与制造，分立元件的电子电路向大规模集成电路的演变，模拟电子技术向数字电子技术的拓展，固定功能电子器件向可编程数字化硬件变迁等一系列近代工程科学技术成果，为电气工程学科的持续发展及其广阔应用奠定了坚实的基础。

近代科学和工程技术的迅猛发展，对我国高等工程教育提出了与时俱进地深化教学改革、立足于高素质创新型科技人才培养、不断完善高等工程教育质量的迫切需求。从而，在面向电气工程学科的电气信息类学生的电类基础课程建设中，如何基于电气工程学科所涵盖的工程科学技术综合化、集成化和智能化的特征，充分反映上述一系列近代电气工程科学技术的新进展、新成果，使学生在与时俱进的电类基础课程优化的知识体系中，获得电路与电子技术基础理论、分析方法、典型问题与工程应用问题分析、解算能力等全方位的学习和培养，已成为当今教学研究专题，以及急切需求的教学实践。

早在20世纪90年代，浙江大学即致力于探索电工电子系列基础课程的建设，曾经经历过电路与信号系统课程的整合、电路与电子技术课程的有效衔接，为了提高学生的动手能力，在实验课中引入EDA技术、焊接电路板、设计小系统等多项举措。2006年电气工程学院组建“爱迪生班”，尝试工程教育背景下的自主创新型人才的培养模式，按系统关联化的原则整合优化系列基础课程，在系列课程体系建设、自主创新能力培养方面进行了诸多实践。例如，探索性地将传统的课程体系“电路原理甲Ⅰ”“电路原理甲Ⅱ”“模拟电子技术基础”“数字电子技术基础”“电路原理实验甲Ⅰ”“电路原理实验甲Ⅱ”“模拟电子技术基础实验”和“数字电子技术基础实验”共八门课程优化整合，使之更具有科学的教学体系，进而组成“电路电子技术基础（含实验）”“电路分析与模拟信号处理”“数字电路分析与设计（含实验）”“电网络分析（含实验）”“电测量技术与模拟电路实验”和“电气电子电路综合实验”共六门课程。这一课程体系经由爱迪生班的教学尝试而于2013年推广应用于涉电类相关专业（光电学院、控制学院、机械电子专业、海洋学院等），并形成“电路与模拟电子技术”“数字电路分析与设计（含实验）”“电路与模拟电子技术实验”三门课共计9.5学分的系列课程。

今在总结上述多年教学研究成果的基础上，编写出本系列教材——《电路分析与电子技术基础》（含三分册），涵盖了电路原理与电子技术基础前述相关课程教学的基本要求。第一分册主要介绍电路与电子技术的基本概念、基本理论与基本分析方法。第二分册侧重于模拟电子技术基础及其应用。第三分册侧重于数字电子技术基础及其应用。本系列教材体现了电类基础课程优化整合的教学改革发展新需求，在保证课程教学基本要求的前提下，可压缩电类基础课程的教学时数，提高后续课程的教学起点，为电子电气信息类高素质创新型科技人才培养的需求制备新的教学平台。

本系列教材在课程整合、内容更新、注重能力培养三个方面的主要特色可归结如下。

1. 体现工程教育背景

面向工程教育的电类基础课程的指导思想应是充分体现工程科学的系统性、先进性和前瞻性。以相关工程科学内涵为核心，以国际化的视野实践工程教育理念，即与时俱进地以电子电气信息类工程专业的知识基础和能力培养需求为纲，构建课程体系，组织教学内容。

教材内涵不回避工程中电磁现象的复杂性，如非线性、非集总性、时变性，分析与综合、测试与设计等与工程实际紧密关联的内容，力求顺应以高能量密度化、综合化、集成化和智能化为标志的电气与信息工程科学技术发展的新需求。教材通过概述以及典型应用系统介绍相关应用领域与基础知识之间的关联；在各章中引入应用示例分析；在例题与练习中增加设计性内容；通过课程练习与跨课程练习将系列教材的内容相互衔接贯通；同时，部分基础实验内容与理论教学相互交融。

2. 构建电气工程专业知识体系所需的基础知识架构，课程的理论知识框架务求充分体现相关工程科学的系统性、先进性和前瞻性

电气工程专业知识体系由电磁能量和信息的获取、表达、传输、处理和系统实现与应用等方面的知识点构建而成。而承接专业知识体系需求的本基础课程系列教材内容应围绕专业规范、基础课程教学基本要求，体现其核心知识体系和

知识内涵,构建恰当的知识体系架构,使之能有效地引导学生自主获取新的知识。

3. 强化系统、抽象和模型化以及工程化处理方法

在强化系统、体现工程复杂性的基础上,聚焦于传授抽象、模型化的基本思想以及工程化处理方法。本系列教材以系统设计的角度展开电路分析,强调模块、功能、接口等概念。在理论课程中,通过综合练习以及设计性练习强化工程意识;在实践类课程中,通过基本实验、研究性实验、单元电路实验、综合设计性实验、创新性实验逐步引导学生在单元性实验与综合性设计实验相互关联和融合的实践基础上,获得完整系统级的设计体验。

4. 经典理论与现代技术有机结合

以当代科学技术最新成果审视和整合经典理论教学内容,充分利用现代信息技术的成果,将EDA设计工具全面引入教材和课堂教学,同时将EDA分析与设计的核心技术与电类基础课程教学的基本要求相结合,如以模型化原理、计算机辅助电路分析为主线,借助Matlab工具将线性、非线性分析、时域分析、频域分析、复频域分析的数值实现等前后贯通。

5. 注重知识体系的完整性,建设立体化教学辅助体系

本系列教材将原有多门相互独立的课程相互关联,内涵丰富,并与当今科技发展密切相关,不仅可作为研究型大学和综合型大学教学用书,也可作为广大工程技术人员的参考用书。为利于教学和使用,将逐步建设多媒体课件、教学辅导书、辅助性教学材料等教学资源。

本系列教材的策划得到浙江大学本科生院、工学部以及电气工程学院的大力支持,各专业教学主任、教学指导委员会、电类基础课程教学资深教师倪光正、王小海、郑家龙、叶挺秀、汪荣源、赵荣祥等教授以及电路与电子技术课程组各位同仁与编写组进行了深入研讨,并对体系架构和内容给予殷切指导和审定,提出了许多宝贵意见和建议,谨在此表示衷心感谢!

编写组将密切跟踪电子电气信息科学技术的发展以及国内产业界对人才培养的要求,保持教材的先进性和适用性。由于编者的水平所限,教材中存在的不足之处,敬请提出宝贵意见和建议。

编写组

2012年6月于浙江大学求是园

前　言

本书为《电路分析与电子技术基础》系列教材的第一分册，全书内容依据教育部高等学校电工电子基础课程教学指导委员会制定的基础课程教学基本要求，将原“电路原理”“模拟电子技术基础”课程中的知识点有机地融合在一起，突出工程背景与应用，强调基本原理与分析，为使电气工程、自动化、电子信息、通信工程、控制工程、生物医学工程与仪器、光电信息、机电一体化、计算机等涉电类专业的学生深入掌握电路原理和电子技术方面的基本知识和概念，并能为后续电类课程或相关专业课程的学习奠定扎实的知识与能力基础。

“电”是电气工程学科的基石，而“电路原理”和“电子技术”正是开启该学科知识库的两门首要课程，也是面向电气信息类（兼含电子信息类）专业本科生必修的重要技术基础课。

分析电路原理和电子技术课程的教学内容可知，电路不仅是电流的通路，也是信息流的通路，其基本理论、分析方法是电系统特性的理论分析、电参数计算以及解决相关工程问题的依据和“源”，是基础理论和方法所在。而电子技术是由电子元器件组建而成的电路，因此如何用电路原理的分析方法和手段，来解释电子技术中的现象，分析和计算相关的“电”参数，使两门课程教学的相关知识点相融、交叉是本书编写的基本出发点。

承接序言关于本系列教材在课程整合、内容更新、注重能力培养诸方面的指导思想，本书进而聚焦于：

1. 构建凸显电路分析和电子技术基础相融的教学体系

作为技术基础课程，其基本理论、基本知识和基本技能将为后续课程、专业课程奠定基础，并为学生毕业后从事与电气和电子信息相关的工作、继续深造与创新实践奠定基础。本书按照现代教学和面向工程教育的应用需求，依据电路和电子技术两课程基础性的交叉融合，突出强电与弱电的结合；理论与工程实践的结合；基础知识与相关专业知识交叉、渗透的结合。作为电类基础课程，构建凸显其基础性的新知识体系和核心概念，汇编为本系列教材中的第一分册，以适应当前大类交叉人才培养的需要。

2. 面向工程教育，传承学科发展

立足于高素质创新型科技人才的培养目标，本书面向学科发展进程，贴近工程应用背景，按科学的认识论，更新教材内容，致力于学生分析和解决工程问题能力的培养。教材在内容选取、提炼和展述中不仅强调分析计算方法，更注重为工程应用打好基础，强化概念和原理，强化分析推理和知识面的拓展。

本书由电路及其模型化，电路元件、信号和电路基本定律，电子电路器件及其电路模型，线性电阻电路分析方法和定理，线性动态电路的正弦稳态分析，非正弦信号与频率特性分析，线性动态电路的暂态分析，线性动态电路的复频域分析，非线性电阻电路分析共9章以及附录组成。

第1章基于电气工程领域科技进步和电路理论发展历程的回顾，一般性地描述电路理论的研究对象和研究方法。建立有关工程学的概念，如电路抽象（理想化）、建模（数学模型化）、国际单位制等。阐述分析电磁现象和过程的电路理论与电磁场理论之间的关联及其互异之特征。

第2章介绍电路理论中的基本概念和理论基础，强调电流、电压的参考方向及其含义，概述电路中各种信号的不同应用背景，揭示理想元件、实际器件、工程中选用元器件之间的内在联系与差异，为电路分析和计算奠定宽广而坚实的基础。

第3章介绍电子电路中的二极管、晶体管、场效晶体管以及集成运算放大器等器件的电特性及其参数，建立有关非线性、多端器件及其静态工作点的概念，并在伏安特性分段线性化的基础上基于伏安特性的等效建立电路模型。

第4章以模型和基本定律为基础，运用不同的数学方法，对不同类型电路的特性进行分析和综合。且基于第2章定义的电路基本变量、基本元件模型和基本定律，展述电路分析的基本方法和基本电路定理。

第5章介绍动态正弦稳态电路分析，由四部分组成。第一部分介绍正弦稳态电路分析的基本概念和方法，包括正弦交流电量的三要素、相量、相量模型、阻抗等概念，以及正弦交流电路的功率计算。第二部分介绍正弦交流电路中的特殊现象——谐振。第三部分围绕磁耦合现象讲述互感电动势与同名端、互感的电路模型、互感电路的计算方法，继而介绍各类变压器的电路模型。第四部分对三相交流电路进行介绍和分析。

第6章介绍非正弦周期信号的傅里叶级数分解和频谱，非正弦周期信号的有效值、平均值、平均功率等概念，讲述非正弦周期信号的稳态电路计算方法。再针对非正弦非周期信号，介绍傅里叶变换及其频谱的特点，并将傅里叶变换应用于非正弦电路分析，研究电路的频率特性和滤波器。本章是对直流和正弦交流电路分析的推广。

第7章介绍动态电路在换路过程中所产生的过渡过程现象。首先讨论一阶和二阶动态电路过渡过程的经典解法和直觉解法，然后介绍单位阶跃函数和单位冲激函数激励下动态电路的暂态响应。在应用示例分析中，讨论了反相器的响应延迟、数字脉冲响应、半导体器件电路中的过渡过程以及电力电路中的过渡过程分析。

第8章利用拉普拉斯变换将线性网络的动态分析从时域变换到复频域(s域)，在进一步阐述域变换分析方法的基础上，重点介绍网络函数及其在分析网络稳定性、求其稳态响应、网络频率响应等方面的应用。并讨论动态电路在任意激励作用下零状态响应的卷积积分法，以及高阶动态电路暂态过程的状态变量法。

第9章介绍非线性电路的一般分析法，如图解法、分段线性化、方程法等，分别对含二端和三端非线性电阻元件电路的静态分析、小信号分析以及动态分析加以讲述。并以放大电路为例介绍模拟电子技术中性能分析时常用的处理方法。

附录介绍了半导体基础知识和PN结的工作原理和特性，晶体管结构及其载流子的可控原理，以及场效晶体管的类型、结构及其沟道的可控原理。

本书立意于将电路原理和模拟电子技术基础课程中的基本内容有机组合，全面展示电路与电子技术概貌后，按线性电路元件—电子电路元件—线性电路分析方法—稳态分析—暂态分析—非线性电路分析的脉络展述，以强化学生的工程意识，提升其专业学习的兴趣与热情。讲授内容的选择和顺序可以根据学时数以及前期课程基础灵活选配。例如，若有良好的电磁学基础，可以较深入地展述第1章中的电路模型化原理与结论，否则可以从第2章开始，将第1章中集总电路抽象、单位制等基本概念结合基本物理量加以讲述。第3章有助于全面理解元器件的复杂性，虽然仅需要充分理解伏安特性-伏安特性曲线-等效电路模型三者之间的关系，无需更多电路分析方法做支撑，但是涉及非线性伏安特性的等效化以及工作点，可以先讲授第4章的内容，在学生完全掌握线性电路的分析之后，再介绍电子电路器件及其电路模型。也可以与非线性电阻电路的分析相结合。

为应对知识点日益交叉拓展但课程学时数日益减少的矛盾，本书依据循序渐进、基本核心知识点前置、应用和综合性问题单列的方式编写，以便不同层次教学易于取材和使用，教材中标记星号（“*”）部分建议在学时足够的情况下选用。

本书定位和编写得益于倪光正教授、王小海教授的直接参与，郑家龙教授的指点，编写组反复讨论凝练编写大纲，并汲取了上一轮电路与模拟电子技术基础整合的相关成果。在承接原有教材的基础上，本书框架和内容编写几经修改，除具体执笔人外，范承志、王小海、孙盾、潘丽萍、童梅等众多教师在素材提供和初稿编写等方面均做了很大贡献，目前各章主要执笔定稿人分别是：第1、3、7、9章由姚缨英编写，第2、8章以及5.4节由孙盾编写，第4、6章由李玉玲编写，第5.1节和5.2节由孙晖编写，第5.3节由范承志编写，附录由周箭编写，潘丽萍参与第3章编写。姚缨英负责全书统稿和协调。倪光正、郑家龙、王小海、张伯尧、范承志、孙盾等审阅了初稿，倪光正和范承志审阅了待定稿全文，并提出详细的修改意见。上海交通大学张峰教授细心审阅了本书，提出了宝贵的修改意见和建议。在此一并深表感谢。

本书可作为普通高等学校电子与电气信息类专业的基础教材，也可作为非电专业电工电子课程教材使用，并可供从事电子和电气工程专业的工程技术人员参考。

因水平所限，错漏之处在所难免，敬请读者指正。编者邮箱：yaoyyzju@126.com。

编　者

2018年3月

目　录

第1章
电路及其模型化

本章基于电气工程领域科技进步和电路理论发展历程的回顾,一般性地描述电路理论的研究对象和研究方法,建立有关工程学的概念,如电路抽象(理想化)、建模(数学模型化)、国际单位制等,阐述分析电磁现象和过程的电路理论与电磁场理论之间的关联及其互异之特征。

1.1 绪　　论

电路(Electrical circuit),是由电气设备和元器件相互连接为电荷流通提供路径的总体,也常被称为电气回路、电网络或电子线路。人为构建电路是针对电能和电信号进行产生、传输、变换、存储等方面需求的特定处置,其中可包括由其他能量转换为电能(电路的激励源)以及由电能转换为其他能量(受电器或负载)等应用。电路理论是关于电气设备和元器件的电路模型化、电路分析和电路综合等方面的基础理论。

1.1.1 电路理论发展简介

19世纪20年代至20世纪初,电力工业和初期通信事业的兴起孕育了电路理论学科,其应用理论的产生与完善又进一步推动了电力工业和通信技术的发展。这一时期,发现了电流的磁效应(1820年)、电磁感应现象(1831年),发明了电动机、发电机(1866年)、变压器(1881年)、电报(1838年)、电话(1876年)、电灯(1879年)和无线电(1894年)等;并在理论与工程实践成果相结合的基础上总结出欧姆定律(1826年)、电磁感应定律(1831年)、基尔霍夫定律(1845年)、麦克斯韦方程组(1869年)等,预言了电磁波的存在(1889年);同时,结合电路分析方法提出电阻、电容、电感模型的初步概念(1853年),磁路的欧姆定律(1880年),交流电路的复数符号法(1893年),阻抗的概念(1911年)和Foster电抗定理(1924年)等。最初,围绕电系统工程教学的内容被看成是物理学中电磁学的一个分支,包括直流电路、交流电路、三相电路、发电机、电动机、变压器、电工测量、配电系统等。当时有关电讯的教学内容很少,网络综合的概念尚未建立,电路设计主要依赖于经验。

20世纪初至40年代电路理论逐渐形成为一门独立学科。在此期间,证明了电子的存在,发明了电子管(真空三极管,1907年)、放大器、振荡电路(1914年)、电视(1925年)等。为设计广播接收、发送等技术的需要,出现了网络综合逼近理论(1930年)、正实函数概念(1931年)和网络函数概念(1936年)。进入40年代之后,电路理论逐步脱离物理电磁学形成了一门包含有电路分析和电路综合的独立学科。

第二次世界大战期间,雷达、微波、脉冲技术、控制系统、电子仪器等的迅速发展构成了电路理论进一步发展的新背景。约在1947年发明了晶体管。

所谓经典电路理论或称传统电路理论是指其仅涉及线性、非时变、无源、双向的 *RLC* 元件组成的电路分析体系。

20世纪50年代中期以后,晶体管技术继续发展,进而发明了集成电路(1958年)、晶体管计算机(1959年)、集成电路计算机(1964年)等。20世纪60年代末70年代初,电路理论展现为现代电路理论。

所谓现代电路理论是指其不仅涉及线性、非时变、无源、双向、二端元件组成的电路,并进而涉及非线性、时变、有源、多端元件组成的电路分析体系,其分析工具或手段也进而充分利用计算机辅助分析。也就是说,电路理论不但已成为对线性、非时变、无源、双向的电阻器、电感器、电容器、耦合电感和理想变压器等所谓电工元件组成的电路进行分析和综合的理论基础,也已成为包括非线性、时变、有源、多端的晶体管、集成电路等所谓电子元件组成的电路(即模拟电路和数字电路)进行分析和综合的理论基础。

应该指出,近二十年来,电路技术的应用领域迅速扩展,尤其是电子技术从分立到集成结构模式的进程,导致构成实际电路的基本元件及其特征发生了根本性变化,电路设计理念也产生了重大更新。大量日新月异的创新技术随处可见,这些技术包含了不断增长的通信、信号处理和网络功能;越来越多的数字化;数字子系统中软件所占的比例越来越大;模拟、射频和光学子系统被要求作为联系数字子系统和物理世界的媒介。此外,因器件和半导体制造技术的进步,电子产品体积减小,功耗降低;可编程处理器的时钟速度按指数规律急剧增加。以上电路技术的基本特征可归结为:

(1) 电路功能从早期的能量处理(含传输)扩展到信号处理(含传输),且两者结合并以后者为主。例如,有线传输与无线传输系统融合,光-机-电一体化系统的综合自动化,基于新一代电力电子技术的交流输电“柔性化”改造;电力系统中,在电网容量增大、输电电压增高的同时,以计算机和微处理器为基础的继电保护、电网控制、通信设备得到广泛应用;电力设备常集电子控制和保护设备于一体。这些系统均属于强弱电结合的典型技术成果。

(2) 数字电路的应用已超越模拟电路,由固定功能器件向可编程数字化硬件变迁,数字与模拟混合系统得到了广泛的发展。

(3) 大规模、超大规模集成电路技术日趋成熟,嵌入式系统(embedded systems)和片上系统(system on chips,SOC)技术正在发展,除了在一些特定领域之外,分立元件组成的电路已被集成电路取代。集成电路构成的现代电路的设计与分析一般都是分层处理的,故应建立端口特性和子电路抽象的概念,把直接求解大规模电路各支路电压、电流的分析研究转向对典型模块特性及端口拼接的研究。

当然,另一方面,以电能量或电信号的产生、传输、转换和接受为其应用目的的电系统比比皆是,例如,电力系统产生和分配电力;通信系统产生、传送和分配信息;计算机系统用电信号处理信息,包括文字处理和数值计算;控制系统用电信号控制生产过程;信号处理系统对表现信息的电信号进行处理,包括非电类信号的检测、转换与处理。而且这些系统往往是相互交织,相互作用,从而构成非常复杂的电系统。

综上所述,对各类电系统分析和设计的任务即在于,将其对应的物理实际中固有的电磁现象与电磁过程通过科学的抽象,理想化为相应的电路模型,然后,在由电路理论体系构建的电路分析与综合的研究平台上,分析研究其电路特征量、端口特性等以满足各类电路工程问题应用实践之所需。

1.1.2 电路理论的研究对象

1. 实际电路

由前述可见,不论在国民经济、国防领域中,还是在人们的日常生活中,都存在着实现不同功能的实际电路。实际电路大至覆盖数千公里范围的现代电力系统(其中含发电机、变压器、电力传输线,以及各种用电装置,形式不同的高低压开关等附属设备);小到仅为几个平方毫米的集成电路(其中含成千上万个电阻、晶体二极管和晶体管及其连接线);简单的有如手电筒那样的电路(仅含干电池、小电珠、开关以及作为电连接用的壳体);复杂的有如现代控制系统那样的电路(含大量位移、速度、压力、温度、流量等非电量转化成电量的传感器,以输出电信号去执行、控制不同对象,构成庞大的电路系统)。

实际电路功能之多样性,大致可分为两大类:一是实施电能的产生、传输、转换和处理作用,如高低压供电网络等,常称之为强电电路;二是对电信号进行加工、处理,如电视接收机、通信网络(将携带语言、图像、数据等信息的电磁信号还原成声音、画面或文字)等,常称之为弱电电路。

从广义来看,实际电路使用的元件、器件或部件不仅包括强电领域中的大型电工设备,还包括弱电领域中的微型电子装置。从狭义来看,诸如电阻器、电感器、电容器等称之为实际元件;晶体二极管和晶体管、集成运算放大器、音响和图像处理专用集成块、数模(D/A)和模数(A/D)转换器、各种基本数字逻辑单元等称之为电子器件;蓄电池、发电机、变压器、电动机等称之为部件。总之,实际元件、器件或部件种类繁多,大小不一,工作原理各异,为便于讨论,常统称为实际器件。

显然,实际电路是由各种实际器件按某一目的以一定方式连接组成的电系统,其基本特征是其中存在着电流通路。为便于研究,约定电路中电磁现象及其过程的研究是通过观察元器件外部或端口端钮上的特征量,如电压、电流、功率、储能等予以表征。

因真实电系统常非常复杂,且影响其性能的因素亦多种多样,因此,基于不同的研究目的,忽略系统中的次要因素,将其电磁特性抽象为由若干理想电路元件组成的通路,称为电路模型,简称电路。所以,“电路”可指实际的电系统,也可指由实际系统简化抽象而成的理想化模型。本书涉及的电路,除非另有说明,否则统指其理想化的模型。

2. 电路模型

必须强调指出,电路理论并不是直接研究由实际器件构成的实体电路本身,因为实际器件产生的物理行为往往呈现为多种特性。例如,一个线绕电阻器,不仅呈现其消耗电能的主要特性,即电阻特性,当它工作于高频交流状态时,还会呈现出储存电磁能量的特性,即具有电容、电感乃至分布电容的特性。每个实际器件有可能同时存在这三种物理特性。可以想象,如果同时顾及每一个实际器件这三方面的物理行为,势必导致实际电路中物理电磁状态研究的复杂化,甚至会陷入难以分析的困境。那么应该采用何种科学研究方法呢?显然,问题的关键是在什么特定条件下,哪个物理特性起主导作用。这样,就可以给出抽象为仅具有单一物理特性的所谓模型元件或理想元件,并给予严格的数学定义。因此,模型元件或理想元件即等价地被描述为一个数学模型。例如,上述线绕电阻器,在一定电压、电流和工作频率范围内,电磁能量的影响甚微,可略去不计,而仅需考虑其耗能的主要物理特性,并用电阻 R 这一参数予以表征,即由欧姆定律 $u=Ri$(u 和 i 分别表示电阻器两端电压和流过其中的电流)定义。于是,线绕电阻器在上述特定条件下,仅呈现单一物理性质,即纯电阻,通常将具有纯电阻性质的电阻器称为理想电阻元件,而将由欧姆定律所定义的数学表达式(电阻器端电压和电流之间的伏安代数方程)称之为理想电阻元件的数学模型。

仿照上述方法,实际电感器、电容器也都可抽象为理想电感元件(即纯电感元件)、理想电容元件(即纯电容元件),并且分别有表征单一储存磁能、电能性质的对应定义式,亦即其相应的数学模型。这样,就可利用理想电阻元件、理想电感元件与理想电容元件的一定组合模拟实际线绕电阻器工作于高频交流状态下,同时存在耗能、储存磁能和电能的复合物理性能。

综上所述,不难看出实际电路中的各实际元件一般都可以由一些理想元件组合予以替代,经替代后,实际电路即变换为仅由一些理想元件相互连接而构成电流通路的整体,称之为实际电路的电路模型。显然,电路模型是实际电路理想化的结果。因此,电路模型只能近似地反映实际电路所发生的物理效应。当然,对实际电路若用更多理想元件组成较复杂的电路模型,其逼近度会有所改善,但基于工程观点,只要电路模型有足够的逼近精度就适可而止,而不强求电路模型的过度复杂化。

图 1.1.1(a) ~ (d)为典型的电路模型化示例,图(a)为实际输电线路中的变电站,图(b)和(c)分别为输电系统工作原理图和变电站等效电路图。若对用户端出现负载单相对地短路故障时该如何保护和预防感兴趣,则不必细究电力系统的具体组成,更不必考虑系统中包括发电机、变压器、断路器等电工装置的内部电磁现象,而只需关心与用户端相关的子系统,将供电系统用理想电路元件予以等效,这样即可简化电路分析,如图(d)所示。需要补充说明的是,实验研究往往作为理论分析的重要补充手段,在电磁现象的研究过程中起到很大的作用,应予以高度重视。

由实际电路转化为模型电路的过程称为电路的模型化或电路抽象。有的器件建模较简单,如上述电阻器、电容器和电感器;有的器件或系统的建模则需要深入分析其中的物理现象才能得出其电路模型,例如,发电机、晶体管等,需要运用专门的知识才能构建适当的电路模型。

(a) 实际输电线路中的变电站

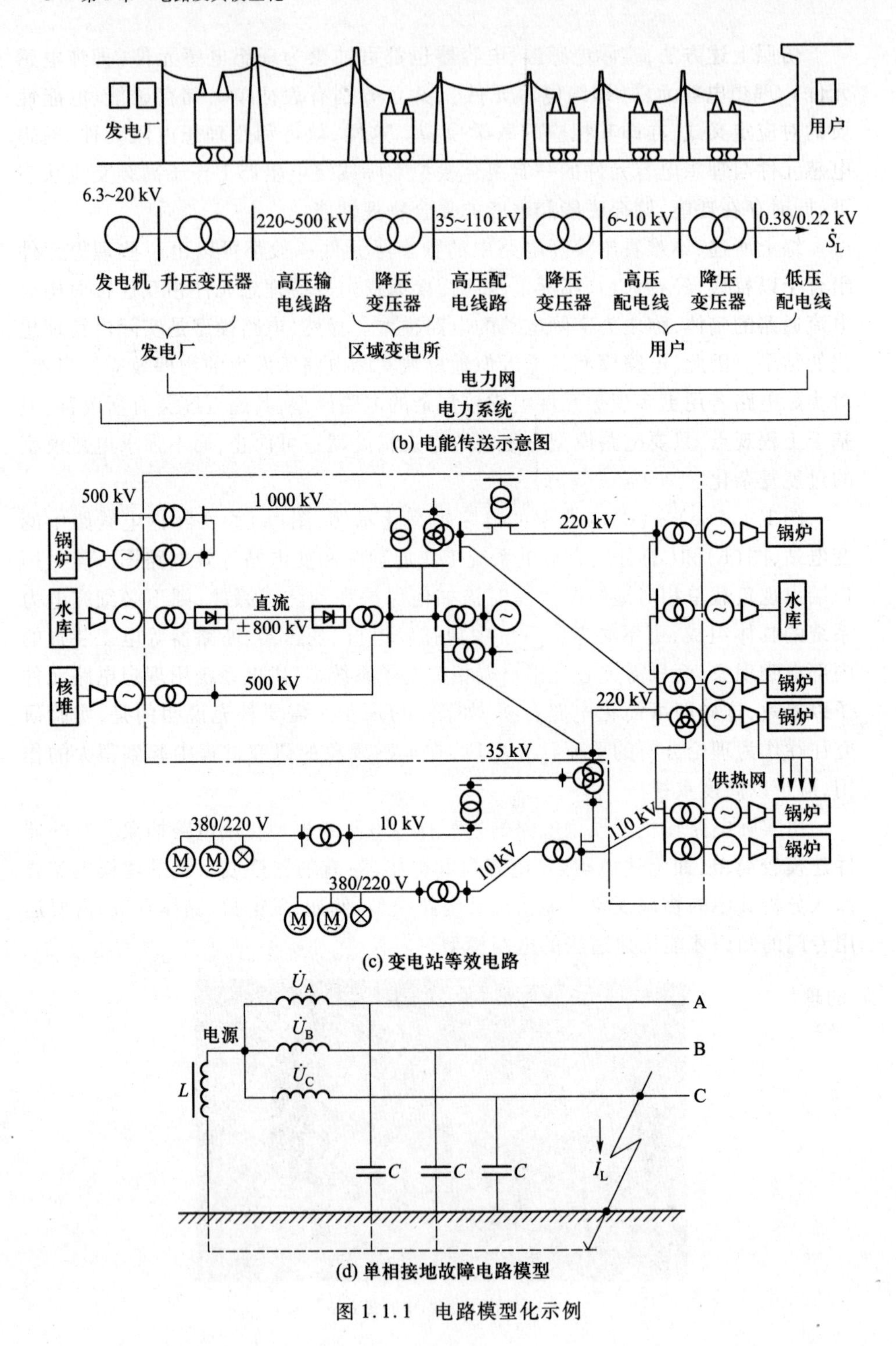

(b) 电能传送示意图

(c) 变电站等效电路

(d) 单相接地故障电路模型

图 1.1.1　电路模型化示例

1.2 电路抽象

工程就是有目的地应用科学的实践。科学是提供对自然现象的解释。科学研究包括实验和理论推演两种手段,两者相辅相成,其中科学定律就是用来解释实验数据的简明陈述或公式。抽象是通过人脑中一些特定的目标来构造,在满足适当的约束时可被应用。科学定律可以看作一种层次的科学抽象:描述了特定现象与实验数据之间的关联关系,它使得研究人员无需关心得出定律的实验细节和数据。例如,牛顿运动定律 $F=ma$ 是对刚性物体质量与外力间动力学关系的简明陈述,该定律在刚体运动速度远小于光速这样的约束下应用。这一抽象化的数学表达式,没有涉及物体的细节特性,诸如尺寸、形状、密度和温度等,以及得出该结论的实验细节。由此可见,科学抽象或定律使人类能够将自然特性为我所用,并完成从物理学到工程的转换,从而创建有效的复杂系统。

麦克斯韦方程组是前人总结电磁现象规律的陈述,电气工程则采用"集总电路抽象"展现了麦克斯韦方程组在电路应用领域中的科学理论基础。集总电路抽象意味着空间连续分布的电磁现象和过程被理想化地约束在一维电流通路内,其内涵将在 1.2.1 节深入展述。

电路理论是一门基础学科,其研究对象是以模型元件或理想元件构成的理想电路,并对其中所发生的电磁效应进行定性和定量分析,进而根据分析结果,解释其物理意义和作出合乎客观实际的工程分析结论。

1.2.1 集总元件与集总电路抽象原则

众所周知,麦克斯韦方程组是关于电磁现象规律性的数学描述,应用范围很广。当客观电磁现象与过程被约束在一维的"电流通路"之中时,通过电路抽象的理想化电路模型的构造,即可基于麦克斯韦方程组推演出电路理论,以简明有效地解决客观电磁现象与过程的分析。

事实上,如果满足三个基本假设,即可应用电路理论而不是电磁场理论研究系统中的电磁现象。这三个假设为:

(1) 系统中每个元件的净增电荷总是零;

(2) 系统中的元件之间没有磁耦合(磁耦合可发生在元件内部);

(3) 电效应在瞬间贯穿整个系统。

满足上述假设的系统即称为集总参数系统,系统中的元件称为集总参数元件。可见,集总系统是由集总元件互连组成,并且,在集总系统内,集总元件之间无电磁场的相互影响和作用，系统与外部也无电磁交换，是独立的电磁能量系统。凡不满足上述假设条件的系统则称为分布参数系统，需要用电磁场理论进行分析。

将上述假设具体化，则集总参数元件的抽象原则是：

(1) 在所有时刻，元件内部随时间变化的总电荷量为零，即$\frac{\partial q}{\partial t}=0$；

(2) 在所有时刻，元件与外部任何闭环交链的磁链的变化率为零，即$\frac{\partial \Psi}{\partial t}=0$；

(3) 信号的时间范围必须远长于电磁波在元件内部传输的时间延迟，即系统最大尺度 l 远小于系统信号的最大波长 $\lambda(l\ll\lambda)$；

(4) 理想元件具有单一电磁特性，以及可数学表述其特征量的关系式。

由此延拓的集总电路抽象原则是：

(1) 电路中任意节点上电荷的变化率在任何时刻都为零；

(2) 与电路任意部分交链的磁链的变化量在任何时刻都为零；

(3) 信号的时间范围必须远长于电磁波在电路中传输的时间延迟。

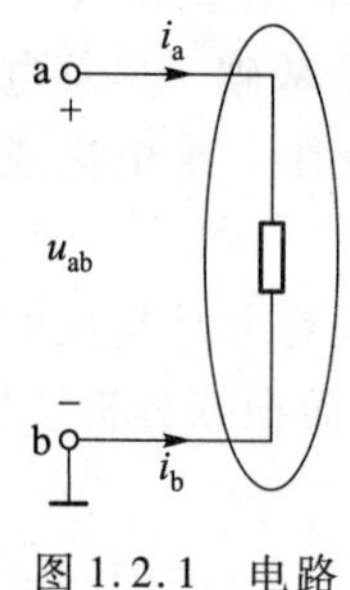

图 1.2.1　电路抽象示例

如果定义一个元件，如图 1.2.1 所示，该元件有两个端钮 a 和 b，在每个端钮上有流入的电流 i_a 和 i_b，元件两端电位(电势)分别为 φ_a 和 φ_b。并假设 s 为包围该元件的闭合曲面，端钮导线的截面积分别为 s_a 和 s_b。

根据假设(1)，由麦克斯韦方程可知，全电流(含传导电流和位移电流)是连续的，即，$\oint_s\left(\vec{J}_c+\frac{\partial\vec{D}}{\partial t}\right)\cdot d\vec{s}=0$。式中，$\vec{J}_c$ 为在导体中流动的传导电流，$\frac{\partial\vec{D}}{\partial t}$为变化的电场所对应的位移电流。将麦克斯韦方程组中的高斯定理$\oint_s\vec{D}\cdot d\vec{s}=q$ 代入全电流连续方程，则有$\int_s\vec{J}_c\cdot d\vec{s}=-\frac{dq}{dt}$。今由假设(1)，$\frac{\partial q}{\partial t}=0$，即意味着$\frac{\partial\vec{D}}{\partial t}=0$，故电流连续性归结为

$$\int_{s_a}\vec{J}_{ca}\cdot d\vec{s}+\int_{s_b}\vec{J}_{cb}\cdot d\vec{s}=i_a+i_b=0$$

从而有 $i_a=-i_b$。而$\frac{\partial\vec{D}}{\partial t}=0$ 表明随时间变化的磁场是磁准静态场。这样才可以用$\frac{dq}{dt}=i$ 来定义传导电流。

根据假设(2),由麦克斯韦方程$\oint_l \vec{E}\cdot d\vec{l}=-\frac{\partial \Psi}{\partial t}$,可见$\frac{\partial \Psi}{\partial t}=0$ 意味着不存在感应电场,这表明随时间变化的电场为电准静态场,电场力做功与路径无关,因此,可以定义相对于参考点 Q 的任意点 P 电位(电势)$\varphi_P=\int_P^Q \vec{E}\cdot d\vec{l}$。那么,由此可见,元件两端钮之间的电压

$$u_{ab}=\varphi_a-\varphi_b=\int_a^b \vec{E}\cdot d\vec{l}$$

该值与路径无关,是一个确定的数值。

从上面两个假设的推理不难看出,它们都隐含了一个条件,那就是准静态场。所谓的准静态场是满足似稳条件 $l \ll \lambda\left(\text{或 } t=\frac{l}{c} \ll \frac{\lambda}{c}=T\right)$ 的动态电磁场,其含义很明确,就是脱离了场源的电磁波在该元件中的传播时间 t 远小于该信号对应的变化周期 T。这意味着,不必考虑信号传播的电磁场滞后效应,所以元件上各处的电磁现象是同时变化的,从而可将其作为一个空间上的质点看待,进而将其电磁以及材料特性都可用等效的相应特征参数量予以表征。

假设图 1.2.1 所示闭合面 s 内的实体是一段长为 l 具有均匀截面积 S 的导体,如图 1.2.2 所示,其中的电磁场满足似稳场条件,且在导体内均匀分布,导电材料的电导率为 γ。由电磁学理论可知,该导体的等效电阻为

$$R=\frac{u_{ab}}{i_a}=\frac{\int_a^b \vec{E}\cdot d\vec{l}}{\int_s \vec{J}_c\cdot d\vec{s}}=\frac{\int_a^b \vec{E}\cdot d\vec{l}}{\gamma\int_s \vec{E}\cdot d\vec{s}}=\frac{E\cdot l}{\gamma\cdot E\cdot S}=\frac{l}{\gamma S}$$

式中,关系式 $u_{ab}=Ri_a$ 就是传导电流在导体中电磁过程表征的数学描述(也称为数学模型),被称为该导体的特性方程,对应的曲线即称为特性曲线。该导体被抽象为电阻元件,用电路符号 R 来表示,如图 1.2.2 所示。

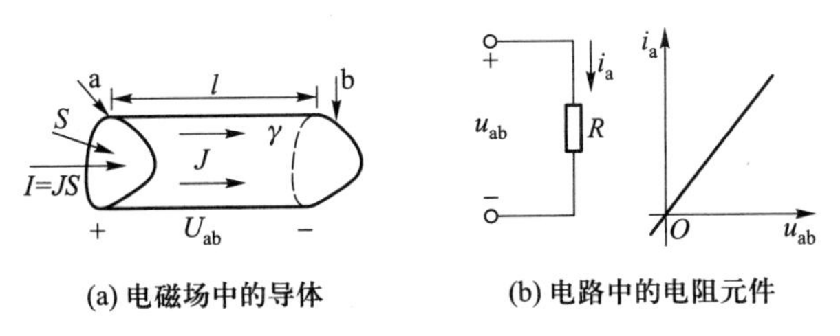

(a) 电磁场中的导体　　(b) 电路中的电阻元件

图 1.2.2　导体及其电路抽象

以上处置就是理想电阻元件的抽象过程。依据上述原理,即可类比地定义所需的模型元件,如电容 C 和电感 L 等。

1.2.2 集总电路抽象的局限性

众所周知，电磁波是以光速传播的，若以 c 代表光速，f 和 λ 分别表示电路中信号的频率和波长，则在音频范围($f=20\sim20$ kHz)，信号波长最小为

$$\lambda=\frac{c}{f}=\frac{3\times10^8}{20\times10^3}\ \text{m}=15\ \text{km}$$

相比于实验室中常用电路的尺寸要大得多，可见集总参数电路模型是适用的。我国电力系统使用的频率为 $f=50$ Hz，相应波长为 $\lambda=6\ 000$ km，如果该电力系统的物理尺寸远小于这一波长，就可以将它看成集总参数系统，可以用电路理论来分析它的特性。

在电子计算机中，最高频率约 500 MHz，相应波长为 $\lambda=0.6$ m，若用集总参数元件模型分析这种电路，其误差就相当大。

在微波电路中，信号波长 $\lambda=0.1\sim10$ cm，其值与生成微波的空腔谐振器的尺寸属于同一数量级，这时就不能采用集总参数模型分析空腔谐振器的特性。

一般说来，如果电路的实际最大尺寸为 l，其中信号的周期为 $T=\dfrac{\lambda}{c}$，并且定义 $\tau=\dfrac{l}{c}$ 为电磁波从电路一端传播到另一端的时间，则当 $\tau\geqslant T$ 时，必须考虑电磁波的滞后效应，集总参数模型就不能适用。怎样来定义远小于呢？通常依据的标准是十分之一。如果系统的尺寸是波长尺寸的十分之一，则系统就可以作为集总参数系统。因此，只要电力系统的物理尺寸小于 6×10^5 m，就可以将它看成集总参数系统。如果无线电信号的传播频率为 10^9 Hz，因此波长为 0.3 m，使用十分之一的标准，发送或接收无线电信号的通信系统的相应尺寸必须小于 3 cm 才能作为集总参数系统。如果研究中的系统其物理尺寸与信号的波长接近，则就必须使用电磁场理论去分析该系统。

随着技术的进步，现代微处理器(如 Digital/Compag-Alpha)的尺寸约 2.5 cm，其中电磁波穿过芯片的传输延迟是 1/6 ns 的数量级，时钟频率 2 GHz。此时，芯片中波的传播延迟是时钟周期的 33%。因此相关的研究必须建立在对波现象进行建模的基础上。

本书除特殊说明外，将只讨论满足似稳条件的电路，所用的电路元件模型都是集总参数模型。

需要说明的是，即使满足集总抽象原则，可以忽略能量或信号传输中的延迟效应，但是集总电路抽象也会遇到一些其他的问题，例如，当信号频率在 100 MHz 数量级时，电阻和导线在传导电流的过程中，所呈现的电容和电感效

应已不能忽略。对此 2.5 节将讨论这一问题。只有深入理解器件和系统的工作背景，明确分析研究目标，并正确理解电路理论和电磁场理论，才能构建恰到好处的电路分析模型。

*1.2.3 电路与电磁场间的关联关系

电路的基本特征是有带电粒子在其中运动。众所周知，带电粒子会在其周围空间激发出电场，而运动着的带电粒子（电流）会在其周围产生磁场。由此可见，一旦电路处于工作状态，在其邻近空间总伴随有相应的电磁场。

电磁场理论是研究无限拓展的三维空间中所发生的电磁现象，由表 1.2.1 所示的麦克斯韦方程来表征，而电路理论则是研究在一个特定的局部空间所发生的电磁现象。从理论研究的意义上来说，场论和路论是研究电磁现象的两种不同的科学观点和科学方法，因此，场的表征量与路的表征量之间必然存在着相互联系。

表 1.2.1 麦克斯韦方程

微分形式方程	积分形式方程	物理含义
$\nabla\times\vec{E}=-\dfrac{\partial\vec{B}}{\partial t}$	$\oint_l\vec{E}\cdot\mathrm{d}\vec{l}=-\dfrac{\partial}{\partial t}\left(\int_s\vec{B}\cdot\mathrm{d}\vec{s}\right)$	电磁感应定律
$\nabla\times\vec{H}=\vec{J}_\mathrm{c}+\dfrac{\partial\vec{D}}{\partial t}$	$\oint_l\vec{H}\cdot\mathrm{d}\vec{l}=\int_s\left(\vec{J}_\mathrm{c}+\dfrac{\partial\vec{D}}{\partial t}\right)\cdot\mathrm{d}\vec{s}$	全电流定律
$\nabla\cdot\vec{D}=\rho$	$\oint_s\vec{D}\cdot\mathrm{d}\vec{s}=\int_V\rho\mathrm{d}V$	高斯定理
$\nabla\cdot\vec{B}=0$	$\oint_s\vec{B}\cdot\mathrm{d}\vec{s}=0$	磁通连续性原理
$\nabla\cdot\vec{J}_\mathrm{c}=-\dfrac{\partial\rho}{\partial t}$	$\int_s\vec{J}\cdot\mathrm{d}\vec{s}=-\dfrac{\mathrm{d}q}{\mathrm{d}t}$	电流连续性原理

表 1.2.1 中，电流连续性方程是麦克斯韦方程组所隐含的，它可由微分形式的全电流定律求散度并与高斯定理相结合而导得。

电磁场理论着重研究空间各点的电磁场分布及其伴随的物理过程。因此，描述电磁场特征的基本物理量，即电场强度 $\vec{E}$、磁感应强度 $\vec{B}$、电位移矢量 $\vec{D}$ 和磁场强度 $\vec{H}$ 都是有向空间坐标的点函数，若选用这 4 个基本物理量作为基本变量就足以表征空间电磁场的性状。换句话说,如果知道电磁场在某时刻的空间分布状态,便可由麦克斯韦方程组联立求解出整个电磁场在任一空间点随时间变化的运动规律。

从电磁感应定律来看,一个随时间变化的磁场总是伴随着一个变化的电场,反之亦然,这就是所谓动态电磁场。若场量随时间变化较为缓慢,则对应于前述的似稳电磁场,因此低频交流电路所发生的物理过程就是一种似稳电磁场的近似,而直流电路所发生的电磁过程则是其特定态——静态电磁场的表征。

在电路理论中,通常采用电流 i、电压 u、电荷 q 和磁链 Ψ 作为描述电路特征的基本物理量。其中

$$q=\oint_l \vec{D}\cdot d\vec{s}$$

$$\Psi=\int_s \vec{B}\cdot d\vec{s}$$

只有当电路中的电磁场满足似稳场条件时,才能引用电流和电压的概念,其关系式如下

$$i=\oint_l \vec{H}\cdot d\vec{l}$$

$$u_{ab}=\int_a^b \vec{E}\cdot d\vec{l}$$

由此可见:场量与路量之间不是彼此孤立,而是相互联系的。例如,$i=\frac{dq}{dt}=\int_s \vec{J}_c\cdot d\vec{s}$ 为传导电流,也称为电流强度,是自由电荷在单位截面的线导体中的定向移动,习惯上将正电荷的移动方向定义为电流的方向。

电路中的电压是指沿某一途径电场强度的线积分,若定义 P 为参考点,其电位(电势)为零,则

$$u_{ab}=\int_a^b \vec{E}\cdot d\vec{l}=\int_a^P \vec{E}\cdot d\vec{l}+\int_P^b \vec{E}\cdot d\vec{l}=\varphi_a-\varphi_b$$

也即,ab 两点间的电压为该两点电位之差。当电场强度方向与路径方向夹角小于 90°时,$u_{ab}>0$。由此表明,沿着电场强度的方向,电位是下降的。

线圈中磁通 Φ(或磁链 $\Psi=N\Phi$,N 为线圈的匝数)变化产生感应电动势,该电动势是感应电场强度的线积分,即

$$e=-\frac{d\Psi}{dt}=\int_l \vec{E}_i\cdot d\vec{l}$$

电流方向与磁通(磁链)方向之间满足右手螺旋关系。感应电动势与变化的磁通(磁链)满足楞次定律。感应电动势的方向与感应电流的方向相同(如果感应

电流流通)，或者说感应电动势是由低电位指向高电位(相当于电源的内部)。

从1.2.1节理想电阻元件建模分析过程，可以看出，“场”与“路”既有内在联系，又相互独立，“路”是“场”在特定条件下的某种简化。值得注意的是：

(1) 场量描述的是场中各点的电磁特性，它们不仅是时间的函数，也是空间的函数，是微分量、是矢量；而集总参数电路描绘的是约束在一维电流通路中相应的物理特性，其特征量仅为时间函数，是积分量。

(2) 任一实际电路器件及相应的电气装置总是与其周围的电磁场相联系的。所谓集总参数元件，是一种假设，是指实际电路的尺度远小于电路工作时信号最高频率所对应的波长，即满足似稳条件时所采用的电路元件模型。对可看作集总参数元件的二端电路元件而言，此时，其流入一个端子的瞬时电流等于从另一个端子流出的瞬时电流。

由于电路分析仅限于研究电路元件的外部特性，而不涉及其内在电磁场的分布状况，故如前述，类同于理想电阻元件，人们把电路中储存电荷及电场能量的电容器，就其外部特性而言，表征为理想电容元件；而将电路中储存磁场能量的电感线圈，就其外部特性表征为理想电感元件。同时，把连接各种电路元件的导线，理想化其电阻为零，即能使电流自由流通而不集聚电荷和能量，也不损耗电磁能量。

(3) 在前述单个二端电路元件建模的基础上，可以推广应用到更为复杂的情况。例如，三端器件如图1.2.3(a)所示，其中：

按电流连续性原理，可得$\int_{s1}\vec{J}_{c1}\cdot d\vec{s}+\int_{s_2}\vec{J}_{c2}\cdot d\vec{s}+\int_{s3}\vec{J}_{c3}\cdot d\vec{s}=I_1+I_2+I_3=0$；

按电压定义，该器件两端钮之间的电压 $U_{12}=\varphi_1-\varphi_2$，$U_{23}=\varphi_2-\varphi_3$，$U_{31}=\varphi_3-\varphi_1$。

如果这个三端器件是一个真实的且具有图1.2.3(b)所示外特性曲线，那么由此抽象得出的就是一个半导体晶体管元件，其元件符号如图1.2.3(c)所示。

如果三端器件不是一个元件，而是由一些电阻元件互联而成，如图1.2.3(d)所示，则其外部特性应如何描述呢？为获得更为普遍适用的结论，首先作一些约定如下。

支路：定义为元件两端之间电流的通路。

节点：支路的汇集点。如图1.2.3(d)中A点是三个元件的连接交点，定义为电路中的节点A。

拓扑图：(移去各元件)仅由支路和节点组成的互联结构。与原电路图1.2.3(d)相对应的拓扑图如图1.2.3(e)所示。

支路电流：I_1、I_2 和 I_3 分别为三个元件所在支路的电流。

支路电压：U_{1A}、U_{2A} 和 U_{3A} 分别为三个元件的电压，也是三条支路的电压。

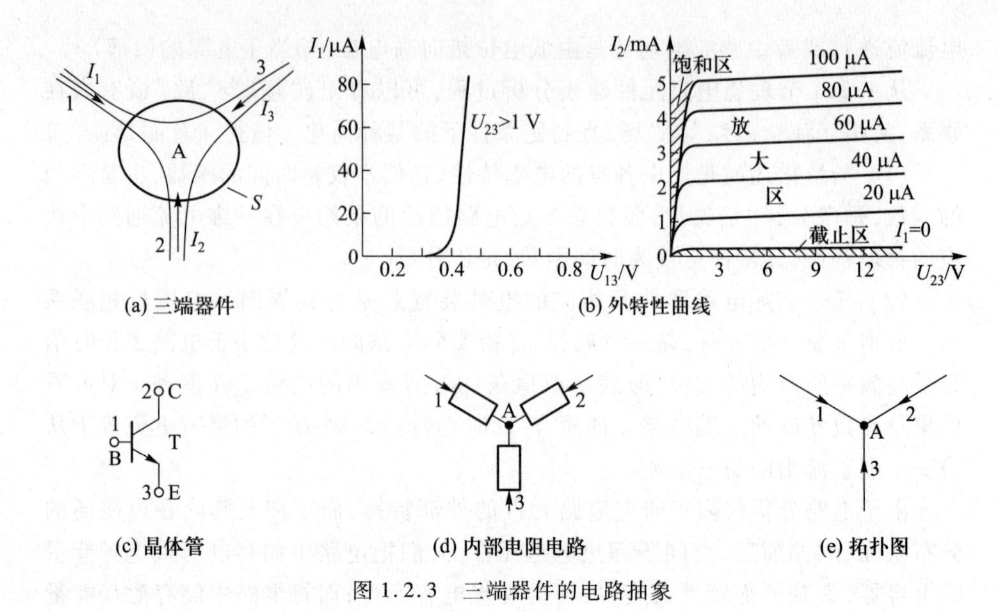

(a) 三端器件　(b) 外特性曲线

(c) 晶体管　(d) 内部电阻电路　(e) 拓扑图

图 1.2.3　三端器件的电路抽象

对于闭合面 s,仍然有 $\int_{s1}\vec{J}_{c1}\cdot d\vec{s}+\int_{s_2}\vec{J}_{c2}\cdot d\vec{s}+\int_{s3}\vec{J}_{c3}\cdot d\vec{s}=I_1+I_2+I_3=\sum_{k=1}^{3}I_k=0$,因此物理特性与元件尺度、性质无关,所以,可以认为该等式是在图 1.2.3(e)的 A 点成立的。

又因电磁场中电场强度线积分与路径无关,故端钮之间的电压可以写为

$$U_{12}=\varphi_1-\varphi_2=\varphi_1-\varphi_A+\varphi_A-\varphi_2=U_{1A}-U_{2A}=\sum_{k=1}^{k=2}U_{kA}$$

$$U_{23}=\varphi_2-\varphi_3=\varphi_2-\varphi_A+\varphi_A-\varphi_3=U_{2A}-U_{3A}=\sum_{k=2}^{k=3}U_{kA}$$

$$U_{31}=\varphi_3-\varphi_1=\varphi_3-\varphi_A+\varphi_A-\varphi_1=U_{3A}-U_{1A}=\sum_{k=3}^{k=1}U_{kA}$$

式中,$\sum_{k=1}^{k=2}U_{kA}=(+U_{1A})+(-U_{2A})$。电压前面的“+”号表示电压的方向(电位降低的方向)与电场强度线积分的路径方向一致;“-”号表示电压的方向与积分路径方向相反。

综上可见,关于电路抽象的结论如下:只要满足集总参数电路抽象的三个条件,那么,在电路的任意节点上应有 $\sum_{k=1}^{b_I}I_k=0$,其中,b_I 是与该节点相关的支路数;沿电路中的任意闭合路径,应有 $\sum_{k=1}^{b_U}U_{kA}=0$,其中,b_U 是与该回路相关的支路数。

以上两结论就是电路理论中的基本定律——基尔霍夫电流定律和电压定律。由此可见,它们是在满足集总参数电路抽象的条件下,电磁基本规律——麦克斯韦方程组的必然体现。

1.3 国际单位制

本书采用国际单位制(缩写为 SI)。国际单位制(SI)由 7 个基本单位组成,列于表 1.3.1 中。其他物理量的单位,则以被测量与其他量(其单位是基本单位或是用基本单位表示的单位)的关联式为基础,通过上述独立的基本单位来表示。这种单位称为导出单位。表 1.3.2 中列出了本书使用的导出单位。此外,一些熟悉的时间单位,如分、小时等,尽管不是严格的 SI 制,但也经常在工程计算中使用。

表 1.3.1 基本单位及其符号

量	单位	符号
长度	米	m
质量	千克	kg
时间	秒	s
电流	安[培]	A
热力学温度	开[尔文]	K
发光强度	坎[德拉]	cd
物质的量单位	摩[尔]	mol

表 1.3.2 导出单位

量	导出单位	符号表示	量	导出单位	符号表示
频率	赫[兹](Hz)	s^{-1}	电容	法[拉](F)	C/V
力	牛[顿](N)	$kg \cdot m/s^2$	磁通量	韦[伯](Wb)	V · s
能量或功	焦[耳](J)	N · m	电感	亨[利](H)	Wb/A
功率	瓦[特](W)	J/s	电阻	欧[姆](Ω)	V/A
电荷量	库[仑](C)	A · s	电导	西[门子](S)	A/V

表1.3.3　十进倍数和分数单位的词头

称谓	符号	幂
拍[它](peta)	P	10^{15}
太[拉](tera)	T	10^{12}
吉[咖](giga)	G	10^{9}
兆(mega)	M	10^{6}
千(kilo)	k	10^{3}
毫(milli)	m	10^{-3}
微(micro)	μ	10^{-6}
纳[诺](nano)	n	10^{-9}
皮[可](pico)	p	10^{-12}
飞[母托](femto)	f	10^{-15}

许多情况下,SI 制的变量不是太小就是太大,不便于使用,因此常将 10 的幂次的标准前缀应用到基本单位表示之中,而且工程师经常使用指数能被 3 整除的幂,如表 1.3.3 所示,因此厘、分、十以及百很少使用。工程师还经常选择能使基础数字范围在 1 至 1 000 的前缀,例如,时间计算结果为 10^{-5} s,即 0.000 01 s,则多数工程师会将其描述为 10 μs,即 $10^{-5}\ \text{s}=10\times10^{-6}\ \text{s}$ 而不是 0.01 ms 或 100 000 000 ps。

1.4　电路分析概述

1.4.1　电路模型化

至此,对于电系统中电磁现象和过程的研究,通过集总元件抽象和集总电路抽象,已从依据电磁场理论转向依据电路理论进行研究。从而,实际电路及其元件、器件经抽象化处置,基于其基本特征的表征,均可构成相应的电路模型。现以熟知的手电筒电路为典型示例,进一步展现如何将实际电路进行科学抽象而构成电路模型的全过程。

图 1.4.1(a)是一个干电池对小电珠供电的手电筒。众所周知,干电池内部工作机理是将化学能转换成电能,其外部属性呈现为开路电压。当开关合上时,则有电流通过小电珠而发光,同时此时干电池两端电压稍低于开路电压,说明它有内部损耗而引起电压下降。

上述的文字表述可用电路中称为原理示意图的图形予以描述[图 1.4.1(b)],

原理图中的符号常是通用、规范的，但必要时也可以自定义，复杂时还可以用框图表示。

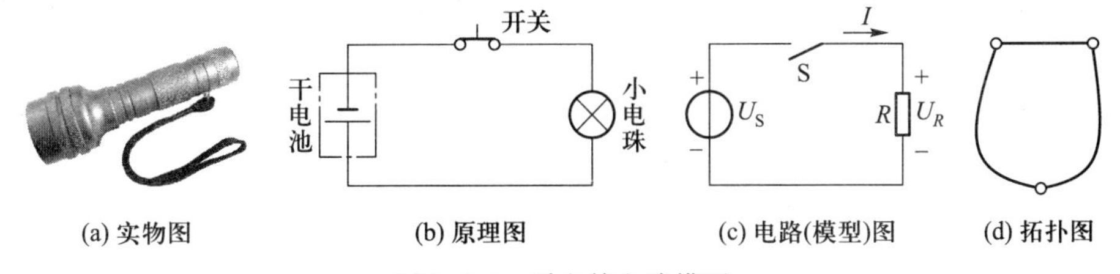

图 1.4.1　手电筒电路模型

根据手电筒的工作原理，忽略干电池内部损耗时，干电池可抽象成具有恒定电压而无内阻的理想电压源元件，并用图 1.4.1(c) 中所示的理想电源元件的电路符号表征，符号中所标注的字母 U_S 为干电池的开路电压；小电珠的作用是吸收电能并转化成光能与热能，它是一种耗能元件，可把它抽象成理想电阻元件，其电路符号也如图 1.4.1(c) 所示，其标注字母 R 表示为一个纯电阻的电路元件。通常在电路中把连接导线视为电阻值为零的理想导体，单刀开关具有这种特性：当开关打开时，认为其两端间电阻无穷大(称为开路或断路)；当开关闭合时，则认为其电阻为零(称短路)。具有这种特性的开关称为理想开关，并用图 1.4.1(c) 中所示的符号来表示，且在其旁标注字母 S。经过上述抽象(即理想化)处置后，便可构造得出图 1.4.1(c) 所示的电路模型。图 1.4.1(d) 为其拓扑图，更直观地表明了此时电路元件之间的互联关系为串联。

电路分析的任务就是对由一些理想元件或模型元件(即元件的数学模型)构成的电路模型进行探讨，揭示其内在的基本规律及其计算方法，为后续有关电系统与装置的分析、设计等奠定必需的知识基础。

1.4.2　电路分析与电路设计

电路理论目前已经发展成为具有丰富内涵的一门科学，它的理论和方法在众多领域中都得到了广泛应用。建立在理想电路模型基础之上的电路理论，主要有两个分支：电路分析和电路综合。

电路分析是在已知电路结构及元件特性的条件下，寻求输入(或激励)与输出(或响应)之间的关联性。电路综合则是在已知输入和输出的条件下，寻求电路的结构及其相应元件的参数值。本书为基于电路分析的基础理论，具体电路模型仅涉及由集总参数元件组成且元件参数值不随时间而变化的非时变电路。在电路分析中，线性电路的分析是基础，大量工程实际问题通常能够近似用线性电路模型予以描述,而且非线性电路的分析往往可用修正的线性电路分析方法去实现。

充分利用数学工具,在电路数学模型的基础上寻求系统的处理方法,是电路分析的一个重要方面。但是,很多场合下,以直观分析为代表的工程分析方法也是非常重要的,特别是在电子电路中,适合工程应用和电路设计的相应分析方法值得重视。

面向工程的电路设计中通常包含很多电路分析应用点,尤其是为使设计具有可行性,其中分析所用的理念及方法往往呈现多样性。

所有工程设计都开始于需求,这个需求可能来源于改善现有的设计,也可能是创建新的设计。首先要对需求进行仔细的评估,通过评估生成设计要求,设计要求指出了设计的可测量特征。设计一旦提出,设计需求就成为了评估设计能否满足要求的标准;其次,要讨论设计的概念,对设计要求的完全理解产生了概念,概念源于电路知识基础和经验,可以体现为一张草图、一段文字描述或其他形式;然后,要将概念转化为数学模型。电气系统的数学模型就是电路模型,也就是使用理想电路元件来表现实际电气元件的特性,其精确度是非常重要的。这样,通过比较设计要求中的期望特性和电路分析得到的预测特性,进行电路模型和理想电路元件的改进。

一旦期望特性和预测特性一致,就完成了设计所需求的物理原型的构造。物理原型是一个实际的电气系统,由实际电气元器件构成。测量技术用于确定实际物理系统的特性。经实际特性与设计要求中的期望特性以及电路分析得到的预测特性相比较,进行物理原型和电路模型的改进。重复进行上述处理,不断改进元器件和系统的逼近度,最终产生一个精确的设计以满足工程设计的实际需求。

从以上描述可以看出设计过程中电路分析的重要作用。电路理论将造就电气工程师们具有用理想电路元件模拟实际电气系统的能力。

第 2 章
电路元件、信号和电路基本定律

本章介绍电路理论中的基本概念和理论基础，包括基本物理量、基本元件、常用信号、拓扑图论基础和电路基本定律，强调电流、电压的参考方向及其物理意义，概述电路中各种信号的不同应用背景，揭示理想元件、实际器件、工程中选用元器件之间的内在联系与差异，为电路分析和计算奠定基础。

2.1 电路中的基本物理量

描述电路的基本物理量有电荷、电位、电压、电动势、电流、功率以及能量。

电荷[符号：q，单位：库（C）]：描述所有电现象的源量。在电路理论中，电荷的分离引起电势，电荷的运动产生电流。

电荷具有两种可能的极性，即有正电荷和负电荷之分；电荷量是离散量，是电子电荷量的绝对值 $1.602\ 2\times10^{-19}$ C 的整数倍；电现象归结为电荷的分离和电荷的运动。

电位又称电势[符号：φ，单位：伏（V）]：将单位正电荷从一点移至参考点电场力所做的功。

只有在保守力场中（做功与路径无关），势或位的概念才有意义。例如，重力场和静电场都是保守力场，才可以在空间单值地定义势或位。由 1.2 节有关集总电路抽象原则可见，在集总电路中可以使用电位的概念。

电位是相对度量的辅助物理量，电路中某点电位值与参考点（即零电位点）的选择密切相关。当某点的电位高于参考点的电位时，其电位值为正值；当某点的电位低于参考点的电位时，其电位值为负值。

电压[符号：u/v 或 U/V，单位：伏（V）]：在电场中，将单位正电荷从 A 点移动到 B 点电场力所做的功，即 $u_{\mathrm{AB}}=\dfrac{W}{q}=\dfrac{\int_{\mathrm{A}}^{\mathrm{B}}\vec{F}\cdot\mathrm{d}\vec{l}}{q}=\int_{\mathrm{A}}^{\mathrm{B}}\vec{E}\cdot\mathrm{d}\vec{l}$，积分上、下限 A 和 B 分别表示电场力做功的起始点和终止点。常用的单位还有毫伏（mV）、千伏（kV）等。

电压也称为电位差，即 $u_{\mathrm{AB}}=\varphi_{\mathrm{A}}-\varphi_{\mathrm{B}}$，其值与参考点的选择无关。

电压 u_{AB} 的方向是指电位降低的方向。电场力做功，系统能量减少，A 点电位高于 B 点电位，或者说 u_{AB} 的方向是从高电位指向低电位的方向。

电动势[符号：*e* 或 *E*，单位：伏(V)]：表征电源的物理量，是指电源内部单位正电荷从电源的负极板移送到正极板非电场力所做的功。

电动势的方向为从电源的负极板指向正极板，或者说由低电位指向高电位。

电源的电动势形成了电压，电荷在电场力的作用下进行定向移动，形成了电流。

电流[符号：*i* 或 *I*，单位：安(A)]：单位时间内通过导线某一截面的电荷量，每秒通过 1 库仑的电量称为 1 安培(A)。电流的大小称为电流强度，简称电流。常用的单位还有毫安(mA)、微安(μA)等。电流的方向规定为正电荷运动的方向。

功率[符号：*p* 或 *P*，单位：瓦(W)]：电路元件或某段电路吸收或提供能量的速率。$p=\frac{\mathrm{d}w}{\mathrm{d}t}=\frac{\mathrm{d}w}{\mathrm{d}q}\frac{\mathrm{d}q}{\mathrm{d}t}=ui$，该关系式表明，若电场力使正电荷在导体中移动而做功，则系统减少的能量一定转化为该段导体所吸收并呈现的热功率损耗。

能量[符号：*w* 或 *W*，单位：焦(J)]：某段时间内，电路吸收或发出的能量为 $w=\int_{t_0}^{t}p\mathrm{d}\tau$。

从本质上讲，电荷的概念是描述一切电现象的基础，但是电荷不易测量，因此，电路中以便于测量的电流和电压作为最基本的变量，其他物理量均可由其导出并计算。

在电路分析中，常遇到各种各样的信号，随时间变化或固定不变，因此，有必要对变量的符号书写作如下约定：大写表示直流，小写表示随时间变化，如 $u_{ab}(t)$、$v_{ab}(t)$ 或 u_{ab}、v_{ab} 均表示随时间变化的电压。对于交流信号分析以及非线性电路中的小信号分析，会有更详实的约定，也即大写字母、大写下标，表示直流量(或静态电流)(例如 I_B)，小写字母、大写下标，表示包含直流量的瞬时总量(例如 i_B)，大写字母、小写下标，表示交流有效值(例如 I_b)，小写字母、小写下标，表示交流瞬时值(i_b)，大写字母加上点，小写下标，表示交流复数值(例如 $\dot{I}_b$)。

2.1.1　电流、电压及其参考方向

带电粒子在电场力作用下做定向运动就形成电流。导体中的电流称为传导电流，是自由电子在电场力作用下克服热运动形成的；半导体中的电流是自由电子(负电荷)和空穴(正电荷)因浓度差而产生扩散运动，或在电场力作用下产生

漂移运动;真空电子管中的电流则是正、负离子在电场力作用下产生的,称为运流电流。

任意一个电路中,在任一确定的瞬时,每一个元件中流过的电流(任意两点间的电压)都有一个确定的大小和方向,但是在未做分析计算之前,各元件上电流(任意两点间的电压)的大小和方向并不知道,所以在电路分析和计算中,首先要对每个元件假设一个电流(电压)的正方向,这就是所谓电流(电压)的参考方向。参考方向可以任意假定,但是一旦选定之后,在分析过程中就不再改变。离开参考方向只讲电流(电压)的大小是不完整的,离开参考方向只讲电流(电压)的正负也是没有意义的。

在电路图中,电流的参考方向用箭头表示,如图 2.1.1(a)、(b)所示。有时也用双下标表示电流的方向,如图 2.1.1(a)中电流可表示为 I_{AB}。当完成电路的分析计算后,如果求得电流 I 为正,说明电流的参考方向即是实际电流的正方向,实际电流由 A 流向 B;当电流 I 为负时,说明电流的参考方向与实际电流正方向相反,实际电流由 B 流向 A。

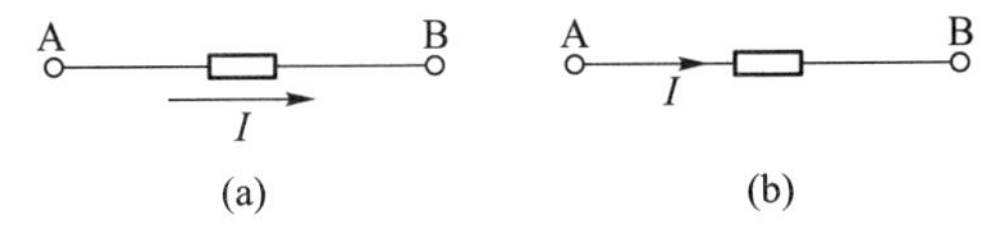

图 2.1.1 电流参考方向表示

电压参考方向的表示方法除了用箭头表示电位降低方向外,还可以用高低电位表示,如图 2.1.2(a)所示,“+”“-”分别为高电位和低电位的标识,图 2.1.2(b)中的箭头表示电压的方向,也可以用双下标表示,如 U_{AB}。当电压 U 为正值时,说明电压的参考方向即是电压的实际正方向,A 点的电位比 B 点高 U 伏;当电压 U 为负值时,说明电压的参考方向与电压的实际正方向相反,A 点的电位比 B 点低 $|U|$ 伏。

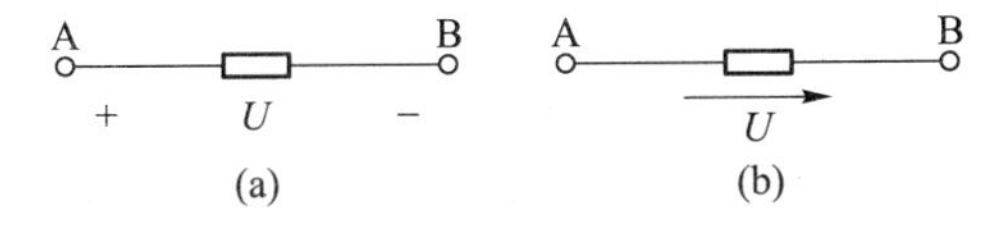

图 2.1.2 电压参考方向表示

对于一个电路元件,当它的电压和电流的参考方向选为一致时,通常称为关联参考方向。如图 2.1.3(a)所示,对于这个元件来说,关联参考方向意味着用箭头表示的电压和电流方向相同。当一个电路元件的电压和电流的参考方向选为相反时,通常称为非关联参考方向,如图 2.1.3(b)所示。

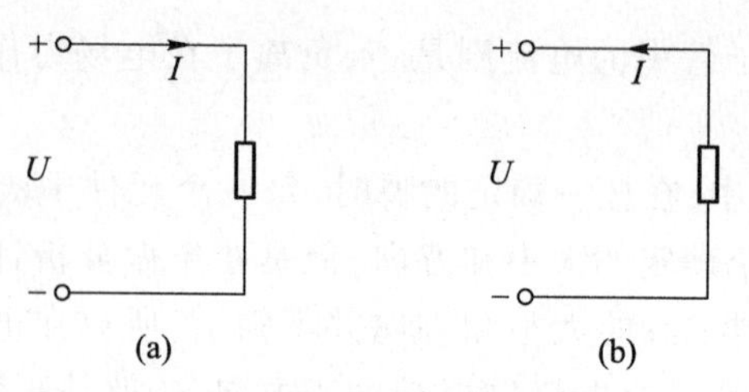

图 2.1.3　电压和电流关联和非关联参考方向示意图

关于参考方向,下述结论值得注意:

(1) 若电路变量随时间变化,那么参考方向指的是某一瞬时的参考正方向。

(2) 若某元件采用关联参考方向,那么,只需要标注出电压或电流中的任意一个方向即可。

(3) 图 2.1.3 可以看成是一个元件,也可以看成是由若干元件连接而组成的电路。只要该电路有两个引出端,且从一端流入的电流与从另一端流出的电流相同,即称其构成一个端口。这种有两个端钮且组成一个口的电路称为一端口电路。显然参考方向的结论同样适用于一端口电路。

2.1.2　功率与能量

功率和能量在电路理论中是很重要的两个概念,因为电路的基本功能是实现电能传送和电信号转换。在强电领域,如高低压电网输送强大功率至各地用户,工厂中的车、刨、铣、钻、磨床,采用电动机进行传动,炼钢厂的电弧炉以及电冰箱、洗衣机、电熨斗、微波炉等家用电器将电能转换为机械能、热能和光能等。在弱电领域,音响、电视、广播以及通信系统和自动控制系统中的信号处理都伴随着电磁能的传送和转换。

某一端口电路,其电压和电流参考方向设为关联参考方向,若在 $\mathrm{d}t$ 时间内有元电荷 $\mathrm{d}q$ 从高电位端移至低电位端,则该一端口电路吸收电能(即电场力做功)为

$$\mathrm{d}w = u\mathrm{d}q$$

元能量 $\mathrm{d}w$ 对时间 $\mathrm{d}t$ 的比值定义为一端口吸收的电功率,简称功率,则

$$p(t) \triangleq \frac{\mathrm{d}w(t)}{\mathrm{d}t} = \frac{\mathrm{d}w(t)}{\mathrm{d}q} \cdot \frac{\mathrm{d}q}{\mathrm{d}t} = u(t) \cdot i(t)$$

$p(t)$称为瞬时功率。在直流情况下,$P = UI$。功率的单位为瓦特(简称瓦,记为W)。在采用端口电压电流关联参考方向情况下,功率计算结果为正值,表示该一端口电路吸收功率,相当于负载;与此相反,若计算所得功率为负值,则表示该一端口电路发出功率,相当于一个提供能量的电源。若电压和电流为非

关联参考方向,则当功率的计算结果为正时,表示发出功率,相当于电源;为负时表示吸收功率,相当于负载。由此可见,不考虑参考方向而谈论功率的正负是没有意义的。在计算功率时需要说明功率的属性。无论电压和电流是否为关联参考方向,其功率的属性都是相同的,但功率值的正负号会呈现相应区别。

例 2.1.1 写出图 2.1.4 所示两个一端口电路的直流功率计算公式,并指出其功率属性。

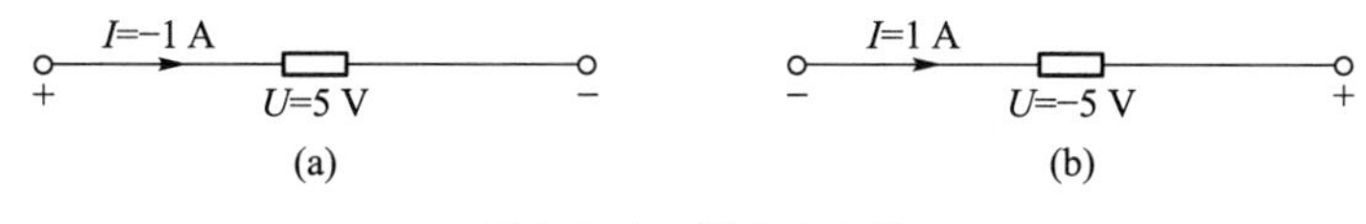

图 2.1.4 例 2.1.1 图

解:图 2.1.4(a)中,$P=UI=5\times(-1)$ W $=-5$ W,为吸收-5 W,也就是发出 5 W。由于 I 为负,表示真实的电流方向与图中所标参考方向相反,所以该电路发出功率。

图(b)中,$P=UI$(发出),代入电压电流值后,$P=(-5)\times1$ W $=-5$ W。综合考虑参考方向下的功率属性和功率值的正负号,最终得到该电路吸收 5 W 功率。

图(b)也可以写成 $P=-UI$(吸收),代入电压电流值后,$P=-(-5)\times1$ W $=5$ W,则为吸收 5 W。

可见功率的真实属性与参考方向的选择无关。

功率对时间的积分就是能量。从 t_0 到 t 时间区间内,元件或一端口电路吸收的电能量定义为

$$W=\int_{t_0}^{t}p\mathrm{d}\xi=\int_{t_0}^{t}u(\xi)i(\xi)\mathrm{d}\xi$$

在国际单位制中,前已指出,功率的单位是瓦特,符号为"W"。能量的单位是焦耳,符号为"J"。焦耳单位很小,应用中常用"度"做电能量的单位,"度"即千瓦时,符号是 kW · h。1 度 = 1 kW · h = 1 000 · 3 600 J = 3.6×10^6 J。

在所有能量转换的过程中,总能量保持不变,所以在一个电路系统中,电源发出的能量总是等于负载消耗的能量。

值得注意的是,对于一段由若干个元件串联而成的支路,只有在支路端电压和电流的参考方向选定后,才能写出端电压和电流的关系式,然后计算其总功率。

例 2.1.2 一个电阻 R 和一个电压源(看成是电压恒定的干电池)U_S 串联的支路,已知该电压源向电路提供电能。按照图 2.1.5 中四种方式选择该一端

口电路的端电压和电流参考方向,写出其端电压与电流间的关系式,并计算电路总功率。

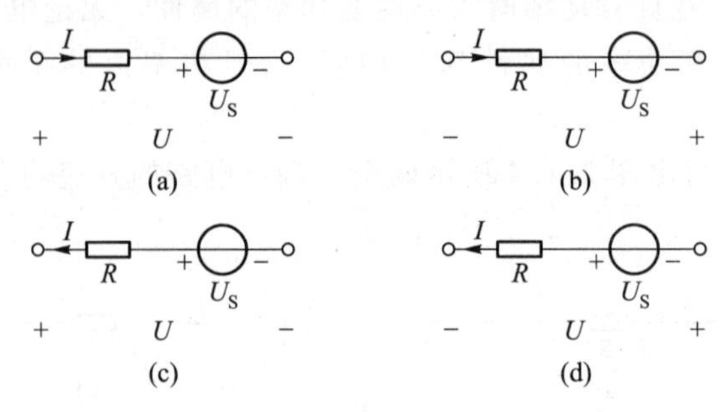

图 2.1.5　不同的端电压和电流的参考方向

解:对于图(a)有:$U=RI+U_S$,$P=UI=RI^2+U_SI$

对于图(b)有:$U=-RI-U_S$,$P=UI=-RI^2-U_SI$

对于图(c)有:$U=-RI+U_S$,$P=UI=-RI^2+U_SI$

对于图(d)有:$U=RI-U_S$,$P=UI=RI^2-U_SI$

上述计算结果似乎表明,同一电路,仅因为参考方向选择不同,计算得出了不同的功率大小以及性质。这是一个错误的判断。因为必须结合参考方向以及计算所得功率值的符号,才能得知真实的功率性质。

为此,现给定具体电路参数值,进一步分析如下。设 $U_S=10$ V,$R=5$ Ω,已知图 2.1.5(a)、(b)中 $I=-1$ A,图 2.1.5(c)、(d)中 $I=+1$ A。

从而得到

对于图(a)$U=[5(-1)+10]$ V$=5$ V,$P=[5\times(-1)]$ W$=-5$ W,吸收-5 W。

对于图(b)$U=[-5\times(-1)-10]$ V$=-5$ V,$P=[-5\times(-1)]=+5$ W,发出$+5$ W。

对于图(c)$U=[-5(+1)+10]$ V$=5$ V,$P=[5\times(+1)]$ W$=+5$ W,发出$+5$ W。

对于图(d)$U=[5(+1)-10]$ V$=-5$ V,$P=[-5\times(+1)]$ W$=-5$ W,吸收-5 W。

综上可见,电路中电压和电流的真实方向是唯一的,电路的计算结果也是唯一的,而参考方向可以任意选取,因此会得到不同的计算表达式。为求分析简明,对于能够判断能量流向的简单电路,应尽量按照其真实方向来设定电压和电流的参考方向。

以上典型示例的分析表明,电源发出的功率=电阻消耗的功率+向外部提供的功率,也即整个电路中的功率是守恒的。这也是集总电路模型化的必然结果。

2.2 电路信号

远古时期,人们通过声、光来传递简单的信息。随着科学技术的进步,人们要求传送的信息日趋复杂,对传递信息的信号形式的要求也越来越高。实践表明,电是能胜任担当携带各种信息的最佳主角,因为电容易产生,控制快速准确,可靠性高,适合远距离传送。

在实际工程中,经常遇到非电物理量,如机械位移或速度;化工中的压力、流量、温度、液位、化学成分组成等,为了达到对非电物理量进行测试、分析和控制的目的,通常首先将非电量转换成电量。正是利用了电量的测试、显示、记录和分析研究远比非电量简捷、精确的特点,因此众多传感器充当了将力、振动、温度、光、声等信号转换为电量的媒介。在这一过程中,电路中的时变电压或电流都可认为蕴藏着某种信息,这种载有信息内容的时变电压和电流就称为信号。图 2.2.1 所示远程压力测量系统,首先将压力转换成电信号(即携带压力信息的

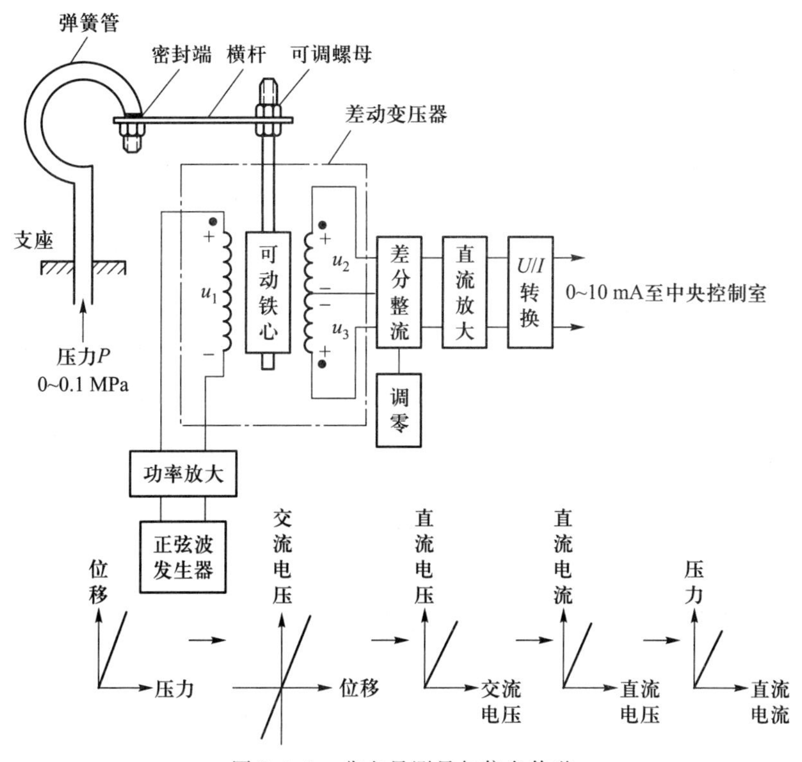

图 2.2.1　非电量测量与信息传递

电压或电流），然后通过传输线送到中央控制屏上显示。具体过程如下：弹簧管产生对应于压力 P 值的形变，通过横杆带动可动铁心往上移动，此时铁心对二次侧两线圈处于上下不对称位置，结果使 u_2 的有效值大于 u_3，经差动整流输出一个对应于压力大小的直流电压，再通过直流电压放大以及将直流电压转换成直流电流输出，这个输出直流电流的大小就对应于输入压力的大小。

2.2.1　信号及其分类

1. 信号的表述

包含信息的电信号简称信号。电路理论中所指的信号就是随时间变化的电压、电流，描述这种随时间变化的电路变量的基本方法是把它们写成时间函数表达式，或画出该时间函数的图形，称为信号波形。

本书只限于讨论一些常用的规则信号，也就是说，它们都可以用一个时间函数来表示，是随时间变化的电压和电流。因此，若无特殊说明，就信息传递而言，信号、函数、电压和电流具有相同含义，如正弦信号、正弦函数、正弦电压、正弦电流等都是一种随时间作正弦变化的信息表示形式。

2. 信号的分类

最常见的信号之一是直流和交流。日常生活中的电力供给就是直流电和频率 $f=50$ Hz 的正弦交流电。

直流信号　$f(t)=A \quad (-\infty<t<+\infty)$

式中，A 为任意常数。该信号的特点是，在 $-\infty<t<+\infty$ 时间内，信号的函数值始终保持恒定而不发生任何变化。直流信号的波形如图 2.2.2(a)所示。

正弦交流信号　$f(t)=A_{\mathrm{m}}\sin(\omega t+\psi_{\mathrm{i}}) \quad (-\infty<t<+\infty)$

其中，A_{m}——振幅；$\omega=\dfrac{2\pi}{T}=2\pi f$——角频率（rad/s）；$T$——周期（s）；$f$——频率（Hz）；$(\omega t+\psi_{\mathrm{i}})$——相位；$\psi_{\mathrm{i}}$——初相位，即 $t=0$ 时的相位。其波形如图 2.2.2(b)所示。A_{m}、ω、ψ_{i} 称为正弦信号三要素，由这三个量就可完全表征一个正弦信号。

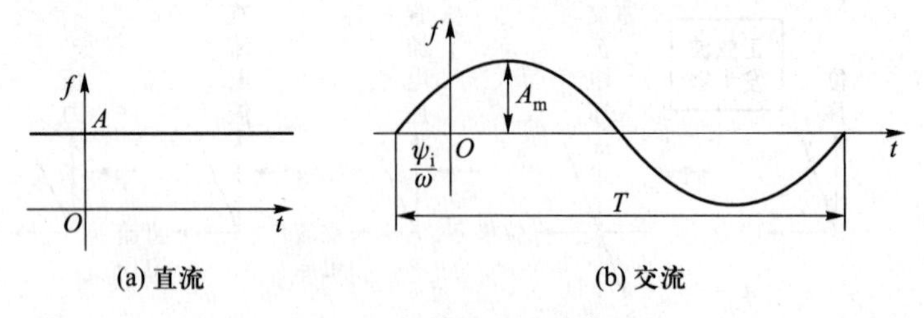

图 2.2.2　直流与交流信号

除了直流和交流，信号还有其他形式如下：

(1) 按用途区分，有通信信号、广播电视信号、雷达信号、控制信号等。这些信号的波形和频带宽度（指当一个信号分解为各频率分量时，从其零频至需计到某个高频分量为止的所有频率分量的范围大小）都不相同。

(2) 按信号对时间的变化规律区分，有确知（规则）信号和随机（不规则）信号两大类。其中，确知信号是指能够表示为确定的时间函数，其波形具有一定形状。也就是说，当给定某一时间值时有确定数值的信号，如音频振荡器输出的正弦信号，脉冲发生器输出的脉冲信号等。而随机信号往往有不可预知的不确定性，如信号传输过程中混入的噪声和干扰。对于随机信号，一般用概率统计的观点和方法来研究。本教材仅限于讨论常见的规则信号。

(3) 按照信号函数的重复性区分，可分为周期和非周期信号。

周期信号的数学表述为

$$f(t)=f(t+nT) \quad (-\infty<t<+\infty)$$

式中，$n=0,\pm1,\pm2,\cdots$，T 为重复出现的最小间隔时间。

应指出：

① 按定义，周期信号必须是周而复始且无始无终，但是在实际工程中所有信号都是有始有终的，故可将在一段相当长时间内周而复始有规律变化的信号看成周期信号的一种近似。

② 周期信号传递信息是不经济的，因为仅有一个周期内的信息是有意义的，其他时间内仅是重复而已。所以实际上根本不会用周期函数进行信息传递。

通过傅里叶级数展开公式，非正弦周期信号可以分解为包含了无穷多个频率的正弦周期信号，如果以频率为横轴，分别以各个频率下正弦波的幅值和初相角为纵轴，可以得到幅值和初相角与频率之间的关系曲线，是离散的谱线，分别称为振幅频谱和相位频谱。

与周期信号相反，不具有周期性的信号称为非周期信号。非周期信号通过傅里叶变换，如果以频率为横轴，$F(j\omega)$ 的模和角分别为纵轴，可以得到该信号与频率之间的幅频和相频特性曲线，它们是连续的曲线，称之为连续频谱。相关详细内容将在第 6 章介绍。

(4) 按信号对连续时间取值区分，可分为连续时间信号和离散信号。

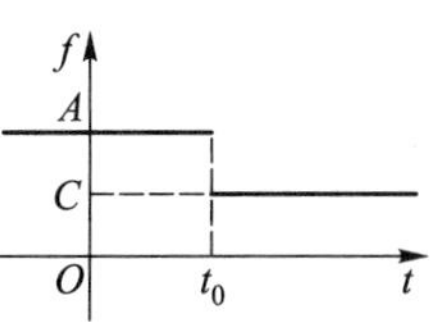

图 2.2.3　模拟信号

连续时间信号是指在所讨论时间范围内，对任意时间的取值，都有确定的函数值（包括函数值不连续点）。如图 2.2.3 所示，信号不连续点的函数值要结合实际的物理意义予以定义，可取左极限值 $f(t_{0_-})=A$、右极限值 $f(t_{0_+})=C$ 或左右极限的平均值 $f(t_0)=\dfrac{A+C}{2}$。为表征信号函数值不连续的突变现象，称 $f(t_{0_+})-f(t_{0_-})=A-C$ 为信号在 $t=t_0$ 处的跳变量。这种连续信号的特点是除函数值不连续点外，其图形都是由一些光滑曲线段组成的，故又将此类连续信号称为模拟信号。

如果对模拟信号的幅值进行“量化”，即对时间仍然连续取值，但幅值被限制在某些特定值上的模拟信号称为量化信号，如图 2.2.4(b) 即为正弦信号图 2.2.4(a) 的量化信号。

如果信号在某些间断点才有确定的函数值，而在其他时间信号并不存在，则称为离散时间信号[如图 2.2.4(c)]，经过特别量化了的离散信号称为数字信号[如图 2.2.4(d)]。如果离散信号在离散后的数值是某连续信号对应时刻的函数值，则称这种离散信号为采样信号，因而离散信号可视为对连续信号进行采样的结果。如前述图 2.2.4(d) 的数字信号即可看成是图 2.2.4(a) 信号经量化后得到的。由此可见，对模拟信号进行采样、量化就可将模拟信号转化为对应的数字信号，这种转换叫做 A/D 转换(模数转换)，实现这种功能的电路叫做 A/D 转换器。

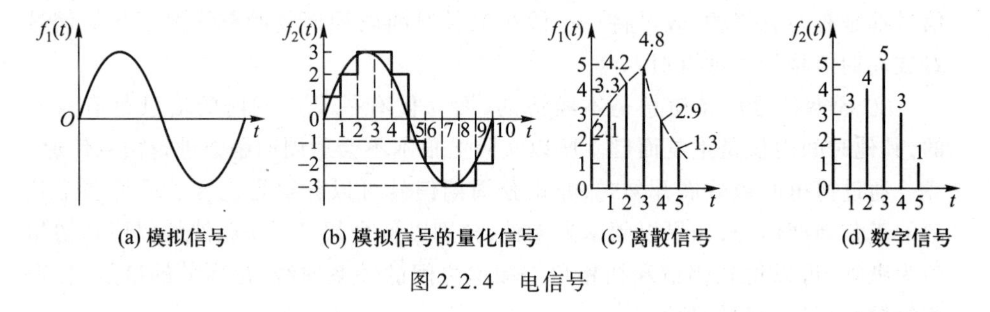

(a) 模拟信号　(b) 模拟信号的量化信号　(c) 离散信号　(d) 数字信号

图 2.2.4　电信号

在电路理论中常见的模拟信号有直流信号、正弦信号、指数信号、复指数信号和奇异信号，由这些基本信号可衍生出其他更为复杂形态波形的信号。

2.2.2　电路中常用的模拟信号

除了前面给出的直流和交流信号外，将电路理论中常见的信号表达式和波形分列如下。

1. 指数信号

$$f(t)=Ae^{at}\quad(-\infty<t<+\infty)$$

式中，a 为实数，A 为常数。若 $a>0$，信号将随时间增长而增强；反之，$a<0$，则随时间增长而衰减；$a=0$，即为直流信号。A 为指数信号在 $t=0$ 的初始值。指数信

号波形如图 2.2.5(a)所示。在电路分析中,通常只采用 $t>0$ 时的衰减指数信号,即单边指数信号,如图 2.2.5(b)所示。

2. 指数衰减正弦信号

指数衰减正弦信号,其数学表达式为

$$f(t)=\begin{cases}0 & t<0\\ A_{\mathrm{m}}\mathrm{e}^{-at}\sin(\omega t+\theta) & t\geqslant 0\end{cases}$$

其中衰减振幅限定了指数衰减正弦信号的振幅范围,称为包络线。

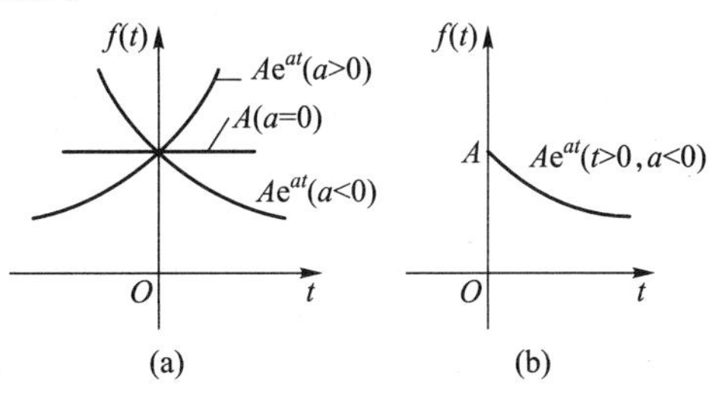

图 2.2.5 指数信号与单边指数信号

3. 复指数信号

$$f(t)=A\mathrm{e}^{st}\quad(-\infty<t<+\infty)$$

式中,$s=\sigma+\mathrm{j}\omega$,$\sigma$ 和 ω 分别为复数 s 的实部和虚部。利用欧拉公式可将复指数信号分解为如下实、虚两部分信号之和

$$A\mathrm{e}^{st}=A\mathrm{e}^{(\sigma+\mathrm{j}\omega)t}=A\mathrm{e}^{\sigma t}(\cos\omega t+\mathrm{j}\sin\omega t)$$

若 $\sigma<0$,实部和虚部分别为衰减振荡的余弦信号和正弦信号。

若 $\sigma=0$,即 $s=\mathrm{j}\omega$,实部和虚部都是等幅振荡的余弦信号和正弦信号。

若 $\omega=\sigma=0$,即 $s=0$,则复指数信号即为与时间无关的直流信号。

若 $\omega=0$,即 $s=\sigma$,则复指数信号即为一般指数信号。

由此可见,复指数信号综合了直流信号、指数信号、正弦信号和余弦信号,它是电路分析中常见的重要信号,在时域分析中,复指数信号表现为指数或正弦信号的形式。在频域和复频域分析中,复指数信号则称为基本信号。

4. 奇异信号

在电路分析中,经常要遇到一些函数(信号)不光滑而有跳跃式的变化[即在某些时间点上,函数(信号)值不连续,或其导数值以及积分值也不连续]。这类特殊函数(信号)统称为奇异函数(信号)。

(1) 单位阶跃信号

$$\varepsilon(t)=\begin{cases}0 & t<0\\ 1 & t>0\end{cases}$$

其波形如图 2.2.6(a)所示。单位阶跃信号可模拟电压为 1 V 的电源在 $t=0$ 时刻突然接入电路,如图 2.2.6(b)和(c)所示,并长久持续作用的过程。

如果接入电源的时间推迟到 $t=t_1$ 或提前到 $t=-t_2$ 的时刻,则模拟开关接入的单位阶跃信号也将相应推迟或提前,如图 2.2.7 所示,这两种单位阶跃信号统称为迟延(或位移)单位阶跃信号,其数学表示式为

$$\varepsilon(t-t_1)=\begin{cases}0 & t<t_1\\1 & t>t_1\end{cases}\qquad \varepsilon(t+t_2)=\begin{cases}0 & t<-t_2\\1 & t>-t_2\end{cases}$$

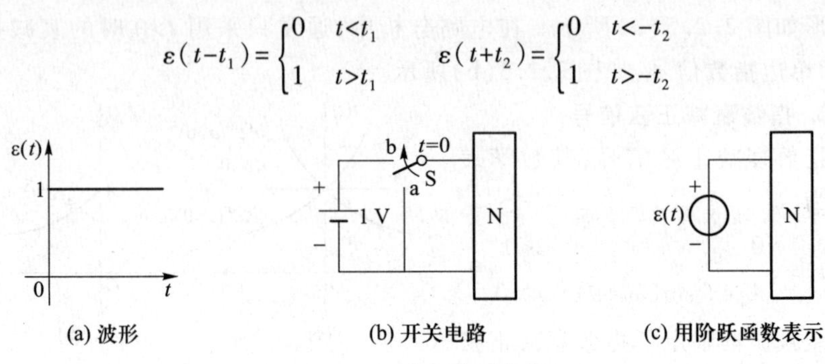

图 2.2.6　单位阶跃信号

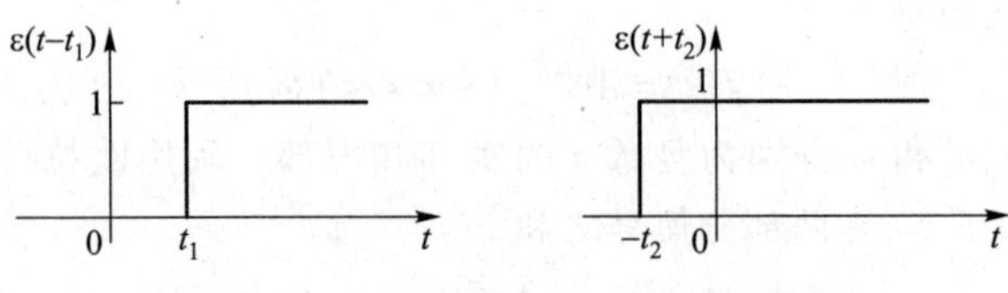

图 2.2.7　迟延(或位移)单位阶跃信号

上述单位阶跃信号或迟延单位阶跃信号的特点是在跳变瞬间点的不连续值为1,即表示其幅值跳变为1个单位。若信号的幅值在推迟到 t_0 时跳变 A 个单位,称此信号为 A 个单位迟延阶跃信号,其表达式为

$$f(t)=A\cdot\varepsilon(t-t_0)=\begin{cases}0 & t<t_0\\A & t>t_0\end{cases}$$

阶跃信号是电路分析中非常重要的信号,其应用广泛,可以表达各种脉冲信号,如图 2.2.8(a)所示的矩形脉冲(亦称为门信号),可以看成图 2.2.8(b)所示的两个阶跃信号的叠加,其表达式为

$$f(t)=3\times\varepsilon(t-1)-3\times\varepsilon(t-3)=\begin{cases}0 & t<1\\3 & 1<t<3\\0 & t>3\end{cases}$$

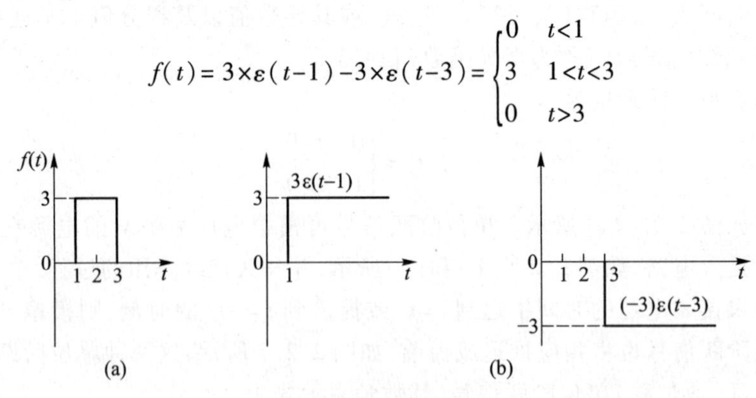

图 2.2.8　脉冲信号

其次,利用阶跃信号的单边性来描述各种信号在不同时刻接入电路非常方便。对应于图 2.2.9 中的四种波形,其表达式分别为

$$u_1(t)=U_m\sin\omega t\cdot\varepsilon(t);$$

$$u_2(t)=U_m\sin[\omega(t-t_0)]\cdot\varepsilon(t);$$

$$u_3(t)=U_m\sin\omega t\cdot\varepsilon(t-t_0);$$

$$u_4(t)=U_m\sin[\omega(t-t_0)]\cdot\varepsilon(t-t_0)。$$

请注意区分它们之间的差别。其中,$u_4(t)$这种信号特指为 $u_1(t)$的时移信号,表示 $u_1(t)$信号推迟到 t_0 时刻接入。

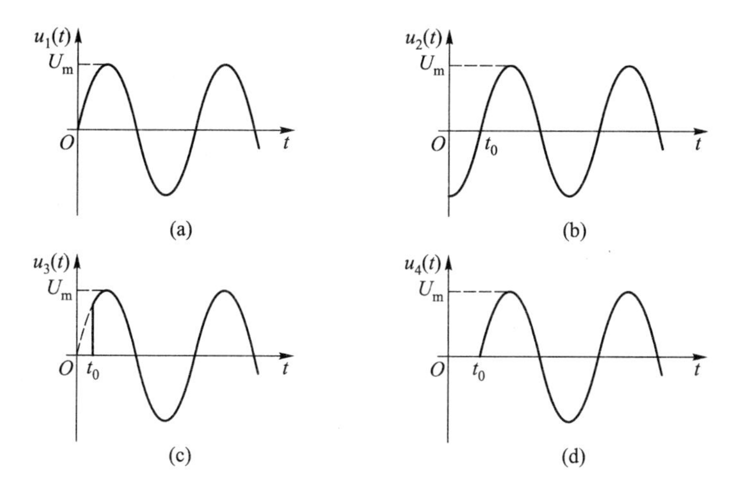

图 2.2.9 不同时刻接入电路的正弦信号

最后,利用单位阶跃信号可以表示信号存在的时间范围。例如,时间存在区间为$\left(0,\dfrac{2\pi}{\omega}\right)$的正弦电压信号可简单地表示为

$$u(t)=U_m\sin\omega t\left[\varepsilon(t)-\varepsilon\left(t-\frac{2\pi}{\omega}\right)\right]$$

(2) 单位斜变信号

斜变信号是指其幅值随时间正比例增长的信号。如果增长速率为 1,则称为单位斜变信号,而且一般都是单边的,其波形如图 2.2.10(a)所示。常用符号 $r(t)$表示单位斜变信号,其定义为

$$r(t)=\begin{cases}0 & t<0\\ t & t>0\end{cases}$$

若引用单位阶跃信号的符号,则上式可简洁地写成如下形式

$$r(t)=t\cdot\varepsilon(t)$$

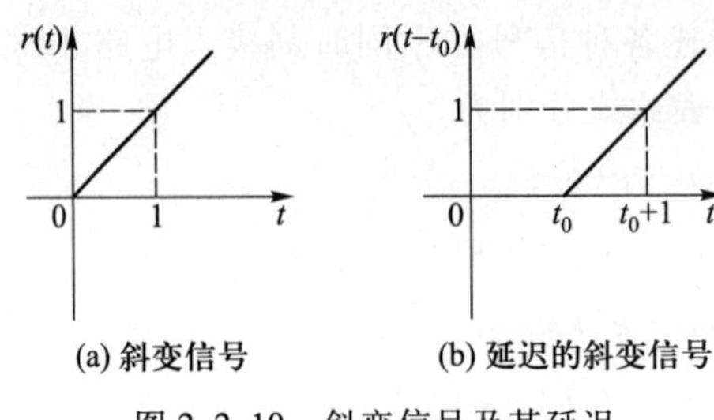

(a) 斜变信号　(b) 延迟的斜变信号

图 2.2.10　斜变信号及其延迟

同样,亦有如图 2.2.10(b)所示的迟延单位斜变信号,其表达式为

$$r(t-t_0)=\begin{cases}0 & t<t_0\\ t-t_0 & t>t_0\end{cases}$$

利用不同线性增长速率的斜变信号可以表示脉冲信号。例如,图 2.2.11(a)所示的梯形脉冲可表示为

$$f(t)=2t\cdot\varepsilon(t)-2(t-1)\cdot\varepsilon(t-1)-2(t-3)\cdot\varepsilon(t-3)+2(t-4)\cdot\varepsilon(t-4)$$

即可看作在四个不同时刻出现的斜变信号叠加的结果,如图 2.2.11(b)所示。

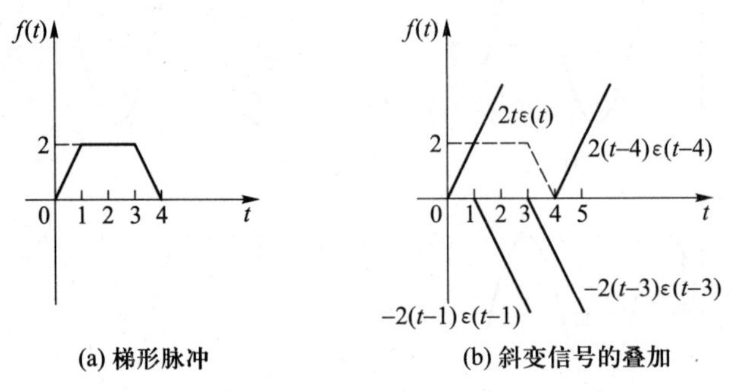

(a) 梯形脉冲　(b) 斜变信号的叠加

图 2.2.11　梯形脉冲及其演变

不难看出,单位阶跃信号和单位斜变信号之间有下列关系

$$\int_{-\infty}^{t}\varepsilon(\tau)\,\mathrm{d}\tau=r(t)\quad 和 \quad \frac{\mathrm{d}r(t)}{\mathrm{d}t}=\varepsilon(t)$$

(3) 单位冲激信号

工程技术中,经常要遇到利用作用时间极短而数值又极大的函数来描述某些物理现象。例如,建筑工地打夯的冲击力,船舶靠岸的冲击力,核爆炸的冲击波等都是力学中冲击力的典型示例。又如在电学中,电源对电容器充电时产生的电流冲击,高压输电线遭受雷击,以及雷云对地的闪电等。为此,产生了“冲激”信号的概念。

首先考察一个宽度(或称脉宽)为 τ,高度(或称幅度)为$\frac{1}{\tau}$的矩形脉冲信号 $f(t)$,如图 2.2.12(a)所示。若令 $\tau\to 0$,则$\frac{1}{\tau}\to\infty$,但其面积始终保持不变。这时,矩形脉冲信号转化成一个仅存在于 $0_-<t<0_+$ 时间内的无限狭窄,幅度趋于无

穷大,而面积却恒等于 1 的特殊形态的信号,如图 2.2.12(b)所示,称之为单位冲激信号(或单位冲激函数)。常用符号 $\delta(t)$ 予以表示。

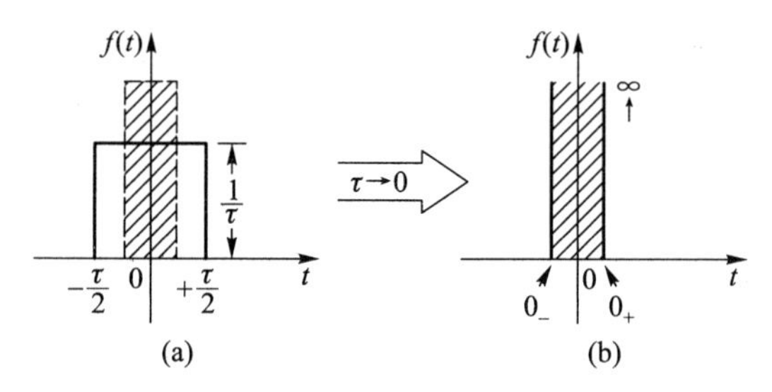

图 2.2.12 单位脉冲函数与单位冲激函数

由此可见,单位冲激信号是矩形脉冲在一定条件下取极限(不同于一般极限概念,可称之为广义极限)的结果,可用下式描述

$$\delta(t)=\lim_{\tau\to 0}\left[\frac{1}{\tau}\varepsilon\left(t+\frac{\tau}{2}\right)-\frac{1}{\tau}\varepsilon\left(t-\frac{\tau}{2}\right)\right]$$

单位冲激信号在物理学中又称狄拉克函数,其数学定义式为

$$\begin{cases}\delta(t)=0 & t\neq 0\\ \int_{-\infty}^{+\infty}\delta(t)\,\mathrm{d}t=1\end{cases}$$

上式表明单位冲激信号仅存在于 $t=0$ 的瞬间(即 $0_-<t<0_+$ 时间内),故上式可改记为

$$\begin{cases}\delta(t)=0 & t\neq 0\\ \int_{0_-}^{0_+}\delta(t)\,\mathrm{d}t=1\end{cases}$$

由于 $\delta(t)$ 对自变量 t 的积分为一个单位面积,常称此积分值为单位冲激信号的冲激强度。单位冲激信号的图形常用在 $t=0$ 时刻的一个粗实箭头表征,且标出(1)表示冲激强度值,如图 2.2.13(a)所示。

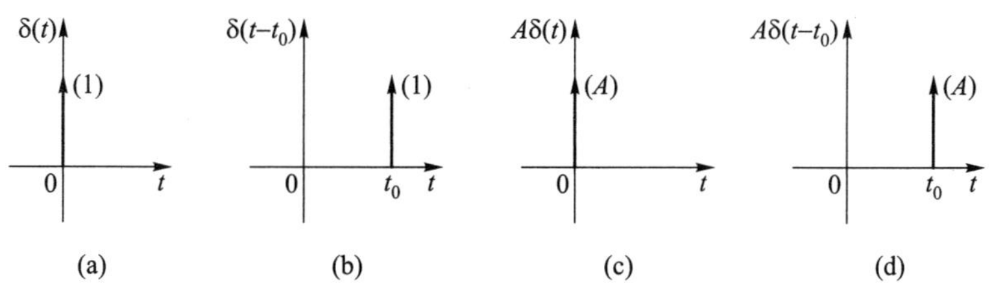

图 2.2.13 冲激信号

若单位冲激信号在 $t=t_0$ 处出现,则有

$$\begin{cases}\delta(t-t_0)=0 & t\neq t_0 \\ \int_{t_{0_-}}^{t_{0_+}}\delta(t-t_0)\,\mathrm{d}t=1\end{cases}$$

如图2.2.13(b)所示。图2.2.13(c)和2.2.13(d)分别对应于发生在 $t=0$ 处和 $t=t_0$ 处强度为 A 的正冲激信号。

从冲激信号定义出发,可推出冲激信号若干常用的性质如下。

① 采样性(或称筛选性)

若信号 $f(t)$ 有界,且在 $t=0$ 处连续,则有

$$\int_{-\infty}^{+\infty}f(t)\delta(t)\,\mathrm{d}t=f(0)$$

上式表明,若信号 $f(t)$ 与单位冲激信号的乘积在 $-\infty<t<+\infty$ 时间内的积分值等于该信号在 $t=0$ 处的函数值 $f(0)$,称 $f(0)$ 为单位冲激信号对信号 $f(t)$ 的采样值(或称取样、抽样值等)。

$\delta(t)$ 的采样性可证明如下

$$\int_{-\infty}^{+\infty}f(t)\delta(t)\,\mathrm{d}t=\int_{-\infty}^{+\infty}f(0)\delta(t)\,\mathrm{d}t=f(0)\int_{0_-}^{0_+}\delta(t)\,\mathrm{d}t=f(0)$$

同理,有

$$\int_{-\infty}^{+\infty}f(t)\delta(t-t_0)\,\mathrm{d}t=f(t_0)$$

可以设想,如果一个连续函数 $f(t)$ 与单位冲激信号序列(对应于等间隔时间 T 的一系列迟延单位冲激信号)相乘并积分将得到连续时间函数 $f(t)$ 的一组函数值 $f(0)$,$f(T)$,$f(2T)$,…从而连续信号得以离散化。若再经过量化处理便得到相应的数字信号。

② $\delta(t)$ 为偶函数

③ $\delta(t)=\dfrac{\mathrm{d}\varepsilon(t)}{\mathrm{d}t}$

④ $\int_{-\infty}^{t}\delta(\tau)\,\mathrm{d}\tau=\varepsilon(t)$

本节提到的各类指数信号和奇异信号将在第7章和第8章暂态电路分析中应用。

2.3　电路元件及其特性

如前所述,为了研究复杂电路系统的特性,就必须进行科学抽象与概括,采

用一些理想元件(或称模型元件)及其组合来反映实际器件和装置的主要电磁性能。理想(模型)元件只是实际元件的近似模拟,并非实际元件本身。本节介绍电路理论中的理想元件,作为补充和对比,2.5 节将进一步介绍实际电路器件。

2.3.1 电阻元件

电阻元件是体现电能转化为其他形式能量的二端元件。在电路理论中,用电压和电流平面内过原点的关系曲线 $f[u(t), i(t), t]=0$ 来定义非线性时变电阻。

若关系曲线与时间无关,即 $f[u(t), i(t)]=0$,则为非线性时不变电阻。该过坐标原点的曲线称为电阻元件特性曲线或伏安特性曲线。

若特性曲线为过坐标原点的直线,即端电压与端电流成比例,则有

$$u=Ri \quad \text{或} \quad i=Gu \tag{2.3.1}$$

上式表明该元件两端电压 u 和通过它的电流 i 满足欧姆定律,那么,称之为线性电阻,简称电阻,用字母 R 表示,电路符号和特性曲线分别如图 2.3.1(a)和(b)所示。其中,比例系数 R 即特性曲线的斜率,称为电阻系数(简称电阻)。R 的倒数称为电导,用字母 G 表示。在国际单位制中,电阻的单位是欧姆,符号为“Ω”,电导的单位是西门子,符号为“S”。

在直流电路中,线性电阻消耗的功率和能量分别为

$$P=ui=Ri^2=Gu^2 \tag{2.3.2}$$

和

$$W=Pt=Ri^2t \tag{2.3.3}$$

可见电阻始终消耗能量。实际的电阻器件就是其电磁性能以消耗电能为主的器件,除了标称阻值、允许误差外,额定功率也是其主要参数。当电阻用于特殊场合下,通常还有温度系数和允许耐压等的要求。这些参数或指标在模型电阻元件本身无法体现,将在 2.5 节介绍实际电路器件时引入,以便为电路设计或应用建立必要的概念。

凡是端电压和端电流不成线性关系的电阻元件称为非线性电阻。图 2.3.1(c)、(d)分别为非线性电阻白炽灯泡和稳压二极管的伏安特性。非线性电阻的电路符号如图 2.3.1(e)所示。非线性电阻不能用一个确定的电阻值来表示,要用伏安特性曲线表示。电子电路中的半导体器件,如二极管、晶体管以及运算放大器,都是非线性元件和器件,第 3 章将详细介绍半导体器件的外特性。

实际上,绝对的线性电阻是不存在的,只有在一定的电压、电流范围内将一电阻元件作为线性电阻处理而不会导致显著的误差时,这样的电阻才可以称为线性电阻。

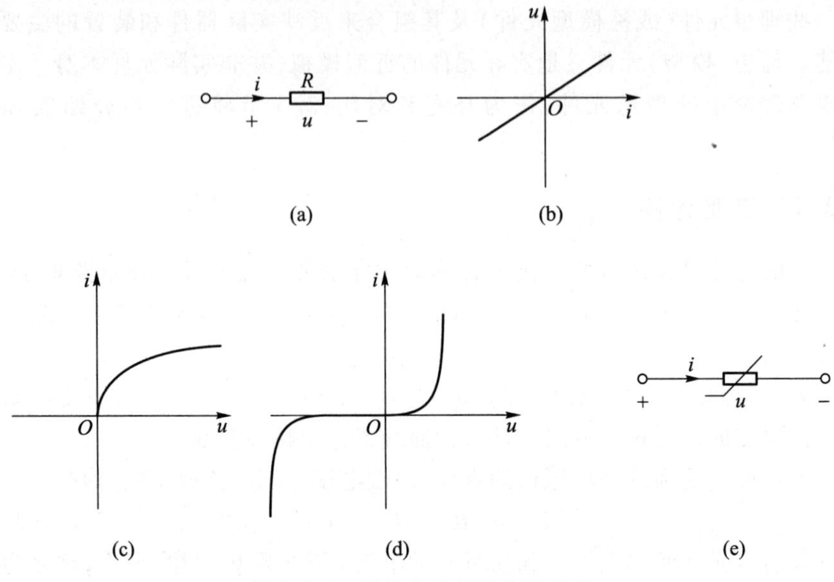

图 2.3.1　线性和非线性电阻元件

此外，电阻元件还有时变和非时变之分。时变电阻的伏安特性（无论是线性的还是非线性的）会随时间的变化而变化，非时变电阻的伏安特性不随时间变化。本书不涉及时变元件。

2.3.2　电容元件

电容元件是体现电场储能的二端元件。在电路理论中，用关联电压和电荷的关系曲线 $f[u(t),q(t),t]=0$ 来定义非线性时变电容。用 $f[u(t),q(t)]=0$ 来定义非线性时不变电容，该过坐标原点的曲线称为电容元件特性曲线或库伏特性曲线。

在实际电路中，只要具有电场储能的物理现象，就可以抽象出对应的电容元件。如果电容上的电荷与端电压呈比例关系，则该电容称为线性电容，可表示为

$$q=Cu_C \tag{2.3.4}$$

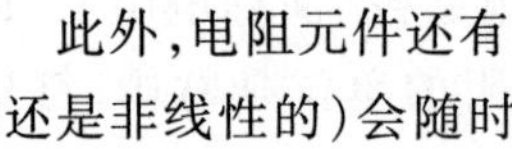

线性电容，简称电容，用字母 C 表示，其符号示意如图 2.3.2 所示，在国际单位制中，电荷 q 的单位是库仑，电压 u_C 的单位是伏特，电容的单位是法拉，符号为“F”。法拉是很大的单位，常用的电容大多为微法（μF）和皮法（pF）数量级。

图 2.3.2　电容元件示意图

如果电容上的电荷与端电压不成比例关系，电容的大小与电荷或电压有关，

则该电容称为非线性电容。倘若电容的库伏特性(无论是线性的还是非线性的)随时间变化,那么称之为时变电容,否则,称为非时变电容。

电容中的电流定义为电荷的变化率。对于图2.3.2所示电路,即有

$$i_C(t)=\frac{\mathrm{d}q}{\mathrm{d}t} \tag{2.3.5}$$

对于线性非时变电容,式(2.3.5)可写为

$$i_C(t)=C\frac{\mathrm{d}u_C(t)}{\mathrm{d}t} \tag{2.3.6}$$

在直流电路中,电压 u_C 对时间 t 的变化率为零,所以电流 i_C 为零,因此直流电流不能通过电容,即电容具有隔离直流的作用。

对于式(2.3.6),可以作时间由 t_0 至 t 的积分,则得到

$$u_C(t)=u_C(t_0)+\frac{1}{C}\int_{t_0}^{t}i_C(\xi)\mathrm{d}\xi \tag{2.3.7}$$

上式表明,电容电压除与充电电流有关外,还与 t_0 时刻的电压有关,即具有记忆性,因此电容常被称为记忆元件。而前述的电阻元件在任意时刻的电压只与此刻的即时电流相关,而与以前的通电状况无关,因此电阻被称为非记忆元件。

电容元件是储能元件,它将外界输入的电能储存在它的电场中,外界输入的功率为

$$p(t)=u_C(t)\cdot i_C(t)=u_C(t)\cdot C\frac{\mathrm{d}u_C(t)}{\mathrm{d}t}$$

在充电过程中电容吸收的能量为

$$\begin{aligned}W_C&=\int_{t_0}^{t}p(\xi)\mathrm{d}\xi=\int_{t_0}^{t}Cu_C(\xi)\cdot\frac{\mathrm{d}u_C(\xi)}{\mathrm{d}\xi}\mathrm{d}\xi\\&=\int_{t_0}^{t}Cu_C(\xi)\mathrm{d}u_C(\xi)\\&=\frac{1}{2}C[u_C^2(t)-u_C^2(t_0)]\end{aligned} \tag{2.3.8}$$

当 t_0 时刻电容电压为零时,电容吸收的全部电能储存于其电场中,因此电容的储能为

$$W_C=\frac{1}{2}Cu_C^2=\frac{1}{2}qu_C=\frac{1}{2}\frac{q^2}{C} \tag{2.3.9}$$

2.3.3 电感元件

电感元件是体现磁场储能的二端元件。在任意时刻 t,流入电流 $i(t)$ 和它产生的磁链 $\Psi(t)$ 之间关系由 Ψ-i 平面上的一条曲线所确定,则称之为二端电感元

件。该曲线称为电感元件的韦安特性曲线。曲线所对应的关系式称为电感元件的特性方程,即

$$f[\Psi(t),i(t),t]=0$$

称为非线性时变电感元件。

若特性曲线与时间无关,则有

$$f[\Psi(t),i(t)]=0$$

称为非线性时不变电感元件。

如果电感上交链的磁链 Ψ 与其流经电流 i_L 呈比例关系,即

$$\Psi=Li_L \tag{2.3.10}$$

则该电感称为线性电感,简称电感,用字母 L 表示,其符号示意如图 2.3.3 所示。在国际单位制中,磁链 Ψ 的单位是韦伯,电流 i 的单位是安培,电感的单位是亨利,符号为"H"。实际常用的电感为毫亨(mH)数量级。

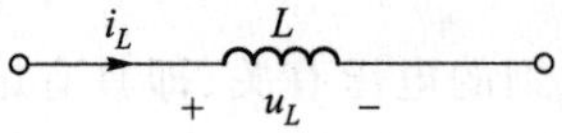

i_L L + u_L −

图 2.3.3 电感元件示意图

电感上的感应电压定义为磁链的变化率。对于图 2.3.3 所示的电路,可得下式

$$u_L(t)=\frac{\mathrm{d}\Psi(t)}{\mathrm{d}t} \tag{2.3.11}$$

对于线性非时变电感,式(2.3.11)可改写为

$$u_L(t)=L\frac{\mathrm{d}i_L(t)}{\mathrm{d}t} \tag{2.3.12}$$

在直流电路中,电流 i_L 对时间 t 的变化率为零,所以电压 u_L 为零,因此对于直流电来说,电感元件相当于一条短接导线。

对式(2.3.12)可以作时间由 t_0 至 t 的积分,则得到

$$i_L(t)=i_L(t_0)+\frac{1}{L}\int_{t_0}^{t}u_L(\xi)\,\mathrm{d}\xi \tag{2.3.13}$$

与电容元件一样,电感元件也是记忆元件。同理,可推得电感元件的磁场储能为

$$W_L=\frac{1}{2}Li_L^2=\frac{1}{2}\Psi i_L=\frac{1}{2}\frac{\Psi^2}{L} \tag{2.3.14}$$

两个电感线圈之间将产生互感现象,详细内容将在第5章介绍。

电阻 R、电容 C、电感 L 是电路中三个最基本的无源元件。

例 2.3.1 如图 2.3.4 所示,电阻、电感、电容与电流源串联,已知 $R=10\ \Omega$,$L=10\ \mathrm{mH}$,$C=0.1\ \mathrm{F}$,假设电容器初始电压为零,如果流经该支路的电流波形如图 2.3.4(b)所示,对 $t>0$ 试求电阻、电容、电感的电压。

解:电流源 $i_S(t)$ 可以分段表示

$$i_S(t)=\begin{cases}2(t-1) & 1\leqslant t<2\\ -2(t-3) & 2\leqslant t<3\end{cases}$$

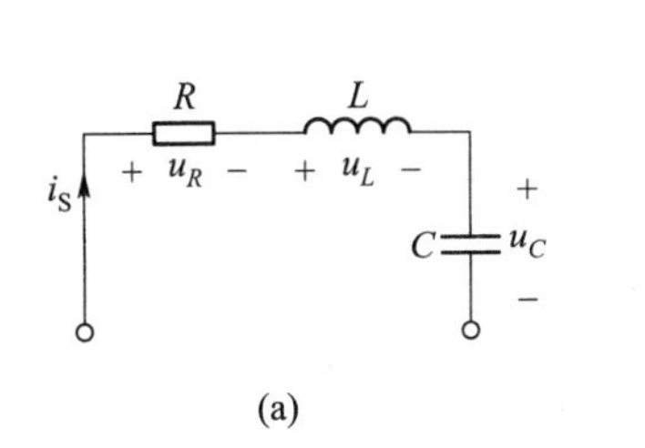

(a)

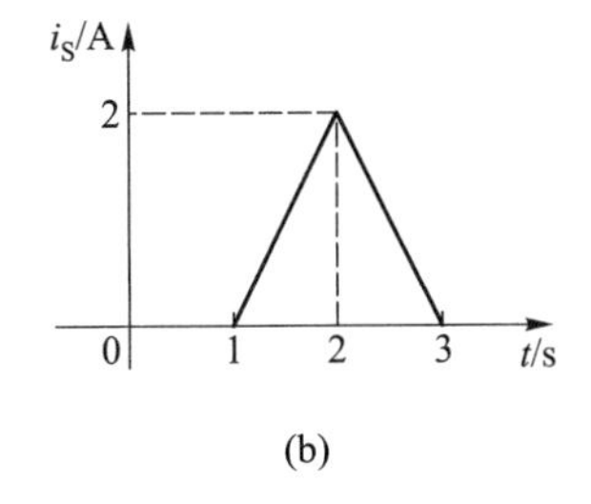

(b)

图 2.3.4 例 2.3.1 题图

当 $1\leqslant t\leqslant 2$ s 时

$$u_R(t)=Ri=10i=(20t-20)\ \text{V}$$

$$u_L(t)=L\frac{\mathrm{d}i}{\mathrm{d}t}=0.02\ \text{V}$$

$$u_C(t)=u_C(1)+\frac{1}{C}\int_1^t i(\xi)\,\mathrm{d}\xi=10\ (t-1)^2\ \text{V}$$

当 2 s$\leqslant t\leqslant 3$ s 时

$$u_R(t)=Ri=10i=-20(t-3)\ \text{V}$$

$$u_L(t)=L\frac{\mathrm{d}i}{\mathrm{d}t}=-0.02\ \text{V}$$

$$u_C(t)=u_C(2)+\frac{1}{C}\int_2^t i(\xi)\,\mathrm{d}\xi=[10+10\times(-t^2+6t-8)]\ \text{V}=(-10t^2+60t-70)\ \text{V}$$

2.3.4 独立电源

实际电路中一般均有能为电路提供电能的装置,如各类电池、发电机、稳压源、稳流源等,在电路理论中,它们被称为独立电源元件,简称独立电源。独立电源可分为两类:一类称为电压源,其输出电压波动小,近似于恒定,如蓄电池、稳压电源、发电机等;另一类称为电流源,其输出电流变化小,接近于恒定,如太阳能电池、光电池、稳流电源等。

独立电压源在带负载工作时,其输出电压值略低于不带负载(开路)时的电压。独立电流源在带负载工作时,其输出电流值略低于不带负载(短路)时的电流。根据这些特点,电路理论中构建了理想电压(电流)源模型,也就是带负载时输出电压(电流)保持不变的电压(电流)源。

1. 理想电压源

图 2.3.5(a)、(b)、(c)表示出了理想电压源的三种符号,图(a)为我国教材常用符号,图(b)为英美教材常用符号,图(c)为电池组符号。本书采用图(a)符

号。U_S 表示电压源从正极到负极的电位降落为 U_S 伏，E_S 表示电压源从负极到正极的电位升高为 E_S 伏。

理想电压源为外界提供确定的电压，其端电压的大小与流过电压源的电流大小无关。理想电压源的伏安特性如图 2.3.6(b) 中实线所示，是一条平行于 I 轴、截距为 U_S 的直线。

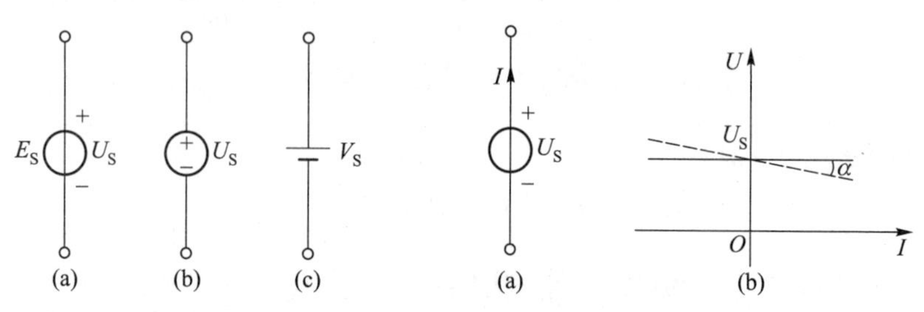

图 2.3.5 理想电压源符号

图 2.3.6 电压源的伏安特性

理想电压源伏安特性表明：无论流过理想电压源的电流 I 大小、方向如何，理想电压源两端的电压始终是 U_S，而流过理想电压源的电流 I 的大小，则取决于与理想电压源连接的外电路。

当一个理想电压源的端电压 U_S 等于零时，其伏安特性与 $U-I$ 平面上的横轴（I 轴）重合，此时，理想电压源相当于一段短接导线。

应指出，在电路理论中，非零值的理想电压源不可以短路。如果短路，短接导线要求理想电压源两端电压为零，而理想电压源两端电压又不为零，因此出现了矛盾的情形。究其原因在于理想电压源模型的适用范围是有限的，事实上，任何物理或数学模型都存在其对应的适用范围。此时，应采用非理想电压源模型。非理想电压源有时又称为实际电压源，或简称电压源。实际电压源的伏安特性如图 2.3.6(b) 中虚线所示。描述虚线的线性方程为

$$U = U_S - rI \tag{2.3.15}$$

式中，$r=\tan\alpha$，r 可看作实际电压源的内阻，其值一般很小。由式(2.3.15)可以画出实际电压源模型如图 2.3.7 所示，它由一个理想电压源和一个内电阻串联组合而成。当一个实际电压源的内阻 r 小到可以忽略时，该实际电压源即可看作理想电压源。

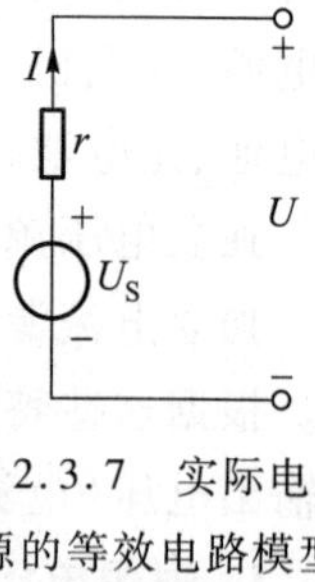

图 2.3.7 实际电压源的等效电路模型

2. 理想电流源

图 2.3.8(a)、(b) 所示为理想电流源的两种符号，图(a)为我国教材中常用符号，图(b)为英美教材中的常用符号。理想电流源为外电路提供确定的电流，其电流值不随电流源两端的电压的大小变化而变化。理

想电流源的伏安特性如图 2.3.9(b)中实线所示，是一条平行于 U 轴、与 I 轴垂直交于 I_S 的直线。从图中可看出，无论理想电流源两端的电压是正是负、是大是小，理想电流源输出的电流 I_S 始终不变，而理想电流源两端电压 U 的大小，则取决于与理想电流源连接的外电路。

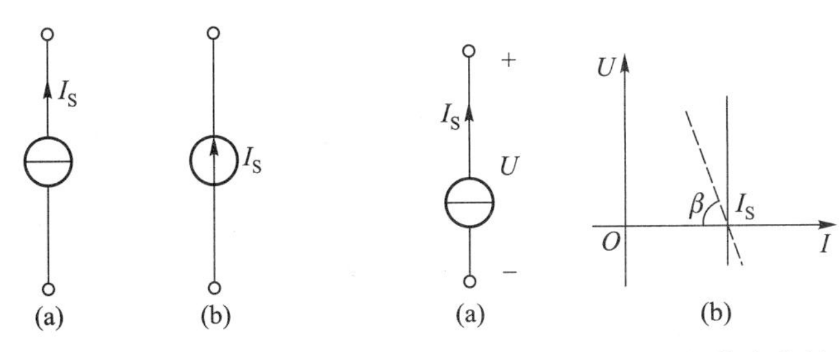

图 2.3.8 理想电流源符号　　图 2.3.9 电流源的伏安特性

非零值的理想电流源不可以开路。开路意味着电流为零，而理想电流源的电流不为零，出现了矛盾，其原因同样是这种情况不能采用理想电流源模型，而需使用非理想电流源模型。非理想电流源有时又称为实际电流源，或简称电流源。非理想电流源的伏安特性如图 2.3.9(b)中虚线所示。图示虚线方程为

$$I=I_S-\frac{u}{r} \tag{2.3.16}$$

由上式可以给出实际电流源的等效电路模型，如图 2.3.10 所示，它由一个理想电流源与一个电阻并联而成。式(2.3.16)中，$r=\tan\beta$。

当一个理想电流源的电流 I_S 等于零时，其伏安特性与 U-I 平面上的纵轴(U 轴)重合，此时，理想电流源相当于一段开路导线。当一个电流源的内阻 r 远大于外接电阻值时，该实际电流源即可看作理想电流源。

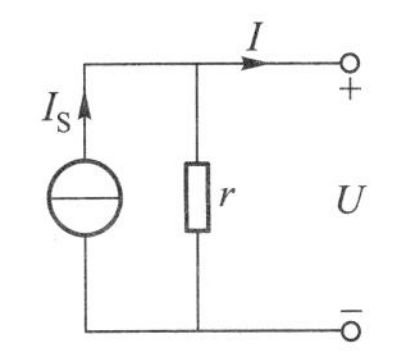

图 2.3.10 实际电流源的等效电路模型

2.3.5 受控电源

电源的输出电压或输出电流受电路中其他支路电压或电流控制的电源称为受控源。受控源有两个端口，分为四种类型，即电压控制电流源(VCCS)、电压控制电压源(VCVS)、电流控制电压源(CCVS)和电流控制电流源(CCCS)。对于理想的受控电源，如图 2.3.11 所示，其中 g、μ、r、α 分别为四种类型受控源对应的控制系数。在图 2.3.11(a)中，受控电流源与控制电压成正比，g 是一个比例常数，具有电导的量纲，称为转移电导。在图 2.3.11(b)中，受控电压源与控制电压成正比，μ 是一个比例常数，无量纲，称为转移电压比。在图 2.3.11(c)中，

受控电压源与控制电流成正比，r 是一个比例常数，具有电阻的量纲，称为转移电阻。在图 2.3.11(d)中，受控电流源与控制电流成正比，α 是一个比例常数，量纲为1，称为转移电流比。受控量与控制量成比例关系的受控源称为线性受控源，否则，称为非线性受控源。

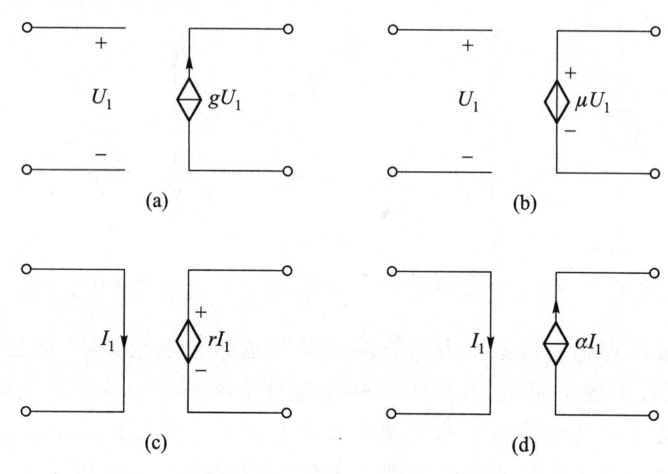

图 2.3.11　理想受控源示意图

半导体器件在某些工作状态下其电压(电流)对外呈现为可控电源，也就是说当某端钮上的电压(电流)变化时，该器件输出端钮上的电压(电流)与所带负载电阻的大小无关，因而呈现受控制的恒压(恒流)源特性。半导体晶体管、场效晶体管以及集成运算放大器等实际元器件都可看做是实际电路中的受控源。例如图 2.3.12(a)所示的晶体管，在其线性工作范围内，输出特性曲线如图 2.3.12(b)所示，有 $i_c=\beta i_b$，且 i_c 与 u_{ce} 无关，则依此伏安特性曲线可得到对应于图(c)所示电路模型，称为电流控制电流源。同样，对于由场效晶体管构成的基本放大电路，其外特性在恒流区范围内可以用电压控制的电流源来表示。有关半导体器件二极管和晶体管及其电路模型的内容将在第3章中详述。

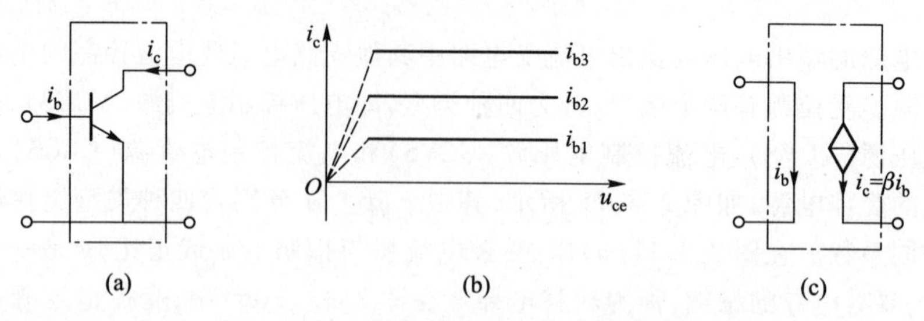

图 2.3.12　晶体管及其等效小信号模型

例 2.3.2 图 2.3.13 所示的电路中,已知独立电压源 $U_S=10\ V$,$R_1=100\ \Omega$,$R_2=50\ \Omega$,$\alpha=0.9$,试求 U_2 为多少?

解:根据欧姆定律得

$$I_1=\frac{U_S}{R_1}=\frac{10}{100}\ A=0.1\ A$$

$$I_2=\alpha I_1=0.9\times 0.1\ A=0.09\ A$$

$$U_2=R_2I_2=50\times 0.09\ V=4.5\ V$$

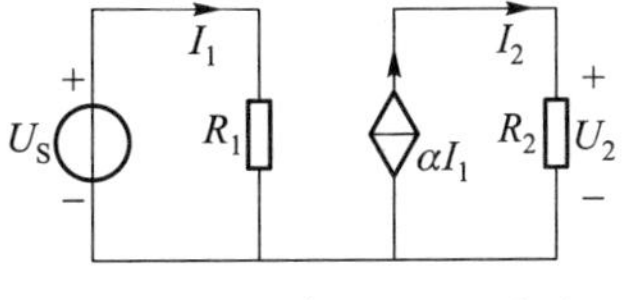

图 2.3.13 例 2.3.2 题图

2.3.6 多端网络和双口网络

如果一个网络存在 n 个端钮与外部电路相连,那么该网络则被称为 n 端网络。前面介绍的 R、L、C 元件以及独立电源,只有两个端钮与外界电路连接,所以属于二端网络,亦称为一端口网络。在电路分析中,常常看到图 2.3.14 所示的电路,它们均有四个端钮与外界电路连接,被称为四端网络。针对四端网络的四个端钮,倘若四个端钮上流过的电流两两成对,即有流入的电流等于流出的电流,那么该四端钮网络称为双口网络。图 2.3.15(a)属于四端网络,图 2.3.15(b)属于双口网络。通常将 1-1′端口称为输入端口,2-2′端口称为输出端口。上节讨论的受控源就是双口网络的一种。

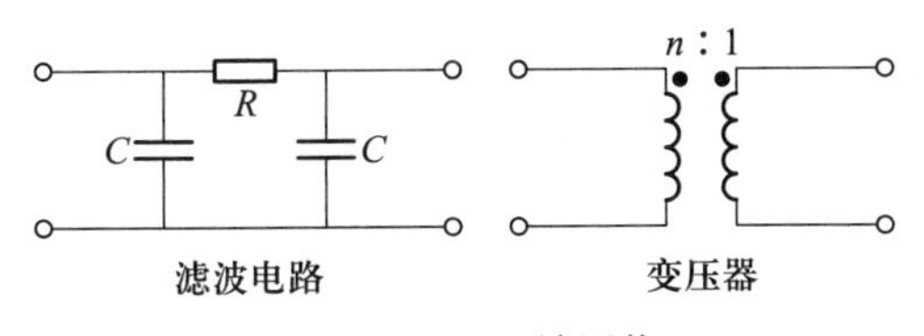

图 2.3.14 四端网络

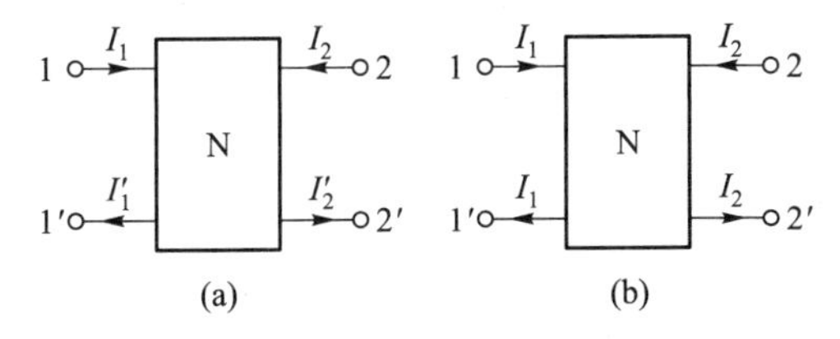

图 2.3.15 四端网络与双口网络的区分

针对一个内部结构复杂的电路系统,如果仅研究其输入输出端口的外特性,那么只需对网络的端口变量进行分析和测试,这时就需应用双口网络的分析方法。一般对于双口网络,如图 2.3.16 所示,往往选择两端口的电压和电流方向一致,描述两个端口电压和电流四个变量 U_1、U_2、I_1、I_2 约束关系的方程为两个,

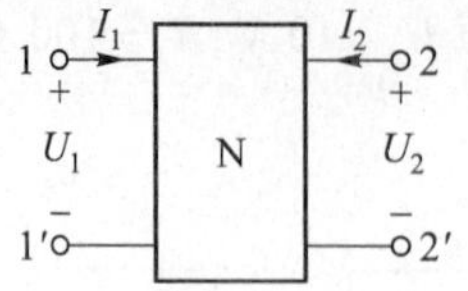

图 2.3.16 双口网络的电压和电流参考方向

每个端口分别提供一个约束,两个约束关系为

$$\begin{cases} f_1(U_1, U_2, I_1, I_2) = 0 \\ f_2(U_1, U_2, I_1, I_2) = 0 \end{cases}$$

对于内部不含独立电源的双口网络,从端口四个变量中任意选择其中两个作为独立变量去表示另外两个变量,根据排列组合,一共有六种方程表达形式,在此选择常用的四种予以介绍。

1. 双口网络的开路参数

选择两个端口的电流作为变量,去表示两个端口的电压,则可得到

$$\begin{cases} U_1 = R_{11}I_1 + R_{12}I_2 \\ U_2 = R_{21}I_1 + R_{22}I_2 \end{cases}$$

其矩阵形式为

$$\begin{bmatrix} U_1 \\ U_2 \end{bmatrix} = \begin{bmatrix} R_{11} & R_{12} \\ R_{21} & R_{22} \end{bmatrix} \begin{bmatrix} I_1 \\ I_2 \end{bmatrix} = [\boldsymbol{R}] \begin{bmatrix} I_1 \\ I_2 \end{bmatrix}$$

$[\boldsymbol{R}]$称为双口网络的电阻矩阵,或 $\boldsymbol{R}$ 参数矩阵,$\boldsymbol{R}$ 矩阵的四个参数充分地代表了一个无独立源双口网络。在图 2.3.16 所示电路中,令 2-2′端开路,即有 $I_2=0$,则上式可化为

$$U_1 = R_{11}I_1$$

$$U_2 = R_{21}I_1$$

可得电路参数计算式为

$$R_{11} = \left.\frac{U_1}{I_1}\right|_{I_2=0} \qquad R_{21} = \left.\frac{U_2}{I_1}\right|_{I_2=0}$$

同样,若令 1-1′端开路,则有 $I_1=0$,可得另外两个参数计算式为

$$R_{12} = \left.\frac{U_1}{I_2}\right|_{I_1=0} \qquad R_{22} = \left.\frac{U_2}{I_2}\right|_{I_1=0}$$

上述参数计算表达式进一步表明了 $\boldsymbol{R}$ 参数的含义:R_{11}是端口 2-2′开路时,端口 1-1′的入端电阻;R_{22}是端口 1-1′开路时,端口 2-2′的入端电阻;R_{21}是端口 2-2′开路时,端口 2-2′电压与端口 1-1′的电流之比,即为端口间转移电阻;R_{12}是端口 1-1′开路时,端口 1-1′电压与端口 2-2′的电流之比。由于双口网络的 $\boldsymbol{R}$ 参数可以在一个端口开路情况下计算得出,它们都是在开路情况下的入端电阻或转移电阻,所以又称 $\boldsymbol{R}$ 参数为开路参数。

2. 双口网络的短路参数

如果选择两个端口的电压作为变量,去表示两个端口的电流,则可得到

$$\begin{cases} I_1 = G_{11}U_1 + G_{12}U_2 \\ I_2 = G_{21}U_1 + G_{22}U_2 \end{cases}$$

其矩阵形式为

$$\begin{bmatrix} I_1 \\ I_2 \end{bmatrix} = \begin{bmatrix} G_{11} & G_{12} \\ G_{21} & G_{22} \end{bmatrix} \begin{bmatrix} U_1 \\ U_2 \end{bmatrix} = [\boldsymbol{G}] \begin{bmatrix} U_1 \\ U_2 \end{bmatrix}$$

[$\boldsymbol{G}$]称为双口网络的电导矩阵,或 $\boldsymbol{G}$ 参数矩阵,$\boldsymbol{G}$ 矩阵的四个参数亦可充分表征一个无独立源双口网络。且有

$$G_{11} = \left.\frac{I_1}{U_1}\right|_{U_2=0} \quad G_{21} = \left.\frac{I_2}{U_1}\right|_{U_2=0} \quad G_{12} = \left.\frac{I_1}{U_2}\right|_{U_1=0} \quad G_{22} = \left.\frac{I_2}{U_2}\right|_{U_1=0}$$

上述参数计算表达式显然表明了 G 参数的含义:G_{11}是端口 2-2′短路时,端口 1-1′的入端电导;G_{22}是端口 1-1′短路时,端口 2-2′的入端电导;G_{21}是端口 2-2′短路时,端口 2-2′电流与端口 1-1′电压之比,即为端口间转移电导;G_{12}是端口 1-1′短路时,端口 1-1′电流与端口 2-2′电压之比。由于双口网络的 G 参数均在一个端口短路情况下计算得出,它们都是在短路情况下的入端电导或转移电导,所以 G 参数又称为短路参数。

3. 双口网络的传输参数

如果选择两个端口中输出端口的电压、电流作为变量,去表示输入端口的电压、电流,则可得到

$$\begin{cases} U_1 = T_{11}U_2 + T_{12}(-I_2) \\ I_1 = T_{21}U_2 + T_{22}(-I_2) \end{cases}$$

其矩阵形式为

$$\begin{bmatrix} U_1 \\ I_1 \end{bmatrix} = \begin{bmatrix} T_{11} & T_{12} \\ T_{21} & T_{22} \end{bmatrix} \begin{bmatrix} U_2 \\ -I_2 \end{bmatrix} = [\boldsymbol{T}] \begin{bmatrix} U_2 \\ -I_2 \end{bmatrix}$$

[$\boldsymbol{T}$]称为双口网络的传输参数矩阵,或 $\boldsymbol{T}$ 参数矩阵,$\boldsymbol{T}$ 矩阵的四个参数同样能够代表一个无独立源双口网络。需要说明的是,此处输出端口的电流添加负号,是强调输出端口相对负载而言电压和电流的参考方向一致。传输参数可以通过 2-2′端开路和短路分别获得

$$T_{11} = \left.\frac{U_1}{U_2}\right|_{I_2=0} \quad T_{21} = \left.\frac{I_1}{U_2}\right|_{I_2=0} \quad T_{12} = \left.\frac{U_1}{-I_2}\right|_{U_2=0} \quad T_{22} = \left.\frac{I_1}{-I_2}\right|_{U_2=0}$$

T_{11}是端口 2-2′开路时,端口 1-1′的输入端电压与输出端电压之比,称为电压传输比;T_{22}是端口 2-2′短路时,端口 1-1′的输入端电流与输出端电流之比,称为电流传输比;T_{21}是端口 2-2′开路时,端口 1-1′电流与端口 2-2′电压之比,即为端口间转移电导;T_{12}是端口 2-2′短路时,端口 1-1′电压与端口 2-2′电流之比,即

为端口间转移电阻。在研究电路的输入输出特性时，通常采用传输参数方程进行分析。

4. 双口网络的混合参数

如果选择两个端口中输出端口的电压和输入端口的电流作为变量，去表示输入端口的电压和输出端口的电流，则可得到

$$\begin{cases} U_1 = H_{11}I_1 + H_{12}U_2 \\ I_2 = H_{21}I_1 + H_{22}U_2 \end{cases}$$

其矩阵形式为

$$\begin{bmatrix} U_1 \\ I_2 \end{bmatrix} = \begin{bmatrix} H_{11} & H_{12} \\ H_{21} & H_{22} \end{bmatrix} \begin{bmatrix} I_1 \\ U_2 \end{bmatrix} = [\boldsymbol{H}] \begin{bmatrix} I_1 \\ U_2 \end{bmatrix}$$

$[\boldsymbol{H}]$称为双口网络的混合参数矩阵，或$\boldsymbol{H}$参数矩阵。并且

$$H_{11} = \left.\frac{U_1}{I_1}\right|_{U_2=0} \qquad H_{21} = \left.\frac{I_2}{I_1}\right|_{U_2=0} \qquad H_{12} = \left.\frac{U_1}{U_2}\right|_{I_1=0} \qquad H_{22} = \left.\frac{I_2}{U_2}\right|_{I_1=0}$$

H_{11}是端口2-2′短路时，端口1-1′的输入电阻；H_{22}是端口1-1′开路时，端口2-2′的输出电导；H_{21}是端口2-2′短路时，端口2-2′电流与端口1-1′电流之比，即为端口电流传输比；H_{12}是端口1-1′开路时，端口1-1′电压与端口2-2′电压之比，即为端口电压传输比。

下面来看两个双口器件的例子。

（1）晶体管

在模拟电子技术构建双极型晶体管低频小信号模型时，使用的就是$\boldsymbol{H}$参数方程。根据晶体管的外特性，可导出描述晶体管在低频工作时的$\boldsymbol{H}$参数方程为

$$u_{\text{be}} = h_{11} \cdot i_{\text{b}} + h_{12} \cdot u_{\text{ce}} = r_{\text{be}} i_{\text{b}} + k u_{\text{ce}}$$

$$i_{\text{c}} = h_{21} \cdot i_{\text{b}} + h_{22} \cdot u_{\text{ce}} = \beta i_{\text{b}} + \frac{1}{r_{\text{ce}}} u_{\text{ce}}$$

因此，由$\boldsymbol{H}$参数方程构建晶体管的等效电路模型如图2.3.17(b)所示。

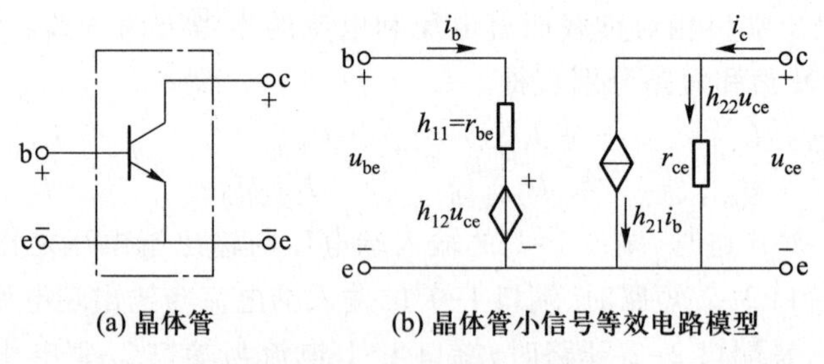

图2.3.17　晶体管及其模型

(2) 磁耦合线圈

如果电路中有两个非常靠近的线圈,则两个线圈中电流所产生的磁通将相互影响,从而在线圈中产生感应电动势,传送能量,这就是磁耦合现象,也称为互感现象。类似于受控源,互感也可看作电路中的基本元件。

互感 $\boldsymbol{M}$ 的电路符号如图 2.3.18 所示,其外特性方程为

$$u_1 = u_{11} + u_{12} = L_1 \frac{\mathrm{d}i_1}{\mathrm{d}t} + M \frac{\mathrm{d}i_2}{\mathrm{d}t}$$

$$u_2 = u_{22} + u_{21} = L_2 \frac{\mathrm{d}i_2}{\mathrm{d}t} + M \frac{\mathrm{d}i_1}{\mathrm{d}t}$$

式中,$\boldsymbol{M}$ 称为互感系数,表示两个线圈之间的磁耦合程度。

电路图中的"·"为表示线圈绕向的标识,称为同名端。当电流从同名端进入时,两个线圈产生的磁场相互加强;当电流从异名端进入时,两个线圈产生的磁场相互削弱。当互感满足下述三个条件:① 本身无损耗,$R_1 = R_2 = 0$;② $k = 1$,全耦合;③ $L_1 \to \infty$,$L_2 \to \infty$,$M \to \infty$,但$\sqrt{\frac{L_1}{L_2}} = n$,则称其为理想变压器。理想变压器的电路符号如图 2.3.19 所示,其特性方程为

$$u_1 = nu_2$$

$$i_1 = -\frac{1}{n} i_2$$

理想变压器的外特性方程还具有复数形式,属于传输参数方程。

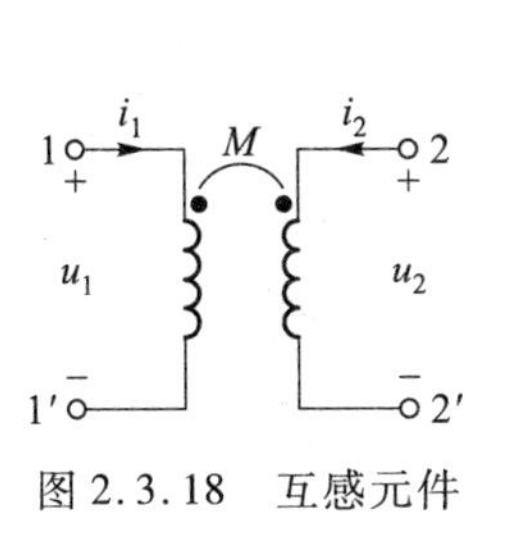

图 2.3.18 互感元件

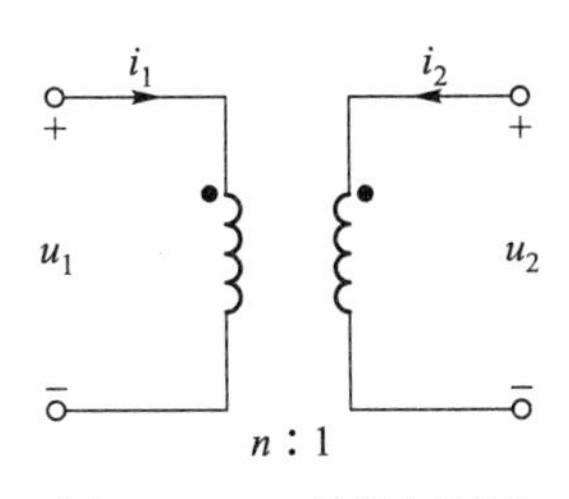

图 2.3.19 理想变压器

2.4 基尔霍夫定律与拓扑约束

2.4.1 电路的拓扑结构

在介绍基尔霍夫定律之前,首先介绍一些有关电路结构的名词;支路、节点

和回路。

支路：单个或若干个电路元件串联组成的分支称为一条支路，支路中各元件流过的电流均相等。例如图2.4.1(a)所示电路包含有6条支路：R_1和电压源U_{S1}串联组成一条支路；$R_2 \sim R_6$分别构成5条支路。

节点：三条或三条以上的支路的连接点称为节点。图2.4.1(a)中包含有4个节点①②③④。有时两条支路的连接点也可定义为一个节点。例如，可在图2.4.1(a)中R_1和电压源U_{S1}之间设置一个节点。

回路：由若干支路组成的一个闭合路径称为回路。在图2.4.1所示电路中，由U_{S1}和R_1、R_3、R_6所在的三条支路可组成一个回路；同样，U_{S1}和R_1、R_3、R_5、R_4所在的四条支路也可组成一个回路。根据回路的定义，图2.4.1(a)所示电路有7个不同的回路。

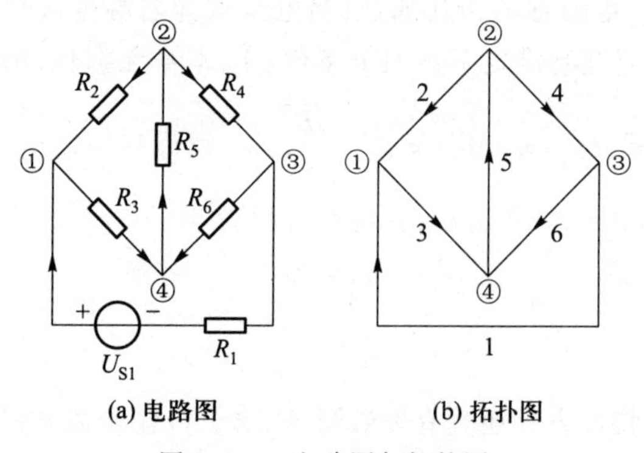

(a) 电路图　(b) 拓扑图

图2.4.1　电路图与拓扑图

网孔回路：回路内部不含有其他支路的回路称为网孔回路。图2.4.1(a)中的U_{S1}、R_1、R_3、R_6所在的三条支路组成的回路就是网孔回路，但U_{S1}和R_1、R_3、R_5、R_4组成的回路不是网孔回路。根据网孔回路定义，图2.4.1(a)所示的电路中包含三个网孔回路。

为了更清晰地表示电路的结构(或者说各元件的互联关系)，在电路理论中使用拓扑图并应用数学中拓扑图论的有关知识，为复杂的大型网络分析以及计算机分析奠定基础。

对于一个电路图，如果用点表示其节点，用线段表示其支路，得到一个由点和线段组成的图，这个图被称为对应电路图的拓扑图，通常用符号G表示。拓扑图是线段和点组成的集合，它反映了对应的电路图中的支路数、节点数以及各支路与节点之间相互连接的信息。如果拓扑图中设定了支路方向，拓扑图又称为有向图。例如，图2.4.1(a)所示电路，其对应的有向拓扑图如图2.4.1(b)所示。

2.4.2 基尔霍夫定律

德国科学家基尔霍夫(G. Kirchhoff)于 1845 年提出了基尔霍夫电流定律(Kirchhoff's Current Law,KCL)和基尔霍夫电压定律(Kirchhoff's Voltage Law,KVL)。

KCL:流出电路任一节点的所有 n 条支路电流的总和等于流进该节点的所有 m 条支路电流的总和,即

$$\sum_{k=1}^{n} I_k = \sum_{k=1}^{m} I_k \tag{2.4.1}$$

或流经电路中任一节点的所有支路电流的代数和(设流入为负,流出为正)等于零,即

$$\sum_{k=1}^{n+m} I_k = 0 \tag{2.4.2}$$

KCL 的物理意义是:在集总参数电路中,电流具有连续性。在任意时刻流入某节点的电荷数必然等于流出该节点的电荷数,而不会积累在该节点处。电路中任一节点上,电荷守恒。

KVL:电路中沿任一个回路电压的代数和(与回路绕向同方向为正,相反为负)等于零,即

$$\sum U_k = 0 \tag{2.4.3}$$

KVL 的物理意义是:在集总参数电路中,电位具有单值性。在任意时刻沿任一回路绕行一周回到原出发点,该点的电位不会改变。

实际上,如前 1.2.3 节所述,基尔霍夫的两个定律是麦克斯韦方程在集总电路抽象中的必然论断。

在图 2.4.1 所示电路中,以流入节点的电流为负,流出为正,可写出各节点的 KCL 方程如下。

节点①: $-I_1 - I_2 + I_3 = 0$

节点②: $I_2 + I_4 - I_5 = 0$

节点③: $I_1 - I_4 + I_6 = 0$

节点④: $-I_3 + I_5 - I_6 = 0$

基尔霍夫电流定律还可以扩展到电路的任一闭合面,即流出(或流入)任一闭合面的所有支路电流的代数和为零,闭合面可看作一个广义的节点。在图 2.4.1 中,作包围节点②和④的曲面,以流入闭合面的电流为负,流出为正,可写出如下该广义节点的 KCL 方程。

广义节点: $I_2 + I_4 - I_3 - I_6 = 0$

这个方程实际上就是节点②和④KCL方程相加的结果。这是一个与节点②方程、节点④方程线性相关的方程。即使在前面所列的4个节点方程中,也能看到它们也是线性相关的。而线性相关的方程是无法求解的。

KCL在电路的任意节点上都成立,但是KCL没有指明究竟可以列多少个方程,列写出的方程是否相互独立。这样就有一个值得思考的问题,对于一个电路来说,独立的KCL方程究竟有多少个?应该在哪里列写?这个问题将在2.4.3节中解决。

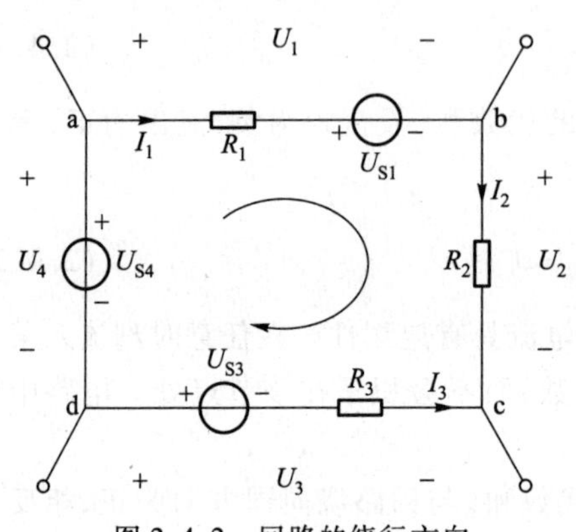

图2.4.2　回路的绕行方向

在列写KVL方程时,首先要对所分析的回路规定一个绕行方向(顺时针或逆时针)。当支路电压的参考方向与回路绕行方向一致时,取正号;反之,取负号。

图2.4.2所示是某电路中的一个回路,由四条支路组成,各支路电压和电流的参考方向如图所示,选择顺时针方向作为该回路的绕行方向,则有

$$U_1+U_2-U_3-U_4=0 \tag{2.4.4}$$

基尔霍夫定律描述的内容与支路元件的性质、种类无关,适用于各种集总参数电路,在时变非线性电路中都适用,因而称为拓扑约束。基尔霍夫定律在电路理论中占据重要地位,是电路的基本定律。

基尔霍夫电压定律也可以用支路中元件电压来描述。对于图2.4.2所示电路,根据各支路的组成元件,可写出各支路电压的具体表达式如下

$$\left.\begin{aligned} U_1&=R_1I_1+U_{S1}\\ U_2&=R_2I_2\\ U_3&=R_3I_3+U_{S3}\\ U_4&=U_{S4} \end{aligned}\right\} \tag{2.4.5}$$

将式(2.4.5)代入式(2.4.4),并整理得到

$$R_1I_1+R_2I_2-R_3I_3=-U_{S1}+U_{S3}+U_{S4} \tag{2.4.6}$$

上式左边是沿绕行方向回路中全部电阻元件上电压降的代数和,当电阻电压的参考方向与回路绕行方向一致时取正号,反之取负号;右边是沿绕行方向回路中全部电压源电压升(也即电动势)的代数和,当电压源电动势方向与回路绕行方向一致时取正号,反之取负号。于是,得到基尔霍夫电压定律的另一种描述:沿

任一回路,各元件(无源元件)上电压降的代数和等于该回路中各电压源电动势的代数和。在只含有电阻元件的电路中,其表达式为

$$\sum RI=\sum U_{\mathrm{S}}$$

上式中规定当各元件电压、各电压源电动势的参考方向与回路绕行方向一致时取正号,相反时取负号。

使用 KVL 时还经常用到下述形式

$$U_{\mathrm{ab}}=\sum_{\mathrm{a}\to\mathrm{b}} U_k$$

即,电路中两点 a 和 b 间的电压等于从 a 至 b 沿任意路径所有电压降的代数和。由图 2.4.2 有

$$U_{\mathrm{ab}}=U_1=U_4+U_3-U_2$$

很显然该式与式(2.4.4)是等价的。

与 KCL 类似,KVL 也未能解决究竟可以列多少个独立的方程以及在哪里列写的问题。独立方程的选取问题,将在下一节介绍。

例 2.4.1 图 2.4.3 所示电路,已知 $U_{\mathrm{S1}}=6\ \mathrm{V}$,$U_{\mathrm{S2}}=8\ \mathrm{V}$,$R_1=3\ \Omega$,$R_2=4\ \Omega$,$R=14\ \Omega$,试求电流 I_{21} 为多少?

解: 由 KCL 可知,$I_{21}=I_1-I_2$,$I_1=-I_{11}-I$。

求电流 I,选取两个电压源和电阻 R 回路列写 KVL 方程,以顺时针方向作为回路的绕行方向,得到

$$RI=U_{\mathrm{S1}}+U_{\mathrm{S2}}$$

$$14I=6+8$$

$$I=1\ \mathrm{A}$$

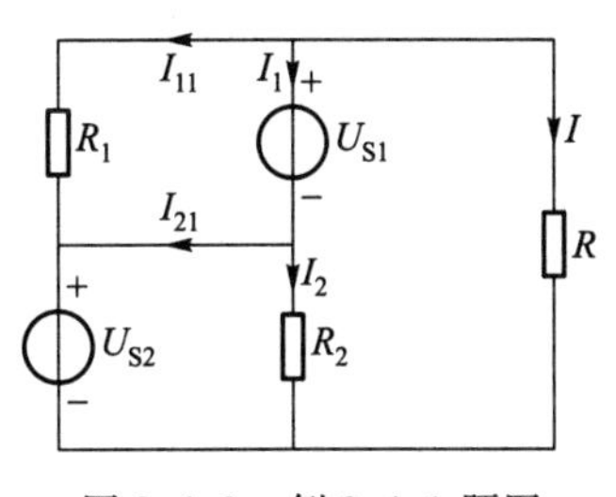

图 2.4.3 例 2.4.1 题图

求电流 I_2

$$I_2=\frac{U_{\mathrm{S2}}}{R_2}=2\ \mathrm{A}$$

求电流 I_{11}

$$I_{11}=\frac{U_{\mathrm{S1}}}{R_1}=2\ \mathrm{A}$$

因此,$I_1=-I_{11}-I=-3\ \mathrm{A}$;求得 $I_{21}=I_1-I_2=-5\ \mathrm{A}$。

例 2.4.2 图 2.4.4 所示电路中,已知 $R_1=R_2=R_3=10\ \Omega$,$U_{\mathrm{S1}}=U_{\mathrm{S2}}=U_{\mathrm{S3}}=12\ \mathrm{V}$,$I_{\mathrm{S1}}=1\ \mathrm{A}$,$I_{\mathrm{S2}}=2\ \mathrm{A}$,$I_{\mathrm{S3}}=3\ \mathrm{A}$,求 U_{ad}。

解: 选择电压电流参考方向如图所示,根据 KVL 可得

$$U_{\mathrm{ad}}=U_1-U_2+U_3$$

其中

$$U_1 = U_{S1} + I_1 \times R_1 = U_{S1} + I_{S1} \times R_1 = 22\ \text{V}$$

$$U_2 = I_2 \times R_2 + U_{S2} = -I_{S2} \times R_2 + U_{S2} = -8\ \text{V}$$

$$U_3 = U_{S3} - I_3 \times R_3 = U_{S3} - I_{S3} \times R_3 = -18\ \text{V}$$

因此

$$U_{ad} = [22-(-8)+(-18)]\ \text{V} = 12\ \text{V}$$

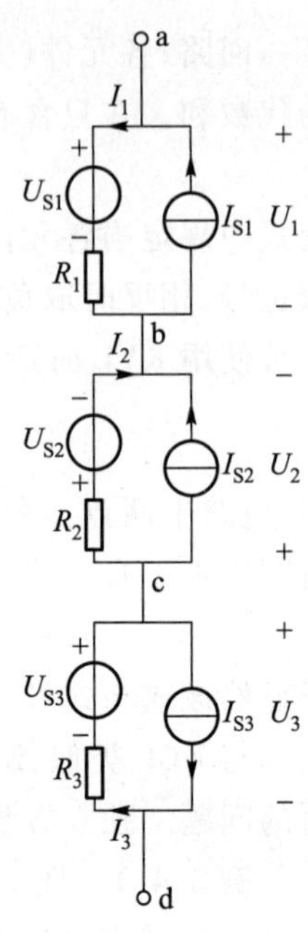

图 2.4.4　例 2.4.2 题图

模拟电子电路因元器件多且复杂，往往不完整地画出电路全貌，特别是电源和输入输出常以相对于地的电压方式给出，在分析求解时往往需要改画电路，以便利用 KCL、KVL 求解。例如，图 2.4.5(a)所示电路可以依次等效得到图(b)、(c)所示电路，并据此求解。

例 2.4.3　图 2.4.6 所示为共射放大电路的偏置电路，电路参数保证晶体管 T 处于放大状态（$U_{BE}=0.7\ \text{V}$，$I_C=\beta I_B$）。当 $U_S=5\ \text{V}$ 时，试按电路中的参数求解输入回路中的基极电流 I_B。若 $\beta=100$，求 I_C，I_E，U_{CE}。

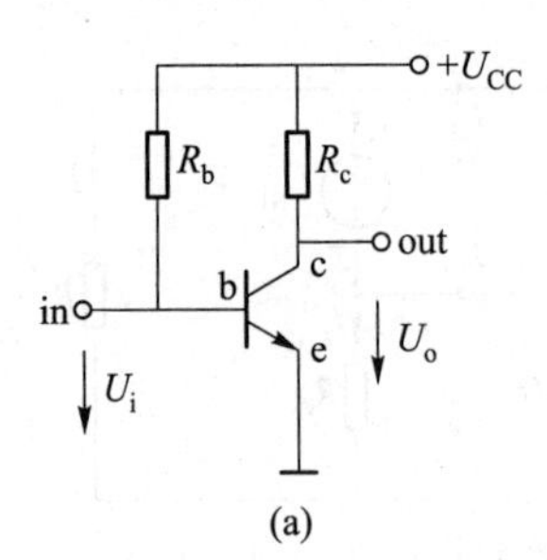

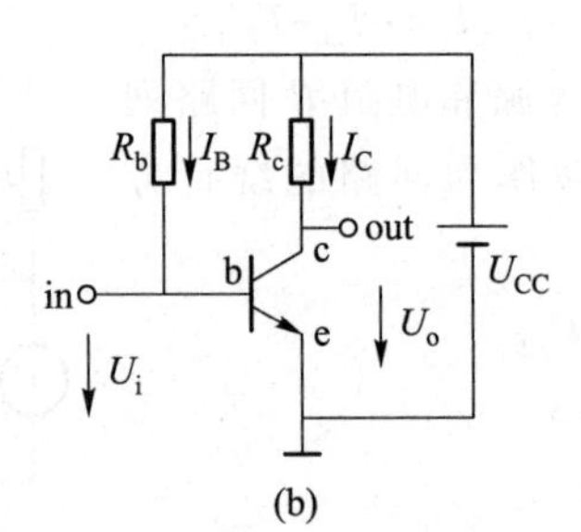

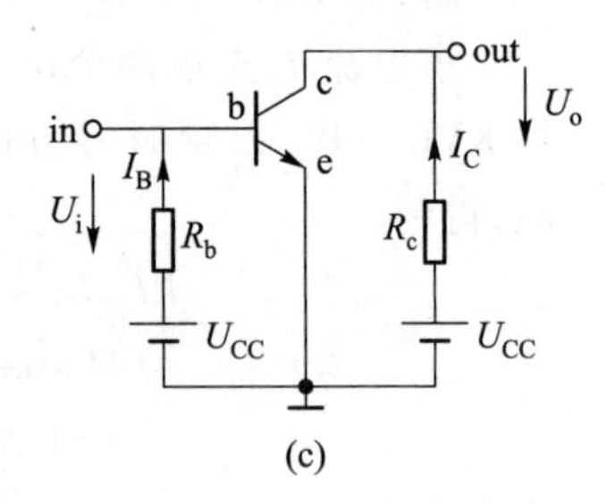

图 2.4.5　共射放大电路的直流偏置电路

图 2.4.6　例 2.4.3 题图

解：对于输入回路列写 KVL 方程，得到

$$I_B \times R_b + U_{BE} = U_S$$

$$I_B = \frac{U_S - U_{BE}}{R_b} = \frac{(5-0.7)\ \text{V}}{215\ \text{k}\Omega} = 0.02\ \text{mA} = 20\ \mu\text{A}$$

因为　$I_C = \beta I_B = 100 \times 0.02\ \text{mA} = 2\ \text{mA}$

在输出回路列写 KVL 方程，得到

$$I_C \times R_C + U_{CE} = 15$$

$$U_{CE} = (15 - 2 \times 5)\ \text{V} = 5\ \text{V}$$

包围晶体管做广义节点，由 KCL，有　$I_C + I_B = I_E$

从而求得 $$I_E=(1+\beta)I_B\approx\beta I_B$$

例 2.4.4 *RLC* 串联电路如图 2.4.7 所示，已知 $u_s(t)=\cos t$，求电路中电流 i 所满足的方程。

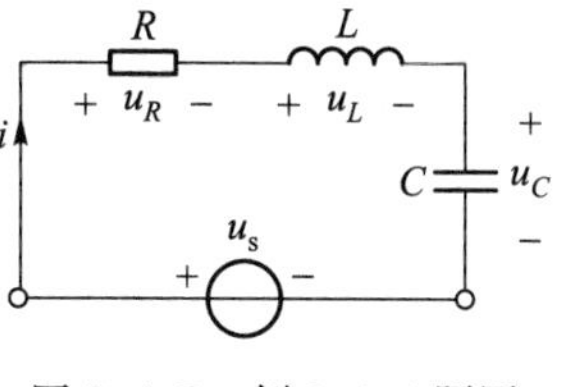

图 2.4.7 例 2.4.4 题图

解：经过 *RLC*，以顺时针方向作为回路的绕行方向列写 KVL 如下

$$u_R+u_L+u_C-u_s=0$$

而各元件的伏安特性分别为

$$u_R=Ri,\quad u_L=L\frac{\mathrm{d}i}{\mathrm{d}t},\quad u_C=\frac{1}{C}\int i\mathrm{d}\xi$$

将其代入 KVL 方程后，可得

$$Ri+L\frac{\mathrm{d}i}{\mathrm{d}t}+\frac{1}{C}\int i\mathrm{d}\xi=\cos t$$

等式两边对时间求导，则有 $$R\frac{\mathrm{d}i}{\mathrm{d}t}+L\frac{\mathrm{d}^2 i}{\mathrm{d}t^2}+\frac{1}{C}i=-\sin t$$

电路中电流 i 可从这个二阶微分方程中求出。由微积分知识可知，该方程的解由方程特解和齐次方程的通解组成，前者取决于电路中的电源或激励，称为稳态解，后者由电路的初始状态所决定，是电路的暂态解。正弦激励下电路的稳态解将在第 5 章讨论。电路的暂态解将在第 7 章和第 8 章介绍。

通过上述例题分析可知，利用元件电压电流约束关系和基尔霍夫电压电流定律，可计算集总参数电路中各支路电压电流的待求值。

2.4.3 线性无关的 KCL 和 KVL 方程

电路元件上电压与电流的关系称为元件约束关系，如电阻元件的欧姆定律等。当电路元件按一定的组合方式连接成网络后，支路电压和电流还要受到电路结构的约束，即基尔霍夫定律的约束。

元件约束关系与电路结构的约束关系决定了电压电流必须遵循的规则，同时也提供了电路分析的基本方法。利用上述两个约束关系建立以支路电压(电流)为变量的数学方程，即可求解电网络中各支路(元件)的电压电流。但如何列写出线性无关的 KCL 和 KVL 尚无给出定论。下面，从拓扑图论的角度来寻求答案。

首先定义几个概念。

平面图：能够画在平面上，并且所有支路都没有交叉点的图。

图 2.4.8(a)所示拓扑图经过变形后，支路不存在交叉点，所以是平面图。而图 2.4.8(b)无论怎样变形，都存在支路的交叉点，所以是非平面图。

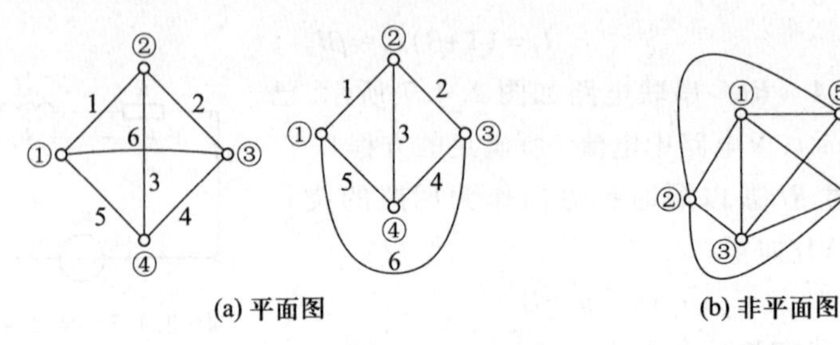

(a) 平面图　　　　(b) 非平面图

图 2.4.8　平面图

连通图:在拓扑图中,任意两点之间至少有一条连通的途径。

例如,图 2.4.8 所示的图,为连通图,而图 2.4.9(b)所示的图为非连通图。

子图:如果图 G_1 中所有的线段与点均是图 G 中的全部或部分线段与点,且线段与点的连接关系与图 G 中的一致,那么图 G_1 称为图 G 的子图。例如图 2.4.10(b)、(c)、(d)和(e)均是图 2.4.10(a)的子图。

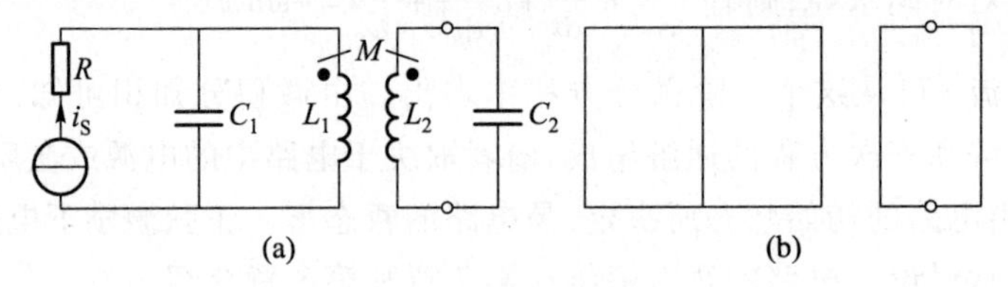

(a)　　　　(b)

图 2.4.9　非连通图

树:树是连通图 G 的一个特殊子图,必须同时满足以下三个条件:

① 子图本身是连通的;

② 包含连通图 G 所有节点;

③ 不包含任意回路。

图 2.4.10 所示的五个图中,图 G_1、G_2、G_3 和 G_4 均为图 G 的子图,然而图 G_3 中包含了回路,图 G_4 本身不连通(包含孤立节点),所以图 G_3、G_4 不是图 G 的树,图 G_1、G_2 是图 G 的树。图 2.4.10(b)、(c)所示的 G_1、G_2 均是图 G 的树,由此可知:一个图可以有不同的树。

组成树的支路称为树支,不包含在树上的支路称为连支(或链支)。

虽然构成树的支路不同,但是树支的数目却是相同的。假设连通图 G 的支路数为 b,节点数为 n,那么树支的数目为$(n-1)$。树支数推导可以大致说明如下:根据树的定义,在依次画各条树支时,第一条树支连接了两个节点,再增加一条新的树支时,只能增加一个新的节点。因为如果不增加新节点就会产生回路,如果同时增加两个新节点,那么又会导致不连通。因此得出结论:节点数减去 1 就等于树支的数目。如果用 n_t 表示树支的数目,则有

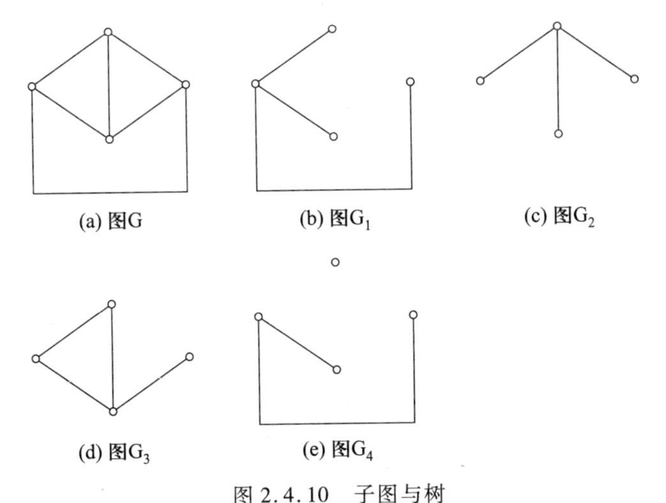

图 2.4.10 子图与树

$$n_t = n-1 \tag{2.4.7}$$

连支的数目 l 等于支路数 b 减去树支的数目,即

$$l = b-n+1 \tag{2.4.8}$$

单连支回路:单连支回路是指在指定树的电路中,选定的回路中只包含一条连支。显然对于每一条连支而言,有且仅有一个单连支回路。因为树的定义就决定了任意两节点间必然有一条由树支构成的唯一的连通途径,连支搭接在两节点之间又构成一条连通途径,因而任意一条连支可与其两端点之间的唯一由树支构成的路径形成一个回路,这样一条连支与若干树支就必然能形成一个回路,一般规定回路方向与单连支方向一致,这样的回路称为单连支回路。对于图 2.4.11 的电路,若指定支路 1、2、3 组成树,则由连支 4、5、6 分别组成的三条单连支回路如图所示。支路 1、2、4 构成第①个单连支回路,支路 2、3、5 构成第②个单连支回路,支路 1、3、6 构成第③个单连支回路。

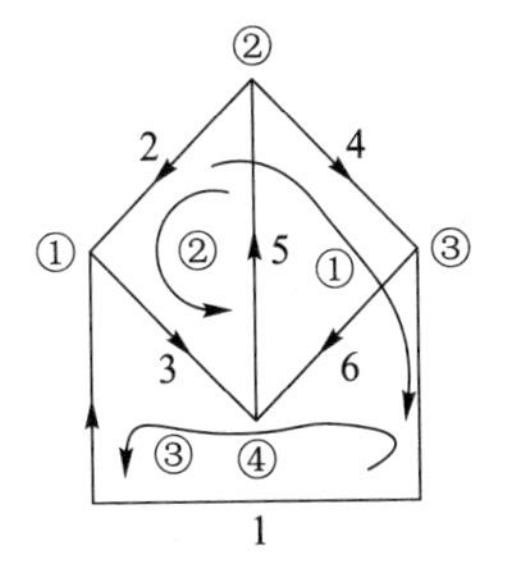

图 2.4.11 单连支回路

由于根据单连支回路列写的基尔霍夫电压定律方程彼此独立(每个方程中均包含其他方程没有的单连支电路变量),所以单连支回路必定是独立回路,也称为基本回路。基本回路数就等于连支的数目($b-n+1$)。

在平面电路中,内部没有任何支路的回路称为网孔。它是一种特殊的回路。一个有 b 条支路、n 个节点的连通平面图的网孔数 m 为

$$m = b-n+1 \tag{2.4.9}$$

网孔数也等于基本回路数,网孔回路是独立回路。

单连支回路和网孔回路是应用基尔霍夫电压定律时常选用的两种回路方式。因此可得结论:独立的KVL方程数为$(b-n+1)$,按照单连支回路列写出的KVL方程是相互独立的。若是平面图,还可以按照网孔来列写独立的KVL方程。

割集:割集是连通图G中若干支路组成的一个子图,它满足以下两个条件:

(1) 移去该子图的全部支路,连通图G将被分为两个独立部分;

(2) 当少移去该子图中任一条支路时,则图仍然保持连通。

如图2.4.12所示的拓扑图,有5个节点,9条支路。图2.4.12(a)用圆弧画出割集,它由支路2、6、9、4构成,若移去这四条支路,那么图2.4.12(a)被分割成图2.4.12(b)所示的两个独立部分;若少移去其中任一条支路,图2.4.12(b)所示的两部分不再独立而保持连通,因此,(2、6、9、4)是割集。根据定义,我们还可以找到以下割集:(5、1、6、2);(2、7、3、10);(4、8、3、10);(5、1、9、4);(2、7、8、4);(5、1、6、7、3、10)等。值得指出的是,当移去割集中所有支路,连通图G被分成两个独立部分,这种独立部分可以是一个孤立节点,例如割集(5、1、6、2),当移去这四条支路后,图2.4.12(a)被分成两个独立部分,其中一个独立部分就是孤立节点①。

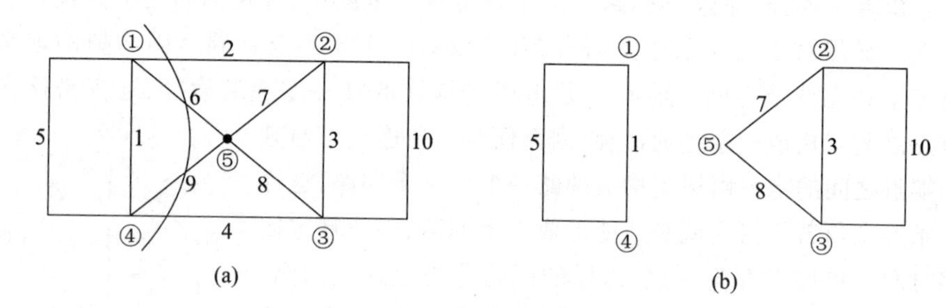

图2.4.12　割集

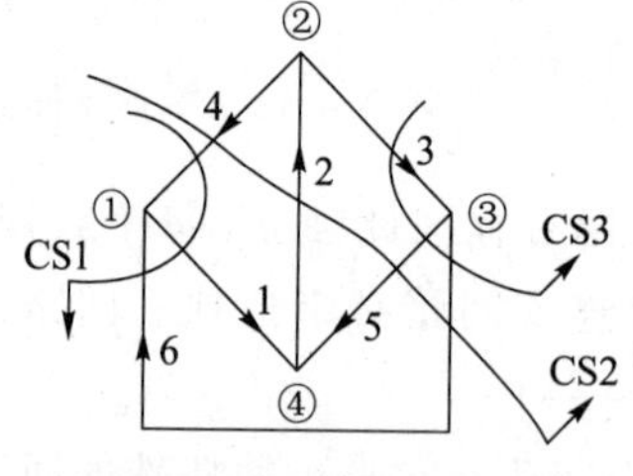

图2.4.13　单树支割集

单树支割集:在选定树的连通图中,只含有一条树支的割集,称为单树支割集。对每一条树支而言,有且仅有一个单树支割集。这是图论的重要定理之一。图2.4.13电路中,若选定支路1、2、3支路为树支,则三个单树支割集如图所示。支路1、4、6构成第①个单树支割集,支路2、4、5、6构成第②个单树支割集,支路3、5、6构成第③个单树支割集。单树支割集也称基本割集,是一组彼此相互独立的割集。

割集其实就是对应广义的节点。不难得出结论:KCL可以按照基本割集来列写,有 n 个节点 b 条支路组成的电路,独立的 KCL 方程应该有$(n-1)$个。当然去掉电路中的任意一个节点,针对其余节点列写出的 KCL 方程就是$(n-1)$个相互独立的方程。

因此,对于一个具有 n 个节点 b 条支路的电路,可以列写$(n-1)$个独立的 KCL 方程,$(b-n+1)$个独立的 KVL 方程,共计 b 个方程;倘若以 b 条支路电压为变量,就可利用 b 个方程求出 b 条支路电压,进一步利用支路电流与电压之间的关系,求出 b 条支路电流。

2.5 基本电路器件及其电路模型

元件和器件在电路中都是载电体,很难区分。但在电路理论中,常常用元件表示经科学抽象提取的、具有数学表述和单一物理特性的基本单元,它是最小、不可再分的元素,特别是理想元件 R、L、C、独立电源和受控电源。而器件则更多的指实物,它有具体的材料、形状、功率容量、温度和频率等一系列特性。它通常由多个特性方程描述或由基本元件组合而成。按照这样的观点,器件需要模型化后才能应用电路分析方法计算。

在 2.3 节已经指出电路中的基本元件有两类:一类具有实际的电路器件与之对应,它只是实际电路器件的理想化,如电阻、电容、电感、电压源、电流源,以及第 3 章将介绍的二极管和晶体管等;第二类,没有直接与它们完全对应的实际单一电路器件,但是它们由基本单元经某种组合却能反映一些复杂电路器件的主要特性和外部功能,如受控电源元件、回转器、负阻抗变换器,以及数字电路中的各种门电路等。甚至可以根据需要构建虚拟的电路器件,例如放大器、寄存器等,从而得以描述和分析复杂的电路系统。在电路理论中甚至还有经理论推演导出的元件,最典型的就是忆阻器。

以下介绍与理想元件对应的实际器件:电阻器、电容器、电感器和电源。

1. 电阻器、可变电阻

在电路中限制电流或将电能转变为热能等的电器,称为电阻器。电阻器的主要参数有标称阻值、允许误差、额定功率、温度系数等。

理想电阻器的伏安特性如图 2.5.1(a)所示,是位于一、三象限的一条斜线,但是实际电阻器的伏安特性,如图 2.5.1(b)所示,由于受到额定功率的限制,在伏安特性的一、三象限内可以画出两条双曲线,也就是功耗线,表示实际电阻器上电压电流的乘积不能超越该功耗线,此外,实际电阻器两端电压不能超出耐压限制,于是在伏安特性曲线中画出了电压限制线。总之,实际电阻器只有在安全工作区，才能保障其长时间安全稳定工作。

电阻器在正常额定环境温度下，长时间工作不受损害所允许消耗的最大功率称为额定功率。对于同一类电阻器，额定功率的大小取决于其外封装的几何尺寸，额定功率越大，电阻元件的体积也越大。一般电子电路中常采用的电阻额定功率为 1/8 W、1/4 W、1/2 W，在一些功率电路中则常采用 1 W、2 W、5 W 以及更大功率的电子元件。用于特殊场合下的电阻，通常还有温度系数和允许耐压等的要求。如果通过电阻器的电流超过允许值，电阻器将会因过热而烧毁。

电阻应用在低频时表现出来的主要特性是电阻特性，但在高频时，不仅表现出电阻特性，还表现出电抗特性，这在无线电制作（尤其是射频电路中）必须予以关注。此时，电阻器的电路模型如图 2.5.1(c) 所示。例如，绕线电阻器是用高阻合金线绕在绝缘骨架上制成，外面涂有耐热的铀绝缘层或绝缘漆。绕线电阻具有较低的温度系数，阻值精度高，稳定性好，耐热耐腐蚀，缺点是高频性能差，时间常数大，需考虑绕线的电感和线匝间的电容效应。

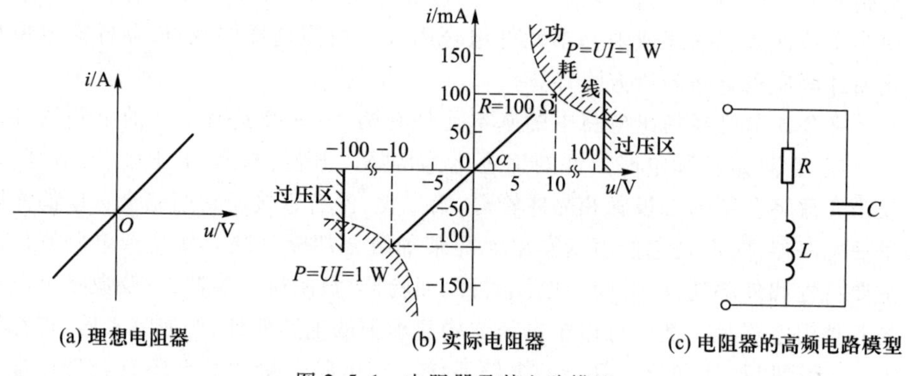

图 2.5.1　电阻器及其电路模型

电阻器有固定电阻、可调电阻以及特种电阻（敏感电阻）的区别。因其制造材料、工艺以及用途上的不同而有很多类别：按制造材料分类有碳膜电阻、金属膜电阻、线绕电阻、无感电阻、薄膜电阻等；按安装方式分类有插件电阻、贴片电阻；按功能分类有负载电阻、采样电阻、分流电阻、保护电阻等。

特种电阻，如热敏电阻、光敏电阻、压敏电阻、湿敏电阻等，常用作传感器件在电路中实现非电量与电量信号之间的转换。

部分实际电阻器如图 2.5.2 和图 2.5.3 所示。

选择电阻时，应注意下述几点：优先考虑通用型电阻；标称阻值与所需电阻器阻值差值越小越好；合适的额定电压值和额定功率值。

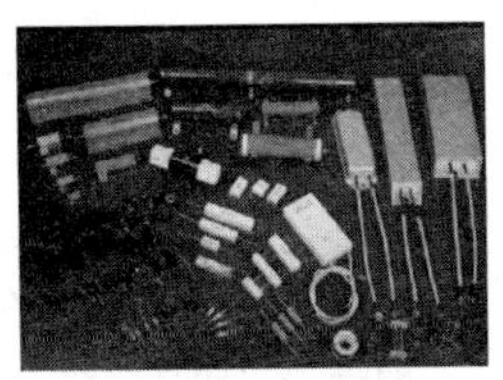

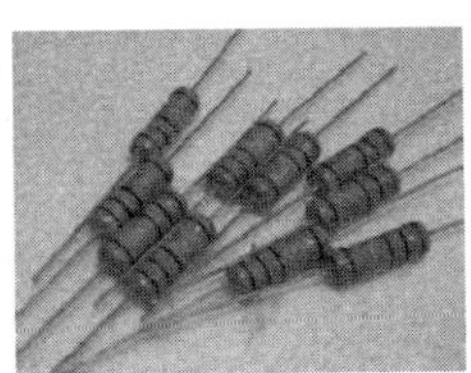

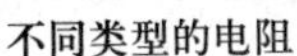

不同类型的电阻　碳膜电阻　贴片电阻　金属膜电阻器

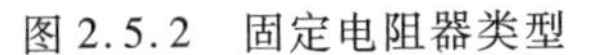

图 2.5.2 固定电阻器类型

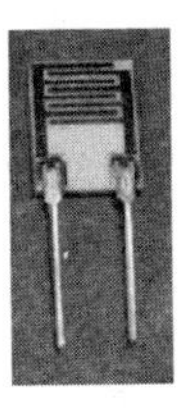

压敏电阻　湿敏电阻　光敏电阻　力敏电阻

图 2.5.3 特种电阻

可变电阻是一种机电元件,通过电刷在电阻体上的滑动,取得与电刷位移成一定关系的输出电阻。常见的可变电阻有:合成碳膜可变电阻、有机实心可变电阻、金属玻璃铀可变电阻、绕线可变电阻、金属膜可变电阻等。

2. 电容器

电容是储存电荷和电能的器件,由相互绝缘的导体制成的电极所组成。电容器的特征参数有:标称电容量和允许偏差、额定电压与伏安容量、绝缘电阻、损耗角正切、温度特性和频率特性。其中,伏安容量是电容器储存能量的最大值,等于最大工作电压与最大工作电流的乘积,超过伏安容量时,电容器将发热,严重时烧毁。绝缘电阻和损耗正切是衡量电容器漏电的指标。电解电容的绝缘电阻具有方向性,正向时绝缘电阻大,反向时小。实际电容器除了储存电荷外,还有泄漏电流,所以其电路模型为电容与电导并联,如图 2.5.4 所示。其中,R 代表漏电电阻;R_δ 表示介质损耗,该损耗与频率相关,频率越高介质损耗越大,相应的电流越大,R_δ 越小。

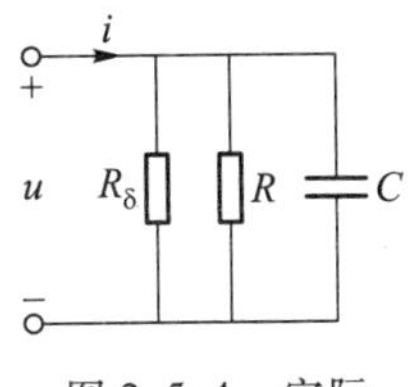

图 2.5.4 实际电容器模型

电容器在直流电路中起储存电荷的作用,如电解电容具有隔离直流通交流的功效。在一般的电子电路中,常用电容器来实现旁路、耦合、滤波、振荡、相移以及波形变换等,其本质都是其充电和放电功能的演变。

电容的种类有很多,可以从原理上分为:无极性可变电容、无极性固定电容、有极性电容等；从材料上可以分为：CBB 电容（聚丙烯）、瓷片电容、云母电容、独石电容、电解电容、钽电容等。常见电容如图 2.5.5 所示。

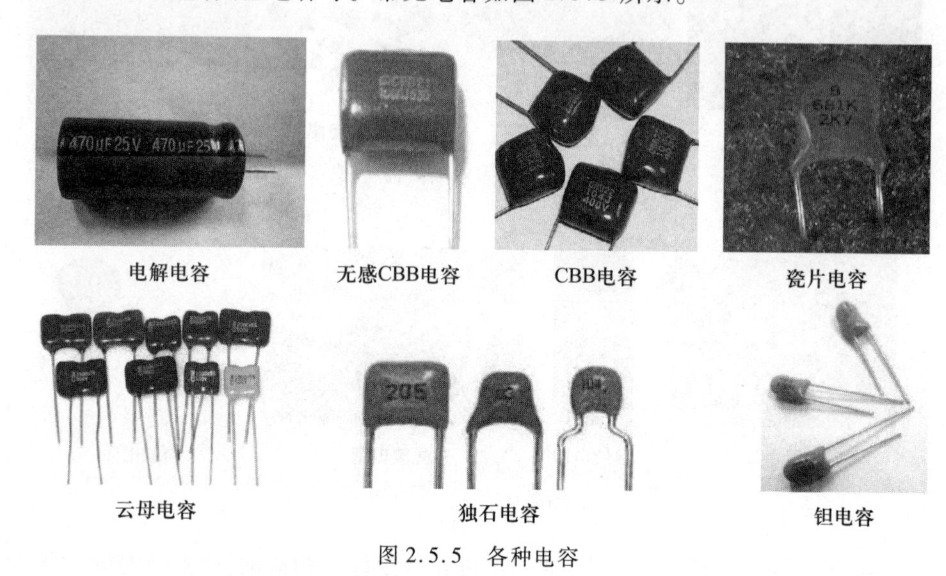

图 2.5.5　各种电容

表 2.5.1 给出各种电容优缺点的综合比较。

表 2.5.1　各种电容优缺点比较

名称	极性	优点	缺点
无感 CBB 电容	无	无感，高频特性好，体积较小	不适合做大容量，价格比较高，耐热性能较差
CBB 电容	无	有感，其他同上	
瓷片电容	无	体积小，耐压高，价格低，频率高	易碎，容量低
云母电容	无	容易生产，技术含量低	体积大，容量小
独石电容	无	体积比 CBB 更小，其他同 CBB，有感	温度系数很高
电解电容	有	容量大	高频特性不好
钽电容	有	稳定性好，容量大，高频特性好	价格较高

3. 电感器

电感器是将电能转换成磁能储存起来的器件，其基于电磁感应原理的特性，在电路中产生了多种功能，例如，存储磁能和存储信息；充放电形成各种波形；利用其电抗值的频率响应，以分离信号；利用反电动势产生高压；利用电感电流不能突变的特点稳定电流等。

电力系统中的电机、电抗器、变压器、继电器，仪表、扬声器和话筒，计算机的磁盘驱动器，电视机中的偏转线圈等都是利用电感线圈产生的磁场来达到各种工程应用的目的。

电感器的特征参数有：标称电感量和允许偏差、额定电流、品质因数、标称电压、分布电容、温度特性和频率特性。其中在电子技术中，电感器是实现振荡、调谐、耦合、滤波功能的主要元件之一，它通常是由绝缘导线在各种形状的骨架上绕制而成线圈。低频线圈的电路模型如图 2.5.6(a)所示，因为低频电感的电感量大，匝数较多，导线长，其电阻 r 不容忽略；若骨架为铁磁材料，还需考虑磁滞损耗和涡流损耗，如图 2.5.6(b)中 R_M；如果信号较大，铁心中的磁场强，还需考虑铁心的非线性特性。高频线圈的电路模型如图 2.5.6(c)所示，电容 C_0 为线圈的匝间和层间分布电容。

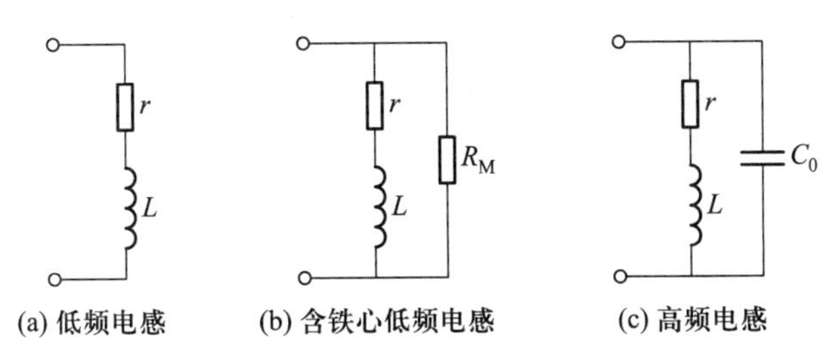

图 2.5.6 实际电感器电路模型

电感按其结构形式可分为线绕式电感和非线绕式电感(多层片状、印刷电感等)，还可分为固定式电感和可调式电感。固定式电感又分为空心电子电感、磁心电感、铁心电感等，根据其结构外形和引脚方式还可分为立式同向引脚电感、卧式轴向引脚电感、大中型电感、小巧玲珑型电感和片状电感等。可调式电感又分为磁心可调电感、铜心可调电感、滑动接点可调电感、串联互感可调电感和多抽头可调电感。

电感按贴装方式可分为贴片式电感、插件式电感。电感器有外部屏蔽的称为屏蔽电感，线圈裸露的称为非屏蔽电感。

电感按工作频率可分为高频电感、中频电感和低频电感。空心电感、磁心电感和铜心电感一般为中频或高频电感，而铁心电感器多数为低频电感。

电感按用途可分为振荡电感、校正电感、显像管偏转电感、阻流电感、滤波电感、隔离电感、补偿电感等。

常见电感如图 2.5.7 所示。

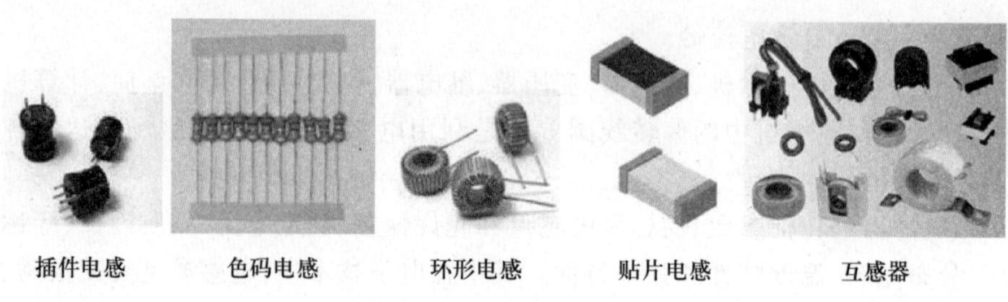

图 2.5.7　各类电感器

4. 电源

(1) 直流电源

各种电池都是直流电源。常称为干电池或蓄电池的电源是将所储存的化学能转换为电能。

干电池(锰锌电池):干电池(Dry cell)是一种以糊状电解液来产生直流电的化学电池(相应的使用液态电解液的化学电池则为湿电池)。干电池属于化学电源中的原电池,是一种一次性电池。常用的干电池是锌锰干电池,电动势为1.5 V,比较稳定。它以碳棒为正极,以锌筒为负极。

太阳能电池:太阳能电池是一种由于光生伏特效应而将太阳光能直接转化为电能的器件,如图 2.5.8 所示。是一个半导体光电二极管,当太阳光照到光电二极管上时,光电二极管就会把太阳的光能变成电能,产生电流。光电二极管将在3.1节详细介绍。在光线照射下,在一定范围,可以产生近乎恒定的电流。当许多个电池串联或并联起来就可以成为有比较大的输出功率的太阳能电池方阵了。

图 2.5.8　电池

太阳能电池按材料可分为硅太阳能电池、多晶体薄膜电池、有机聚合物电池、纳米晶电池、有机薄膜电池、染料敏化电池、塑料电池等。太阳能电池作为新型电源,具有永久性、清洁性和灵活性三大优点。太阳能电池寿命长,可以一次投资而长期使用;与火力发电、核能发电相比,太阳能电池不会引起环境污染,但是太阳能电池成本较高。

(2) 电力电源

通常电力电源是指为工业和民用提供电能的设备。电力电源均由发电机发出,经电力网传送至各地用户。有交流(单相与三相)和直流之分;其中,交流电通常直接从电网中经变压器转换到所需电压,直流电可以由交流电经过整流、滤波、稳压后得到。如图 2.5.9 所示。

发电机组

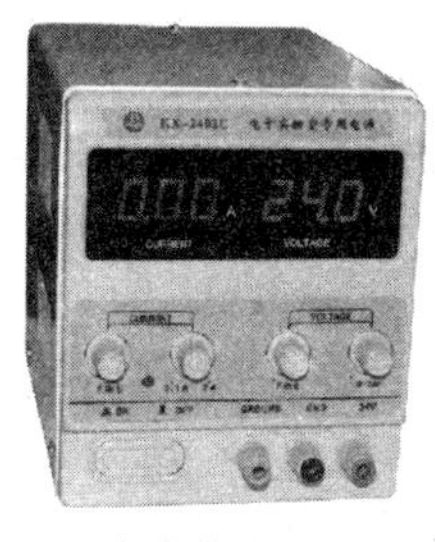

直流稳压电源

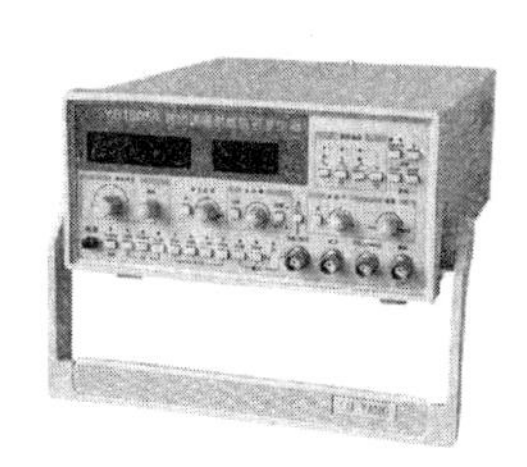

信号源

图 2.5.9 各类电源

(3) 基于电子技术的电源

直流稳压电源是能为负载提供稳定直流的电子装置。直流稳压电源的供电电源大都是交流电源,当交流供电电源的电压或负载电阻变化时,稳压器的直流输出电压都可保持稳定,其详细工作原理参见模拟电子技术基础。直流稳压电源随着电子设备向高精度、高稳定性和高可靠性的方向发展,对其设计提出了更高的要求。

信号源又称信号发生器或振荡器,是能够产生特定波形电信号的电气设备,在生产实践和科技领域中有着广泛的应用。按能够产生信号的波形可分为正弦信号发生器、函数信号发生器、扫频信号发生器、脉冲及数字信号发生器、调制信号发生器、任意波形发生器等;按能够产生信号的基波频率可分为超低频信号源(0.000 1 ~ 1 000 Hz)、低频信号源(1 Hz ~ 200 kHz)、视频信号源(10 Hz ~ 10 MHz)、高频信号源(200 kHz ~ 30 MHz)。应当指出,上述各种类型电源的电路模型均可抽象地归类为如图 2.3.7 所示的非理想电压源。

从上述电路元件可以看出,前面提到的电路理论中的分析对象不一定均与实际电路器件相对应,但只要其所关注的电磁现象满足电路抽象原则,总可以用某种模型元件或理想元件来表示分析对象,从而为复杂系统的电路分析提供相应的电路模型,为复杂系统的电路分析奠定基础。

习题

2.1　按照题图2.1中所指电压 U 和电流 I 的参考方向，写出各电路 U 或 I 的表达式

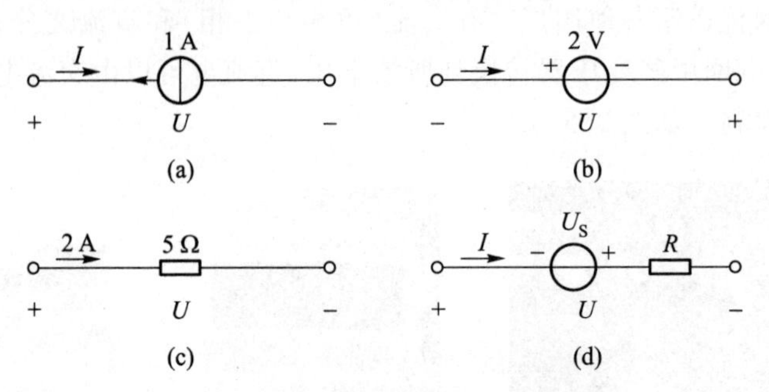

题图2.1

2.2　计算题图2.2中电路各元件的功率，并指出是吸收功率还是发出功率。

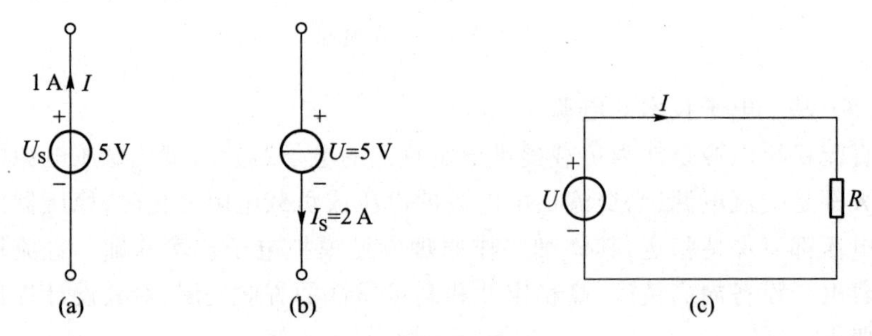

题图2.2

2.3　判断下面各信号类型，属于确知或随机信号、周期或非周期信号、连续或离散信号？

（1）$u=5\cos(t-10)$ V　　（2）$u=\begin{cases}5\ \text{V} & (0\leqslant t\leqslant 10\ \text{s})\\ 0 & (t>10\ \text{s})\end{cases}$

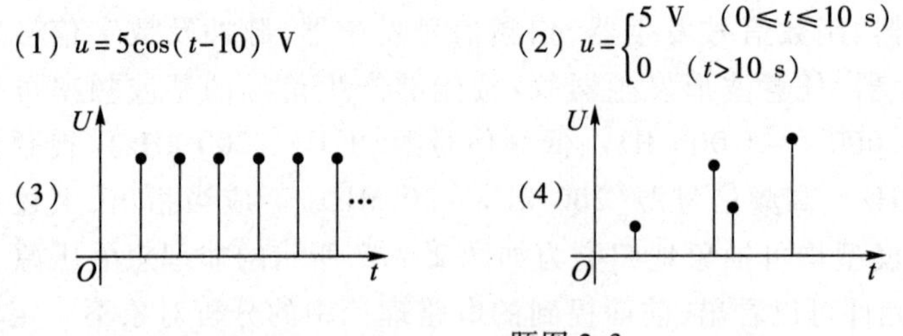

题图2.3

2.4　根据题图2.4所示电路图中给定的条件，请确定待求支路电流。

2.5　根据题图2.5所示电路图中给定的条件，请确定待求支路电压。

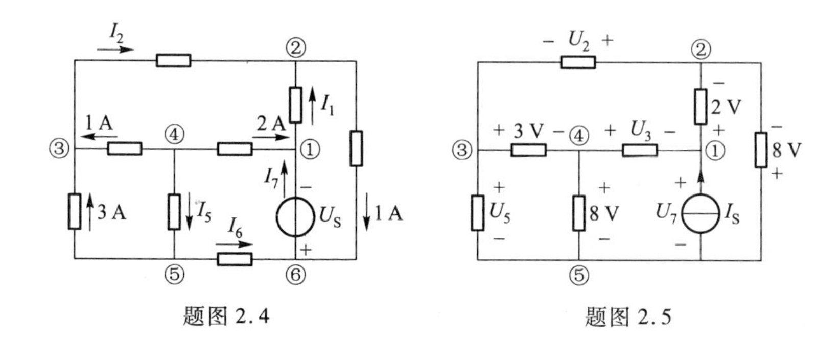

题图 2.4　　　　题图 2.5

2.6　计算题图 2.6 中电路的待求量 U、I。

2.7　计算题图 2.7 中各支路电流。

2.8　如题图 2.8，已知 $I_1=3$ A，$I_2=2$ A，求 I_3、R_5 和 U_S。

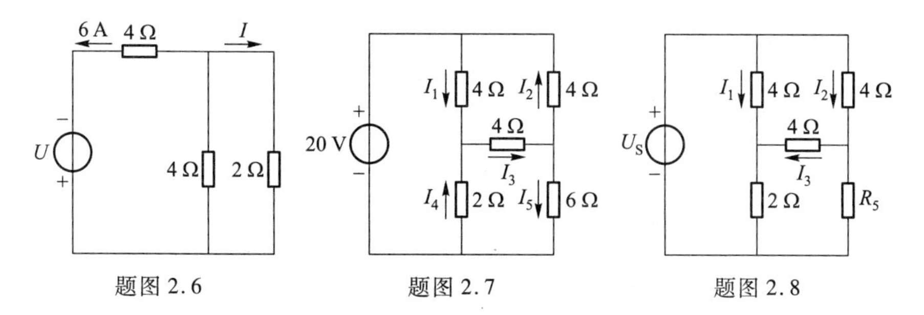

题图 2.6　　　　题图 2.7　　　　题图 2.8

2.9　计算题图 2.9 中所示电路的 I_1、I_2、U_{ab}。

2.10　如题图 2.10 所示，求 I_1、I_2、I_3、I_4 的值。

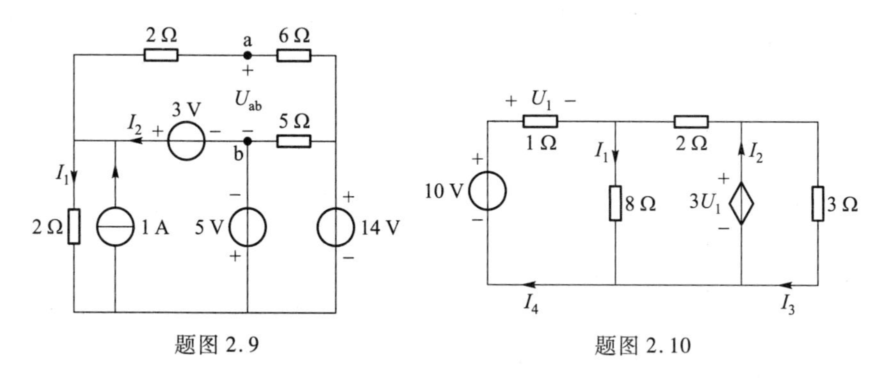

题图 2.9　　　　题图 2.10

2.11　求题图 2.11 中电压源和电流源的功率以及 U_{ab} 和 U_{bc}。

2.12　分别求题图 2.12 中 a 点和 b 点相对于地的电压。

2.13　已知题图 2.13 所示电路中，$E_1=150$ V，$E_2=300$ V，可变电阻 $R=150$ Ω，调节可变电阻可将 R 分成 R_1 和 R_2 两部分，问这两部分电阻多大时，可变电阻滑动端接地而不影响电路的工作状态？若将 E_1 或 E_2 反向，能调出上述结果吗？

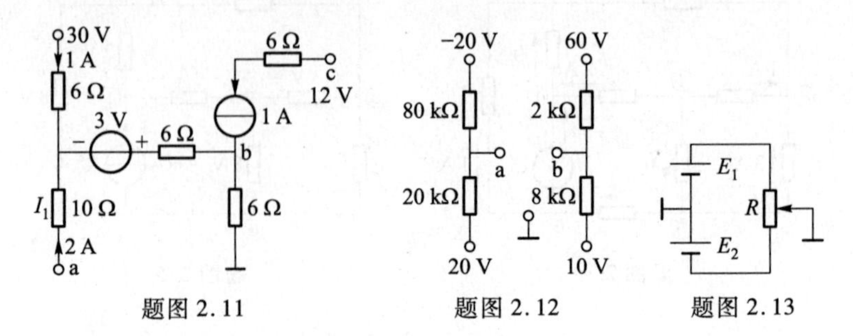

题图 2.11　　题图 2.12　　题图 2.13

2.14　求题图 2.14 所示电路的负载电压 U_L。

2.15　求题图 2.15 所示晶体管等效电路的电压 u_{ce}。

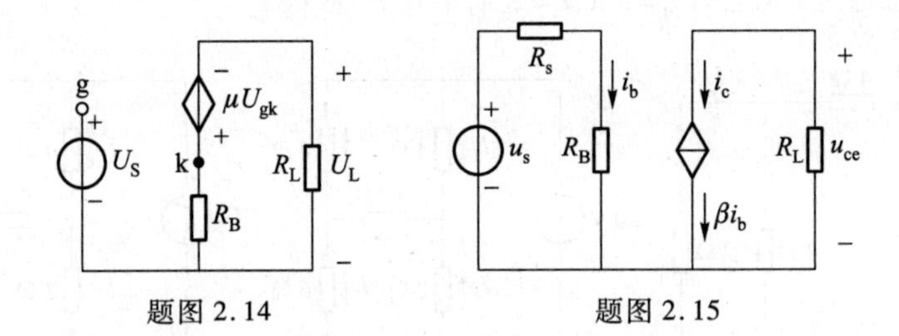

题图 2.14　　题图 2.15

2.16　求题图 2.16 所示电路各支路电流 $I_1 \sim I_6$，以及各节点 a ~ g 的电位。

2.17　题图 2.17 所示为数字电路中的一部分，基极 b 与有关电路相连，晶体管处于开关状态。求晶体管 ce 之间分别处于开路和短路时，a 点的电位。

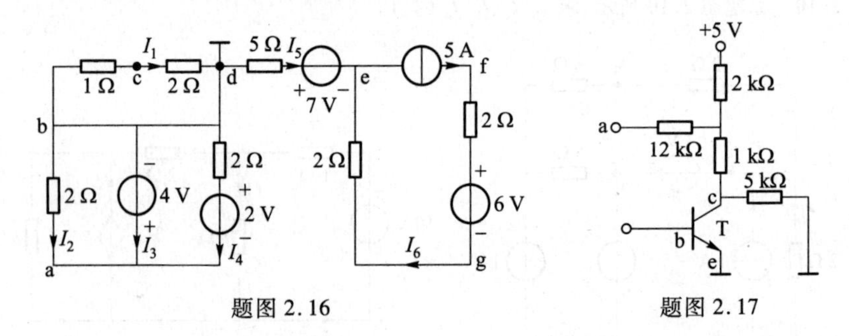

题图 2.16　　题图 2.17

2.18　题图 2.18 所示晶体管偏置电路中，已知 $U_{CC} = 6$ V，$I_C = 2$ mA，$I_B = 50$ μA，$I_2 = 0.15$ mA，$U_C = 4$ V，$U_E = 1$ V，$R_2 = 11$ kΩ，求：

（1）负载电阻 R_c；

（2）电压 U_{CE} 和 U_{BE}；

（3）电流 I_1 和 I_E。

2.19　已知某放大器直流等效电路如题图 2.19 所示，b 点相对于地的电压为 $U_b =$

$-2.2\ \text{V}$, $U_{ce}=-7.32\ \text{V}$, $i_c=200i_b$，求：(1) i_c；(2) U_e；(3) 电源的功率。

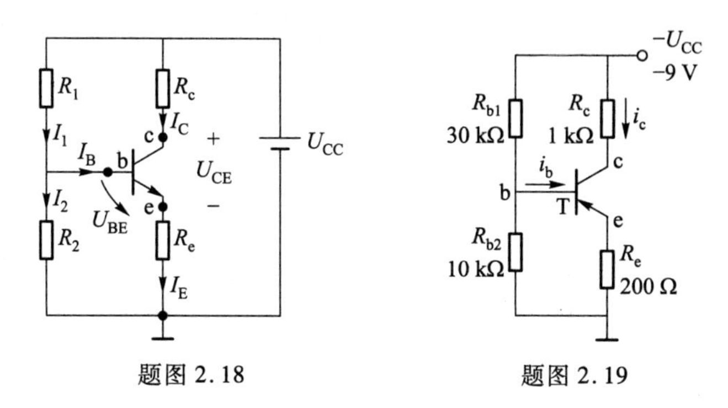

题图 2.18　　　　题图 2.19

2.20　题图 2.20 中二极管为理想二极管（图示电压参考方向下，正电压时，二极管相当于短路；电压为负时，二极管截止相当于断开），当 a 点电位为 −4 V 时，求二极管中电流和 b 点电位；a 点电位为多少时，可使二极管截止？

2.21　题图 2.21 中，已知 $\Delta U_I=12\ \text{V}$, $g_m=1.2\ \text{mS}$, $R_1=20\ \text{k}\Omega$, $R_2=100\ \text{k}\Omega$, $R_3=10\ \text{k}\Omega$, $R_4=20\ \text{k}\Omega$，求：ΔU_O。

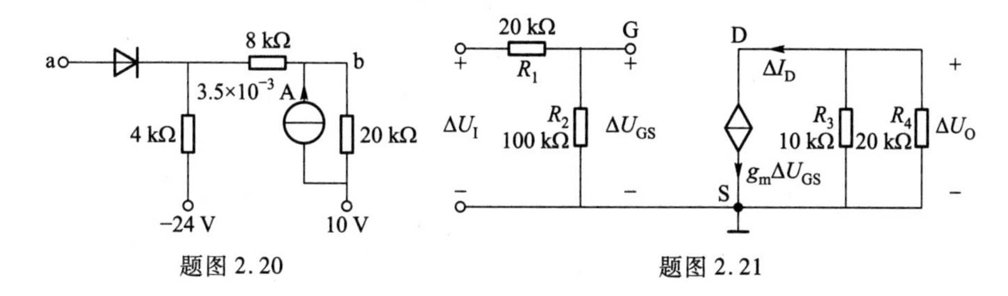

题图 2.20　　　　题图 2.21

第3章 电子电路器件及其电路模型

半导体器件是构成电子电路的基本电路元件,不同于线性电路元件,其外特性是非线性的,在采用分段线性化近似后,相应的特性曲线可用已有的电路元件或其组合来表征。本章首先介绍二极管、晶体管、场效晶体管和集成运放等常用半导体器件的工作原理、外特性和参数,并基于特性曲线的近似线性化给出相应的电路模型。

3.1 二 极 管

二极管是将PN结封装起来,并引出两个电极引线所构成的二端器件。有关半导体材料和PN结的基础知识请参阅本书附录的附1。由P区引出的电极称为阳极,由N区引出的电极则称为阴极。与第2章中的电路元件相类似,二极管的电特性取决于其伏安特性。

3.1.1 二极管的伏安特性

半导体二极管按其结构的不同可分为点接触型和面接触型两类。

点接触型二极管是将一根很细的金属触丝(如三价元素铝)和一块半导体(如锗)熔接后做出相应的电极引线,再外加管壳密封而成,其结构如图3.1.1(a)所示。点接触型二极管的极间电容很小,不能承受高的反向电压和大电流,往往用来作小电流整流、高频检波及开关管。

面接触型二极管的结构如图3.1.1(b)所示。这种二极管的PN结面积大,可承受较大的电流,但极间电容也大。这类器件适用于整流,而不宜用于高频电路中。

图3.1.1(c)为集成电路中的平面型二极管的结构图,图3.1.1(d)为二极管的电路符号。

二极管的伏安特性也称外特性,与PN结类似,如图3.1.2所示,具有单向导通性,大致可分为三区段。

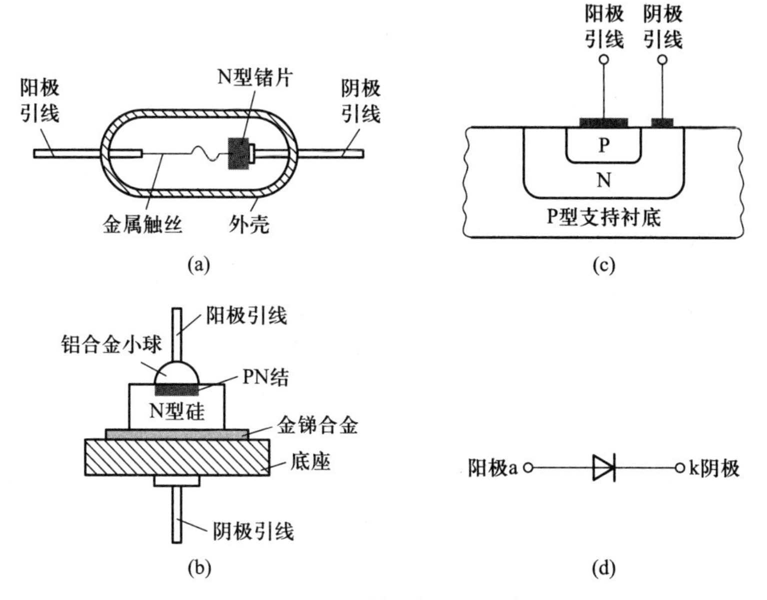

图 3.1.1 二极管结构与电路符号

(1) 正向特性

正向特性表现为图 3.1.2 中的①段。当正向电压较小时,正向电流几乎为零。此工作区域称为死区。U_{th}称为门坎电压或死区电压(硅管约为0.5 V,锗管为0.1 V)。当正向电压大于U_{th}时,内电场削弱,电流因而迅速增长,呈现出很小的正向电阻,此时二极管电压降近似恒定,称为导通电压U_{on}。

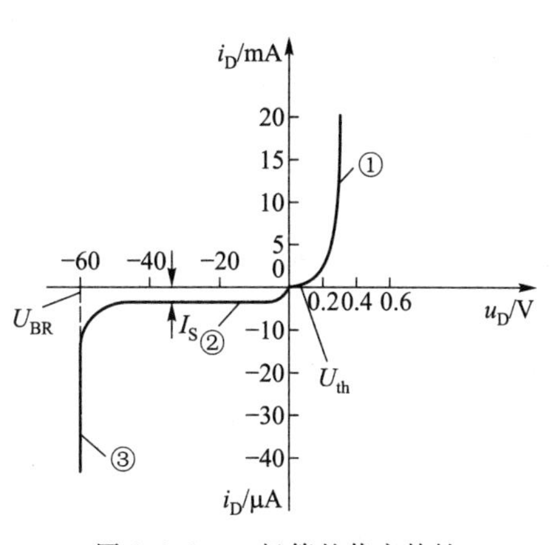

图 3.1.2 二极管的伏安特性

(2) 反向特性

反向特性表现为图 3.1.2 中的②段。由于是少数载流子形成的反向饱和电流,所以其数值很小。但温度的影响很大,当温度升高时,反向电流将随之增加。

(3) 反向击穿特性

反向击穿特性对应于图 3.1.2 中③段,当反向电压增加到一定值时,反向电流急剧增加,二极管被反向击穿。其原因同于 PN 结击穿。

3.1.2　二极管特性参数与电路模型

1. 二极管的特性参数

• 最大正向平均电流 I_F：二极管长期运行时允许通过的最大正向平均电流，其值与PN结面积以及外部散热条件等有关。在规定散热条件下，二极管正向平均电流若超出此值，二极管有可能因PN结温升过高而烧坏。

• 最高反向工作电压 U_R：二极管工作时允许外加的最大反向电压，超出此值，二极管有可能因反向击穿而损坏。通常 U_R 定义为击穿电压 U_{BR} 的一半。

• 反向电流 I_S：二极管未击穿时的反向电流。I_S 值越小，二极管的单向导电性越好。I_R 对温度很敏感，温度每升高10 ℃，I_S 增大一倍。

• 最高工作频率 f_M：二极管工作的上限截止频率。超过此值时，由于结电容的作用，二极管将不能很好地体现单向导电性。

在实际使用中，应根据管子所用场合，按其承受的最高反向电压、最大正向平均电流、工作频率、环境温度等条件，选择满足要求的二极管。应当指出，因制造工艺所限，半导体器件参数具有分散性，同一型号二极管的参数值也会有相当大的差距，在技术手册中总是以极值给出上述参数。此外，使用时要特别注意手册上每个参数的测试条件。

2. 二极管的电路模型

二极管的伏安特性表明二极管是一个非线性器件，这将给电路的分析带来一定的困难。在工程应用中，常将其伏安特性作近似的线性化处理，并根据近似的伏安特性所对应的电路模型进行线性电路分析。图3.1.3(a)、图3.14(a)、图3.1.5(a)中实线是二极管特性曲线的不同近似结果，根据2.3节不同元件伏安特性的特点，可以将两段直线分别用相应的元件来代表，只要它们的伏安特性相同即可，这一思想称为等效。由此可得不同近似情况下的电路模型，如图3.1.3(b)、图3.1.4(b)、图3.1.5(b)所示。

(1) 理想二极管模型

当电路电压远大于二极管压降时，可以忽略二极管压降，即认为二极管导通时正向压降为零，截止时反向电流为零，此时，二极管的伏安特性可近似为

$$\begin{cases} u_D=0 & i_D>0 \\ i_D=0 & u_D<0 \end{cases}$$

那么，电路模型可以表示为

$$\begin{cases} \text{短路} & i_D>0 \\ \text{断路} & u_D<0 \end{cases}$$

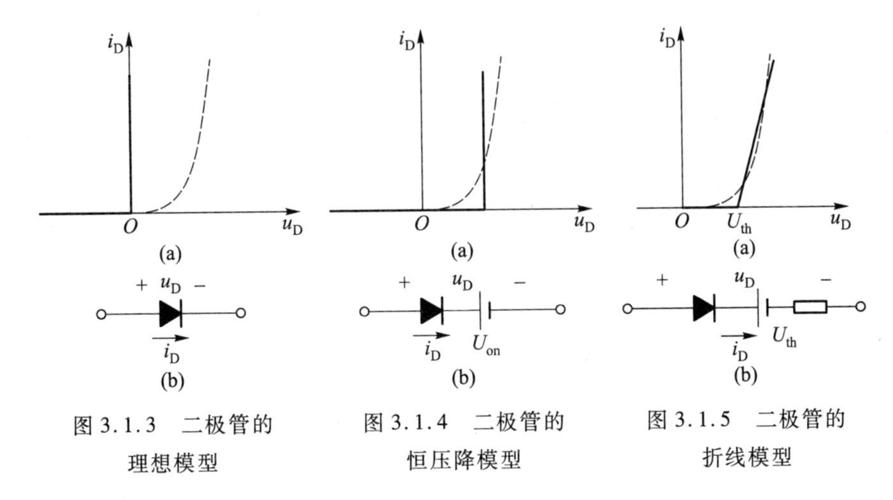

图 3.1.3 二极管的理想模型

图 3.1.4 二极管的恒压降模型

图 3.1.5 二极管的折线模型

也可以将上述折线表示的伏安特性定义为理想二极管元件的外特性,则电路模型如图 3.1.3(b)所示。这种模型在快速判断二极管处于导通或截止工作状态时非常方便。

(2) 恒压降模型

如果二极管正向导通时的管压降不能忽略,并近似为一常数 U_{on}(通常为 0.7 V),则二极管的伏安特性可近似为

$$\begin{cases} u_D = U_{on} & i_D > 0 \\ i_D = 0 & u_D < U_{on} \end{cases}$$

其中,正向特性可以改写为 $u_D = 0 + U_{on}(i_D > 0)$,相当于图 3.1.3 近似特性与 $U'' = U_{on}$两条曲线的叠加。用电路模型则可表示为两个元件的串联,也即理想二极管与数值为 U_{on}的理想电压源相串联。对应的近似伏安特性曲线和等效电路模型如图 3.1.4 所示。该模型通常应用于电路分析和设计的初始阶段。

(3) 分段线性模型

若将二极管的伏安特性曲线用两直线段来拟合,如图 3.1.5(a)所示,即可描述为

$$\begin{cases} i_D = \dfrac{u_D - U_{th}}{r_D} & u_D > U_{th} \\ i_D = 0 & u_D < U_{th} \end{cases}$$

其中,U_{th}和 r_D 分别是斜直线在横轴上的截距和斜率的倒数,斜直线的选择取决于工作电流的范围。若将上述表达式改写为

$$\begin{cases} u_D = U_{th} + r_D i_D & u_D > U_{th} \\ i_D = 0 & u_D < U_{th} \end{cases}$$

很显然,该特性可以表示为理想二极管特性与 $U''=U_{th}$ 以及 $U'''=u_D-U_{th}+r_Di_D$ 三条曲线的叠加。这种模型由于需要根据具体电路的电流范围来确定,比较繁复,所以应用不多。

(4) 指数模型

指数模型是二极管最精确的模型,但由于其非线性的特性,分析比较困难。一般只有当需要对电路进行精确分析时,才会采用这种模型,使用这种模型分析电路时分别可以采用解析法和图解法,将在第9章中详述。

例3.1.1　设二极管电路如图3.1.6(a)所示,$R=10\ \text{k}\Omega$,$U_{DD}=10\ \text{V}$,$r_D=0.2\ \text{k}\Omega$,分别应用二极管的理想模型、恒压降模型和折线模型求电路的 I_D 和 U_D 的值

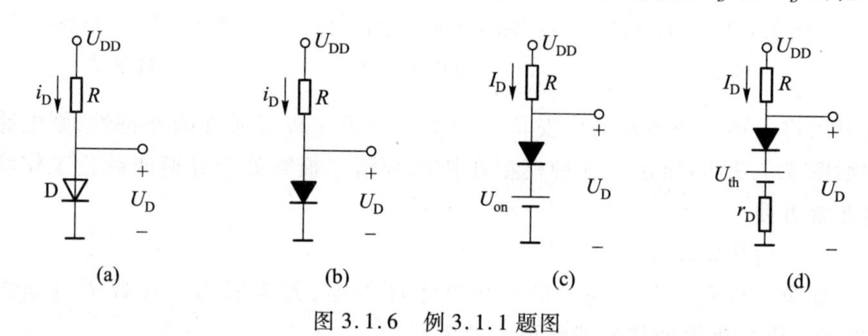

图3.1.6　例3.1.1题图

解:① 使用理想模型,其等效电路如图3.1.6(b)所示,可得 $U_D=0\ \text{V}$,$I_D=U_{DD}/R=10\ \text{V}/10\ \text{k}\Omega=1\ \text{mA}$

② 使用恒压降模型,其等效电路如图3.1.6(c)所示,可得

$$U_D=0.7\ \text{V},\quad I_D=\frac{U_{DD}-U_{on}}{R}=\frac{10\ \text{V}-0.7\ \text{V}}{10\ \text{k}\Omega}=0.93\ \text{mA}$$

③ 使用折线模型,其等效电路如图3.1.6(d)所示,可得

$$I_D=\frac{U_{DD}-U_{th}}{R+r_D}=\frac{10\ \text{V}-0.5\ \text{V}}{10\ \text{k}\Omega+0.2\ \text{k}\Omega}=0.931\ \text{mA}$$

$$U_D=0.5\ \text{V}+I_Dr_D=0.5\ \text{V}+0.931\ \text{mA}\times0.2\ \text{k}\Omega=0.69\ \text{V}$$

由计算结果可见,当电源电压远大于二极管导通压降时,三种电路模型对于二极管电压电流的求解差别不大。

3.1.3　其他类型的二极管

除了前面介绍的普通二极管以外,还有一些特殊类型的二极管,例如稳压二极管、发光二极管、光电二极管等。

1. 稳压二极管

稳压二极管(简称稳压管)又名齐纳二极管,是一种由特殊工艺制造的面

接触型二极管，通常工作在反向击穿状态，是利用PN结反向击穿时电压基本上不随电流变化而变化的特点来达到稳压的目的，其稳压值就是击穿电压值。稳压管击穿电压的大小主要取决于半导体晶体的电阻率，在制造工艺中适当控制晶体电阻率，就可以制成稳定电压从1 V到几百伏范围内的各种规格的稳压管。稳压二极管是根据击穿电压来分挡的，主要用作稳压器或电压的基准元件。

稳压二极管的符号、伏安特性如图3.1.7所示，与普通二极管类似，包含正向导通、反向截止和反向击穿三个区域。稳压管在正向电压区（即第一象限内），相当于普通二极管的正向特性。在反向电压区（即第三象限内），电流约等于零。当反向电压超过击穿电压时，PN结击穿，反向电流急剧增大，但PN结两端的电压几乎不变，曲线近似于恒压源特性。

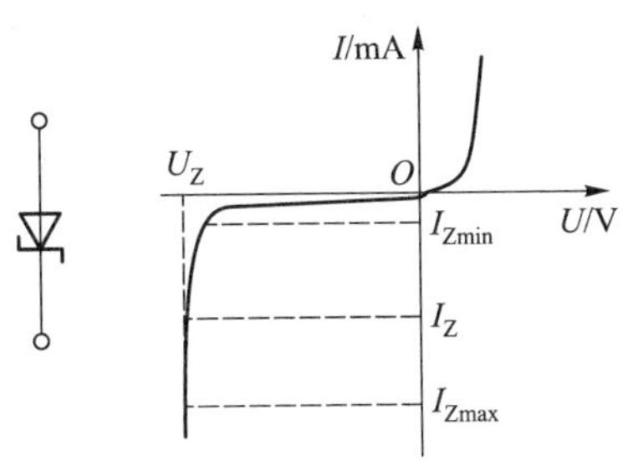

图3.1.7 稳压管的符号及U–I特性

稳压二极管的主要参数如下。

- 稳定电压U_Z：稳压管在正常工作时，稳压管两端的电压值。具体来说是在规定的电流下稳压管的反向击穿电压。
- 稳定电流I_Z：稳压管在稳压状态时的电流值。电流低于此值时稳压效果变坏，甚至根本不稳压，故也将此I_Z记为I_{Zmin}。
- 最大稳定电流I_{Zmax}：稳压管允许通过的最大反向电流。
- 耗散功率P_{ZM}：稳压管的稳定电压U_Z与最大稳定电流I_{Zmax}的乘积，它是由管子的温升所决定的参数。稳压管的功耗超过此值，会因PN结温升过高而损坏。只要不超过稳压管的额定功率，电流越大，稳压效果越好。
- 动态电阻r_Z：稳压管工作在稳压区时，端电压变化量与其电流变化量之比。r_Z越小，稳压效果越好。
- 温度系数α_V：温度每变化1°稳压值的变化量。稳定电压小于4 V的管子具有负温度系数（属于齐纳击穿）；稳定电压大于7 V的管子具有正温度系数（属于雪崩击穿）；而稳定电压在4～7 V之间的管子，温度系数非常小，近似为零（齐纳击穿和雪崩击穿均有）。

普通二极管由于通常是利用它的单向导电特性，所以要求工作在第一、三象限，并且要防止反向击穿。而稳压二极管则通常工作在第Ⅲ象限，并利用它击穿时具有陡峭的恒压特性作为稳压器件。

由于稳压管的反向电流小于 I_{Zmin} 时不稳定，大于 I_{Zmax} 时会因超过额定功耗而损坏，因此在使用时必须串联一个电阻来限制电流，并通过限流电阻 R 的合适取值来保证稳压管工作在安全的稳压区域。

对应于图 3.1.8 所示的稳压电路，稳压管只可能工作在反向击穿或截止两种状态。截止区的等效电路模型为断路。反向击穿区的等效电路模型为含内阻的电压源。当稳压管的动态电阻 r_Z 可忽略时，其电路模型是数值为 U_Z 的理想电压源。

例 3.1.2　图 3.1.8 所示稳压电路，$R=0.5\ \text{k}\Omega$，在 $I_Z=5\ \text{mA}$ 时，稳压管 $U_Z=6.8\ \text{V}$，$r_Z=20\ \Omega$，$I_{Zmin}=0.2\ \text{mA}$。输入电压 U_I 为 10 V。(1) 求负载开路时的输出电压 U_O；(2) 当 $R_L=2\ \text{k}\Omega$ 时，求 U_O 的值；(3) 当 $R_L=0.5\ \text{k}\Omega$ 时，求 U_O 的值；(4) 若电源电压有±1 V 的波动，求稳压管能够工作在击穿区域的最小 R_L 值。(5) 若稳压管的耗散功率为 1 W，负载电阻为 1.6～2 kΩ，求限流电阻的选择范围？

解：(1) 若稳压管处于稳压状态，根据题意，其电路模型为含内阻的电压源，如图 3.1.9 中点画线框所示。当负载开路时，稳压管肯定处于反向击穿状态，则稳压管的等效电路模型如图 3.1.9 所示，电路电流为

$$I_{DZ}=I_R=\frac{U_I-U_Z}{R+r_Z}=\frac{10-6.8}{0.5+0.02}\ \text{mA}=6.15\ \text{mA}$$

$$U_O=U_Z+I_{DZ}r_Z=(6.8+6.15\times0.02)\ \text{V}=6.92\ \text{V}$$

由于 r_Z 很小，在计算直流输出时常采用恒压模型，即

$$U_O\approx U_Z=6.8\ \text{V}$$

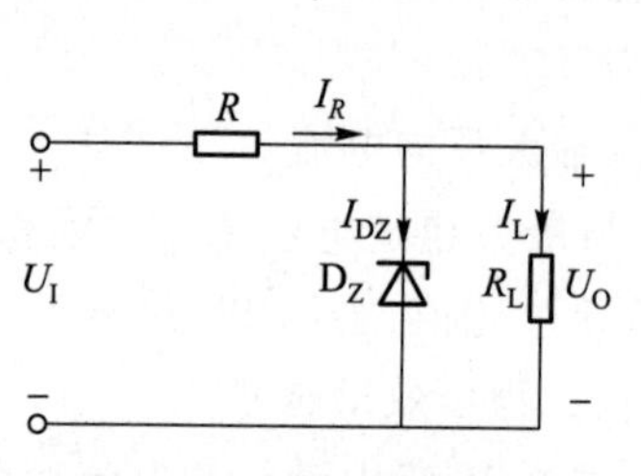

图 3.1.8　稳压管稳压电路

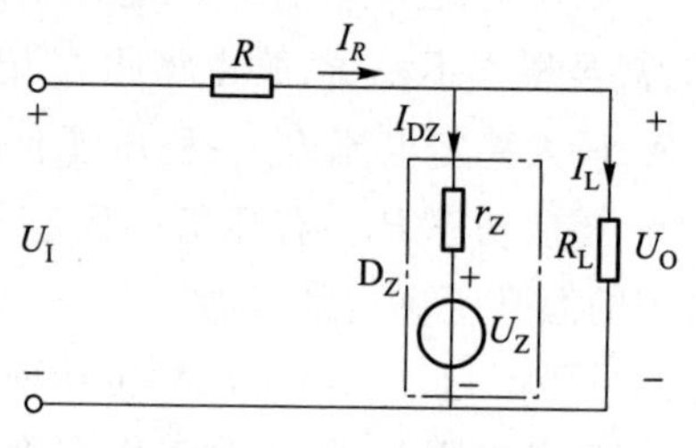

图 3.1.9　等效电路

(2) 若稳压管处于稳压状态，当接上2 kΩ 的负载电阻时，负载电流约为

$$I_L\approx\frac{U_Z}{R_L}=\frac{6.8}{2\times10^3}\ \text{A}=3.4\ \text{mA}$$

而稳压管中电流为

$$I_R=\frac{U_I-U_Z}{R}=\frac{10-6.8}{0.5\times10^3}\ \text{A}=6.4\ \text{mA}$$

则

$$I_{DZ}=I_R-I_L=(6.4-3.4)\ \text{mA}=3\ \text{mA}$$

稳压管中电流方向与 U_Z 方向一致，稳压管确实处于反向击穿状态。所以，输出

电压为

$$U_O = U_Z = 6.8\ \text{V}$$

(3) 若稳压管处于反向击穿状态,则 0.5 kΩ 的 R_L 将获得 6.8 V/0.5 kΩ = 13.6 mA 的负载电流,这是不可能的,因为通过 R 提供的电流 I_R 只有 6.4 mA。因此稳压二极管不可能反向击穿,而是处于截止状态。U_O 由 R_L 和 R 组成的电压分压器确定为

$$U_O = U_I \frac{R_L}{R+R_L} = 10\times\frac{0.5}{0.5+0.5}\ \text{V} = 5\ \text{V}$$

(4) 对于工作在击穿区域边缘的稳压二极管,$I_{DZ} = I_{Zmin} = 0.2\ \text{mA}$,$U_Z = 6.8\ \text{V}$。此时通过 R 提供的最小电流为(9-6.8) V/0.5 kΩ = 4.4 mA,因此负载电流为(4.4-0.2) mA=4.2 mA,相应的 R_L 值为

$$R_L = \frac{6.8}{4.2\times10^{-3}}\ \Omega \approx 1.6\ \text{k}\Omega$$

(5) 根据稳压二极管正常工作的要求,应有

$$I_{Zmin} \leqslant I_{DZ} \leqslant I_{Zmax}$$

$$I_{Zmin} \leqslant \frac{U_I - U_Z}{R} \leqslant I_{Zmax}$$

$$\frac{U_{Imax}-U_Z}{R_{min}} - \frac{U_Z}{R_{Lmax}} \leqslant I_{Zmax} \rightarrow \frac{11-6.8}{R_{min}} - \frac{6.8}{2\times10^3} \leqslant \frac{1}{6.8} \rightarrow R_{min} \geqslant \frac{11-6.8}{0.147+0.0034}\ \Omega = 27.9\ \Omega$$

$$\frac{U_{Imin}-U_Z}{R_{max}} - \frac{U_Z}{R_{Lmin}} \geqslant I_{Zmin} \rightarrow \frac{9-6.8}{R_{max}} - \frac{6.8}{1.6\times10^3} \geqslant 0.0002 \rightarrow R_{max} \leqslant \frac{9-6.8}{0.0002+0.00425}\ \Omega = 495\ \Omega$$

2. 发光二极管

发光二极管简称 LED(Light Emitting Diode),通常用元素周期表中Ⅲ、Ⅴ族元素的化合物,如砷化镓、磷化镓等制成,当这种管子通以电流时将发出光来,这是由于电子与空穴直接复合而放出能量的结果。它的光谱范围比较窄,其波长由所使用的基本材料而定。可以制成各种形状,发出不同颜色的光,应用十分广泛,可用作指示灯、文字/数字显示、光耦合器件、光通信系统的光源等。发光二极管的形状和电路符号如图 3.1.10 所示。几种常见发光材料的主要参数如表 3.1.1 所示。

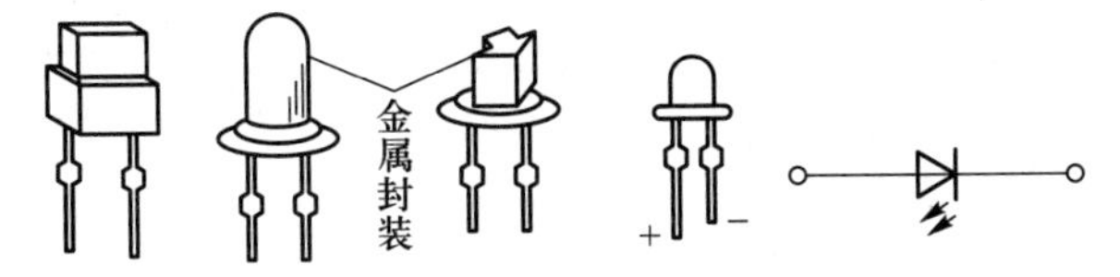

图 3.1.10 发光二极管形状及电路符号

表 3.1.1　发光二极管的主要特性表

颜色	波长 /nm	基本材料	正向电压 (10 mA 时)/V	光强 (10 mA 时，张角±45°)	光功率 /μW
红外	900	砷化镓	1.3～1.5		100～500
红	655	磷砷化镓	1.6～1.8	0.4～1	1～2
鲜红	635	磷砷化镓	2.0～2.2	2～4	5～10
黄	583	磷砷化镓	2.0～2.2	1～3	3～8
绿	565	磷化镓	2.2～2.4	0.5～3	1.5～8

发光二极管中的核心部分与普通二极管一样也是 PN 结，具有单向导电性，但其开启电压要高于普通二极管，一般在 2 V 左右。当外加正向电压提供足够大的正向电流(通常几十毫安至 200 mA)时，二极管就发光，正向电流越大，发出的光就越强。这种二极管具有功耗小、体积小、稳定、可靠、寿命长、调制方便、价格便宜等特点，但使用时要注意不要超过管子极限参数，如最大管耗、最大工作电流以及反向击穿电压等。

3. 光电二极管

光电二极管的作用与发光二极管相反，它是把光信号转换成电信号的光电传感器件。其结构与 PN 结二极管类似，管壳上的一个玻璃窗口能接收外部的光照，和普通二极管相比，在结构上不同的是，为了便于接受入射光照，PN 结面积尽量做得大一些，电极面积尽量小些。这种器件的 PN 结工作在截止状态，它的反向电流随光照强度的增加而上升。如图 3.1.11 所示，图(a)是光电二极管的外形，图(b)是它的符号，而图(c)则是它的特性曲线。光电二极管的主要特点是它的反向电流与照度成正比。实际使用时，由于光电流较小，在用于控制或测量电路时，先要经过放大处理。

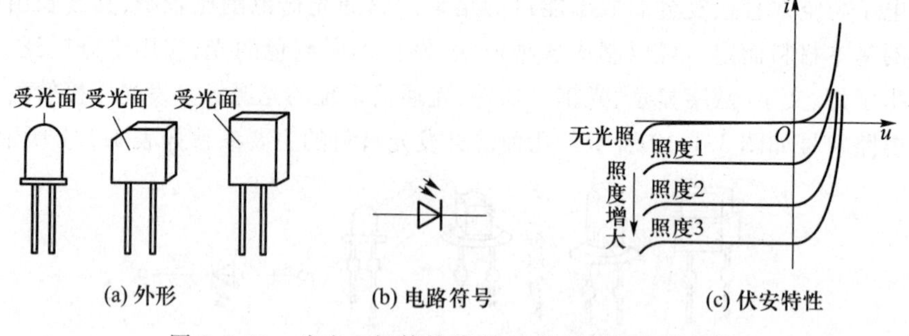

图 3.1.11　光电二极管的外形、电路符号及伏安特性

随着科学技术的发展,光信号越来越多地被应用到信号传输和存储等场合,采用光电子系统的突出优点是,抗干扰能力较强、传送信息量大、传输耗损小且工作可靠,而光电二极管正是这种光电子系统的重要组成器件。

4. 变容二极管

二极管结电容的大小除了与本身结构和工艺有关外,还与外加电压有关。结电容随反向电压的增加而减小,这种效应显著的二极管称为变容二极管。

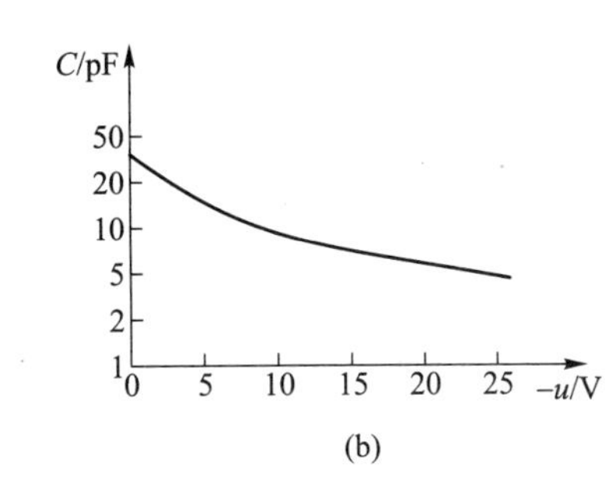

图 3.1.12 变容二极管

图 3.1.12(a)为变容二极管的电路符号,图(b)是变容二极管的特性曲线。不同型号的管子,其电容最大值可达 5 ~ 300 pF。最大电容与最小电容之比约为 5 : 1。变容二极管在高频技术中应用较多。

3.2 晶 体 管

晶体管由于导电时有自由电子和空穴两种不同极性的载流子参与,故又名双极型晶体管(简称 BJT、晶体管)。自 1948 年在贝尔电话实验室被发明至今,得到了广泛的应用。尽管后来出现的 MOSFET 在很多场合取代了它,但在某些应用场合,如超高频应用、超高速数字逻辑电路和一些恶劣环境下,BJT 还是具有一定的优势。

3.2.1 晶体管特性曲线和主要参数

晶体管有 NPN 和 PNP 两种,如图 3.2.1 所示。根据材料组成的不同可分为硅晶体管和锗晶体管,前者多为 NPN 型,而后者多为 PNP 型。由于电子相比空穴有更好的迁移特性,所以 NPN 型通常要用得更多些,以下均以 NPN 型为例。关于晶体管及其载流子的可控原理可参见附录。

NPN 型晶体管由三个半导体区域组成:发射区(N 型)、基区(P 型)和集电区(N 型),发射区的掺杂浓度最高,基区很薄且杂质浓度很低,集电区面积很大。从三个半导体区域分别引出三个电极,它们是:发射极(e)、基极(b)和集电极(c)。发射极的箭头方向表征了发射结加上正偏电压时,管内实际电流的方向。

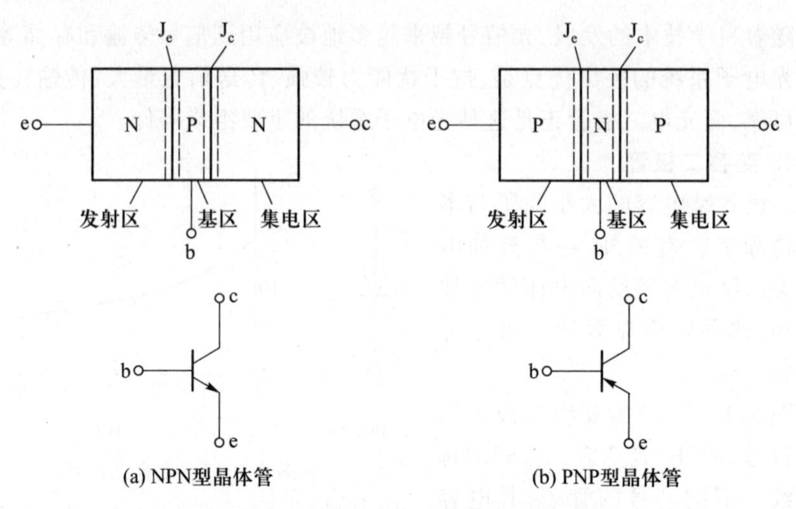

(a) NPN型晶体管　　(b) PNP型晶体管

图 3.2.1　晶体管组成示意图和电路符号

晶体管是一种电流控制型非线性器件，它包含两个 PN 结，即发射结 J_e 和集电结 J_c。两个结上电压的不同偏置，对应于晶体管的四种不同工作模式，分别为：放大、截止、饱和和倒置。在模拟电子电路中，晶体管作为放大器工作时，通常处于放大工作状态；数字逻辑电路中，作开关应用时，工作在截止和饱和两种状态。倒置模式也称反向放大模式，应用较少，在数字 TTL 集成门电路内部结构可见这种工作状态。

晶体管的伏安特性曲线是指晶体管各极间电压与各电极电流之间的关系曲线，它是管内载流子运动规律的外部体现。它不仅能反映晶体管的质量与特性，还能用来定量地估算晶体管的某些参数，是分析和设计晶体管电路的重要依据。常用晶体管伏安特性曲线由输入特性曲线和输出特性曲线组成。不同的特性曲线对应于不同连接方式的晶体管。这里以最常用的 NPN 管构成的共发射极电路为例来介绍晶体管的特性曲线。图 3.2.2 所示为共射极电路，以发射极 e 为公共端，b-e 间为输入回路，c-e 间为输出回路。

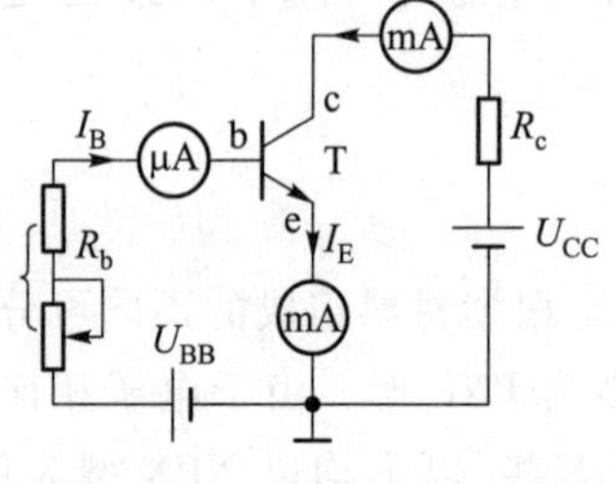

图 3.2.2　共射极放大电路

1. 共射极输入特性曲线

在晶体管共射极电路中，当输出回路中集电极与发射极之间的电压 u_{CE} 维持不同的定值时，输入回路中 u_{BE} 和 i_B 之间的一簇关系曲线，称为共射极输入特性曲线，如图 3.2.3(a) 所示。

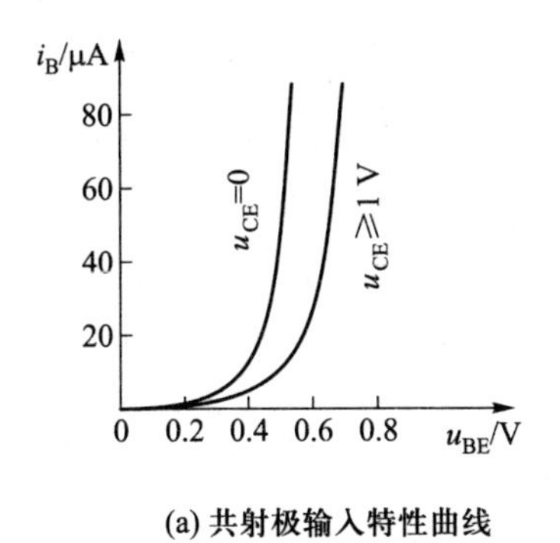

(a) 共射极输入特性曲线

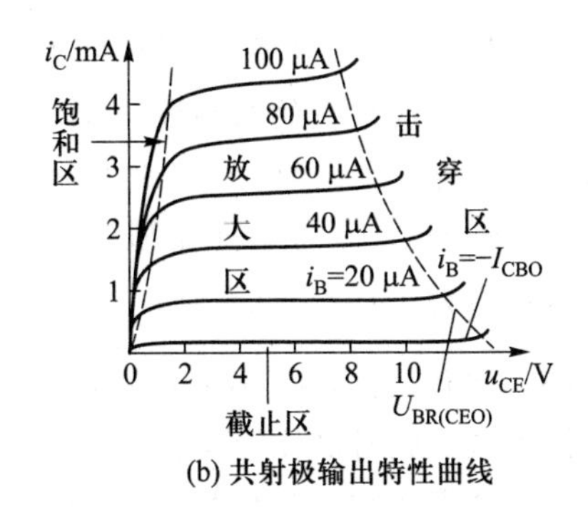

(b) 共射极输出特性曲线

图 3.2.3 晶体管的伏安特性曲线

输入特性曲线是 u_{CE} 恒定时，i_B 与 u_{BE} 的关系曲线，其数学表达式为 $i_B = f(u_{BE})\mid_{u_{CE}=C}$。

输入特性曲线的特征如下：

(1) $u_{CE}=0$ 时，曲线与二极管的正向特性相似。原因是 $u_{CE}=0$ 时，相当于集电极与发射极短路（发射结与集电结并联），这样 i_B 与 u_{CE} 的关系就成了两个并联二极管的伏安特性。

(2) u_{CE} 从零开始增加后，曲线逐渐右移；然而，当 $u_{CE}>1$ V 后，曲线的偏移量很小。因此，在工程分析时，近似认为输入特性曲线是一条不随 u_{CE} 变化而移动的曲线。

(3) 输入特性有一个“死区”。在“死区”内，u_{BE} 虽已大于零，但 i_B 几乎仍为零。当 u_{BE} 大于某一值后，i_B 才随 u_{BE} 增加而明显增大。和二极管一样，硅晶体管的死区电压 U_{on}（或称为开启电压）约为 0.5 V，发射结导通电压 u_{BE} 约为(0.6 ~ 0.7) V；锗晶体管的死区电压 U_{on} 约为 0.2 V，导通电压约为(0.2 ~ 0.3) V。

2. 共射极输出特性曲线

共射极输出特性曲线是当输入回路中的 i_B 维持不同的定值时，输出回路中 i_C 和 u_{CE} 之间的一簇关系曲线，如图 3.2.3(b)所示。输出特性曲线的数学表达式为 $i_C = f(u_{CE})\mid_{i_B=C}$。

整个曲线族可划分为四个区域。

(1) 截止区：发射结电压小于开启电压且集电结反向偏置（即：$u_{BE} \leqslant U_{on}$ 且 $u_{CE}>u_{BE}$）。此时，$i_B \leqslant 0$。由于晶体管的发射结和集电结都处于反向偏置状态，晶体管无放大作用，集电极上只有微小的穿透电流 I_{CEO}（小功率硅管的 I_{CEO} 小于 1 μA，锗管小于几十微安），因此在近似分析中晶体管的集电极电流为零。晶体管处于截止区时：J_e 反偏、J_c 反偏，$i_B \approx 0$，$i_C \approx 0$。

(2) 放大区：发射结正向偏置($u_{BE}>U_{on}$)，集电结反向偏置($u_{CE}>u_{BE}$)，特性曲线近似于一簇平行的水平线。此时，$i_C=\overline{\beta}i_B$，晶体管具有电流放大作用，$\overline{\beta}$ 称为共射直流电流放大系数。由于集射间电压 u_{CE} 对集电极电流 i_C 的控制作用很弱(尤其当 $u_{CE}>1$ V 后，i_C 几乎不随 u_{CE} 增加而增加)，因此，若 i_B 不变，在近似分析中晶体管可以看成是一个恒流源。晶体管处于放大区时：J_e 正偏、J_c 反偏，$i_C=\overline{\beta}i_B$。

(3) 饱和区：当 u_{CE} 小于某值后，i_C 不再与 i_B 成比例，而是 $i_C<\overline{\beta}i_B$，称晶体管进入饱和区。此时晶体管集射间电压 u_{CE} 称为饱和压降，用 U_{CES} 表示(U_{CES} 很小，中小功率硅管通常小于 0.5 V)。对于小功率管，定义 $u_{CE}=u_{BE}$(即 $u_{CB}=0$)时，晶体管处于临界饱和或临界放大状态。饱和区的边缘线称为临界饱和线，在此曲线上的每一点均有 $u_{CE}=u_{BE}$。晶体管处于饱和区时：J_e 正偏、J_c 正偏，$i_C<\overline{\beta}i_B$，$u_{CE}\approx U_{CES}\approx 0$。

(4) 击穿区：随着 U_{CE} 增大，集电结的反偏压增大。当 U_{CE} 增大到一定值时，集电结反向击穿，造成 i_C 剧增。此时，晶体管进入了击穿区，集电极反向击穿电压 $U_{(BR)CEO}$ 随 i_B 的增大而减小。

在通常的分析中，各电极上的电压一般以公共电极 e 为参考零电位，各电极电流的参考方向与晶体管的实际电流方向一致，所以 NPN 型晶体管的输入输出特性曲线位于第一象限。对于 PNP 型晶体管，由于 u_{BE} 和 u_{CE} 均为负值，则 i_B 和 i_C 的实际方向将与 NPN 型的相反，导致其输入输出特性曲线位于第三象限。若使 i_B 和 i_C 的参考方向与实际方向一致，如图 3.2.4(a)中所标，同时将横坐标分别标为 $-u_{BE}$ 和 $-u_{CE}$，这样，特性曲线可仍画在第一象限，如图 3.2.4(b)和(c)所示。

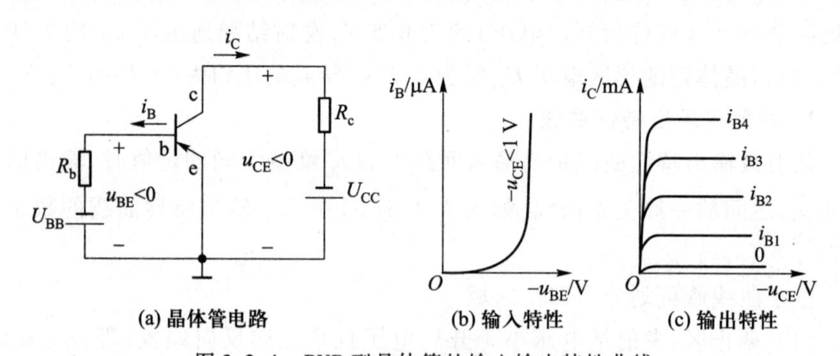

(a) 晶体管电路　(b) 输入特性　(c) 输出特性

图 3.2.4　PNP 型晶体管的输入输出特性曲线

3. 主要参数

(1) 电流放大系数

① 共射直流电流放大系数 $\overline{\beta}$

$$\bar{\beta}=\frac{I_{CN}}{I_{BN}}\approx\frac{I_C}{I_B}$$

$\bar{\beta}$ 表示 U_{CE}一定时，静态集电极电流与基极电流之比。通常，I_C 为 mA（或 A）级，I_B 为 μA（或 mA）级，所以 $\bar{\beta}\gg 1$。

② 共射交流电流放大系数 β

$$\beta=\frac{\Delta i_C}{\Delta i_B}$$

β 表示 U_{CE}一定时，集电极电流变化量与相应的基极电流变化量之比，是动态参数。

由于三极管伏安特性曲线的非线性，上述两个电流放大系数通常只在一定范围内为常数。另外，两者的含义虽不同，但工作于输出特性曲线的放大区域的平坦部分时，由于差异极小，故在今后估算时常认为 $\bar{\beta}=\beta$。由于制造工艺上的分散性，同一类型晶体管的 β 值差异很大。常用的小功率晶体管，β 值一般为 20～200。β 过小，管子电流放大作用小；β 过大，工作稳定性差。一般选用 β 在 40～100 的管子较为合适。

以上所述的 β 一般指晶体管工作在静态或频率较低的情况，所以也称低频 β。当晶体管工作频率较高时（如几十千赫以上），受发射结和集电结的电容效应影响，β 值将随工作频率的升高而降低。

（2）极间电流

① 集电结反向饱和电流 I_{CBO}：I_{CBO}是发射极开路，集电极与基极之间加反向电压时产生的电流。I_{CBO}的数值随温度升高而升高，会影响晶体管的工作稳定性。I_{CBO}应越小越好，硅管的 I_{CBO} 比锗管的小得多，大功率管的 I_{CBO}值较大，使用时应予以注意。

② 穿透电流 I_{CEO}：I_{CEO}是基极开路，集电极与发射极之间加反向电压时产生的电流。由于这个电流由发射区电子穿过基区流入集电区而形成，所以称为穿透电流。根据晶体管的电流分配关系：$I_{CEO}=(1+\bar{\beta})I_{CBO}$，所以 I_{CEO} 也要随温度的变化而改变，且 β 大的晶体管的温度稳定性较差。

（3）极限参数

晶体管的极限参数规定了使用时不允许超过的限度。主要的极限参数如下。

① 集电极最大允许耗散功率 P_{CM}：晶体管电流 i_C 与电压 u_{CE}的乘积称为集电极耗散功率。这个功率会导致集电结发热，温度升高。由于晶体管的结温是有一定限度的，一般硅管的最高结温为 100 ℃～1 500 ℃，锗管的最高结温

为 70 ℃ ~1 000 ℃,超过这个限度,管子的性能就要变坏,甚至烧毁。因此,根据管子的允许结温定出了此参数,工作时晶体管的消耗功率必须小于 P_{CM}。

② 反向击穿电压 $U_{(BR)CEO}$:$U_{(BR)CEO}$指基极开路时,加于集电极和发射极之间的最大允许反向电压。使用时如果超出这个电压将导致集电极电流 i_C 的急剧增大,并最终导致晶体管的击穿,从而造成晶体管的永久性损坏。一般取电源电压 $U_{CC}<U_{(BR)CEO}$。

③ 集电极最大允许电流 I_{CM}:由于结面积和引出线的关系,一般要限制晶体管的集电极最大电流。使用时若超过这个电流值,晶体管的 β 就会显著下降,甚至可能损坏晶体管。I_{CM}定义为当 β 值下降到正常值 2/3 时的集电极电流值。

考虑到晶体管上述三个极限参数的影响,可以在输出特性曲线上画出安全工作区,如图 3.2.5 所示。图中,当 i_C 超过 I_{CM}时,晶体管的放大性能将明显下降,该区域称为过流区;当 u_{CE}超过 $U_{(BR)CEO}$时,称为过压区;当 P_C 超过 P_{CM}时,称为过损区。

(4) 温度参数

几乎所有的晶体管参数都与温度有着密切的关系。例如,温度每升高 10 ℃,I_{CBO}增加约一倍,β 比 25 ℃时增加 0.5% ~1% ;u_{BE}减小 20 ~25 mV。图 3.2.6 所示温度对晶体管输出曲线的影响(温度对输入特性的影响与 PN 结的近似,请参考附 1 中图附 1.6)。

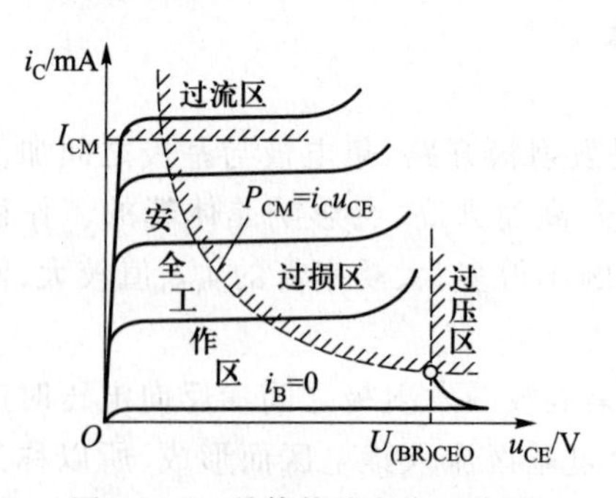

图 3.2.5　晶体管的安全工作区

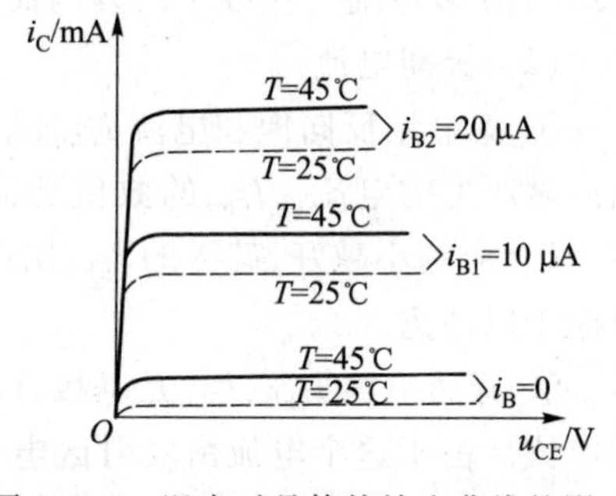

图 3.2.6　温度对晶体管输出曲线的影响

3.2.2　晶体管等效电路模型

与二极管类似,晶体管的特性也可以用分段的直线来近似。输入特性曲线的分段线性化以及等效电路模型与二极管完全相同,这里不再展开。输出特性曲线分段线性化后如图 3.2.7 中的虚线所示。各个区域的等效电路模型如下。

1. 放大状态下晶体管的直流模型

若 NPN 型晶体管工作在放大状态,其两个 PN 结需同时满足 J_e 正偏、J_c 反偏，$u_{BE}>U_{on}$且$u_{CE}\geqslant u_{BE}$。输入特性曲线具有近似的恒压源特性，其等效电路模型类似于二极管的恒压源模型。

由图3.2.7可见，双极型晶体管的输出特性曲线类似于电流控制电流源的伏安特性，其输出电流I_C受控于输入电流I_B。由于输出电流I_C的大小仅取决于输入电流I_B的大小，而与输出回路电压U_{CE}几乎无关，所以I_C可视作近似的受控电流源。

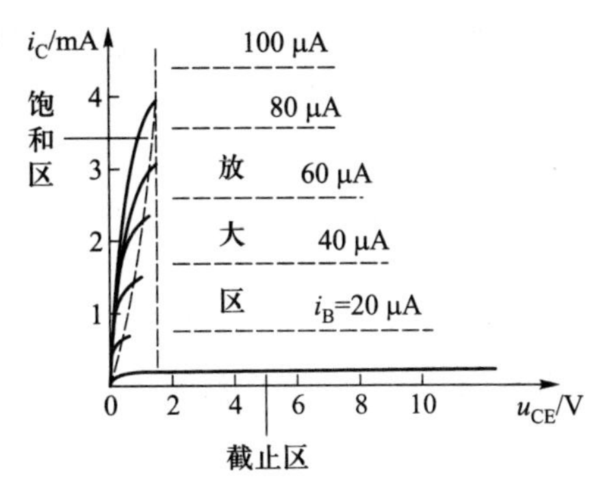

图3.2.7 输出特性曲线的近似线性化

综上所述，放大状态下晶体管的等效电路如图3.2.8(a)所示。图中，$U_{BE(on)}$称为发射结导通电压。通常，硅管和锗管的$U_{BE(on)}$分别为0.7 V和0.3 V。

2. 饱和状态下的晶体管模型

当J_e、J_c均正偏时，晶体管处于饱和状态。对于共射电路，$u_{BE}>U_{on}$且$u_{CE}<u_{BE}$。饱和状态下晶体管的等效电路模型如图3.2.8(b)所示。图中，U_{CES}称为晶体管的饱和压降，通常，$U_{CES}=U_{BE(on)}$。

3. 截止状态下的晶体管模型

截止区J_e、J_c均反偏。对于共射电路，$u_{BE}\leqslant U_{on}$且$u_{CE}>u_{BE}$。截止状态下晶体管的等效电路模型如图3.2.8(c)所示，$I_B\approx 0$，$I_C\approx 0$。

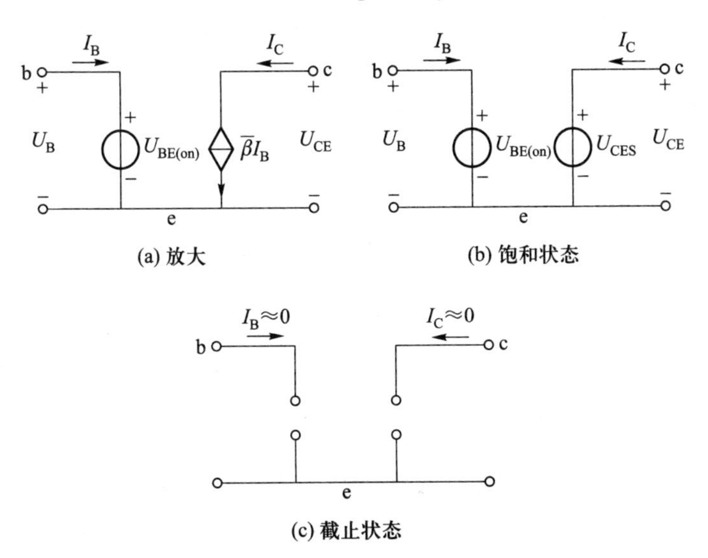

图3.2.8 晶体管的等效电路模型

一般情况下，晶体管用于放大电路，因此要为其设置好直流工作点，通常称为直流偏置电路。如图 3.2.9 所示偏置电路中，适当选择 U_S、U_{CC}、R_b 和 R_c 的大小，就可保证电路的静态工作点位于晶体管输出特性曲线的放大区。图 3.2.9(b)所示电路可以按照线性电路分析方法来计算静态工作点。

但也有一些场合，晶体管工作在截止区或饱和区，例如，晶体管作为开关使用，或晶体管作为反相器等。图 3.2.9(a)和(c)分别对应于晶体管截止和饱和状态下的共射极等效电路。

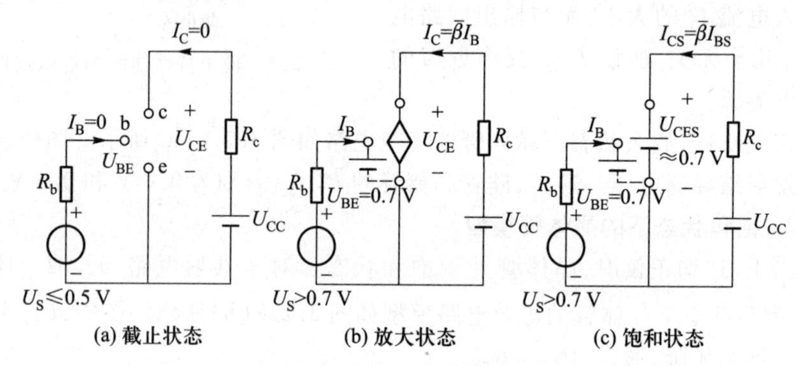

图 3.2.9　双极型硅晶体管在不同工作状态下的电路模型

由前述晶体管分别处于截止、放大和饱和状态时的电路模型，即可按晶体管的工作情况，将其具有非线性特性的电路转换为线性电路来进行分析。应指出的是，上述讨论对应于静态分析，也就是工作点唯一且不变的情况。如果外加电源随时间变化或为交流，则工作点有可能变化(大信号)，或者，工作点不变但响应为工作点附近扰动所致(小信号)，此时所对应的分析方法将有别于静态分析，其相应内容将在第 9 章非线性电路中展述。

例 3.2.1　图 3.2.10 电路中，设双极型硅晶体管 $\bar{\beta}=50$，$U_{BB}=30$ V。

(1) 试按图中参数计算 I_{BQ}、I_{CQ}、U_{CEQ}，并确定晶体管工作状态。

(2) 若 U_{BB} 改为 15 V，重新计算 I_{BQ}、I_{CQ}、U_{CEQ}，并确定晶体管工作状态。

(3) 若 $U_{BB}=-15$ V，$I_{BQ}=?$ $I_{CQ}=?$ $U_{CEQ}=?$ 并确定晶体管工作状态。

解：(1) 按图 3.2.10(a)中电源 U_{BB}、U_{EE} 的极性和大小，可以判定晶体管输入回路(b−e 间)处于导通状态，可得

$$I_{BQ}=\frac{U_{BB}-U_{EE}-U_{BE}}{R_b}=\frac{30-5-0.7}{100}\ \text{mA}\approx 0.24\ \text{mA}$$

假设晶体管处于放大工作区，则按图 3.2.10(b)所示模型，可得

$$I_{CQ}=\bar{\beta}I_{BQ}=50\times 0.24\ \text{mA}\approx 12\ \text{mA}$$

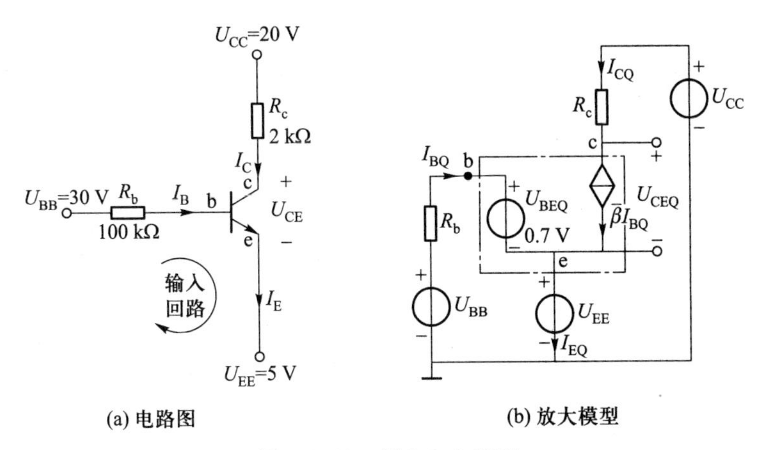

(a) 电路图　　(b) 放大模型

图 3.2.10　例 3.2.1 题图

$$U_{CEQ}=U_{CC}-U_{EE}-I_{CQ}R_c=(20-5-12\times2)\ \text{V}=-9\ \text{V}$$

事实上,按晶体管输出伏安特性曲线,U_{CEQ}不可能为负值。这说明晶体管事实上无法工作在放大区,而只能处于饱和状态。为此必须采用图 3.2.11 所示的模型。

所以
$$U_{CEQ}=U_{CES}\approx0.7\ \text{V}$$

$$I_{CQ}=(U_{CC}-U_{EE}-U_{CES})/R_c=(20-5-0.7)/2\ \text{mA}=7.15\ \text{mA}$$

可见采用错误的分析模型,将会导致错误的计算结果,这在放大电路分析中必须引起注意。但若一时无法判定,则可按以上方法,先按放大状态处理,发现错误后,再加以纠正。

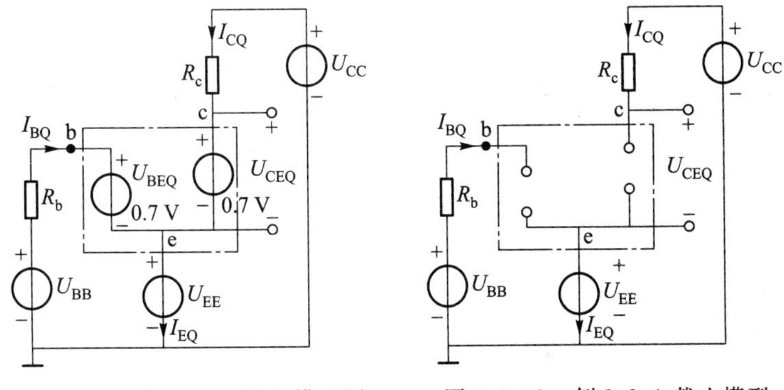

图 3.2.11　例 3.2.1 饱和模型图　　图 3.2.12　例 3.2.1 截止模型

(2) 若 U_{BB}改为 15 V,由图 3.2.10(b)所示的输入回路可知,b-e 间仍将处于导通状态,所以

$$I_{BQ}=(U_{BB}-U_{EE}-U_{BEQ})/R_b=(15-5-0.7)/100\ \text{mA}=0.093\ \text{mA}$$

若按图3.2.10(b)所示的放大区模型,则

$$I_{CQ}=\bar{\beta}I_{BQ}=50\times0.093\ \text{mA}=4.65\ \text{mA}$$

$$U_{CEQ}=U_{CC}-U_{EE}-I_{CQ}R_c=(20-5-4.65\times2)\ \text{V}=5.7\ \text{V}$$

由于 $U_{CEQ}>U_{CES}=0.7$ V,说明晶体管处于放大工作区,上述假定是正确的。

(3) 若 $U_{BB}=-15$ V,由图3.2.10(a)所示的输入回路可知,b-e间将会受到反向电压,所以应采用截止模型如图3.2.12所示。

$$I_{BQ}=0$$

$$I_{CQ}=0$$

$$U_{CEQ}=U_{CC}-U_{EE}-I_{CQ}R_c=(20-5-0)\ \text{V}=15\ \text{V}$$

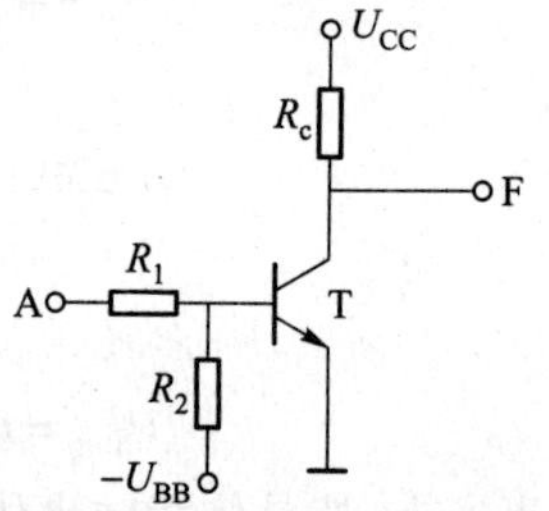

例3.2.2 如图3.2.13所示,$R_1=2.7\ \text{k}\Omega$,$R_2=10\ \text{k}\Omega$,$R_C=1\ \text{k}\Omega$,$U_{CC}=5$ V,$-U_{BB}=-5$ V,晶体管的$\beta=30$,饱和时,$U_{BES}=0.7$ V,$U_{CES}\approx0$ V,截止时 $I_C\approx0$;

求:(1) A端输入 $U_{IL}=0$ V时,U_F 的值;

(2) A端输入 $U_{IH}=3$ V时,U_F 的值。

图3.2.13 晶体管非门电路

解:(1) $U_{IL}=0$ V时,应有

$$U_{BE}=-\frac{R_1}{R_1+R_2}U_{BB}$$

$$=-\frac{2.7\times10^3}{(2.7+1)\times10^3}\times5\ \text{V}=-1.06\ \text{V}$$

故发射结反偏,晶体管处于截止状态,$U_F\approx U_{CC}=5$ V。

(2) $U_{IH}=3$ V时,可以算得晶体管基极左侧等效电路的电压 U_{BO} 和等效电阻 R_b 分别为

$$U_{BO}=U_{IH}-\frac{U_{IH}+U_{BB}}{R_1+R_2}R_1=\left[3-\frac{3+5}{(2.7+10)\times10^3}\times2.7\times10^3\right]\ \text{V}=1.3\ \text{V}$$

$$R_b=R_1/\!/R_2=2.13\ \text{k}\Omega$$

由此算得基极电流

$$I_B=\frac{U_{BO}-U_{BES}}{R_1/\!/R_2}=\frac{1.3-0.7}{2.13\times10^3}\ \text{A}=0.28\ \text{mA}$$

而临界饱和基极电流

$$I_{BS}=\frac{I_{CS}}{\beta}\approx\frac{U_{CC}}{\beta R_c}=\frac{5}{30\times1\times10^3}\ \text{A}=0.17\ \text{mA}$$

因为 $I_B>I_{BS}$,晶体管处于饱和状态,此时

$$U_F=U_{CES}\approx0\ \text{V}$$

显然,在这个电路中,当 A 端输入低电平时,输出端 F 为高电平;当 A 端输入高电平时,输出端 F 为低电平,实现了**非**的逻辑功能,图 3.2.13 是一个**非**门电路。同样可以利用晶体管的开关特性来构成其他的逻辑门(**与非**、**或非**等)电路。

综上可见,晶体管的饱和和截止两种工作状态,相当于一个开关的断开和接通状态,故常用于开关电路中,而其放大状态则用于放大电路中,用以实现信号的放大。如前所述,以上模型仅限于静态(直流分量)分析,如果输入信号中还包含低频小信号时,则需要另建模型来进行分析(参见第 9 章)。

3.3 场效晶体管

场效晶体管简写为 FET。因其工作电流主要由多数载流子的漂移运动形成,所以又称为单极型晶体管。它的三个电极分别称为栅极(G)、漏极(D)和源极(S)。场效晶体管是一种利用栅-源间电压产生的电场效应来控制漏极电流的半导体器件,所以可看做是电压控制电流型器件。与双极型晶体管(BJT)相比,它具有输入阻抗高(可达 $10^9\ \Omega \sim 10^{15}\ \Omega$,而晶体管的输入电阻仅有 $10^2\ \Omega \sim 10^4\ \Omega$)、热稳定性好、噪声低、抗辐射能力强和制造工艺简单、易于大规模集成等优点,因而得到了广泛的应用。

3.3.1 场效晶体管特性曲线和主要参数

根据结构与制造工艺的不同,场效晶体管分为两大类;绝缘栅场效晶体管(简称 IGFET)和结型场效晶体管(简称 JFET)。从工作性能可分耗尽型和增强型;根据所用基片(衬底)材料不同,又可分 N 沟道和 P 沟道两种导电沟道。因此,有结型 N 沟道和 P 沟道,绝缘栅耗尽型 N 沟道和 P 沟道及增强型 N 沟道和 P 沟道共六种类型的场效晶体管,其电路符号如图 3.3.1 所示,其中增强型管的漏极与源极之间的直线为不连续的三段,以表示不存在原始的导电沟道,且栅极的引线位置偏向源极。衬底常常与源极相连。衬底引线箭头的方向表示载流子流动的方向(如箭头向里表示为 N 沟道,载流子-电子由源极向漏极移动,向外则表示为 P 沟道),以便于识别。其详细的结构与工作机理请参见附录中的场效晶体管及其沟道控制原理。

以 N 沟道增强型绝缘栅型场效晶体管为例,u_{GS}、u_{DS}和 i_D 的关系可用以下两组特性曲线来描述,能反映出 u_{GS}和 u_{DS}对 i_D 的控制能力。

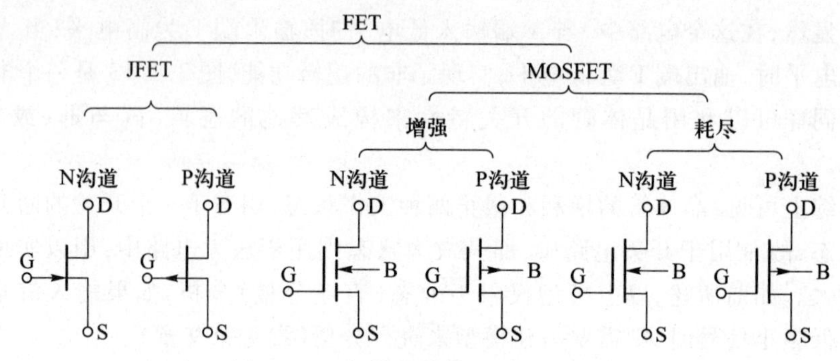

图 3.3.1　场效晶体管的分类及符号

1. 输出特性曲线

输出特性曲线也称为漏极特性曲线，它表示在栅源电压 u_{GS} 一定的情况下，漏极电流 i_D 随漏源电压 u_{DS} 变化的函数关系，即

$$i_D = f(u_{DS})\Big|_{u_{GS}=\text{常数}} \tag{3.3.1}$$

其特性曲线如图 3.3.2(a)所示。

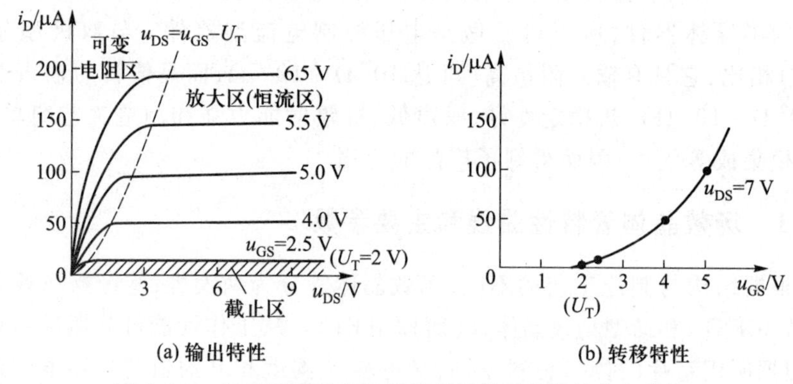

图 3.3.2　N 沟道增强型绝缘栅型场效晶体管的伏安特性

与晶体管相似，根据不同的工作条件，输出特性曲线可以划分为三个区域。

(1) 可变电阻区：位于输出特性曲线起始靠近纵轴的区域，表示导电沟道在预夹断前，i_D 和 u_{DS} 之间的关系，也称非饱和区。它需满足的条件是：$u_{GS} > U_T$ 且 $u_{DS} < u_{GS} - U_T$。在此区域内，当 u_{DS} 较小(同时 u_{GS} 不变)时，u_{DS} 对导电沟道形状的影响较少，i_D 与 u_{DS} 呈近似的线性关系；若 u_{GS} 增加，导电沟道增厚，沟道电阻变小，i_D 增加。因此，曲线的斜率取决于 u_{GS}，场效晶体管的漏源间可被模拟为一受 u_{GS} 控制的可控电阻 R_{DS}，即

$$R_{DS} = \frac{u_{DS}}{i_D}\Bigg|_{u_{GS}=\text{常数}} \tag{3.3.2}$$

当 u_{DS}较大时,沟道电阻增大,i_D 随 u_{DS}增加的速率变慢(逐步趋向预夹断状态)。

(2) 恒流区:位于输出特性曲线趋于水平部分的区域,表示导电沟道出现预夹断后,i_D 和 u_{DS}之间的关系,也称放大区或饱和区。它需满足的条件是:$u_{GS}>U_T$ 且 $u_{DS} \geqslant u_{GS}-U_T$。在此区域内,当 u_{DS}增加(同时 u_{GS}不变)时,夹断区扩大,但导电沟道的压降不变,因此 i_D 基本趋于恒定值或略有增加;此时,i_D 的大小变化将完全受 u_{GS}的影响,u_{GS}越大,i_D 越大。

恒流区是场效晶体管作为放大器件使用时的工作区域。恒流区和可变电阻区的实际过渡点是不明显的,从输出特性曲线上看,针对不同的 u_{GS}曲线,凡满足 $u_{DS}=u_{GS}-U_T$ 关系的各点连线,便是它们的近似分界线,如图 3.3.2(a)中虚线所示。

(3) 截止区:位于输出特性曲线靠近横轴的区域,表示导电沟道尚未形成前,i_D 和 u_{DS}之间的关系,也称夹断区。它需满足的条件是:$u_{GS}<U_T$。在此区域内,由于导电沟道尚未建立,所以 $i_D \approx 0$。

和晶体管一样,当 u_{DS}增大到一定值后,场效晶体管出现击穿现象,造成 i_D 剧增。此时,场效晶体管进入了击穿区(图中未表示出),击穿时的漏源电压随 u_{GS}的增大而增大。

2. 转移特性曲线

由于栅极电流为零,所以场效晶体管没有对应于晶体管的输入特性曲线。转移特性曲线表示在漏源电压 u_{DS}一定的情况下,漏极电流 i_D 随栅源电压 u_{GS}变化的函数关系,即

$$i_D = f(u_{GS}) \Big|_{u_{DS}=\text{常数}} \tag{3.3.3}$$

转移特性突出了 u_{GS}对 i_D 的影响。根据之前的分析,若 u_{DS}一定,只有满足 $u_{GS}>U_T$(导电沟道形成后),才有可能产生 i_D。若场效晶体管工作在恒流区,由于 u_{DS}对 i_D 的影响较小,所以不同 u_{DS}所对应的转移特性曲线基本上是重合在一起的,且转移特性曲线可以由输出特性曲线直接求得。图 3.3.2(b)所示典型转移特性曲线(恒流区内),它可近似地采用下述经验公式

$$i_D = I_{DO}\left(\frac{u_{GS}}{U_T}-1\right)^2 \tag{3.3.4}$$

式中,I_{DO}是 $u_{GS}=2U_T$ 时的漏极电流。如图 3.3.2(b)中,若 $U_T \approx 2$ V,则 $I_{DO}=50$ μA。

图 3.3.3 所示为 N 沟道耗尽型绝缘栅型场效晶体管的伏安特性。与增强型的相比,主要区别在于 u_{GS}可正可负。

恒流区内转移特性曲线的近似经验公式为

$$i_D = I_{DSS}\left(1-\frac{u_{GS}}{U_P}\right)^2 \tag{3.3.5}$$

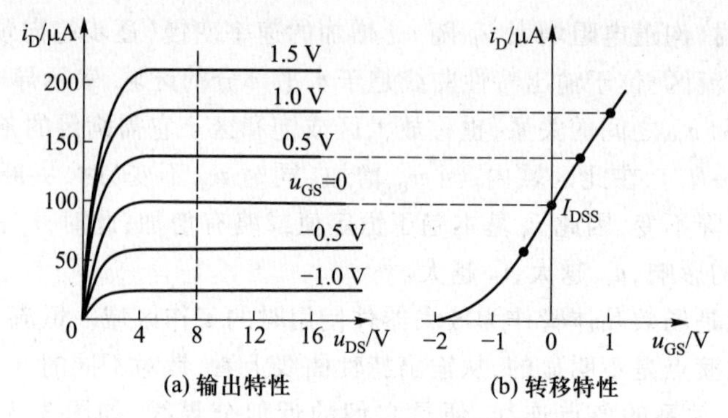

(a) 输出特性　　(b) 转移特性

图 3.3.3　N 沟道耗尽型绝缘栅型场效晶体管的伏安特性

式中，I_{DSS} 称为饱和漏极电流，它是 $u_{GS}=0$ 时的漏极电流。

图 3.3.4 所示为 N 沟道结型场效晶体管的伏安特性。与耗尽型的相比，主要区别在于 u_{GS} 只能取负值。恒流区内转移特性曲线的近似经验公式同式(3.3.5)。

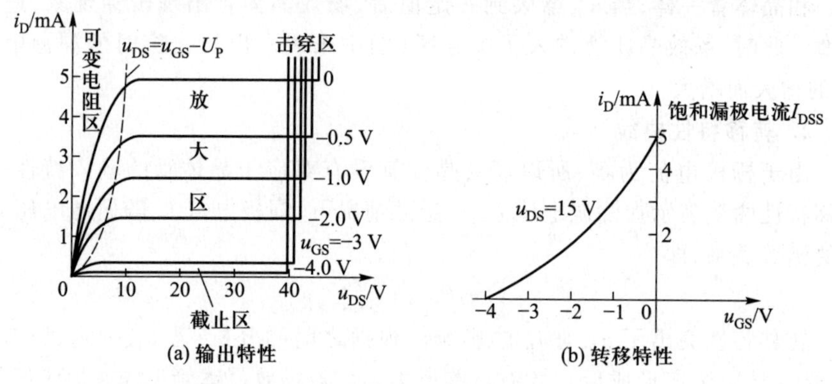

(a) 输出特性　　(b) 转移特性

图 3.3.4　N 沟道结型场效晶体管的伏安特性

3. 主要参数

（1）直流参数

① 开启电压 U_T：当 u_{DS} 为某一固定值时，增加 u_{GS}，使 i_D 从零增大到某一微小电流时的 u_{GS}。该参数仅适用于增强型绝缘栅型场效晶体管。在输出特性曲线上，恒流区与截止区的分界线所对应的 u_{GS} 即为开启电压，如图 3.3.2(a)中，$U_T<2.5$ V；在转移特性曲线上，曲线与横轴的交点所对应的 u_{GS} 即为开启电压，如图 3.3.2(b)中，$U_T\approx2$ V。

② 夹断电压 U_P：当 u_{DS} 为某一固定值时，减少 u_{GS}，使 i_D 减小到某一微小电流时的 u_{GS}。该参数适用于耗尽型(包括结型)场效晶体管。夹断电压在输出或转移特性曲线上的获取方式同开启电压，如图 3.3.3 中 $U_P=-3.5$ V；另外，$u_{GS}=0$ 这

条输出特性曲线开始进入恒流区时的 u_{DS}在数值上也等于夹断电压值。

③ 饱和漏极电流 I_{DSS}：耗尽型(包括结型)场效晶体管的输出特性中，当 $u_{GS}=0$ 时的漏极电流。这一参数也是结型场效晶体管所能输出的最大电流。

④ 直流输入电阻 R_{GS}：当 $u_{DS}=0$ 时，栅源电压 u_{GS}与栅极电流 i_G 的比值，即 $R_{GS}=u_{GS}/i_G$。无论绝缘栅型或结型场效晶体管，由于 i_G 近似为零，所以 R_{GS}很大。一般，绝缘栅型管约为 $10^{10}\sim10^{15}\ \Omega$，结型管约为 $10^{8}\sim10^{12}\ \Omega$。

(2) 交流参数

① 低频跨导(互导)g_m：在 u_{DS}为某一固定值时，若栅源电压变化 Δu_{GS}时，引起漏极电流变化 Δi_D，则

$$g_m=\left.\frac{\Delta i_D}{\Delta u_{GS}}\right|_{u_{DS}=常数} \qquad (3.3.6)$$

g_m 的单位为 mS，它反映了栅极电压对漏极电流的控制能力，是表征场效晶体管对交流信号放大能力的一个重要参数(类似晶体管的 β)。从式(3.3.6)看，g_m是场效晶体管转移特性曲线的斜率。由于转移特性曲线各点的斜率不同，所以 g_m 与工作点位置有关。g_m 也可通过对恒流区转移特性曲线的近似经验公式求导后得出。例如，针对式(3.3.6)求导，可得结型的 g_m 表达式为

$$g_m=\frac{\mathrm{d}i_D}{\mathrm{d}u_{GS}}=-\frac{2I_{DSS}}{U_P}\left(1-\frac{u_{GS}}{U_P}\right)=-\frac{2}{U_P}\sqrt{I_{DSS}i_D} \qquad (3.3.7)$$

同理，对于其他类型的管子，应针对其相应的转移特性表达式求导。

② 交流输出电阻 r_{ds}：在 u_{GS}为某一固定值时，若漏源电压变化 Δu_{DS}时，引起漏极电流变化 Δi_D，则

$$r_{ds}=\left.\frac{\Delta u_{DS}}{\Delta i_D}\right|_{u_{GS}=常数} \qquad (3.3.8)$$

r_{ds}反映了漏源电压对漏极电流的影响。在恒流区，由于 i_D 几乎不随 u_{DS}的变化而变化，所以 r_{ds}很大(几十千欧以上)。r_{ds}相当于输出特性曲线在恒流区内切线斜率的倒数，它显然与 u_{GS}有关。

(3) 极限参数

① 最大漏源电压 $U_{(BR)DS}$：漏极附近发生击穿时的 u_{DS}。

② 最大栅源电压 $U_{(BR)GS}$：结型场效晶体管栅漏间 PN 结反向击穿，或使绝缘栅型场效晶体管绝缘层击穿的 u_{GS}。

③ 最大耗散功率 P_{DM}：与晶体管的集电极最大允许耗散功率 P_{CM}意义相同，是决定场效晶体管温升的重要参数，$P_{DM}=i_Du_{DS}$。P_{DM}受场效晶体管的最高工作温度和散热条件的限制。根据 P_{DM}，可以在输出特性曲线上画出安全功耗区。

除以上参数外，还有极间电容、工作频率等参数，这些参数的含义类同于晶体管。

3.3.2　场效晶体管等效电路模型

对应于不同的工作状态，场效晶体管可用图3.3.5所示的电路模型来等效。其中，恒流（放大）区的电压控制电流源就是场效晶体管放大区的转移特性。也即

增强型为
$$i_D = I_{DO}\left(\frac{u_{GS}}{U_T}-1\right)^2$$

式中，I_{DO}是$u_{GS}=2U_T$时的漏极电流，U_T称为开启电压。

结型和耗尽型为
$$i_D = I_{DSS}\left(1-\frac{u_{GS}}{U_P}\right)^2$$

式中，I_{DSS}称为饱和漏极电流，它是$u_{GS}=0$时的漏极电流，U_P称为夹断电压。

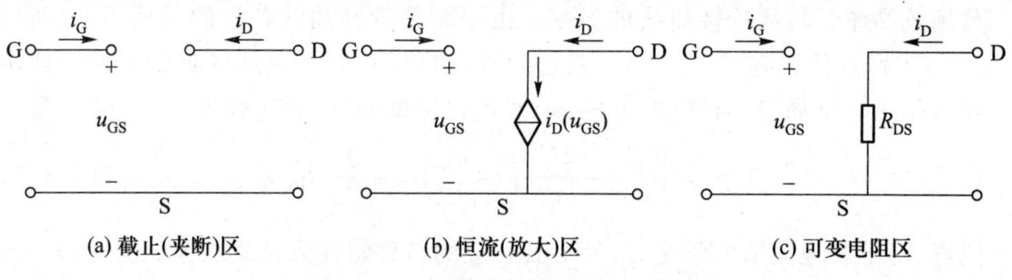

图3.3.5　场效晶体管等效电路模型

例3.3.1　由N沟道增强型MOS管组成的放大电路如图3.3.6(a)所示，场效晶体管的输出特性曲线如图3.3.6(b)所示，开启电压$U_T=4\ \text{V}$。试分析当u_S为2 V、8 V和10 V时，u_{DS}分别是多少？

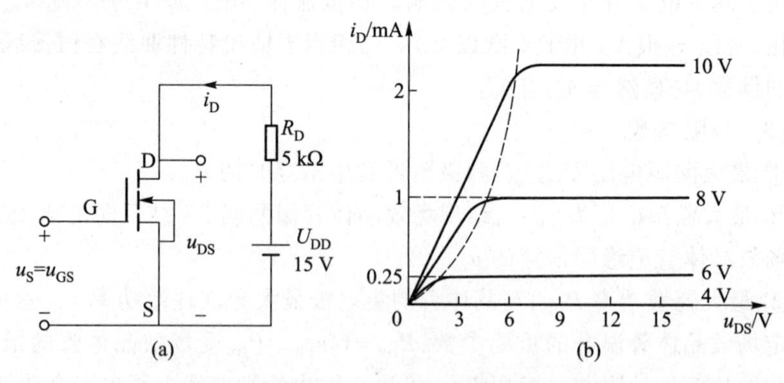

图3.3.6　例3.3.1电路图及输出特性曲线

解：当 $u_S=u_{GS}=2\ \mathrm{V}$ 时，管子处于夹断状态，故

$$i_D=0,\quad u_{DS}=U_{DD}-i_D R_D=15\ \mathrm{V}$$

当 $u_S=u_{GS}=8\ \mathrm{V}$ 时，假设管子工作在恒流区，则

$$i_D=1\ \mathrm{mA},\quad u_{DS}=U_{DD}-i_D R_D=(15-1\times5)\ \mathrm{V}=10\ \mathrm{V}$$

大于预夹断电压 $u_{GS}-U_T=(8-4)\ \mathrm{V}=4\ \mathrm{V}$，说明假设成立，管子工作在恒流区。

当 $u_S=u_{GS}=10\ \mathrm{V}$ 时，若假设管子工作在恒流区，则

$$i_D\approx2.2\ \mathrm{mA},\quad u_{DS}=U_{DD}-i_D R_D=(15-2.2\times5)\ \mathrm{V}=4\ \mathrm{V}$$

而 $u_{GS}=10\ \mathrm{V}$ 时的预夹断电压

$$u_{DS}=u_{GS}-U_T=(10-4)\ \mathrm{V}=6\ \mathrm{V}$$

显然 u_{DS} 小于 u_{GS} 为 10 V 时的预夹断电压，故管子不可能工作在恒流区，而是工作在可变电阻区。根据输出特性曲线，此时漏源极间的等效电阻为

$$R_{DS}=U_{DS}/I_D\approx3\ \mathrm{V}/1\ \mathrm{mA}=3\ \mathrm{k\Omega}$$

故

$$u_{DS}=\frac{R_{DS}}{R_D+R_{DS}}U_{DD}=\frac{3}{5+3}\times15\ \mathrm{V}\approx5.6\ \mathrm{V}$$

3.4 集成运算放大器

集成运算放大器（简称集成运放或运放）是在很小的硅片上，通过半导体集成工艺把晶体管、场效晶体管、二极管、电阻和电容等元件以及它们之间的连线组成的完整电路制作在一起，使之具有高电压增益、高输入电阻、低输出电阻、高共模抑制能力、低温度漂移、低噪声以及频率响应好等优越性能的多级放大器，其外观是如图 3.4.1 所示的黑匣子。运放早期主要应用于模拟信号的运算，随着集成技术的发展，现已广泛应用于信号的测量和处理、信号的产生和转换以及自动控制等许多领域。

有关集成运放内部电路的细节将在第二分册相关章节中详述。

图 3.4.1 集成运放的实际封装外形

3.4.1 运算放大器及其外特性

集成运放的电路符号如图 3.4.2(a)所示，具有两个输入端，标有符号(-)

的输入端称为反相输入端,反相端输入电压与输出电压相位相反;标有符号(+)的输入端称为同相输入端,同相端输入电压与输出电压相位相同。应当注意,集成运放在工作时,必须有一个公共接地端,是电源电压$\pm U$和输入、输出信号的参考零电位,图 3.4.2(a)中未标记该公共接地端。

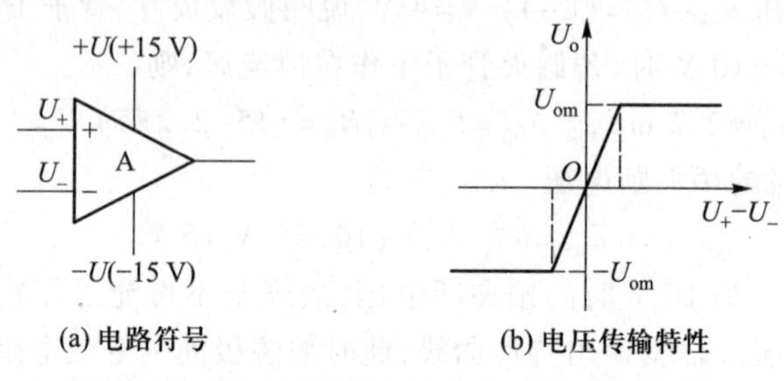

(a) 电路符号　　(b) 电压传输特性

图 3.4.2　集成运放的电路符号和电压传输特性

图 3.4.2(b)所示为集成运放的电压传输特性,它描述的是运放输出电压 U_o 和输入电压 $U_{id}=U_+-U_-$ 之间的关系,即 $U_o=f(U_{id})$。如图所示,可将其区分为一个线性区和两个饱和区。

若运放工作在线性放大区,即$|U_o|<U_{om}$时,输出与输入电压差呈线性放大关系如下

$$U_o=A(U_+-U_-),$$

式中,A 称为电压增益,是图 3.4.2(b)中线性段的斜率。

若运放工作在饱和区,即当输入电压差增大使$|U_o|$达到 U_{om}时,输出便保持在$\pm U_{om}$,故饱和区分为正饱和区和负饱和区,其中输出的正负饱和电压的绝对值分别略低于运放的正负电源电压。

由于集成运放的电压增益 A 很大,而输出电压为有限值,因此通常线性区很窄。

3.4.2　运算放大器等效电路模型

1. 线性区低频小信号模型

由运放的电压传输特性曲线可以看出当运算放大器工作在线性区时,运放的输出电压受输入电压的控制。这样,即可把运放看成是一个器件,一个由电压控制电压源的受控器件(VCVS),从而得到运放的低频小信号模型如图 3.4.3 所示。

该电路模型中 A 为电压放大倍数,即 $U_o=A(U_+-U_-)$;R_i 为输入电阻,通用型集成运放的 R_i 一般在 1 MΩ 以上,高阻型集成运放的 R_i 可达 10^4 MΩ 以上,当

输入电阻 R_i 越大时，运放从信号源索取的电流越小；R_o 为输出电阻，其值较小，通常在 100 Ω 至 1 kΩ 之间。

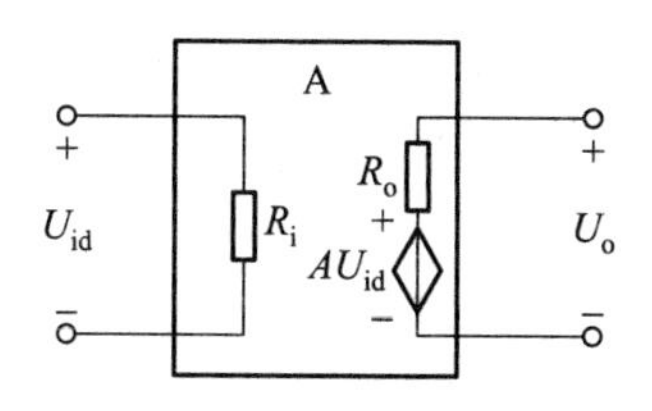

图 3.4.3 集成运算放大器的低频小信号电路模型

2. 集成运放的理想特性

由于集成运放具有高电压增益、输入电阻很大以及输出电阻很小的特性，因此在实际使用中可将集成运放理想化为电压增益 $A\to\infty$；输入电阻 $R_i\to\infty$；输出电阻 $R_o\to 0$。此时，因电压增益 $A\to\infty$ 且 $U_o=AU_{id}$，而有 $U_{id}\to 0$，即可认为运放输入端近似满足虚短路。因理想运放输入电阻 $R_i\to\infty$，可近似认为输入端虚断路。但在运放的实际应用电路中，尤其是实现信号的运算功能时，通常在电路中加入负反馈环节（负反馈的概念将在本系列教材第二分册有关章节中展述），使运放工作在线性区，此时，输出电压与输入电压的比值称为闭环增益。

3. 非线性区等效电路模型

当运放工作在非线性区域时，由其电压传输特性可知，运放可看作理想电压源。

基于理想化的运算放大器，可构造多种基本的电子电路，其典型示例如下。

例 3.4.1 反相比例放大电路

图 3.4.4 所示为反相比例放大电路，现分别应用低频小信号模型和理想运放的特性来求解电路输入输出信号的比例系数。

(1) 首先，依据运放的低频小信号模型来求解其输入输出的比例系数。由图 3.4.5 所示对应的电路模型，根据元件特性、KCL、KVL 可列出以下方程

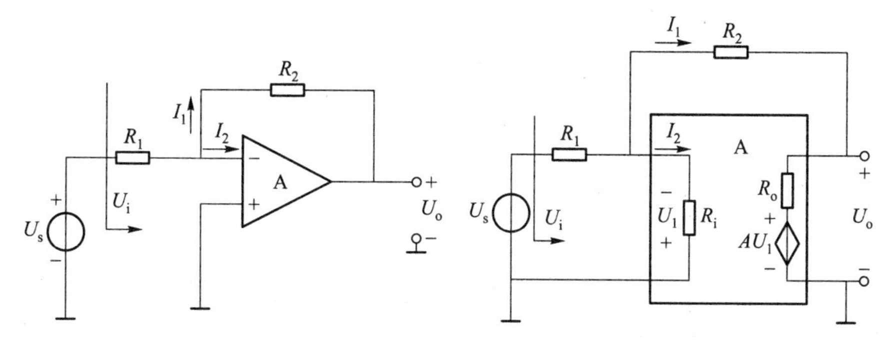

图 3.4.4 反相比例放大电路　　图 3.4.5 反相比例放大电路对应的电路模型

$$-U_1=I_2R_i$$

$$-U_1=I_1R_2+U_o$$

$$U_i=(I_1+I_2)R_1+(-U_1)$$

$$U_o = I_1 R_o + AU_1$$

联立求解得

$$I_2 = \frac{-U_1}{R_i}$$

$$I_1 = \frac{-(A+1)U_1}{R_2+R_o}$$

则有

$$U_i = \left(\frac{-U_1}{R_i} + \frac{-(A+1)U_1}{R_2+R_o}\right)R_1 - U_1$$

于是有

$$U_1 = -\frac{U_i}{1+\dfrac{R_1}{R_i}+\dfrac{(A+1)R_1}{R_2+R_o}}$$

$$U_o = I_1 R_o + AU_1 = \left[-\frac{(A+1)R_o}{R_2+R_o}+A\right]U_1 = \left[-\frac{(A+1)R_o}{R_2+R_o}+A\right]\times\left[-\frac{U_i}{1+\dfrac{R_1}{R_i}+\dfrac{(A+1)R_1}{R_2+R_o}}\right]$$

事实上,$A \gg 1$(一般 $A \approx 10^4 \sim 10^6$),$R_i \gg R_1$,$R_i \gg R_2$,$R_o \ll R_1$,$R_o \ll R_2$,则有

$$\begin{aligned} U_o &= \left[-\frac{(A+1)R_o}{R_2+R_o}\right]\times\left[-\frac{U_i}{1+\dfrac{R_1}{R_i}+\dfrac{(A+1)R_1}{R_2+R_o}}\right]+A\times\left[-\frac{U_i}{1+\dfrac{R_1}{R_i}+\dfrac{(A+1)R_1}{R_2+R_o}}\right] \\ &= \frac{R_o U_i}{\dfrac{R_2+R_o}{A+1}+\dfrac{R_1(R_2+R_o)}{R_i(A+1)}+R_1} - \frac{U_i}{\dfrac{1}{A}+\dfrac{R_1}{AR_i}+\dfrac{(A+1)R_1}{A(R_2+R_o)}} \end{aligned} \tag{3.4.1}$$

因为 A 很大,则式(3.4.1)可改写为

$$U_o \approx \frac{R_o U_i}{R_1} - \frac{U_i}{\dfrac{R_1}{R_2+R_o}} = -\frac{R_2 U_i}{R_1} \tag{3.4.2}$$

则整个电路的放大倍数

$$A_u = \frac{U_o}{U_i} = -\frac{R_2}{R_1} \tag{3.4.3}$$

由于输出电压与输入电压之间呈现反相比例关系,所以该电路称为反相比例放大电路,放大倍数仅由运放的外接电阻决定。因此,该放大电路不受运放型号的影响,且放大倍数很容易调整。

(2) 其次,依据理想运放的特性来分析图3.4.4所示的反相比例放大电路。基于运放的理想化特性,$A \to \infty$、$R_i \to \infty$,应有

$$I_-=I_+=0 \qquad \text{（称之为“虚断”）}$$

$$U_-\approx U_+ \qquad \text{（称之为“虚短”）}$$

由虚断，有

$$\frac{U_- - U_0}{R_2}=\frac{U_S - U_-}{R_1}$$

由虚短，有

$$U_-=U_+=0$$

则

$$U_0=-\frac{R_2}{R_1}U_S$$

显然分析结果与式(3.4.3)一致，但计算过程大为简化。这种利用理想运放的特性来分析运放构成的运算电路，虽然略有误差，但快捷有效。

例 3.4.2 电压比较器

反相单门限电压比较器如图 3.4.6 所示，U_{REF} 为定值，称为参考电压，U_S 是输入电压信号，因运算放大器的两输入端电阻很大，同相和反相输入端的电流均可看作零。因此，有 $U_P=U_{REF}$，$U_N=U_S$。

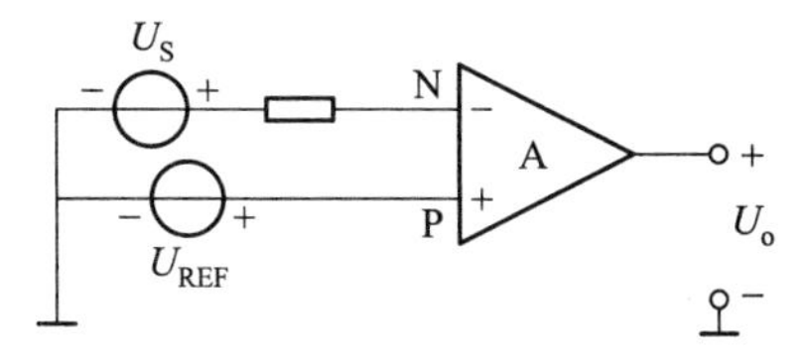

图 3.4.6 反相单门限电压比较器

必须指出，由于运算放大器电压放大倍数很大，在图 3.4.6 所示的开环工作状态，只要输入端有极其轻微的扰动，运算放大器就会进入饱和区域，U_o 变为 U_{om} 或 $-U_{om}$。

当 $U_S<U_{REF}$ 时，有 $U_P>U_N$，则 $U_o=U_{om}$。若 U_S 一直小于 U_{REF}，则输出一直为 U_{om}；当 U_S 变化到大于 U_{REF} 时，输出会变为 $-U_{om}$。

若 U_S 一直大于 U_{REF}，则输出一直为 $-U_{om}$，当 U_S 变化到小于 U_{REF} 时，输出翻转为 U_{om}。

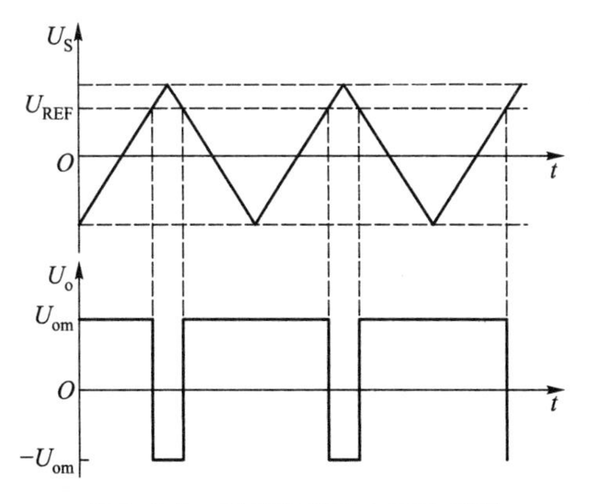

图 3.4.7 反相单门限电压比较器输入输出波形

上述电路以 U_{REF} 作为比较标准控制电压输出，因此称为单门限比较器。比较器一般用于波形变换。如果输入为三角波，那么输出变为矩形波，如图 3.4.7 所示。

例 3.4.3 负阻变换器

负阻变换器（NIC）是一种二端口器件，具有把接在一个端口的电阻变换成另一端口负电阻的功能，其电路符号如图 3.4.8(a)所示，其电流与电压的关系为

$$U_1=kU_2$$

$$I_2 = kI_1$$

图3.4.8(b)为利用集成运放构成的负阻变换电路。

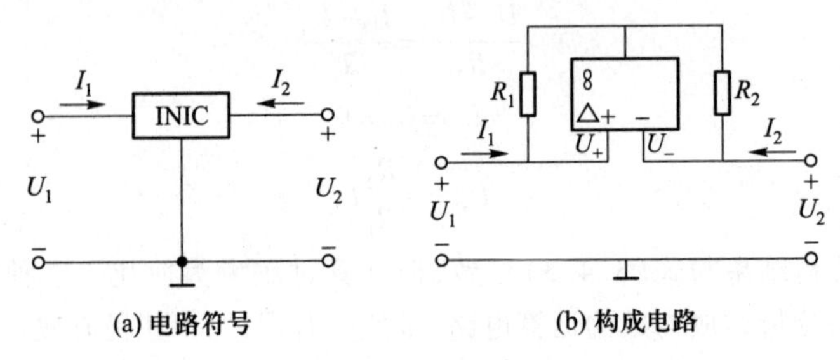

(a) 电路符号　　(b) 构成电路

图3.4.8　负阻变换器

例3.4.4　回转器

回转器是一种二端口器件,其电路符号和电路组成如图3.4.9所示,其电流与电压的关系为

$$U_1 = -rI_2$$
$$U_2 = rI_1$$

其中r称为回转电阻。回转器可以将一个端口的元件在另一个端口上变换成其对偶元件,例如将电容变换为电感,将电压源变换为电流源。

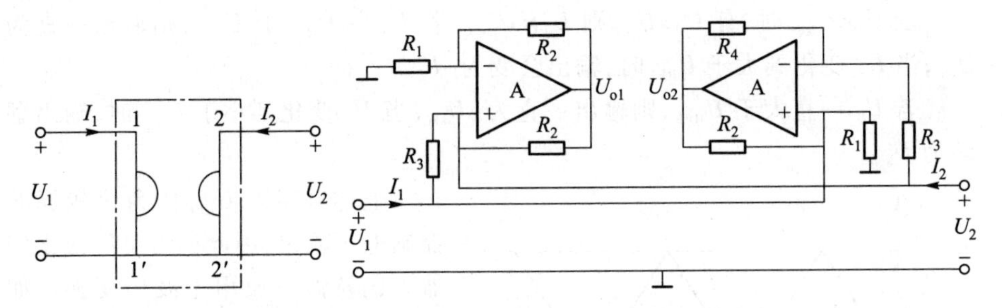

图3.4.9　回转器电路符号及其构成电路

综上可见,前述各种典型电子电路器件均是基于半导体应用技术的成果,从而,造就了20世纪50年代以来由分立到集成结构模式的模拟电子电路广泛应用的平台。从上述基本的电子电路分析可见,分析对象不一定均与实际的电子电路器件相对应,但基于所关注的电磁现象,只要满足电路抽象原则,总可以用某种模型元件或理想元件来表述分析对象,从而为复杂系统的电子电路分析构建相应的电子电路分析模型。

习题

3.1 求题图 3.1 所示含有理想二极管电路的电流 I 和 I_1。

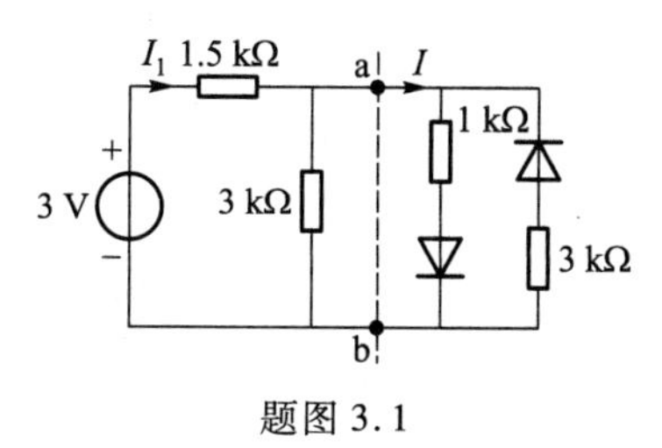

题图 3.1

3.2 二极管电路如题图 3.2 所示，D_1、D_2 为理想二极管，判断图中的二极管是导通还是截止，并求 AO 两端的电压 U_{AO}。

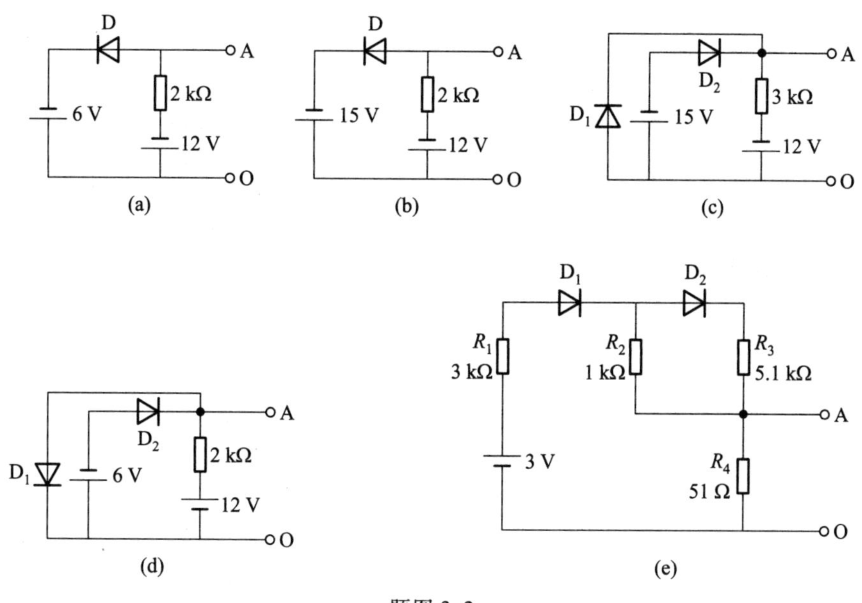

题图 3.2

3.3 在题图 3.3 所示含理想二极管的电路中，设 $u_i = 6\sin \omega t$ V，试画出输出电压 u_O 的波形。

3.4 题图 3.4 所示电路中，已知二极管参数 $U_{D(on)} = 0.7$ V，$R_D = 100$ Ω。(1) 试画出电压传输特性曲线；(2) 若 $u_i = 5\sin \omega t$ V，试画出 u_O 的波形。

3.5 电路如题图 3.5 所示。试分析当输入电压 U_S 为 3 V 时，哪些二极管导通？当输入电压 U_S 为 0 V 时，哪些二极管导通？（写出分析过程，并设二极管的正向压降为 0.7 V）

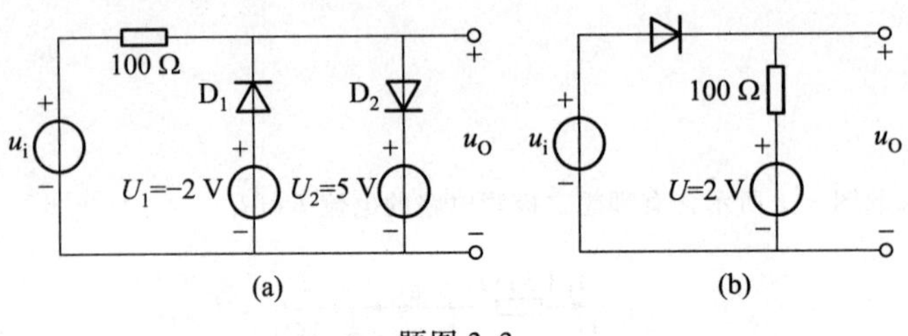

题图 3.3

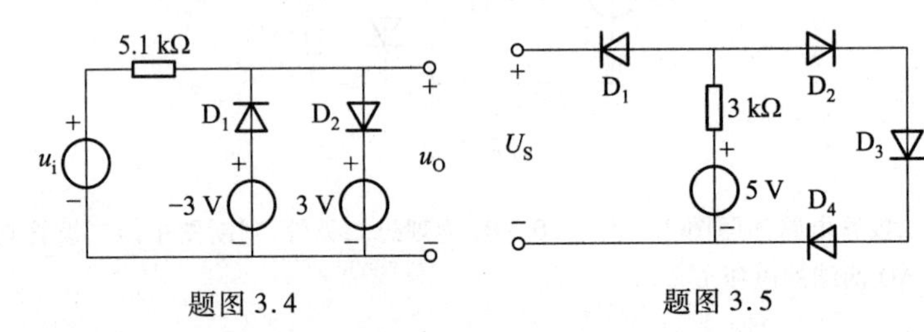

题图 3.4　　　题图 3.5

3.6　试判断题图 3.6 中二极管是导通还是截止？为什么？（D 为理想二极管）

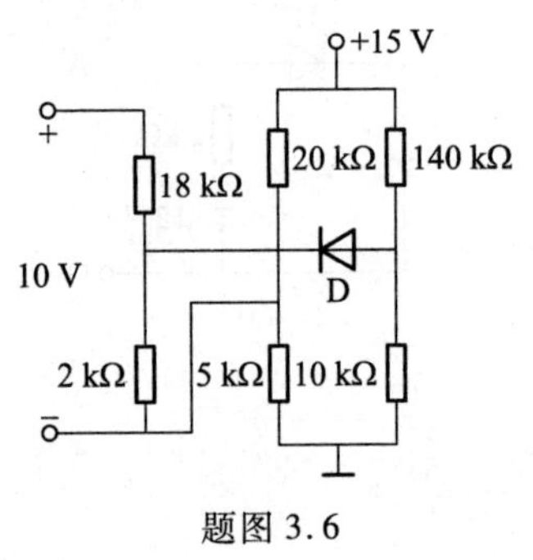

题图 3.6

3.7　题图 3.7 所示电路，D 为理想二极管，已知输入电压 u_i 的波形，试画出输出电压 u_O 的波形。

3.8　（1）为什么稳压管的动态电阻愈小，则稳压愈好？

（2）利用稳压管或二极管的正向导通区是否也可以稳压？

（3）用两个稳压值相等的稳压管反向串联起来使用可获得较好的温度稳定性，为什么？

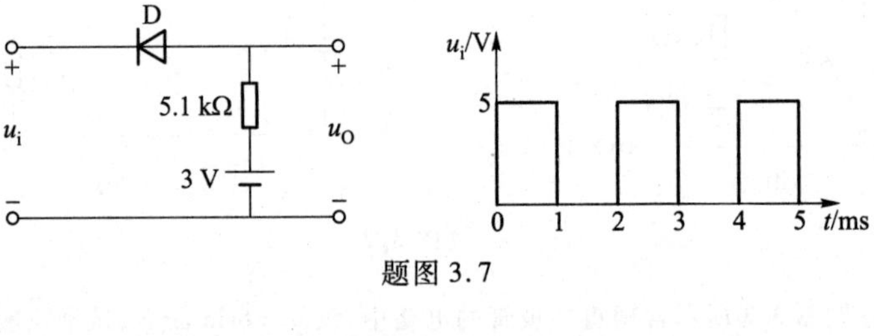

题图 3.7

3.9　在题图 3.9 所示电路中，已知稳压管的稳定电压 $U_Z=6$ V，$u_i=12\sin\omega t$ V，二极管的正向压降可忽略不计，试分别画出输出电压 u_O 的波形。并说出稳压管在电路中所起的作用。

3.10　题图 3.10 所示电路中，要求输出稳定电压为 7.5 V。已知输入电压 U_I 在 15 V 到 25 V 范围内变化，负载电流 I_L 在 0 到 15 mA 范围内变化，稳压管参数为 $I_{Zmax}=50$ mA，$I_{Zmin}=5$ mA，$U_Z=7.5$ V。试求限流电阻 R 的取值范围。

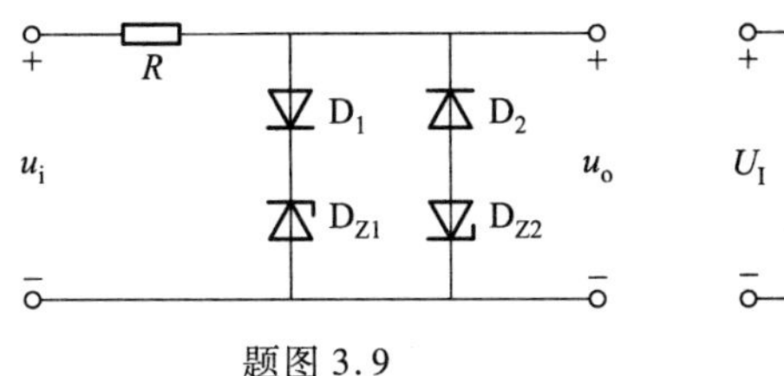

题图 3.9

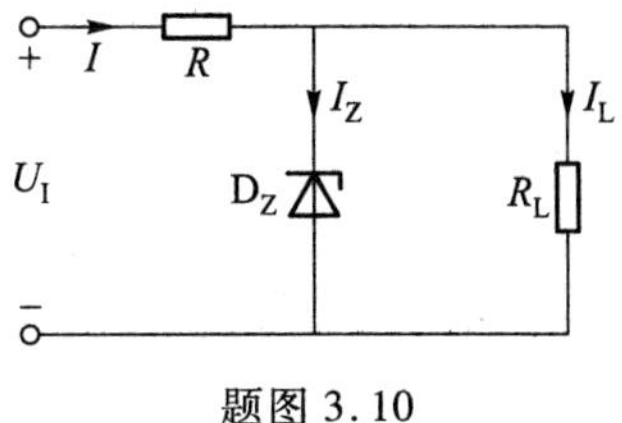

题图 3.10

3.11 已知稳压电路如题图 3.11(a)，$U_S=12\ \text{V}$，$R=1\ \text{k}\Omega$，$u_S=\cos\omega t\ \text{V}$，稳压管特性曲线如题图 3.11(b)所示，其中，电压、电流的单位分别是 V 和 mA。设计要求负载电压 u_L 为 6 V 且尽量维持不变。求下述两种情况下，负载电压中时变分量的最大值与直流分量之比。

(1) $R_L=2\ \text{k}\Omega$，去掉稳压管；

(2) $R_L=2\ \text{k}\Omega$，加上稳压管。

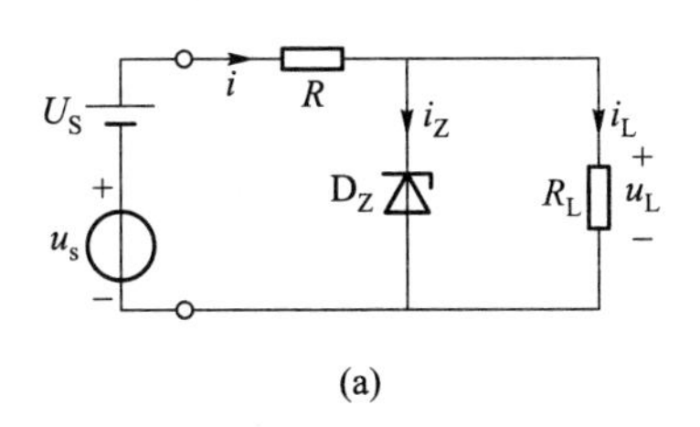

(a)

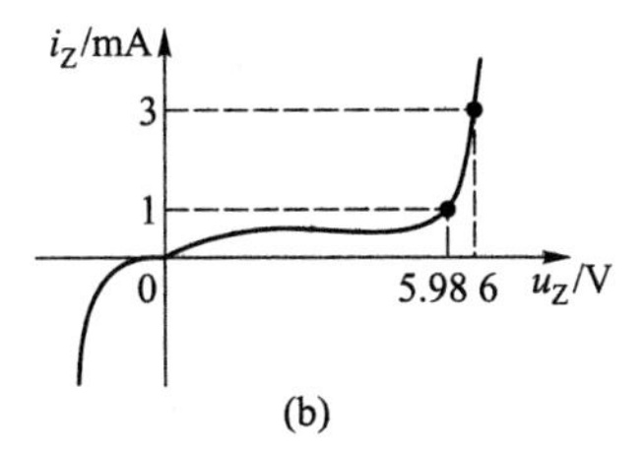

(b)

题图 3.11

3.12 测得电路中四个 NPN 硅管各极电位分别如下，试判断每个管子的工作状态。

(1) $U_B=-3\ \text{V}$，$U_C=5\ \text{V}$，$U_E=-3.7\ \text{V}$；　(2) $U_B=6\ \text{V}$，$U_C=5.5\ \text{V}$，$U_E=5.3\ \text{V}$；

(3) $U_B=-1\ \text{V}$，$U_C=8\ \text{V}$，$U_E=-0.3\ \text{V}$；　(4) $U_B=3\ \text{V}$，$U_C=2.3\ \text{V}$，$U_E=6\ \text{V}$。

3.13 题图 3.13 所示的电路中，晶体管均为硅管，$\beta=30$，试分析各晶体管的工作状态。

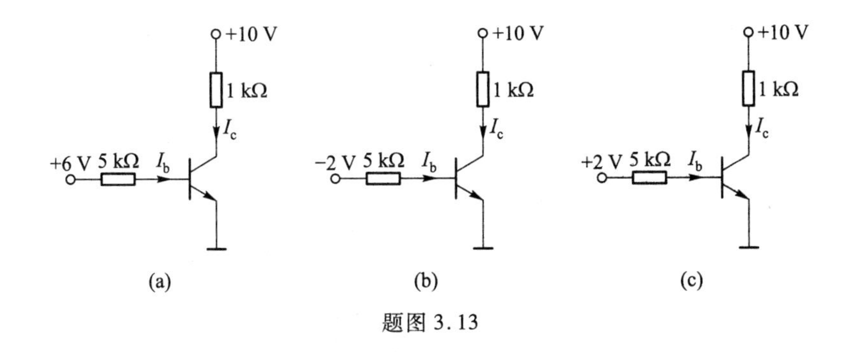

题图 3.13

3.14 测得放大电路中四个晶体管各极电位分别如题图 3.14 所示，试判断它们各是 NPN 管还是 PNP 管？是硅管还是锗管？并确定每管的 b、e、c 极。

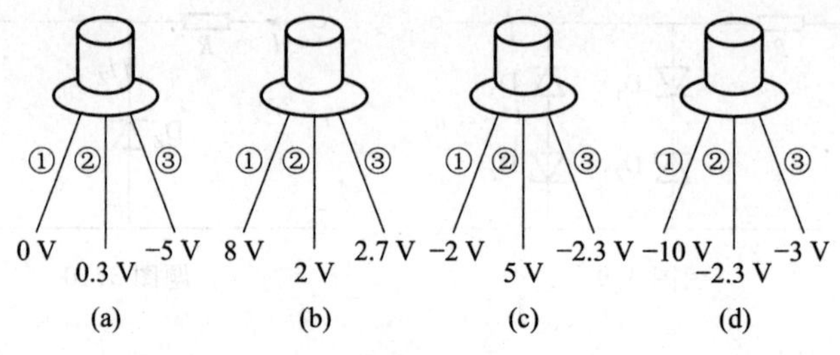

题图 3.14

3.15　测得各晶体管在无信号输入时，三个电极相对于“地”的电压如题图 3.15 所示。问哪些管子工作于放大状态，哪些处于截止、饱和、倒置状态，哪些管子已经损坏。

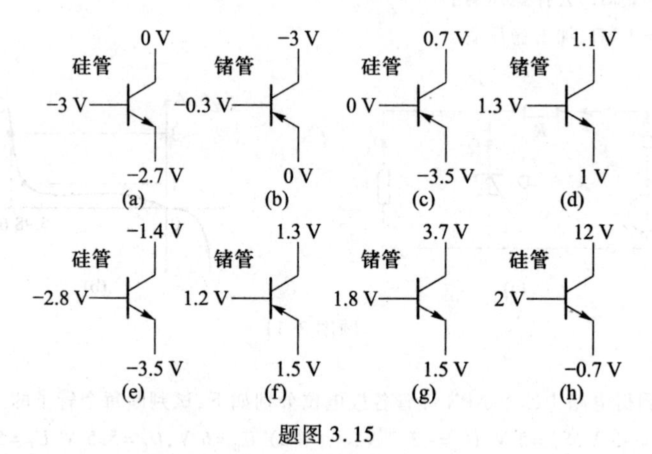

题图 3.15

3.16　题图 3.16 所示的电路中，已知 $R_c=470\ \Omega$，$R_e=47\ \Omega$，$\beta=49$，$U_{BE(on)}=0.7\ V$。(1) 试求 I_B、I_C、U_{CE}；(2) 若 $R_e=0$，R_{b2} 开路，指出电路的工作状态。

3.17　题图 3.17 所示电路中，已知 $R_c=1\ k\Omega$，$R_e=200\ \Omega$，晶体管的 $\beta=200$，$U_{BE(on)}=-0.7\ V$。(1) 试求 I_B、I_C、U_{CE}　(2) 若电路中元件参数分别作如下变化，试指出晶体管的工作状态：(a) $R_{b2}=2\ k\Omega$；(b) $R_{b1}=15\ k\Omega$；(c) $R_e=100\ \Omega$。

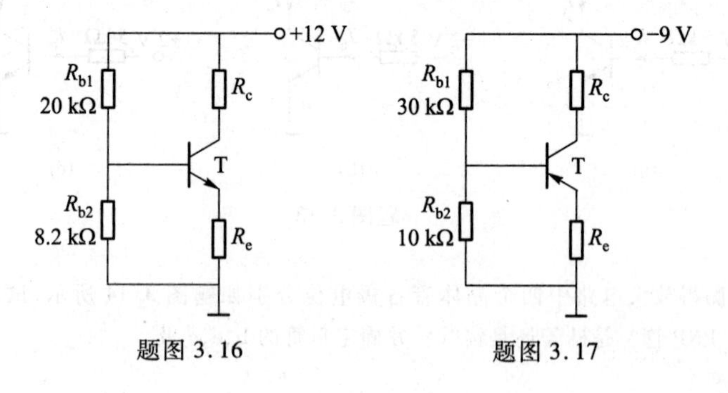

题图 3.16　　题图 3.17

3.18 场效晶体管的输出特性曲线如题图 3.18 所示，试判断场效晶体管的类型，画出相应器件的符号，确定 U_T 或 U_P，并在图上画出饱和区和非饱和区的分界线，写出相应的表示式。

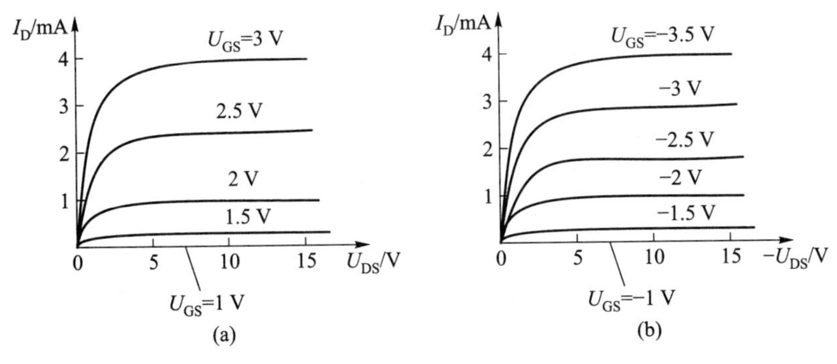

题图 3.18

3.19 各种类型场效晶体管的输出特性曲线如题图 3.19(a)、(b)、(c)所示，试分别指出各场效晶体管的类型，画出相应器件的符号，确定 U_T 或 U_P，并画出 $|U_{DS}|=5$ V 时相应的转移特性。

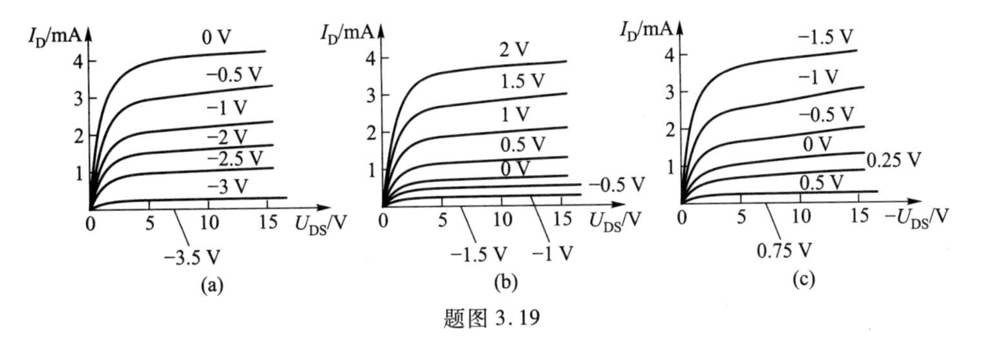

题图 3.19

3.20 已知耗尽型 MOS 管的夹断电压 $U_P=-2.5$ V，饱和漏极电流 $I_{DSS}=0.5$ mA，试求 $U_{GS}=-1$ V 时的漏极电流 I_D 和跨导 g_m。

3.21 分别判断题图 3.21 所示 4 个电路中场效晶体管是否可能工作在恒流区。

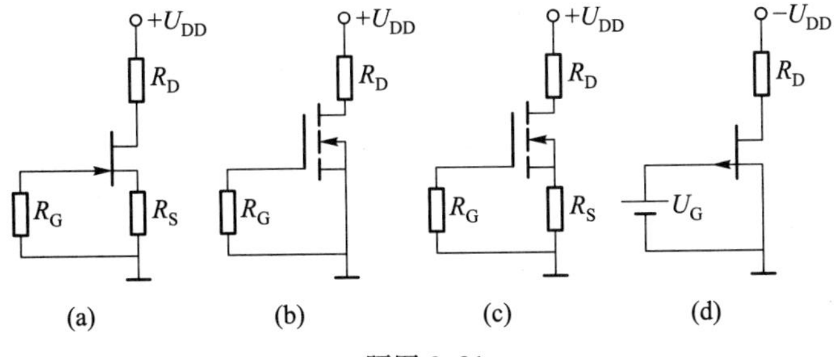

题图 3.21

3.22　电路和特性曲线如题图3.22所示，分析当 $u_I=4\ V$、8 V、12 V三种情况下场效晶体管分别工作在什么区域？

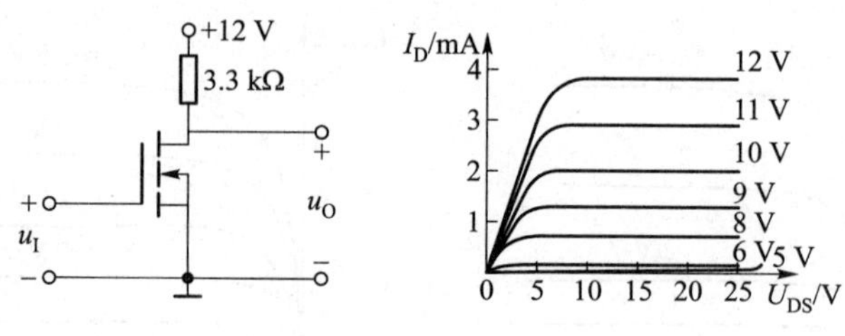

题图3.22

3.23　题图3.23所示电路中，设 $U_{DD}=24\ V$，$R_G=2\ M\Omega$，$R_{G1}=500\ k\Omega$，$R_{G2}=100\ k\Omega$，$R_S=10\ k\Omega$，$R_D=R_L=15\ k\Omega$，场效晶体管的 $g_m=2\ mS$，$U_P=-2\ V$，饱和漏极电流 $I_{DSS}=0.5\ mA$。试求：静态工作点 I_D、U_{GS}、U_{DS} 的值。

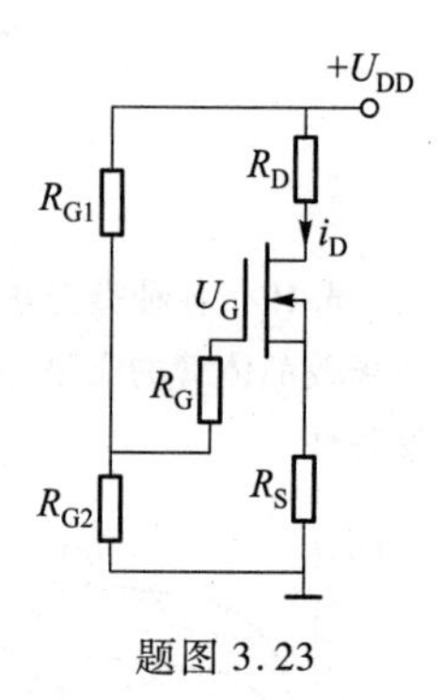

题图3.23

3.24　电路如题图3.24所示，运算放大器工作在线性区，已知 $R_1=10\ k\Omega$，$R_2=20\ k\Omega$，输入电压 $u_i=1.2\ V$，那么输出电压为多少？

3.25　如题图3.25所示运算放大器工作在线性区，如果输入电压 $u_i=1\ V$，那么输出电流 i 为多少？

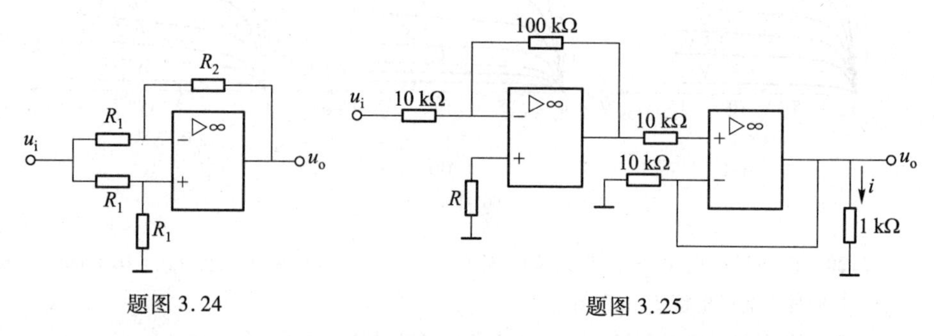

题图3.24　　　　题图3.25

3.26　如题图3.26所示运算放大器工作在非线性区，运算放大器的输出饱和电压为±15 V，稳压管的稳定电压为6 V，正向导通压降为0.7 V，输入电压为正弦交流电压 $u_i=10\sin\omega t\ V$，那么请画出输出电压波形。

3.27　题图3.27所示为同相输入比例运算电路，已知 $R_f=100\ k\Omega$，$R_1=R_S=10\ k\Omega$，输入电压 u_S 为直流电压0.1 V，集成运放的开环电压放大倍数 $A=10\ 000$，输入电阻 $R_i=500\ k\Omega$，输出电阻 $R_o=500\ \Omega$，试分别用运放的低频小信号模型和运放的理想特性求：

（1）输出电压 u_O；

（2）闭环电压放大倍数 A_f。

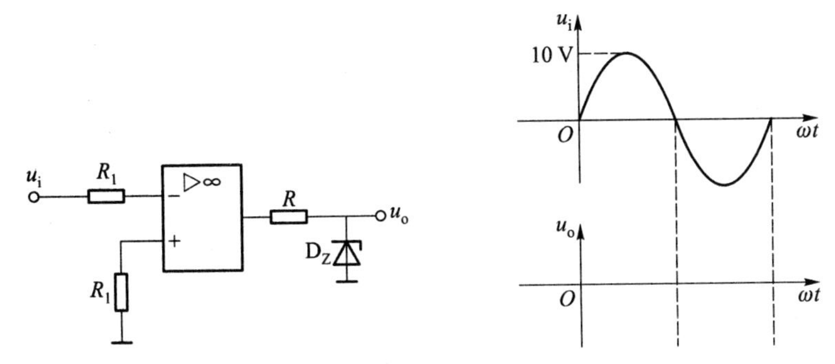

题图 3.26

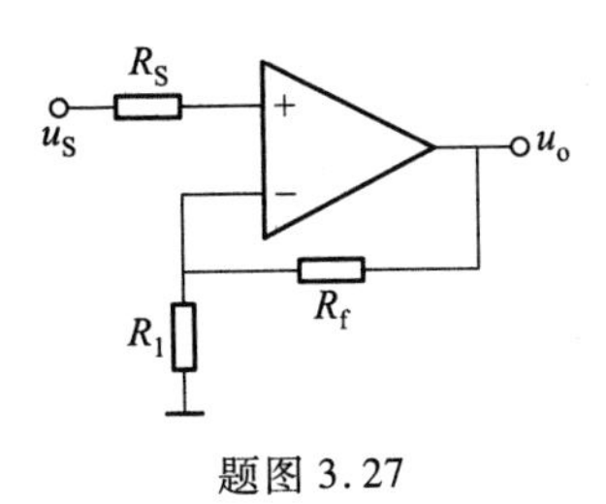

题图 3.27

第4章 线性电阻电路分析方法和定理

在掌握电路基本变量、基本元件模型和基本定律的基础上,本章讨论电路分析的基本方法和基本电路定理,包括等效变换法、列写方程法和电路定理法,这些基本方法和定理是分析和处理电路问题的基础,理解和掌握这些基本方法和定理对学习与应用电路及后续专业知识具有重要的意义。

4.1 等效变换法

等效是电路分析中一种很重要的思维方法。根据电路等效的概念,可将一个结构较复杂的电路变换成结构简单的电路,使电路的分析简化。

4.1.1 等效电路定义及等效原则

在学习等效变换法之前,先熟悉几个术语以及等效的定义。

一端口电路:任何一个复杂的电路,若向外引出两个端钮,则这两个端钮构成一个端口,称这种电路为一端口电路(或二端电路)。例如,电阻元件、独立源、电容元件、电感元件,可视为一端口电路的特例,也称二端元件。

无源一端口电路:内部无独立电源,由无源的 R、L、C、M 或受控源构成的电路。若仅含电阻与受控源则称为无源一端口电阻电路。

有源一端口电路:内部含有独立电源的电路。

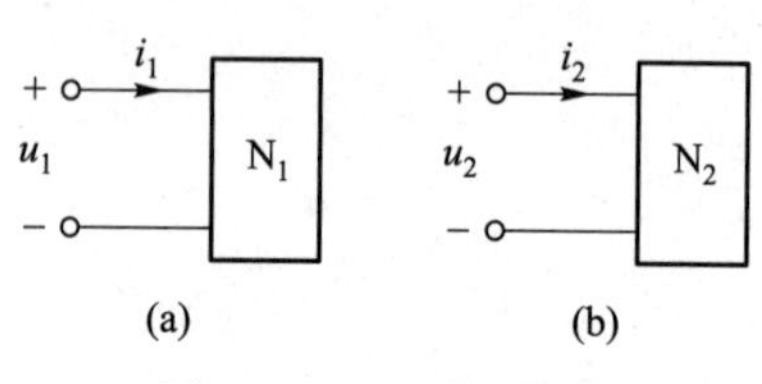

图4.1.1 一端口电路

一端口电路等效:两个一端口电路 N_1、N_2,如图4.1.1(a)、(b)所示,无论两者内部的结构如何不同,只要它们的端口电压、电流的关系相同,则称 N_1 和 N_2 是等效的。

无源一端口电路的等效:在无源一端口电阻电路端口外施激励电压(或电流),可测得响应电流(或电压)。计算该激励电压与响应电流的比值,就是端口看进去的电阻,称为该一端口的等效电阻,也称为端口输入电阻。例如,图4.1.2(a)所示的方框P表示一个由电阻元件组成的任意复杂的网络,称为无源一端口电阻网络。如果在端口施加电压 U 时，端口响应电流为 I，在端口电压、电流为关联参考方向的情况下，端口电压与电流之比，称为该一端口电阻网络的等效电阻，也称为该端口的入端电阻或输入电阻。对于无源一端口电阻网络，无论其多么复杂，总可以化简为一个等效电阻，如图 4.1.2(b)所示。

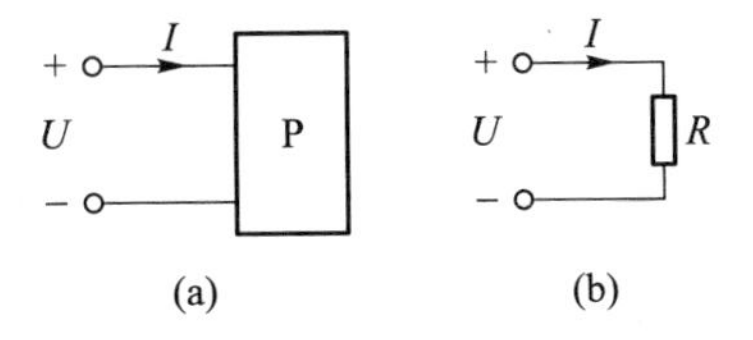

图 4.1.2 无源一端口电阻网络

三端电路与双口网络：三端电路(向外引出三个端钮)，常以第 3 端为参考点，把其余各端对参考点的电压(简称端电压)和流入各端钮的电流分别用 u_1、u_2 和 i_1、i_2 表示[因 $u_3=0, i_3=-(i_1+i_2)$ 而不用写]。这种有公共端的三端电路也称为双端口电路或双口网络。

多端电路等效：向外引出多个端钮的电路称为多端电路，例如，三端电路的外特性是指外部端电压和端电流之间的关系。假定 N_1、N_2 是无源线性电路，则 N_1、N_2 的外特性可分别表示为

$$u_1=f_1(i_1,i_2)$$
$$u_2=f_2(i_1,i_2)$$

N_2 的外特性可分别表示为

$$u'_1=F_1(i'_1,i'_2)$$
$$u'_2=F_2(i'_1,i'_2)$$

若当 $i_1=i'_1, i_2=i'_2$ 时，有 $u_1=u'_1, u_2=u'_2$，则称 N_1 与 N_2 相互等效。

必须指出，这里所说的两个电路等效，是指电路的端口特性方程相同，并未涉及两者的内部特性，因此，互相等效的两个电路 N_1、N_2，内部可显著不同。

等效变换法就是根据端口电压电流关系相同的原则，将一个复杂的电路逐步等效变换为一个简单电路，从而只需列写一个 KCL 或 KVL 方程求解电路的一种分析方法。等效对外部(端钮以外)有效，对内不成立，等效电路与外部电路无关。

等效变换时要注意电路等效变换的条件：两电路端口具有相同的电压电流关系。等效变换法可以化简电路，方便计算。

4.1.2 无源电路的等效变换法

1. 电阻的串并联及平衡电桥

简单的无源一端口电阻网络可通过电阻的串并联方法直接求等效电阻。而对特殊的电路，如图 4.1.3 所示为一桥型电阻电路，假设：$R_1=2\ \Omega, R_2=4\ \Omega, R_3=6\ \Omega, R_4=3\ \Omega$，由于四个桥臂满足平衡条件 $R_1R_3=R_2R_4$，所以 a、b 两点的电位相等，称此电路为平衡电桥。此时，无论 a、b 两点间接入多大的电阻，也无论 a、b

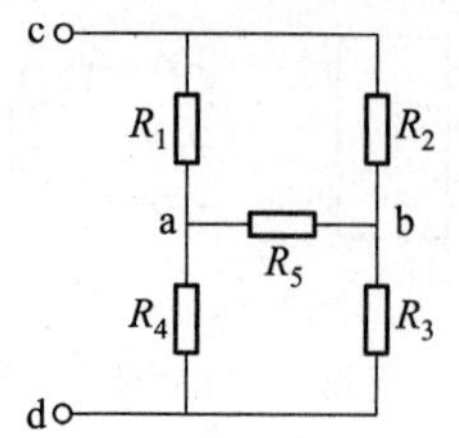

图 4.1.3　桥型电阻电路

间短接或断开（$R_5=0$ 或 ∞），a、b 两点的电位总是相等，因此，a、b 两点被称为自然等电位点。

自然等电位点可以直接开路或短路，而不影响其他的电路。

在求图 4.1.3 电路中 c、d 两点间等效电阻 R_{cd} 时，由于电路满足平衡电桥的条件 $R_1R_3=R_2R_4$，a，b 两点可作开路或短路处理。

若 a、b 两点作开路处理，则 R_1 与 R_4 串联，R_2 与 R_3 串联，两个串联后的等效电阻再并联，得到

$$R_{cd}=(R_1+R_4)//(R_2+R_3)$$
$$=\frac{10}{3}\ \Omega$$

若 a、b 两点作短路处理，则 R_1 与 R_2 并联，R_4 与 R_3 并联，两个并联后的等效电阻再串联，得到

$$R_{cd}=(R_1//R_2)+(R_4//R_3)$$
$$=\left(\frac{2\times4}{2+4}+\frac{3\times6}{3+6}\right)\ \Omega=\frac{10}{3}\ \Omega$$

自然等电位点间的电阻值无论如何变化，对外界电路而言均属等效，这个性质在分析计算电路时非常有用。

例 4.1.1　试设计一个 T 形电路衰减器，如图 4.1.4 的点画线框所示。已知负载电阻 $R=2\ \Omega$，要求：(1) 从输入端看，等效电阻等于 R；(2) 输入电压与输出电压之比为 5。求电阻 R_1、R_2 分别应是多少？

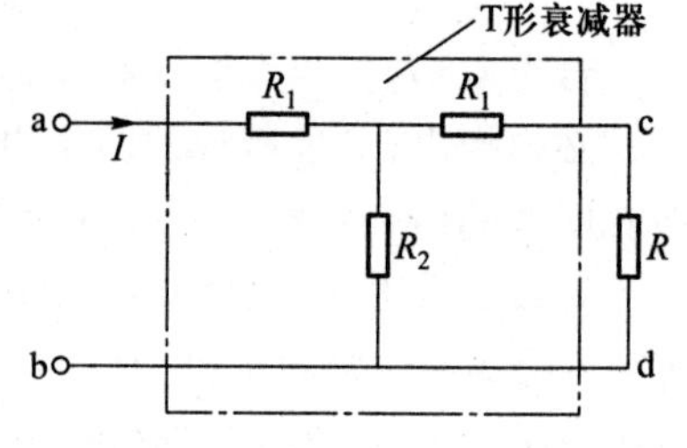

图 4.1.4　例 4.1.1 题图

解：由要求(1)可知：

$$R_{ab}=R_1+[R_2//(R_1+R)]=R$$

即

$$R_1+\frac{R_2(R_1+2)}{R_2+(R_1+2)}=2 \qquad \cdots\cdots\cdots\cdots①$$

由要求(2)知 $U_{ab}=5U_{cd}$

$$U_{ab}=R_{ab}I=RI=2I$$

$$U_{cd}=\left[I\times\frac{R_2}{R_2+(R_1+R)}\right]\times R=\frac{2R_2}{R_2+(R_1+2)}\times I$$

$$2I=5\times\frac{2R_2}{R_2+(R_1+2)}\times I \qquad \cdots\cdots\cdots\cdots②$$

由①②两式求解得：$R_1=\frac{4}{3}\ \Omega, R_2=\frac{5}{6}\ \Omega$

当电路具有某种特殊结构，如对称性，可利用自然等电位点的性质来求解。

例 4.1.2 图 4.1.5 中各电阻均为 R，试求 ab 间的等效电阻。

解：观察图 4.1.5 所示电路，从 a 点到 b 点为一对称电路，由对称性可知：c、d 为自然等电位点，e、f、g 为自然等电位点，h、i 为自然等电位点，根据自然等电位点的性质，把相应的自然等电位点短接，得到

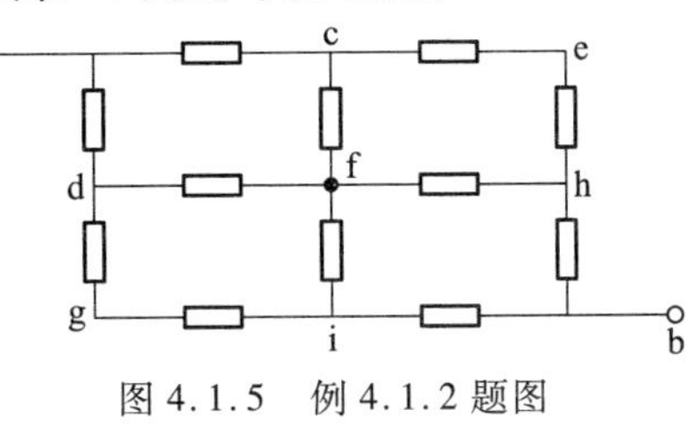

图 4.1.5 例 4.1.2 题图

$$R_{ab}=\frac{R}{2}+\frac{R}{4}+\frac{R}{4}+\frac{R}{2}=\frac{3R}{2}$$

2. Y-Δ 变换

如图 4.1.6(a)、(b)所示，图(a)中三条电阻支路首尾依次相接组成一个回路，这种连接方式称为三角形(Δ 形)联结；图(b)中三条电阻支路的一个端点连于一个公共点，另一个端点与电路其他部分连接，这种连接方式称为星形(Y 形)联结。

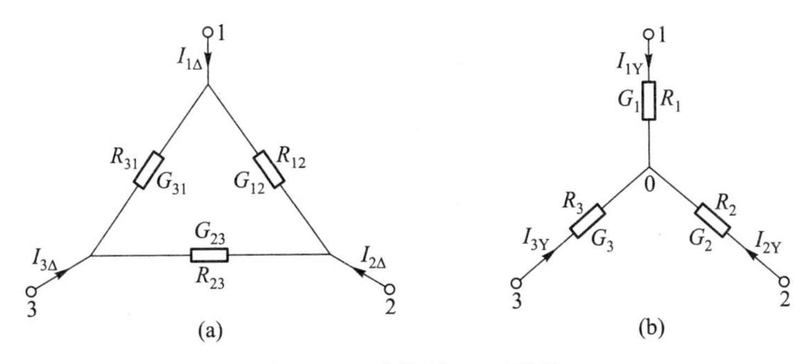

图 4.1.6 电阻的 Δ-Y 联结

上述两种联结方式，当 1、2、3 三个端钮对外呈现相同的电压、电流特性时，它们之间即相互等效。下面推导它们之间等效的条件。

既然等效，1、2、3 三个端钮对外将呈现相同的电压、电流特性。不妨假设，图(a)、(b)中节点 3 断开，即 $I_{3\Delta}=0, I_{3Y}=0$，那么节点 1、2 仍然等效，对外呈现相同的电压、电流特性。此时，两图中节点 1、2 间的等效电阻应相等，即

$$\frac{R_{12}(R_{23}+R_{31})}{R_{12}+(R_{23}+R_{31})}=R_1+R_2 \tag{4.1.1}$$

同理，断开节点 2，图(a)、(b)中，节点 1、3 间的等效电阻应相等，即

$$\frac{R_{31}(R_{12}+R_{23})}{R_{31}+(R_{12}+R_{23})}=R_1+R_3 \tag{4.1.2}$$

断开节点1,图(a)、(b)中,节点2、3间的等效电阻应相等,即

$$\frac{R_{23}(R_{12}+R_{31})}{R_{23}+(R_{12}+R_{31})}=R_2+R_3 \tag{4.1.3}$$

联立式(4.1.1)~式(4.1.3),可解得

$$\left.\begin{aligned} R_1&=\frac{R_{12}R_{31}}{R_{12}+R_{23}+R_{31}}\\ R_2&=\frac{R_{23}R_{12}}{R_{12}+R_{23}+R_{31}}\\ R_3&=\frac{R_{31}R_{23}}{R_{12}+R_{23}+R_{31}} \end{aligned}\right\} \tag{4.1.4}$$

式(4.1.4)就是已知Δ形联结方式的电阻R_{12}、R_{23}、R_{31},将Δ形联结方式转换为Y形联结方式的电阻转换关系式。此关系也可按照各节点电压和支路电流的关系更严格地导出,但过程稍微复杂。

若已知Y形联结方式的电阻R_1、R_2、R_3,也可从式(4.1.4)反解出

$$\left.\begin{aligned} R_{12}&=\frac{R_1R_2+R_2R_3+R_3R_1}{R_3}\\ R_{23}&=\frac{R_1R_2+R_2R_3+R_3R_1}{R_1}\\ R_{31}&=\frac{R_1R_2+R_2R_3+R_3R_1}{R_2} \end{aligned}\right\} \tag{4.1.5}$$

式(4.1.5)就是将Y形联结方式转换为Δ形联结方式的电阻转换关系式。

若已知的是Δ形联结电路中的电导,则根据式(4.1.4)可得,将Δ形联结方式转换为Y形联结方式的电导之间的关系满足

$$\left.\begin{aligned} G_1&=\frac{G_{12}G_{23}+G_{23}G_{31}+G_{12}G_{31}}{G_{23}}\\ G_2&=\frac{G_{12}G_{23}+G_{23}G_{31}+G_{12}G_{31}}{G_{31}}\\ G_3&=\frac{G_{12}G_{23}+G_{23}G_{31}+G_{12}G_{31}}{G_{12}} \end{aligned}\right\} \tag{4.1.6}$$

同理,若已知的是Y形联结电路中的电导,根据式(4.1.5)可得,将Y形联结方式转换为Δ形联结方式的电导之间的关系满足

$$\left.\begin{aligned}G_{12}&=\frac{G_1G_2}{G_1+G_2+G_3}\\G_{23}&=\frac{G_2G_3}{G_1+G_2+G_3}\\G_{31}&=\frac{G_3G_1}{G_1+G_2+G_3}\end{aligned}\right\}\tag{4.1.7}$$

特殊的，当 Y 形联结或 Δ 形联结的三个电阻相等时，称为对称 Y 形或对称 Δ 形电阻电路。

当已知 $R_{12}=R_{23}=R_{31}=R_{\Delta}$ 时，则根据式(4.1.4)有

$$R_1=R_2=R_3=R_{\mathrm{Y}}=\frac{R_{\Delta}}{3}$$

当已知 $R_1=R_2=R_3=R_{\mathrm{Y}}$ 时，则根据式(4.1.5)有

$$R_{12}=R_{23}=R_{31}=R_{\Delta}=3R_{\mathrm{Y}}$$

例 4.1.3 图 4.1.7(a)所示电路中，求等效电阻 R_{ab}。

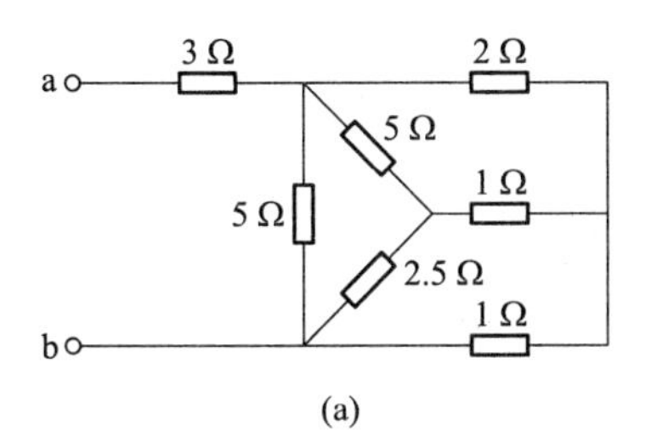

(a)

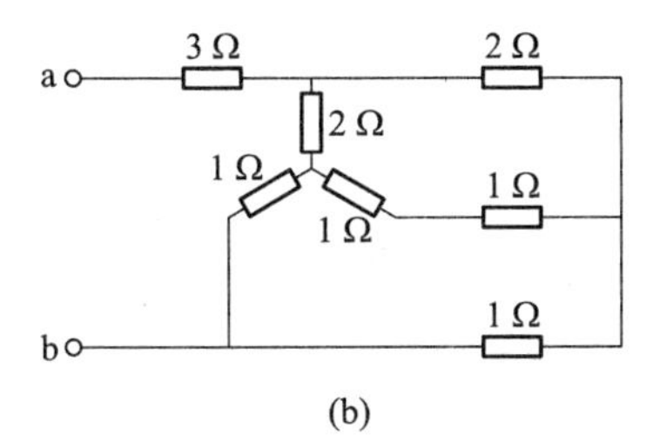

(b)

图 4.1.7 例 4.1.3 题图

解：将图 4.1.7(a)中 5 Ω、5 Ω、2.5 Ω 组成的 Δ 形联结电路根据式(4.1.5)变换为 2 Ω、1 Ω、1 Ω 电阻组成的 Y 形联结电路，如图 4.1.7(b)所示，然后根据电桥平衡，中间 1 Ω、1 Ω 组成的串联电阻支路相当于开路，再利用电阻的串并联，化简得到

$$R_{ab}=(3+1.5)\ \Omega=4.5\ \Omega$$

4.1.3 理想电源的串并联

当 n 个理想电压源串联时，如图 4.1.8(a)所示，可用一个理想电压源等效替代，且

$$u_{\mathrm{S}}=u_{\mathrm{S1}}+u_{\mathrm{S2}}+\cdots+u_{\mathrm{S}n}=\sum_{k=1}^{n}u_{\mathrm{S}k}$$

u_{Sk}与 u_S 同向取正,反之取负。替代后电压源的外特性与原来 n 个串联电压源的外特性完全相同,因此对于电源以外的电路来说,两个电源等价。

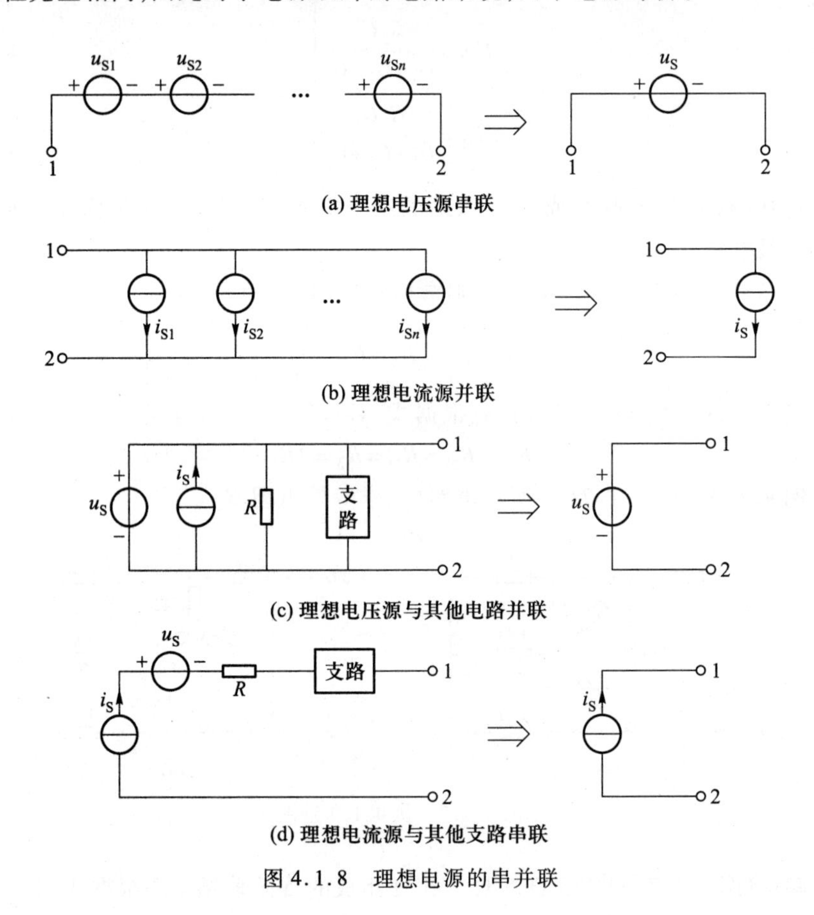

(a) 理想电压源串联

(b) 理想电流源并联

(c) 理想电压源与其他电路并联

(d) 理想电流源与其他支路串联

图 4.1.8　理想电源的串并联

当 n 个理想电流源并联时,如图 4.1.8(b)所示,可用一个理想电流源等效替代,且

$$i_S = i_{S1} + i_{S2} + \cdots + i_{Sn} = \sum_{k=1}^{n} i_{Sk} \quad i_{Sk}\text{与 } i_S \text{ 同向取正,反之取负}$$

如图 4.1.8(c)所示,与理想电压源 u_S 并联的任何一条或若干条支路(i_S、R 和一般支路),对外均可用大小等于 u_S 的理想电压源来等效。

如图 4.1.8(d)所示,与理想电流源 i_S 串联的任何一条支路(u_S、R 和一般支路),对外均可用大小为 i_S 的理想电流源来等效。

特别说明,仅当电压源 u_{Sk}大小相等、极性相同时,理想电压源才能并联,否则违背 KVL。仅当电流源 i_{Sk} 大小相等、极性相同时,理想电流源才能串联,否则违背 KCL。

4.1.4 实际电源间的等效变换

实际电压源和实际电流源的电路结构分别如图 4.1.9(a)、(b)所示,其中图 4.1.9(a)为实际电压源,由理想电压源与电阻串联而成,该电阻可看成是实际电压源的内阻;图 4.1.9(b)为实际电流源,由理想电流源与电阻并联而成,该电阻可看成是实际电流源的内阻。

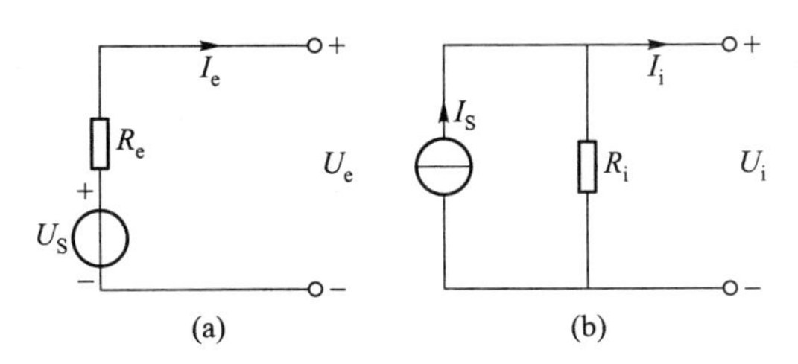

图 4.1.9 实际电压源和实际电流源

上述实际电源的电路模型可以相互等效转换。当图 4.1.9(a)端口特性 U_e 与 I_e 和图 4.1.9(b)端口特性 U_i 与 I_i 相同时,则说明对外电路而言,它们是相互等效的。下面推导它们彼此等效的条件。

从图 4.1.9(a)可知

$$U_e = U_S - R_e I_e \tag{4.1.8}$$

从图 4.1.9(b)可知

$$U_i = (I_S - I_i) R_i = R_i I_S - R_i I_i \tag{4.1.9}$$

比较式(4.1.8)和式(4.1.9),若 U_e 与 U_i 相同,I_e 与 I_i 相同,可得

$$\begin{cases} R_e = R_i \\ U_S = R_i I_S \end{cases} \quad 或 \quad \begin{cases} R_i = R_e \\ I_S = U_S / R_e \end{cases} \tag{4.1.10}$$

即,当 $R_e = R_i$、$U_S = R_i I_S$ 时,由式(4.1.8)和式(4.1.9)所表达的伏安特性相同,这表明实际电压源的电路模型可以与实际电流源的电路模型相互转换,转换的条件是式(4.1.10):即实际电压源内阻 R_e 等于实际电流源的内阻 R_i,实际电压源的电压等于理想电流源的电流 I_S 与内阻 R_i 的乘积,或理想电流源的电流等于理想电压源的电压 U_S 除以内阻 R_e。

需要注意的是,实际电压源的电路模型与实际电流源的电路模型转换除满足式(4.1.10)的变换关系外,还要满足图 4.1.9 所示的方向关系:即理想电流源电流方向与理想电压源电压方向相反。

值得指出的是：理想电压源（$R_e=0$）与理想电流源（$R_i=\infty$）不能相互转换。

实际电源两种电路模型的相互转换，不仅适用于独立电源的等效转换，也适用于受控电源的等效转换。不过，受控源在等效变换的过程中，要保证其有效性，必须保证受控源的控制变量没有消失。

例 4.1.4　在图 4.1.10(a)所示电路中，已知：$R_1=10\ \Omega$，$R_3=20\ \Omega$，$U_{S1}=10\ V$，$U_{S3}=80\ V$，$I_{S2}=3\ A$，试求支路电流 I_3。

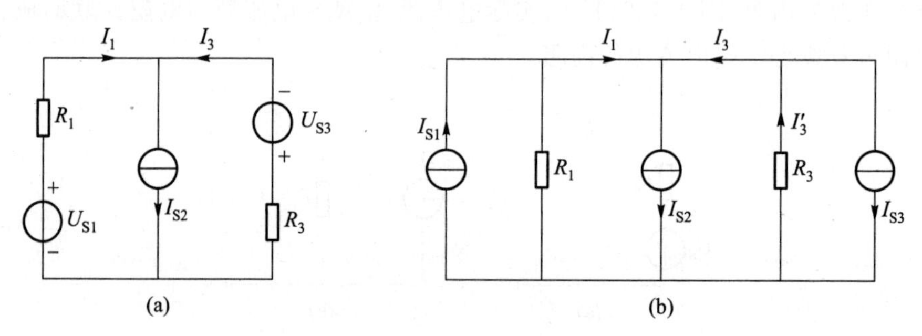

图 4.1.10　例 4.1.4 题图

解：利用电源等效转换条件，将图 4.1.10(a)电路中电压源与电阻的串联支路变换成电流源和电阻的并联支路，如图 4.1.10(b)所示。

则

$$I_{S1}=\frac{U_{S1}}{R_1}=1\ A, I_{S3}=\frac{U_{S3}}{R_3}=4\ A$$

因此，

$$I_3'=\frac{R_1}{R_1+R_3}(I_{S2}+I_{S3}-I_{S1})=2\ A$$

$$I_3=I_3'-I_{S3}=-2\ A$$

例 4.1.5　在图 4.1.11(a)所示电路中，已知 $I_S=1.5\ A$，$R_1=8\ \Omega$，$R_2=8\ \Omega$，$r=4\ \Omega$。求 I_1，I_2 分别为多少？

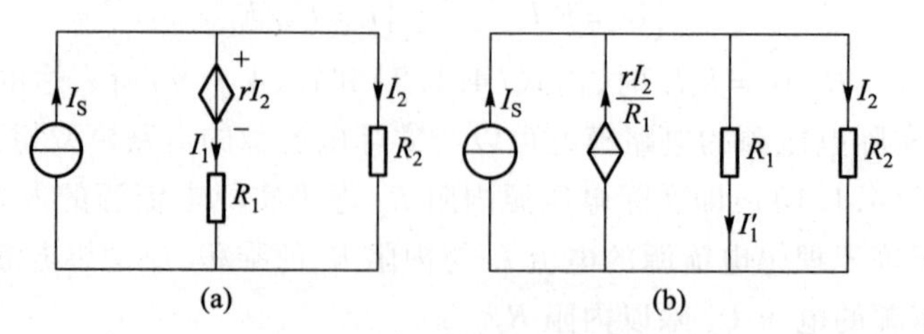

图 4.1.11　例 4.1.5 题图

解：电源等效转换同样适用于受控源。利用电源等效转换条件，将图 4.1.11

(a)中的电流控制的电压源 rI_2 与 R_1 的串联支路转换为电流控制的电流源$\frac{rI_2}{R_1}$与 R_1 的并联电路,如图 4.1.11(b)所示,由 KCL 得

$$I_S+\frac{rI_2}{R_1}=\frac{R_2I_2}{R_1}+I_2$$

代入数据求得

$$I_2=1\ \text{A}$$

要进一步求 I_1,而在图 4.1.11(b)中已没有 I_1,需回到图 4.1.11(a)中,得到

$$I_1=I_S-I_2=0.5\ \text{A}$$

应指出:

① 图 4.1.11(b)中流经 R_1 的电流 I_1'不是图 4.1.11(a)中流经 R_1 的电流 I_1。这就是一再强调的等效变换对外有效,对内无效。用等效变换求图(a)中 I_2 是没有问题的,但是不能用来求 I_1。

② 对于图 4.1.11(a)所示电路,由 I_S 和 R_2 组成的实际电流源不能等效变换成电压源结构,这是因为,受控源在等效变换的过程中,要保证其有效性,必须保证受控源的控制变量没有消失,即在此电路等效变换中,控制变量 I_2 是不能消失的。

例 4.1.6 在图 4.1.12(a)所示电路中,$U_S=3$ V,$R_1=10\ \Omega$,$R_2=20\ \Omega$,受控电流源的控制系数 $\beta=2$,试求电流 I。如果当 β 增加至 2.9、2.99、3 时,电流 I 各为多少?

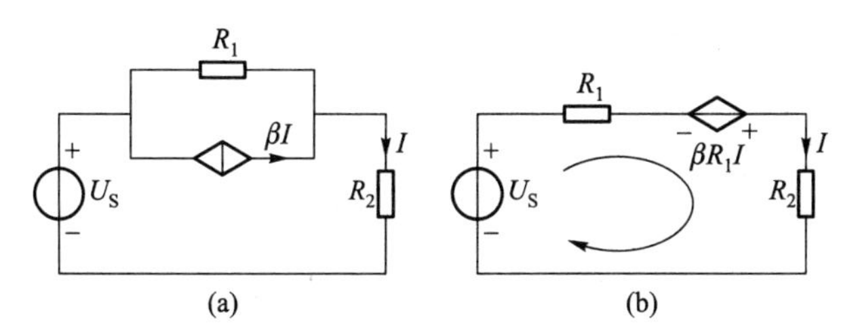

图 4.1.12 例 4.1.6 题图

解:利用电源等效变换条件,将图 4.1.12(a)中受控电流源 βI 与电阻 R_1 的并联电路转化为受控电压源 $\beta R_1 I$ 与 R_1 的串联电路,如图 4.1.12(b)所示,然后按照图中顺时针方向列写回路的 KVL 方程

$$(R_1+R_2)I=U_S+\beta R_1 I \tag{4.1.11}$$

代入数据,且 $\beta=2$,即

$$(10+20)I=3+2\times10\times I$$

得到

$$I=0.3\ \text{A}$$

当 β 增加到2.9时，代入式(4.1.11)，可求得 $I=3$ A。同理，当 $\beta=2.99$ 时，求得 $I=30$ A。

当 $\beta=3$ 时，那么 $I\to\infty$，这时实际电路中要么有元件烧毁，要么引起电路参数变化，最终使 I 成为有限的确定值。究其原因，现来求图4.1.12(b)中电流控制的电压源 $\beta R_1 I$ 对外相当于什么元件。

图4.1.12(b)中受控源 $\beta R_1 I$ 的电压电流是非关联参考方向，用 U_{ccvs} 表示其端电压，那么端口伏安特性的表达式为

$$U_{\mathrm{ccvs}}=\beta R_1 I$$

与非关联参考方向下的电阻元件特性 $U=-RI$ 作比较，可见这个受控源因为控制变量 I 和源 U_{ccvs} 在同一端口，已经等效为一个电阻，而且这个电阻是“负的”。含受控源的一端口电路才有可能等效为“负电阻”，这是因为受控源是含源元件，有可能向外电路提供能量。

4.1.5　电源转移

如何灵活巧妙地处理独立源(受控源)对于缩短电路分析过程和简化计算是至关重要的。除了上面已经讲过的理想电源串并联以及实际电压源和电流源相互转换外，下面将要讨论的电源的转移处理，其依据也是基于应用等效概念和KCL、KVL方程。

当一个电路中存在理想电源，但无从根据串并联关系直接化简时，可按需要将理想电源转移到含电阻的支路，以便利用电源的等效变换进一步化简。

1. 理想电压源的转移

理想电压源转移的原则是转移电压源的值等于原电压源值，方向保证转移前后各回路的KVL方程不变。理想电压源转移的步骤是：(1) 把理想电压源转移到邻近的支路，构成电压源和电阻的串联支路；(2) 把原电压源支路短接。

如图4.1.13(a)是含理想电压源的电路。若将电压源转移到邻近的支路，则得到电压源与电阻串联的等效电路如图4.1.13(b)或图4.1.13(c)所示。转移电压源时，应保证转移前后各回路的KVL方程不变，被求解的各支路电流与电压均保持不变。

理想电压源转移实际上是将原来的理想电压源分解为若干个完全相同的电压源并联，并作相应的转移。

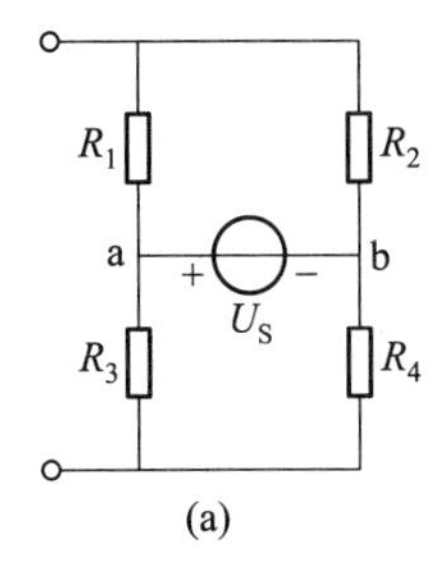

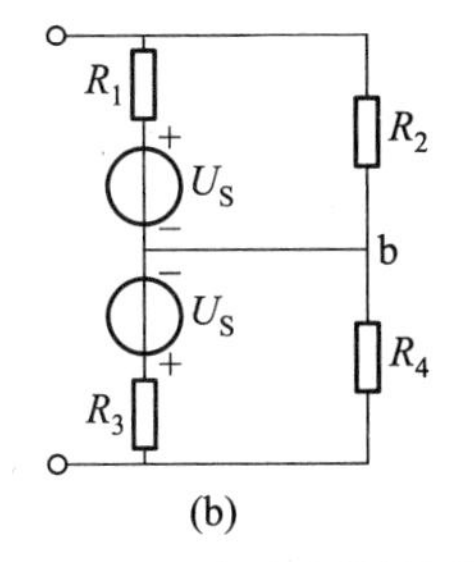

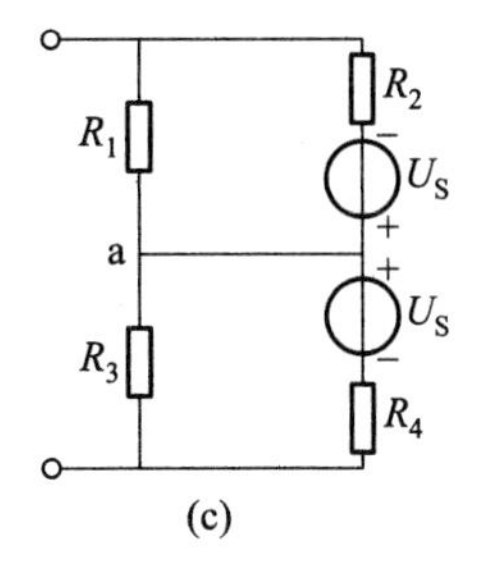

图 4.1.13 理想电压源转移电路

2. 理想电流源的转移

理想电流源转移的原则是理想电流源转移前后,各节点的 KCL 方程保持不变。理想电流源转移的步骤是:(1) 把理想电流源转移到包含它所在支路的任意回路的其他支路中去,构成电流源和电阻的并联支路;(2) 把原理想电流源支路断开,转移电流源的值等于原电流源值,方向保证各节点的 KCL 方程不变。

图 4.1.14 是含理想电流源的电路。图 4.1.14(a)和图 4.1.14(b)表示出了理想电流源及其转移后的等效电路。由图 4.1.14(b)可知,将理想电流源转移到旁边支路与电阻并联形成了实际电流源,节点 a、b 的 KCL 方程和图 4.1.14(a)的 KCL 方程一致,满足电流源转移前后,各节点的 KCL 方程保持不变。

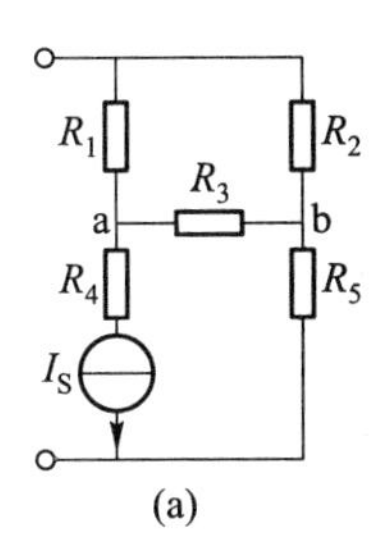

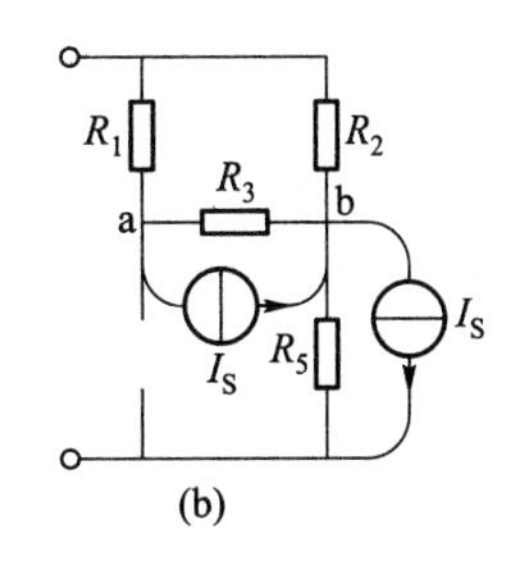

图 4.1.14 理想电流源转移电路

转移理想电流源时,同样应保证被求解的各支路电流和电压均保持不变。电源转移法不但适用于理想独立电源电路,也适用于理想受控电源电路。

4.1.6 输入电阻和输出电阻

4.1.1 节已经定义了无源一端口电阻网络的输入电阻(等效电阻),即在端口电压、电流设定关联参考方向情况下,端电压与端电流之比。

有源一端口电阻网络的输入电阻(等效电阻)定义为电路内部不含独立电源时,输入端口电压与端口电流之比,且其端口电压和电流也取关联参考方向。电路内部不含独立电源意味着将电路中的独立源置零,即独立电压源短路,独立电流源开路。经这样处理之后,有源一端口电路就成为了无源一端口电路。因此,有源一端口电路的输入电阻等于其对应的无源一端口电路的输入电阻。

输入电阻的求法可采用电阻串并联法、Y-Δ 变换法,也可采用加压(加流)

法，即在端口外施电压源（或电流源），利用元件的基本性质、KCL、KVL 等求出端口电压电流之比，即 $R=\dfrac{U}{I}$。

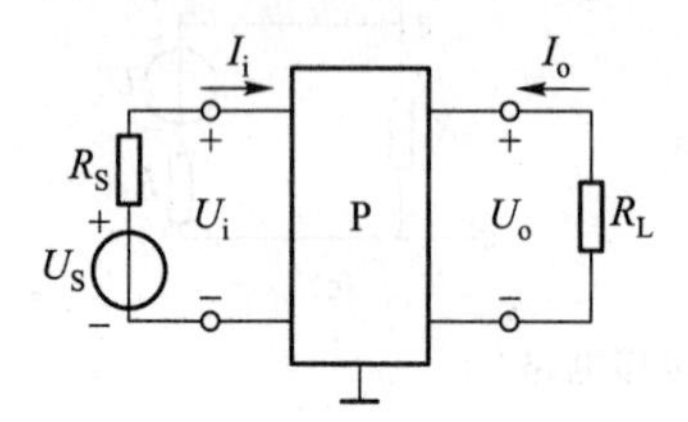

图 4.1.15　输入与输出电阻例图

通常，一个能量或信号传输网络，总有一个输入口（施加激励的端口）和一个输出口（带负载的端口），如图 4.1.15 所示，若该网络 P 为无源（无独立源但含受控源）双端口网络，则输入电阻定义为从双口网络输入口看进去的等效电阻，即

$$R_i=\frac{U_i}{I_i}$$

输出电阻是从双口网络输出口去掉负载后看进去的等效电阻，即

$$R_o=\left.\frac{U_o}{I_o}\right|_{\text{独立源置零}}$$

因为求输入电阻时，从输入口看进去的是一个无源一端口网络，对于电源来说是一个负载。而对于输出口来说，负载左侧电路相当于一个有内阻的电源。所以，求输出电阻时需要将独立电源置零后才可计算输出电阻。

当双口网络中的独立电源无法置零时，需要采用以下两次测量负载电压的方式获得输出电阻，即空载时测得输出电压为 U_o，带负载 R_L 时测得输出电压为 U_{oR}，则输出电阻可按下式求得

$$R_o=\left(\frac{U_o}{U_{oR}}-1\right)R_L$$

假如 P 为晶体管组成的电压放大电路，则输入电阻是用来衡量放大器对信号源影响的一个性能指标。输入电阻越大，表明放大电路从电压型信号源获取的电流越小，放大电路所得到的输入电压越接近信号源的理想电压。

输出电阻用来衡量放大器在不同负载条件下维持输出信号电压（或电流）恒定能力的强弱，称为其负载能力。当放大器将放大了的信号输出给负载电阻 R_L 时，对负载 R_L 来说，放大器可以等效为具有内阻 R_o 的信号源（R_o 是放大器的输出电阻）。由这个信号源向 R_L 提供输出信号电压和电流。如果输出电阻 R_o 很小，满足 $R_o \ll R_L$ 条件，则当 R_L 在较大范围内变化时，可基本维持输出信号电压的恒定。反之，如果输出电阻 R_o 很大，满足 $R_o \gg R_L$ 条件，则当 R_L 在较大范围内变化时，可维持输出信号电流的恒定。

对于输出为电压信号的放大电路，R_o 越小，负载 R_L 的变化对输出信号 U_o 的影响越小。而且只要负载 R_L 足够大，信号输出功率一般较低，能耗也较低。

多用于信号的前置放大和中间级放大。对于一般的放大电路来说,输出电阻越小越好。

对于输出为电压信号的放大电路,衡量放大器的另一个性能指标是电压放大倍数 $A_u=\dfrac{u_o}{u_i}$,即输出电压与输入电压的比值。

例 4.1.7 图 4.1.16 所示为某一射极输出器的微变等效电路,图中各电阻和 β 均为已知。计算电路的电压放大倍数,并计算输入、输出电阻。

解:(1) 电压放大倍数

由电压放大倍数的定义和图 4.1.16,得

$$u_o=(1+\beta)i_b(R_e/\!/R_L)$$

$$\begin{aligned}u_i&=i_b r_{be}+u_o\\&=i_b r_{be}+(1+\beta)i_b(R_e/\!/R_L)\end{aligned}$$

$$\begin{aligned}A_u&=\frac{u_o}{u_i}=\frac{(1+\beta)i_b(R_e/\!/R_L)}{i_b r_{be}+(1+\beta)i_b(R_e/\!/R_L)}\\&=\frac{(1+\beta)(R_e/\!/R_L)}{r_{be}+(1+\beta)(R_e/\!/R_L)}\end{aligned}$$

(2) 输入电阻

由输入电阻定义和图 4.1.16 得

$$\begin{aligned}r_i&=\frac{u_i}{i_i}=\frac{u_i}{\dfrac{u_i}{R_b}+i_b}=\frac{u_i}{\dfrac{u_i}{R_b}+\dfrac{u_i}{r_{be}+(1+\beta)(R_e/\!/R_L)}}\\&=\frac{1}{\dfrac{1}{R_b}+\dfrac{1}{r_{be}+(1+\beta)(R_e/\!/R_L)}}=R_b/\!/[r_{be}+(1+\beta)(R_e/\!/R_L)]\end{aligned}$$

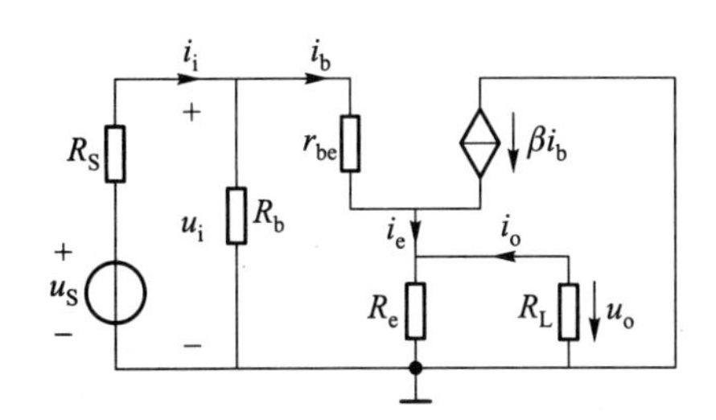

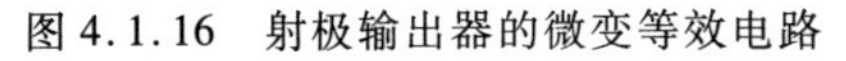

图 4.1.16 射极输出器的微变等效电路

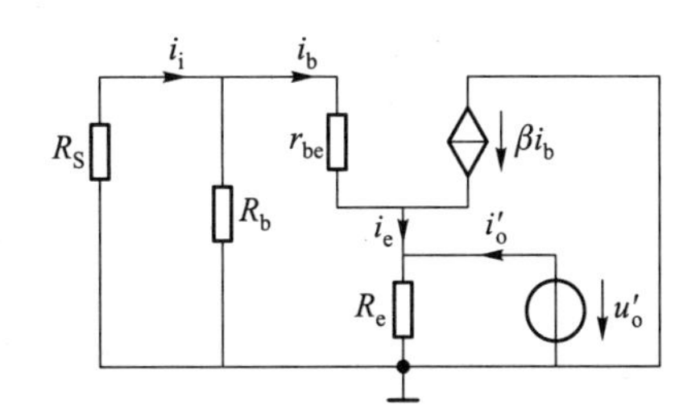

图 4.1.17 计算输出电阻等效图

(3) 输出电阻

由输出电阻的定义,将图 4.1.16 中的独立源(信号源 u_S)置零,从输出口 R_L 处断开看进入的等效电阻。用加压法计算该输出电阻,其等效电路如图 4.1.17

所示。在输出端加上电压 u'_o，产生电流 i'_o，由图4.1.17得

$$u'_o=-r_{be}i_b-(R_b/\!/R_S)i_b$$

即

$$i_b=\frac{-u'_o}{r_{be}+R_b/\!/R_S}$$

$$i'_o=\frac{u'_o}{R_e}-i_e=\frac{u'_o}{R_e}-(1+\beta)i_b$$

$$=\frac{u'_o}{R_e}+(1+\beta)\frac{u'_o}{r_{be}+(R_b/\!/R_S)}$$

$$r_o=\frac{u'_o}{i'_o}=\frac{u'_o}{\dfrac{u'_o}{R_e}+(1+\beta)\dfrac{u'_o}{r_{be}+(R_b/\!/R_S)}}=R_e/\!/\frac{r_{be}+(R_b/\!/R_S)}{1+\beta}$$

4.2　电路分析法

电路分析法是以基尔霍夫定理为基础，以支路电流、回路电流、节点电压等为变量列写电路方程，然后通过求解电路方程得到各支路的电流、电压及功率。这些方法分别称为支路电流法、回路电流法和节点电压法。

在2.4节已经得到了关于列写独立KCL和KVL方程的有关结论：有 n 个节点 b 条支路的电路中，可以在任意的 $(n-1)$ 个节点上列写KCL方程，它们一定是线性无关的。独立的KVL方程数为 $[b-(n-1)]$，对于平面电路，可按照网孔来列写，否则需要按照单连支回路列写独立的KVL方程。

4.2.1　支路电流法

利用基尔霍夫定律，以支路电流作为电路变量，可以建立电路节点电流方程和回路电压方程组。求解这些电路方程组从而解出各支路电流，这种电路分析方法称为支路电流法。

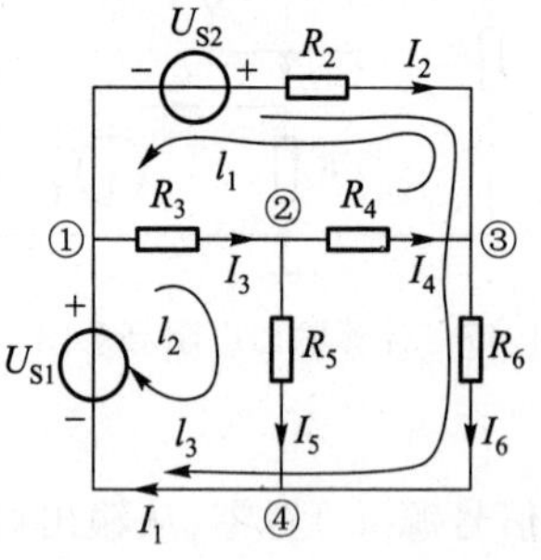

图4.2.1　支路电流法例图

对于图4.2.1所示电路，已知电压源 U_{S1}、U_{S2} 和各电阻 R_2、R_3、R_4、R_5、R_6 的值，现求各支路电流。如图选择各支路电流参考方向，根据基尔霍夫定律，各节点电流方程为

节点①：　$-I_1+I_2+I_3=0$

节点②：　$-I_3+I_4+I_5=0$

节点③：　$-I_2-I_4+I_6=0$

节点④： $I_1-I_5-I_6=0$

联立节点①～④方程求解各支路电流，将四个方程相加后发现，等式两边均为零。根据线性代数理论，这四个方程是不独立的。这是因为：任意一条支路总是与两个节点相连，每条支路电流必定是离开一个节点而进入另一节点。因此，在列写全部节点的 KCL 方程时，每条支路电流必定出现两次，一次为正，一次为负。例如支路 1，它与节点①、④相连，I_1 在节点①的 KCL 方程中为 $-I_1$，而在节点④的 KCL 方程中为 $+I_1$。因此将所有节点电流方程相加必然得到 $0\equiv0$ 型的等式，即所有节点电流方程是不独立的，但是只要任意去掉一个节点的 KCL 方程，其余的节点 KCL 方程则彼此独立。

一个节点数为 n，支路数为 b 的电路，它的独立节点电流方程数为$(n-1)$。独立节点电流方程对应的节点称为独立节点。那么，电路的独立节点数为$(n-1)$。

对于图 4.2.1 电路，可以列出多个不同的回路 KVL 方程，但这些方程不一定独立。为了列出解题所需的独立 KVL 方程，可以选择单连支回路也即基本回路来列写 KVL 方程。单连支回路数等于$(b-n+1)$，因此单连支回路方程也为$(b-n+1)$。这样，列写电路的独立节点电流方程$(n-1)$个，再列写单连支回路电压方程$(b-n+1)$个，刚好等于求解变量所需的独立方程数 b（b 条支路电流共有 b 个待求变量）。

如图 4.2.1，选择支路 1、2、3 为树支，则 l_1、l_2、l_3 三个单连支回路的路径如图所示，分别对这三个回路列写 KVL 方程，有

l_1 回路： $R_3I_3+R_4I_4-R_2I_2=-U_{S2}$

l_2 回路： $R_3I_3+R_5I_5=U_{S1}$

l_3 回路： $R_2I_2+R_6I_6=U_{S1}+U_{S2}$

对基本回路列写的 KVL 方程，必定彼此相互独立。因为根据单连支回路的定义，每个回路均包含一个其他回路所没有的连支，每个方程中都含有唯一的其他方程不包含的单连支支路信息。

综上所述，支路电流法是以电路中 b 条支路电流作为电路变量，列写$(n-1)$个独立节点的 KCL 方程，列写$(b-n+1)$个独立回路的 KVL 方程，总共 b 个方程，求解得到 b 条支路电流的方法。各支路电流求解出来后，各支路对应的电压、功率等也就不难求解了。

为了选择$(b-n+1)$个独立回路列写其 KVL 方程，除单连支回路方程外，对于平面电路，也可以选择网孔回路列写 KVL 方程，网孔回路方程必定是相互独立的。

需要指出的是，在应用支路电流法求解电路时，如果所求解的电路中包含理想电流源，一般把理想电流源支路选为连支，这样在列写单连支回路电压方程

时，以电流源为连支的独立回路不必列写其 KVL 方程，而代之以理想电流源所在支路电流等于该电流源电流的方程，可以简化求解过程。

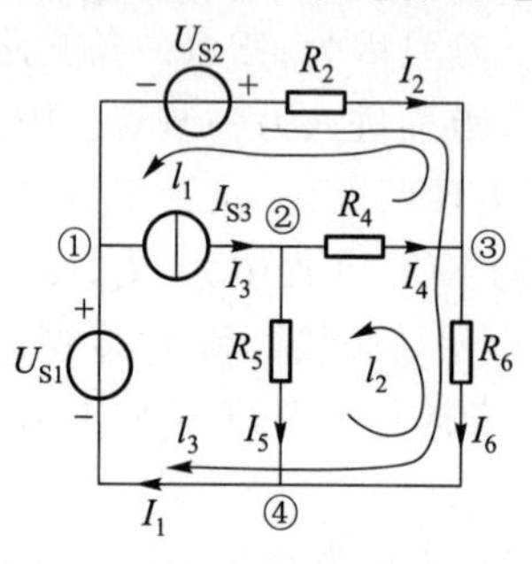

图 4.2.2　含电流源支路电流法例图

如图 4.2.2 所示电路，选取支路 2、4、6 为树支，电流源支路 3 为连支，单连支回路如图所示，列写相应的节点和回路方程，则有

节点①：　$-I_1+I_2+I_3=0$

节点②：　$-I_3+I_4+I_5=0$

节点③：　$-I_2-I_4+I_6=0$

l_1 回路：　$I_3=I_{S3}$

l_2 回路：　$-R_4I_4+R_5I_5-R_6I_6=0$

l_3 回路：　$R_2I_2+R_6I_6=U_{S1}+U_{S2}$

选树时，将电流源支路选为连支，对电流源为连支的独立回路 l_1 不再列写其 KVL 方程，而只列出电流关系 $I_3=I_{S3}$，简化了方程和计算。显然，电路中含电流源越多，电流源支路选为连支求解的优越性越明显。

对于含有受控源的电路，应用支路电流法列写方程的原则为：首先将受控源视为独立源，按照前述方法列写相应的节点电流方程和回路电压方程；然后再对受控源的控制量列写附加方程，即把受控源中的控制变量用支路电流来表示，以建立控制量与方程变量的关系。

如图 4.2.3 所示电路，在建立电路方程时首先把受控电流源当作独立电流源看待，根据前述选取单连支回路的原则，选取支路 2、4、6 为树支，列写相应的电压电流方程，有

节点①：　$-I_1+I_2+I_3=0$

节点②：　$-I_3+I_4+I_5=0$

节点③：　$-I_2-I_4+I_6=0$

l_1 回路：　$I_3=gU_6$

l_2 回路：　$-R_4I_4+R_5I_5-R_6I_6=0$

l_3 回路：　$R_2I_2+R_6I_6=U_{S1}+U_{S2}$

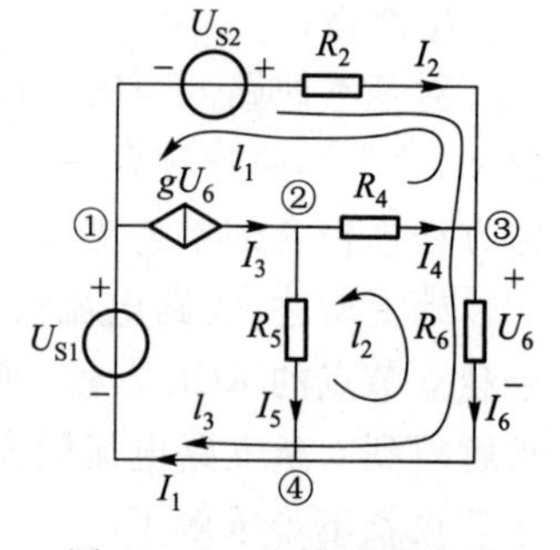

图 4.2.3　含受控源支路分析法例图

对受控源的控制量 U_6 列写支路电流表示的附加方程，即

$$U_6=R_6I_6$$

从上面的方程组就可以求解出各支路电流。

当一个电路的结构比较复杂、支路数较多时，支路电流法显现出其弊端：方程数太多，求解比较困难。

4.2.2 回路电流法

回路电流法是以一组独立回路电流作为变量列写电路方程,求解电路变量的方法。回路电流法只需对($b-n+1$)个基本回路(或网孔)列 KVL 方程,不再需要列节点的 KCL 方程,因此往往使计算简化。

独立回路可有两种选法,一种是选网孔作为独立回路,另一种是选基本回路(单连支回路)作为独立回路,因此相应的回路电流变量有网孔电流和连支电流(基本回路电流)两种。通常情况下,我们优先选取网孔列写方程,因为它方便、直观。在不含理想电流源的情况下,两种方法除了回路的选法不同外,没有任何区别。所以本书以网孔电流分析法为例给出常规情况下回路方程的列写原则,只有当电路中包含独立电流源或受控电流源时,才以单连支电流为变量列写方程。

1. 网孔电流法

在平面电路中,内部没有任何支路的回路叫作网孔,它是只存在于平面电路中的特殊回路。假想沿着各网孔组成的支路有一个流动的电流,把这一电流叫作网孔电流(或网孔环流)。以各网孔电流作为未知量,对($b-n+1$)个网孔列写 KVL 方程,从而求出各网孔电流的电路分析方法,称为网孔电流法。求出各网孔电流后,则各支路电流、相关电压就迎刃而解了。

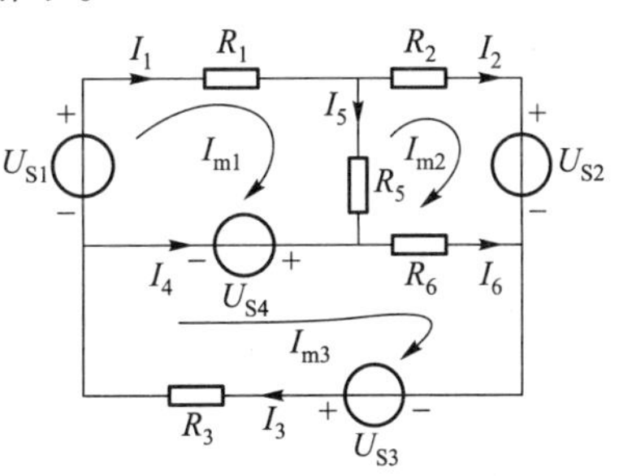

图 4.2.4 网孔电流法例图

如图 4.2.4 所示,该电路有 3 个网孔,我们可以假设在 3 个网孔中有环流 I_{m1}、I_{m2}、I_{m3}按顺时针方向流动,称为网孔的回路方向,那么各支路电流可用各网孔环流的关系来表示。I_1 所在支路只有一个网孔环流 I_{m1}流经它,所以 $I_1=I_{m1}$;同样,I_2 所在支路只有网孔环流 I_{m2}流经它,所以 $I_2=I_{m2}$;而 I_5 所在支路有两个网孔环流 I_{m1}、I_{m2}同时流经它,那么两个环流的代数和才等于 I_5。观察 I_{m1}的方向与 I_5 相同,而 I_{m2}的方向与 I_5 相反,因此 $I_5=I_{m1}-I_{m2}$。同理,$I_4=I_{m3}-I_{m1}$,$I_6=I_{m3}-I_{m2}$,$I_3=I_{m3}$。

由此可看出,三个网孔环流实际上是电路三条外围支路电流。对三个网孔列写 KVL 方程,得到

$$\left.\begin{aligned}&\text{网孔 } m_1: \quad R_1I_1+R_5I_5-U_{S1}+U_{S4}=0\\&\text{网孔 } m_2: \quad R_2I_2-R_6I_6-R_5I_5+U_{S2}=0\\&\text{网孔 } m_3: \quad R_6I_6+R_3I_3-U_{S4}-U_{S3}=0\end{aligned}\right\}\tag{4.2.1}$$

将支路电流与网孔环流之间的关系式代入,并将电压源移到方程右边,整理得到

$$\left.\begin{aligned}(R_1+R_5)I_{m1}-R_5I_{m2}=U_{S1}-U_{S4}\\-R_5I_{m1}+(R_2+R_6+R_5)I_{m2}-R_6I_{m3}=-U_{S2}\\-R_6I_{m2}+(R_6+R_3)I_{m3}=U_{S4}+U_{S3}\end{aligned}\right\}\tag{4.2.2}$$

式(4.2.2)就是以图4.2.4中3个网孔环流作为未知量的网孔电流方程。可以看出,网孔电流方程本质上是用网孔电流表示的各网孔回路的KVL方程。需要指出的是,网孔环流的方向可以自由选择,例如 I_{m1} 也可以选择为按逆时针方向流动,如果以 I_{m1} 为逆时针方向流动,I_{m2}、I_{m3} 仍按顺时针方向流动,得到的网孔电流方程为

$$\left.\begin{aligned}(R_1+R_5)I_{m1}+R_5I_{m2}=-U_{S1}+U_{S4}\\R_5I_{m1}+(R_2+R_6+R_5)I_{m2}-R_6I_{m3}=-U_{S2}\\-R_6I_{m2}+(R_6+R_3)I_{m3}=U_{S4}+U_{S3}\end{aligned}\right\}\tag{4.2.3}$$

归纳式(4.2.2)和式(4.2.3),可以得到网孔电流方程的一般式

$$\left.\begin{aligned}R_{11}I_{m1}+R_{12}I_{m2}+R_{13}I_{m3}=\sum_{m_1}U_S\\R_{21}I_{m1}+R_{22}I_{m2}+R_{23}I_{m3}=\sum_{m_2}U_S\\R_{31}I_{m1}+R_{32}I_{m2}+R_{33}I_{m3}=\sum_{m_2}U_S\end{aligned}\right\}\tag{4.2.4}$$

在式(4.2.4)中,R_{11}、R_{22}、R_{33} 称为网孔的自电阻,等于该网孔所包含的所有支路的电阻之和,恒为正。如图4.2.4中网孔 m_1 中有电阻 R_1、R_5,所以 $R_{11}=R_1+R_5$。R_{12}、R_{21}、R_{23}、R_{32}、R_{13}、R_{31} 称为网孔的互电阻,等于两个网孔的公共支路电阻之和,当两个网孔流经公共电阻时方向一致,互电阻为正,反之,互电阻为负。如图4.2.4中网孔 m_1、m_2 的公共支路电阻为 R_5,且 I_{m1}、I_{m2} 流过公共电阻时的方向相反,故 $R_{12}=-R_5$;两个网孔没有公共支路电阻,则互电阻为0。如图4.2.4中网孔 m_1、m_3 没有公共支路电阻,故 $R_{13}=R_{31}=0$。式(4.2.4)中方程的右边是各个独立回路所包含电压源电压的代数和。当各电压源正方向与回路方向一致时,相应电压源电压取负;反之,取正。例如 $\sum\limits_{m_1}U_S$ 为图4.2.4中网孔1包含电压源 U_{S1} 和 U_{S4} 的代数和,电压源 U_{S4} 正方向与回路方向一致,取负;电压源 U_{S1} 正方向与回路方向相反,取正,如式(4.2.2)所示。

推广到一般情况,可得网孔电流法(常规回路电流法)列写方程的原则如下。对于具有 n 个节点、b 条支路的一般电路,可以对 $(b-n+1)$ 个网孔列写网孔电流方程

$$\left.\begin{aligned} &R_{11}I_{m1}+R_{12}I_{m2}+\cdots+R_{1m}I_{mm}=\sum_{m_1}U_S\\ &R_{21}I_{m1}+R_{22}I_{m2}+\cdots+R_{2m}I_{mm}=\sum_{m_2}U_S\\ &\vdots\\ &R_{m1}I_{m1}+R_{m2}I_{m2}+\cdots+R_{mm}I_{mm}=\sum_{m_m}U_S \end{aligned}\right\}\tag{4.2.5}$$

或写成矩阵形式

$$\begin{bmatrix} R_{11} & R_{12} & \cdots & R_{1m}\\ R_{21} & R_{22} & \cdots & R_{2m}\\ \vdots & \vdots & \vdots & \vdots\\ R_{m1} & R_{m2} & \cdots & R_{mm} \end{bmatrix}\begin{bmatrix} I_{m1}\\ I_{m2}\\ \vdots\\ I_{mm} \end{bmatrix}=\begin{bmatrix} \sum\limits_{m_1}U_S\\ \sum\limits_{m_2}U_S\\ \vdots\\ \sum\limits_{m_m}U_S \end{bmatrix}\tag{4.2.6}$$

式(4.2.5)和式(4.2.6)中,$R_{ii}(i=1,2,\cdots,m)$是网孔 i 的自电阻,等于网孔 i 所包含支路的各电阻之和,恒为正;$R_{ij}(i,j=1,2,\cdots,m,i\neq j)$是网孔 i、j 之间的互电阻,等于网孔 i、j 公共支路的电阻之和。当网孔 i、j 的网孔电流流经公共支路时方向一致,互电阻为正,反之,互电阻为负。式(4.2.5)方程的右边是各个网孔中各电压源电压的代数和。当电压源正方向与网孔回路方向一致时,相应电压源电压取负,反之,取正。

式(4.2.6)可进一步简写为

$$\boldsymbol{R}\boldsymbol{I}_m=\boldsymbol{U}_S\tag{4.2.7}$$

式(4.2.7)中,$\boldsymbol{R}$ 为网孔的电阻矩阵,$\boldsymbol{I}_m$ 为网孔电流列向量,$\boldsymbol{U}_S$ 为网孔电压源列向量。根据矩阵运算规则,有

$$\boldsymbol{I}_m=\boldsymbol{R}^{-1}\boldsymbol{U}_S\tag{4.2.8}$$

式(4.2.8)中,$\boldsymbol{R}^{-1}$为矩阵 $\boldsymbol{R}$ 的逆矩阵。利用式(4.2.8)矩阵方程求网孔电流的方法,有利于利用 MATLAB 软件进行计算机求解。

由于针对每个网孔列写的网孔电流方程,它含有其他网孔所没有的外围支路信息,例如图 4.2.4 中,针对网孔 1 列写的方程中,含有外围支路参数 R_1、U_{S1};针对网孔 2 列写的方程中含有外围支路参数 R_2;针对网孔 3 列写的方程中含有外围支路参数 R_3,因此,各网孔电流方程是相互独立的。

例 4.2.1 如图 4.2.5 所示电路,$U_{S1}=100\ \text{V}$,$U_{S2}=140\ \text{V}$,$R_1=15\ \Omega$,$R_2=5\ \Omega$,$R_3=10\ \Omega$,$R_4=4\ \Omega$,$R_5=50\ \Omega$,求各支路电流。

解:利用网孔电流法,选择各网孔电流、各支路电流参考方向如图 4.2.5 所

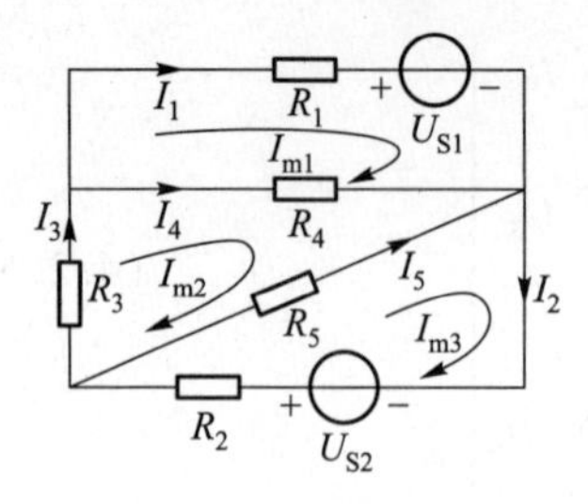

图 4.2.5 例 4.2.1 题图

示,列写网孔电流方程

$$\left.\begin{aligned}&\text{网孔 } m_1: \quad (R_1+R_4)I_{m1}-R_4I_{m2}=-U_{S1}\\&\text{网孔 } m_2: \quad -R_4I_{m1}+(R_3+R_4+R_5)I_{m2}-R_5I_{m3}=0\\&\text{网孔 } m_3: \quad -R_5I_{m2}+(R_2+R_5)I_{m3}=U_{S2}\end{aligned}\right\}$$

代入数据整理得

$$19I_{m1}-4I_{m2}=-100$$
$$-4I_{m1}+64I_{m2}-50I_{m3}=0$$
$$-50I_{m2}+55I_{m3}=140$$

解得

$$I_{m1}=-4\ \text{A};\quad I_{m2}=6\ \text{A};\quad I_{m3}=8\ \text{A}$$

各支路电流分别为

$$I_1=I_{m1}=-4\ \text{A},I_2=I_{m3}=8\ \text{A},I_3=I_{m2}=6\ \text{A},I_4=I_{m2}-I_{m1}=10\ \text{A},I_5=I_{m3}-I_{m2}=2\ \text{A}$$

此例求解方程的过程也可以利用 Matlab 编程方便地实现。下面给出两种 Matlab 方法求解【例 4.2.1】的方程:一种是直接求解方程组,另一种是将方程组写成式(4.2.8)的矩阵形式,利用 Matlab 求解。对 Matlab 知识感兴趣的学习者,请课后自学。

Matlab 解法 1:解方程法计算

```
clear
syms im1 im2 im3                    % 定义符号变量,此处为网孔电流
f1 =19 * im1 -4 * im2 +100;         % 网孔方程
f2 =(-4) * im1 +64 * im2 -50 * im3;
f3 =(-50) * im2 +55 * im3 -140;
[im1,im2,im3] =solve(f1,f2,f3)% 解网孔方程
```

计算结果:

```
im1 =
-4
 im2 =
6
 im3 =
8
```

Matlab 解法 2:按照矩阵法进行运算

```
clear
R=[19 -4 0;-4 64 -50;0 -50 55 ];% 输入 R 矩阵
```

```
Us=[-100;0;140];               % 输入 U_S 矩阵
Im=inv(R)*Us                   % 求网孔电流,inv(R)为求 R 的逆矩阵
```

计算结果:

```
Im =
  -4.000 0
   6.000 0
   8.000 0
```

如果电路的外围支路含有电流源时,则通过该支路的网孔电流即等于电流源的电流(或差一负号),不必再列该网孔 KVL 方程,方程个数相应减少。当求解电路中含受控源支路时,列写电路方程时的处理方法与支路电流法相同,即先将受控源看作独立源,按网孔电流法的原则列写网孔方程,再对受控源的控制量列写附加方程,此时控制量需用网孔电流表示。

例 4.2.2 图 4.2.6 中,$U_{S1}=11$ V,$U_{S3}=6$ V,$R_1=3$ Ω,$R_2=2$ Ω,$R_3=3$ Ω,$R_4=2$ Ω,$\alpha=-1$,$I_S=6$ A,试利用网孔电流法求 I_2。

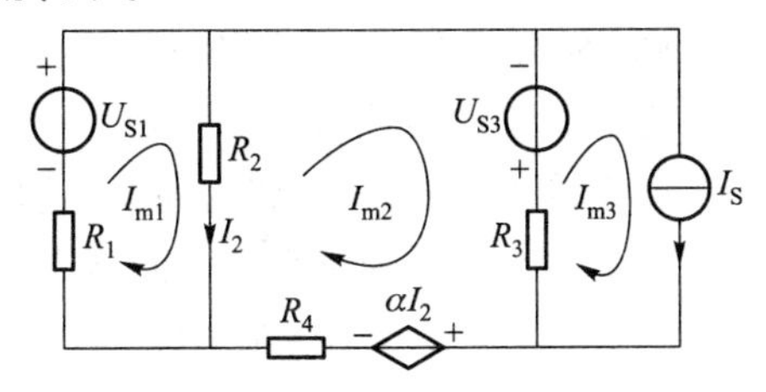

图 4.2.6 例 4.2.2 题图

解:在本例中,电路特点是电路外围支路含有电流源,此外,电路中还含有受控源。选择如图所示 3 个网孔电流的参考方向,列写网孔电流方程得

网孔 m_1: $(R_1+R_2)I_{m1}-R_2I_{m2}=U_{S1}$

网孔 m_2: $-R_2I_{m1}+(R_2+R_3+R_4)I_{m2}-R_3I_{m3}=U_{S3}-\alpha I_2$

网孔 m_3: $I_{m3}=I_S$

附加方程: $I_2=I_{m1}-I_{m2}$

代入数据整理得

$$5I_{m1}-2I_{m2}=1$$

$$-3I_{m1}+8I_{m2}=2$$

解之得

$$I_{m1}=4\ \text{A}$$

$$I_{m2}=4.5\ \text{A}$$

$$I_{m3}=6\ \text{A}$$

故

$$I_2=-2.5\ \text{A}。$$

需注意的是,网孔电流法一般只用于平面电路,并且对电路中不含电流源或电流源支路处于电路外围时的情况比较方便。对于平面电路,如果电流源支路

位于求解电路的中间支路，用网孔电流法则需要考虑电流源两端的电压，计算不再简便。采用下面所述的回路电流法则求解比较方便。

2. 基本回路电流法

当采用网孔电流法分析电路不方便时，可采用基本回路电流法，即以单连支回路（基本回路）电流为变量列写 KVL 方程的方法。如果选择单连支回路（基本回路）为独立回路，各基本回路中的环流就是对应回路的单连支电流，因此有的教材也将回路电流法称为连支电流法。

基本回路电流法的基本步骤为：（1）选树，选取独立回路；（2）选取回路的绕行方向，一般选为连支的方向；（3）按照回路电流法的一般原则对独立回路列 KVL 方程（规则同网孔电流法）；（4）求解电路中的其他量。

当一个电路中独立回路数少于独立节点数时，用回路电流法求解比较方便。

例 4.2.3　在图 4.2.7 中选择 I_2、I_3 所在支路为树支，列写基本回路电流方程。

解：图 4.2.7 电路中不含电流源，完全可以选择网孔，按照网孔回路电流法列写方程。仅作为练习，此处用回路电流法列写方程。

图中以 I_2、I_3 所在支路为树支，选取的单连支回路如图 4.2.7 所示，以单连支电流 I_{l1}、I_{l2}、I_{l3} 为变量来列写回路方程。按式(4.2.5)，可以列写回路方程如下

$$\left.\begin{aligned}(R_1+R_2)I_{l1}-R_2I_{l2}-R_2I_{l3}&=U_{S1}\\-R_2I_{l1}+(R_2+R_4)I_{l2}+R_2I_{l3}&=-U_{S4}\\-R_2I_{l1}+R_2I_{l2}+(R_2+R_3+R_5)I_{l3}&=0\end{aligned}\right\}$$

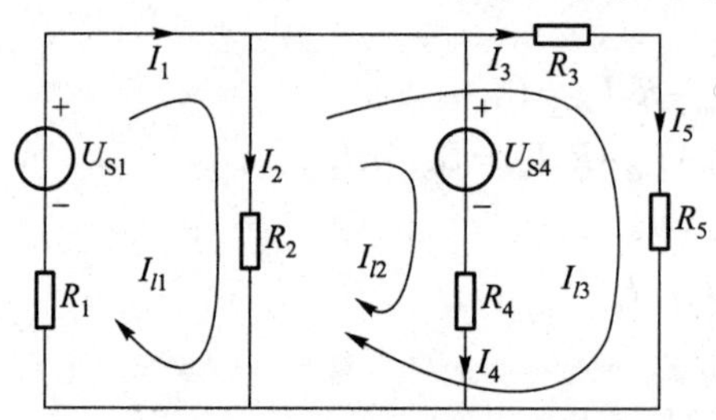

图 4.2.7　回路电流法例图

当电路中含有电流源，特别是电流源支路在求解电路的中间支路时，采用回路电流法比较方便。若仍用网孔电流法列方程，则需要考虑电流源两端的电压这一未知量，列写的方程个数也相应增加。若采用回路电流法列方程，通常将电流源所在支路选为连支，这样电流源所在的单连支回路电流就等于电流源的电流值（或差一负号），而不必再采用回路电流法的一般原则列电流源所在回路的方程，不含电流源的回路则仍按回路电流法的一般原则列回路方程。这样既可避开电流源两端的电压这一未知量，又可直接得出电流源所在单连支回路的电流值，求解电路的方程个数减少。

例 4.2.4　如图 4.2.8 所示电路中，给定 $R_1=1\ \Omega$，$R_2=2\ \Omega$，$R_3=3\ \Omega$，$R_4=4\ \Omega$，

$R_5=4\ \Omega, I_{S3}=5\ A, I_{S4}=6\ A, R_6=6\ \Omega, U_{S6}=50\ V$,试用回路电流法求各支路电流。

解:图 4.2.8 中含有两个电流源,应将电流源所在支路尽可能选为连支,因而选 R_2、R_5、R_6 和 U_{S6} 所在支路为树支,选择 3 个单连支回路作为基本回路,规定各支路电流参考方向,如图 4.2.8 所示,根据回路分析法,列出

$$l_1:\quad I_{l1}=I_{S3}$$

$$l_2:\quad I_{l2}=I_{S4}$$

$$l_3:\quad (R_1+R_2+R_6)I_{l3}+R_2I_{l1}+R_6I_{l2}=-U_{S6}$$

貌似 3 个方程,实际上只需求解一个方程,代入已知数据得

$$I_{l1}=5\ A,\quad I_{l2}=6\ A,\quad I_{l3}=-\frac{32}{3}\ A$$

按照支路电流与回路电流的关系,可得

$$I_1=I_{l3}=-\frac{32}{3}\ A,\quad I_3=-I_{l1}=-5\ A,\quad I_4=I_{l2}=6\ A$$

$$I_2=-(I_{l1}+I_{l3})=\frac{17}{3}\ A,\quad I_5=I_{l2}-I_{l1}=1\ A,\quad I_6=I_{l2}+I_{l3}=-\frac{14}{3}\ A$$

由上例可见,电路中含电流源越多,回路电流法越具优越性。

当求解电路中有含受控源支路时,列写回路电流法方程时的处理方法与支路电流法相同,即先将受控源当作独立源看待,按回路电流法基本规则列写回路方程,再对控制变量列写用回路电流表示的附加方程。

例 4.2.5 如图 4.2.9 所示,已知:$R_1=R_3=R_4=R_6=2\ \Omega, I_{S2}=1\ A, g=0.5\ S$, $U_{S4}=U_{S6}=2\ V$,求各支路电流。

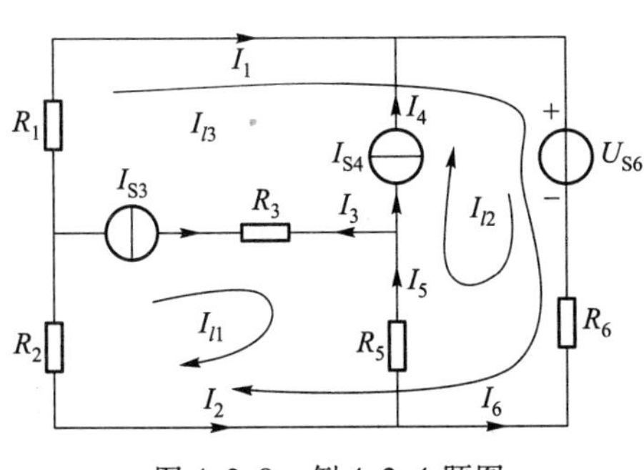

图 4.2.8 例 4.2.4 题图

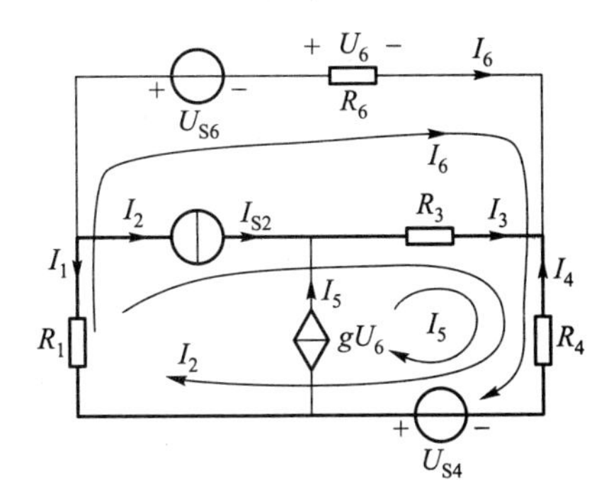

图 4.2.9 例 4.2.5 题图

解:如图 4.2.9 定义各支路电流参考方向,选择 R_1、R_4、U_{S4}、R_3 所在支路为树支,选出三个单连支基本回路,即

$$\begin{cases} I_2 = I_{S2} \\ I_5 = gU_6 \\ (R_1+R_4+R_6)I_6+(R_1+R_4)I_2+R_4I_5 = U_{S4}-U_{S6} \end{cases}$$

附加方程 $$U_6 = R_6 I_6$$

代入已知数据求解得出

$$I_2 = 1\ \text{A},\quad I_6 = -0.5\ \text{A},\quad I_5 = -0.5\ \text{A}$$

$$I_1 = -I_2 - I_6 = -0.5\ \text{A},\quad I_3 = I_{S2}+I_5 = 0.5\ \text{A},\quad I_4 = -I_3 - I_6 = 0\ \text{A}$$

4.2.3 节点电压法

以节点电压作为未知量，对$(n-1)$个独立节点列写 KCL 方程，从而求出各节点电压，继而进一步求解其他电量的电路分析方法，称为节点电压法。

1. 节点电压法的一般规则

在电路中，当选取任一节点作为参考节点时，其余节点与此参考节点之间的电压称为对应节点的节点电压。在图 4.2.10 所示电路中，当选择 d 点作为参考节点时，a 点与 d 点间的电压 U_{ad} 称为 a 点的节点电压，同理 b 点的节点电压为 U_{bd}，常简写为 U_a、U_b。

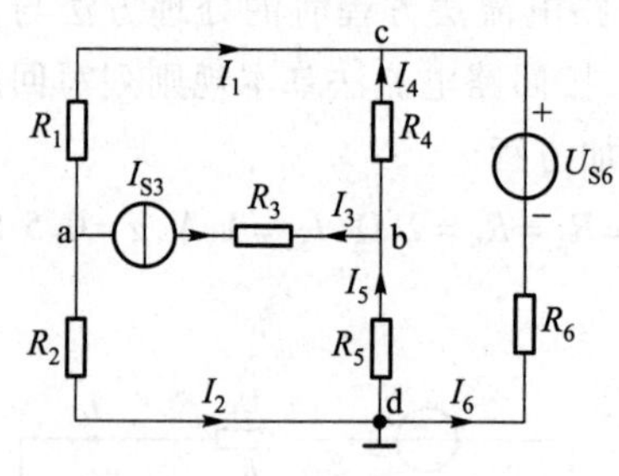

图 4.2.10 节点分析法例图

下面以图 4.2.10 所示电路为例，推导节点电压方程。假设 R_1、R_2、R_3、R_5、R_6、I_{S3}、I_{S4}、U_{S6} 均已知。以节点 d 为参考节点，选择各支路电流参考方向如图 4.2.10 所示，对独立节点 a、b、c 列写 KCL 方程，得到

$$\left.\begin{aligned} n_a:&\quad I_1+I_2-I_3=0 \\ n_b:&\quad I_3+I_4-I_5=0 \\ n_c:&\quad I_1+I_4+I_6=0 \end{aligned}\right\} \tag{4.2.9}$$

为了得到用节点电压表示的方程，将上式中的支路电流用节点电压表示，则有

$$I_1 = \frac{U_a - U_c}{R_1} = G_1(U_a - U_c) \tag{4.2.10}$$

$$I_2 = \frac{U_a}{R_2} = G_2 U_a \tag{4.2.11}$$

$$I_3 = -I_{S3} \tag{4.2.12}$$

$$I_4 = \frac{U_b - U_c}{R_4} = G_4(U_b - U_c) \tag{4.2.13}$$

$$I_5=-\frac{U_b}{R_5}=-G_5U_b \tag{4.2.14}$$

$$I_6=\frac{U_{S6}-U_c}{R_6}=G_6(U_{S6}-U_c) \tag{4.2.15}$$

将式(4.2.10)~式(4.2.15)代入式(4.2.9)中，整理得到

$$\left.\begin{aligned}&(G_1+G_2)U_a-G_1U_c=-I_{S3}\\&(G_4+G_5)U_b-G_4U_c=I_{S3}\\&(G_1+G_4+G_6)U_c-G_1U_a-G_4U_b=\frac{U_{S6}}{R_6}\end{aligned}\right\} \tag{4.2.16}$$

式(4.2.16)就是节点 a、b、c 的节点电压方程。可见，其本质上是由节点电压表示的 KCL 方程。求解式(4.2.16)可得 U_a、U_b、U_c，再代入式(4.2.10)~式(4.2.15)可得到各支路电流。式(4.2.16)可写成如下通式形式

$$\left.\begin{aligned}&G_{aa}U_a+G_{ab}U_b+G_{ac}U_c=\sum_a GU_S+\sum_a I_S\\&G_{ba}U_a+G_{bb}U_b+G_{bc}U_c=\sum_b GU_S+\sum_b I_S\\&G_{ca}U_a+G_{cb}U_b+G_{cc}U_c=\sum_c GU_S+\sum_c I_S\end{aligned}\right\} \tag{4.2.17}$$

式中，G_{aa}、G_{bb}、G_{cc}分别称为节点 a、b、c 的自电导，它等于与节点相连的各支路电导之和(与电流源串联的电导除外)，总取正。如图 4.2.10 电路中，与 a 节点相连的各支路电导分别为 G_1、G_2、G_3，而 G_3 与电流源串联，不计入自电导中，故 $G_{aa}=G_1+G_2$。同理，$G_{bb}=G_4+G_5$，$G_{cc}=G_1+G_4+G_6$。

$G_{ab}(G_{ba})$、$G_{ac}(G_{ca})$、$G_{bc}(G_{cb})$称为互电导，依次表示节点 a、b 之间(b、a 之间)，节点 a、c 之间(c、a 之间)，节点 b、c 之间(c、b 之间)的互电导，它等于两相邻节点间各支路电导之和(与电流源串联的电导除外)，总取负。如图 4.2.10 电路中，节点 a、c 间的支路电导为 G_1，故 $G_{ac}=-G_1$；节点 b、c 间的支路电导为 G_4，$G_{bc}=-G_4$。节点 a、b 间只有与电流源串联的电导 G_3，不计入互电导中，故 $G_{ab}=0$。另外，d 点为电位参考点，即 $U_d=0$，故不需列 a、b、c 点与 d 点的互电导乘电压项。

方程右边 $\sum_a GU_S$ 表示连接 a 节点的电压源乘以和它串联的电导之和，电压源正号对着节点 a 取正，负号对着节点 a 取负，没有电压源相连的节点，则该项为 0，其他节点同理。如图 4.2.10 电路中，U_{S6}与 R_6 串联连接于 c 点，且 U_{S6}正好对着节点 c，故取正。

$\sum_a I_S$ 表示连接 a 节点的电流源之和，流入节点为正，流出为负，不相连为 0。其他节点同理。如图 4.2.10 电路中，I_{S3}流出节点 a，故取负。

特别注意的是：在利用节点电压法列方程时，不论自电导还是互电导，与电流源串联的电导均不计入其中，这是因为节点电压法所列方程本质上是节点的KCL方程，而与电流源串联的电导支路其电流就等于电流源的电流，在方程中已有体现，故不需再考虑。

对于一个含有 n 个节点、b 条支路的一般电路，选一个节点作为参考节点，可对其余$(n-1)$个独立节点列写节点电压方程

$$\left.\begin{aligned} G_{11}U_1+G_{12}U_2+\cdots+G_{1(n-1)}U_{(n-1)} &= \sum_{(1)} GU_S+\sum_{(1)} I_S \\ G_{21}U_1+G_{22}U_2+\cdots+G_{2(n-1)}U_{(n-1)} &= \sum_{(2)} GU_S+\sum_{(2)} I_S \\ G_{(n-1)1}U_1+G_{(n-1)2}U_2+\cdots+G_{(n-1)(n-1)}U_{(n-1)} &= \sum_{(n-1)} GU_S+\sum_{(n-1)} I_S \end{aligned}\right\} \tag{4.2.18}$$

选择式(4.2.18)中任意独立节点 k，写出节点电压方程的一般式

$$G_{kk}U_k+\sum_{\substack{j=1\\ j\neq k}}^{(n-1)} G_{kj}U_j=\sum_{(k)} GU_S+\sum_{(k)} I_S \tag{4.2.19}$$

式(4.2.19)包含了四大项，了解清楚每一项含义，列写节点电压方程的规律也就掌握了。下面逐项分析

左边第一项 $G_{kk}U_k$：式(4.2.19)是针对独立节点 k 列写的节点电压方程，把节点 k 称为主节点，其余独立节点称为主节点 k 的相邻节点，第一项就是主节点电压 U_k 乘以其自电导 G_{kk}，即主节点电压乘以与主节点相连的各支路电导之和，它总取正。左边第二项 $\sum\limits_{\substack{j=1\\ j\neq k}}^{(n-1)} G_{kj}U_j$：各个相邻节点电压 U_j 乘以主节点 k 与该相邻节点 j 之间互电导 G_{kj}之和，即各个相邻节点电压乘以主节点与该相邻节点之间各支路电导之和的总和，它的每一项总取负。右边第一项 $\sum\limits_{(k)} GU_S$：与主节点 k 相连的各电压源电压乘以与其串联电导的代数和，其中当电压源的正号指向主节点 k 时，取正；反之，取负。右边第二项 $\sum\limits_{(k)} I_S$：与主节点 k 相连的各电流源电流的代数和，其中当电流源的电流流向主节点 k 时取正；反之，取负。

利用节点电压法求解电路，既可以分析平面电路，也可以分析非平面电路。分析时，需要选定一个参考节点，然后按上述规则列写方程进行求解。如果电路的各节点电压均已知，各支路电压可以通过对应的节点电压来计算，进而可求得各支路电流。

例 4.2.6 图 4.2.11 所示电路，已知 $U_{S1}=20$ V，$U_{S3}=40$ V，$U_{S6}=10$ V，$I_{S2}=10$ A，$I_{S5}=5$ A，$R_1=1\ \Omega$，$R_4=2\ \Omega$，$R_3=2\ \Omega$，$R_6=10\ \Omega$，试求支路电流 I_4 和 I_6。

解:选择节点④作为参考节点,设节点①、②、③的电压分别为 U_1、U_2、U_3,对以上三节点列写节点电压方程

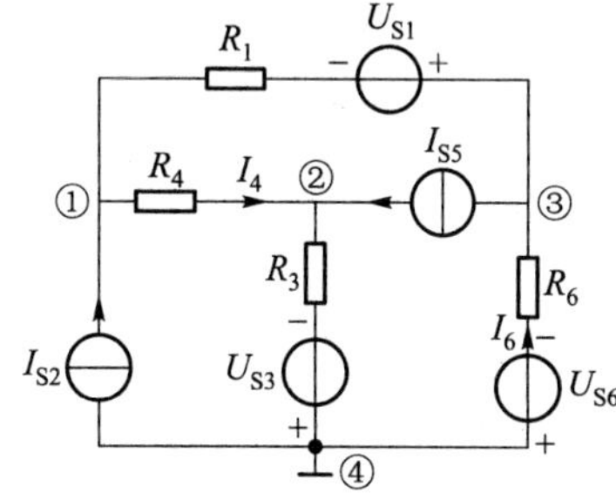

图 4.2.11 例 4.2.6 题图

节点①: $\left(\frac{1}{R_4}+\frac{1}{R_1}\right)U_1-\frac{1}{R_4}U_2-\frac{1}{R_1}U_3=-\frac{U_{S1}}{R_1}+I_{S2}$

节点②: $\left(\frac{1}{R_4}+\frac{1}{R_3}\right)U_2-\frac{1}{R_4}U_1=-\frac{U_{S3}}{R_3}+I_{S5}$

节点③: $\left(\frac{1}{R_1}+\frac{1}{R_6}\right)U_3-\frac{1}{R_1}U_1=\frac{U_{S1}}{R_1}-\frac{U_{S6}}{R_6}-I_{S5}$

代入数据,联立求解得 $U_1=-14\ \text{V}$, $U_2=-22\ \text{V}$, $U_3=0\ \text{V}$

从而可得 $I_4=\frac{U_1-U_2}{R_4}=4\ \text{A}$, $I_6=\frac{U_3-U_{S6}}{R_6}=-1\ \text{A}$

当一个电路中独立节点数少于独立回路数时,用节点电压法求解比较方便。特别是当电路只含两个节点时,选择一个节点作为参考节点,只剩下一个独立节点,因此只有一个节点电压方程,该节点电压为

$$U=\frac{\sum\limits_{(k)}GU_S+\sum\limits_{(k)}I_S}{G}$$

上式称为米尔曼公式,此时节点分析法优势非常明显。

当电路中含有一条纯电压源支路时,常选择纯电压源支路的一端为参考节点,这样可简化求解过程。

例 4.2.7 图 4.2.12 所示电路,已知 $U_{S1}=4\ \text{V}$,$U_{S2}=4\ \text{V}$,$U_{S4}=10\ \text{V}$,$I_{S3}=1\ \text{A}$,$R_1=R_4=R_5=2\ \Omega$,试求支路电流 I_4。

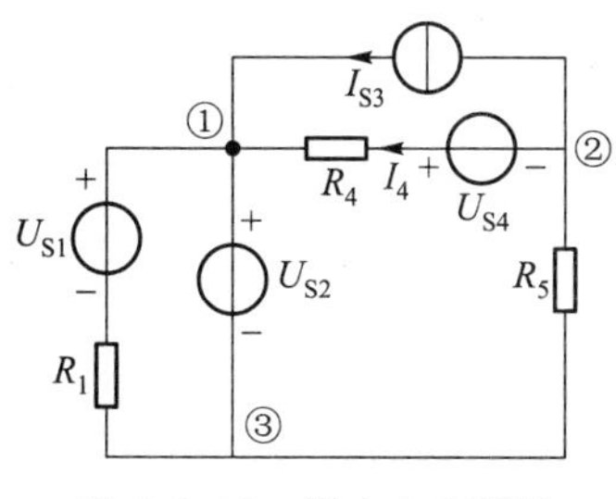

图 4.2.12 例 4.2.7 题图

解:支路 2 为一个独立电压源,因此参考节点选在节点③,则节点①的电压可以直接得到 $U_1=U_{S2}=4\ \text{V}$,简化了计算。列②节点的节点电压方程为

$$\left(\frac{1}{R_4}+\frac{1}{R_5}\right)U_2-\frac{1}{R_4}U_1=-\frac{U_{S4}}{R_4}-I_{S3}$$

代入数据得到

$$U_2=-4\ \text{V}$$

然后由支路 4 的电压关系有

$$I_4=\frac{U_2-U_1+U_{S4}}{R_4}=1\ \text{A}$$

电路中含有受控源时,列写方程的原则仍然是:首先将受控源当独立源来看待,列写节点电压方程,然后再增加受控源的控制量用节点电压表示的附加方程。

例 4.2.8　图 4.2.13 所示电路含有受控源,电路参数和电源值已在图中注明,求各节点电压和电流 I。

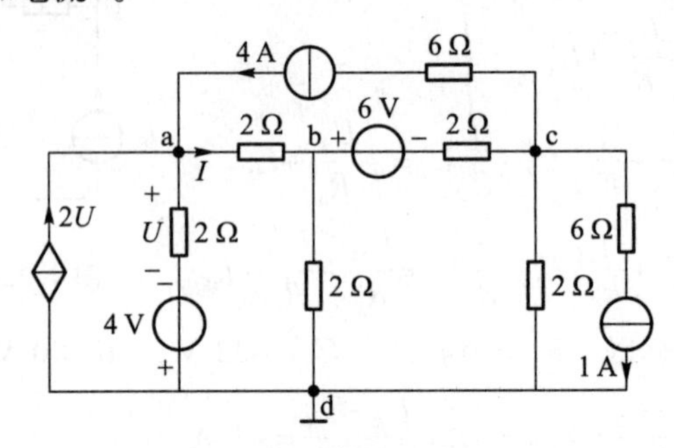

图 4.2.13　例 4.2.8 题图

解:以节点 d 作为参考节点,对独立节点 a、b、c 列写节点电压方程

节点 a:
$$\left(\frac{1}{2}+\frac{1}{2}\right)U_a-\frac{1}{2}U_b=\frac{-4}{2}+4+2U$$

节点 b:
$$-\frac{1}{2}U_a+\left(\frac{1}{2}+\frac{1}{2}+\frac{1}{2}\right)U_b-\frac{1}{2}U_c=\frac{6}{2}$$

节点 c:
$$-\frac{1}{2}U_b+\left(\frac{1}{2}+\frac{1}{2}\right)U_c=-4-\frac{6}{2}-1$$

附加方程
$$U=U_a+4$$

联立求解得
$$U_a=-\frac{49}{6}\ \text{V},\quad U_b=-\frac{22}{6}\ \text{V},\quad U_c=-\frac{53}{6}\ \text{V}$$

$$I=\frac{U_a-U_b}{2}=-\frac{9}{4}\ \text{A}$$

例 4.2.9　将数字量转换为模拟量称为数/模(D/A)转换。把三位二进制数(数字量)转换为十进制数(模拟量)的数/模变换解码电路如图 4.2.14(a)所示。设十进制数为 K,则 $K=b_2\times2^2+b_1\times2^1+b_0\times2^0$,式中 b_0、b_1、b_2 为二进制数代码,只能取 **0** 或 **1**。将开关 2^0、2^1、2^2 分别与二进制数码的第一、二、三位输入端相对应。当该位代码为 **1** 时,对应开关接通电源 U_S;当该位代码为 **0** 时,则对应开关接地。已知 $R=1\ \Omega$,

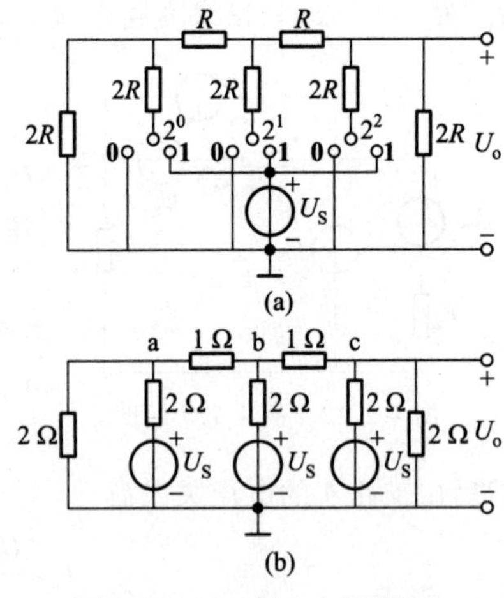

图 4.2.14　例 4.2.9 题图

$U_S = 12\ \text{V}$，求输出模拟量 U_o 与输入数字量 b_0、b_1、b_2 的关系。

解：假设各开关均接通 **1** 的位置，如图 4.2.14(b)所示，列写节点 a、b、c 的节点电压方程

a 点：
$$\left(\frac{1}{2}+\frac{1}{2}+1\right)U_a - U_b = \frac{1}{2}U_S$$

b 点：
$$-U_a + \left(1+1+\frac{1}{2}\right)U_b - U_c = \frac{1}{2}U_S$$

c 点：
$$-U_b + \left(1+\frac{1}{2}+\frac{1}{2}\right)U_c = \frac{1}{2}U_S$$

如果各开关接通 **0** 的位置，则上述三个方程的右边均为 0，所以得到与各位代码相关的节点电压方程

a 点：
$$2U_a - U_b \quad = b_0 \times \frac{1}{2}U_S$$

b 点：
$$-U_a + \frac{5}{2}U_b - U_c = b_1 \times \frac{1}{2}U_S$$

c 点：
$$-U_b + 2U_c = b_2 \times \frac{1}{2}U_S$$

解之得 $U_c = \frac{1}{2}U_S \times \frac{4b_2 + 2b_1 + b_0}{6} = \frac{1}{12}U_S(b_2 \times 2^2 + b_1 \times 2^1 + b_0 \times 2^0)$

令 $U_S = 12\ \text{V}$，则 $U_c = b_2 \times 2^2 + b_1 \times 2^1 + b_0 \times 2^0 = U_o$

若二进制代码为 **111**，则 $U_o = (1\times 2^2 + 1\times 2^1 + 1\times 2^0)\ \text{V} = 7\ \text{V}$

若二进制代码为 **100**，则 $U_o = (1\times 2^2 + 0\times 2^1 + 0\times 2^0)\ \text{V} = 4\ \text{V}$

其他情况可类推得到。

2. 改进的节点电压法

如果电路中含有理想电压源支路，例如图 4.2.15 所示电路，节点 a、b 间的支路 3 仅由一个理想电压源构成，当以 c 点作为参考节点时，支路 3 的导纳为无穷大，用节点电压法无法列写节点 a、b 的节点电压方程，为此，要对节点分析法进行改进。

节点电压法一般规则的推导过程是对各个独立节点列写用支路电流表示的 KCL 方程，然后用各节点电压表示各支路电流，最后整理推导而得。对于含有理想电压源支路的电路，理想电压源所在支路电流无法用节点电压表示，因而只能先假设该支路电流为未知量。

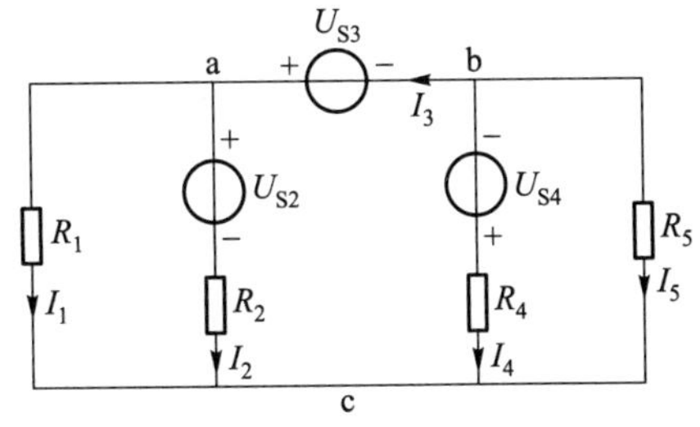

图 4.2.15 改进节点法例图

以图 4.2.15 所示电路为例，设理想电压源 U_{S3} 所在支路电流为 I_3，对 a、b 两节点列写 KCL 方程，即

节点 a：$$I_1+I_2-I_3=0$$

节点 b：$$I_3+I_4+I_5=0$$

用节点电压 U_a、U_b 表示 I_1、I_2、I_4 和 I_5，并整理得到

节点 a：$$\left(\frac{1}{R_1}+\frac{1}{R_2}\right)U_a=\frac{U_{S2}}{R_2}+I_3 \qquad (4.2.20)$$

节点 b：$$\left(\frac{1}{R_4}+\frac{1}{R_5}\right)U_b=-\frac{U_{S4}}{R_4}-I_3 \qquad (4.2.21)$$

式(4.2.20)和式(4.2.21)两个方程中含有 3 个未知量，除两独立节点的节点电压 U_a、U_b 外，还有电压源所在支路电流 I_3。显然还需增加一个方程才能求解，由图 4.2.15 很容易知道这个方程是

$$U_a-U_b=U_{S3} \qquad (4.2.22)$$

仔细观察式(4.2.20)~式(4.2.21)后可见，运用节点电压法求解含理想电压源支路电路的方法是：首先将理想电压源所在支路当作电流源支路列写节点电压方程，由于引入了电流源电流（即电压源所在支路电流）这一新的未知量，因而需补充电压源两端电压与节点电压间的约束关系，上述求解方法就是改进的节点电压法。

如果用包围 a 和 b 节点的闭合曲面作为广义的节点，以节点电压为变量写出相应的 KCL 方程为

$$\frac{U_a}{R_1}+\frac{U_a-U_{S2}}{R_2}+\frac{U_b+U_{S4}}{R_4}+\frac{U_b}{R_5}=0$$

这个方程是节点 a 和节点 b 方程相加的结果。广义节点在国外教材中又称超节点。使用超节点，会使方程数目大为减少。

例 4.2.10　如图 4.2.16 所示电路，已知 $U_S=10$ V，$R_1=1\ \Omega$，$g_m=1.5$S，$R_2=2\Omega$，$R_m=3\Omega$，$R_3=6\Omega$。求电压源 U_S 发出的功率。

解：为方便分析，选节点④作为参考节点，节点①、②、③的电压分别是 U_1、U_2、U_3。则可得

$$U_1=U_S=10\ \text{V}$$

节点②、③之间含有一受控电压源（先当独立源看待），因此，以电流为 I 的电流源替代 R_mI_1 所在的受控电压源支路，列写节点②、

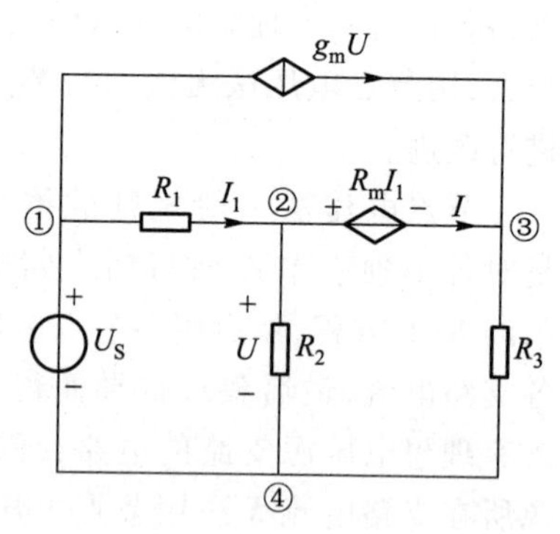

图 4.2.16　例 4.2.10 题图

③的节点电压方程

节点②：
$$-\frac{1}{R_1}U_1+\left(\frac{1}{R_1}+\frac{1}{R_2}\right)U_2=I$$

节点③：
$$\frac{1}{R_3}U_3=-I+g_mU$$

附加方程： $U_2-U_3=R_mI_1$

$$U=U_2$$

$$I_1=\frac{U_1-U_2}{R_1}$$

代入数据，求解方程组得

$$U_1=10\ \text{V},\quad U_2=U=\frac{45}{2}\ \text{V},\quad U_3=60\ \text{V},\quad I_1=-\frac{25}{2}\ \text{A}$$

电压源 U_S 发出的功率是

$$P=U_S(I_1+g_mU)=212.5\ \text{W}$$

4.3 电路定理

线性网络的分析方法除了4.2节中的支路电流法、回路电流法、节点电压法外，还可利用电路定理进行分析，通过电路定理将复杂电路化简或将电路的局部用简单电路等效替代，以使电路的计算得到简化。这些定理主要有：叠加定理、替代定理、戴维宁（诺顿）定理、特勒根定理及互易定理。

4.3.1 叠加定理

叠加定理（superposition theorem）可表述为：在含有若干个独立电源的线性电路中，任一电压（电流）都是各个独立电源分别单独作用时产生的电压（电流）的代数和。

叠加定理是线性电路固有性质的反映。如果将独立电源看作电路的外施激励，电路中的任意电压和电流看作响应，那么对于线性电路所表征的线性系统而言，任何一处的响应与引起该响应的激励成正比。叠加定理则是这一线性规律向多激励源作用的线性系统引申的结果。

在应用叠加定理时应注意，让一个外施激励单独作用的含义，就是要令其余的激励为零。而激励为零就是独立电压源和独立电流源的输出为零，即在电路图上用短路线代替独立电压源，独立电流源断开，电路的其他部分所有参数和结构均不能作任何变动。

现以图4.3.1(a)所示电路为例来说明叠加定理。由网孔电流方程可得

$$(R_1+R_2)I_1+R_2I_S=U_S$$

解得

$$I_1=\frac{U_S}{R_1+R_2}-\frac{R_2I_S}{R_1+R_2}$$

$$I_2=I_1+I_S=\frac{U_S}{R_1+R_2}+\frac{R_1I_S}{R_1+R_2}$$

由上两式可看出，I_1、I_2 均由两项组成，一项由 U_S 产生，一项由 I_S 产生。不难发现，这两项可由图4.3.1(b)、(c)分别求出，即 $I_1=I_1'+I_1''$，$I_2=I_2'+I_2''$。I_1、I_2 可表示为 $I_1=G_1U_S+\alpha_1I_S$，$I_2=G_2U_S+\alpha_2I_S$，其中 G_1、G_2、α_1、α_2 都是常系数，由电路的参数及其结构决定，G_1、G_2 具有电导的量纲，α_1、α_2 量纲为1，为纯系数。

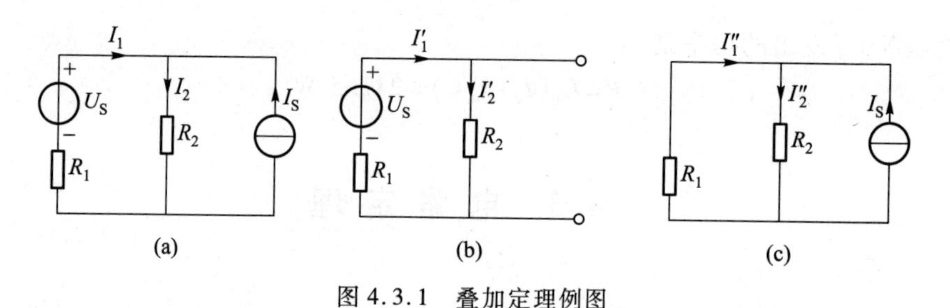

图4.3.1　叠加定理例图

对于一个具有 b 条支路、n 个节点的一般性电路，对$(n-1)$个独立节点列写节点电压方程(假设电路中无受控源)

$$\left.\begin{aligned}&G_{11}U_1+G_{12}U_2+\cdots+G_{1k}U_k+\cdots G_{1(n-1)}U_{(n-1)}=\sum_{(1)}GU_S+\sum_{(1)}I_S\\&G_{21}U_1+G_{22}U_2+\cdots+G_{2k}U_k+\cdots G_{2(n-1)}U_{(n-1)}=\sum_{(2)}GU_S+\sum_{(2)}I_S\\&\vdots\qquad\qquad\qquad\vdots\\&G_{(n-1)1}U_1+G_{(n-1)2}U_2+\cdots+G_{(n-1)k}U_k+\cdots G_{(n-1)(n-1)}U_{(n-1)}=\sum_{(n-1)}GU_S+\sum_{(n-1)}I_S\end{aligned}\right\}\tag{4.3.1}$$

利用克莱姆法则，节点电压 U_k 为

$$U_k=\frac{\Delta_{1k}}{\Delta}\Big(\sum_{(1)}GU_S+\sum_{(1)}I_S\Big)+\frac{\Delta_{2k}}{\Delta}\Big(\sum_{(2)}GU_S+\sum_{(2)}I_S\Big)+\cdots+\frac{\Delta_{(n-1)k}}{\Delta}\Big(\sum_{(n-1)}GU_S+\sum_{(n-1)}I_S\Big)\tag{4.3.2}$$

式中，Δ 是式(4.3.1)左边的系数行列式，即

$$\Delta=\begin{vmatrix} G_{11} & G_{12} & \cdots & G_{1(n-1)} \\ G_{21} & G_{22} & \cdots & G_{2(n-1)} \\ \vdots & & \vdots & \\ G_{(n-1)1} & G_{(n-1)2} & \cdots & G_{(n-1)(n-1)} \end{vmatrix}$$

$\Delta_{ik}[i=1,2,\cdots(n-1)]$是 Δ 的$(i,k)$元素的余因式，$\Delta_{ik}=(-1)^{i+k}\times$(在 Δ 中划去第 i 行第 k 列后剩下的余子式)。

若电路中含有 p 个独立电压源、q 个独立电流源，将式(4.3.2)每项展开再整理合并，得出

$$U_k=\alpha_{k1}U_{S1}+\alpha_{k2}U_{S2}+\cdots+\alpha_{kp}U_{Sp}+r_{k1}I_{S1}+r_{k2}I_{S2}+\cdots+r_{kq}I_{Sq} \tag{4.3.3}$$

上式说明节点电压 U_k 是各独立源分别单独作用在节点 k 上产生的电压代数和，即节点电压可以叠加。由于各支路电压是节点电压的线性组合，所以支路电压也可以叠加。由于各支路电流又是各支路电压的线性组合，所以支路电流也可以叠加。

当电路中含有受控源时，可先把受控源作为独立源列写节点电压方程，与式(4.3.1)不同的是方程组右边将含有各受控源项。将各受控源的控制量用节点电压表示，然后再代入节点电压方程组，则方程组仍具有式(4.3.1)的形式，只不过方程组左边的各系数中含有受控源的控制系数，它们与电路参数形成了新的 $G_{ij}[i,j=1,2,\cdots,(n-1)]$，而方程的右边仍然只有独立电压源和独立电流源，故在含受控源的线性电路中，各支路电流(或电压)仍等于各独立源单独作用情况下的支路电流(或电压)的叠加。由此可见，对于具有受控源的电路采用叠加定理计算时，受控源在每次计算时均应保留。

在线性电路中，当单一电源单独作用于电路，电路的各支路电流(或电压)都正比于该电源的大小。单一电源的大小增减 K 倍，各支路电流(或电压)亦随之增减 K 倍，这一性质称为线性电路的齐次性(或比例性)。当一组独立电源作用于电路，在各支路所产生的电流(或电压)为 I'_k(或 U'_k)；另一组独立电源作用于电路，在各支路所产生的电流(或电压)为 I''_k(或 U''_k)；那么两组电源共同作用在各支路所产生的电流 I_k(或电压 U_k)是上述两者的叠加，即 $I_k=I'_k+I''_k$(或 $U_k=U'_k+U''_k$)，这一性质称为线性电路的可加性，所以叠加定理是线性电路具有齐次性和可加性的综合反映，是线性电路的一种基本属性。

由于电路的功率不与电流或电压成线性关系，因而电路的功率不能叠加。例如，图 4.3.1(a)中电阻 R_2 消耗的功率应为 $P_{R2}=I_2^2\times R_2=(I'_2+I''_2)^2\times R_2$，显然不等于用叠加定理计算的$(I'_2)^2\times R_2+(I''_2)^2\times R_2$。

例 4.3.1　如图 4.3.2 所示电路,已知 $R_1=2\ \Omega$,$R_2=R_3=4\ \Omega$,$R_4=8\ \Omega$,$I_S=3\ \text{A}$,$U_S=9\ \text{V}$,求支路电压 U_1 的值。

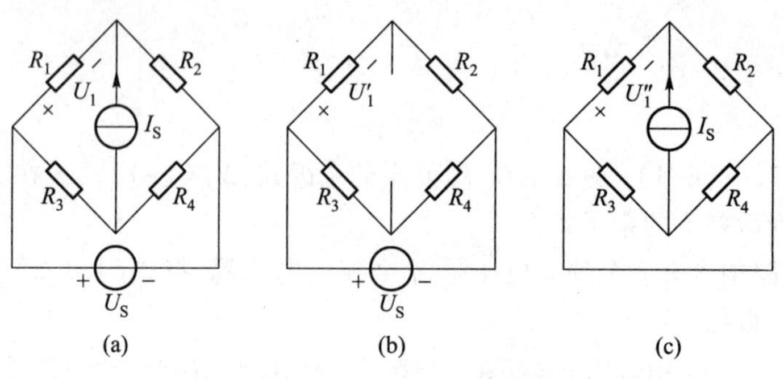

图 4.3.2　例 4.3.1 题图

解:根据叠加定理,分别作出电压源和电流源单独作用时的电路,当电压源单独作用时,如图 4.3.2(b)所示,支路电压分量为

$$U_1'=U_S\times\frac{R_1}{R_1+R_2}=9\times\frac{2}{2+4}\ \text{V}=3\ \text{V}$$

当电流源单独作用时,如图 4.3.2(c)所示,支路电压分量为

$$U_1''=-I_S\times\frac{R_1\times R_2}{R_1+R_2}=-3\times\frac{8}{6}\ \text{V}=-4\ \text{V}$$

实际支路电压为 $$U_1=U_1'+U_1''=(3-4)\ \text{V}=-1\ \text{V}$$

例 4.3.2　图 4.3.3 所示的电路中,方框 A 表示任意的线性有源电路。现保持方框内电源不变,只改变 U_S 的大小。已知 $U_S=10\ \text{V}$ 时,$I=1\ \text{A}$;$U_S=20\ \text{V}$ 时,$I=1.5\ \text{A}$。试问 $U_S=30\ \text{V}$ 时,I 为多大?

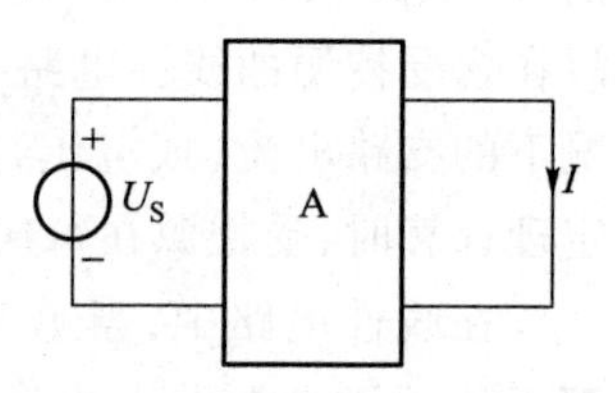

图 4.3.3　例 4.3.2 题图

解:根据叠加定理,输出电流 I 可分为由电压源 U_S 产生的分量和由方框 A 内所有电源产生的分量。由电压源 U_S 产生的分量为 gU_S,方框 A 内所有电源产生的分量为(设方框 A 内有 m 个独立电压源和 n 个独立电流源)

$$\alpha_1U_{S1}+\alpha_2U_{S2}+\cdots+\alpha_mU_{Sm}+r_1I_{S1}+r_2I_{S2}+\cdots+r_nI_{Sn}$$

由于方框 A 内独立电源始终不变,其产生的分量可描述为一个未知定值 I_A,根据式(4.3.3)可得

$$I=gU_S+I_A$$

g、I_A 均为常数,代入已知条件后得

$$1=10\times g+I_A$$

$$1.5=20\times g+I_{\mathrm{A}}$$

解得

$$g=0.05\ \mathrm{S},\quad I_{\mathrm{A}}=0.5\ \mathrm{A}$$

当 $U_{\mathrm{S}}=30\ \mathrm{V}$ 时

$$I=30\times g+I_{\mathrm{A}}=2\ \mathrm{A}$$

当电路中存在受控源时,受控源在每次叠加时均存在(受控源与电阻器件一样处理)。

例 4.3.3 图 4.3.4(a)所示的电路中,$R_1=20\ \Omega$,$R_2=5\ \Omega$,$R_3=2\ \Omega$,$\beta=10$,$U_{\mathrm{S}}=10\ \mathrm{V}$,$I_{\mathrm{S}}=1\ \mathrm{A}$,试用叠加定理求 I_3。

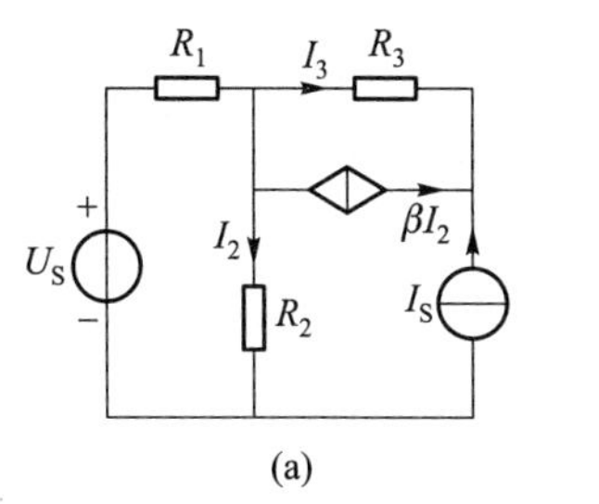

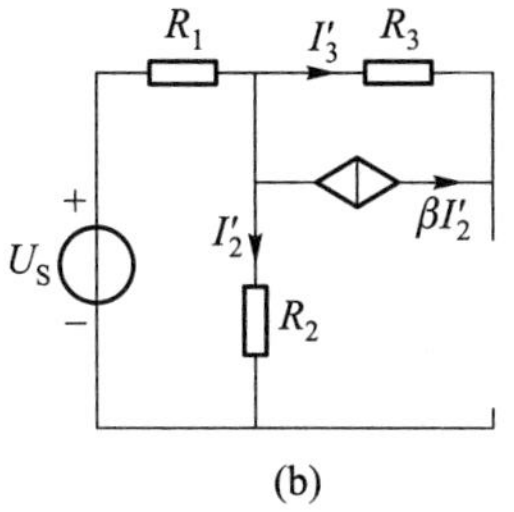

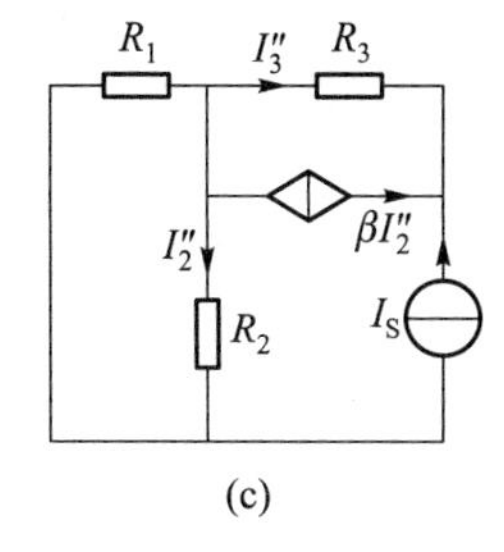

图 4.3.4 例 4.3.3 题图

解:当电压源单独作用时,电路如图 4.3.4(b)所示,其中

$$I'_2=\frac{U_{\mathrm{S}}}{R_1+R_2}=0.4\ \mathrm{A}$$

$$I'_3=-\beta I'_2=-4\ \mathrm{A}$$

当电流源单独作用时,电路如图 4.3.4(c)所示,其中

$$I''_2=I_S\frac{R_1}{R_1+R_2}=0.8\ \mathrm{A}\qquad I''_3=-(I_S+\beta I''_2)=-9\ \mathrm{A}$$

由此即得

$$I_3=I'_3+I''_3=-13\ \mathrm{A}$$

4.3.2 替代定理

替代定理(substitution theorem)可表述为:设一个具有唯一解的任意电路,若已知第 k 条支路的电压和电流为 u_k 和 i_k,则不论该支路是由什么元件组成的,总可以用电压为 $u_{\mathrm{S}}=u_k$ 的电压源或电流为 $i_{\mathrm{S}}=i_k$ 的电流源置换,而不影响电路未置换部分各支路电压和支路电流。

需要指出的是,替代定理应用中,应注意下述几点:

(1) 替代定理要求在替代前后,电路必须有唯一解。

(2) 被替代的支路可以是单一元件支路,也可以是一个一端口电路。

(3) 被替代部分与电路其他部分不存在耦合关系。例如,受控源不能分别属于被替代部分和被替代之外的部分。

(4) 替代定理对线性或非线性、时变或非时变电路均成立。

以下对替代定理作一简单证明。如图 4.3.5(a)所示有源一端口电路 N 外接一条支路 k,支路 k 可为任意元件,假定支路 k 两端的电压为 U_k,电流为 I_k,均为唯一确定值。现在该支路上串联接入一对大小相等、方向相反的两个独立电压源,如图 4.3.5(b)所示。显然这一对电压源的接入不会影响电路中各支路电流或电压分配,因为 a 、d 为等电位点。又因为 $U_S=U_k$,c、b 亦为等电位点,对其余部分而言,相当于 c 、b 间短接。这样就得到如图 4.3.5(c)所示的等效电路,即用一个电压源替代了支路 k,这样替代后,没有影响原电路中其他各处的电流或电压,因为替代前后,根据基尔霍夫定律列写的电路方程没有改变,因此替代定理得证。同理可证明,对于一个电流确定的支路 k,可用一个等效电流源 $i_S=i_k$ 来替代原支路 k。

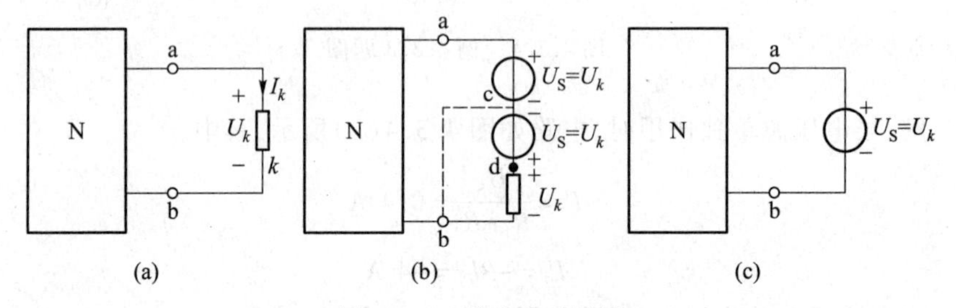

图 4.3.5　替代定理例图

例 4.3.4　在图 4.3.6(a)所示电路中,U_S、R、R_X 都未知,要使 $I_X=\dfrac{I}{8}$,求 R_X 应为多少?

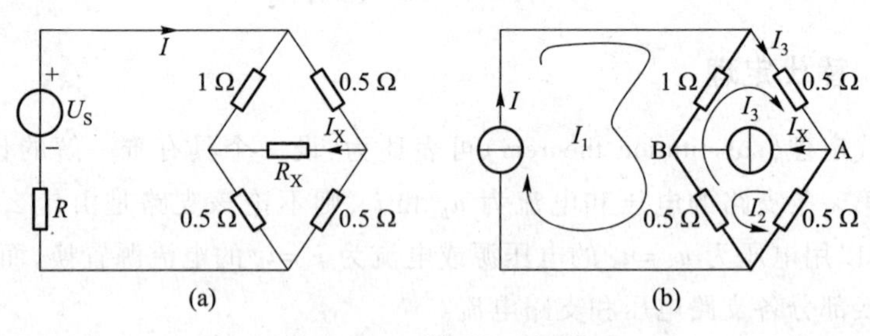

图 4.3.6　例 4.3.4 题图

解:利用替代定理,将 U_S、R 所在支路替代为电流源 I,将 R_X 所在支路替代为电流源 I_X,如图 4.3.6(b)所示,选定回路电流的参考方向,列写回路电流方程如下

$$I_1=I$$

$$I_2=I_X$$

$$(1+0.5+0.5+0.5)\cdot I_3-I_1\cdot(1+0.5)-I_2(0.5+0.5)=0$$

即
$$2.5I_3-1.5I_1-I_X=0$$

将 $I_X=\dfrac{I}{8}$ 代入得

$$2.5I_3-1.5I-\frac{I}{8}=0$$

$$I_3=0.65I$$

又有
$$U_{AB}=-0.5I_3+1\cdot(I_1-I_3)=0.025I$$

所以
$$R_X=U_{AB}/I_X=0.025I/\frac{I}{8}=0.2\ \Omega$$

4.3.3 戴维宁定理和诺顿定理

1. 戴维宁定理

戴维宁定理(Thevenin's theorem)可表述为:任何线性含源一端口电阻电路 A,如图 4.3.7(a)所示,就其端口而言,可以用一个电压源 U_0 与一个电阻 R_0 的串联组合,如图 4.3.7(b)所示,来等效。其中,电压源的电压等于电路 A 的开路电压,如图 4.3.7(c)所示;电阻等于将 A 内的全部独立电源置零后所得电路的入端等效电阻,如图 4.3.7(d)所示。

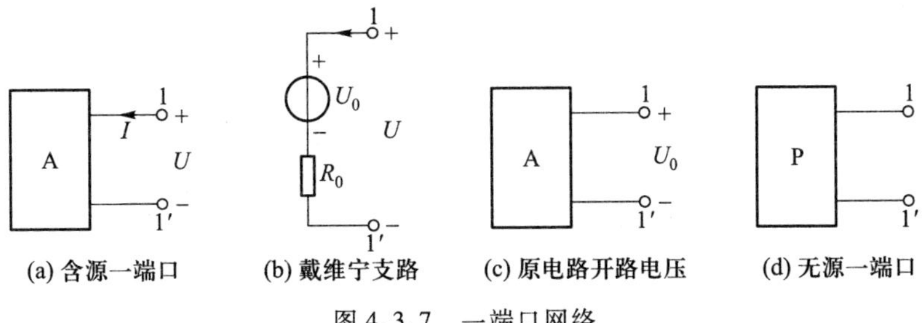

(a) 含源一端口　(b) 戴维宁支路　(c) 原电路开路电压　(d) 无源一端口

图 4.3.7 一端口网络

戴维宁定理也称为等效电源定理;U_0 与 R_0 串联的电路,如图 4.3.7(b)所示,称为戴维宁等效电路或戴维宁支路。

戴维宁定理证明如下:设有源一端口网络 A 的开路电压为 U_0,网络内所

有独立电源置零(即电压源短路,电流源开路)后所构成的无源一端口网络等效电阻为 R_0,该网络外部负载电阻为 R(可取任意值),流过外部电阻的电流为 I,如图4.3.8(a)所示。为证明戴维宁定理,根据替代定理,将电阻支路用电流源 I 替代,方向如图4.3.8(b)所示。对图4.3.8(b)电路,其支路电压 U 可以通过图4.3.8(c)、(d)所示两个电路的分别求解来叠加得到。其中图4.3.8(c)所示电路为有源一端口网络A内独立源作用,ab右侧独立电流源不作用(开路)时的电路,由于一端口网络A的开路电压为 U_0,故此时ab端电压源也为 U_0。图4.3.8(d)所示电路为ab右侧独立电流源单独作用,有源一端口网络A内独立源不作用,此时有源一端口网络A就变成了无源一端口网络P,它可以用等效电阻 R_0 等效,那么此时支路电压可以表示为 $U'=R_0I$,因此可以得到 $U=U_0+U'=U_0+R_0I$。该 U、I 关系即可等效为图4.3.8(e)所示,对比图4.3.8(a)可得有源一端口网络A即为戴维宁定理所描述的等效电路。由上面分析可知,接在有源一端口网络A两端的电阻 R,其上流过的电流 I [图4.3.8(a)所示],完全等于图4.3.8(e)所示电路(戴维宁等效电路)的电流,戴维宁定理得证。需要注意的是如果A中含受控源,在计算等效电阻 R_0 时受控源应保留在网络P中。

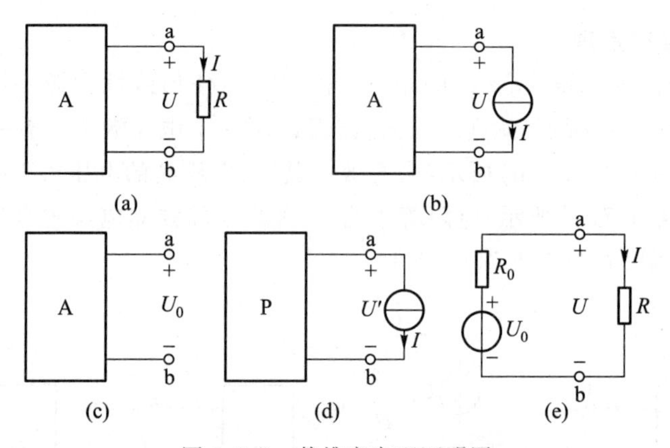

图4.3.8　戴维宁定理证明图

综上所述,线性有源一端口网络的戴维宁等效电路开路电压和入端电阻的计算归结如下。

(1) 开路电压 U_0 计算:利用电路分析方法,计算相应端口的开路电压。

(2) 入端电阻 R_0 计算:当线性有源一端口网络A中不含受控源时,将A内所有独立电源置零后得到的无源一端口网络P为纯电阻网络,利用无源一端口网络求解等效电阻的方法就可求出入端电阻 R_0;当线性一端口网络A中含有受控源时,令 A 内所有独立电源为零后得到的一端口网络 P 中仍含有受控源,这时,可采用加压法和开路短路法求 R_0。

① 加压法:如图 4.3.9(a)所示,令有源一端口网络 A 内所有独立源为零后得到一端口网络 P(注意受控源仍需保留),在网络 P 的端口外施一个独立电压源 U(或独立电流源 I)计算出端口电流 I(或端口电压 U),则 $R_0=\dfrac{U}{I}$。

② 开路短路法:图 4.3.9(b)所示为戴维宁等效电路,从中可知:短路电流 $I_d=\dfrac{U_0}{R_0}$,即有 $R_0=\dfrac{U_0}{I_d}$。当求出线性有源一端口网络 A 端口的开路电压 U_0、短路电流 I_d 后,即得 R_0(注意 U_0、I_d 的参考方向)。

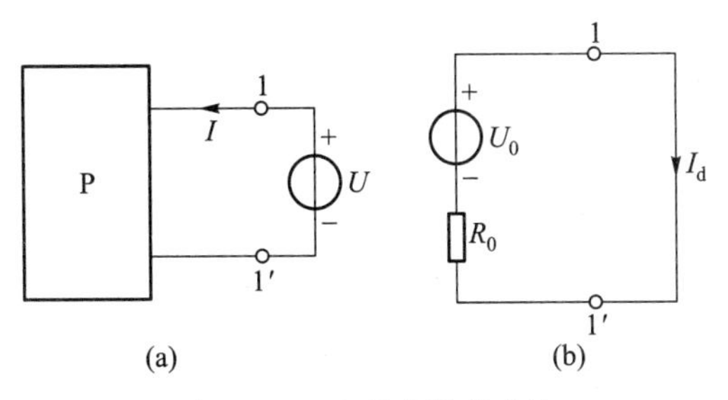

图 4.3.9 入端电阻的求法

例 4.3.5 电路如图 4.3.10 所示,已知 $R_1=R_2=R_3=6\ \Omega$,$R_4=3\ \Omega$,$U_S=12\ V$,$I_S=2\ A$,利用戴维宁定理求电流 I 为多少?

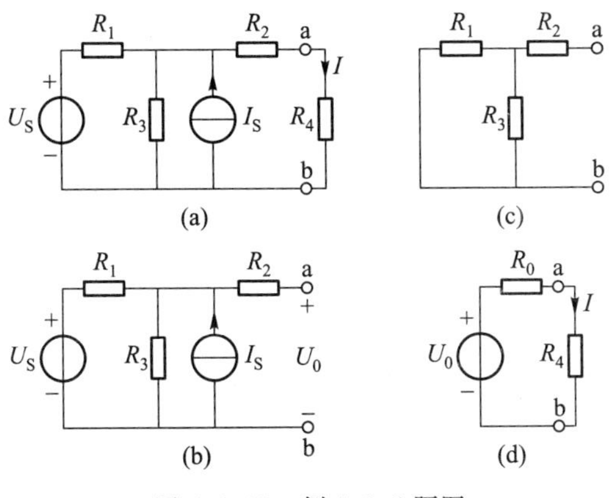

图 4.3.10 例 4.3.5 题图

解:将 a、b 左边有源一端口网络进行戴维宁等效电路替代,电路开路后如图 4.3.10(b)所示,应用叠加定理计算如下

$$U_0=U_S\times\frac{R_3}{R_1+R_3}+I_S\times\frac{R_1\times R_3}{R_1+R_3}=12\ \text{V}$$

置零独立源电路如图 4.3.10(c)所示,入端电阻为

$$R_0=R_2+\frac{R_1\times R_3}{R_1+R_3}=9\ \Omega$$

电阻 R_4 上的电流为

$$I=\frac{U_0}{R_0+R_4}=\frac{12}{9+3}=1\ \text{A}$$

例 4.3.6 在图 4.3.11(a)所示电路,求 A、B 端口的戴维宁等效电路。

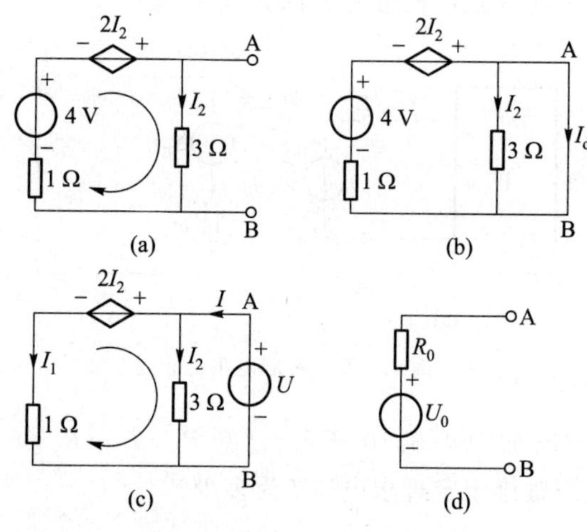

图 4.3.11 例 4.3.6 题图

解:(1) 求 U_0:图 4.3.11(a)中 A、B 端口处于开路状态,列写 KVL 方程

$$(1+3)\times I_2=4+2I_2$$

$$I_2=2\ \text{A}$$

$$U_0=U_{AB0}=3\times I_2=6\ \text{V}$$

(2) 求等效电阻 R_0:以下应用两种方法求解。

① 开路短路法:开路电压已在(1)中求得,现求 A、B 端口的短路电流。将 A、B 端口短接,如图 4.3.11(b)所示,从图中易见

$$3\times I_2=0,\quad 即\ I_2=0$$

则受控源 $2I_2=0$,则有

$$I_d=4/1\ \text{A}=4\ \text{A}$$

$$R_0=U_0/I_d=1.5\ \Omega$$

② 加压法:将独立电压源置零后,然后再在 A、B 端口加上一个电压源,如

图 4.3.11(c)所示。

列写 KVL 方程 $3\times I_2-1\times I_1=2I_2$ 得 $I_2=I_1$

又因 $$I_2=\frac{U}{3}$$

所以 $$R_0=\frac{U}{I}=\frac{U}{I_1+I_2}=1.5\ \Omega$$

最后,得到 A、B 端口的戴维宁等效电路如图 4.3.11(d)所示。

例 4.3.7 某晶体管放大器的偏置电路如图 4.3.12(a)所示,假设电路参数可保证其中的晶体管处于线性放大状态,并且相应的等效电路模型如图 4.3.12(b)所示,试求该偏置电路的静态工作点 I_B、I_C、U_{CE}。

由于 R_{b1}、R_{b2}跨接于电源 U_{CC}两端,因此可以把图 4.3.12(b)中 ba 两点左边的电路进行戴维宁等效。其戴维宁等效后的电路如图 4.3.12(c)所示。其中

$$U_{BB}=U_{CC}\frac{R_{b1}}{R_{b1}+R_{b2}}$$

$$R_b'=\frac{R_{b1}\times R_{b2}}{R_{b1}+R_{b2}}$$

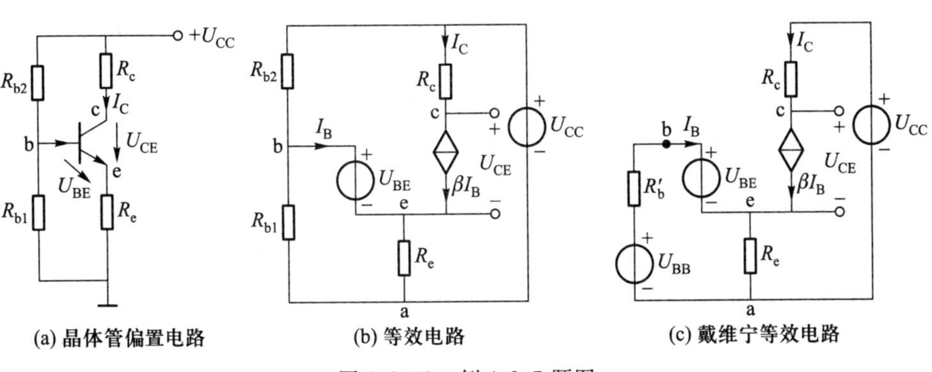

图 4.3.12 例 4.3.7 题图

利用图 4.3.12(c)即可求得

$$I_B=\frac{U_{BB}-U_{BE}}{R_b'+(1+\beta)R_e}$$

$$I_C=\beta I_B=\frac{\beta(U_{BB}-U_{BE})}{R_b'+(1+\beta)R_e}$$

$$U_{CE}=U_{CC}-R_c\beta I_B-R_e(1+\beta)I_B$$

2. 诺顿定理

诺顿定理(Norton's theorem)可表述为:任何线性含源一端口电阻电路 A,如

图4.3.13(a)所示,就其端口而言,可以用一个电流源 I_d 与一个电阻 R_0 的并联组合[诺顿等效电路,如图4.3.13(b)所示]来等效。其中,电流源的电流等于有源一端口网络 A 的短路电流;电阻等于将 A 内的全部独立电源置零后所得无源一端口网络的入端等效电阻。

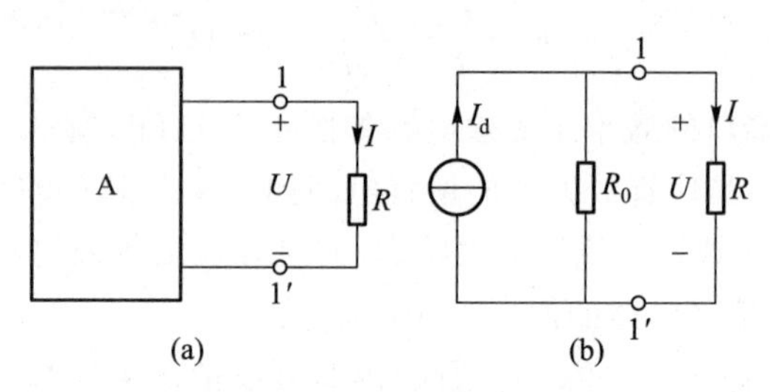

图4.3.13　诺顿等效电路

诺顿定理的证明可以先将含源一端口电阻电路 A 等效为戴维宁等效电路,电压源 U_0 与等效电阻 R_0 的串联,然后利用实际电压源与实际电流源的等效变换,把 U_0 与 R_0 的串联电路等效变换为 I_d 与 R_0 的并联电路,其中 $I_d=U_0/R_0$ 即为端口的短路电流,诺顿定理得证。

同戴维宁等效电路求解类似,计算一个线性有源一端口网络 A 的诺顿等效电路,只要求出网络 A 的短路电流 I_d,和网络 A 中所有独立源为零后的入端等效电阻 R_0 即可。诺顿定理中的 R_0 与戴维宁定理中的 R_0 是完全相同的,因此求解方法也完全相同。

需要指出的是:并非所有一端口电路都存在等效的戴维宁电路和诺顿电路。等效的戴维宁(诺顿)电路存在的条件为:① 所研究的一端口电路与电路之外的变量不存在耦合关系;② 所研究的一端口电路在端接任意电流源(电压源)时满足唯一可解性条件。

在实际求解时,如果求得一端口电路的电阻为零,则该一端口电路不存在诺顿等效电路,它等效为一个理想电压源。如果求得一端口电路的电导为零,则该一端口电路不存在戴维宁等效电路,只能用诺顿等效电路来表示。

例4.3.8　利用诺顿定理计算图4.3.14(a)所示电路中的电流 I。

解:(1) 求短路电流 I_d:将 A、B 端口短接,则右边 4 Ω 的电阻被短接,得到图4.3.14(b)所示电路。

$$I_1=\frac{12}{(3/\!/6)+(3/\!/6)}\text{A}=3\ \text{A}$$

$$I_2=I_1\times\frac{6}{3+6}=2\ \text{A}$$

$$I_3 = I_1 \times \frac{3}{3+6} = 1\ \text{A}$$

$$I_d = I_2 - I_3 = 1\ \text{A}$$

(2) 求等效电阻 R_0：令左边 12 V 的电压源为零，则左边 4 Ω 电阻被短接，如图 4.3.14(c)所示。

$$R_0 = [(3 /\!/ 6) + (3 /\!/ 6)] /\!/ 4\ \Omega = 2\ \Omega$$

(3) 画出 AB 端口以左电路的诺顿等效电路，如图 4.3.14(d)所示。

$$I = I_d \times \frac{R_0}{R_0 + 2} = 0.5\ \text{A}$$

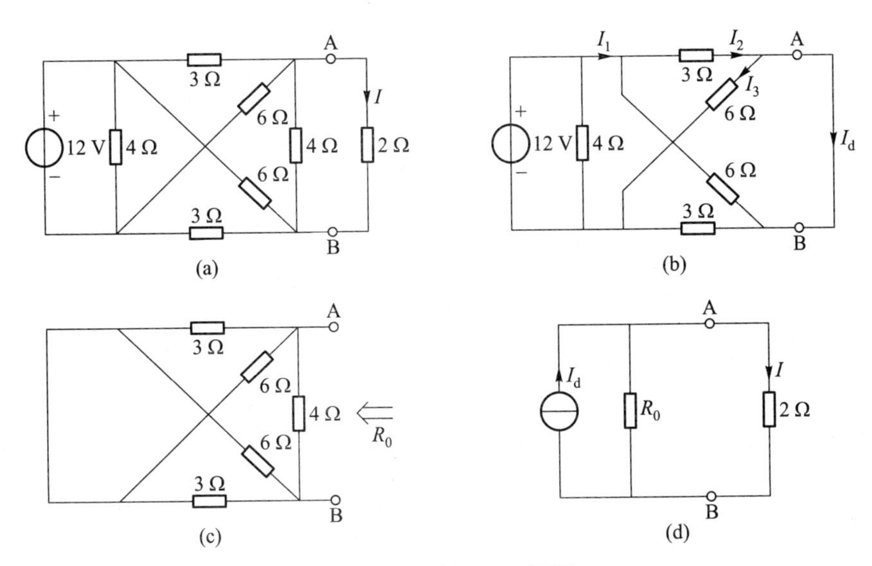

图 4.3.14 例 4.3.8 题图

例 4.3.9 求图 4.3.15(a)所示电路的诺顿等效电路。

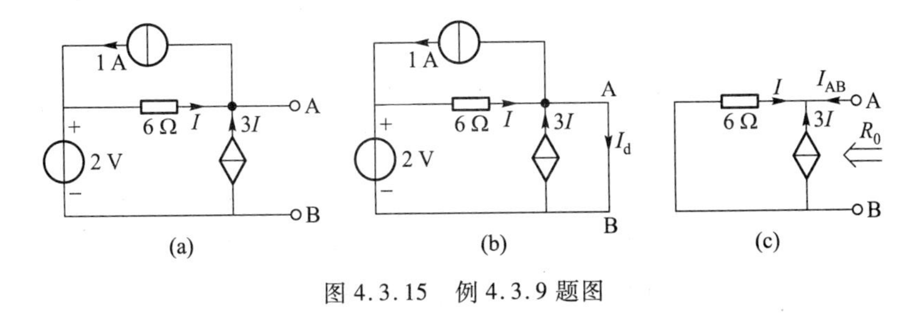

图 4.3.15 例 4.3.9 题图

解：(1) 求短路电流 I_d：将 A、B 两端短接，如图 4.3.15(b)所示。

由 KVL 可得 $6\times I=2$ $\qquad I=\frac{1}{3}\ \text{A}$

由 KCL 可得 $I_{\text{d}}+1=I+3I$ $\qquad I_{\text{d}}=4I-1=\frac{1}{3}\ \text{A}$

（2）求 A、B 端口的等效电阻：令 2 V 的电压源、1 A 的电流源为零，受控源仍然保留，得到图 4.3.15(c)所示电路，利用加压法求解。

$$U_{\text{AB}}=6\times(-I)$$

$$I_{\text{AB}}=-I-3I=-4I$$

$$R_0=\frac{U_{\text{AB}}}{I_{\text{AB}}}=1.5\ \Omega$$

戴维宁定理和诺顿定理是线性电路中的重要定理，它可将任意复杂的线性有源一端口网络化简为简单的含内阻的电压源或电流源。当只需求电路中某支路的电流或电压时，可先将该支路以外部分看作一端口有源网络 A，将 A 化为戴维宁或诺顿等效电路，然后该支路的电流或电压就易于求解了。当有源一端口网络的拓扑结构和参数都未知，用一个方框（也称为“黑匣子”）表示时，如果知道它是线性的，就可以用电压源 U_0、电阻 R_0 串联或电流源 I_{d}、电阻 R_0 并联来描述它，并可以用实验方法求出其戴维宁或诺顿等效电路。

例 4.3.10 在电子线路设计中，有时候需要利用电子元件组成电压源或电流源。图 4.3.16(a)电路左侧代表某个包含电流控制电流源器件（例如晶体管）的电路，设 $R_1=25\ \Omega$，$R_2=100\ \Omega$，$U_{\text{S}}=10\ \text{V}$，$\alpha=10$，在此二端网络的端口接负载电阻 R，欲使负载电阻 R 任意变化时，端口电压 U 始终保持不变，问此时 R_3 应选多大，端口电压 U 为多少？

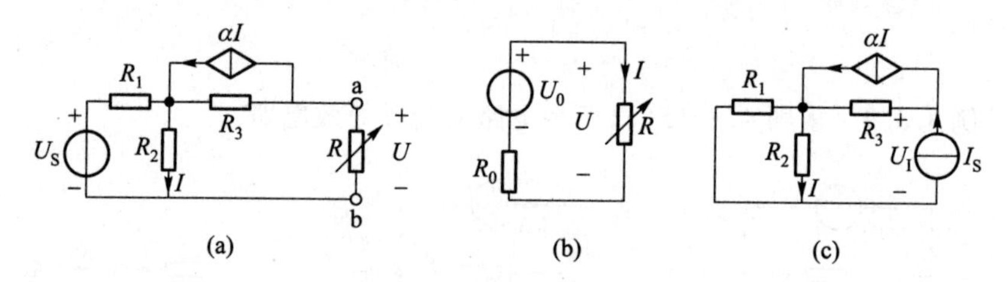

图 4.3.16 例 4.3.10 题图

解：将电阻 R 以左部分作戴维宁等效，如图 4.3.16(b)。可知，当负载电阻 R 任意变化时，端口电压 U 始终保持不变，此端口相当于一个理想电压源。要实现上述电路条件，等效电路中的入端电阻 R_0 应为零。

根据这一思路，先求 R 以左部分的戴维宁等效电路，由戴维宁等效电路计算入端电阻的方法，对左侧一端口网络外施电流 $I_{\text{S}}=1\ \text{A}$（图 4.3.16(c)），求其端

电压如下

$$I=I_{S}\frac{R_{1}}{R_{1}+R_{2}}=\frac{1}{5}\ \mathrm{A}$$

$$U_{I}=(I_{S}-\alpha I)\times R_{3}+I\times R_{2}=-R_{3}+20$$

因入端电阻 R_0 为零,而端口电流 $I_S=1$ A,故端电压应为零,由此得

$$R_{3}=20\ \Omega$$

此时图 4.3.16(a)中电阻两端的电压,即开路电压 U 为

$$U=R_{2}I-\alpha I\cdot R_{3}=\frac{U_{S}}{R_{1}+R_{2}}(R_{2}-\alpha R_{3})=-8\ \mathrm{V}$$

4.3.4 最大功率传输定理

最大功率传输定理(Maximum power transfer theorem)可看成是戴维宁定理的一个重要应用。在测量、电子和信息工程的电子设备设计中,常常希望负载能够从给定电源(或信号源)获得最大功率,这就是最大功率传输问题。

负载如何从电路获得最大功率,可以抽象为图 4.3.17(a)所示的电路模型来分析。网络 A 表示供给负载能量的线性有源一端口网络,它可化为戴维宁等效电路,如图 4.3.17(b)所示,电阻 R_L 表示获得能量的负载。假定电源参数 U_0、R_0 不变,负载电阻 R_L 可调,最大功率传输问题即归结为讨论电阻 R_L 为何值时,可以从一端口网络获得最大功率,且其获得的最大功率又为多少?

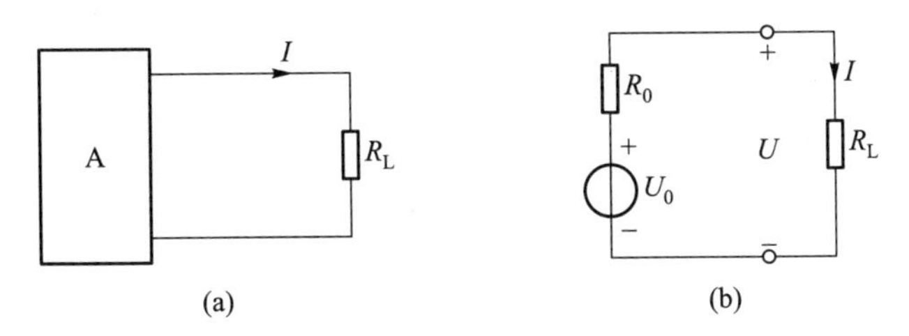

图 4.3.17 最大功率传输定理例图

负载电阻 R_L 上的功率为

$$P=I^{2}R_{L}=\left(\frac{U_{0}}{R_{0}+R_{L}}\right)^{2}\times R_{L} \tag{4.3.4}$$

在电源参数 U_0、R_0 不变,负载电阻 R_L 可调的情况下,为使负载获得最大功率,应将上式对 R_L 求导得

$$\frac{\mathrm{d}P}{\mathrm{d}R_{\mathrm{L}}}=\frac{[(R_0+R_{\mathrm{L}})^2-2R_{\mathrm{L}}(R_0+R_{\mathrm{L}})]}{(R_0+R_{\mathrm{L}})^4}U_0^2$$

$$=\frac{R_0-R_{\mathrm{L}}}{(R_0+R_{\mathrm{L}})^3}U_0^2 \tag{4.3.5}$$

因而,电阻 R_{L} 获得极值功率需满足条件$\frac{\mathrm{d}P}{\mathrm{d}R_{\mathrm{L}}}=0$,由此式求得 P 为极大值或极小值的条件是

$$R_{\mathrm{L}}=R_0 \tag{4.3.6}$$

由于

$$\left.\frac{\mathrm{d}^2P}{\mathrm{d}R_{\mathrm{L}}^2}\right|_{R_{\mathrm{L}}=R_0}=-\left.\frac{U_0^2}{8R_0^3}\right|_{R_0>0}<0$$

由此可知,当 $R_0>0$ 且 $R_{\mathrm{L}}=R_0$ 时,负载电阻 R_{L} 从一端口网络获得最大功率。即为使负载获得最大功率,负载电阻应与电源内阻相等,通常把这种情况称为匹配。

把匹配条件式(4.3.6)代入式(4.3.4),此时

$$P_{\max}=\frac{U_0^2}{4R_0} \tag{4.3.7}$$

就是负载获得的最大功率。

综合上述,最大功率传输定理可描述为:线性有源一端口网络($R_0>0$)向可变电阻负载 R_{L} 传输最大功率的条件是:负载电阻 R_{L} 与一端口网络的内阻 R_0 相等。满足 $R_{\mathrm{L}}=R_0$ 条件时,称为最大功率匹配,此时负载电阻 R_{L} 获得的最大功率为 $P_{\max}=\frac{U_0^2}{4R_0}$。

应当指出,在电源参数不变的条件下,满足最大功率匹配条件($R_{\mathrm{L}}=R_0>0$)时,R_0 吸收功率与 R_{L} 吸收功率相等,对电压源 U_0 而言,功率传输效率为 $\eta=50\%$。对一端口网络 A 中的独立源而言,效率可能更低。因此,在对传输效率要求较高的场合,不希望实现这种匹配。如电力系统要求尽可能提高效率,以便更充分的利用能源,不能采用功率匹配条件。但是在测量、电子与信息工程中,常着眼于从微弱信号中获得最大功率,而不看重效率之高低,可以应用此定理。

例 4.3.11　电路如图 4.3.18(a)所示。试求:(1) R_{L} 为何值时获得最大功率;(2) R_{L} 获得的最大功率;(3) 10 V 电压源的功率传输效率。

解:(1) 断开负载 R_{L},求得一端口网络 N_1 的戴维宁等效电路参数为

$$U_0=\frac{2}{2+2}\times 10=5\ \mathrm{V},\quad R_0=\frac{2\times 2}{2+2}=1\ \Omega$$

如图 4.3.18(b)所示,由此可知当 $R_{\mathrm{L}}=R_0=1\ \Omega$ 时可获得最大功率。

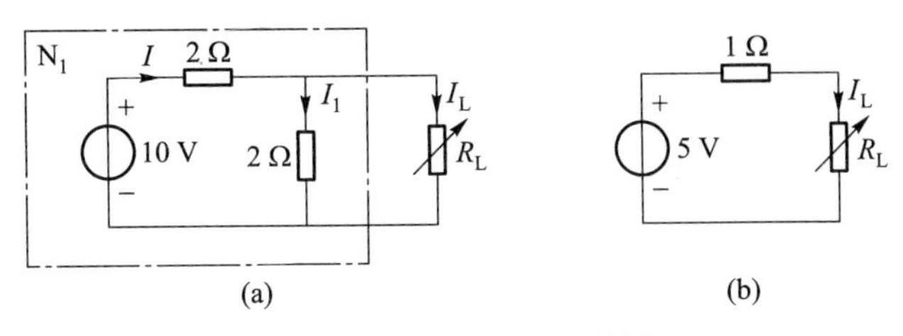

(a) (b)

图 4.3.18 例 4.3.11 题图

(2) 由式(4.3.7)求得 R_L 获得的最大功率

$$P_{\max}=\frac{U_0^2}{4R_0}=\frac{25}{4\times1}=6.25\ \text{W}$$

(3) 先计算 10 V 电压源发出的功率。当 $R_L=1\ \Omega$ 时

$$I_L=\frac{5}{1+1}=2.5\ \text{A}$$

$$U_L=R_LI_L=2.5\ \text{V}$$

$$I=I_1+I_L=\left(\frac{2.5}{2}+2.5\right)\ \text{A}=3.75\ \text{A}$$

$$P_{U_d}=10\ \text{V}\times3.75\ \text{A}=37.5\ \text{W}$$

10 V 电压源发出 37.5 W 功率,电阻 R_L 吸收功率 6.25 W,其功率传输效率为

$$\eta=\frac{6.25}{37.5}\approx16.7\%$$

例 4.3.12 在图 4.3.19(a)所示电路中,两个有源一端口网络 A_1、A_2 串联后与 R 相连,R 从 $0\to\infty$ 改变,测得 $R=0\ \Omega$ 时,$I=0.2\ \text{A}$;$R=50\ \Omega$ 时,$I=0.1\ \text{A}$。

(1) 当 R 为多少时,能获得最大功率?

(2) 当将图 4.3.19(b)所示电路代替 R 接于 A、B 端口时,$R_1=R_2=R_3=20\ \Omega$,VCVS 的控制系数 $\mu=3.6$,求端口电压 U_{AB}。

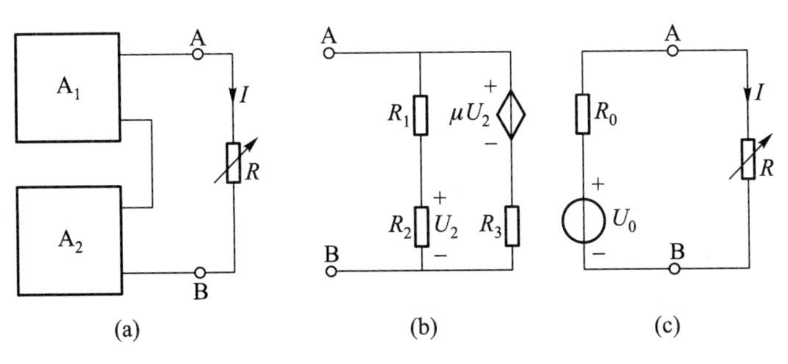

(a) (b) (c)

图 4.3.19 例 4.3.12 题图

解:(1) 两个有源一端口网络 A_1、A_2 串联后,仍然是一个有源一端口网络。因此,将 AB 左端的有源一端口网络化简为戴维宁等效电路,即电压源 U_0 和电阻 R_0 的串联,如图 4.3.19(c)所示,则有

$$I(R+R_0)=U_0$$

代入已知条件

$$0.2\times(0+R_0)=U_0$$

$$0.1\times(50+R_0)=U_0$$

解之得

$$R_0=50\ \Omega,\quad U_0=10\ \mathrm{V}$$

所以当 $R=R_0=50\ \Omega$ 时,获得最大功率为

$$P_{\max}=\frac{U_0^2}{4R_0}=\frac{10^2}{4\times 50}\ \mathrm{W}=0.5\ \mathrm{W}$$

(2) 将图 4.3.19(b)所示电路接于 A、B 端口,利用节点电压法,由米尔曼公式得

$$U_{AB}=\frac{\dfrac{U_0}{R_0}+\dfrac{\mu U_2}{R_3}}{\dfrac{1}{R_0}+\dfrac{1}{R_1+R_2}+\dfrac{1}{R_3}}=\frac{0.2+0.09U_{AB}}{0.095}$$

其中

$$U_2=\frac{U_{AB}}{R_1+R_2}\times R_2=\frac{1}{2}U_{AB}$$

最后得出

$$U_{AB}=40\ \mathrm{V}$$

在实际应用中电源和负载的变化情况可归纳为以下四种组合:① 电源和内阻不变,负载电阻可变;② 电源和内阻可变,负载电阻可变;③ 电源和内阻可变,负载电阻不变;④ 电源和内阻不变,负载电阻不变。

上面讨论的最大功率传输定理是指电源参数(电源和内阻)不变而负载可变的情况。即第一种情况,这种情况常出现在某些具有一定规格电阻的传输线或信号发生器中,常用选择负载的办法来改善传输功率。

当设计电子电路时,则会出现第二种情况,因为这时电源和负载两者都有选择的余地。当负载已经确定,需要对其供电时,就会出现第三种情况。一般来说,这时电源内阻越小越好,最好为零。第四种情况也比较常见,如要连接两个集成电路板,需要设计一个接口电路,以使电源和负载匹配。

例 4.3.13　如图 4.3.20 所示电路,已知 $U_S=20\ \mathrm{V}$,$R_L=100\ \Omega$,试选择电源内阻 R_0,使负载 R_L 获得最大功率,并求此最大功率。

解:若直接根据最大功率传输定理,得 $R_0=R_L=100\ \Omega$ 时负载获得最大功率,则是错误的结论。因为最大功率定理传输的条件是在电源参数不变,负载可调的情况下得出的。而现在的情况是负载不变,电源内阻可调,因此,功率的计

算式为

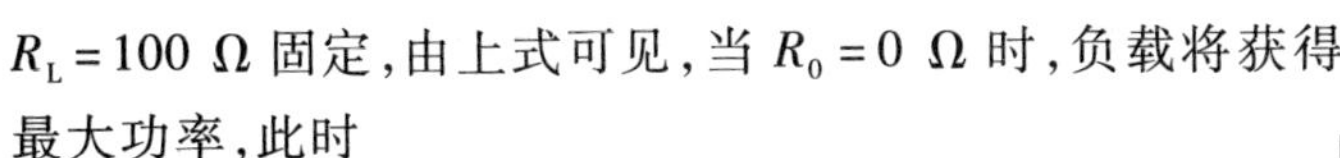

$$P=I^2R_L=\left(\frac{U_S}{R_0+R_L}\right)^2\times R_L$$

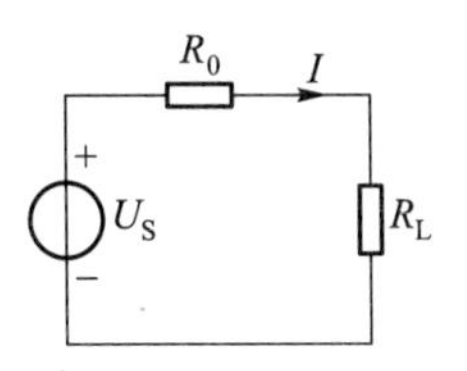

图 4.3.20 例 4.3.13 题图

$R_L=100\ \Omega$ 固定，由上式可见，当 $R_0=0\ \Omega$ 时，负载将获得最大功率，此时

$$P_{max}=\frac{U_S^2}{R_L}=\frac{20^2}{100}\ \text{W}=4\ \text{W}$$

负载上也同时获得了最大电流和最大电压。通过本例可知，当电源内阻可调时，为使负载电流、电压及功率最大，应使电源内阻尽可能小，零值最佳。

4.3.5 特勒根定理与互易定理

1. 特勒根定理

特勒根定理(Tellegen′s theorem)是从基尔霍夫定律导出的定理，所以它适用于任何集总电路，且与电路元件特性无关。特勒根定理有两种形式，分别称为特勒根第一定理和特勒根第二定理。

特勒根第一定理可表述为：对于一个具有 b 条支路、n 个节点的集总参数电路，每条支路电压和电流均为关联参考方向，则恒有

$$\sum_{k=1}^{b}U_kI_k=0 \tag{4.3.8}$$

特勒根第一定理的物理含义为功率守恒，故又称为特勒根功率定理。

特勒根第二定理可表述为：假设有两个拓扑结构完全相同的网络 N、$\hat{\text{N}}$，它们都具有 b 条支路、n 个节点，每条支路电压和电流均为关联参考方向，对应支路、节点均采用相同的编号，则网络 N 的支路电流与网络 $\hat{\text{N}}$ 的对应支路电压的乘积之总和为零，也有网络 N 的支路电压与网络 $\hat{\text{N}}$ 的对应支路电流的乘积之总和为零，即

$$\sum_{k=1}^{b}\hat{U}_kI_k=0,\qquad \sum_{k=1}^{b}U_k\hat{I}_k=0 \tag{4.3.9}$$

以下证明特勒根第二定理。先分析两个具体的电路，然后再扩展到一般电路。如图 4.3.21(a)、(b)所示电路，两电路具有完全相同的拓扑结构，均有 6 条支路，4 个节点，以节点 D、$\hat{\text{D}}$ 为参考节点，用 U_A、U_B、U_C 表示节点 A、B、C 的节点电压，$\hat{U}_A$、$\hat{U}_B$、$\hat{U}_C$ 表示节点 $\hat{\text{A}}$、$\hat{\text{B}}$、$\hat{\text{C}}$ 的节点电压，各支路电流、电压为关联参考方向，电压、电流下标即是相应支路编号，则有

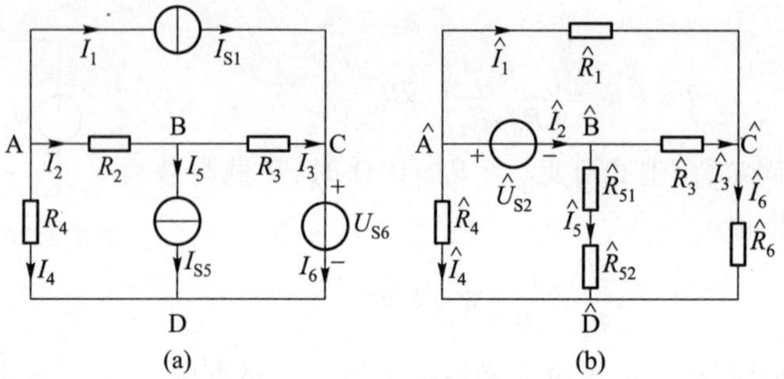

图 4.3.21　特勒根定理例图

KCL：

$$I_1+I_2+I_4=0$$

$$I_3+I_5-I_2=0$$

$$I_6-I_1-I_3=0$$

KVL：

$$\hat{U}_1=\hat{U}_A-\hat{U}_C \qquad \hat{U}_4=\hat{U}_A$$

$$\hat{U}_2=\hat{U}_A-\hat{U}_B \qquad \hat{U}_5=\hat{U}_B$$

$$\hat{U}_3=\hat{U}_B-\hat{U}_C \qquad \hat{U}_6=\hat{U}_C$$

式(4.3.9)左边表达式可写为

$$\begin{aligned}\sum_{k=1}^{b}\hat{U}_kI_k &=\hat{U}_1I_1+\hat{U}_2I_2+\hat{U}_3I_3+\hat{U}_4I_4+\hat{U}_5I_5+\hat{U}_6I_6\\&=(\hat{U}_A-\hat{U}_C)I_1+(\hat{U}_A-\hat{U}_B)I_2+(\hat{U}_B-\hat{U}_C)I_3+\hat{U}_AI_4+\hat{U}_BI_5+\hat{U}_CI_6\\&=\hat{U}_A(I_1+I_2+I_4)+\hat{U}_B(-I_2+I_3+I_5)+\hat{U}_C(-I_1-I_3+I_6)\\&=\hat{U}_A\sum_{A}I+\hat{U}_B\sum_{B}I+\hat{U}_C\sum_{C}I=0\end{aligned} \tag{4.3.10}$$

式(4.3.10)为$\hat{U}_A$、$\hat{U}_B$、$\hat{U}_C$ 分别与节点 A、B、C 上的各支路电流乘积之总和。同理,推想:两个具有完全相同拓扑结构的网络 N、$\hat{N}$,均有 b 条支路、n 个节点,以第 n 个节点为参考节点,应有

$$\begin{aligned}\sum_{k=1}^{b}\hat{U}_kI_k &=\hat{U}_A\sum_{A}I+\hat{U}_B\sum_{B}I+\cdots \quad 共(n-1)项\\&=0\end{aligned}$$

由此即式(4.3.9)第一式成立,同理可证得式(4.3.9)第二式成立,因而特勒根定理得证。

虽然式(4.3.9)中每一个乘积项也都具有功率量纲,但并不代表电路的真实功率,故被称为特勒根似功率定理。

当 N、$\hat{N}$ 两个网络是同一个网络,那么有

$$\sum_{k=1}^{b} U_k I_k = 0$$

则式(4.3.8)成立,特勒根第一定理得证。

在特勒根定理的证明过程中,只要求电路中各支路电流在其节点处满足 KCL 方程,各支路电压在其回路中满足 KVL 方程,对支路的构成、支路的伏安特性没有任何限制,因此对于任何线性或非线性、时变或非时变电路,特勒根定理都适用。由此可见,特勒根定理与 KCL、KVL 一样具有普遍性,其实质是表达电路的互连规律性,也被称为基尔霍夫第三定律。

特勒根定理可以用于证明互易定理、证明正弦稳态电路的无功功率平衡、分析计算电路的灵敏度等。特勒根定理的应用还有待进一步开拓。

例 4.3.14 图 4.3.22(a)、(b)所示两个电路具有完全相同的拓扑图,即图 4.3.22(c)所示,请注意图(b)中右边虽是开路,也可以作为第 4 条支路,其电流 $\hat{I}_4=0$。已知图(a)中 $U_1=3\ \text{V}$,$R_2=1\ \Omega$,$I_3=2\ \text{A}$;图(b)中 $\hat{R}_1=1\ \Omega$,$\hat{I}_2=4\ \text{A}$,$\hat{U}_3=5\ \text{V}$,验证特勒根定理。

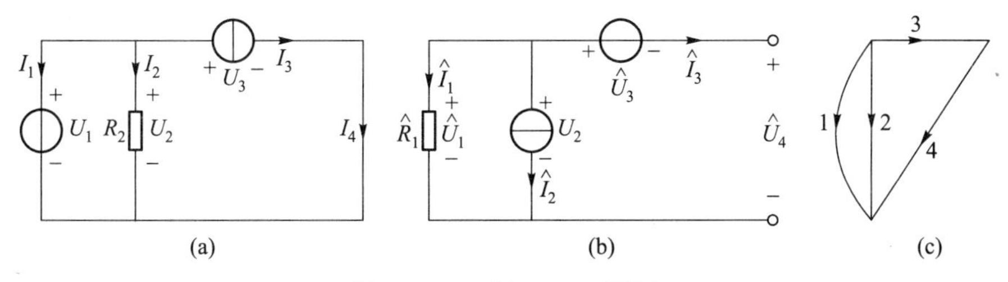

图 4.3.22 例 4.3.14 题图

解:图 4.3.22(a)中

$$U_1=U_2=3\ \text{V},\quad I_2=U_2/R_2=3\ \text{A},\quad U_3=U_1=3\ \text{V},$$
$$I_1=-I_2-I_3=-5\ \text{A},\quad I_4=I_3=2\ \text{A},\quad U_4=0\ \text{V}$$

图 4.3.22(b)中:

$$\hat{I}_3=\hat{I}_4=0,\quad \hat{I}_1=-\hat{I}_2=-4\ \text{A},\quad \hat{U}_1=\hat{U}_2=\hat{R}_1\hat{I}_1=-4\ \text{V},$$
$$\hat{U}_3=5\ \text{V},\quad \hat{U}_4=-\hat{U}_3+\hat{U}_2=-9\ \text{V}$$

则有:

$$\sum_{k=1}^{4} U_k I_k = U_1I_1+U_2I_2+U_3I_3+U_4I_4$$
$$=3\times(-5)+3\times3+3\times2+0\times2=0$$

$$\sum_{k=1}^{4}\hat{U}_k\hat{I}_k=\hat{U}_1\hat{I}_1+\hat{U}_2\hat{I}_2+\hat{U}_3\hat{I}_3+\hat{U}_4\hat{I}_4$$
$$=(-4)\times(-4)+(-4)\times4+5\times0+(-9)\times0=0$$
$$\sum_{k=1}^{4}\hat{U}_kI_k=\hat{U}_1I_1+\hat{U}_2I_2+\hat{U}_3I_3+\hat{U}_4I_4$$
$$=(-4)\times(-5)+(-4)\times3+5\times2+(-9)\times2=0$$
$$\sum_{k=1}^{4}U_k\hat{I}_k=U_1\hat{I}_1+U_2\hat{I}_2+U_3\hat{I}_3+U_4\hat{I}_4$$
$$=3\times(-4)+3\times4+3\times0+0\times0=0$$

上列四式中的前两式验证了图 4.3.22(a)、(b)两电路各自的功率守恒,后两式验证了图 4.3.22(a)、(b)电路之间的似功率守恒。

2. 互易定理

互易定理(Reciprocity theorem)是研究线性无源(既无独立源也无受控源)二端口网络的两个端口上电压、电流关系的定理。对于不含独立电源的电路,如果该电路对外具有两个端口,构成二端口(双口)电路,当描述该电路端口特性的开路电阻矩阵或短路电导矩阵为对称矩阵式,则该电路为互易电路。互易定理是互易电路所具有的重要性质。互易定理有一般形式和三种特殊形式。

(1) 互易定理的一般形式

如图 4.3.23(a)、(b)所示,图中网络 N、$\hat{N}$ 是同一线性无独立源也无受控源的阻性网络,(a)、(b)两图表示网络 N、$\hat{N}$ 联接于两组不同的端口。

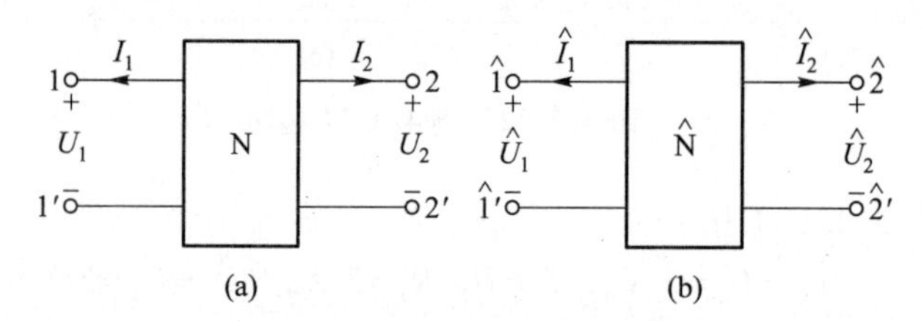

图 4.3.23 互易定理例图

由特勒根定理可得

$$U_1\hat{I}_1+U_2\hat{I}_2+\sum_{k=3}^{b}U_k\hat{I}_k=0 \tag{4.3.11}$$

$$\hat{U}_1I_1+\hat{U}_2I_2+\sum_{k=3}^{b}\hat{U}_kI_k=0 \tag{4.3.12}$$

由于两个图中的 N、$\hat{N}$ 是同一线性无独立源也无受控源的阻性网络,故有

$$U_k=R_kI_k,\quad \hat{U}_k=\hat{R}_k\hat{I}_k=R_k\hat{I}_k$$

则有
$$\sum_{k=3}^{b}U_k\hat{I}_k=\sum_{k=3}^{b}\hat{U}_kI_k=\sum R_kI_k\hat{I}_k \tag{4.3.13}$$

由式(4.3.11)、式(4.3.12)及式(4.3.13)得到

$$U_1\hat{I}_1+U_2\hat{I}_2=\hat{U}_1I_1+\hat{U}_2I_2 \tag{4.3.14}$$

上式即为互易定理的一般形式。

(2) 互易定理的特殊形式

① 互易定理的第一种形式:N 为线性不含源的电阻网络,当电压源 U_S 接在支路 1,在支路 2 中产生的电流 I_2 等于将电压源 U_S 移至支路 2,在支路 1 中产生的电流 $\hat{I}_1$,如图 4.3.24 所示。

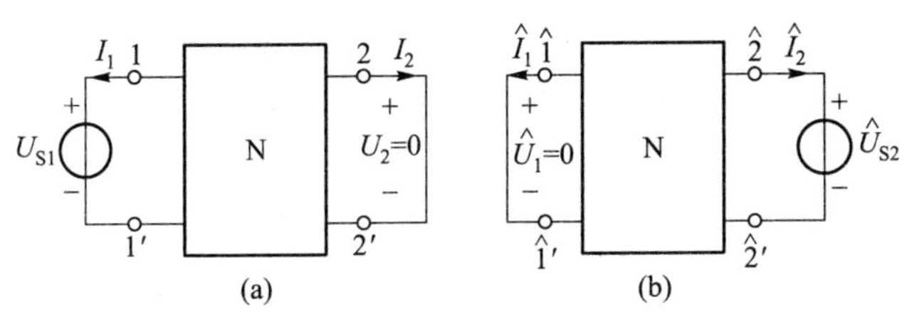

图 4.3.24 互易定理特殊形式 I

图 4.3.24 表明:1−1′端口接电压源 U_{S1},2−2′端口短接;$\hat{1}-\hat{1}'$端口短接,$\hat{2}-\hat{2}'$端口接电压源 $\hat{U}_{S2}$,当 $U_{S1}=\hat{U}_{S2}$,则由式(4.3.14)即得

$$U_{S1}\times\hat{I}_1+0\times\hat{I}_2=0\times I_1+\hat{U}_{S2}\times I_2$$

故有
$$\hat{I}_1=I_2$$

由此互易定理的第一种形式得证。

② 互易定理的第二种形式:N 为线性不含源的电阻网络,当电流源 I_S 接在支路 1,在支路 2 上产生的开路电压 U_2 等于将电流源 I_S 移至支路 2,在支路 1 上产生的开路电压 $\hat{U}_1$,如图 4.3.25 所示。

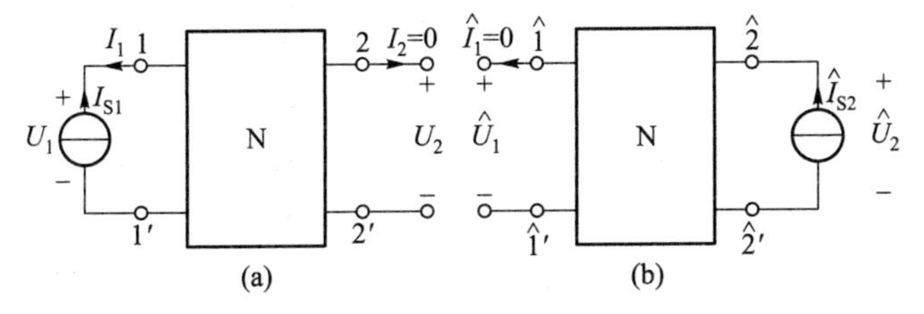

图 4.3.25 互易定理特殊形式 Ⅱ

图 4.3.25 表明：1-1′端口接电流源 I_{S1}，2-2′端口开路；$\hat{1}$-$\hat{1}'$端口开路，$\hat{2}$-$\hat{2}'$端口接电流源 $\hat{I}_{S2}$。

当 $I_{S1}=\hat{I}_{S2}$，则由式(4.3.14)得

$$U_1\times0+U_2\times(-\hat{I}_{S2})=\hat{U}_1\times(-I_{S1})+\hat{U}_2\times0$$

故有
$$U_2=\hat{U}_1$$

由此互易定理的第二种形式得证。

③ 互易定理的第三种形式：N 为线性不含源的电阻网络，将电流源 I_{S1} 和电压源 $\hat{U}_{S2}$ 分别接在 1-1′端口和 $\hat{2}$-$\hat{2}'$端口，2-2′端口短接，$\hat{1}$-$\hat{1}'$端口开路，如图 4.3.26 所示，那么 2-2′端口的短路电流与 1-1′端口的电流源电流之比等于 $\hat{1}$-$\hat{1}'$端口的开路电压与 $\hat{2}$-$\hat{2}'$端口的电压源电压之比，即

$$\frac{I_2}{I_{S1}}=\frac{\hat{U}_1}{\hat{U}_{S2}}$$

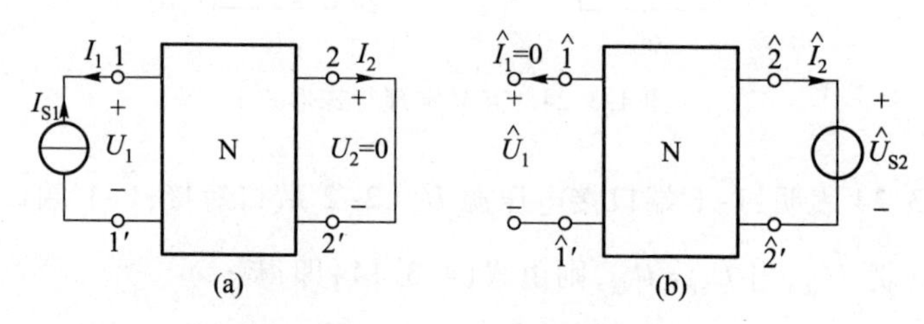

图 4.3.26　互易定理特殊形式Ⅲ

图 4.3.26 表明：1-1′端口接电流源 I_{S1}，2-2′端口短接；$\hat{1}$-$\hat{1}'$端口开路，$\hat{2}$-$\hat{2}'$端口接电压源 $\hat{U}_{S2}$。由(式 4.3.14)可得

$$U_1\times0+0\times\hat{I}_2=\hat{U}_1\times(-I_{S1})+\hat{U}_{S2}\times I_2$$

$$\frac{I_2}{I_{S1}}=\frac{\hat{U}_1}{\hat{U}_{S2}}$$

由此互易定理的第三种形式得证。

使用互易定理要特别注意两端口支路电压和电流的参考方向应符合图 4.3.23 至图 4.3.26 中规定的参考方向。

例 4.3.15　如图 4.3.27 所示电路，已知 $U_S=8\ \text{V}$，$R_1=3\ \Omega$，$R_2=6\ \Omega$，$R_3=R_4=2\ \Omega$，$R_5=1\ \Omega$，求 $I_5=?$

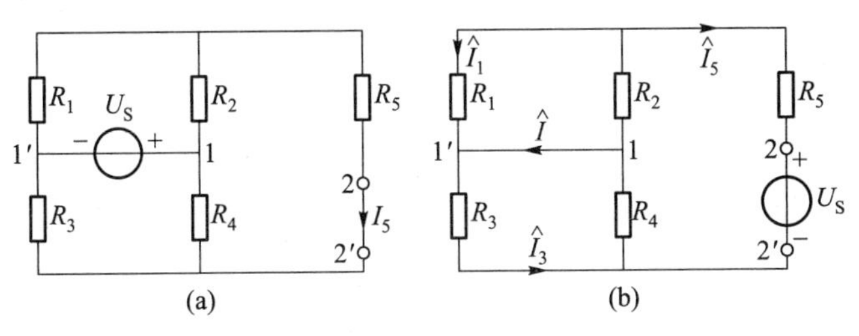

图 4.3.27　例 4.3.15 题图

解:运用互易定理的第一种形式求解。图 4.3.27(a)中电压源 U_S 单独作用时产生的电流 I_5,等于将电压源 U_S 移至 I_5 所在支路而在原电压源所在支路产生的电流 $\hat{I}$,如图 4.3.27(b)所示。需要特别提醒的是电源移动前后电压源的电压方向与相关电流的方向应与图 4.3.27(a)对应。在图 4.3.27(b)中,可得

$$\hat{I}_5=\frac{-U_S}{R_5+(R_1/\!/R_2)+(R_3/\!/R_4)}$$

$$=\frac{-8}{1+\frac{3\times6}{3+6}+\frac{2\times2}{2+2}}\ \text{A}=-2\ \text{A}$$

$$\hat{I}_1=-\hat{I}_5\times\frac{R_2}{R_1+R_2}=2\times\frac{6}{3+6}\ \text{A}=\frac{4}{3}\ \text{A}$$

$$\hat{I}_3=-\hat{I}_5\times\frac{R_4}{R_3+R_4}=2\times\frac{2}{2+2}\ \text{A}=1\ \text{A}$$

$$\hat{I}=\hat{I}_3-\hat{I}_1=-\frac{1}{3}\ \text{A}$$

所以

$$I_5=\hat{I}=-\frac{1}{3}\ \text{A}$$

本例也可以利用节点电压法、回路电流法、戴维宁定理等求得 I_5。

4.3.6 对称性原理

在网络(或系统)分析中,可以利用网络(或系统)具有的某些对称性以简化计算。如面向电力系统、电动机和发电机绕组、滤波网络以及场论等有关模型的复杂问题,利用对称性可使问题大大简化。所谓“网络对称性”,粗略地说就是一个网络经过某种变换,变换后的网络在结构上和电气上都与原来的网络完全一样。翻转对称和旋转对称是常见的两种对称性网络。

翻转对称:关于网络平面上的某轴线 x-x 对称,当该网络围绕对称轴转动

180°后,得到的网络在几何上和电气上与原来网络完全相同,则这种网络称为翻转对称网络(或轴对称网络)。如图 4.3.28(a)、(b)所示电路。

翻转对称网络具有如下特性:与对称轴相交的水平连接线支路中的电流为零;与对称轴相交的交叉支路之间的电压为零。即,图 4.3.28(a)中,1-2 之间开路,3-4 之间开路。图 4.3.28(b)中 1-3 之间等电位,2-4 之间等电位。

综上所述,翻转对称网络的两个相同子网络之间的水平连接线用开路线替代,交叉连接线用短路线替代,则把翻转对称网络分成两个分离部分,各部分电压和电流仍保持不变。

旋转对称网络:对称于垂直网络平面的 z 轴,当该网络围绕对称轴旋转 180°后,得到的网络在几何上和电气上与原来的网络完全相同,则这种网络称为旋转对称网络(或中心对称网络)。如图 4.3.28(c)、(d)所示电路。

旋转对称网络具有如下特性:与对称轴相交的水平连接线支路电位对应相等;与对称轴相交的交叉连接线支路的电流为零。即,图 4.3.28(c)中,1-3 之间等电位,2-4 之间等电位;1-2 开路,3-4 开路。图 4.3.28(d)中 1 和 2 之间开路,3 和 4 之间开路。

综上所述,旋转对称网络的两个相同子网络之间的水平连接线用短路线替代,交叉连接线用开路线替代,则把旋转对称网络分成两个分离部分,各部分电压和电流仍保持不变。

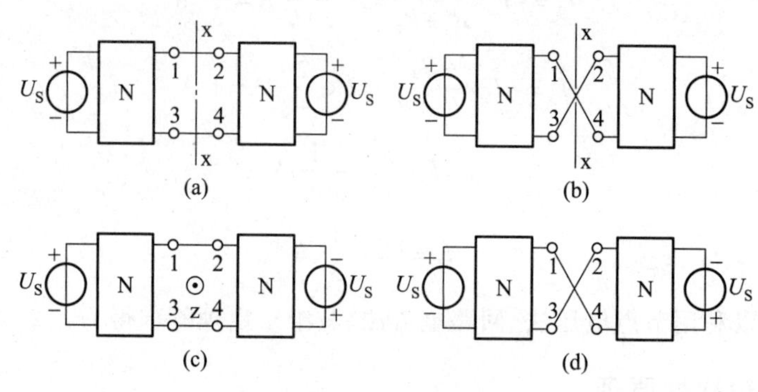

图 4.3.28　对称网络

推广到一般情况,则形成下述两个定理。

翻转对称网络定理:如图 4.3.29(a)所示的翻转对称网络,若以对称轴 x-x 为界,可以等效地将其分成两个分离部分,即把所有的水平连接线开路,所有的每对交叉连接线短路,而不影响整个网络的解答。如图 4.3.29(b)所示。

旋转对称网络定理:如图 4.3.30(a)所示的旋转对称网络,若以 x-x 轴为界,可等效地将其分成两个分离部分,即把所有的交叉连接开路,每一对相应的水平连接线短路,而不影响整个网络的解答。如图 4.3.30(b)所示。

旋转对称网络定理可以由翻转对称网络定理推得。即将图 4.3.30(a)所示的旋转对称网络的右半部分以水平线 o-o′为轴扭转 180°,则它就变成翻转对称网络,水平线 a-a′与 f-f′,b-b′与 e-e′变成交叉线,而交叉线 c′-d 与 c-d′则变成水平线,即符合翻转对称网络定理。

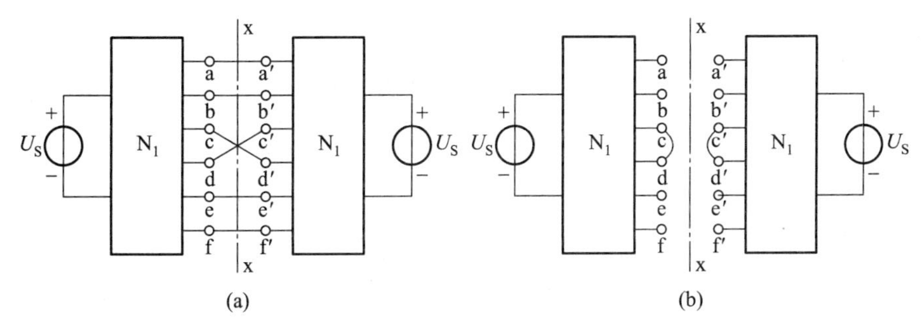

图 4.3.29 翻转对称网路等效

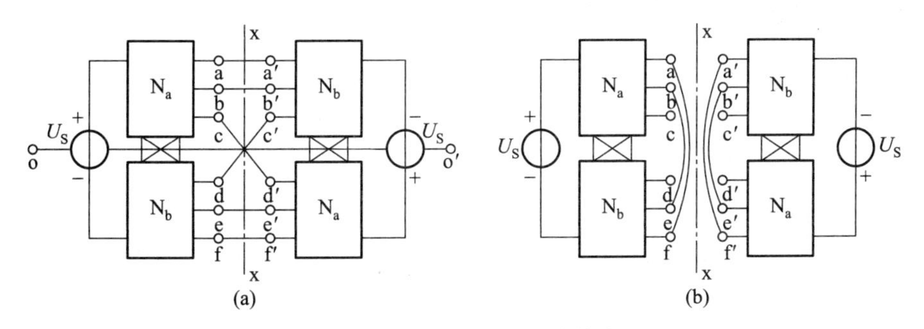

图 4.3.30 旋转对称网路等效

例 4.3.16 利用网络对称定理求解电源功率。

解:图 4.3.31(a)所示电路为翻转对称电路,水平连接支路电流为零,用开路线代替,则得到等效电路如图 4.3.32(a)所示。很容易求得两个电源都是发出功率 10 W。图 4.3.31(b)所示电路为旋转对称电路,将水平连接线上的 4 Ω 电阻拆分为两个 2 Ω 电阻的串联,水平连接线用短路线代替,如图 4.3.32(b)所示。这样电路则分成了两个相互独立的电路,如图 4.3.32(c)所示。各支路电流大小相等方向相反,很容易求得两个电源都是发出功率(300/14) W。

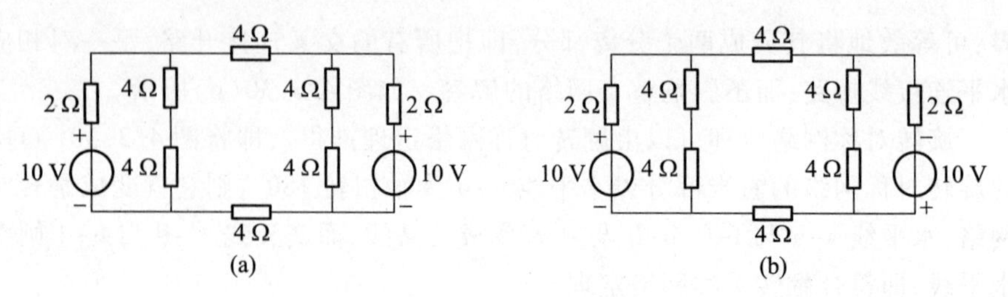

图 4.3.31　例 4.3.16 题图

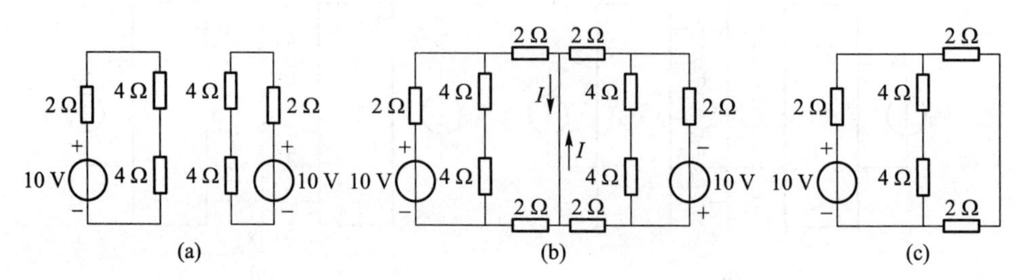

图 4.3.32　例 4.3.16 题图等效电路

例 4.3.17　判断图 4.3.33(a)所示电路的对称性,并找出等效电路。

解:图 4.3.33(a)所示电路在结构上关于中分线左右对称,为翻转对称网络。水平连接线断开,交叉连接线用短路线代替,得到等效电路如图 4.3.33(b)所示。另外半边电路中的响应与图 4.3.33(b)完全相同。

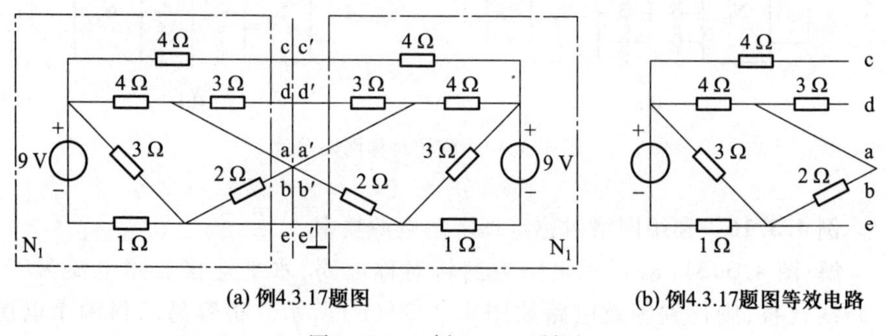

图 4.3.33　例 4.3.17 题图

4.3.7　密勒定理

密勒定理由美国工程师密勒(M. Miller)于 1920 年提出,也称为密勒效应。其内容简述如下:如图 4.3.34(a)所示任一具有 n 个节点的电路,其中节点 n 为参考点,设节点1和节点2的电压分别为 U_1 和 U_2,节点1和节点2之间有一电阻 R 相连。如已知节点电压 U_1 和 U_2 满足$\frac{U_2}{U_1}=K$,则把 R 从节点1和节点2之间断开,在节点1与参考节点 n 之间接一个电阻 R_1,在节点2与参考节点 n 之间接另一个电阻 R_2,如图4.3.34(b)所示,则图4.3.34(a)和图4.3.34(b)电路等效,其中 $R_1=\frac{R}{(1-K)}$,$R_2=\frac{R}{(1-1/K)}$,这就是密勒定理。

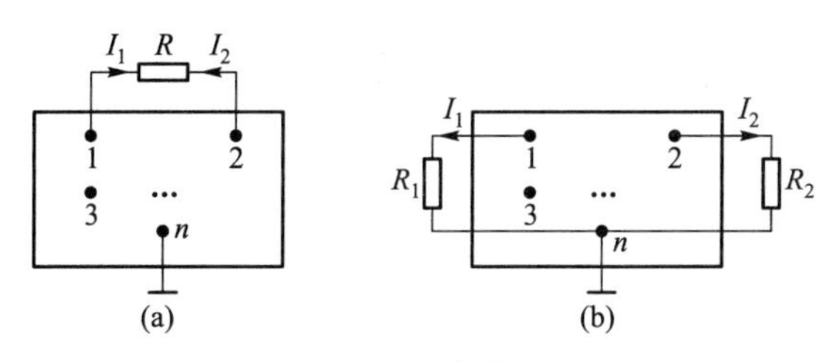

图4.3.34 密勒定理

密勒定理可证明如下:

在图4.3.34(a)中,节点1和节点2的电压分别为 U_1 和 U_2,且$\frac{U_2}{U_1}=K$,则

$$I_1=\frac{U_1-U_2}{R}=\frac{U_1(1-K)}{R}=\frac{U_1}{\frac{R}{(1-K)}}=\frac{U_1}{R_1} \tag{4.3.15}$$

式中,$R_1=\frac{R}{(1-K)}$。

由式(4.3.15)知,在节点1和节点 n 之间接入电阻 $R_1=\frac{R}{(1-K)}$,从节点1流过 R_1 的电流与原来通过 R 的电流相等。

同理,

$$I_2=\frac{U_2-U_1}{R}=\frac{U_2(1-1/K)}{R}=\frac{U_2}{\frac{R}{(1-1/K)}}=\frac{U_2}{R_2} \tag{4.3.16}$$

式中,$R_2=\frac{R}{(1-1/K)}$。

由式(4.3.16)知,从节点2流过 R 的电流等于断开 R 而在节点2与节点 n 之间接入电阻 R_2 流过的电流相等。

显然,从图4.3.34(a)和图4.3.34(b)的变换,严格保证了变换前后输入、输出两个节点的电压电流关系相同。因此,图4.3.34(a)和图4.3.34(b)是等效的。

从密勒定理的表述可以看出,对于具有支路连接的两个节点,如知道该两节点的电压,则利用密勒定理可消除两节点的支路连接关系,从而使得电路的分析过程得到简化。

值得注意的是:密勒定理的属性是等效变换,运用密勒定理时不可违背电路等效变换的任何其他规则。

密勒定理在电路分析中具有广泛的应用,下面通过例子加以说明。

例 4.3.18　如图 4.3.35(a)所示电路,已知 $U_{S1}=1\ \text{V}, R_3=R_5=3\ \Omega, R_4=R_6=R_7=1\ \Omega$,试求电压 U。

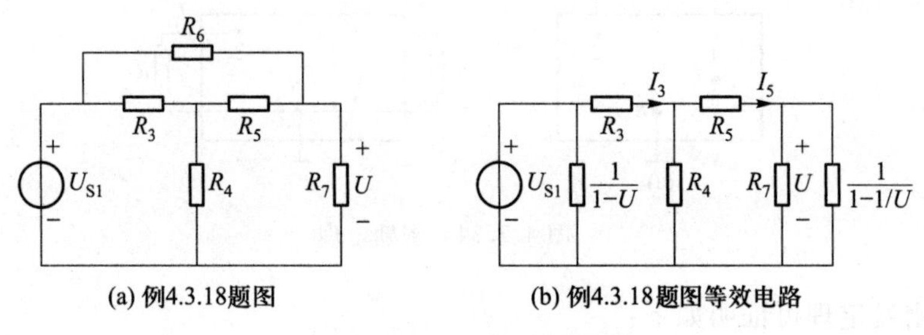

图 4.3.35　例 4.3.18 题图

解:本例可采用 Y-Δ等效变换法或节点法或回路法求解,这里采用密勒定理求解。

取电压源的负极为参考节点,则 $U_1=U_{S1}=1\ \text{V}, U_2=U, K=U$。由密勒定理,可得到图 4.3.35(b)所示等效电路,由 KCL 得

$$I_5=\frac{U}{R_7}+\frac{U}{1/(1-1/U)}=2U-1$$

$$I_3=I_5+\frac{R_5I_5+U}{R_4}=9U-4$$

由 KVL 得

$$U_{S1}=R_3I_3+R_6I_5+U=3I_3+3I_5+U$$

联立上述三式,可解得

$$U=\frac{8}{17}\ \text{V}$$

与采用其他方法得到的结果相同。

模拟电路中存在着复杂的电路结构与连接方式。反馈放大电路中输入回路与输出回路之间存在着反馈网络的连接,在放大电路的各种等效电路(如 ***H*** 参数等效电路、***Y*** 参数等效电路等)中也可能存在着连接输入回路与输出回路的网络通路。这些电路在计算时,若应用相关的知识点或基础内容求解往往比较繁

琐,通过应用密勒定理可以消除输入回路与输出回路的网络通路,从而使电路结构简化,也使求解过程简洁明了。

4.4 应用示例——匹配和最大功率传输定理的拓展

匹配和最大功率传输定理是电路原理的基本定理之一,有着重要的理论意义和广泛的工程应用背景。但实际应用中,最大功率的传输并不限于4.3.4节所讲述的电源参数(电源和内阻)不变而负载可变的最大功率传输定理。电源和负载的变化还包括:电源和内阻可变,负载电阻可变;电源和内阻可变,负载电阻不变;电源和内阻不变,负载电阻也不变三种情况。下面以电源和内阻不变,负载电阻也不变的功率传输为例,以便进一步加深对最大功率传输以及匹配概念的理解。

实际供电电源(信号源)和负载给定的情况,就属于电源和内阻不变,负载电阻也不变的情况。此时,系统的最大功率传输需要实现负载和电源(信号源)内阻的匹配,需要设计匹配电路。匹配电路可以是纯电阻电路(但要消耗功率),也可以是电感电容组成的电路,还可以通过开关电路组成的变换器来实现,如图4.4.1所示为实现最大功率传输的匹配电路图。通过调节开关管的开通时间(占空比)就可以达到改变等效负载的目的,使得等效负载和电源内阻匹配,从而实现最大功率传输。开关电路的优点是对于一定范围内的固定负载,都可以通过调节开关管的开通时间(占空比)实现等效负载和电源内阻的匹配。

具体实现原理分析如下。

图4.4.1中,设开关管的开关周期为 T_s,开关管开通的时间为 DT_s. 电路中电感 L 值很大,电流连续。图中,u_i 表示输入电压,u_o 表示输出电压,i_L 为流过电感的电流。

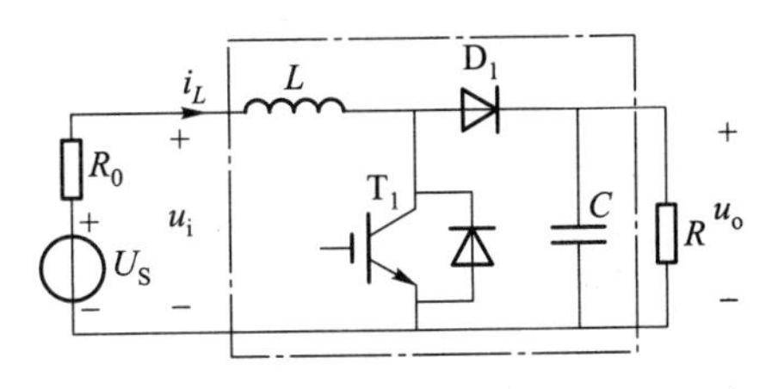

图4.4.1 实现最大功率传输的匹配电路

当开关管开通时($0\sim DT_s$),电感 L 储能,电容 C 通过负载 R 放电,其等效电路如图4.4.2(a)所示。当开关管关断时($DT_s\sim T_s$),输入电压和电感一起向电容 C 充电,并向负载提供能量,如图4.4.2(b)所示。

在电感电流连续工作状态下,电感电流和电压关系为:当开关管导通($0\sim DT_s$)时间内,电感中的电流线性上升,电感电流和电压满足

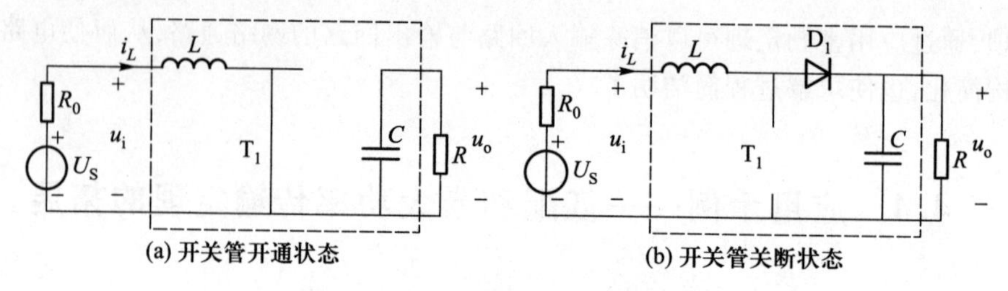

图 4.4.2　开关电路工作等效电路图

$$u_i = L\frac{di_L}{dt} = L\frac{\Delta i_L}{DT_s} \tag{4.4.1}$$

当开关管关断($DT_s \sim T_s$)时间内,电感电流线性下降,电感电流和电压的关系为

$$u_o - u_i = L\frac{di_L}{dt} = L\frac{\Delta i_L}{(1-D)T_s} \tag{4.4.2}$$

式(4.4.1)与式(4.4.2)联立可得

$$u_i = (1-D)u_o \tag{4.4.3}$$

由于开关管的功率损耗较小,忽略开关管上的损耗,即设变换器的转换效率为100%。由变换前后功率守衡,得开关管输入端的电流为

$$i_L = \frac{i_0}{1-D} \tag{4.4.4}$$

由此可以求出在电源输出端的等效电阻为

$$R_i = \frac{u_i}{i_L} = (1-D)^2 R \tag{4.4.5}$$

从式(4.4.5)可知,当改变电路中开关管的开通时间(占空比),使其等效电阻与电源内阻相匹配,$R_i = R_0$,则负载获得最大功率,这就是利用开关电路实现最大功率传输的理论依据。

习题

4.1　如题图 4.1 所示电路,分别求 ab、ac 端口的等效电阻 R_{ab}、R_{ac}。

4.2　题图 4.2 中,当 $R=20\ \Omega$ 时,求等效电阻 R_{ab},又当 $R=30\ \Omega$ 时,再求等效电阻 R_{ab}。

4.3　题图 4.3 电路中,$R_{12}=5\ \Omega$,$R_{23}=R_{31}=10\ \Omega$,$R_4=8\ \Omega$,$R_5=6\ \Omega$,$R_6=3\ \Omega$,求 ab 间的等效电阻 R_{ab}。

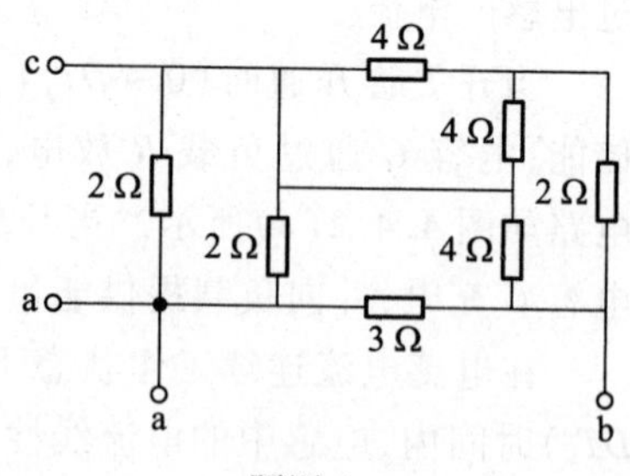

题图 4.1

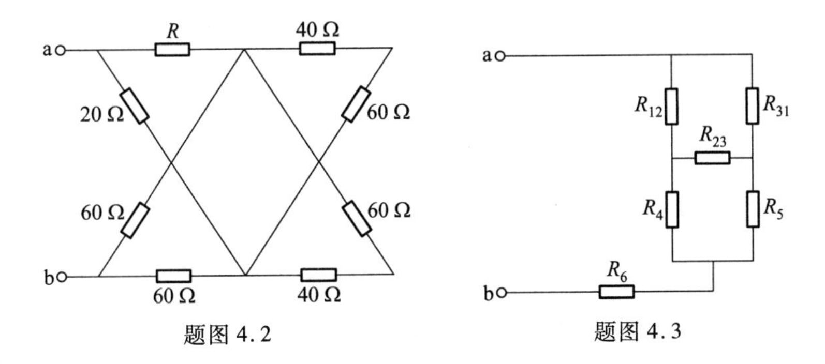

题图 4.2　　题图 4.3

4.4　在题图 4.4 电路中，已知电阻值如图中所标：(1) 若 S 闭合，求 R_{ab}；(2) 若 S 断开，求 R_{ab}。

4.5　题图 4.5 为电桥电路，求：(1) 电压 U；(2) 电压 U_{ab}。

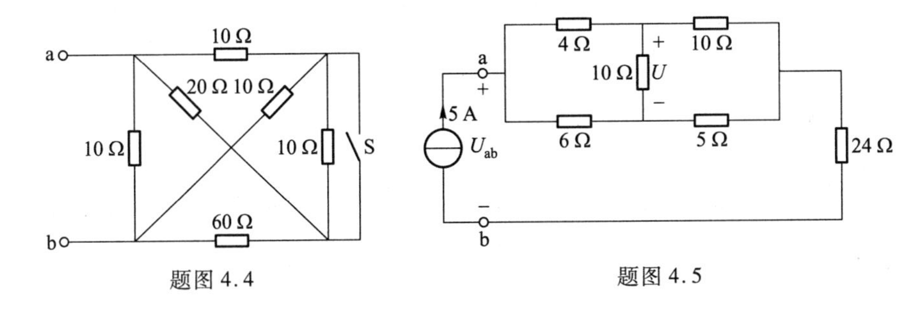

题图 4.4　　题图 4.5

4.6　题图 4.6 所示无限长电阻网络中，阻值均为 R，求 ab 端入端阻抗 R_{ab}。

4.7　题图 4.7 所示无限长梯形电路，电阻的阻值均为 R，试求从 AB 端口向右看的输入电阻 R_{in}。

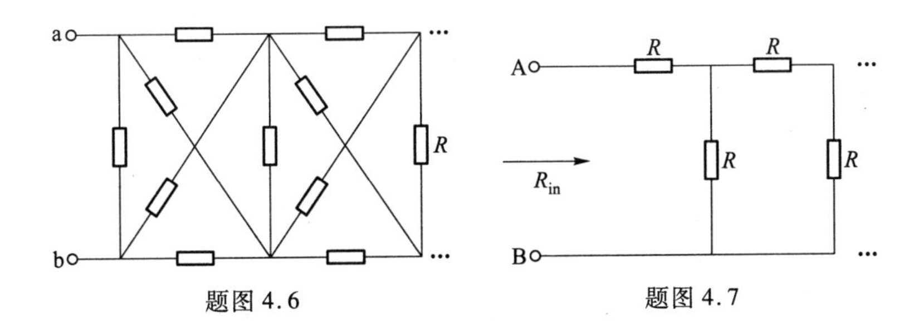

题图 4.6　　题图 4.7

4.8　题图 4.8 中电路参数均已知，求电压 U。

4.9　题图 4.9 中电路参数均已知，求输入电阻 R_{ab}。

4.10　已知晶体管微变等效电路如题图 4.10 所示，试求电压放大倍数 $A_u=\frac{u_o}{u_i}$，输入电阻

$R_i=\dfrac{u_i}{i_i}$，输出电阻 $R_o=\dfrac{u_o}{i_o}\bigg|_{u_s=0}$。

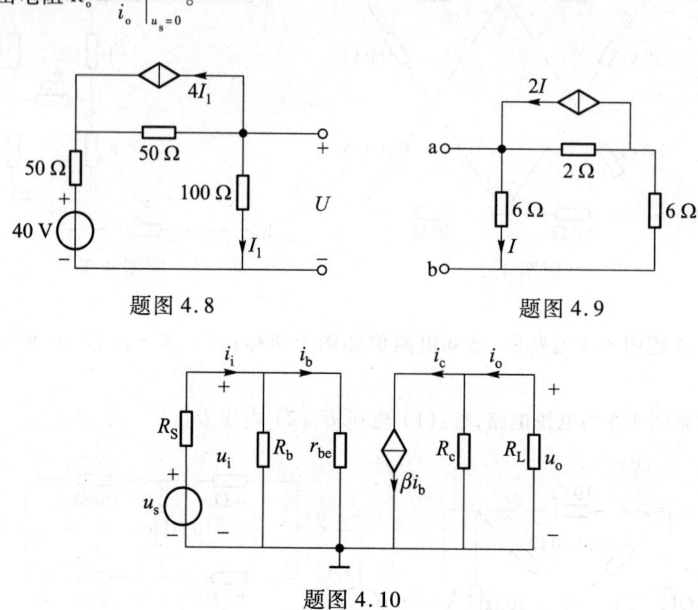

题图 4.8

题图 4.9

题图 4.10

4.11 分别求题图 4.11(a)和(b)所示电路的输入电阻、输出电阻以及电压放大倍数 $A_u=\dfrac{u_o}{u_i}$。

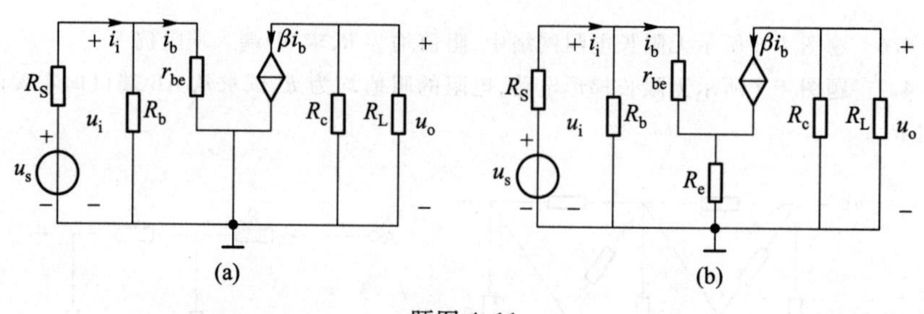

题图 4.11

4.12 在题图 4.12 所示电路中，已知 $R_1=10\ \Omega$，$R_3=20\ \Omega$，$U_{S1}=10\ \text{V}$，$U_{S3}=20\ \text{V}$，$I_{S2}=3\ \text{A}$，试用支路电流法求支路电流 I_3。

4.13 在题图 4.13 所示电路中，已知 $R_1=1\ \Omega$，$R_2=2\ \Omega$，$R_3=3\ \Omega$，$R_5=5\ \Omega$，$U_{S2}=10\ \text{V}$，$I_{S1}=10\ \text{A}$，$I_{S4}=4\ \text{A}$，试用支路电流法求支路电流 I_3。

4.14 在题图 4.14 所示电路中，已知 $R_1=4\ \Omega$，$R_3=$

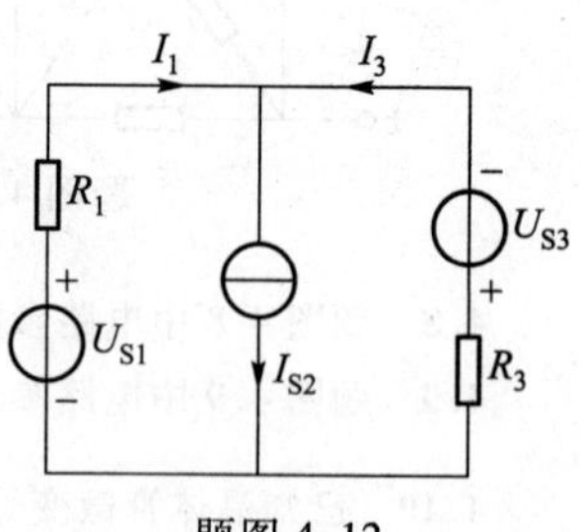

题图 4.12

2 Ω，$R_4=2$ Ω，$R_5=4$ Ω，$R_6=10$ Ω，$\mu=\alpha=2$，$U_{S1}=4$ V，试用网孔电流法求 I_1 和 I_2。

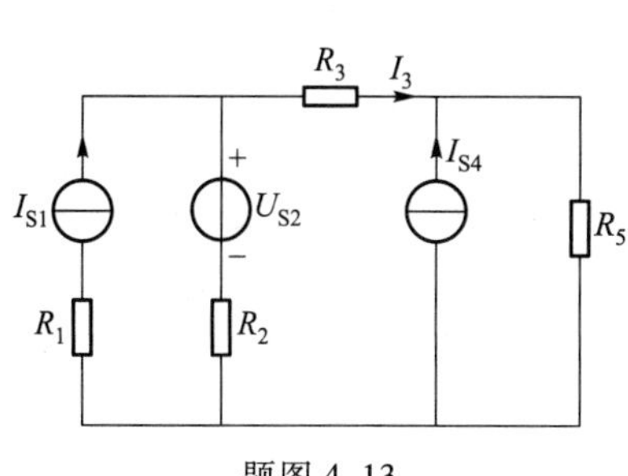

题图 4.13

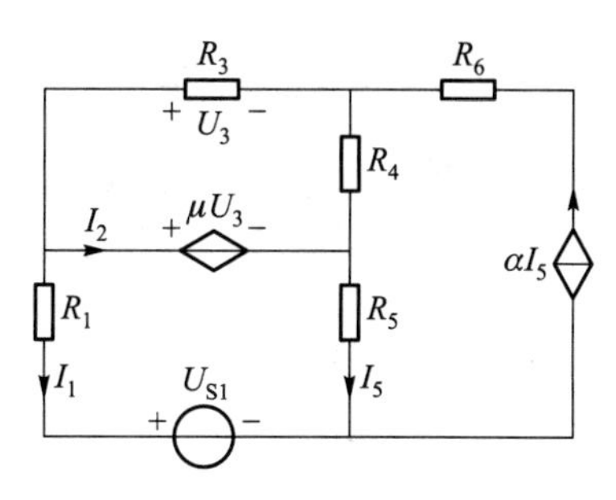

题图 4.14

4.15　电路如题图 4.15 所示，已知 $R_4=4$ Ω，$R_5=5$ Ω，$R_6=6$ Ω，$I_{S7}=7$ A，$I_{S8}=8$ A，$I_{S9}=9$ A，试用网孔电流法求各支路电流。

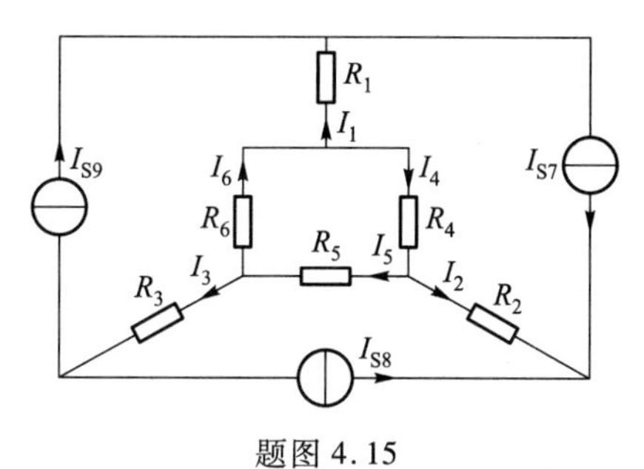

题图 4.15

4.16　题图 4.16 所示电路中，给定 $R_1=1$ Ω，$R_2=2$ Ω，$R_3=3$ Ω，$R_4=4$ Ω，$I_{S5}=5$ A，$I_{S6}=6$ A，试用回路电流法求各支路电流。

4.17　题图 4.17 电路中，已知 $R_1=R_5=2$ Ω，$R_2=R_4=1$ Ω，$R_3=R_6=3$ Ω，$R_7=4$ Ω，$I_{S4}=6$ A，$I_{S5}=1$ A，以 R_1、R_2、R_3、R_4、R_5 支路为树，试求连支电流 I_6 和 I_7。

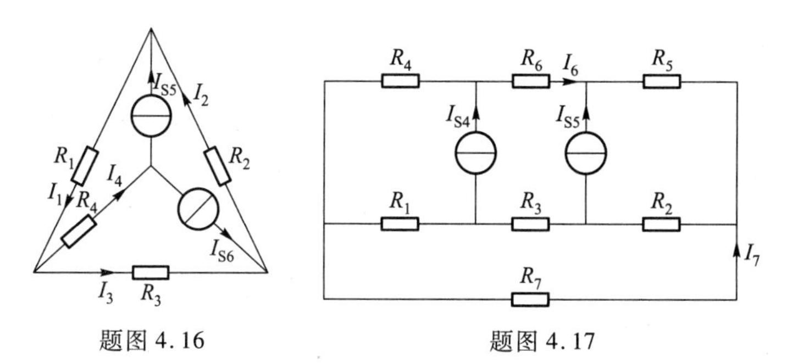

题图 4.16　　题图 4.17

4.18　试用回路电流法求题图 4.18 所示电路中流经电阻 2 Ω 的电流 I。

4.19　在题图 4.19 所示电路中，已知 $U_{S1}=6$ V，$U_{S3}=8$ V，$I_S=1.8$ A，$R_1=30$ Ω，$R_2=60$ Ω，$R_3=R_4=R_5=20$ Ω，参考点已标明，试求节点电压 U_a 和电流源 I_S、电压源 U_{S3} 发出的功率。

4.20　在题图 4.20 所示电路中，已知：$R_1=R_2=R_3=6$ Ω，$R_4=R_8=12$ Ω，$R_5=R_6=4$ Ω，$R_7=1$ Ω，$U_{S1}=24$ V，$I_{S7}=\dfrac{3}{2}$ A，试求节点电压 U_a、U_b、U_c。

4.21　以 d 为参考节点列写题图 4.21 所示电路的节点电压方程（无需求解）。

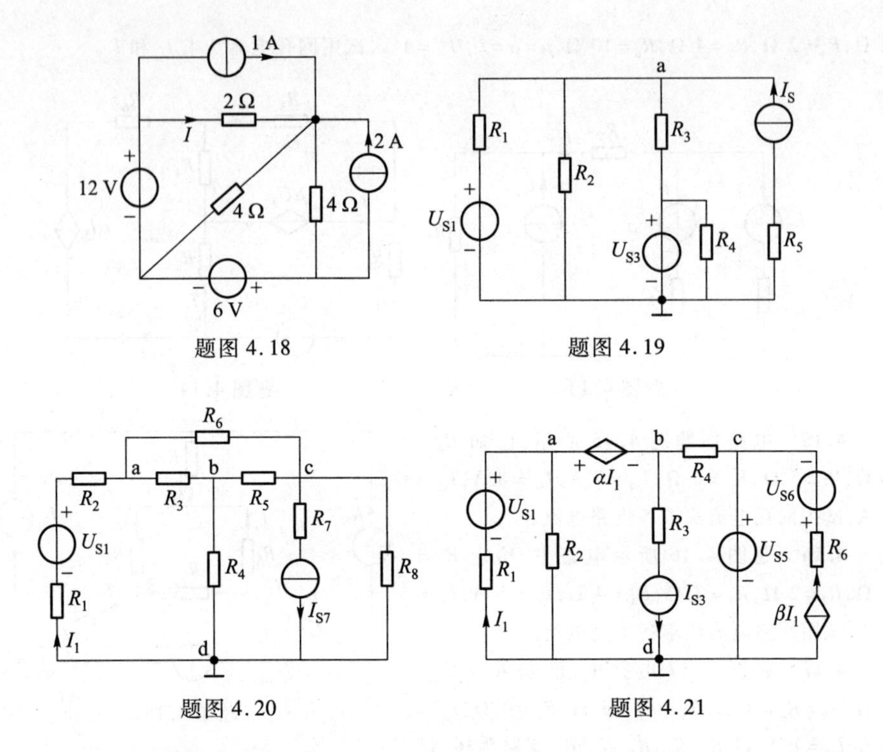

题图 4.18　　题图 4.19

题图 4.20　　题图 4.21

4.22　在题图 4.22 所示电路中，给定 $R_3=3\ \Omega$，$R_4=4\ \Omega$，$R_5=12\ \Omega$，$R_6=64\ \Omega$，$U_{S1}=3\ \text{V}$，$U_{S2}=5\ \text{V}$，试用节点电压法求各支路电流。

4.23　在题图 4.23 所示电路中，已知 $U_S=12\ \text{V}$，$I_S=1\ \text{A}$，$\alpha=2.8$，$R_1=R_3=10\ \Omega$，$R_2=R_4=5\ \Omega$，求电流 I_1 及电流源 U_S 发出的功率。

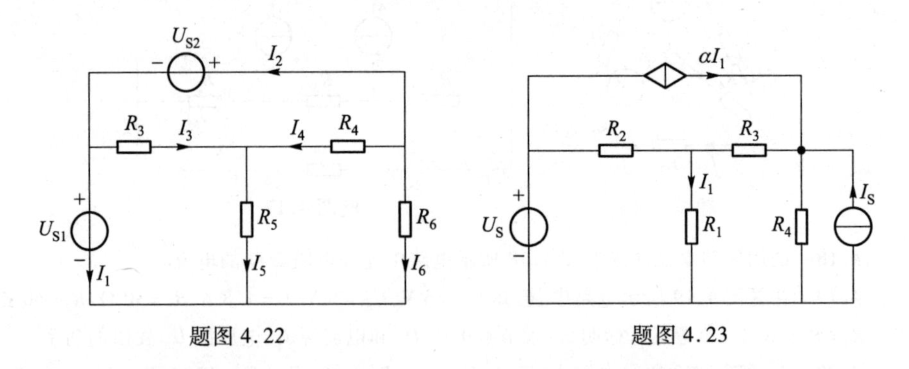

题图 4.22　　题图 4.23

4.24　电路如题图 4.24 所示，给定 $R_1=1\ \Omega$，$R_2=2\ \Omega$，$R_3=3\ \Omega$，$R_5=5\ \Omega$，$U_{S5}=5\ \text{V}$，$U_{S1}=1\ \text{V}$，要使 U_{ab} 为零，试求 g 值。

4.25　题图 4.25 所示电路中，已知：$R_2=2\ \Omega$，$R_3=3\ \Omega$，$R_4=4\ \Omega$，$R_7=7\ \Omega$，$U_{S1}=1\ \text{V}$，$U_{S2}=2\ \text{V}$，$U_{S5}=5\ \text{V}$，$I_{S6}=6\ \text{A}$，试求电流源 I_{S6} 发出的功率。

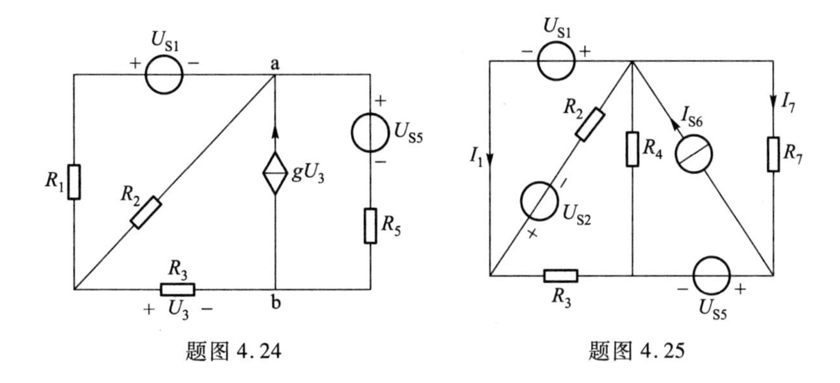

题图 4.24　　　　题图 4.25

4.26　如题图 4.26 所示电路，设 $R_2=R_4=R_5=20\ \Omega$，$R_3=40\ \Omega$，$E_1=100\ \text{V}$，$E_2=-30\ \text{V}$，欲使 R_X 两端电压为零，试求 R_1。

4.27　在题图 4.27 所示电路中，已知：$U_{S2}=4\ \text{V}$，$I_{S6}=2\ \text{A}$，$R_1=R_5=10\ \Omega$，$R_3=R_4=20\ \Omega$，试用叠加定理求支路电流 I_3。

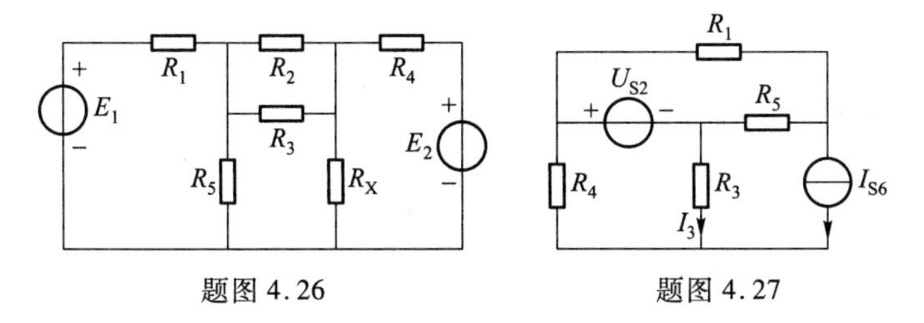

题图 4.26　　　　题图 4.27

4.28　在题图 4.28 所示电路中，已知：$I_S=1\ \text{A}$，$E_1=E_2=9\ \text{V}$，$R=6\ \Omega$，试用叠加定理求各支路电流。

4.29　在题图 4.29 所示电路中，已知：$I_S=2\ \text{A}$，$U_S=20\ \text{V}$，$R_1=10\ \Omega$，$R_2=R_3=20\ \Omega$，$R_4=40\ \Omega$，试用叠加定理求电压 U_1 的值。

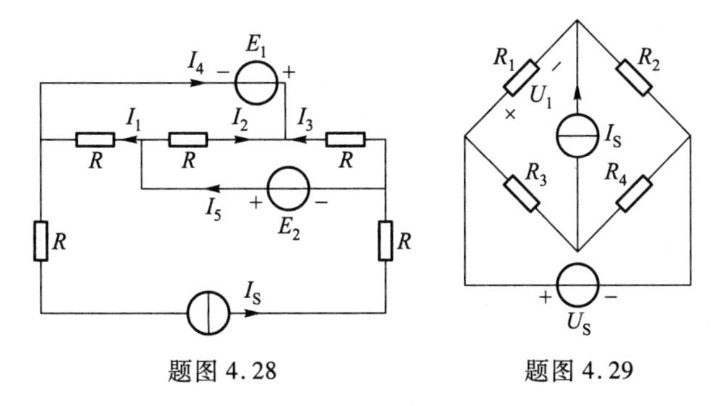

题图 4.28　　　　题图 4.29

4.30　题图 4.30 所示电路方框内为任意线性有源电路。已知 $U_S=5\ \text{V}$，$I_S=1\ \text{A}$，$U=15\ \text{V}$，若将 U_S 极性反一下，则 $U=25\ \text{V}$；若将 U_S 极性和 I_S 的方向都反一下，则 $U=5\ \text{V}$，试问若

将 I_S 的方向反一下，U 为多少？

4.31　在题图4.31所示电路中，P为无独立源的电阻网络（可以含受控源），设 $E_S=1$ V、$I_S=0$ A，，测量得 $I=4$ A。问 $E_S=3$ V、$I_S=0$ A时，I 为多少？

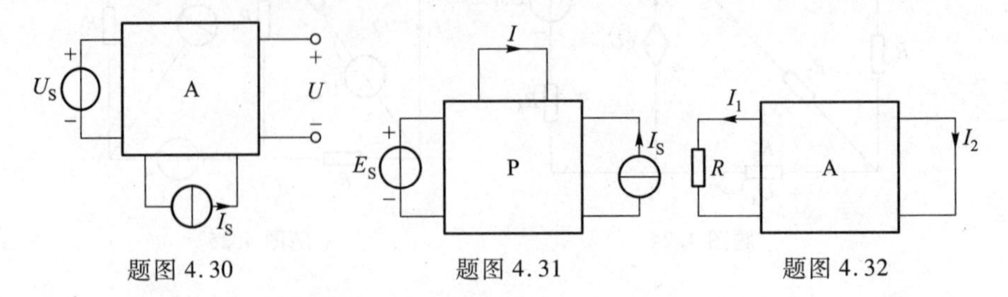

题图 4.30　　　　题图 4.31　　　　题图 4.32

*****4.32**　题图4.32所示电路中，A为线性有源网络，$I_1=2$ A，$I_2=1/3$ A，当 R 增加10 Ω时，$I_1=1.5$ A，$I_2=0.5$ A，求当 R 减少10 Ω时，I_1、I_2 为多少？

4.33　题图4.33所示电路中，已知 $E_1=10$ V，$E_2=7$ V，$E_3=4$ V，$R_1=5$ Ω，$R_2=7$ Ω，$R_3=20$ Ω，$R_4=42$ Ω，$R_5=2$ Ω，试求它的戴维宁等效电路。

4.34　题图4.34所示电路中，已知 $R_1=40$ Ω，$R_2=8$ Ω，$R_3=3$ Ω，$R_4=16$ Ω，$I_S=1$ A，R 任意变化，试问：(1) R 为多少时，在 R 上消耗的功率最大？$P_{max}=?$

(2) R 为多少时，通过它的电流最大？$I_{max}=?$

(3) R 为多少时，其上的电压为最大？$U_{max}=?$

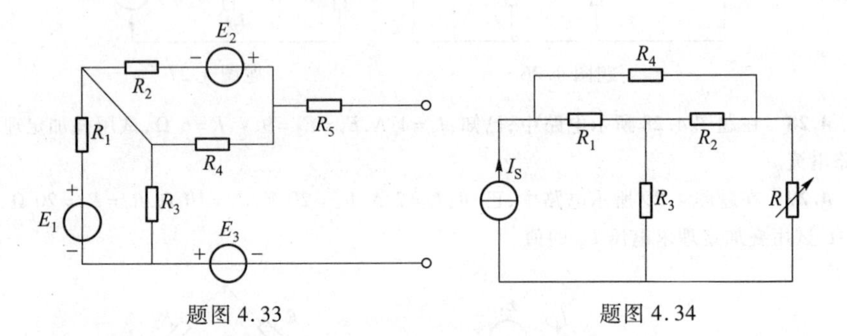

题图 4.33　　　　题图 4.34

4.35　晶体管放大电路直流偏置值计算电路如题图4.35所示，已知 $U_{CC}=12$ V，$U_{BE}=0.7$ V，$R_1=10$ kΩ，$R_2=50$ kΩ，$R_b=1$ kΩ，$R_c=1$ kΩ，$R_e=100$ Ω，$\beta=50$，试用戴维宁等效简化求出 I_B，U_{CE}。

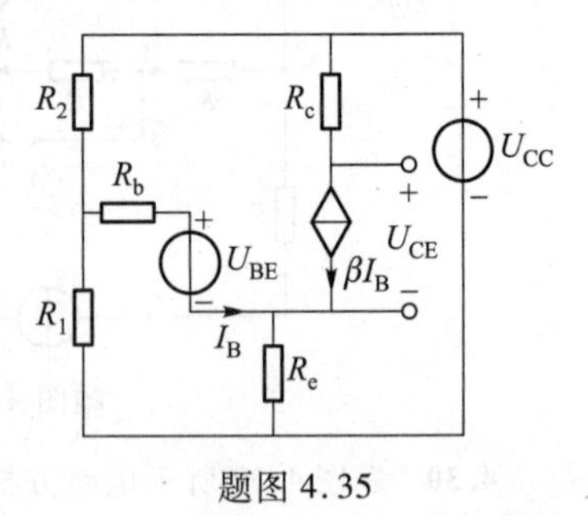

题图 4.35

4.36　电路如题图4.36所示，A为有源一端口网络，已知 $U_{S1}=10$ V，$R_1=2$ Ω，$R_2=4$ Ω，当开关S打开时，电流 $I_2=0$，当开关k闭合时，电流 $I_3=8$ A，求出有源一端口网络A的戴维宁等效电路。

4.37　电路如题图4.37所示，已知 $I_{S1}=1$ A，$R_2=$

2 Ω,R_3 = 3 Ω,g_m = −1 S,求出 a-b 戴维宁等效电路。

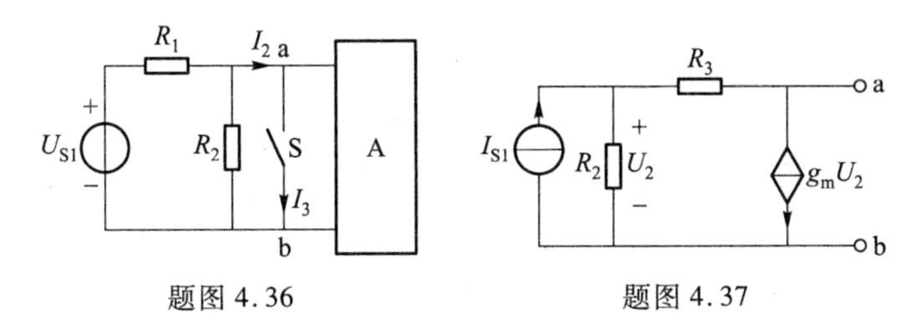

题图 4.36　　　　题图 4.37

4.38　已知题图 4.38(a)中 N 为线性有源电路,端口伏安特性如题图 4.38(b)所示,端口所连电阻为 3 kΩ,求电流 i 和 u。

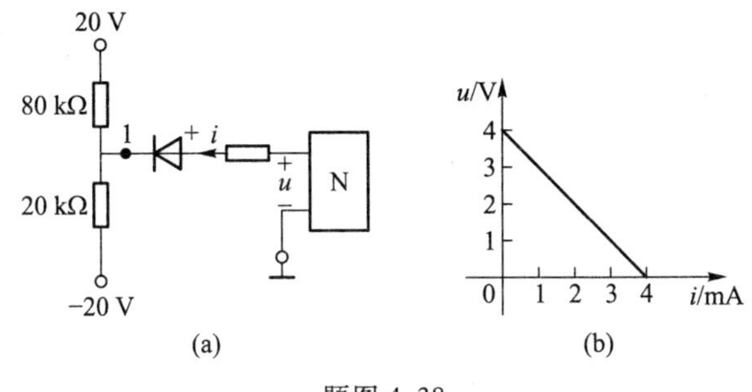

题图 4.38

4.39　在题图 4.39 所示电路中,已知 $R_1 = R_2 = R_3 = 20$ Ω,$\beta = 0.75$,$\mu = 0.5$,$U_S = 10$ V,I_S = 1 A,试求诺顿等效电路。

4.40　题图 4.40 所示电路,已知:$E = 10$ V,$R_1 = R_2 = 1$ kΩ,求该电路的诺顿等效电路。

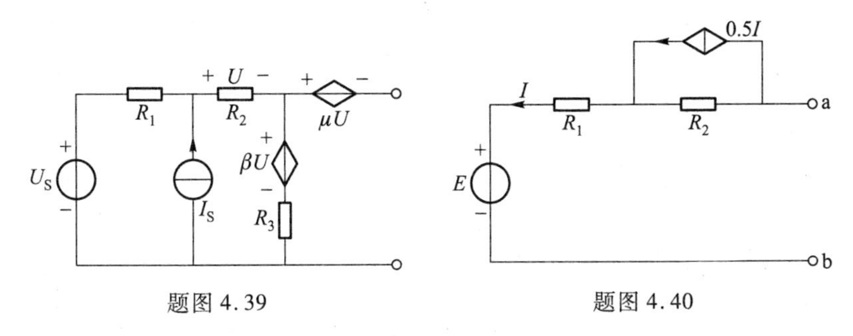

题图 4.39　　　　题图 4.40

4.41　题图 4.41(a)所示电路中,N 为纯电阻网络,$i_{S1} = 3$ A,$u_1 = 6$ V,$u_2 = 12$ V,$i_3 = 1$ A,图 4.41(b)所示电路中,$R_1 = 1$ Ω,$i_{S2} = 1.5$ A,$u_{S3} = 18$ V。求电流 i_1。

4.42　电路如题图 4.42 所示,$I_2 = 0.5$ A,N 为无源电阻网络,求 U_1 为多少?

4.43　题图 4.43 所示电路中,$R_1 = 1$ Ω,$R_2 = 2$ Ω,$u_1 = 1$ V,$u_2 = 2$ V,$i_{S2} = 3$ A,$i_{S1} = 2$ A,网络 N 内无独立源也无受控源,仅由线性元件构成,负载电阻可以自由改变,试问 R_L 等于多少时负载能从网络中吸收最大的功率?且最大功率为多少?

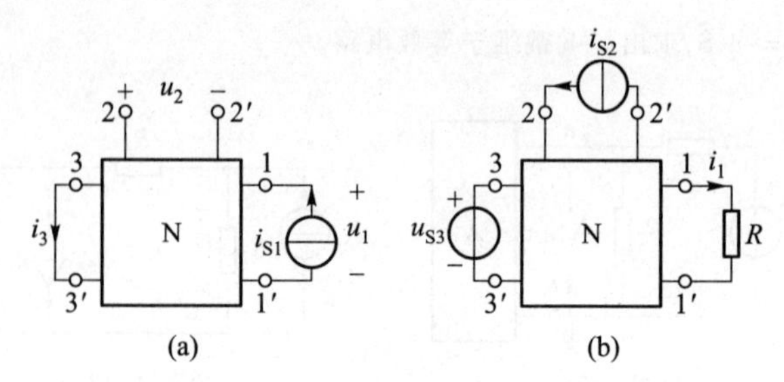

题图 4.41

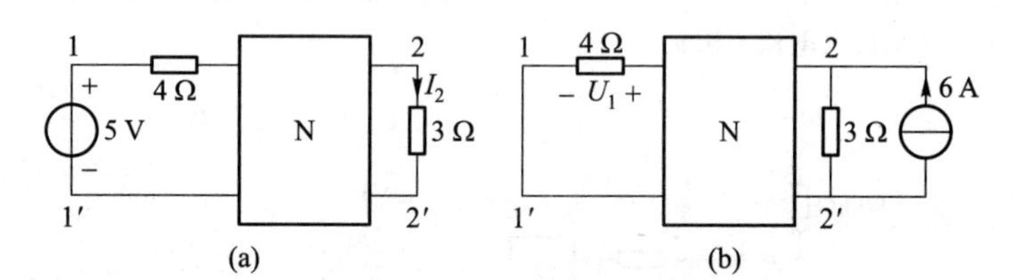

题图 4.42

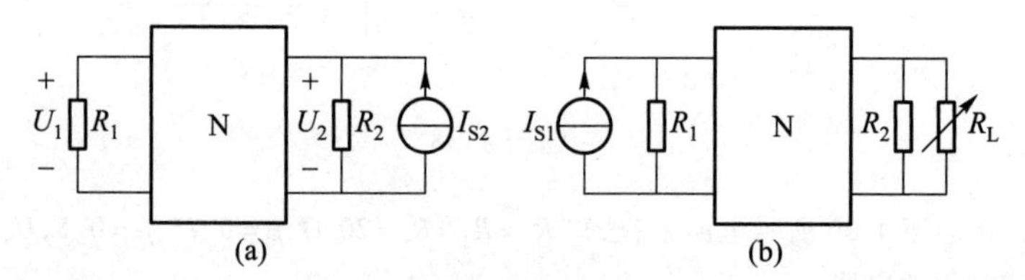

题图 4.43

4.44　题图 4.44 所示电路中，已知：$R_1=24\ \Omega, R_2=5\ \Omega, R_3=40\ \Omega, R_4=20\ \Omega, R=2\ \Omega, E=24\ \text{V}$，试用互易定理求通过电阻 R 的电流 I。

4.45　题图 4.45 所示电路，利用互易定理，求开路电压 U。

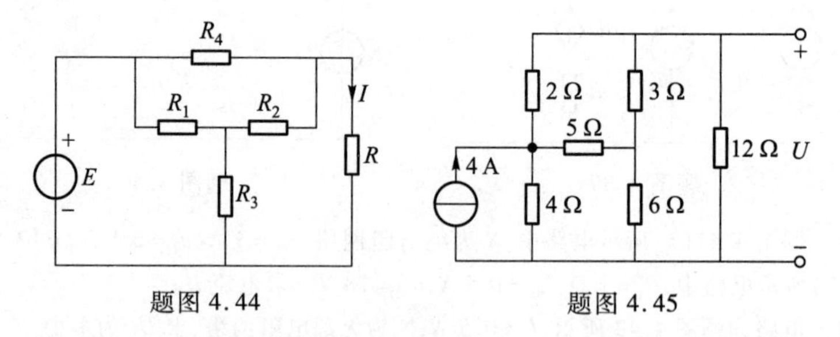

题图 4.44　　　　题图 4.45

4.46　题图 4.46 所示电路中，已知：$R_1=10\ \Omega, R_2=20\ \Omega, U_S=16\ \text{V}, U_{S1}=12\ \text{V}, U_{S2}=24\ \text{V}, U_{S3}=U_{S4}=20\ \text{V}, I_S=2\ \text{A}, U_{S5}=40\ \text{V}$，试求电流 I？

4.47　题图 4.47 所示电路是左右对称结构的，求电压源电流 I 及其功率。

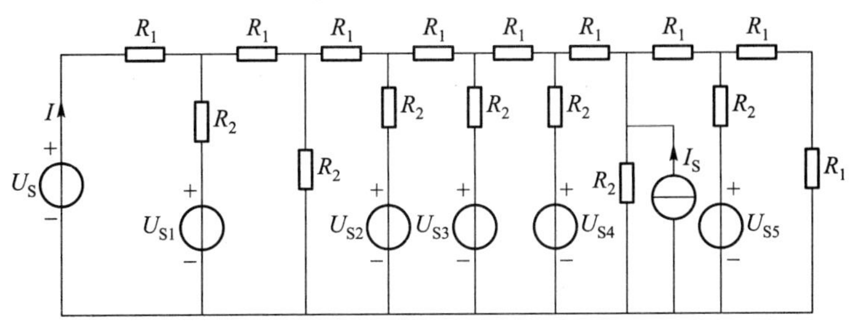

题图 4.46

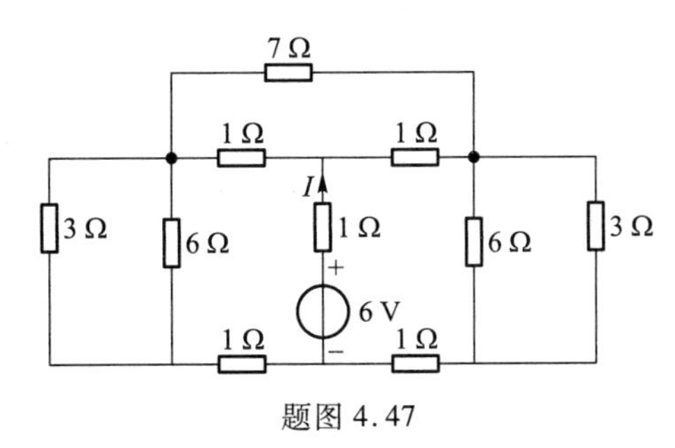

题图 4.47

第 5 章
线性动态电路的正弦稳态分析

本章介绍正弦交流电路稳态分析,包括相量法、谐振电路分析、互感耦合电路分析和三相交流电路分析。首先,介绍正弦交流量的基本概念、有效值、相量、电路元件、KCL 和 KVL 的相量形式,在此基础上,引入阻抗和导纳的概念,进一步阐述相量电路模型和相量图,并介绍有关功率的一些重要概念。其次,介绍正弦交流电路中的特殊现象-电路谐振。然后,围绕磁耦合现象讲述互感电势与同名端、互感的电路模型、互感电路的计算方法等,继而介绍空心变压器、全耦合变压器、理想变压器的特性以及实际变压器的电路模型,通过实际互感应用案例的解析进一步加深对互感现象的理解。最后,介绍对称三相交流电路的基本概念,对称三相电路的计算方法,三相交流电路功率测量与计算,以及不对称三相电路的基本概念。

5.1　正弦交流电路

5.1.1　正弦交流电量的描述

电路中凡是按正弦(或余弦)规律变化的电压量或电流量称为正弦交流电量,简称正弦量。当线性电路的电源为正弦量时,电路中的电压和电流也为同频率的正弦量。

正弦量是最基本的周期信号,它是任何其他周期信号或非周期信号分析的基础。目前,电力工程中遇到的大多数问题几乎都可以按正弦电路加以分析与处理;此外,任意一个非正弦周期函数都可以分解为正弦函数的无穷级数,因此,基于线性电路的叠加原理,非正弦周期信号电路的稳态计算也同样可以归结为应用正弦电路分析方法进行处理。

5.1.2　正弦交流电量的幅值、相位、角频率

在图 5.1.1 所示的参考方向下,设正弦电压的数学表达式为

$$u(t)=U_{m}\sin(\omega t+\varphi_{u})$$
$$=\sqrt{2}U\sin(\omega t+\varphi_{u})$$

式中,U_m 称为正弦电压的振幅,U 称为正弦电压的有效值,ω 称为正弦电压的角

频率，$(\omega t+\varphi_u)$称为正弦电压的相位，$t=0$时的相位φ_u称为初相位，简称初相。通常振幅U_m（有效值U）、角频率ω和初相φ_u合称为正弦量的三要素。

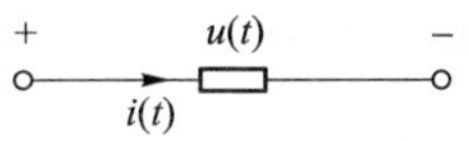

图 5.1.1 正弦电压和电流参考方向

有效值是用以衡量周期交流电量大小的量，是按照等效能量的概念来定义的。周期量的有效值定义为瞬时值的平方在一周期内的平均值再取平方根，因此有效值也称方均根值（root mean square value，RMS value）。

对于正弦电压$u(t)=U_m\sin(\omega t+\varphi_u)$，其有效值为

$$U=\sqrt{\frac{1}{T}\int_0^T[U_m\sin(\omega t+\varphi_u)]^2\mathrm{d}t}=U_m\sqrt{\frac{1}{T}\int_0^T\frac{1}{2}[1-\cos 2(\omega t+\varphi_u)]\mathrm{d}t}=\frac{U_m}{\sqrt{2}}$$

应指出，只有给定了参考方向，才能明确某个时刻电压或电流的实际方向。如当$t=t_0$时$u(t_0)>0$，则$t=t_0$时刻电压的实际方向和参考方向相同；若$u(t_0)<0$，则$t=t_0$时刻电压的实际方向和参考方向相反。

角频率ω、频率f和周期T之间的关系为

$$\omega=2\pi f=\frac{2\pi}{T}$$

式中，ω的单位为弧度/秒，记为 rad/s，频率f的单位为赫兹，记为 Hz。

例 5.1.1 我国电力系统用的正弦交流电源的频率$f=50$ Hz，求角频率和周期。

解：因为$f=50$ Hz，则有角频率$\omega=2\pi f=2\times3.14\times50$ rad/s$=314$ rad/s；周期$T=\frac{1}{f}=\frac{1}{50\ \text{Hz}}=0.02\ \text{s}=20\ \text{ms}$。

通常规定，初相的单位为弧度，记为 rad，取值$|\varphi_u|\leqslant\pi$。但在实际应用中，初相位角常用度作为单位，取值$|\varphi_u|\leqslant180$。

同理，正弦电流的数学表达式可写为

$$i(t)=I_m\sin(\omega t+\varphi_i)$$
$$=\sqrt{2}I\sin(\omega t+\varphi_i)$$

式中，$I_m(I)$、ω、φ_i分别称为正弦电流的振幅（有效值）、角频率和初相。

5.1.3 正弦交流电量之间的相位差

两个正弦量的相位之差，称为相位差，如两个同频率的正弦电压

$$u_1(t)=\sqrt{2}U_1\sin(\omega t+\varphi_{u1})$$
$$u_2(t)=\sqrt{2}U_2\sin(\omega t+\varphi_{u2})$$

相位差为
$$\varphi=(\omega t+\varphi_{u1})-(\omega t+\varphi_{u2})=\varphi_{u1}-\varphi_{u2}$$
说明两个同频率正弦量在任意时刻的相位差是不变的，在数值上等于初相差。

相位差表明两个正弦量随时间变化"步调"上的先后。当两个同频率正弦量初相 $\varphi_{u1}>\varphi_{u2}$ 时，$\varphi>0$，称 $u_1(t)$ 超前于 $u_2(t)$；当 $\varphi_{u1}=\varphi_{u2}$ 时，$\varphi=0$，称 $u_1(t)$ 和 $u_2(t)$ 同相；当 $\varphi_{u1}-\varphi_{u2}=\pi$ 时，$\varphi=\pi$，称 $u_1(t)$ 和 $u_2(t)$ 反相。一般规定相位差的范围在 $-180°\sim180°$ 之间，否则需要对其修正。

例 5.1.2　设有两同频率的正弦电压
$$u_1(t)=\sqrt{2}U_1\sin(\omega t+135°),\quad u_2(t)=\sqrt{2}U_2\sin(\omega t-90°)$$
试判断哪个电压超前，超前角度是多少？

解：因为两个电压的相位差为 $\varphi=135°-(-90°)=225°>1°$，修正相位差为 $\varphi=225°-360°=-135°$，$u_2(t)$ 超前于 $u_1(t)$ $135°$。如图 5.1.2 所示。

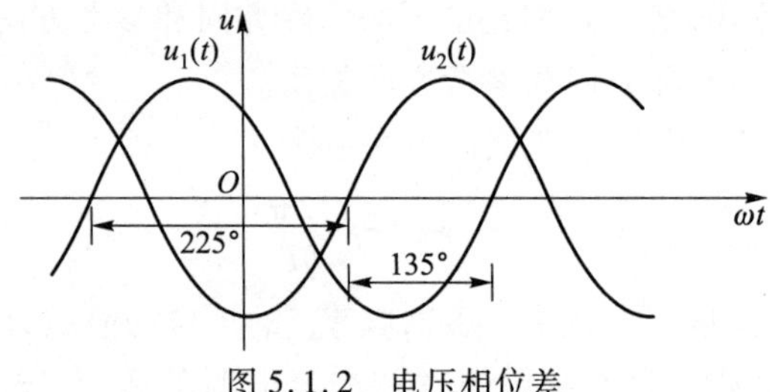

图 5.1.2　电压相位差

5.1.4　正弦交流电量的相量表示

根据欧拉公式，一个复指数函数 $\sqrt{2}Ue^{j(\omega t+\varphi_u)}$ 可写成
$$\sqrt{2}Ue^{j(\omega t+\varphi_u)}=\sqrt{2}U\cos(\omega t+\varphi_u)+j\sqrt{2}U\sin(\omega t+\varphi_u)$$
由上式可知，复指数函数 $\sqrt{2}Ue^{j(\omega t+\varphi_u)}$ 的虚部正是正弦电压 $u(t)$，即
$$u(t)=\mathrm{Im}[\sqrt{2}Ue^{j(\omega t+\varphi_u)}]=\mathrm{Im}[\sqrt{2}\dot{U}e^{j\omega t}]$$

其中复数 $\dot{U}=Ue^{j\varphi_u}$ 的模为正弦电压的有效值，幅角 φ_u 是正弦电压的初相。由此将复数 $\dot{U}$ 称为正弦量 $u(t)$ 对应的相量。显然，将该复数乘以 $\sqrt{2}$ 倍后再乘以 $e^{j\omega t}$，其得到的新的复数的虚部即为正弦电压 $u(t)$。上述表达式中 $e^{j\omega t}$ 称为旋转因子，它是一个模为1、幅角为时间 t 的函数的复数。在复平面上，随着 t 的增加，复数 $\sqrt{2}\dot{U}e^{j\omega t}$ 沿逆时针以角速率 ω 不断旋转，其在虚轴上的投影随 t 变化的规律即为 $u(t)$。

为方便起见，通常将相量写成极坐标的形式，即电压量 $u(t)=\sqrt{2}U\sin(\omega t+\varphi_u)$

对应的相量表示为 $\dot{U}=U\angle\varphi_u$；电流量 $i(t)=\sqrt{2}I\sin(\omega t+\varphi_i)$ 对应的相量表示为 $\dot{I}=I\angle\varphi_i$。

例 5.1.3 求电流量 $i_1(t)=\sqrt{2}\times100\sin(\omega t-30°)$ A 和 $i_2(t)=-\sqrt{2}\times5\sin(\omega t-110°)$ A 对应相量。

解：$\dot{I}_1=100\angle-30°$ A，$\dot{I}_2=-5\angle-110°$ A $=5\angle70°$ A。

例 5.1.4 已知某正弦电压量 $u(t)$ 对应的相量为 $\dot{U}=115\angle-45°$ V，$\omega=500$ rad/s，求该电压量。

解：$u(t)=\sqrt{2}\times115\sin(500t-45°)$ V。

考虑两个同频率的正弦电压量 $u_1(t)=\sqrt{2}U_1\sin(\omega t+\varphi_{u1})$，$u_2(t)=\sqrt{2}U_2\sin(\omega t+\varphi_{u2})$ 相加之和，即

$$
\begin{aligned}
u_1(t)+u_2(t)&=\sqrt{2}U_1\sin(\omega t+\varphi_{u1})+\sqrt{2}U_2\sin(\omega t+\varphi_{u2})\\
&=\mathrm{Im}[\sqrt{2}\dot{U}_1\mathrm{e}^{\mathrm{j}\omega t}]+\mathrm{Im}[\sqrt{2}\dot{U}_2\mathrm{e}^{\mathrm{j}\omega t}]\\
&=\mathrm{Im}[\sqrt{2}(\dot{U}_1+\dot{U}_2)\mathrm{e}^{\mathrm{j}\omega t}]\\
&=\mathrm{Im}[\sqrt{2}\dot{U}\mathrm{e}^{\mathrm{j}\omega t}]\\
&=\sqrt{2}U\sin(\omega t+\varphi_u)
\end{aligned}
$$

其中 $\dot{U}=\dot{U}_1+\dot{U}_2=U<\varphi_u$，$\varphi_u=\varphi_{u1}+\varphi_{u2}$。

由此可见，两个同频率正弦量的加减运算可以由他们的相量的相加减来求取，该方法称为相量法。

例 5.1.5 已知两个电压量 $u_1(t)=\sqrt{2}\times10\sin(\omega t+60°)$ V 和 $u_2(t)=\sqrt{2}\times5\sin\omega t$ V。求 $u_1(t)+u_2(t)$。

解：可采用两种方法，若直接采用三角函数两角和的关系进行运算，则

$$
\begin{aligned}
u(t)&=u_1(t)+u_2(t)\\
&=[\sqrt{2}\times10\sin(\omega t+60°)+\sqrt{2}\times5\sin\omega t]\ \mathrm{V}\\
&=\sqrt{2}(10\sin\omega t\cos60°+10\cos\omega t\sin60°+5\sin\omega t)\ \mathrm{V}\\
&=\sqrt{2}(10\sin\omega t+8.66\cos\omega t)\ \mathrm{V}\\
&=\sqrt{2}\times\sqrt{10^2+8.66^2}\left[\frac{10}{\sqrt{10^2+8.66^2}}\sin\omega t+\frac{8.66}{\sqrt{10^2+8.66^2}}\cos\omega t\right]\ \mathrm{V}\\
&=13.23\times\sqrt{2}(\cos40.89°\sin\omega t+\sin40.89°\cos\omega t)\ \mathrm{V}\\
&=13.23\times\sqrt{2}\sin(\omega t+40.89°)\ \mathrm{V}
\end{aligned}
$$

若采用相量的方法来求，因为 $\dot{U}_1=10\underline{/60^\circ}\ \mathrm{V}$、$\dot{U}_2=5\underline{/0^\circ}\ \mathrm{V}$，则

$$\dot{U}=\dot{U}_1+\dot{U}_2=(10\underline{/60^\circ}+5\underline{/0^\circ})\ \mathrm{V}=(5+\mathrm{j}8.66+5)\ \mathrm{V}=13.23\underline{/40.89^\circ}\ \mathrm{V}$$

根据所求得的电压相量 $\dot{U}$，可直接写出

$$u(t)=u_1(t)+u_2(t)=\sqrt{2}\times13.23\sin(\omega t+40.89^\circ)\ \mathrm{V}$$

可见，采用相量来进行运算比用三角函数运算的方法要简单得多。

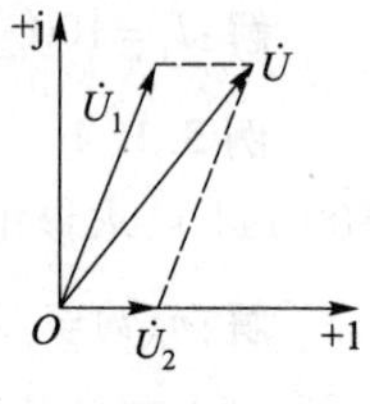

图 5.1.3　相量图

相量运算和一般复数相同，也可以在复平面上用相量表示，表示这种相量的图形称为相量图。如上例，相量图如图5.1.3所示，在复平面上相量相加采用平行四边形或三角形法则。

应注意的是，同频率正弦量的相加减，绝不能通过简单的有效值或振幅的相加减来计算。此外，除了正弦交流量以外，相量是不能表示其他周期量的，因此只有在正弦交流电路中才能采用相量法来分析计算。

5.1.5　正弦交流电路中基本元件的相量模型

1. 电阻元件

如图5.1.4所示，设有正弦电流 $i(t)=\sqrt{2}I\sin(\omega t+\varphi_i)=\mathrm{Im}[\sqrt{2}\dot{I}\mathrm{e}^{\mathrm{j}\omega t}]$ 通过电阻 R，电阻元件中电压和电流为关联参考方向，根据欧姆定律有

图 5.1.4　电阻元件

$$u(t)=Ri(t)=R\cdot\sqrt{2}I\sin(\omega t+\varphi_i)=\mathrm{Im}[\sqrt{2}R\dot{I}\mathrm{e}^{\mathrm{j}\omega t}]$$

而

$$u(t)=\sqrt{2}U\sin(\omega t+\varphi_u)=\mathrm{Im}[\sqrt{2}\dot{U}\mathrm{e}^{\mathrm{j}\omega t}]$$

对照以上两式，显然有

$$\dot{U}=R\dot{I}$$

此即为电阻元件电压相量和电流相量的关系表达式。考虑到 $\dot{U}=U\underline{/\varphi_u}$，$\dot{I}=I\underline{/\varphi_i}$，代入上式，得到

$$U\underline{/\varphi_u}=RI\underline{/\varphi_i}$$

于是得到

$$U=RI\quad \varphi_u=\varphi_i$$

这就是正弦交流电路中电阻电压和电流在关联参考方向前提下,电压有效值和电流有效值之间的关系,以及电压相位和电流相位之间的关系。可知电压和电流是同相的。

2. 电感元件

如图 5.1.5 所示,电感元件中电压和电流为关联参考方向,设有正弦电流 $i(t)=\sqrt{2}I\sin(\omega t+\varphi_i)=\mathrm{Im}[\sqrt{2}\dot{I}\mathrm{e}^{\mathrm{j}\omega t}]$ 通过电感 L,则有

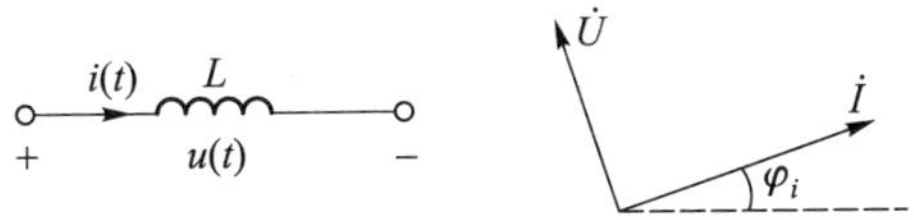

图 5.1.5 电感元件

$$u(t)=L\frac{\mathrm{d}i(t)}{\mathrm{d}t}=L\frac{\mathrm{d}}{\mathrm{d}t}\mathrm{Im}[\sqrt{2}\dot{I}\mathrm{e}^{\mathrm{j}\omega t}]=\mathrm{Im}[\sqrt{2}\mathrm{j}\omega L\dot{I}\mathrm{e}^{\mathrm{j}\omega t}]$$

而

$$u(t)=\sqrt{2}U\sin(\omega t+\varphi_u)=\mathrm{Im}[\sqrt{2}\dot{U}\mathrm{e}^{\mathrm{j}\omega t}]$$

对照以上两式,显然有

$$\dot{U}=\mathrm{j}\omega L\dot{I}$$

此即为电感元件电压相量和电流相量的关系表达式。考虑到 $\dot{U}=U\angle\varphi_u$,$\dot{I}=I\angle\varphi_i$,代入上式,得到

$$U\angle\varphi_u=\mathrm{j}\omega LI\angle\varphi_i=\omega LI\angle\varphi_i+90^\circ$$

于是得到

$$U=\omega LI \quad \varphi_u=\varphi_i+90^\circ$$

这就是正弦交流电路中电感电压和电流在关联参考方向前提下,电压有效值和电流有效值之间的关系,以及电压相位和电流相位之间的关系。电感的电压相位超前于电流相位 90°。

令 $X_L=\omega L=2\pi fL$,X_L 具有电阻的量纲,而且带有阻止电流通过的性质,所以把它叫做电感的电抗,简称感抗。感抗代表电感电压和电感电流的振幅之比或者有效值之比。当 L 的单位用亨利(H),ω 的单位用弧度/秒(rad/s)时,X_L 的单位是欧姆(Ω)。

在电感一定的情况下,电感的感抗与频率成正比,频率越高,感抗越大。对于直流,频率是零,所以 $X_L=0$,即在直流电路中,电感相当于短路。

定义感抗的倒数为电感的电纳,简称感纳,用字母 B_L 来表示,即

$$B_L=\frac{1}{X_L}=\frac{1}{\omega L}$$

感纳的单位为西门子(S)。

例 5.1.6　已知某线圈的电感为 0.1 H,加在线圈上的正弦电压为 10 V,角频率为 10^6 rad/s,初相为 30°。若线圈可看作是纯电感,试求线圈中的电流,写出其瞬时值表达式。

解:根据已知条件,可得到电压相量为 $\dot{U}=10\angle 30^\circ$ V,电感线圈的感抗为 $X_L=\omega L=10^5\ \Omega$,于是,线圈中电流相量为

$$\dot{I}=\frac{\dot{U}}{\mathrm{j}\omega L}=\frac{10\angle 30^\circ}{10^5\angle 90^\circ}\ \mathrm{A}=10^{-4}\angle -60^\circ\ \mathrm{A}$$

对应瞬时值表达式为

$$i(t)=\sqrt{2}\,10^{-4}\sin(10^6 t-60^\circ)\ \mathrm{A}$$

3. 电容元件

如图 5.1.6 所示,电容元件中电压和电流为关联参考方向,设电容两端的电压为 $u(t)=\sqrt{2}U\sin(\omega t+\varphi_u)=\mathrm{Im}[\sqrt{2}\dot{U}\mathrm{e}^{\mathrm{j}\omega t}]$,则有

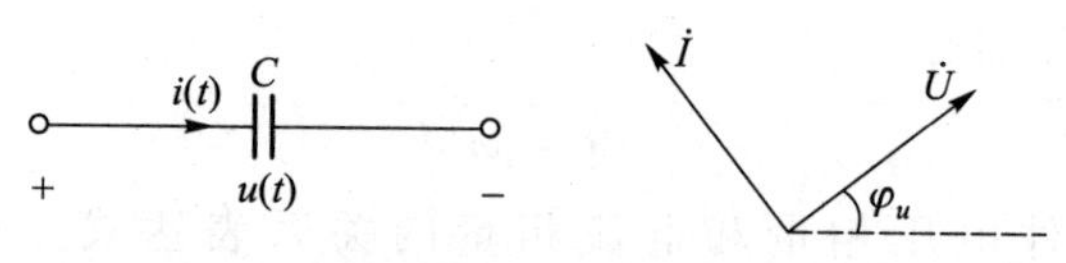

图 5.1.6　电容元件

$$i(t)=C\frac{\mathrm{d}u(t)}{\mathrm{d}t}=C\frac{\mathrm{d}}{\mathrm{d}t}\mathrm{Im}[\sqrt{2}\dot{U}\mathrm{e}^{\mathrm{j}\omega t}]=\mathrm{Im}[\sqrt{2}\mathrm{j}\omega C\dot{U}\mathrm{e}^{\mathrm{j}\omega t}]$$

而

$$i(t)=\sqrt{2}I\sin(\omega t+\varphi_i)=\mathrm{Im}[\sqrt{2}\dot{I}\mathrm{e}^{\mathrm{j}\omega t}]$$

对照以上两式,显然有

$$\dot{I}=\mathrm{j}\omega C\dot{U}$$

或者

$$\dot{U}=-\mathrm{j}\frac{1}{\omega C}\dot{I}$$

此即为电容元件电压相量和电流相量的关系表达式。考虑到 $\dot{U}=U\angle\varphi_u$,$\dot{I}=I\angle\varphi_i$,代入上式,得到

$$U\angle\varphi_u=-\mathrm{j}\frac{1}{\omega C}I\angle\varphi_i=\frac{1}{\omega C}I\angle\varphi_i-90^\circ$$

于是得到

$$U=\frac{1}{\omega C}I\qquad \varphi_u=\varphi_i-90^\circ$$

这就是正弦交流电路中电容电压和电流在关联参考方向前提下,电压有效值和电流有效值之间的关系,以及电压相位和电流相位之间的关系。电容电压滞后于电容电流 90°。

令 $X_C=\frac{1}{\omega C}=\frac{1}{2\pi fC}$，$X_C$ 具有电阻的量纲，而且带有阻止电流通过的性质，所以把它叫做电容的电抗，简称容抗。容抗代表电容电压和电容电流的最大值之比或者有效值之比。当 C 的单位用法拉(F)，ω 的单位用弧度/秒(rad/s)时，X_C 的单位是欧姆(Ω)。

在电容一定的情况下，电容的容抗与频率成反比，频率越高，容抗越小。对于直流，频率是零，所以 $X_C=\infty$，即在直流电路中，电容相当于开路。

定义容抗的倒数为电容的电纳，简称容纳，用字母 B_C 来表示。$B_C=\frac{1}{X_C}=\omega C$，容纳的单位为西门子(S)。

5.1.6 基尔霍夫定律的相量形式

设正弦交流电路某回路有 N 个元件，其基尔霍夫回路电压定律的时域表达式为

$$\sum_{k=1}^{N} u_k=0$$

于是可以得到

$$\mathrm{Im}[\sqrt{2}\dot{U}_1\mathrm{e}^{\mathrm{j}\omega t}]+\cdots+\mathrm{Im}[\sqrt{2}\dot{U}_N\mathrm{e}^{\mathrm{j}\omega t}]=0$$

即

$$\mathrm{Im}[\sqrt{2}(\dot{U}_1+\dot{U}_2+\cdots+\dot{U}_N)\mathrm{e}^{\mathrm{j}\omega t}]=\mathrm{Im}\left[\sqrt{2}\left(\sum_{k=1}^{N}\dot{U}_k\right)\mathrm{e}^{\mathrm{j}\omega t}\right]=0$$

式中，$\sum_{k=1}^{N}\dot{U}_k=\dot{U}_1+\dot{U}_2+\cdots+\dot{U}_N$ 是所有相量的代数和，它是一个合成相量。为保证上式成立，必有

$$\sum_{k=1}^{N}\dot{U}_k=0$$

此即为基尔霍夫电压定律的相量形式，即在正弦交流电路中，沿任意闭合回路绕行一周，各部分电压相量的代数和恒为零。同理可得基尔霍夫电流定律的相量形式

$$\sum_{k=1}^{N}\dot{I}_k=0$$

即流入(流出)正弦交流电路中任一节点的各支路电流相量的代数和恒等于零。

例 5.1.7 如图 5.1.7 所示电路中，已知 $\dot{U}=220\angle 0°$ V，$\dot{U}_1=100\angle 60°$ V，求 $\dot{U}_2$ 的值。

解:由相量形式的基尔霍夫电压定律,得

$$\dot{U}=\dot{U}_1+\dot{U}_2$$

$$\dot{U}_2=\dot{U}-\dot{U}_1=(220\underline{/0°}-100\underline{/60°})\ \text{V}=191\underline{/-27°}\ \text{V}$$

例 5.1.8　如图 5.1.8 所示电路,已知 $R=\omega L=100\ \Omega$,$I=1$ A,求电源电压有效值 U。

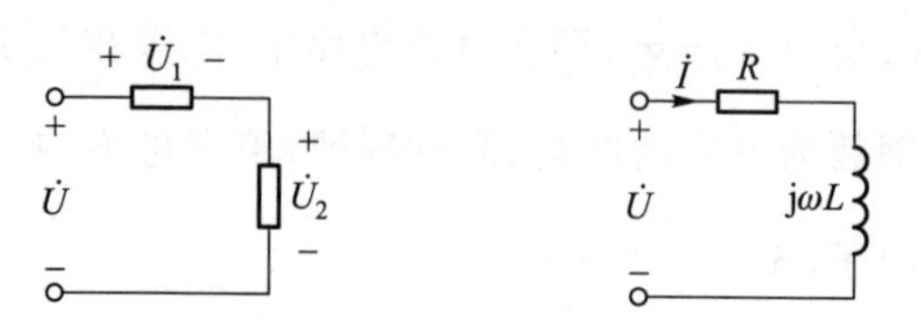

图 5.1.7　例 5.1.7 题图　　　图 5.1.8　例 5.1.8 题图

解:设

$$\dot{I}=1\underline{/0°}\ \text{A}$$

$$\dot{U}_R=\dot{I}R=100\underline{/0°}\ \text{V}\quad \dot{U}_L=\text{j}\omega L\dot{I}=100\underline{/90°}\ \text{V}$$

$$\dot{U}=\dot{U}_R+\dot{U}_L=(100\underline{/0°}+100\underline{/90°})\ \text{V}=100\times\sqrt{2}\underline{/45°}\ \text{V}$$

因此,电源电压的有效值为$\sqrt{2}\times100$ V = 141.4 V

例 5.1.9　为测量一只线圈的等效电感和等效电阻,将它与电阻 R_1 串联后接入频率为 50 Hz 的正弦电源,如图 5.1.9 所示,测得外加电压 $U=200$ V,电阻 R_1 上电压 $U_1=100$ V,线圈两端电压 $U_2=124$ V。已知电阻 $R_1=100\ \Omega$,试求线圈的电阻 R 与电感 L 的值。

解:以电流作参考相量,分别作出电压相量如图 5.1.10 所示。因为 $\dot{U}=\dot{U}_1+\dot{U}_2$,因此电压相量组成一个闭合三角形。

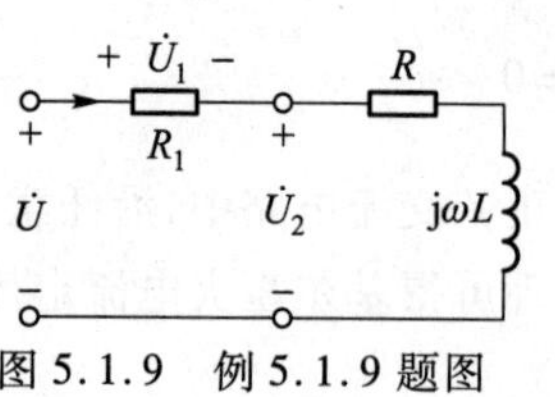

图 5.1.9　例 5.1.9 题图

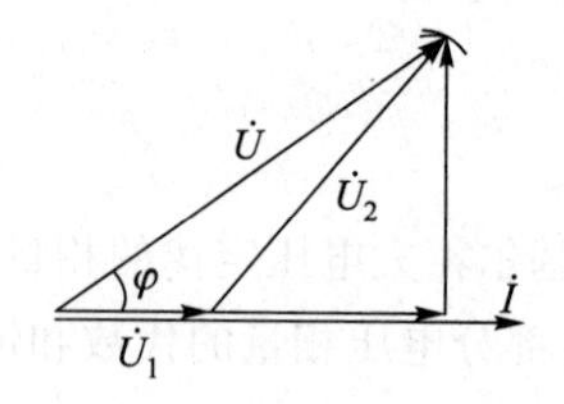

图 5.1.10　例 5.1.9 相量图

在相量图上,用余弦定理可求出 φ 角为

$$\cos\varphi=\frac{U^2+U_1^2-U_2^2}{2UU_1}=\frac{200^2+100^2-124^2}{2\times200\times100}=0.866$$

得 $\varphi=30°$,由相量图又可得到

$$\omega LI = U\sin\varphi,\quad I = \frac{U_1}{R_1} = \frac{100}{100}\ \text{A} = 1\ \text{A}$$

因此,线圈的等效电感和电阻分别为

$$L = \frac{U\sin\varphi}{\omega I} = \frac{200\times0.5}{314}\ \text{H} = 0.318\ \text{H}$$

$$R = \frac{U\cos\varphi - U_1}{I} = \frac{200\times0.866-100}{1}\ \Omega = 73.2\ \Omega$$

5.1.7 正弦交流电路的阻抗、导纳及等效转换

1. 正弦交流电路的阻抗和导纳

在基本元件的相量模型中,其共同特点是均以端口上的电压和电流相量表示,呈简单的代数形式,如对电阻有 $\dot{U} = R\dot{I}$,对电感有 $\dot{U} = \mathrm{j}\omega L\dot{I}$,对电容有 $\dot{U} = -\mathrm{j}\dfrac{1}{\omega C}\dot{I}$。我们将线性二端元件的端电压相量 $\dot{U}$ 与流过它的电流相量 $\dot{I}$ 的比值统一定义为该元件的阻抗 Z,即

$$Z = \frac{\dot{U}}{\dot{I}} = \frac{U}{I}\angle\varphi_u - \varphi_i = |Z|\angle\varphi$$

式中,$|Z|$称为阻抗的模,代表了电压相量有效值和电流相量有效值之比;φ 称为阻抗角,代表了电压相量和电流相量的相位差。Z 的单位与电阻具有相同的量纲,单位为欧姆(Ω)。

阻抗 Z 一般为复数,对于单一元件 R、L、C 来说,其对应的阻抗分别为

$$Z_R = R$$

$$Z_L = \mathrm{j}\omega L = \mathrm{j}X_L$$

$$Z_C = -\mathrm{j}\frac{1}{\omega C} = -\mathrm{j}X_C$$

式中,R 又称为电阻;X_L 和 X_C 分别又称为感抗和容抗,统称为电抗。

在正弦稳态分析中,有时为了方便,常用阻抗的倒数来分析端口电压相量和电流相量的关系,即

$$Y = \frac{\dot{I}}{\dot{U}} = \frac{I}{U}\angle-(\varphi_u - \varphi_i) = |Y|\angle-\varphi$$

称 Y 为导纳,其单位与电导的单位相同,为西门子(S)。其中$|Y|$称为导纳的模,代表了电流相量有效值和电压相量有效值之比。

导纳 Y 一般为复数,对于单一元件 R、L、C 来说,其对应的导纳分别为

$$Y_R=\frac{1}{R}=G$$

$$Y_L=\frac{1}{\mathrm{j}\omega L}=-\mathrm{j}\frac{1}{X_L}=-\mathrm{j}B_L$$

$$Y_C=\mathrm{j}\omega C=\mathrm{j}\frac{1}{X_C}=\mathrm{j}B_C$$

式中，G 又称为电导；B_L 和 B_C 分别又称为感纳和容纳，统称为电纳。

在正弦交流电路中，阻抗（导纳）的连接形式是多种多样的，其中串联和并联是最常用的连接形式。阻抗（导纳）的串联和并联的计算方法，完全类同于电阻的串联和并联的计算方法。

由 n 个阻抗串联而成的电路，其等效阻抗为

$$Z_{\mathrm{eq}}=Z_1+Z_2+\cdots+Z_n$$

当电路中的电压、电流均采用关联参考方向时，各个阻抗的电压分配为

$$\dot{U}_k=\frac{Z_k}{Z_{\mathrm{eq}}}\dot{U},\quad k=1,2,3,\cdots,n$$

式中，$\dot{U}$ 为串联电路的端口总电压，$\dot{U}_k$ 为第 k 个阻抗 Z_k 上的分压。

同理，对于 n 个导纳并联而成的电路，其等效导纳为

$$Y_{\mathrm{eq}}=Y_1+Y_2+\cdots+Y_n$$

当电路中的电压、电流均采用关联参考方向时，各个导纳的电流分配为

$$\dot{I}_k=\frac{Y_k}{Y_{\mathrm{eq}}}\dot{I},\quad k=1,2,3,\cdots,n$$

式中，$\dot{I}$ 为并联电路的端口总电流，$\dot{I}_k$ 为第 k 个导纳 Y_k 上的分流。

例 5.1.10　如图 5.1.11 所示电路，已知 $Z_1=(4+\mathrm{j}10)\ \Omega$，$Z_2=(8-\mathrm{j}6)\ \Omega$，$Y_3=-\mathrm{j}0.12\ \mathrm{S}$，试求该电路的入端阻抗。

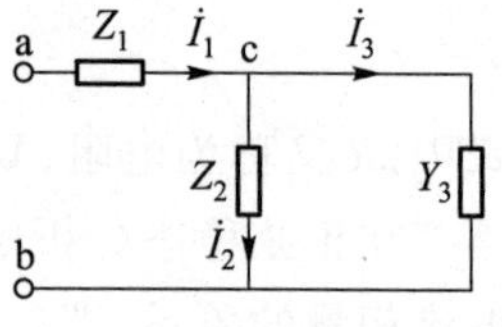

图 5.1.11　例 5.1.10 题图

解：先求 cb 端的等效导纳，Z_2 阻抗的等效导纳为

$$Y_2=\frac{1}{Z_2}=\frac{1}{8-\mathrm{j}6}\ \mathrm{S}=(0.08+\mathrm{j}0.06)\ \mathrm{S}$$

则 cb 端的等效导纳为

$$\begin{aligned}Y_{\mathrm{cb}}&=Y_2+Y_3=(0.08+\mathrm{j}0.06-\mathrm{j}0.12)\ \mathrm{S}\\&=(0.08-\mathrm{j}0.06)\ \mathrm{S}=0.1\angle -36.9^\circ\ \mathrm{S}\end{aligned}$$

于是 cb 右端的等效阻抗为　　$Z_{cb}=\dfrac{1}{Y_{cd}}=10\underline{/36.9^\circ}\ \Omega=(8+\mathrm{j}6)\ \Omega$

电路的入端阻抗　　$Z=Z_1+Z_{cb}=(4+\mathrm{j}10+8+\mathrm{j}6)\ \Omega=20\underline{/53.1^\circ}\ \Omega$

2. 正弦交流电路的等效转换

阻抗和导纳的概念可以推广到由 *RLC* 元件组成的不含独立源的一端口网络 N,如图 5.1.12(a)所示,设端口电压和电流为关联参考方向。在正弦激励下,端口电压和电流将是同频率的正弦量。设

$$u(t)=\sqrt{2}U\sin(\omega t+\varphi_u)$$

$$i(t)=\sqrt{2}I\sin(\omega t+\varphi_i)$$

相应的相量分别为 $\dot{U}=U\underline{/\varphi_u}$、$\dot{I}=I\underline{/\varphi_i}$,则得到无源一端口网络 N 的等效阻抗

$$Z=|Z|\underline{/\varphi}=|Z|\cos\varphi+\mathrm{j}|Z|\sin\varphi$$

如图 5.1.12(b)所示。无源一端口网络 N 的等效导纳

$$Y=|Y|\underline{/-\varphi}=|Y|\cos\varphi-\mathrm{j}|Y|\sin\varphi$$

如图 5.1.12(c)所示。也即图 5.1.12(a)电路可由图 5.1.12(b)电路和图 5.1.12(c)电路等效,显然图 5.1.12(b)和图 5.1.12(c)也是相互等效的关系。

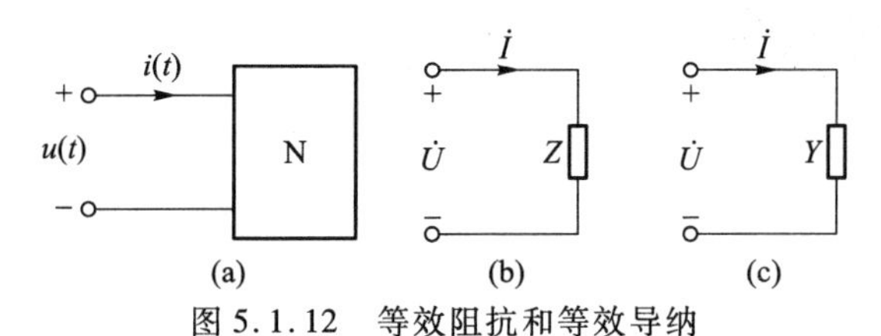

图 5.1.12　等效阻抗和等效导纳

现分析如图 5.1.13 所示的 *RLC* 串联电路,根据相量形式的基尔霍夫电压定律,可得到相量形式的电压方程

$$\dot{U}=\dot{U}_R+\dot{U}_L+\dot{U}_C=R\dot{I}+\mathrm{j}\omega L\dot{I}+\frac{1}{\mathrm{j}\omega C}\dot{I}=R\dot{I}+\mathrm{j}\left(\omega L-\frac{1}{\omega C}\right)\dot{I}$$

即

$$\frac{\dot{U}}{\dot{I}}=R+\mathrm{j}\left(\omega L-\frac{1}{\omega C}\right)=R+\mathrm{j}(X_L-X_C)=R+\mathrm{j}X$$

与图 5.1.12(b)相比较,如果有 $R=|Z|\cos\varphi$,$\omega L-\dfrac{1}{\omega C}=|Z|\sin\varphi$,即

$$Z=R+\mathrm{j}\left(\omega L-\frac{1}{\omega C}\right)=R+\mathrm{j}(X_L-X_C)=R+\mathrm{j}X$$

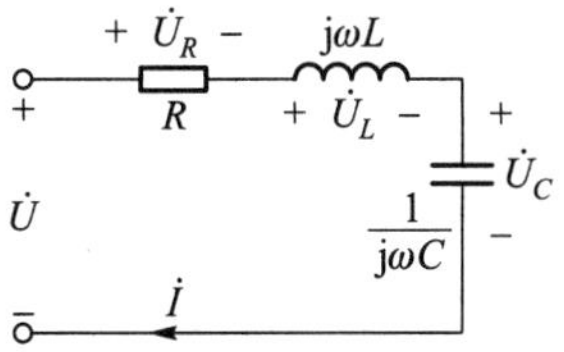

图 5.1.13　*RLC* 串联电路

则图5.1.12(b)电路可进一步等效为图5.1.13,即一个无源一端口网络可用一个 RLC 串联的电路等效,等效电阻 R 为电压相量 $\dot{U}$ 和电流相量 $\dot{I}$ 比值的实部,等效电抗 $X=X_L-X_C$ 为电压相量 $\dot{U}$ 和电流相量 $\dot{I}$ 比值的虚部,它是一个带符号的代数量。

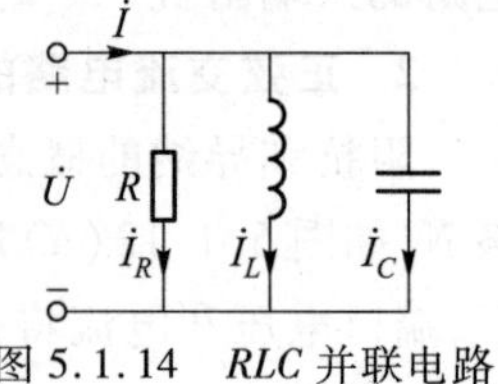

图 5.1.14　RLC 并联电路

分析如图5.1.14所示的 RLC 并联电路,根据相量形式的基尔霍夫电流定律,可得到相量形式的电流方程

$$\dot{I}=\dot{I}_R+\dot{I}_L+\dot{I}_C$$

由于

$$\dot{I}_R=\frac{\dot{U}}{R}=G\dot{U}$$

$$\dot{I}_L=\frac{\dot{U}}{\mathrm{j}\omega L}=-\mathrm{j}\,\frac{\dot{U}}{\omega L}$$

$$\dot{I}_C=\mathrm{j}\omega C\dot{U}$$

故

$$\dot{I}=\left(G+\mathrm{j}\omega C-\mathrm{j}\,\frac{1}{\omega L}\right)\dot{U}$$

即

$$\frac{\dot{I}}{\dot{U}}=G-\mathrm{j}\left(\frac{1}{\omega L}-\omega C\right)=G-\mathrm{j}(B_L-B_C)=G-\mathrm{j}B$$

如有 $G=|Y|\cos\varphi$、$\frac{1}{\omega L}-\omega C=|Y|\sin\varphi$,则有

$$Y=G-\mathrm{j}\left(\frac{1}{\omega L}-\omega C\right)=G-\mathrm{j}(B_L-B_C)=G-\mathrm{j}B$$

即图5.1.12(c)可进一步等效为图5.1.14,即一个无源一端口网络可用一个 RLC 并联的电路等效,等效电导 G 为电流相量 $\dot{I}$ 和电压相量 $\dot{U}$ 比值的实部,等效电纳 $B=B_L-B_C$ 为电流相量 $\dot{I}$ 和电压相量 $\dot{U}$ 比值的虚部,它是一个带符号的代数量。

综上所述,一个无源一端口网络,既可以等效为 RLC 串联的形式,也可以等效为 RLC 并联的形式,显然它们之间也可以等效互换。如果令等效阻抗为 $Z=R+\mathrm{j}X$,等效导纳为 $Y=G-\mathrm{j}B$,则有

$$Y=\frac{1}{Z}=\frac{1}{R+\mathrm{j}X}=\frac{R-\mathrm{j}X}{R^2+X^2}=\frac{R}{R^2+X^2}-\mathrm{j}\,\frac{X}{R^2+X^2}=G-\mathrm{j}B$$

即有

$$G=\frac{R}{R^2+X^2},\quad B=\frac{X}{R^2+X^2}$$

上式表明，一般情况下，并联等效电导并不等于串联等效电阻的倒数 $\left(G\neq\frac{1}{R}\right)$，并联等效电纳也并不等于串联等效电抗的倒数 $\left(B\neq\frac{1}{X}\right)$。

二端元件 R、L、C 可视为无源一端口网络等效的特殊情况。

应该指出，上述的一端口网络的等效电路与原来实际的一端口网络的等效替代，是指电路工作在某一确定的角频率的情况下而言的。倘若电路的工作频率改变了，则其等效电路也完全变化了。换言之，在某一频率下获得的等效电路不能应用于其他频率时的工作情况。

例 5.1.11 对如图 5.1.12(a)所示无源一端口网络 N 施加电压 $u_{ab}(t)=14\sin 10t$ V，得到电流 $i(t)=5\sin(10t-45°)$ A，N 的串联等效电路和并联等效电路的元件值分别是多少？

解： N 的等效阻抗为

$$Z=\frac{\dot{U}}{\dot{I}}=\frac{\frac{14}{\sqrt{2}}}{\frac{5}{\sqrt{2}}\angle -45°}\ \Omega=2.8\angle 45°\ \Omega=(1.979\ 9+\mathrm{j}1.979\ 9)\ \Omega$$

为感性负载，可设无源一端口网络由电阻和电感串联而成，则等效电阻 $R=1.979\ 9\ \Omega$，等效电抗 $X=1.979\ 9\ \Omega$。于是得到等效电感为

$$L=\frac{X_L}{\omega}=\frac{X}{\omega}=\frac{1.979\ 9}{10}\ \mathrm{H}=0.197\ 99\ \mathrm{H}$$

N 的等效导纳为

$$Y=\frac{1}{Z}=0.357\angle -45°\ \mathrm{S}=(0.252\ 5-\mathrm{j}0.252\ 5)\ \mathrm{S}$$

可设无源一端口网络由电阻和电感并联而成，则等效电导为 $G=0.252\ 5$ S，对应等效电阻为

$$R=\frac{1}{G}=3.96\ \Omega$$

等效电纳 $B=0.252\ 5$ S，由 $B=\frac{1}{\omega L}$，得到等效电感

$$L=\frac{1}{\omega B}=0.396\ \mathrm{H}$$

3. 感性负载与容性负载

由式 $\dot{U}=\dot{U}_R+\dot{U}_L+\dot{U}_C$，可得 RLC 串联电路的典型相量图如图 5.1.15 所示。由于在相量图中所关心的是各个相量之间的相位关系，而各个相量之间的相位差与计时零点和时间无关，所以在作相量图时，一般选择电路中的某个相量做参考相量，设其初相为零，其他相量则可根据与参考相量的关系作出。通常将参考相量画在水平方向上，则实轴和虚轴将不再画出。在图 5.1.15 中，由于串联电路中各元件的电流相同，故可选电流 $\dot{I}$ 作为参考相量。

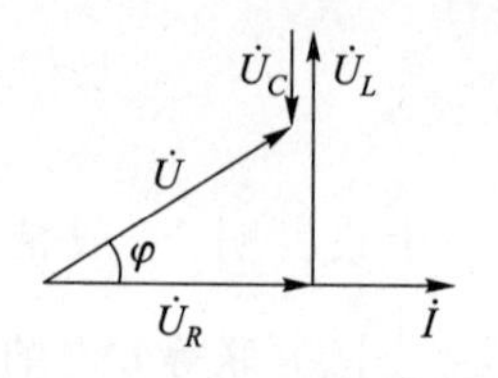

图 5.1.15　RLC 串联相量图

由相量图可知，当 $\dot{U}_L>\dot{U}_C$ 即 $X>0$ 时，也即感抗 X_L 大于容抗 X_C 时，$\dot{U}$ 超前 $\dot{I}$，此时阻抗角 $\varphi>0$，称此时电路的阻抗呈电感性。当 $\dot{U}_L<\dot{U}_C$ 即 $X<0$ 时，也即感抗 X_L 小于容抗 X_C 时，$\dot{U}$ 滞后 $\dot{I}$，此时阻抗角 $\varphi<0$，称此时电路的阻抗呈容性。当 $X=0$ 时，阻抗角 $\varphi=0$，电路呈电阻性。一般无源网络的阻抗角总在 $-\dfrac{\pi}{2}\leqslant\varphi\leqslant\dfrac{\pi}{2}$ 范围内。

例 5.1.12　如图 5.1.16 所示正弦稳态电路中，已知 $U=60$ V，$\omega=500$ rsd/s，在 $C=20$ μF 时测得 $U_1=100$ V，$U_2=80$ V。试判断 Z 是感性还是容性，并求 Z。

解：因为 $\dot{U}=\dot{U}_1+\dot{U}_2$，若 Z 为容性负载，则总阻抗的模将比 Z 和 $-\mathrm{j}\dfrac{1}{\omega C}$ 的模都大，故 $U>U_1$ 且 $U>U_2$ 必定成立。但依题意，$U<U_1$ 且 $U<U_2$，因此 Z 只能为感性负载。因为

$$U_1^2=(100\ \mathrm{V})^2=(60\ \mathrm{V})^2+(80\ \mathrm{V})^2=U^2+U_2^2$$

故三个电压相量构成了直角三角形，且 $\dot{U}$ 和 $\dot{I}$ 同相，以 $\dot{I}$ 为参考相量作电路的相量图如图 5.1.17 所示。

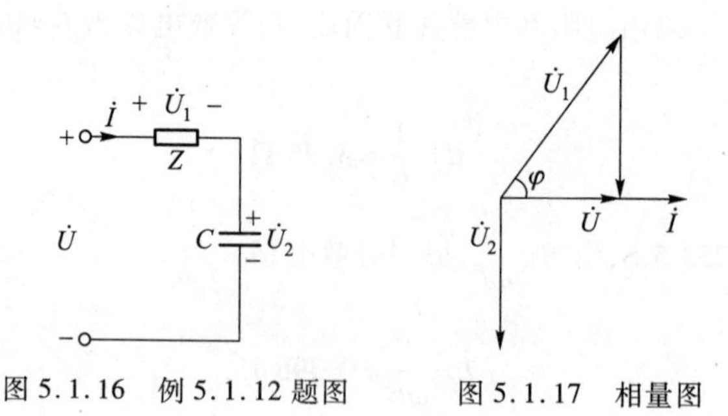

图 5.1.16　例 5.1.12 题图　　图 5.1.17　相量图

由 $\cos\varphi=\frac{U}{U_1}=\frac{60}{100}=0.6$，有 $\varphi=53.13°$，因此有 $\dot{U}=100\angle 53.13\ \text{V}$，而 $\dot{I}=\omega CU_2\angle 0°=500\times20\times10^{-6}\times80\ \text{A}=0.8\ \text{A}$，则有

$$Z=\frac{\dot{U}}{\dot{I}}=\frac{100\angle 53.13°}{0.8}\ \Omega=125\angle 53.13°\ \Omega$$

5.1.8 正弦交流电路的功率计算

1. 正弦交流电路的瞬时功率

设如图 5.1.18 所示一端口网络，依定义其吸收的瞬时功率为

$$p(t)=u(t)\cdot i(t)$$

对于正弦交流电路，设电压和电流分别为 $u(t)=\sqrt{2}U\sin(\omega t+\varphi_u)$ 和 $i(t)=\sqrt{2}I\sin(\omega t+\varphi_i)$，则吸收的瞬时功率为

$$p(t)=u(t)i(t)=UI\cos(\varphi_u-\varphi_i)-UI\cos(2\omega t+\varphi_u+\varphi_i)$$

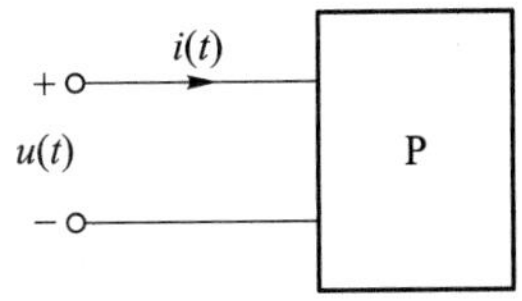

图 5.1.18 一端口网络

可知，瞬时功率可分为恒定分量与二倍角频率变化的余弦分量。

瞬时功率在某些时间段为正值，表示此时一端口网络正在吸收功率。在某些时间段为负值，表示网络在输出功率，将原来储存的能量送回电网。

当一端口网络分别为单一元件 R、L、C 时，可得到这些元件消耗的瞬时功率分别为

电阻 R：　$\varphi=0$，　$p_R=UI(1-\cos 2\omega t)$

电感 L：　$\varphi=\frac{\pi}{2}$，　$p_L=UI\sin 2\omega t$

电容 C：　$\varphi=-\frac{\pi}{2}$，　$p_C=-UI\sin 2\omega t$

可以看出，$p_R\geqslant 0$，表示电阻的耗能特性；p_L、p_C 是正弦量，表示了电感和电容的储能属性，它们在电路中周期性地吸收和产生功率。

在实际应用中，如晶体管和真空管功率放大器的应用中，必须限制瞬时功率的最大值，以免其中某些实际器件超过其安全或有效工作范围而受损。

2. 正弦交流电路的有功功率

有功功率也称平均功率，是指瞬时功率在一周内的平均值，用大写字母 P 表示，其定义为

$$P=\frac{1}{T}\int_0^T p(t)\,\mathrm{d}t=UI\cos(\varphi_u-\varphi_i)=UI\cos\varphi$$

上式表明，正弦交流电路中的有功功率是瞬时功率中的恒定分量，它代表一端口

的实际消耗功率。它不仅与电压、电流的有效值乘积有关，而且与它们之间的相位有关。$\cos\varphi$ 称为功率因数，φ 为功率因数角（φ 即为电压和电流的相位差）。有功功率的单位是瓦（W）或千瓦（kW）。

当一端口网络分别为单一元件 R、L、C 时，可得到这些元件消耗的有功功率分别为

电阻 R：　　$\varphi=0$，　$P_R=UI=\dfrac{U^2}{R}=I^2R$

电感 L：　　$\varphi=\dfrac{\pi}{2}$，　$P_L=UI\cos\varphi=0$

电容 C：　　$\varphi=-\dfrac{\pi}{2}$，　$P_C=UI\cos\varphi=0$

可以看出消耗在电感、电容元件上的有功功率恒等于零，表明它们不消耗能量。

工程中通常所说的功率均指有功功率，并常常把“有功”两字省去。如电阻的功率为$\dfrac{1}{4}$ W，白炽灯的功率为 60 W 等，均指有功功率。

3. 有功功率的测量

测量负载的有功功率时，一般采用功率表。功率表内有两个线圈：电压线圈和电流线圈。测量时应将电流线圈与被测量的一端口网络的电流回路串联，将电压线圈与端口电压并联，如图 5.1.19（a）所示。图中 1、1′是电流线圈的端钮，2、2′是电压线圈的端钮，端钮 1 和 2 都标有“ * ”记号或“±”记号，称为功率表的极性标志。功率表的读数 W 等于加在其电压线圈的电压有效值与通过其电流线圈的电流有效值的乘积，再乘以电流按 $1^*\rightarrow1'$ 和电压按 $2^*\rightarrow2'$ 的参考方向时电压电流间的相位差的余弦。即 $W=UI\cos(\dot U,\dot I)=UI\cos\varphi$。

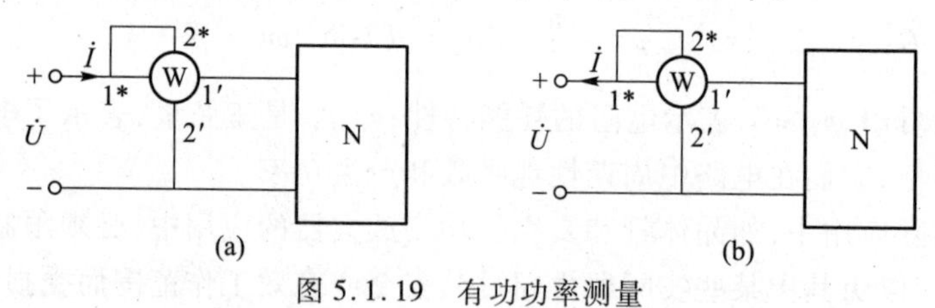

图 5.1.19　有功功率测量

对于如图 5.1.19（b）所示电路，功率表的读数是 $W=UI\cos(\dot U,-\dot I)=-UI\cos\varphi$。

例 5.1.13　如图 5.1.20 所示正弦稳态电路，已知外加电压 $\dot U_s=10\angle 45^\circ$ V，$R=\omega L=10\ \Omega$，求功率表的读数。

解：由图 5.1.20 可知，功率表测量的值即为电阻 R 消耗的功率。

$$\dot{I}=\frac{\dot{U}_s}{R+j\omega L}=\frac{10\angle 45^\circ}{10+j10}\text{A}=\frac{\sqrt{2}}{2}\angle 0^\circ\ \text{A}$$

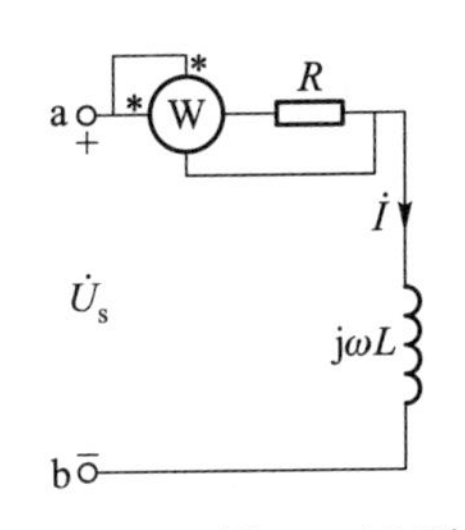

图 5.1.20 例 5.1.13 题图

电阻 R 消耗的功率为

$$P_R=I^2R=\left(\frac{\sqrt{2}}{2}\right)^2\times 10\ \text{W}=5\ \text{W}$$

此即为功率表的读数。

电源提供的功率也即电路消耗的功率为

$$P=U_S I\cos\varphi=10\times\frac{\sqrt{2}}{2}\times\cos 45^\circ\ \text{W}=5\ \text{W}$$

可知,电源提供的功率即为电路中电阻消耗的功率。

4. 正弦交流电路的无功功率

由瞬时功率定义

$$\begin{aligned}p(t)=u(t)i(t)&=UI\cos(\varphi_u-\varphi_i)-UI\cos(2\omega t+\varphi_u+\varphi_i)\\&=UI\cos(\varphi_u-\varphi_i)-UI[\cos(\varphi_u-\varphi_i)\cos(2\omega t+2\varphi_i)-\sin(\varphi_u-\varphi_i)\sin(2\omega t+2\varphi_i)]\\&=UI\cos\varphi[1-\cos(2\omega t+2\varphi_i)]+UI\sin\varphi\sin(2\omega t+2\varphi_i)\\&=p_1+p_2\end{aligned}$$

上式中 p_1 功率的传输方向始终不变,代表了电网络实际消耗的电功率分量,其平均值等于网络吸收的有功功率。p_2 是一个幅值为 $UI\sin\varphi$、角频率为 2ω 的正弦交变瞬时功率分量,它是在电源和网络之间往返交换的能量,其平均值为零。为了度量这种在电源和网络之间能量交换的速率,定义该瞬时功率中无功分量的最大值为无功功率,用 Q 来表示,即有

$$Q=UI\sin\varphi$$

无功功率的量纲与平均功率相同,但为了区别起见,它的单位叫做无功伏安,简称乏,用 var 表示。

当一端口网络 N 分别为单一元件 R、L、C 时,可得到这些元件消耗的无功功率分别为

电阻 R:$\varphi=0$,$Q_R=UI\sin\varphi=0$,表明 R 与外部电路无能量交换

电感 L:$\varphi=\dfrac{\pi}{2}$,$Q_L=UI\sin\varphi=UI>0$,表明 L 从外部电路吸收能量

电容 C:$\varphi=-\dfrac{\pi}{2}$,$Q_C=UI\sin\varphi=-UI<0$,表明 C 向外部电路释放能量

5. 正弦交流电路的视在功率与复数功率

在许多电力设备中,它们的容量是由其额定电压和额定电流的乘积所决定,

因而引入视在功率的概念，并用大写的 S 表示，其定义为

$$S=UI$$

为了便于区分，视在功率的单位为伏安（V·A）或千伏安（kV·A）。

例如，某一台大型变压器的容量是 10 000 kV·A（就是说它的额定视在功率是 10 000 kV·A），当功率因数 $\cos\varphi=1$ 时，这台变压器的输出功率是 10 000 kW，而当功率因数 $\cos\varphi=0.8$ 时，它只能输出 10 000×0.8＝8 000 kW 的功率。所以，为了充分利用变压器，必须尽量提高功率因数。

视在功率、有功功率和无功功率之间有下列关系

$$P=S\text{sos}\ \varphi$$

$$Q=S\sin\varphi$$

$$S=\sqrt{P^2+Q^2}$$

$$\tan\varphi=\frac{Q}{P}$$

可见，有功功率 P、无功功率 Q 与视在功率 S 构成一个直角三角形，称为功率三角形。如图 5.1.21 所示。

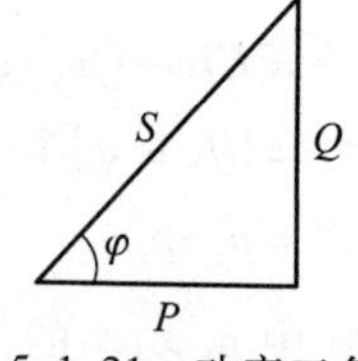

图 5.1.21　功率三角形

另外，还可以用电压相量和电流相量来计算出所要求的各种功率。如果把电压相量乘以电流相量的共轭复数，则

$$\begin{aligned}\dot{U}\overset{*}{I}&=U\underline{/\varphi_u}\cdot I\underline{/-\varphi_i}=UI\underline{/\varphi_u-\varphi_i}=UI\underline{/\varphi}\\&=UI\cos\varphi+\mathrm{j}UI\sin\varphi\end{aligned}$$

该乘积称为复数功率，用符号 $\tilde{S}$ 来表示，即

$$\tilde{S}=\dot{U}\overset{*}{I}$$

复数功率的实部是有功功率 P，虚部为无功功率 Q，而其模就是视在功率 $S=UI$。复数功率的单位为伏安（V·A）或千伏安（kV·A）。

对于无源一端口网络，设其等效阻抗为 Z，将 $\dot{U}=Z\cdot\dot{I}$ 代入上式，有

$$\tilde{S}=I^2Z=I^2R+\mathrm{j}I^2X$$

即其消耗的有功功率为 I^2R，消耗的无功功率为 I^2X。如其等效导纳为 Y，将 $\dot{I}=\dot{U}Y$ 代入得到

$$\tilde{S}=U^2\overset{*}{Y}=U^2G-\mathrm{j}U^2B$$

即其消耗的有功功率为 U^2G，消耗的无功功率为 U^2B。

可以证明，正弦交流电路中有功功率、无功功率和复数功率守恒，而视在功率不守恒。

例 5.1.14 已知电流为 $\dot{I}=5\underline{/20°}$ A,求提供给阻抗 $Z=(8-\mathrm{j}11)\ \Omega$ 的平均功率。

解:阻抗可以看作是一个电阻和一个电容的串联,只有电阻消耗(平均)功率,故

$$P=5^2\times 8\ \mathrm{W}=200\ \mathrm{W}$$

6. 功率因数的提高

前已指出,为了充分利用电气设备的容量,必须尽量提高功率因数。此外,提高功率因数可以减少传输线上的损耗,从而提高传输效率。例如要把电能从电站输送到远距离的城市,设线路等效电阻为 R_0,则线路损耗 P_0 可表示为

$$P_0=I^2R_0$$

与电流平方成正比。设负载接受的功率为 P_2,输电线始端的功率为 P_1,则传输效率为

$$\eta=\frac{P_2}{P_1}=\frac{P_2}{P_2+P_0}=\frac{P_2}{P_2+I^2R_0}$$

设负载的端电压为 $\dot{U}_2$,负载的功率因数为 $\cos\varphi_2$,则有

$$I=\frac{P_2}{U_2\cos\varphi_2}$$

可知,如果负载端电压不变,且功率因数很低时,线路上的电流较大。因此,供电单位要求用户采取必要的措施以使功率因数不得低于一定的限度,从而提高传输效率。

对于电感性负载,提高功率因数通常采用电容器(或同步补偿器)和负载并联的方法来实现。设有一感性负载其端电压为 $\dot{U}$,有功功率为 P。现要求把它的功率因数从 $\cos\varphi_1$ 提升到 $\cos\varphi_2$,试决定并联多大的电容。

如图 5.1.22(a) 所示电路,未并联电容时,

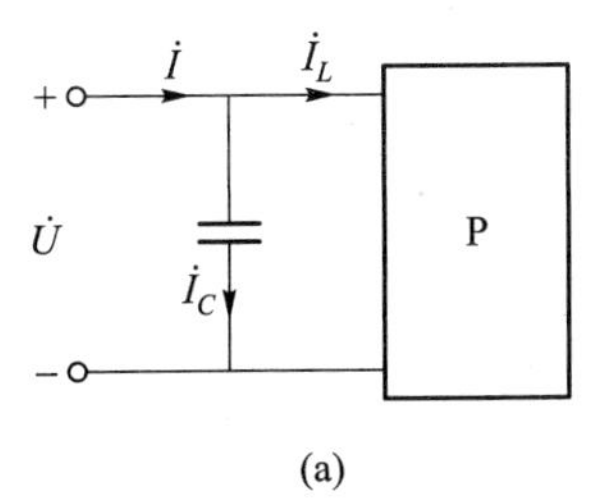

(a)

(b)

图 5.1.22 功率因数提高

$$I_L=I=\frac{P}{U\cos\varphi_1}$$

其垂直分量

$$I_a=I_L\sin\varphi_1=\frac{P}{U\cos\varphi_1}\cdot\sin\varphi_1=\frac{P}{U}\cdot\tan\varphi_1$$

并联 C 后

$$I=\frac{P}{U\cos\varphi_2}$$

其垂直分量

$$I_b=I\sin\varphi_2=\frac{P}{U\cos\varphi_2}\cdot\sin\varphi_2=\frac{P}{U}\cdot\tan\varphi_2$$

其相量图如图 5.1.22(b)所示。又因为 $I_C=I_b-I_a, I_C=\omega CU$，所以并联电容为

$$C=\frac{I_C}{\omega U}=\frac{I_a-I_b}{\omega U}=\frac{P}{\omega U^2}(\tan\varphi_1-\tan\varphi_2)$$

$$=\frac{\dfrac{P}{U\cos\varphi_1}\sin\varphi_1-\dfrac{P}{U\cos\varphi_2}\sin\varphi_2}{2\pi fU}$$

例如，在图 5.1.22(a)所示电路中，负载端电压为 $U=220$ V，频率 $f=50$ Hz，感性负载的有功功率为 $P=10$ kW，功率因数为 $\cos\varphi_1=0.6$，若要把功率因数提高到 $\cos\varphi_2=0.9$，可求得并联的电容量为 $C=558.3$ μF。此时计算可知，传输线上的电流从未并联电容时的 76.76 A 下降到 50.51 A。但若要将功率因数提高到1，经计算 $C=876.9$ μF，与 0.9 时的并联电容相比较，电容量增加了57.07%，传输线上的电流从 50.51 A 下降到 45.45 A。显然，这样处置的经济性应是另一方面需要考虑的问题。

还可以根据功率守恒分析求功率因数提高问题。

例 5.1.15　功率为 60 W、功率因数为 0.5 的日光灯(感性)负载与功率为 100 W 的白炽灯各 50 只并联在 220 V 的正弦电源上($f=50$ Hz)。如果要把电路的功率因数提高到 0.92(感性)，应并联多大的电容。

解：日光灯吸收的有功功率为 $P_{日光灯}=60\times50$ W$=3\ 000$ W；白炽灯吸收的有功功率为 $P_{白炽灯}=100\times50=5\ 000$ W；整个电路吸收的有功功率 $P_{总}=(3\ 000+5\ 000)$ W$=8\ 000$ W。

整个电路吸收的无功功率等于日光灯的无功功率 $Q=50\times60\tan(\arccos 0.5)$ var$=5\ 196$ var。

并联电容后，电路的功率因数提高到 0.92，则总电路的阻抗角变为 $\varphi=\arccos 0.92=23.07°$。并联电容前后电路吸收的有功功率不变，但无功功率变为

$Q'=P_{总}\cdot\tan\varphi'=8\ 000\cdot\tan 23.07°=3\ 408\ \text{var}$。

并联电容前后无功功率变化量为 $\Delta Q=Q'-Q=(3\ 408-5\ 196)\ \text{var}=-1\ 788\ \text{var}$。

电容产生的无功功率为 $\Delta Q=-U^2\omega C$，于是 $C=-\dfrac{\Delta Q}{U^2\omega}=\dfrac{1\ 788}{220^2\times 100\pi}\ \text{F}=117.7\ \mu\text{F}$。

5.2 电路的谐振

5.2.1 *RLC* 串联谐振

正弦电路中，一个含电感和电容的无源一端口网络，端口电压和电流一般不同相。但在某些特定的频率时，端口电压和电流是同相的，此时，入端阻抗和导纳呈现纯电阻的特性。无源一端口网络出现这种情况时称为处于谐振状态，或说电路中出现了谐振现象。

如图 5.2.1(a)所示 *RLC* 串联电路中，在正弦激励下，其阻抗为

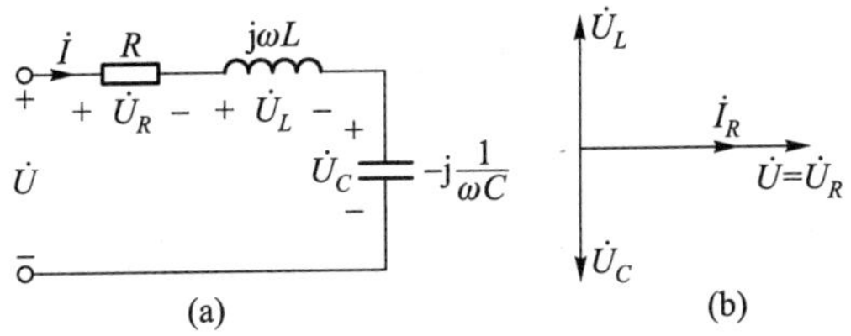

(a) (b)

图 5.2.1 串联谐振电路

$$Z=R+\mathrm{j}\left(\omega L-\frac{1}{\omega C}\right)=R+\mathrm{j}(X_L-X_C)=R+\mathrm{j}X$$

当 Z 的虚部为零 $X=0$，即 $\omega L=\dfrac{1}{\omega C}$时，有$\dfrac{\dot U}{\dot I}=Z=R$，即 $\varphi=0$。此时电路呈现纯电阻的特性。也就是说，电源电压 $\dot U$ 和电流 $\dot I$ 同相位。因为是在 *RLC* 串联电路中产生的谐振，工程中将电路的这种工作状态称为串联谐振，此时，外加电源的角频率为

$$\omega=\omega_0=\frac{1}{\sqrt{LC}}$$

称该频率为谐振角频率。谐振角频率又称为电路的固有角频率，它完全是由电路的结构和参数决定的。

RLC 串联电路谐振时的电压和电流相量关系如图 5.2.1(b)所示。注意到 $\dot{U}_L+\dot{U}_C=0$,即谐振时 $\dot{U}_L$ 和 $\dot{U}_C$ 大小相等,方向相反。

串联谐振时,电路中的电流为

$$\dot{I}=\frac{\dot{U}}{Z}=\frac{\dot{U}_R}{R}$$

由于电路发生串联谐振时,阻抗 $Z=R$ 为最小值,所以在输入电压有效值不变的情况下,电流 I 和 U_R 为最大值,也即串联谐振时电路消耗的功率为最大。

谐振时的感抗或容抗称为谐振电路的特征阻抗,用 ρ 表示。

$$\rho=\omega_0 L=\frac{1}{\omega_0 C}=\sqrt{L/C}$$

串联谐振时的感抗(或容抗)与电阻之比称为串联谐振电路的品质因数 Q(量纲为1)

$$Q=\frac{\omega_0 L}{R}=\frac{\text{容抗或感抗}}{\text{电阻}}$$

$$=\frac{I\omega_0 L}{IR}=\frac{\text{电容(电感)电压}}{\text{电阻电压}}$$

$$=\frac{I^2\omega_0 L}{I^2 R}=\frac{\text{电容(电感)无功功率}}{\text{电阻有功功率}}$$

在电子电路中,该常数 Q 用于评价信号输入回路选择性等特征。

例 5.2.1 *RLC* 串联电路,电源电压 $U=10$ V,角频率 $\omega=5\ 000$ rad/s。调节电容 C 使得电路中的电流最大,且这个电流的最大值为 100 mA,这时电容上的电压是 500 V。试求 R、L、C 之值及电路的品质因数 Q。

解:由题意,该电路产生串联谐振。由 $I=\dfrac{U}{R}$,知

$$R=\frac{U}{I}=\frac{10}{0.1}\ \Omega=100\ \Omega$$

由 $Q=\dfrac{\frac{1}{\omega C}}{R}=\dfrac{U_C}{U_R}=\dfrac{500}{10}=50$,知 $C=\dfrac{1}{QR\omega}=\dfrac{1}{20\times100\times5\ 000}\ \text{F}=0.04\ \mu\text{F}$

所以 $L=\dfrac{QR}{\omega}=\dfrac{50\times100}{5\ 000}\ \text{H}=1\ \text{H}$。

例 5.2.2 *RLC* 串联电路中,已知端电压 $u(t)=\sqrt{2}\times10\sin(2\ 500t+15°)$ V,当电容 $C=8\ \mu$F 时,电路吸收的平均功率 P 达到最大值 $P_{max}=100$ W。求电感 L 和电阻 R 的值,以及电路的 Q 值。

解：因为 $P=I^2R$，故当 P 最大时，I 最大，即电路中产生了串联谐振，所以有

$$L=\frac{1}{\omega_0^2C}=\frac{1}{2\ 500^2\times 8\times 10^{-6}}\ \mathrm{H}=0.02\ \mathrm{H}$$

$$R=\frac{P_{\max}}{I^2}=\frac{U^2}{P_{\max}}=\frac{10^2}{100}\ \Omega=1\ \Omega$$

$$Q=\frac{\omega_0L}{R}=\frac{2\ 500\times 0.02}{1}=50$$

5.2.2 *RLC* 并联谐振

对于如图 5.2.2 所示 *RLC* 并联电路，等效导纳为

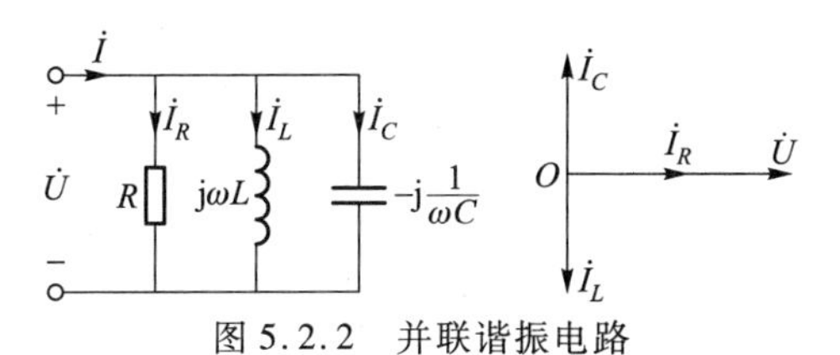

图 5.2.2 并联谐振电路

$$Y=\frac{1}{R}-\mathrm{j}\left(\frac{1}{\omega L}-\omega C\right)=G-\mathrm{j}(B_L-B_C)$$

谐振时，显然有 $B_L=B_C$，于是得到谐振角频率

$$\omega=\omega_0=\frac{1}{\sqrt{LC}}$$

由于电路发生谐振时，等效导纳为最小值，所以在输入电流有效值不变时，电压 U 和电流 I_R 为最小值，可以根据这一现象判别并联电路是否发生了谐振。当输入电压有效值不变时，因为 $I=U\cdot|Y|$，故此时入端电流（谐振电流）为最小。

并联谐振时有 $\dot{I}_L+\dot{I}_C=0$，电感支路的电流和电容支路的电流大小相等，方向相反，相互抵消，有可能会远远大于输入电流，所以并联谐振亦叫做电流谐振。

并联谐振的品质因数 Q 定义为

$$Q=\frac{\omega_0C}{G}=\frac{\text{容纳或感纳}}{\text{电导}}$$

$$=\frac{U\omega_0C}{UG}=\frac{\text{电容(电感)电流}}{\text{电阻电流}}$$

$$=\frac{U^2\omega_0C}{U^2G}=\frac{\text{电容(电感)无功功率}}{\text{电阻有功功率}}$$

工程上常遇到的是由电感线圈和电容并联的谐振电路，如图 5.2.3 所示，其

等效导纳为

$$
\begin{aligned}
Y &= \frac{1}{R+\mathrm{j}\omega L}+\mathrm{j}\omega C \\
&= \frac{R}{R^2+\omega^2L^2}-\mathrm{j}\left(\frac{\omega L}{R^2+\omega^2L^2}-\omega C\right) \\
&= G-\mathrm{j}B
\end{aligned}
$$

其等效的 RLC 并联电路如图 5.2.4 所示。

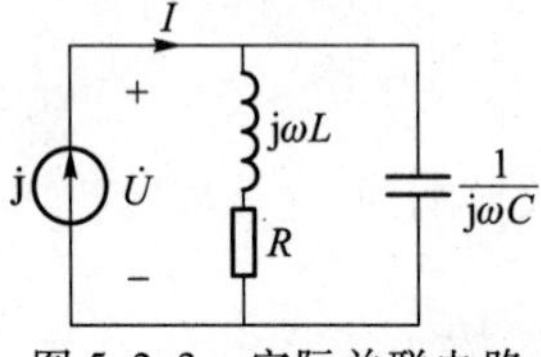

图 5.2.3　实际并联电路

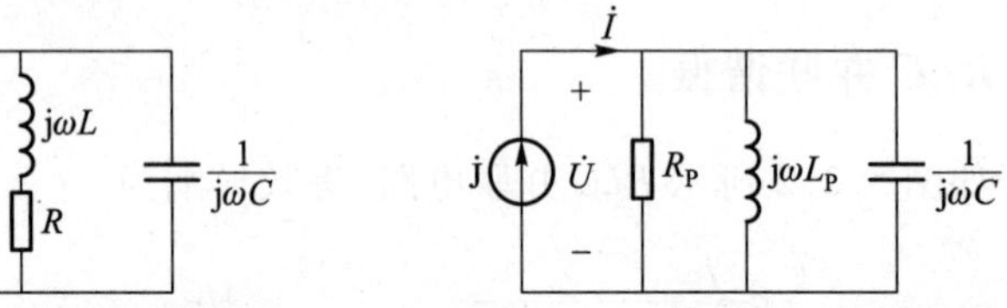

图 5.2.4　等效 RLC 并联电路

等效电阻和等效感抗都是非线性的，分别为

$$
R_{\mathrm{P}}=\frac{R^2+\omega^2L^2}{R},\quad \omega L_{\mathrm{P}}=\frac{R^2+\omega^2L^2}{\omega L}
$$

如上所述，发生并联谐振的条件为 $B=0$，即

$$
\omega C=\frac{\omega L}{R^2+\omega^2L^2}
$$

谐振角频率为

$$
\omega=\omega_0=\sqrt{\frac{1}{LC}-\frac{R^2}{L^2}}=\frac{1}{\sqrt{LC}}\sqrt{1-\frac{CR^2}{L}}
$$

显而易见，唯当 $1-\frac{CR^2}{L}>0$，即 $R<\sqrt{\frac{L}{C}}$ 时，ω_0 才是实数，电路才能发生谐振。当 $R=0$ 时，则得其谐振角频率 $\omega_0=\frac{1}{\sqrt{LC}}$。

5.2.3　串并联谐振

对于实际的无源一端口网络，有时既可以等效为 RLC 串联电路，也可以等效为 RLC 并联电路，从而其谐振角频率将不止一个。如对如图 5.2.5 所示电路，其等效阻抗为

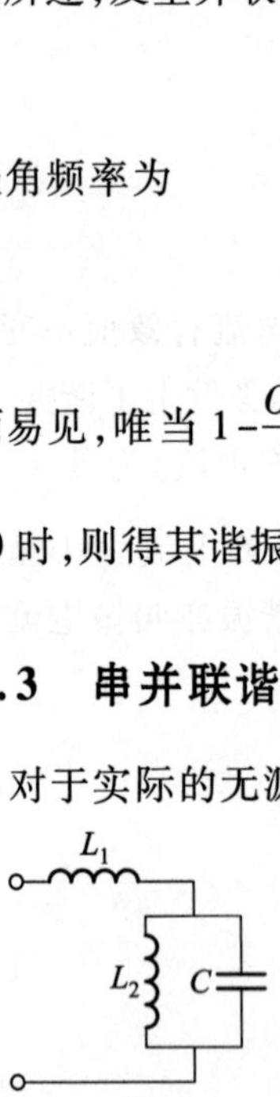

图 5.2.5　电感电容电路

$$
Z=\mathrm{j}\omega L_1+\frac{(\mathrm{j}\omega L_2)\left(-\mathrm{j}\,\frac{1}{\omega C}\right)}{\mathrm{j}\omega L_2-\mathrm{j}\,\frac{1}{\omega C}}=\mathrm{j}\omega L_1-\mathrm{j}\,\frac{L_2/C}{\omega L_2-\frac{1}{\omega C}}
$$

经整理后得到

$$Z=\mathrm{j}\frac{\left(\omega L_2-\frac{1}{\omega C}\right)\omega L_1-\frac{L_2}{C}}{\omega L_2-\frac{1}{\omega C}}$$

取其虚部为零,得到串联谐振的谐振角频率为

$$\omega_1=\omega=\sqrt{\frac{1}{L_2C}+\frac{1}{L_1C}}$$

然而,该无源一端口网络的等效导纳为

$$Y=\frac{1}{Z}=\mathrm{j}\frac{-\left(\omega L_2-\frac{1}{\omega C}\right)}{\left(\omega L_2-\frac{1}{\omega C}\right)\omega L_1-\frac{L_2}{C}}$$

取其虚部为零,可得到并联谐振的谐振角频率为

$$\omega_2=\omega=\frac{1}{\sqrt{L_2C}}$$

5.2.4 *RLC* 串联电路的频率特性

RLC 串联电路的入端导纳为

$$Y=\frac{1}{Z}=\frac{1}{R+\mathrm{j}\left(\omega L-\frac{1}{\omega C}\right)}=\frac{1}{\sqrt{R^2+\left(\omega L-\frac{1}{\omega C}\right)^2}}\angle -\arctan\left(\frac{\omega L-\frac{1}{\omega C}}{R}\right)$$

$$=y(\omega)\angle -\psi(\omega) \tag{5.2.1}$$

导纳的模随 ω 的变化关系,称为幅频特性

$$y(\omega)=\frac{1}{\sqrt{R^2+\left(\omega L-\frac{1}{\omega C}\right)^2}} \tag{5.2.2}$$

导纳的幅角随 ω 的变化关系,称为相频特性

$$\psi(\omega)=\arctan\left(\frac{\omega L-\frac{1}{\omega C}}{R}\right) \tag{5.2.3}$$

$y(\omega)$与$\psi(\omega)$的特性如图 5.2.6 所示。由图可见 *RLC* 电路在 $\omega=\omega_0$ 处导纳有一最大值 $y(\omega_0)=\frac{1}{R}$,当 ω 偏离 ω_0 时导纳的值就迅速下降。相频特性在 ω_0 处变化较大,当 $\omega<\omega_0$ 时导纳呈容性,当 $\omega>\omega_0$ 时呈感性。

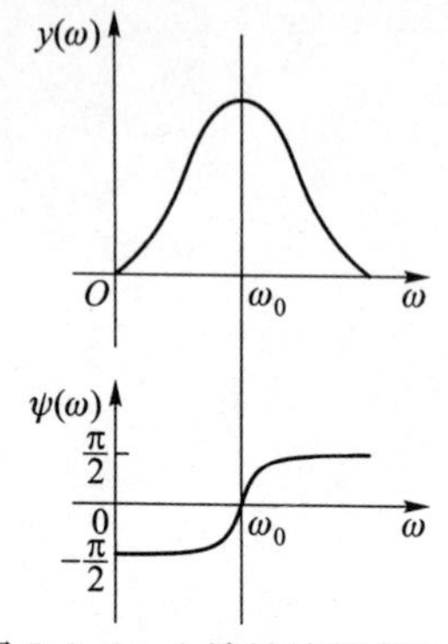

图 5.2.6　入端导纳频率特性

当外加电压的有效值 U 固定而让频率变化，则可得响应电流的有效值与频率变化的关系为

$$I(\omega)=\frac{U}{\sqrt{R^2+\left(\omega L-\dfrac{1}{\omega C}\right)^2}}=U\cdot y(\omega)$$

由上式可见，当外加信号 $u(t)$ 为一系列同振幅不同频率的正弦激励时，电路的响应电流频率特性与导纳频率特性是一致的。对于相同振幅的外加信号，响应电流中 ω_0 及附近频率的分量较大，即这种电路具有从一系列信号中选择所需信号的功能。

下面进一步分析电路参数对幅频特性的影响，将上式改写为

$$I(\omega)=\frac{U}{\sqrt{R^2+\left(\omega L-\dfrac{1}{\omega C}\right)^2}}=\frac{U}{\sqrt{R^2+\left(\dfrac{\omega_0\omega L}{\omega_0}-\dfrac{\omega_0}{\omega_0\omega C}\right)^2}}$$

$$=\frac{U}{\sqrt{R^2+(\omega_0 L)^2\left(\dfrac{\omega}{\omega_0}-\dfrac{\omega_0}{\omega}\right)^2}}=\frac{U}{R\sqrt{1+Q^2\left(\dfrac{\omega}{\omega_0}-\dfrac{\omega_0}{\omega}\right)^2}}$$

$$=\frac{I(\omega_0)}{\sqrt{1+Q^2\left(\dfrac{\omega}{\omega_0}-\dfrac{\omega_0}{\omega}\right)^2}}$$

式中，$I(\omega_0)=\dfrac{U}{R}$为谐振时最大电流。把上式改写为

$$\frac{I(\omega)}{I(\omega_0)}=\frac{1}{\sqrt{1+Q^2\left(\dfrac{\omega}{\omega_0}-\dfrac{\omega_0}{\omega}\right)^2}}\tag{5.2.4}$$

式(5.2.4)的含义即为当外加电压幅值相同时，在不同频率下产生的电流值 $I(\omega)$ 与最大谐振电流 $I(\omega_0)$ 之比，$Q=\dfrac{\omega_0 L}{R}$是该谐振电路的品质因数。选择不同的品质因数 Q 作不同曲线，如图 5.2.7 所示。从图中曲线关系可看出品质因数 Q 对电路频率特性的影响，Q 值越大曲线越尖锐，电路对除 ω_0 频率以外的信号削减越多，这意味着谐振电路的选择性越好。反之，当 Q 值变小时，电路选择性较差。

如果单从选择性方面而言，Q 值越高谐振曲线越尖锐，电路选择所需频率信号的能力越强，或者说抑制非谐振频率干扰信号的能力越强。但在通信系

统中,传递的信号通常并不是只包含一个单一频率的分量,而是占有一定的频率范围(频带宽度),如语音信号等。如果谐振电路的 Q 值很高,则会把许多有效信号滤掉,从而引起严重的失真。因此在设计电路的选择性时,还需考虑谐振电路具有一定的通频带。谐振电路的通频带 B 定义为两个半功率点的频率范围宽度,即是说当外加电压幅度相等,以谐振频率时在谐振电路上获得的功率 $P_0=I_0^2R$ 为基准,当电压频率偏离 ω_0(增加或减小),外加信号电压在谐振电路中产生的功率减小到一半(或者说外加信号产生的电流降到谐振时电流值 I_0 的$\frac{\sqrt{2}}{2}$)时的上下两个频率值之差,如图5.2.8所示。由式(5.2.4)可解出半功率点的频率为

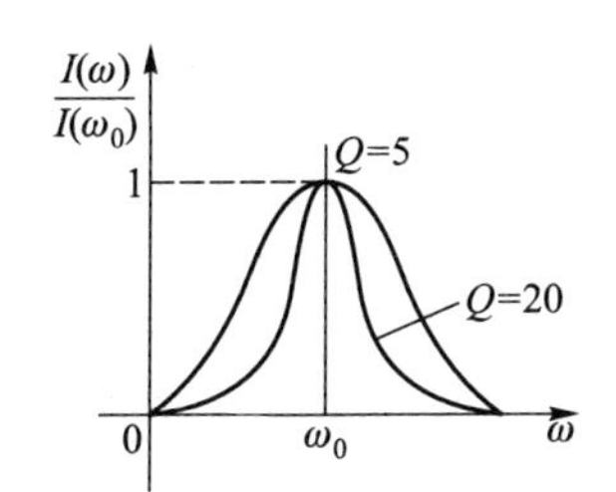

图5.2.7 谐振电路的选择性

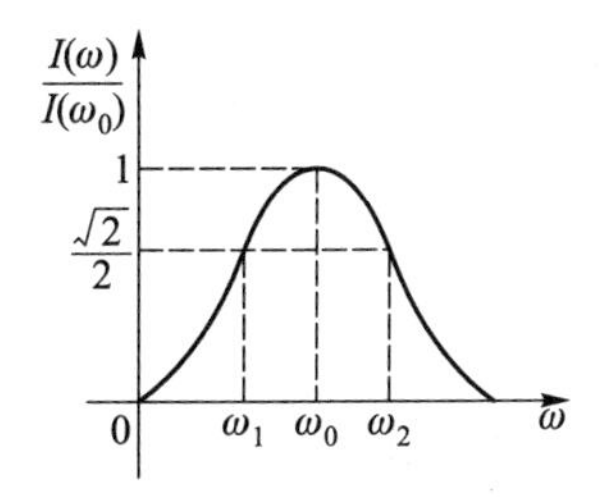

图5.2.8 通频带

$$\frac{\sqrt{2}}{2}=\frac{1}{\sqrt{1+Q^2\left(\frac{\omega}{\omega_0}-\frac{\omega_0}{\omega}\right)^2}}$$

即有

$$Q^2\left(\frac{\omega}{\omega_0}-\frac{\omega_0}{\omega}\right)^2=1$$

解得

$$\omega_1=-\frac{\omega_0}{2Q}+\sqrt{\left(\frac{\omega_0}{2Q}\right)^2+\omega_0^2}$$

$$\omega_2=\frac{\omega_0}{2Q}+\sqrt{\left(\frac{\omega_0}{2Q}\right)^2+\omega_0^2}$$

于是电路的通频带为

$$B=\omega_2-\omega_1=\frac{\omega_0}{Q} \tag{5.2.5}$$

或

$$\Delta f=\frac{f_0}{Q} \tag{5.2.6}$$

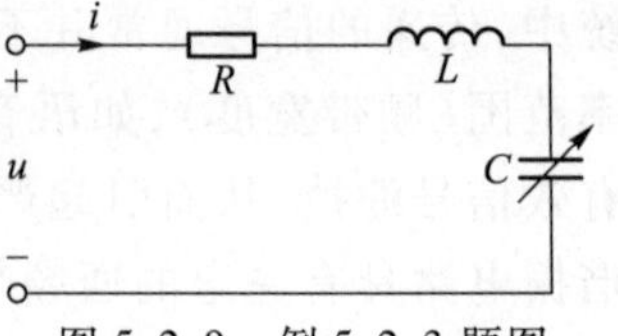

图 5.2.9　例 5.2.3 题图

例 5.2.3　图 5.2.9 所示的 RLC 谐振电路，设 $R=10\ \Omega$，$L=250\ \mu\text{H}$，外加信号的电压幅值为 100 mV，频率为 990 kHz。现欲通过调节电容 C 来选择该频率信号，问此时电容值为多大？电路的品质因数和通频带为多少？若外加信号中夹杂有 40 mV、950 kHz 的另一信号，试求该夹杂信号与接收信号的电流比值，并分析该电路的选择性。

解：欲选择某一信号，应调节电容 C 使电路在该频率产生谐振，此时可求出电容为

$$C=\frac{1}{L\omega_0^2}=\frac{1}{250\times10^{-6}\times(2\pi\times990\times10^3)^2}\ \text{F}=103\ \text{pF}$$

电路的品质因数为

$$Q=\frac{\omega_0 L}{R}=\frac{2\pi\times990\times10^3\times250\times10^{-6}}{10}=155$$

通频带 B 为

$$B=\frac{\omega_0}{Q}=\frac{2\pi\times990\times10^3}{155}=40.1\times10^3$$

谐振时电流值　　$I_0=\dfrac{U}{R}=\dfrac{0.1}{10}\ \text{A}=0.01\ \text{A}$

电路对 950 kHz 的信号产生响应电流值为

$$I=I_0\frac{1}{\sqrt{1+Q^2\left(\dfrac{\omega}{\omega_0}-\dfrac{\omega_0}{\omega}\right)^2}}=0.078\ I_0$$

可知此时夹杂信号的电流值只有欲接收信号电流值的 7.8%，该电路能分辨此两个信号。

5.3　互感耦合电路

5.3.1　电磁耦合概念

由电磁感应定律可知，只要穿过线圈的磁力线（磁通）发生变化，则在线圈中就会感应出电动势。电磁耦合现象在电气工程中广泛存在，变压器就是通过电磁耦合进行电路能量传送和电压电流变换。

由磁路基本概念可知，穿过线圈的磁力线（磁通）与线圈电流、线圈匝数、磁

通路材料等要素有关,在电路分析中可通过电感 L 来反映这些要素。当一个线圈由于其自身电流变化时,会引起交链线圈的磁通的变化,从而在线圈中感应出自感电动势。

如果电路中有两个相邻的线圈,当一个线圈中通过电流时,此电流产生的磁力线不但穿过该线圈本身,同时也会有部分磁力线穿过邻近的另一个线圈。这样,当一个线圈中的电流变化时,另一个线圈中的磁力线也随之发生变化,从而在该线圈中产生感应电动势。这种由于一个线圈的电流变化时,通过磁通耦合在另一线圈中产生感应电动势的现象称为互感现象。互感现象在工程应用中是非常广泛的。

1. 耦合磁路磁通

图 5.3.1 所示两个相邻的线圈 1 和线圈 2,它们的匝数分别为 N_1 和 N_2。当线圈 1 通以电流 i_1 时,在线圈 1 中产生磁通 Φ_{11},其方向符合右手螺旋定则。线圈 1 的自感为

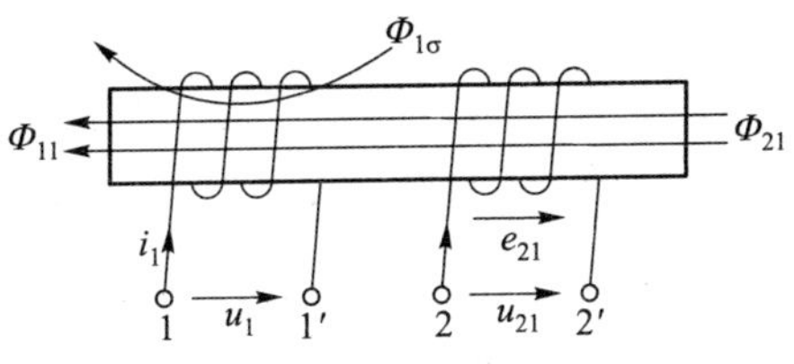

图 5.3.1 双线圈结构

$$L_1=\frac{N_1\Phi_{11}}{i_1}=\frac{\Psi_{11}}{i_1}$$

Ψ_{11}称为自感磁链。

由 i_1 产生的部分磁通 Φ_{21}同时也穿越线圈 2,称为线圈 1 对线圈 2 的互感磁通,此时线圈 2 中的互感磁链为 $\Psi_{21}=N_2\Phi_{21}$。类似于自感磁链的情况,互感磁链 Ψ_{21}与产生它的电流 i_1 之间存在着对应关系。如果两个线圈附近不存在铁磁介质时,互感磁链与电流之间基本成正比关系。这种对应关系可用一个互感系数来描述,即有

$$M_{21}=\frac{\Psi_{21}}{i_1} \tag{5.3.1}$$

互感系数 M_{21}简称为互感,其单位为亨利(H)。

由 i_1 产生的另一部分磁通只穿过线圈 1 而不穿越线圈 2,此部分磁通称为漏磁通,用 $\Phi_{1\sigma}$来表示,据此定义线圈 1 的漏感系数为

$$L_{1\sigma}=\frac{N_1\Phi_{1\sigma}}{i_1}$$

各部分磁通之间有

$$\Phi_{11}=\Phi_{21}+\Phi_{1\sigma}$$

同样当线圈 2 通过电流 i_2 而线圈 1 无电流时,线圈 2 产生磁通 Φ_{22},线圈 2 的自感为

$$L_2=\frac{N_2\Phi_{22}}{i_2}=\frac{\Psi_{22}}{i_2}$$

此时有部分互感磁通 Φ_{12} 穿越线圈 1，线圈 2 对线圈 1 的互感为

$$M_{12}=\frac{\Psi_{12}}{i_2}=\frac{N_1\Phi_{12}}{i_2} \tag{5.3.2}$$

线圈 2 中存在部分漏磁通 $\Phi_{2\sigma}$，线圈 2 的漏感系数为 $L_{2\sigma}=\frac{N_2\Phi_{2\sigma}}{i_2}$。

各磁通之间有关系式

$$\Phi_{22}=\Phi_{12}+\Phi_{2\sigma}$$

对于两个相对静止的线圈，由电磁场理论可以证明，它们之间的互感系数 M_{12} 和 M_{21} 是相等的，即有

$$M_{21}=M_{12}=M$$

一般可用耦合系数 K 来衡量两个线圈之间的耦合程度。耦合系数 K 定义为

$$K^2=\frac{\Phi_{21}}{\Phi_{11}}\frac{\Phi_{12}}{\Phi_{22}}=\frac{\Psi_{21}}{\Psi_{11}}\frac{\Psi_{12}}{\Psi_{22}}=\frac{M^2}{L_1L_2}$$

即有

$$K=\sqrt{\frac{M^2}{L_1L_2}}=\frac{M}{\sqrt{L_1L_2}}$$

对于实际的耦合电路，由于总是存在着漏磁通，因此其耦合系数 K 总是小于 1。唯当两个线圈完全紧密地耦合在一起时，耦合系数才接近于 1。

2. 耦合磁路感应电动势

下面来分析由于互感现象而产生的感应电动势的性质。在图 5.3.1 中，选择磁通 Φ_{21} 的参考方向与线圈 2 中的电动势 e_{21}、电压 u_{21} 参考方向符合右手螺旋法则，线圈 2 的匝数为 N_2，则由电磁感应定律可知，线圈 2 中的感应电动势 e_{21} 为

$$e_{21}=-N_2\frac{\mathrm{d}\Phi_{21}}{\mathrm{d}t}=-\frac{\mathrm{d}\Psi_{21}}{\mathrm{d}t}=-M\frac{\mathrm{d}i_1}{\mathrm{d}t}$$

线圈 2 中的电压 u_{21} 为

$$u_{21}=-e_{21}=M\frac{\mathrm{d}i_1}{\mathrm{d}t}$$

根据同样分析，如果线圈 2 中通过电流 i_2，则由 i_2 电流产生的互感磁通也会在线圈 1 中产生感应电动势。如果所取方向使得磁通 Φ_{12}、线圈 1 中感应电动势 e_{12} 及电压 u_{12} 参考方向符合右手定则，则线圈 1 中由 i_2 变化而产生的互感电动势与互感电压分别为

$$e_{12}=-N_1\frac{\mathrm{d}\Phi_{12}}{\mathrm{d}t}=-\frac{\mathrm{d}\Psi_{12}}{\mathrm{d}t}=-M\frac{\mathrm{d}i_2}{\mathrm{d}t}$$

$$u_{12}=-e_{12}=M\frac{\mathrm{d}i_2}{\mathrm{d}t}$$

对于正弦交流电流,线圈中互感电压与电流之间的关系可用相量表达式表示为

$$\left.\begin{aligned}\dot{U}_{21}&=\mathrm{j}\omega M\dot{I}_1=\mathrm{j}X_M\dot{I}_1\\ \dot{U}_{12}&=\mathrm{j}\omega M\dot{I}_2=\mathrm{j}X_M\dot{I}_2\end{aligned}\right\}\tag{5.3.3}$$

式中,$X_M=\omega M$ 称为互感电抗。

5.3.2 互感电动势与同名端

1. 互感电动势的方向

下面分析两个线圈的实际绕向与互感电压之间的关系。对于线圈自感电压而言,只要规定线圈电流与电压参考方向一致,自感电压降总可以写为 $u=L\frac{\mathrm{d}i}{\mathrm{d}t}$,与线圈的实际绕向无关。但对于两个线圈之间的互感而言,绕圈的绕向会影响互感电压的方向。因为产生于一个线圈的互感电压是由另一个线圈中的电流所产生的磁通变化引起的,要判断一个线圈中的电流变化在另一线圈中产生的感应电动势方向,首先要知道由电流产生的磁通的方向,而这一方向是与线圈绕向和线圈间的相对位置直接相关的。图 5.3.2(a)示出了绕在环形磁路上的两个线圈的实际绕向。

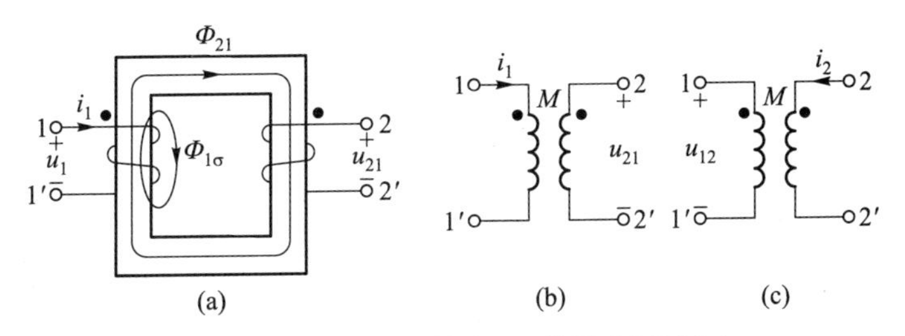

图 5.3.2 互感线圈绕向(两线圈磁通同向)

当电流 i_1 从线圈 1 端流入时,它在线圈 2 中产生的磁通 Φ_{21}的方向如图 5.3.2(a)所示。如果规定线圈 2 中互感电压 u_{21}的参考方向为从线圈 2 端指向 2′端,使得电压 u_{21}的参考方向与 Φ_{21}符合右手螺旋法则,则由电磁感应定律可知,此时电压 u_{21}的表达式为

$$u_{21}=\frac{\mathrm{d}\Psi_{21}}{\mathrm{d}t}=M\frac{\mathrm{d}i_1}{\mathrm{d}t}$$

即是说，按图5.3.2所示的绕向结构，当规定电流 i_1 的方向从1端流向1′端，电压 u_{21} 的参考方向从2端指向2′端，由 i_1 产生的互感电压 $M\frac{\mathrm{d}i_1}{\mathrm{d}t}$ 取正号。

2. 同名端

在实际电路中，互感元件通常并不画出绕向结构，这样就要用一种标记来指出两个线圈之间的绕向结构关系。电工理论中采用同名端的标记方法，用·号来特定标记每个磁耦合线圈的一个对应端钮。同名端标记的方法为：先在第一个线圈的任一端作一个标记，令电流 i_1 流入该端口；然后在另一线圈找出一个端点作标记，使得当 i_2 电流流入该端点时，i_1 与 i_2 两个电流产生的磁通是互相加强的，称这两个标记端为同名端。图5.3.2中的耦合线圈的同名端可由上述法则判断，线圈1端与线圈2端为同名端。当然1′与2′也为同名端。

标出了两个线圈的同名端后，就可以把图5.3.2(a)所示结构的耦合线圈用图5.3.2(b)的互感耦合线圈符号图来表示，而不必画出线圈之间的绕向。

图5.3.3(a)表示与上面不同绕向的互感耦合线圈，根据上面所述的同名端的标识方法可知，线圈1端与2′端为同名端。互感线圈的符号图如图5.3.3(b)、(c)所示。

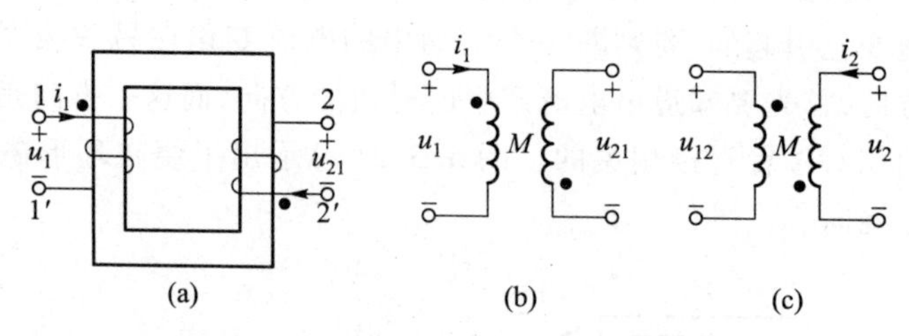

图5.3.3　互感线圈绕向（两线圈磁通反向）

当两个线圈的同名端确定后，互感电势的方向可由此推出。如果选择 i_1 的参考方向为流入同名端，选择 i_2 的参考方向也流入同名端，则由同名端规则可知，由电流 i_1 产生的磁通 Φ_{21} 的方向与 i_2 方向符合右手螺旋法则。若选择线圈2中互感电压 u_{21} 的参考方向从同名端指向非同名端，则可知此时互感电压降为

$$u_{21}=M\frac{\mathrm{d}i_1}{\mathrm{d}t}$$

如图5.3.2(b)所示。同样当选择 i_2 流入同名端，u_{12} 互感电压参考方向从同名端指向非同名端，则线圈1中的互感电压表达式为

$$u_{12}=M\frac{\mathrm{d}i_2}{\mathrm{d}t}$$

如图 5.3.2(c)所示。

对于图 5.3.3 的情况,根据上面类似的分析可知,此时两个线圈中互感电压的表达式为

$$u_{12} = -M\frac{\mathrm{d}i_2}{\mathrm{d}t}$$

$$u_{21} = -M\frac{\mathrm{d}i_1}{\mathrm{d}t}$$

由此可得出:当电流参考方向为流入同名端、互感电压的参考方向为从同名端指向非同名端时,互感电压表达式前取正号,反之则取负号。

当两个以上的线圈互相之间存在电磁耦合时,各对线圈之间的同名端应用不同的符号加以区别。对于图 5.3.4 所示电路来说,线圈 1 与 2 之间的同名端用 · 号表示,线圈 2 与 3 之间的同名端用○号表示,线圈 1 与 3 之间的同名端用△号表示。

在工程实践应用中,对于封装在壳子中的磁耦合线圈,它们之间的同名端判别可采用实验的方法加以确定。常用的一种方法是使一个线圈通过开关接到一直流电源(如一节干电池),如图 5.3.5 所示,把直流电压表接到另一线圈的两端。当开关 S 突然闭合时,电流 i_1 从电源流入线圈 1 端,且 i_1 随时间增大,即有$\frac{\mathrm{d}i_1}{\mathrm{d}t}>0$。此时在线圈 2 中会感应出互感电压 $M\frac{\mathrm{d}i_1}{\mathrm{d}t}$,如果电压表指针向正方向偏转,则表示此时接在电压表正极的端点 2 的电压高于端点 2′。由同名端意义可知,线圈 1 端与线圈 2 端为一对同名端。若电压表指针反转,则 1 端与 2 端不为一对同名端。

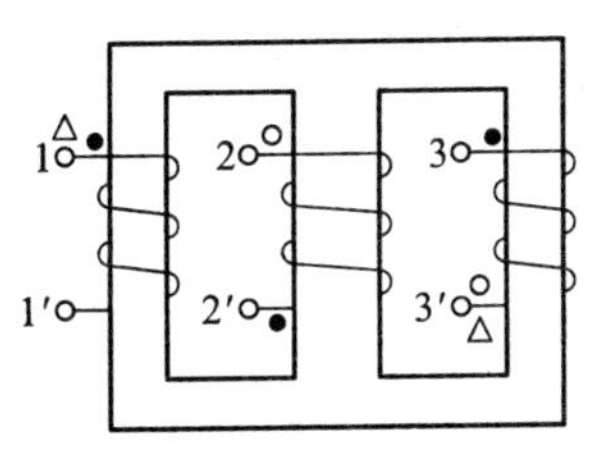

图 5.3.4 三线圈结构

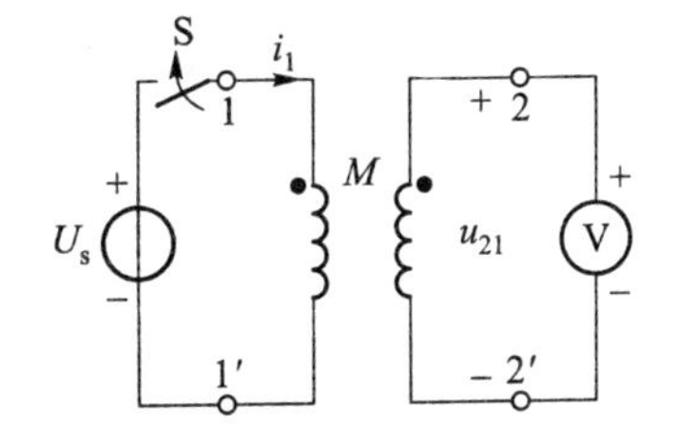

图 5.3.5 实验判别同名端

5.3.3 电磁耦合电路计算特点

1. 电磁耦合电路计算

下面讨论具有互感的支路电压与电流计算的一般形式。设有两个互感耦合线圈,线圈 1 自感为 L_1,电阻为 R_1,线圈 2 自感为 L_2,电阻为 R_2,两线圈互感系数

为 M。现将两线圈按图 5.3.6(a)所示顺向串接,在端口外施正弦交流电压 $\dot{U}$,则可写出线圈 1 中电压为

$$\dot{U}_1 = \dot{I}R_1 + j\omega L_1\dot{I} + j\omega M\dot{I}$$

线圈 2 中电压为

$$\dot{U}_2 = R_2\dot{I} + j\omega L_2\dot{I} + j\omega M\dot{I}$$

总电压为

$$\dot{U} = \dot{U}_1 + \dot{U}_2 = (R_1 + R_2)\dot{I} + j\omega(L_1 + L_2 + 2M)\dot{I}$$

相量图如图 5.3.6(b)所示。电路总等值阻抗为

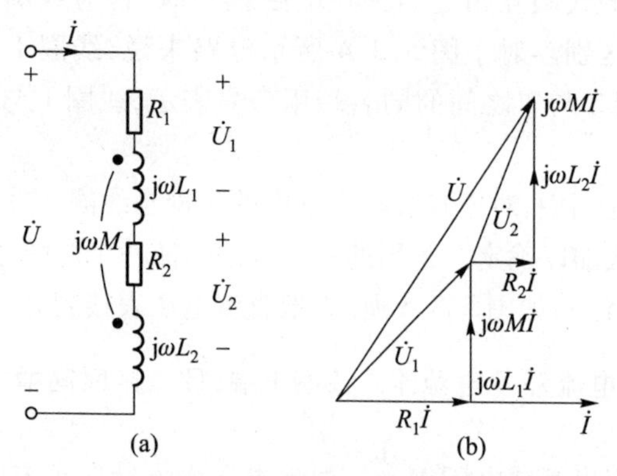

图 5.3.6 串联互感线圈与电压相量(顺向串接)

$$Z = (R_1 + R_2) + j\omega(L_1 + L_2 + 2M) \tag{5.3.4}$$

可见在这种连接方式下等值电感 $L = L_1 + L_2 + 2M$,其值大于两线圈自感之和,这是因为两线圈产生的磁通互相加强。

若将两个线圈反向串联,如图 5.3.7(a)所示,则有

$$\dot{U}_1 = R_1\dot{I} + j\omega L_1\dot{I} - j\omega M\dot{I}$$

$$\dot{U}_2 = R_2\dot{I} + j\omega L_2\dot{I} - j\omega M\dot{I}$$

总电压为

$$\dot{U} = \dot{U}_1 + \dot{U}_2 = (R_1 + R_2)\dot{I} + j\omega(L_1 + L_2 - 2M)\dot{I}$$

等效阻抗

$$Z = R_1 + R_2 + j\omega(L_1 + L_2 - 2M) \tag{5.3.5}$$

等效电感 $L = L_1 + L_2 - 2M$ 小于两自感之和,这是由于两线圈产生的磁通互相抵消所致。相量图如图 5.3.7(b)所示。

如果将上述具有互感耦合的线圈并联连接,且把同名端连在一起,如图 5.3.8(a)所示,当外施电压为正弦电压 $\dot{U}$ 时,可写出方程

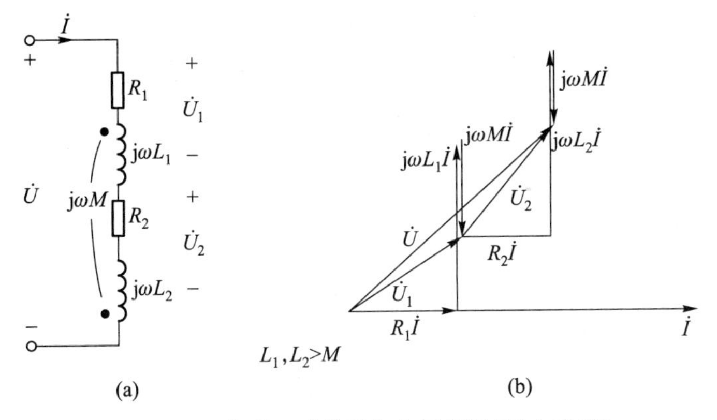

图 5.3.7 串联互感线圈与电压相量(反向串接)

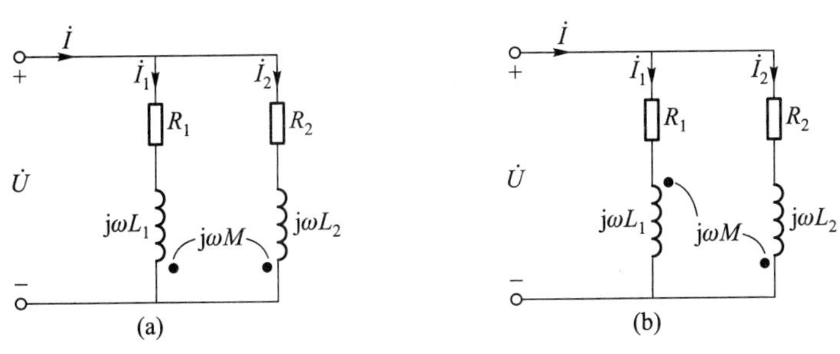

图 5.3.8 并联互感线圈

$$\dot{U}=\dot{I}_1(R_1+\mathrm{j}\omega L_1)+\mathrm{j}\omega M\dot{I}_2=Z_1\dot{I}_1+Z_M\dot{I}_2$$

$$\dot{U}=\dot{I}_2(R_2+\mathrm{j}\omega L_2)+\mathrm{j}\omega M\dot{I}_1=Z_2\dot{I}_2+Z_M\dot{I}_1$$

联立求解上两个方程,得

$$\dot{I}_1=\frac{Z_2-Z_M}{Z_1Z_2-Z_M^2}\dot{U},\quad \dot{I}_2=\frac{Z_1-Z_M}{Z_1Z_2-Z_M^2}\dot{U}$$

总电流

$$\dot{I}=\dot{I}_1+\dot{I}_2=\frac{Z_1+Z_2-2Z_M}{Z_1Z_2-Z_M^2}\dot{U}$$

等效入端阻抗为

$$Z=\frac{\dot{U}}{\dot{I}}=\frac{Z_1Z_2-Z_M^2}{Z_1+Z_2-2Z_M} \tag{5.3.6}$$

同理可推出当异名端连在一起时,如图 5.3.8(b)所示电路,入端阻抗为

$$Z=\frac{Z_1Z_2-Z_M^2}{Z_1+Z_2+2Z_M} \tag{5.3.7}$$

对于具有互感耦合的复杂网络,其计算方法与分析无耦合电路时基本相同,

只是对存在耦合情况的元件在考虑元件电压时要包含互感电压。互感电压的方向要依据耦合元件的电压电流参考方向与同名端关系加以确定。在分析具有互感的电路时,一般采用回路电流法。在列写回路电压方程时,注意把元件的互感电压考虑在内。下面通过具体例子来说明具有互感电路的分析过程。

例 5.3.1　电路如图 5.3.9 所示,已知 $R_1=R_2=R_3=10\ \Omega$,$\omega L_1=\omega L_2=20\ \Omega$,$\omega M=10\ \Omega$,$\dot{U}_{s1}=100\underline{/0°}$ V,试求各支路电流。

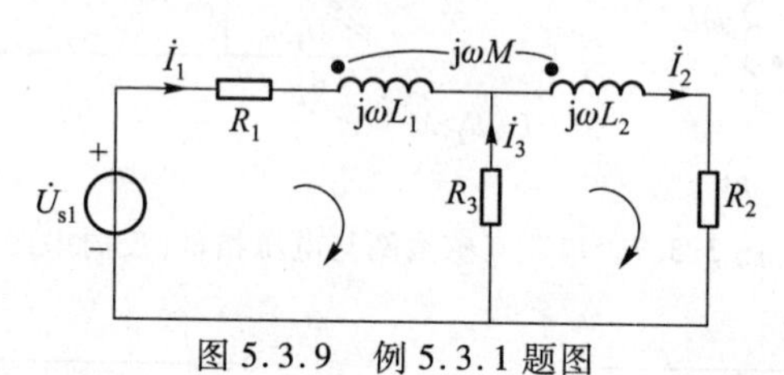

图 5.3.9　例 5.3.1 题图

解:选择网孔回路并取 $\dot{I}_1$ 和 $\dot{I}_2$ 为回路电流变量。列写网孔回路电压方程

$$\dot{I}_1(R_1+R_3+j\omega L_1)+j\omega M\dot{I}_2-R_3\dot{I}_3=\dot{U}_{s1}$$

$$\dot{I}_2(R_2+R_3+j\omega L_2)+j\omega M\dot{I}_1-R_3\dot{I}_1=0$$

式中,$j\omega M\dot{I}_2$ 与 $j\omega M\dot{I}_1$ 分别代表了由耦合产生的电压值。代入数据得

$$(20+j20)\dot{I}_1-(10-j10)\dot{I}_2=100\underline{/0°}$$

$$(20+j20)\dot{I}_2-(10-j10)\dot{I}_1=0$$

解得

$$\dot{I}_1=\frac{(20+j20)100}{(20+j20)^2-(10-j10)^2}\ \text{A}=2\sqrt{2}\underline{/-45°}\ \text{A}$$

$$\dot{I}_2=\frac{10-j10}{20+j20}\dot{I}_1=\sqrt{2}\underline{/-135°}\ \text{A}$$

$$\dot{I}_3=\dot{I}_1-\dot{I}_2=(2\sqrt{2}\underline{/-45°}-\sqrt{2}\underline{/-135°})\ \text{A}=3.16\underline{/-18.4°}\ \text{A}$$

例 5.3.2　试列出图 5.3.10 所示电路的回路电流方程式。

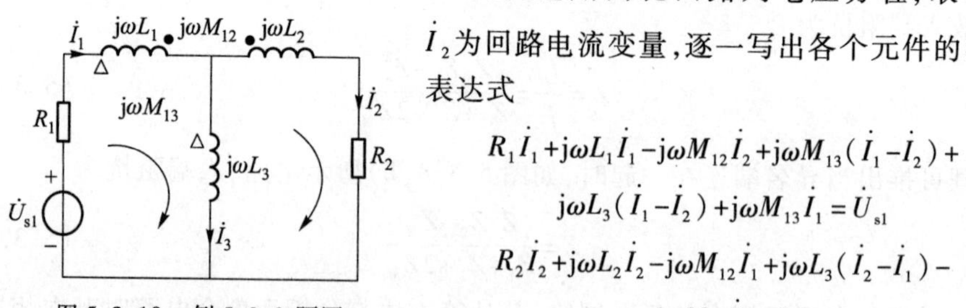

图 5.3.10　例 5.3.2 题图

解:选用网孔回路列电压方程,取 $\dot{I}_1$ 与 $\dot{I}_2$ 为回路电流变量,逐一写出各个元件的电压表达式

$$R_1\dot{I}_1+j\omega L_1\dot{I}_1-j\omega M_{12}\dot{I}_2+j\omega M_{13}(\dot{I}_1-\dot{I}_2)+$$
$$j\omega L_3(\dot{I}_1-\dot{I}_2)+j\omega M_{13}\dot{I}_1=\dot{U}_{s1}$$

$$R_2\dot{I}_2+j\omega L_2\dot{I}_2-j\omega M_{12}\dot{I}_1+j\omega L_3(\dot{I}_2-\dot{I}_1)-$$
$$j\omega M_{13}\dot{I}_1=0$$

经整理可得

$$[R_1+\mathrm{j}\omega(L_1+2M_{13}+L_3)]\dot{I}_1-\mathrm{j}\omega(M_{12}+M_{13}+L_3)\dot{I}_2=\dot{U}_{s1}$$

$$[R_2+\mathrm{j}\omega(L_2+L_3)]\dot{I}_2-\mathrm{j}\omega(M_{12}+M_{13}+L_3)\dot{I}_1=0$$

2. 电磁耦合电路去耦方法及应用

如果具有互感耦合的两个线圈有一端相连接,则这种具有互感的电路可用一个无互感耦合的等效电路来替代。图 5.3.11(a)为同名端相连接的互感电路,可列写方程为

$$\dot{U}_{13}=\dot{I}_1\mathrm{j}\omega L_1+\dot{I}_2\mathrm{j}\omega M$$

$$\dot{U}_{23}=\dot{I}_2\mathrm{j}\omega L_2+\dot{I}_1\mathrm{j}\omega M$$

考虑到 $I_3=\dot{I}_1+\dot{I}_2$,则上式可改写为

$$\dot{U}_{13}=\dot{I}_1\mathrm{j}\omega L_1+(\dot{I}_3-\dot{I}_1)\mathrm{j}\omega M=\dot{I}_1(\mathrm{j}\omega L_1-\mathrm{j}\omega M)+\dot{I}_3\mathrm{j}\omega M$$

$$\dot{U}_{23}=\dot{I}_2\mathrm{j}\omega L_2+(\dot{I}_3-\dot{I}_2)\mathrm{j}\omega M=\dot{I}_2(\mathrm{j}\omega L_2-\mathrm{j}\omega M)+\dot{I}_3\mathrm{j}\omega M$$

由以上两式可得到没有耦合的等效电路如图 5.3.11(b)所示。这种方法称为互感消去法。对于图 5.3.11(c)所示的电路,线圈异名端连接在一起,则由同样方法可求出其去耦后的等效电路如图 5.3.11(d)所示。采用等效去耦方法在计算含有互感的网络入端阻抗时比较方便。

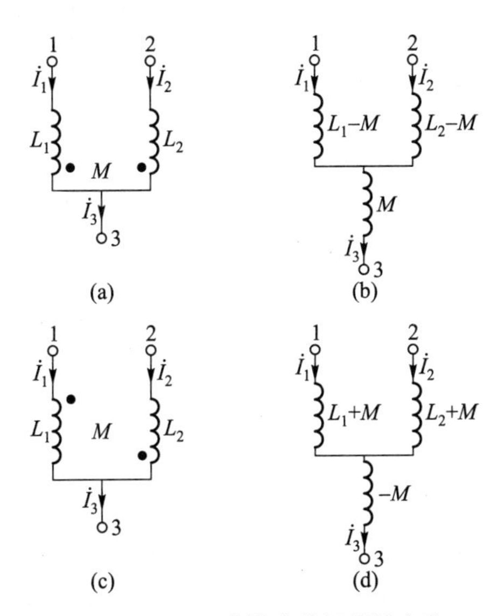

图 5.3.11 互感耦合线圈等效电路

例 5.3.3　电路如图 5.3.12(a)所示,求 ab 端的入端阻抗。

解:图 5.3.12(a)所示电路包含有互感耦合支路,同名端连接在一起。去耦后电路转化为图 5.3.12(b),此时可直接写出其入端阻抗

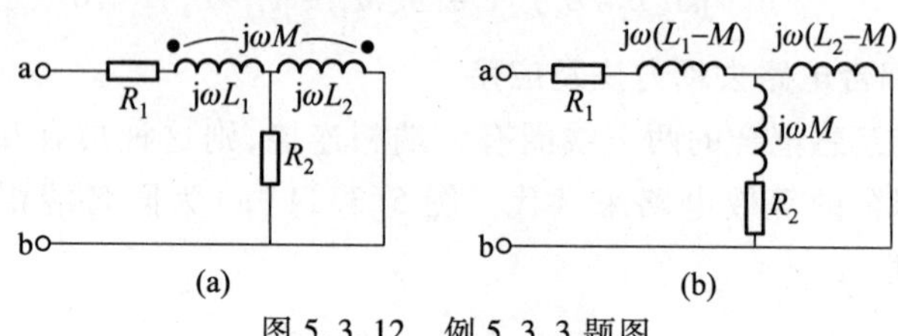

图 5.3.12　例 5.3.3 题图

$$Z=R_1+j\omega(L_1-M)+\frac{(R_2+j\omega M)(j\omega L_2-j\omega M)}{R_2+j\omega L_2}$$

在分析互感耦合电路时,也可把支路间的耦合关系等效地转换为受控源形式来表示。因为某一支路的互感耦合可看成是一个电流控制电压源。例如可将图 5.3.8(a)与图 5.3.8(b)电路分别用图 5.3.13(a)和图 5.3.13(b)电路予以等效替代。

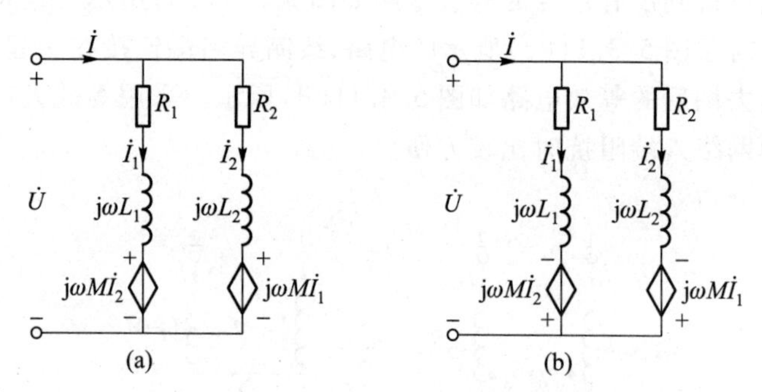

图 5.3.13　用受控源形式表示的互感耦合等效电路

3. 空心变压器计算

空心变压器是电子线路中常见的一种电磁耦合电路,图 5.3.14 是它的原理线路图。它由两个线圈组成,线圈 1 接信号源电压 $\dot{U}_s$,称为变压器的一次侧。线圈 2 接负载 $Z=R+jX$,称为变压器的二次侧。两线圈间以空气为磁介质相耦合。按照图示的参考方向,可写出

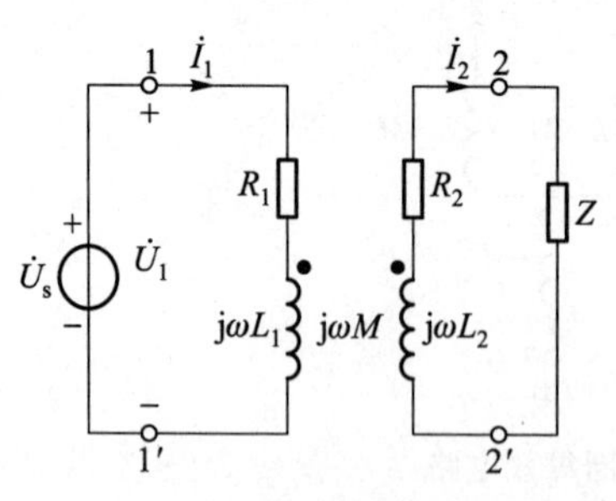

图 5.3.14　空心变压器原理线路图

$$\dot{U}_1=(R_1+j\omega L_1)\dot{I}_1-j\omega M\dot{I}_2$$

$$0=-j\omega M\dot{I}_1+(R_2+j\omega L_2+R+jX)\dot{I}_2$$

令 $R_{22}=R_2+R, X_{22}=\omega L_2+X$,则方程转化为

$$(R_1+\mathrm{j}\omega L_1)\dot{I}_1-\mathrm{j}\omega M\dot{I}_2=\dot{U}_1$$

$$-\mathrm{j}\omega M\dot{I}_1+(R_{22}+\mathrm{j}X_{22})\dot{I}_2=0$$

由此可解得

$$\dot{I}_2=\frac{\mathrm{j}\omega M}{R_{22}+\mathrm{j}X_{22}}\dot{I}_1$$

$$\dot{I}_1=\frac{\dot{U}_1}{R_1+\mathrm{j}\omega L_1+\dfrac{(\omega M)^2}{R_{22}+\mathrm{j}X_{22}}}$$

于是可得空心变压器一次侧的等效入端阻抗为

$$Z_{\mathrm{i}}=R_1+\mathrm{j}\omega L_1+\frac{(\omega M)^2}{R_{22}+\mathrm{j}X_{22}}=R_1+\mathrm{j}\omega L_1+\frac{(\omega M)^2}{R_{22}^2+X_{22}^2}(R_{22}-\mathrm{j}X_{22}) \tag{5.3.8}$$

当空心变压器二次侧开路(空载情况)时,一次侧的入端阻抗为 $R_1+\mathrm{j}\omega L_1$。在二次侧接入负载后,从一次侧看相当于在原绕组中串联一额外阻抗

$$Z'=\frac{(\omega M)^2}{R_{22}^2+X_{22}^2}(R_{22}-\mathrm{j}X_{22})$$

Z'表示空心变压器二次侧电路对一次侧电路的影响,称为从二次侧归算到一次侧的归算阻抗。

例 5.3.4 图 5.3.14 所示的空载变压器,已知一次侧的 $L_1=0.004\ \mathrm{H}, R_1=50\ \Omega$,二次侧的 $L_2=0.008\ \mathrm{H}, R_2=200\ \Omega$,两绕组间互感 $M=0.004\ \mathrm{H}$。一次侧接电压源 $u_{\mathrm{s}}=\sqrt{2}\times 100\sin 10^5 t\ \mathrm{V}$,二次侧的负载 $Z=(1\ 000+\mathrm{j}800)\ \Omega$。求一次侧电流 I_1,电压源输入到变压器的功率,变压器输出到负载的功率及变压器传输效率。

解:设电流电压参考方向如图 5.3.14 所示,二次侧电路的总电阻和总电抗分别为

$$R_{22}=R_2+R=200\ \Omega+1\ 000\ \Omega=1\ 200\ \Omega$$

$$X_{22}=\omega L_2+X=800\ \Omega+800\ \Omega=1\ 600\ \Omega$$

归算到一次侧的阻抗

$$Z'=\frac{(\omega M)^2}{R_{22}^2+X_{22}^2}(R_{22}-\mathrm{j}X_{22})=(92.3-\mathrm{j}30.7)\ \Omega$$

空心变压器一次侧的入端阻抗为

$$Z_{\mathrm{i}}=R_1+\mathrm{j}\omega L_1+Z'=395\underline{/69^\circ}\ \Omega$$

已知 $\dot{U}_{\mathrm{s}}=100\underline{/0^\circ}\ \mathrm{V}$,则一次电流为

$$\dot{I}_1=\frac{\dot{U}_s}{Z_i}=\frac{100\angle 0^\circ}{395\angle 69^\circ}\ \text{A}=0.253\angle -69^\circ\ \text{A}$$

二次电流

$$\dot{I}_2=\frac{\text{j}\omega M}{R_{22}+\text{j}X_{22}}\dot{I}_1=0.08\angle 2.6^\circ\ \text{A}$$

电源输入变压器的功率为

$$P_1=U_sI_1\cos\varphi_1=100\times 0.253\cos 69^\circ\ \text{W}=9.07\ \text{W}$$

变压器输出到负载的功率为

$$P_2=I_2^2R=0.08^2\times 1\ 000\ \text{W}=6.4\ \text{W}$$

变压器传输效率

$$\eta=\frac{P_2}{P_1}=\frac{6.4}{9.07}=70.6\%$$

5.3.4　理想变压器

1. 理想变压器条件与特性

变压器是利用互感耦合的作用完成从一条电路（一次侧）向另一条电路（二次侧）传送电能或信号的器件，变压器一次侧、二次侧电路之间可以没有电的直接联系，变压器的功能可变换交流电压和电流的大小并实施电能或电信号的传输。图5.3.15(a)为一般变压器的符号，一般把接电源一侧的绕组称为一次侧，接负载一侧的绕组称为二次侧。前述的空心变压器是把两组绕组绕在非导磁材料上。若变压器绕组是绕在高导磁率材料上，则在作出一些假定条件后，即可把这类变压器视作理想变压器。

对于图5.3.15(a)所示的变压器，一次侧匝数为N_1，二次侧匝数为N_2，若假设：① 忽略一次侧和二次侧的电阻，变压器磁路中无涡流与磁滞损耗，即变压器本身不消耗能量；② 采用高导磁率材料后，无漏磁通存在，绕组耦合系数$K=1$；③ 磁路材料的导磁率μ趋于无穷大，因此L_1、L_2和M均趋向无穷大。在这些假定条件下的变压器称为理想变压器[图5.3.15(b)]。

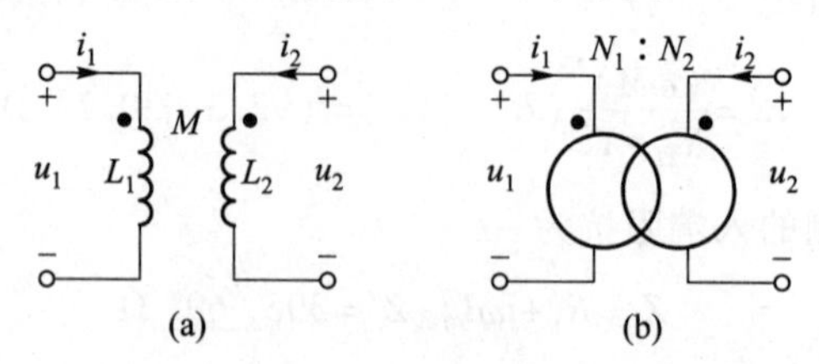

图5.3.15　理想变压器

在上面假设条件下，讨论理想变压器一次侧和二次侧的电压与电流之间的关系。由于两个绕组之间完全耦合，穿过一个绕组的磁通必定穿过另一线圈，漏磁通为零。根据前面的讨论可知：$\Phi_{11}=\Phi_{21}$ 和 $\Phi_{22}=\Phi_{12}$。如果两绕组产生的磁通是相互加强的，则两线圈交链的总磁通 Φ_1 和 Φ_2 分别为

$$\left.\begin{aligned}\Phi_1=\Phi_{11}+\Phi_{12}=\Phi_{11}+\Phi_{22}=\Phi_0\\ \Phi_2=\Phi_{22}+\Phi_{21}=\Phi_{22}+\Phi_{11}=\Phi_0\end{aligned}\right\}$$

可见两个绕组的磁通是相等的，Φ_0 为两绕组的公共磁通。

按图 5.3.15(a)所示的参考方向，可写出一次侧和二次侧电压分别为

$$\left.\begin{aligned}u_1=N_1\frac{\mathrm{d}\Phi_0}{\mathrm{d}t}\\ u_2=N_2\frac{\mathrm{d}\Phi_0}{\mathrm{d}t}\end{aligned}\right\}$$

对于正弦交流电路，磁通 Φ_0 是角频率为 ω 的正弦函数。此时上式可表示为相量形式，即

$$\left.\begin{aligned}\dot{U}_1=N_1\mathrm{j}\omega\dot{\Phi}_0\\ \dot{U}_2=N_2\mathrm{j}\omega\dot{\Phi}_0\end{aligned}\right\}$$

一次侧与二次侧电压之比为

$$\frac{\dot{U}_1}{\dot{U}_2}=\frac{N_1\mathrm{j}\omega\dot{\Phi}_0}{N_2\mathrm{j}\omega\dot{\Phi}_0}=\frac{N_1}{N_2}=n \tag{5.3.9}$$

由此可知，两绕组电压之比等于绕组的匝数比，且 $\dot{U}_1$ 和 $\dot{U}_2$ 同相。式中 n 称为理想变压器的变比。

下面继续推导两个绕组中电流之间的关系。由图 5.3.15(a)所示参考方向，绕组 1 中电压可表示为

$$u_1=L_1\frac{\mathrm{d}i_1}{\mathrm{d}t}+M\frac{\mathrm{d}i_2}{\mathrm{d}t}$$

上式两边用 L_1 相除，即得

$$\frac{u_1}{L_1}=\frac{\mathrm{d}i_1}{\mathrm{d}t}+\frac{M}{L_1}\frac{\mathrm{d}i_2}{\mathrm{d}t}$$

由于理想变压器中 L_1、L_2 和 M 均趋于无穷大，因此上式成为

$$\frac{\mathrm{d}i_1}{\mathrm{d}t}=-\frac{M}{L_1}\frac{\mathrm{d}i_2}{\mathrm{d}t} \tag{5.3.10}$$

又因为绕组 1 自感磁链为 $N_1\Phi_{11}=L_1i_1$，绕组 2 互感磁链为 $N_2\Phi_{21}=Mi_1$，由于绕组间漏磁为零，因此有 $\Phi_{11}=\Phi_{21}$，即有

$$\frac{N_1}{N_2}=\frac{L_1}{M}$$

把上式代入式(5.3.10)可得

$$\frac{\mathrm{d}i_1}{\mathrm{d}t}=-\frac{N_2}{N_1}\frac{\mathrm{d}i_2}{\mathrm{d}t}$$

对于正弦交流电路则有

$$\mathrm{j}\omega\dot{I}_1=-\frac{N_2}{N_1}\mathrm{j}\omega\dot{I}_2$$

即

$$\frac{\dot{I}_1}{\dot{I}_2}=-\frac{N_2}{N_1} \tag{5.3.11}$$

式(5.3.11)表明,理想变压器一次侧和二次侧中电流的有效值之比与两绕组匝数成反比,电流相位差为180°[在图5.3.15(a)所规定参考方向下]。

2. 理想变压器电路计算

在电路分析中,理想变压器可看成是一个对外具有两个连接端口的元件,理想变压器本身不消耗能量,它只起着变换电压和变换电流的作用,变换比值仅取决于一、二次侧的匝数比,与负载无关。在信号传输与处理、能量传输的工程问题中,实际变压器的功能可以用理想变压器元件进行简化分析,这样的近似给分析计算带来极大的方便。图5.3.15(b)是理想变压器的符号。

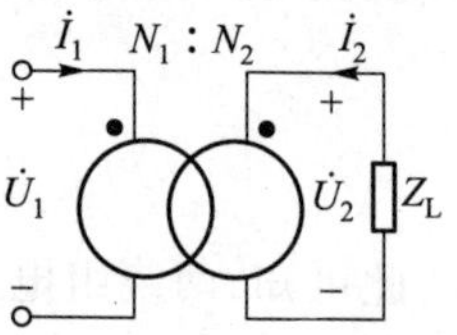

图5.3.16 理想变压器二次侧输出端接负载

理想变压器可用于阻抗转换电路。设理想变压器二次侧输出端接有负载 Z_L,如图5.3.16所示,根据图示的参考方向,可得

$$\dot{U}_2=-\dot{I}_2Z_L$$

由式(5.3.9)和式(5.3.11)可得

$$\dot{U}_2=\frac{N_2}{N_1}\dot{U}_1,\quad \dot{I}_2=-\frac{N_1}{N_2}\dot{I}_1$$

代入上式得

$$\dot{U}_1=\left(\frac{N_1}{N_2}\right)^2Z_L\dot{I}_1$$

从而求得从理想变压器一次侧看入的等效阻抗为

$$Z=\frac{\dot{U}_1}{\dot{I}_1}=\left(\frac{N_1}{N_2}\right)^2Z_L=n^2Z_L \tag{5.3.12}$$

可见,当变压器二次侧接入负载 Z_L 时,其一次侧入端阻抗与绕组匝数比的平方成正比。在电子线路中,常用变压器来变换阻抗,以实现负载的匹配。

例 5.3.5 设信号源的开路电压为 3 V,内阻 $R_0=10\ \Omega$,负载电阻为 90 Ω,欲使负载获得最大功率,可在信号源输出与负载之间接入一变压器。求此变压器一次侧与二次侧的匝数比 $n=\dfrac{N_1}{N_2}$以及负载上的电压和电流值。

解:在假设该变压器为理想变压器的条件下,因供给变压器一次侧的功率等于负载吸收的功率,当理想变压器入端电阻 $R'=R_0=10\ \Omega$,变压器吸收最大功率。根据阻抗变换式(5.3.12)有

$$n^2=\frac{R'}{R_L}=\frac{10}{90}=\frac{1}{9}$$

即理想变压器匝数比 $n=\dfrac{N_1}{N_2}=\dfrac{1}{3}$时,负载可获得最大功率。此时,变压器一次侧的电流为

$$I_1=\frac{U_s}{R+R'}=\frac{3}{20}\ \text{A}=0.15\ \text{A}$$

通过负载的电流为

$$I_2=nI_1=\frac{1}{3}\times 0.15\ \text{A}=0.05\ \text{A}$$

负载端电压

$$U_2=I_2R_L=0.05\times 90\ \text{V}=4.5\ \text{V}$$

5.3.5 变压器的电路模型

1. 实际变压器铁心磁路特点

理想变压器与实际变压器有较大的差异。实际变压器中一次侧、二次侧线圈通过实际磁路是不可能实现完全耦合的,因为实际磁路总是存在一定的漏磁通,磁路中磁性材料的导磁率也不可能是无穷大,因此线圈的电感和线圈间互感也不为无穷大,励磁电流是独立存在的。此外,由于磁滞效应和涡流效应,线圈除了本身导线电阻外,还必须考虑由于功率损耗引起的等效电阻作用。因此在电路工程问题计算变压器时,需根据实际情况建立分析实际变压器的电路模型。

2. 实际变压器电路模型

图 5.3.17(a)表示一个具有一次侧、二次侧绕组的芯式磁路结构的单相变压器。在实际磁路中,穿过一次侧绕组的磁通大部分与二次侧绕组耦合,组成变压器磁路的主磁通;小部分穿过一次侧的磁通在主绕组附近空间闭合,这部分磁

通是主绕组的漏磁通；同样小部分穿过二次侧的磁通在副绕组附近空间闭合，形成副绕组的漏磁通。

图5.3.17(b)是一种实际变压器的简化电路模型。图中$L_{\sigma1}$和$L_{\sigma2}$分别表示线圈一二次侧的漏感系数，电阻R_1和R_2分别表示一二次侧绕组的线圈电阻。nM表示变压器主回路磁通在一次侧对应的感应系数，变压器一二次侧用一个理想变压器相连。在这一变压器模型中，交变磁路的涡流损耗与磁滞损耗均略而不计。

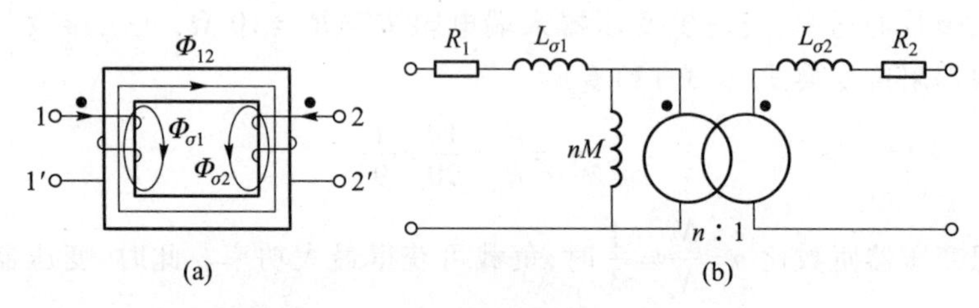

图5.3.17　实际变压器的简化电路模型

需要指出的是，在实际工程应用模型中，变压器的计算模型需进行二次侧折算后采用T型模型电路进行计算，其详细模型与参数计算可参考相关书籍。

5.3.6　互感应用示例——中间抽头变压器、无接触式电能传输

示例1　中间抽头变压器

中间抽头变压器在整流电路中得到广泛应用。图5.3.18(a)是由中间抽头变压器和两个二极管组成的单相交流全波整流电路。中间抽头变压器二次侧包含两套绕组，此时，采用互感电路同名端标记法，则极易理解所示整流电路的工作机理。变压器一次侧接入正弦交流电源，当$u_s(t)$处于正半波时，设一次侧电流流入一次侧同名端，根据理想变压器分析方法，此时二次侧同名端为高电位，二极管D_1导通；当$u_s(t)$处于负半波时，设一次侧电流流入非同名端，此时二次侧同名端为低电位，二极管D_2导通。图5.3.18(b)显示了整流电路输入电压和输出电压的波形。由此可继续进行所需分析的任务。

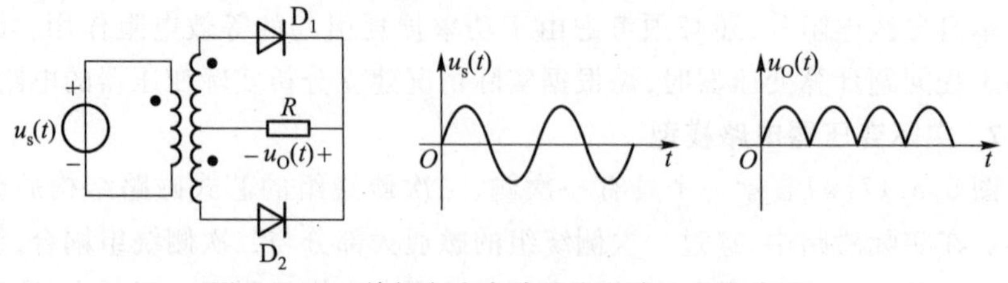

图5.3.18　单相交流全波整流电路及电压波形

示例 2 无接触式电能传输

无接触式电能传输(contactless power transfer,CPT),又称为无线电能传输(wireless power transfer,WPT),指的是电能从电源到负载的一种没有经过电气直接接触的能量传输方式。无接触式电能传输一直是人类的梦想。早在 1893 年的哥伦比亚世博会上,美国科学家 Nikola Tesla 展示了他的无线磷光照明灯。Nikola Tesla 利用无接触式电能传输原理,在没有任何导线的情况下点亮了灯泡。这是人类在无接触式电能传输初期阶段的重要尝试。随后,世界各地的研究人员对无接触式电能传输开展了越来越多的研究。

无接触式电能传输系统采用电力电子技术与电磁感应耦合技术相结合,实现了不通过物理连接或接触进行电能传输,克服了传统的电能传输方式带来的电击、发火花、磨损等一系列缺点和不足,从而保证了传输过程的安全和可靠。无接触式电能传输系统的组成与负载和供电电源的性质有关,图 5.3.19(a)所示系统针对交流电源供电给交流负载,需要利用电力电子技术将 50 Hz 的市电转换为高频 AC,再经过分离式变压器将电能从一次侧耦合至二次侧,并进一步由高频 AC 转化为市电 AC 供给负载。图 5.3.19(b)所示为无接触式供电最核心也是最小实现系统,即分离式变压器和一二次侧补偿电路。不论分离式变压器是怎样的结构形式,其实质就是松耦合的互感器,总可以用本节所述的耦合线圈或空心变压器电路模型予以等效,如图 5.3.20 所示。当然,不同的分离式变压器相应的等效参数 L_1、L_2、M 或 k、R_1、R_2 往往差别很大,比如说,图 5.3.20(a)所示为磁心,含有铁磁材料,图 5.3.20(b)所示为空心线圈组成的线性磁耦合器,两者的耦合系数 k 会差一个数量级,甚至更大。分离式变压器电路模型化需要有电磁场分析的相关基础,不过通过实验测试也可以获得该等效电路的各个参数。

无接触电能传输系统基于分离式变压器,通过采用初、次级谐振补偿技术来提高电能的传输效率。对系统的基本要求如下:

(1) 电能传输系统传输的功率最大,因此分离式变压器的一次侧应通过补偿电容使之运行于谐振状态;

(2) 分离式变压器的一次侧输入阻抗应达到最小,以减小系统对电源电压的要求;或一次侧输入导纳最大,以降低系统对电源电流的要求;从而达到降低电源视在功率,减小系统成本的目的;

(3) 一次侧与二次侧谐振频率必须相等且等于电源工作频率,要保证系统的稳定性和功率传输能力,就必须保证在各种运行条件下只有一个零相角频率。如果在频谱范围内不止一个零相角点存在,就很难确定理想的控制点,当负载发生变化时,可能会出现多个谐振点,使系统的频率控制发生混乱。若系统的频率控制存在问题,则会引起系统失稳,使系统传输能力下降。

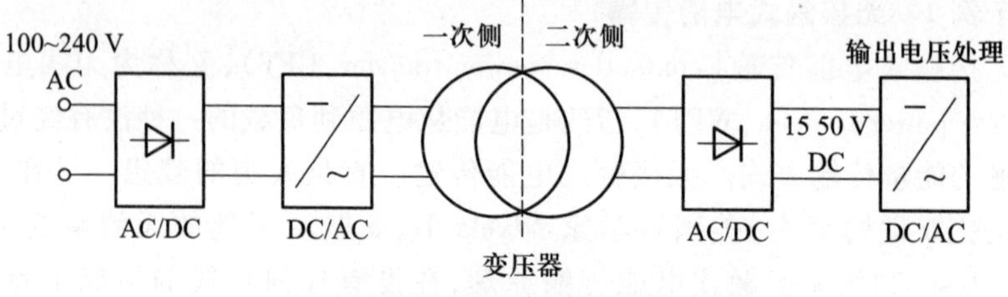

(a) 实用非接触电力驱动装置的基本结构

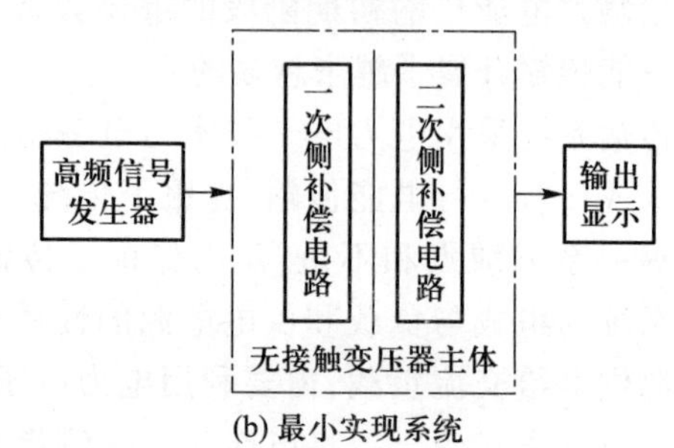

(b) 最小实现系统

图 5.3.19　无接触电能传输系统

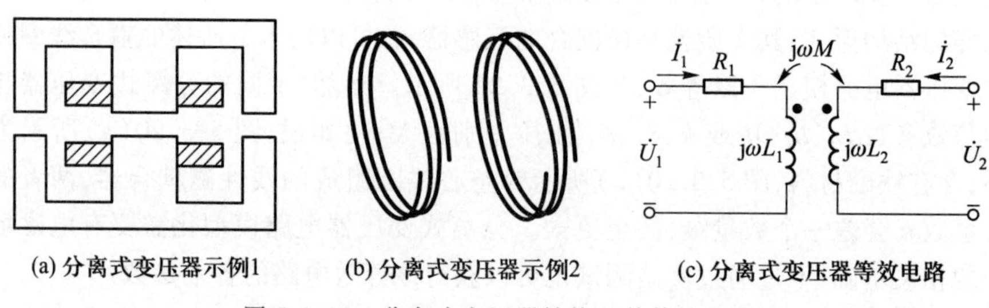

(a) 分离式变压器示例1　(b) 分离式变压器示例2　(c) 分离式变压器等效电路

图 5.3.20　分离式变压器结构及其等效电路

假设某耦合电感的等效电参数为$\{L_1, R_1, L_2, R_2, M\}$，其等效电路如图 5.3.21 所示，则电路方程如下

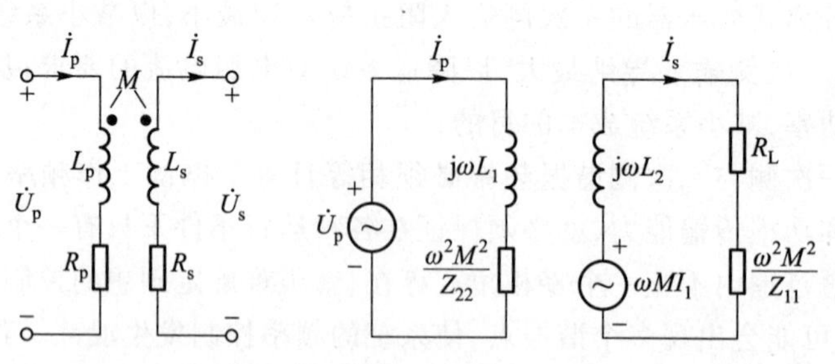

图 5.3.21　分离式变压器等效电路及其一次侧二次侧等效电路

$$\begin{cases}\dot{I}_p(R_p+\mathrm{j}\omega L_p)-\dot{I}_s\mathrm{j}\omega M=\dot{U}_p\\ \dot{I}_s(R_s+\mathrm{j}\omega L_s)-\dot{I}_p\mathrm{j}\omega M=-\dot{U}_s\end{cases}$$

此时,二次侧反射到一次侧的反射阻抗为

$$Z_r=\frac{(\omega M)^2}{Z_L+R_s+\mathrm{j}\omega L_s}$$

其中,Z_L 为负载阻抗。反射阻抗的大小直接体现了系统传输有功功率的大小。从上式可见,频率升高,反射电阻增大。分离式变压器一次侧入端阻抗为

$$Z_{in}=R_p+\mathrm{j}\omega L_p+\frac{(\omega M)^2}{R_L+R_s+\mathrm{j}\omega L_s}$$

二次侧输出阻抗为

$$Z_{out}=R_s+\mathrm{j}\omega L_s+\frac{(\omega M)^2}{R_p+\mathrm{j}\omega L_p}$$

若负载为纯电阻 R_L,则当 $R_L=|Z_{out}|$时,负载可获得最大功率。

假设,分离式变压器损耗很小,也即一次侧和二次侧电阻可以忽略不计,当无接触变压器一次侧采用电压源供电时变压器负载输出功率为

$$P_2=\frac{M^2U_p^2R_L}{\omega^2(M^2-L_pL_s)^2+L_p^2R_L^2}$$

下面分析变压器采取图 5.3.22 所示不同类型的双边补偿时负载输出功率的特点。

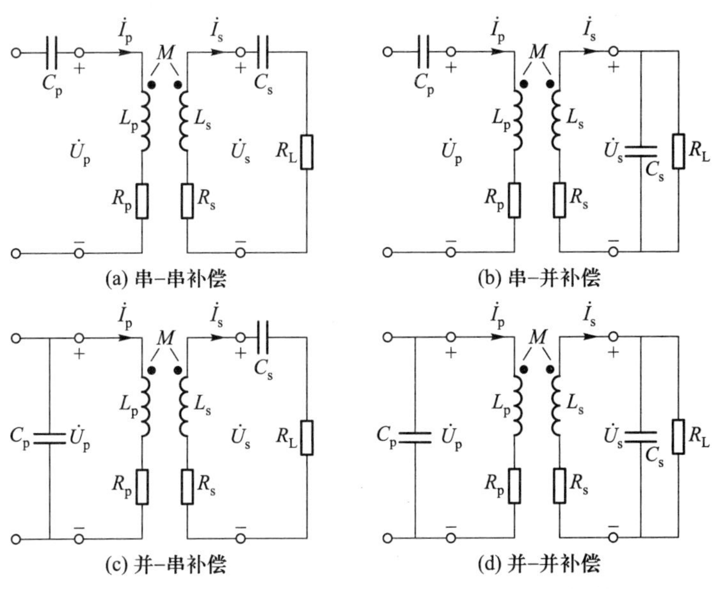

图 5.3.22 分离式变压器的一次侧、二次侧补偿结构

假设变压器二次侧映射到一次侧的阻抗为 $Z_{m}=R_{r}+j\omega L_{r}$，则

一次侧采用串联补偿时，一次侧等效阻抗为 $j\omega L_{p}+Z_{m}+\dfrac{1}{j\omega C_{p}}$

一次侧采用并联补偿时，一次侧等效阻抗为 $\dfrac{1}{j\omega C_{p}+\dfrac{1}{Z_{m}+j\omega L_{1}}}$

二次侧采用串联补偿时，二次侧等效阻抗为 $j\omega L_{s}+R_{L}+\dfrac{1}{j\omega C_{S}}$

二次侧采用并联补偿时，二次侧等效阻抗为 $j\omega L_{S}+\dfrac{1}{j\omega C_{S}+\dfrac{1}{R_{L}}}$

可以证明，系统频率应满足

$$\omega(L_{p}+L_{r})-\frac{1}{\omega C_{p}}=0 \quad \text{一次侧串联补偿}$$

$$\omega C_{p}-\frac{\omega(L_{p}+L_{r})}{R_{r}^{2}+\omega^{2}(L_{p}+L_{r})^{2}}=0 \quad \text{一次侧并联补偿}$$

在电路谐振补偿时，一次侧等效为电阻性，当无接触变压器二次侧采用串联补偿和并联补偿时，映射阻抗 Z_{m} 分别为

二次侧串联补偿 $Z_{m串}=\dfrac{\omega^{2}M^{2}}{R_{L}}$

二次侧并联补偿 $Z_{m并}=\dfrac{M^{2}R_{L}}{L_{s}^{2}}-\dfrac{j\omega M^{2}}{L_{s}}$

当一次侧补偿后其等效阻抗 Z_{11} 虚部为零，且输入电压为$\sqrt{2}\,U_{p}\sin\,\omega t$ 时，此时一次侧功率为

$$P_{1}=\frac{U_{p}^{2}}{\mathrm{Re}(Z_{11})}$$

因忽略变压器损耗，所以负载吸收的功率近似等于电源功率，这样可近似获得双边补偿情况下的负载输出功率如下

串-串补偿负载输出功率 $P_{2串串}=\dfrac{U_{p}^{2}R_{L}}{\omega^{2}M^{2}}$

串-并补偿负载输出功率 $P_{2串并}=\dfrac{U_{p}^{2}L_{s}^{2}}{M^{2}R_{L}}$

并-串补偿负载输出功率 $P_{2并串}=\dfrac{U_{p}^{2}}{\dfrac{\omega^{2}M^{2}}{R_{L}}+\dfrac{L_{p}^{2}R_{L}}{M^{2}}}$

并-并补偿负载输出功率 $P_{2并并}=\dfrac{U_p^2}{\dfrac{R_L M^2}{L_s^2}+\dfrac{(\omega L_p L_s-\omega M^2)^2}{M^2 R_L}}$

当电压源输出幅值为 50 V;频率为 20 kHz;一次侧电感 L_p 为 240 μH;二次侧绕组电感 L_s 为 230 μH ;互感 M 为 77 μH。在保持供电电压不变的情况下,采用不同的补偿方式时,负载输出功率的变化情况如图 5.3.23 所示。

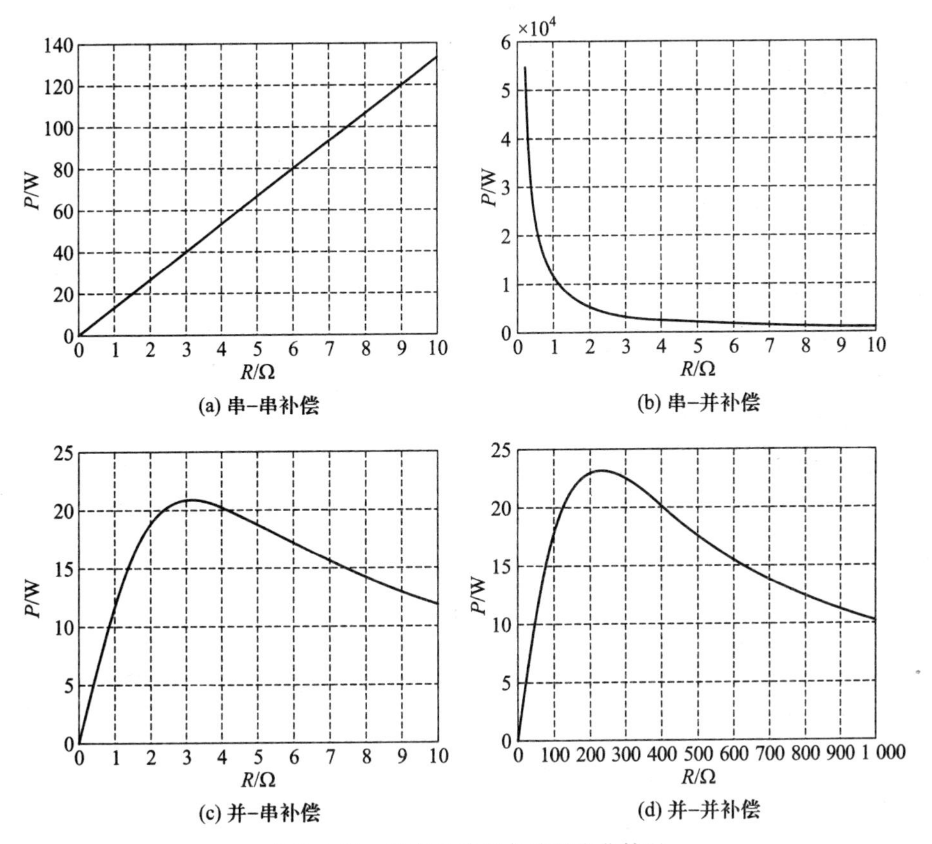

图 5.3.23 输出功率随负载的变化情况

当并-串补偿负载满足$\dfrac{\omega^2 M^2}{R_L}=\dfrac{L_p^2 R_L}{M^2}$时,负载的输出功率取得最大值 $P_{2串并}=\dfrac{U_p^2}{2\omega L_p}$。

并-并补偿负载$\dfrac{R_L M^2}{L_s^2}=\dfrac{(\omega L_p L_s-\omega M^2)^2}{M^2 R_L}$时,负载的输出功率取得最大值 $P_{2并并}=$

$\dfrac{U_p^2 L_s}{2(\omega L_p L_s-\omega M^2)}$。

5.4 三相交流电路

5.4.1 三相交流电路概述

电力系统供电有单相供电、三相供电和多相供电多种方式,其中,三相制供电在发电、输电和电驱动方面有明显的优越性,所以三相制获得了广泛应用,例如:在同样的容量下制造三相发电机、变压器都较制造单相发电机、变压器节省材料,并且构造简单、性能优良;在输送同样大小功率的情况下,三相输电线与单相输电线比较,可节省有色金属,且电能损耗也小。

1. 对称三相交流电源

三相制供电系统是由三相电源、三相负载和三相输电线路构成的三相交流电路。三相交流电路的分析与求解本质上是复杂正弦交流电路的分析与计算问题,但由于三相交流电路具有不同于其他一般交流电路的特点,因而需要在此节讨论。

如果三相制供电系统中的三相电源是三个正弦交流电压源,而且它们的振幅相等、频率相同,各相之间的相位依次相差三分之一周期(相角 120°),则这样的三相电源称为对称三相交流电源。设对称三相电源电压分别为

$$\left.\begin{aligned} u_{A}(t)&=\sqrt{2}U\sin \omega t \\ u_{B}(t)&=\sqrt{2}U\sin(\omega t-120^\circ) \\ u_{C}(t)&=\sqrt{2}U\sin(\omega t-240^\circ) \end{aligned}\right\}$$

可用相量表示为

$$\left.\begin{aligned} \dot{U}_{A}&=U\angle 0^\circ \\ \dot{U}_{B}&=\dot{U}_{A}\angle -120^\circ=U\angle -120^\circ \\ \dot{U}_{C}&=\dot{U}_{B}\angle -120^\circ=U\angle -240^\circ \end{aligned}\right\}$$

对称三相电源电压的波形图和相量图分别示于图 5.4.1 中。$u_{A}+u_{B}+u_{C}=0$,这是对称三相电源的特点。

2. 对称三相交流电路的联结

三相电路的三个电压源和三相负载阻抗的基本联结方式有两种,即星形联结(Y 形联结)和三角形联结(Δ 形联结)。图 5.4.2 分别表示了三相电源与三相负载的 Y 形联结与 Δ 形联结。

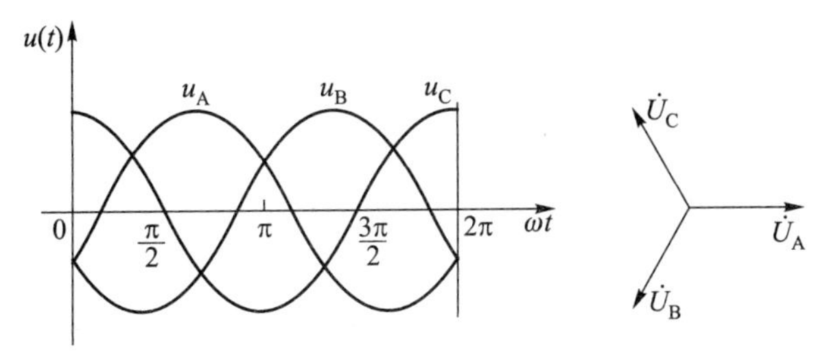

图 5.4.1 三相交流电压波形和相量图

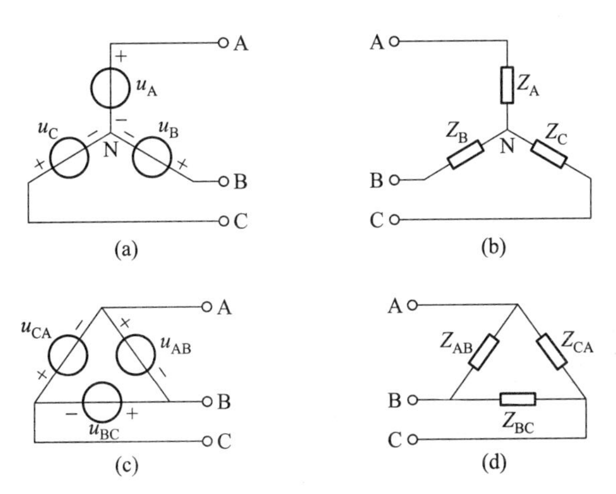

图 5.4.2 三相电源与三相负载的联结

每相电源与负载分别以下标 A、B、C 或 AB、BC、CA 识别。在 Y 形联结方式中，各相电源和负载的输出端称为各相的端点，三相的公共联结点称为中性点，或简称为中点。在 Δ 形联结方式中，三相电源或负载分别首尾相连，无中性点。如果在三相负载中[如图 5.4.2(b)、(d)所示]，$Z_A=Z_B=Z_C$ 或 $Z_{AB}=Z_{BC}=Z_{CA}$，那么该三相负载称为对称三相负载。由对称三相电源、对称三相负载通过对称三相输电线路连接而成的电路称为对称三相交流电路。

图 5.4.3 画出了电源和负载均为星形联结的三相电路图。图中 Z_l 表示每相线路阻抗，从电源端点 A、B、C 至负载端点 A′、B′、C′的三根连线称为端线，通常称为火线。Y 形联结的三相电源的中点 N 与负载中点 N′的连线称为中性线或中线。在三相星形联结中，具有三根端线和一根中线的供电方式称为三相四线制，没有中线的供电方式称为三相三线制。三相三线制联结的可能形式有四种：Y-Y 联结、Y-Δ 联结、Δ-Y 联结、Δ-Δ 联结。

在这些联结方式中，对于三相电源和三相负载，不论是 Δ 形还是 Y 形接法，规定流过每个电压源或每个负载阻抗的电流称为相电流，每个电压源或负载阻抗两端的电压称为相电压。流过三根端线的电流称为线电流,端线与端线之间的电压称为线电压。

对称三相电源各相电压源电压的相位依次相差三分之一周期,且B相滞后A相120°,而C相又滞后B相120°。这种相位间的变化次序称为相序。当各相位依次滞后变化的次序为A→B→C→A时,称为正序或顺序。当相位变化次序为C→B→A→C时(即B相滞后C相120°,而A相又滞后B相120°),则称为负序或逆序。本章所讨论的三相电路均以正序为例。

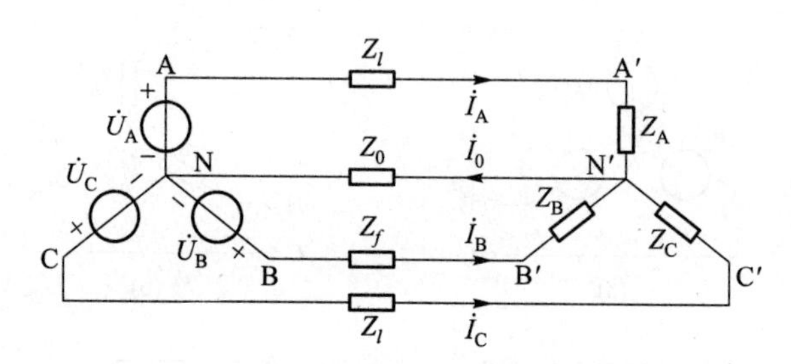

图5.4.3　三相四线制电路

5.4.2　对称三相正弦交流电路分析

一般三相电路可被看成是由多个电源构成的复杂交流电路,因此可采用前述的复杂正弦交流电路的一般分析方法进行计算,但对称三相电路具有一些特殊的性质,利用这些特性可以使电路分析计算大为简化。

1. 相电压与线电压

首先分析Y形联结的对称三相负载的线电压与相电压之间的关系。图5.4.4所示为一组Y形联结的对称三相负载。

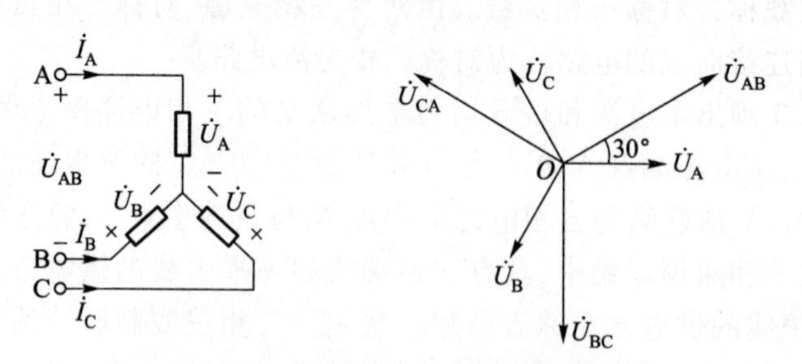

图5.4.4　Y接负载的相电压与线电压

设负载的各相电压对称且为正序,则电压相量可表示为

$$\left.\begin{aligned}\dot{U}_A &= U\angle 0^\circ \\ \dot{U}_B &= \dot{U}_A\angle -120^\circ \\ \dot{U}_C &= \dot{U}_B\angle -120^\circ = \dot{U}_A\angle -240^\circ\end{aligned}\right\} \tag{5.4.1}$$

线电压为

$$\left.\begin{aligned}\dot{U}_{AB} &= \dot{U}_A - \dot{U}_B = \dot{U}_A - \dot{U}_A\angle -120^\circ = \sqrt{3}\,\dot{U}_A\angle 30^\circ \\ \dot{U}_{BC} &= \dot{U}_B - \dot{U}_C = \dot{U}_B - \dot{U}_B\angle -120^\circ = \sqrt{3}\,\dot{U}_B\angle 30^\circ \\ \dot{U}_{CA} &= \dot{U}_C - \dot{U}_A = \dot{U}_C - \dot{U}_C\angle -120^\circ = \sqrt{3}\,\dot{U}_C\angle 30^\circ\end{aligned}\right\} \tag{5.4.2}$$

可见对称三相 Y 形联结的负载电路，其线电压也是一组对称的三相电压，线电压有效值是相电压有效值的$\sqrt{3}$倍，线电压相位超前相应相的相电压 30°相角，电压相量图如图 5.4.4 所示。

对于 Δ 形联结的对称三相负载，如图 5.4.5 所示，各相电压就等于对应的线电压，如果线电压为对称三相电压，即有

$$\left.\begin{aligned}\dot{U}_{AB} &= U\angle 0^\circ \\ \dot{U}_{BC} &= \dot{U}_{AB}\angle -120^\circ \\ \dot{U}_{CA} &= \dot{U}_{BC}\angle -120^\circ = \dot{U}_{AB}\angle -240^\circ\end{aligned}\right\} \tag{5.4.3}$$

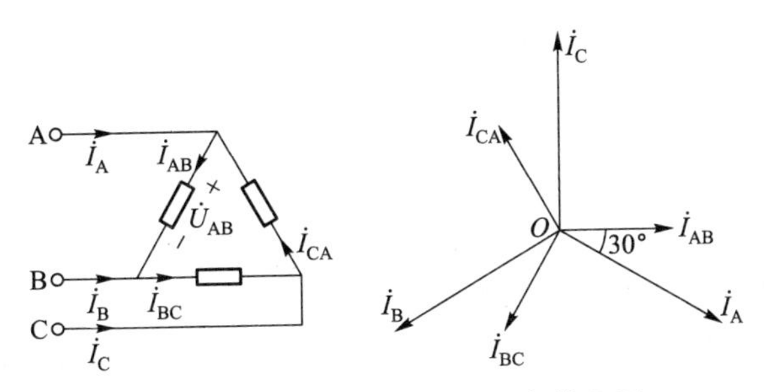

图 5.4.5 Δ 接负载的相电压与线电压

2. 相电流与线电流

对应于图 5.4.4 和图 5.4.5，下面分析 Y 形联结和 Δ 形联结的对称三相负载的线电流与相电流之间的关系。

对于 Y 形联结，三相负载均为 Z，设电压如式(5.4.1)所示，流过负载各相的电流为

$$\left.\begin{aligned}\dot I_A&=\frac{\dot U_A}{Z}\\ \dot I_B&=\frac{\dot U_B}{Z}=\dot I_A\angle -120^\circ\\ \dot I_C&=\frac{\dot U_C}{Z}=\dot I_B\angle -120^\circ\end{aligned}\right\}\tag{5.4.4}$$

可见负载各相电流也是一组对称三相电流,相序与电压相同。同时可知对于Y形联结而言,相电流等于线电流。

对于Δ形联结,设电压如式(5.4.3),则负载相电流为一组对称三相电流,如下

$$\left.\begin{aligned}\dot I_{AB}&=\frac{\dot U_{AB}}{Z}\\ \dot I_{BC}&=\frac{\dot U_{BC}}{Z}=\dot I_{AB}\angle -120^\circ\\ \dot I_{CA}&=\frac{\dot U_{CA}}{Z}=\dot I_{BC}\angle -120^\circ\end{aligned}\right\}\tag{5.4.5}$$

根据基尔霍夫节点电流定律,可求得线电流为

$$\left.\begin{aligned}\dot I_A&=\dot I_{AB}-\dot I_{CA}=\sqrt{3}\,\dot I_{AB}\angle -30^\circ\\ \dot I_B&=\dot I_{BC}-\dot I_{AB}=\sqrt{3}\,\dot I_{BC}\angle -30^\circ\\ \dot I_C&=\dot I_{CA}-\dot I_{BC}=\sqrt{3}\,\dot I_{CA}\angle -30^\circ\end{aligned}\right\}\tag{5.4.6}$$

可见线电流也为一组对称三相电流,线电流有效值为相电流的$\sqrt{3}$倍,线电流相位滞后对应相的电流30°相角,电流相量图如图5.4.5所示。

3. 对称三相交流电路的单相图

下面分析对称三相交流电路归结为单相交流电路分析计算的特点。

图5.4.6为Y-Y联结的三相四线制电路,由三相对称电源和三相对称负载组成,Z_l为线路阻抗,Z_0为中线阻抗。以电源中点N为参考点,列写节点电压方程,可得

$$\dot U_{N'N}=\frac{\dfrac{\dot U_A}{Z+Z_l}+\dfrac{\dot U_B}{Z+Z_l}+\dfrac{\dot U_C}{Z+Z_l}}{\dfrac{1}{Z+Z_l}+\dfrac{1}{Z+Z_l}+\dfrac{1}{Z+Z_l}+\dfrac{1}{Z_0}}=\frac{\dot U_A+\dot U_B+\dot U_C}{3+\dfrac{Z_l+Z}{Z_0}}=0$$

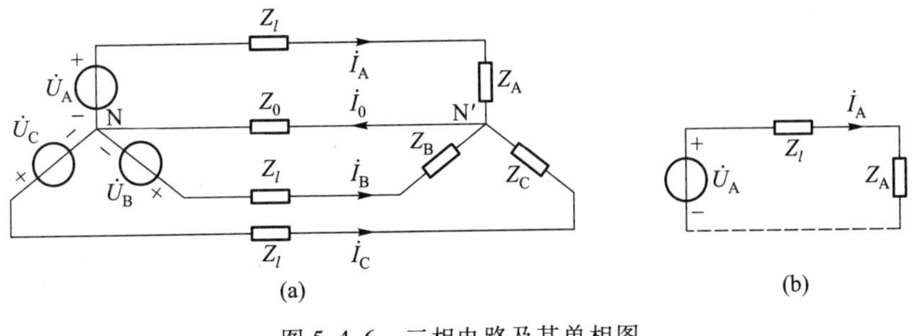

图 5.4.6　三相电路及其单相图

可见对称三相交流电路电源中性点与负载中性点的电位是相等的。因而各相交流电流可分别独立按单相交流电路计算得知其是三相对称的，即

$$\dot{I}_A=\frac{\dot{U}_A}{Z+Z_l}$$

$$\dot{I}_B=\frac{\dot{U}_B}{Z+Z_l}=\dot{I}_A\angle -120^\circ$$

$$\dot{I}_C=\frac{\dot{U}_C}{Z+Z_l}=\dot{I}_A\angle +120^\circ$$

而其中线电流 $\dot{I}_N=\dot{I}_A+\dot{I}_B+\dot{I}_C=0$。因为对称三相负载的阻抗相等，故相电压也为一组对称三相交流电压。

由上面分析可见，归纳 Y-Y 联结的对称三相电路特点如下：

(1) 两中性点是等电位的，中线电流恒为零，中线阻抗不影响其电压电流分配。

(2) 由于两中性点等电位，各相电流仅取决于各自的相电源电压和各相负载的阻抗值，各相计算具有独立性。在计算时，可任取一相电路，并把两个中性点短接组成单相图，如图 5.4.6(b)所示。

(3) 因为电路中任一组相电压与相电流是对称的，所以当用单相图计算出一相电压电流后，其余两相可根据对称性直接得出。

(4) 对于 Δ 形联结电路，可先进行 Δ-Y 转换，然后归结为单相计算，最后再根据 Δ-Y 电压电流的转换关系求出实际电压电流。

对称三相交流电路的单相图，充分利用了 Y-Y 联结的电源以及负载的中点电位相等的特点，将其两中点短接，从而可方便地求解对称三相交流电路，构成独特的单相图求解方法。

4. 对称三相交流电路的计算

上面总结了三相交流电路的特点，下面示例说明对称三相交流电路的计算过程。

例5.4.1　图5.4.7(a)所示对称三相交流电路中，已知 $\dot{U}_{SA}=220\underline{/0^\circ}$ V，$R=300\ \Omega$，$R_1=10\ \Omega$，求线电流 $\dot{I}_A$ 和相电流 $\dot{I}_{AC}$。

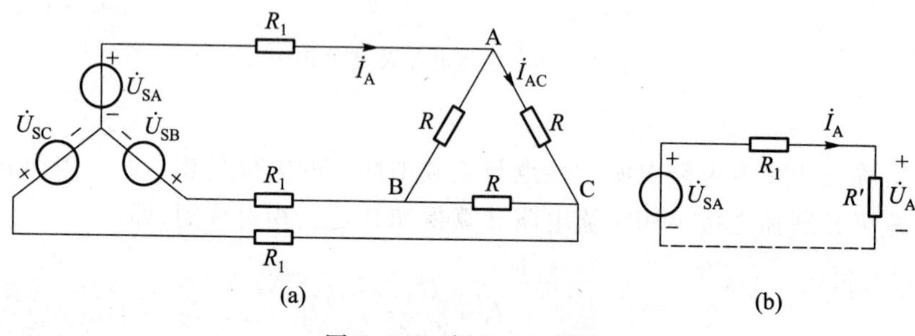

图5.4.7　例5.4.1题图

解：首先将Δ形联结的负载转换为Y形联结的负载，则有

$$R'=\frac{R}{3}=100\ \Omega$$

根据电路的对称特性，取A相电路计算，把电源、负载中性点联结，画出单相图，如图5.4.7(b)所示，由此可得线电流为

$$\dot{I}_A=\frac{\dot{U}_{SA}}{R+R'}=\frac{220\underline{/0^\circ}}{100+10}\ \text{A}=2\underline{/0^\circ}\ \text{A}$$

相电压为

$$\dot{U}_A=R'\dot{I}_A=200\underline{/0^\circ}\ \text{V}$$

线电压为

$$\dot{U}_{AB}=\sqrt{3}\,\dot{U}_A\underline{/30^\circ}=200\sqrt{3}\underline{/30^\circ}\ \text{V}$$

$$\dot{U}_{AC}=-\dot{U}_{CA}=-200\sqrt{3}\underline{/150^\circ}\ \text{V}=200\sqrt{3}\underline{/-30^\circ}\ \text{V}$$

相电流为

$$\dot{I}_{AC}=\frac{\dot{U}_{AC}}{R}=\frac{200\sqrt{3}\underline{/-30^\circ}}{300}\ \text{A}=\frac{2\sqrt{3}}{3}\underline{/-30^\circ}\ \text{A}$$

例5.4.2　图5.4.8(a)为由两组对称三相电源供电的三相交流电路。已知 $\dot{U}_{SAB}=380\underline{/0^\circ}$ V，$\dot{U}_{SA}=220\underline{/0^\circ}$ V，$Z_1=\text{j}4\ \Omega$，$Z_2=\text{j}3\ \Omega$，$Z_\Delta=(90+\text{j}60)\ \Omega$，试求负载 Z_Δ 上的相电压与相电流。

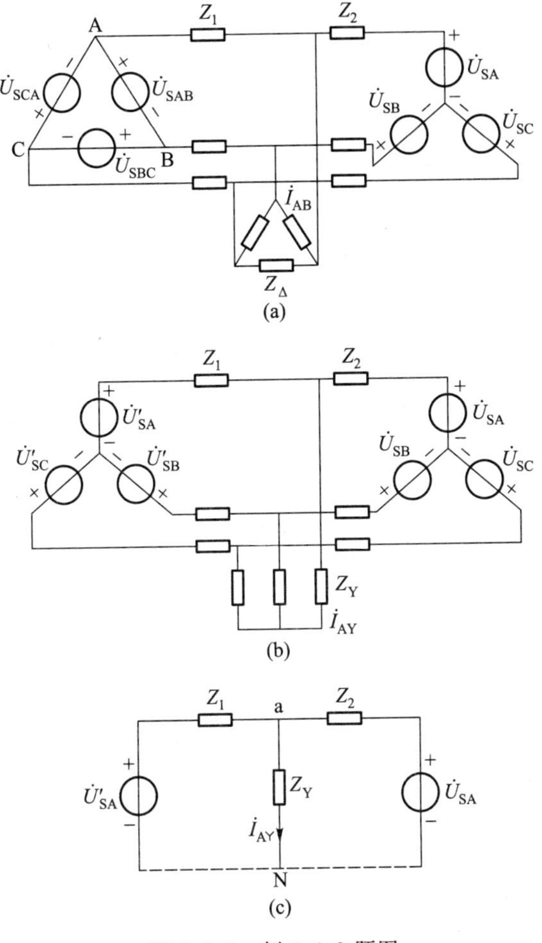

图 5.4.8　例 5.4.2 题图

解：为画出单相图，需将 Δ 形联结的电源与 Δ 形联结的负载转换为 Y 形联结，如图 5.4.8(b)所示。由 Δ-Y 转换的相电压线电压关系，可知 Δ 形联结的电源等效转换为 Y 形联结的相电压为

$$\dot{U}'_{SA}=\frac{\dot{U}_{SAB}}{\sqrt{3}}\angle -30^\circ=220\angle -30^\circ\ \mathrm{V}$$

由 Δ 形联结负载转换为 Y 形联结后其等效阻抗为

$$Z_Y=\frac{1}{3}Z_\Delta$$

即
$$Z_Y=(30+\mathrm{j}20)\ \Omega$$

取 A 相电路，并把各中性点联结，则得到如图 5.4.8(c)所示的单相图。设 N 为

参考点,列写节点电压方程为

$$\dot{U}_{aN}=\frac{\dot{U}'_{SA}/Z_1+\dot{U}_{SA}/Z_2}{\frac{1}{Z_1}+\frac{1}{Z_2}+\frac{1}{Z_Y}}=\frac{\frac{220\angle -30^\circ}{j4}+\frac{220\angle 0^\circ}{j3}}{\frac{1}{j4}+\frac{1}{j3}+\frac{1}{30+j20}}\ \text{V}$$

$$=207\angle -15^\circ\ \text{V}$$

则
$$\dot{I}_{AY}=\frac{\dot{U}_{aN}}{Z_Y}=\frac{207\angle -15^\circ}{30+j20}\ \text{A}=5.75\angle -48.7^\circ\ \text{A}$$

此为Y形联结的相电流,也为线电流值,则Δ形联结的实际相电流为

$$\dot{I}_{AB}=\frac{\dot{I}_{AY}}{\sqrt{3}}\angle 30^\circ=3.32\angle -18.7^\circ\ \text{A}$$

相电压为
$$\dot{U}_{AB}=\dot{I}_{AB}Z_\Delta=359\angle 15^\circ\ \text{V}$$

由对称性可写出各相电压电流值分别为

$$\dot{U}_{AB}=359\angle 15^\circ\ \text{V},\quad \dot{U}_{BC}=359\angle -105^\circ\ \text{V},\quad \dot{U}_{CA}=359\angle -225^\circ\ \text{V}$$

$$\dot{I}_{AB}=3.32\angle -18.7^\circ\ \text{A},\quad \dot{I}_{BC}=3.32\angle -138.7^\circ\ \text{A},\quad \dot{I}_{CA}=3.32\angle -258.7^\circ\ \text{A}$$

在实际的电力系统中,三相发电机产生的电压往往不是理想的正弦波。电网中变压器等设备由于磁路的非线性,其励磁电流往往是非正弦周期波形,包含有高次谐波分量。因此在三相对称电路中,电网电压与电流都可能出现非正弦波形,即存在高次谐波。对于含有高次谐波的非正弦周期对称三相电路的分析计算将在第6章中展述。

5.4.3　对称三相正弦交流电路功率测量

1. 对称三相正弦交流电路的功率

在三相电路中,三相负载所吸收的平均功率等于各相负载吸收的平均功率之和,即有

$$\begin{aligned}P&=P_A+P_B+P_C\\&=U_AI_A\cos\varphi_A+U_BI_B\cos\varphi_B+U_CI_C\cos\varphi_C\end{aligned}\qquad(5.4.7)$$

式中,U_A、U_B、U_C分别为三相电压有效值;I_A、I_B、I_C为各相电流有效值;φ_A、φ_B、φ_C表示各相电压相电流之间的相位差。

同样,可写出三相电路的无功功率为

$$Q=Q_A+Q_B+Q_C=U_AI_A\sin\varphi_A+U_BI_B\sin\varphi_B+U_CI_C\sin\varphi_C\qquad(5.4.8)$$

三相视在功率定义为

$$S=\sqrt{P^2+Q^2}\qquad(5.4.9)$$

定义三相负载的功率因数为

$$\cos\varphi'=\frac{P}{S} \tag{5.4.10}$$

在对称三相正弦交流电路中，各相电压有效值相等，即 $U_A=U_B=U_C=U_{ph}$，因为各相负载阻抗相同，可知各相电流有效值也相等，即 $I_A=I_B=I_C=I_{ph}$，同时各相电压相电流之间相位差也相等，$\varphi_A=\varphi_B=\varphi_C=\varphi$。代入式(5.4.7)则可得对称三相正弦交流电路中，三相负载的平均功率为

$$P=3U_{ph}I_{ph}\cos\varphi \tag{5.4.11}$$

对于 Y 形联结的三相对称负载，线电压 $U_l=\sqrt{3}U_{ph}$，而线电流 $I_l=I_{ph}$，代入式(5.4.11)可得

$$P=\sqrt{3}U_lI_l\cos\varphi \tag{5.4.12}$$

如果负载为 Δ 形联结，则有 $U_{ph}=U_l$，$I_l=\sqrt{3}I_{ph}$，代入式(5.4.11)后同样可以得到式(5.4.12)。可见 Y 形和 Δ 形联结，均可用式(5.4.12)来计算对称三相电路平均功率。应指出，式中 $\cos\varphi$ 为一相负载的功率因数，φ 为相电压与相电流的相位差。

类似地，在对称三相正弦交流电路中，易知由式(5.4.8)可以得到无功功率为

$$Q=\sqrt{3}U_lI_l\sin\varphi \tag{5.4.13}$$

由式(5.4.9)可得视在功率

$$S=\sqrt{3}U_lI_l \tag{5.4.14}$$

由式(5.4.10)可得

$$\cos\varphi'=\cos\varphi \tag{5.4.15}$$

这说明对称三相正弦交流电路负载的功率因数等于单相负载的功率因数。

下面分析三相电路的瞬时功率。

设负载为 Y 形联结，相电压为 u_A、u_B、u_C，相电流为 i_A、i_B、i_C，则三相瞬时总功率为各相瞬时功率之和，即

$$p=p_A+p_B+p_C=u_Ai_A+u_Bi_B+u_Ci_C \tag{5.4.16}$$

在对称三相正弦交流电路中，相电压瞬时值为

$$u_A=\sqrt{2}U\sin\omega t$$

$$u_B=\sqrt{2}U\sin(\omega t-120^\circ)$$

$$u_C=\sqrt{2}U\sin(\omega t-240^\circ)$$

负载为对称三相负载时，即 $Z_A=Z_B=Z_C=z\underline{/\varphi}$，则相电流瞬时值为

$$i_{\mathrm{A}}=\sqrt{2}\frac{U}{z}\sin(\omega t-\varphi)=\sqrt{2}\ I\sin(\omega t-\varphi)$$

$$i_{\mathrm{B}}=\sqrt{2}I\sin(\omega t-\varphi-120^\circ)$$

$$i_{\mathrm{C}}=\sqrt{2}I\sin(\omega t-\varphi-240^\circ)$$

将相电压与相电流瞬时值代入式(5.4.16)中,可得瞬时功率为

$$p=3U_{\mathrm{ph}}I_{\mathrm{ph}}\cos\varphi \tag{5.4.17}$$

式(5.4.17)与式(5.4.11)相同,可见对称三相电路瞬时总功率是一个与平均功率相同的常量,其值不随时间变化。这是三相制供电的优点之一。

2. 三相正弦交流电路的功率测量

对于三相三线制系统,可采用两功率表方法来测量三相总有功功率。其测量连接线路如图5.4.9所示,其测量原理分析如下。

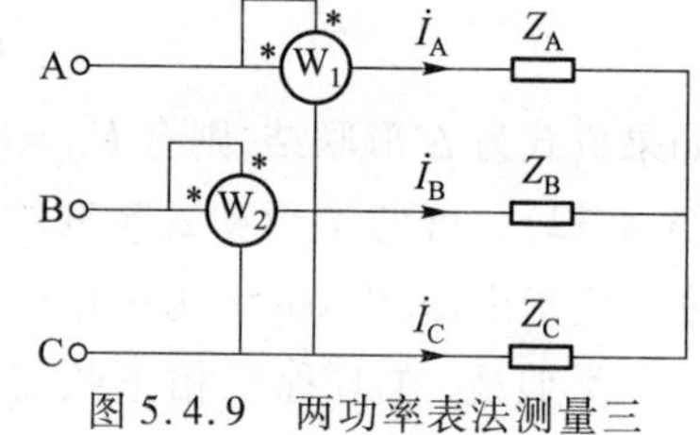

图5.4.9　两功率表法测量三相Y接负载功率

根据图中各功率表的连线可知,W_1的测量读数为

$$W_1=\frac{1}{T}\int_0^T i_{\mathrm{A}}u_{\mathrm{AC}}\mathrm{d}t$$

W_2的测量读数为

$$W_2=\frac{1}{T}\int_0^T i_{\mathrm{B}}u_{\mathrm{BC}}\mathrm{d}t$$

两功率表读数之和为

$$W_1+W_2=\frac{1}{T}\int_0^T(i_{\mathrm{A}}u_{\mathrm{AC}}+i_{\mathrm{B}}u_{\mathrm{BC}})\mathrm{d}t$$

应指出,在三相三线制中,总可以把负载视作Y形联结,应有

$$i_{\mathrm{A}}u_{\mathrm{AC}}+i_{\mathrm{B}}u_{\mathrm{BC}}=i_{\mathrm{A}}(u_{\mathrm{A}}-u_{\mathrm{C}})+i_{\mathrm{B}}(u_{\mathrm{B}}-u_{\mathrm{C}})=i_{\mathrm{A}}u_{\mathrm{A}}+i_{\mathrm{B}}u_{\mathrm{B}}-(i_{\mathrm{A}}+i_{\mathrm{B}})u_{\mathrm{C}}$$

因在三相三线制中有

$$i_{\mathrm{A}}+i_{\mathrm{B}}+i_{\mathrm{C}}=0$$

即

$$i_{\mathrm{C}}=-(i_{\mathrm{A}}+i_{\mathrm{B}})$$

因此,两功率表读数之和可表示为

$$W_1+W_2=\frac{1}{T}\int_0^T(i_{\mathrm{A}}u_{\mathrm{A}}+i_{\mathrm{B}}u_{\mathrm{B}}+i_{\mathrm{C}}u_{\mathrm{C}})\mathrm{d}t=\frac{1}{T}\int_0^T(p_{\mathrm{A}}+p_{\mathrm{B}}+p_{\mathrm{C}})\mathrm{d}t=P$$

可见,无论电路是否三相对称,两功率表读数之和均等于三相负载的总有功功率。该结论不仅适用于Y形三相负载,同样适用于Δ形三相负载,并且如果电路为对称三相交流电路时,从上述两功率表的读数,还可以推求对称三相电路的无功功率和功率因数。如图5.4.10所示,设线电压值为

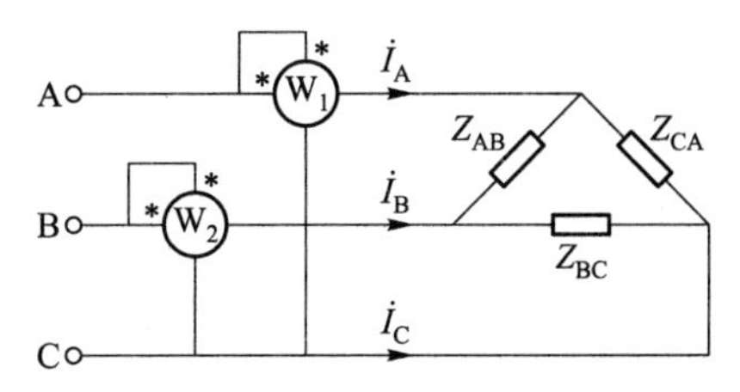

图 5.4.10 两功率表法测量三相 Δ 接负载功率

$$\dot{U}_{AB}=U_l\angle 0°\ \text{V},\quad \dot{U}_{BC}=U_l\angle -120°\ \text{V},\quad \dot{U}_{CA}=U_l\angle -240°\ \text{V}$$

则可知

$$\dot{U}_{AC}=-\dot{U}_{CA}=U_l\angle -60°\ \text{V}$$

各相电流为

$$\dot{I}_{AB}=\frac{\dot{U}_{AB}}{Z}=\frac{U_l}{z}\angle -\varphi=I_{ph}\angle -\varphi$$

$$\dot{I}_{BC}=I_{ph}\angle -\varphi-120°,\quad \dot{I}_{CA}=I_{ph}\angle -\varphi-240°$$

线电流为

$$\dot{I}_A=\sqrt{3}\,\dot{I}_{AB}\angle -30°=\sqrt{3}\,I_{ph}\angle -\varphi-30°=I_l\angle -\varphi-30°$$

$$\dot{I}_B=I_l\angle -\varphi-150°,\quad \dot{I}_C=I_l\angle -\varphi-270°$$

功率表 W_1 中的功率读数为

$$W_1=U_lI_l\cos(-60°+\varphi+30°)=U_lI_l\cos(\varphi-30°)$$

功率表 W_2 中的功率读数为

$$W_2=U_lI_l\cos(-120°+\varphi+150°)=U_lI_l\cos(\varphi+30°)$$

两功率表读数之和

$$W_1+W_2=U_lI_l[\cos(\varphi-30°)+\cos(\varphi+30°)]=\sqrt{3}\,U_lI_l\cos\varphi$$

这里要特别指出，在用两功率表法测量三相电路功率时，当负载的阻抗角$|\varphi|>60°$时，其中一只功率表的读数可能会出现负值，而总有功功率是两功率表的代数和。

两功率表读数之差

$$W_1-W_2=U_lI_l[\cos(\varphi-30°)-\cos(\varphi+30°)]=U_lI_l\sin\varphi$$

三相电路的无功功率为

$$Q=\sqrt{3}\,(W_1-W_2)$$

$$\varphi=\arctan\frac{\sqrt{3}\,(W_1-W_2)}{W_1+W_2}$$

三相四线制电路不能应用上述两功率表法来测量三相功率，因为此时 $i_A+i_B+i_C\neq 0$。对于对称三相四线制电路，可用一只功率表测出单相功率，三相功率为单相功率的三倍。不对称三相四线制则要用三只功率表分别测出各相功率后再求和。

例 5.4.3　一对称三相负载，每相负载为纯电阻 $R=11\ \Omega$，接入线电压为 380 V 的电网。问：(1) 当负载为 Y 形联结时，从电网吸收多少功率？(2) 当负载为 Δ 形联结时，从电网吸收多少功率？

解：(1) 当负载为 Y 形联结时，负载相电压

$$u_{ph}=\frac{1}{\sqrt{3}}U_l=220\ \text{V}$$

负载相电流

$$I_{ph}=\frac{U_{ph}}{R}=20\ \text{A}$$

由于为纯电阻负载，故 $\cos\varphi=1$，得三相负载功率为

$$P=\sqrt{3}U_lI_l\cos\varphi=\sqrt{3}\times 380\times 20\times 1\ \text{W}=13.16\ \text{kW}$$

(2) 负载为 Δ 形联结时，负载相电压　$U_{ph}=U_l=380\ \text{V}$

负载相电流

$$I_{ph}=\frac{U_{ph}}{R}=20\sqrt{3}\ \text{A}$$

负载线电流为

$$I_l=\sqrt{3}I_{ph}=60\ \text{A}$$

三相负载功率为　$P=\sqrt{3}U_lI_l\cos\varphi=\sqrt{3}\times 380\times 60\times 1\ \text{W}=39.49\ \text{kW}$

可见，同样的负载在 Δ 形联结时吸收的功率是 Y 形联结时的 3 倍。

例 5.4.4　已知对称三相负载 $Z_Y=220\angle -36.9^\circ\ \Omega$，A、B、C 端施加对称三相正弦交流电压，相电压为 220 V，如图 5.4.11 所示。N 为对称三相负载，其总消耗功率 $P_N=480$ W 负载功率因数 $\cos\varphi=0.8$(感性)。求：(1) 电流 I_A；(2) 功率表 W_1 和 W_2 的读数；(3) 对称三相交流电源输出的总有功功率。

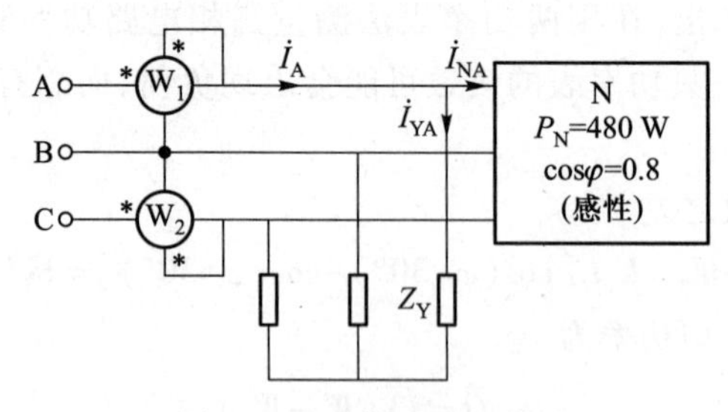

图 5.4.11　例 5.4.4 题图

解：(1) 以 A 相电压源电压作为参考相量，设 $\dot{U}_A=220\angle 0^\circ\ \text{V}$

$$I_{NA}=\frac{P}{3U\cos\varphi}=1\ \text{A}$$

$$\dot{I}_{NA}=1\angle -36.9^\circ\ \text{A}$$

$$\dot{I}_{YA}=\frac{\dot{U}_A}{Z_Y}=1\angle 36.9^\circ\ \text{A}$$

则

$$\dot{I}_A=\dot{I}_{NA}+\dot{I}_{YA}=1.6\angle 0^\circ\ \text{A}$$

（2）$\dot{U}_{AB}=380\angle 30^\circ\ \text{V}$，$\dot{U}_{CB}=-\dot{U}_{BC}=-380\angle -90^\circ\ \text{V}$，$\dot{I}_C=1.6\angle 120^\circ\ \text{A}$

$$P_1=U_{AB}I_A\cos 30^\circ=480\ \text{W}$$

$$P_2=U_{CB}I_C\cos(-30^\circ)=480\ \text{W}$$

（3）总有功功率 $P=P_1+P_2=960\ \text{W}$。

5.4.4 不对称三相电路简介

1. 不对称三相电路特点

三相电源和三相负载均对称是一种很理想的情况，实际上三相电路中常呈现三相电源不对称或三相负载不对称，那么，这样的不对称三相交流电路不具有三相对称的特点，就不能用单相图进行计算。一般情况下不对称三相交流电路作为复杂交流电路，可利用一般复杂正弦交流电路的分析方法求解计算，本节仅简要阐明不对称三相交流电路的基本概念。

图 5.4.12 所示三相交流电路，假设 $\dot{U}_{SA}$、$\dot{U}_{SB}$、$\dot{U}_{SC}$为一组对称三相交流电源，但负载阻抗 Z_A、Z_B、Z_C 不相等，那么它是一个不对称三相交流电路。如果采用三相四线制供电，且中线阻抗可以忽略，则由图可见，负载各相电压即等于对应的电源相电压。因此可得各相电流为

$$\dot{I}_A=\frac{\dot{U}_{SA}}{Z_A},\quad \dot{I}_B=\frac{\dot{U}_{SB}}{Z_B},\quad \dot{I}_C=\frac{\dot{U}_{SC}}{Z_C}$$

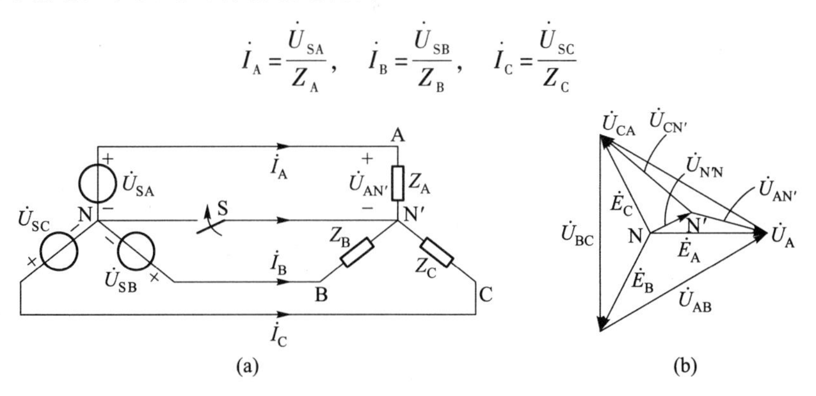

图 5.4.12 不对称三相电路的中性点位移

由于负载不对称，所以三相负载电流也不对称。其中线电流 $\dot{I}_N=\dot{I}_A+\dot{I}_B+\dot{I}_C$ 一般也不为零。

当中线断开时（即三相三线制供电情况），可求出中性点 N′和 N 之间的电压为

$$\dot{U}_{N'N}=\frac{\dfrac{\dot{U}_{SA}}{Z_A}+\dfrac{\dot{U}_{SB}}{Z_B}+\dfrac{\dot{U}_{SC}}{Z_C}}{\dfrac{1}{Z_A}+\dfrac{1}{Z_B}+\dfrac{1}{Z_C}}$$

可知此时即使电源电压对称，两中性点之间的电压 $U_{N'N}$ 也不为零，即两中性点不是等电位点。这种现象称为负载中性点位移。图 5.4.12(b) 中画出了中线断开后的电源与负载各相电压相量图。图中点 N 与 N′没有重合，Y–Y 联结的中点不再等电位，相量 $\dot{U}_{NN'}$ 表示了中性点电压位移的大小。易知：当中点位移较大时，势必引起三相负载中有的相电压过高，而有的相电压却很低。因此当中性点位移时，可能出现某相负载由于过电压而损坏，而另一相负载则由于欠压而不能正常工作的情况。因此，在三相制供电系统中，总是尽量使各相负载对称分配。但是在民用低压电网中，由于存在大量单相负载（如照明设备、家用电器等），而负载用电又经常变化，不可能做到三相负载完全对称，因此一般采用三相四线制供电模式，使各相负载电压接近对称电源电压。必须指出，保险丝和开关不能安置在中线上。

2. 不对称三相电路分析方法

不对称三相电路中不再具备对称三相电路中相电压、相电流对称的特点，不再具有对称三相电路中线电压与相电压、线电流与相电流之间的对应关系，所以不对称三相交流电路的分析计算方法就是依托复杂正弦交流电路的常规分析方法，应指出的是，如果不对称三相交流电路中存在部分的对称三相电压电流，那么可以借助利用对称特点从而简化运算，具体过程示于例题分析之中。

例 5.4.5　电路如图 5.4.13 所示，已知对称三相电源的线电压 $U_l=380$ V，负载 $Z=220\underline{/30^\circ}$ Ω，$Z_L=190\underline{/60^\circ}$ Ω，试求 $\dot{I}_L$、$\dot{I}_C$。

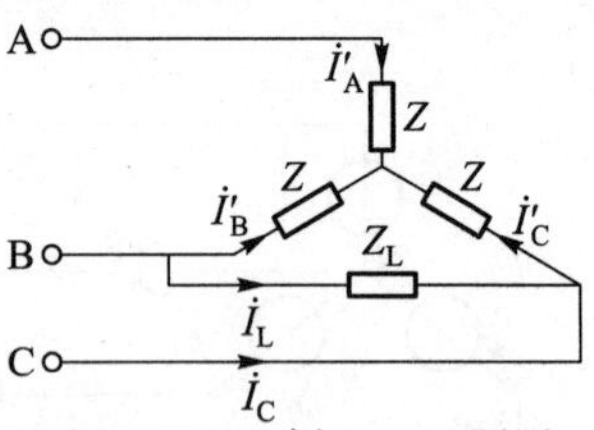

图 5.4.13　例 5.4.5 题图

解：以 A 相电压为参考相量，令 $\dot{U}_A=220\underline{/0^\circ}$ V，

则
$$\dot{U}_B=220\underline{/-120^\circ}\ \text{V}$$

$$\dot{U}_C=220\underline{/120^\circ}\ \text{V}$$

$$\dot{U}_{BC}=220\sqrt{3}\angle -90^\circ\ \text{V}$$

$$\dot{I}_L=\frac{\dot{U}_{BC}}{Z_L}=\frac{220\sqrt{3}\angle -90^\circ}{190\angle 60^\circ}\ \text{A}=2\angle -150^\circ\ \text{A}$$

观察图 5.4.13 可知,负载 Z_L 跨接在线电压 U_{BC} 两端,

因而 $\dot{I}'_A\dot{I}'_B\dot{I}'_C$ 仍然为对称的三相相电流

故有
$$\dot{I}'_A=\frac{\dot{U}_A}{Z}=\frac{220\angle 0^\circ}{220\angle 30^\circ}=1\angle -30^\circ\ \text{A}$$

$$\dot{I}'_C=1\angle 90^\circ\ \text{A}$$

$$\dot{I}_C=\dot{I}'_C-\dot{I}_L=2.65\angle 49.1^\circ\ \text{A}$$

例 5.4.6 如图 5.4.14 所示电路中,已知电源为线电压为 380 V 的对称三相交流电源,$R=\omega L=\dfrac{1}{\omega C}=100\ \Omega$,$R_1=300\ \Omega$,$R_0=200\ \Omega$,试求电阻 R_0 两端的电压。

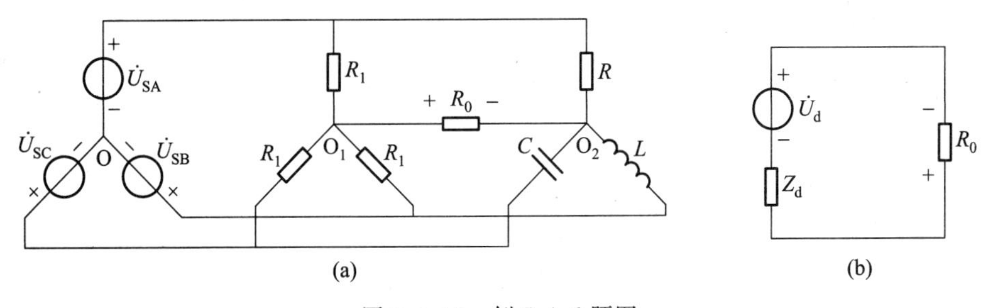

图 5.4.14 例 5.4.6 题图

解: 首先注意两组负载中有一组负载是对称的,利用该特点,若断开电阻 R_0,则 $\dot{U}_{O_1O}=0$,因此可以采用戴维宁定理求解,如图 5.4.14(b)所示。已知线电压 380 V,以 A 相相电压为参考正弦量 $\dot{U}_{SA}=220\angle 0^\circ$ V,首先将 R_0 断开,由于 $\dot{U}_{O_1O}=0$,则开路电压

$$\dot{U}_d=\dot{U}_{O_2O_1}=\dot{U}_{O_2O}$$

列写节点电压方程

$$\left(\frac{1}{R}+\frac{1}{j\omega L}+j\omega C\right)\dot{U}_{O_2O}=\frac{\dot{U}_{SA}}{R}+\frac{\dot{U}_{SB}}{j\omega L}+j\omega C\dot{U}_{SC}$$

代入数据解得

$$\dot{U}_{\mathrm{d}}=\dot{U}_{\mathrm{O_2O}}=-161\ \mathrm{V}$$

将电压源全部短接，从 O_1O_2 端口看进去，三个电阻 R_1 并联，R、L、C 并联，然后串联，则得

$$Z_{\mathrm{d}}=\frac{R_1}{3}+R=200\ \Omega$$

最后得到

$$\dot{U}_{\mathrm{R0}}=\frac{-\dot{U}_{\mathrm{d}}}{Z_{\mathrm{d}}+R_0}\times R_0=80.5\ \mathrm{V}$$

5.4.5　三相电路应用示例——鉴相器

利用三相电路的不对称特点，可以达到鉴相目的。下面介绍相序指示器的工作原理，图 5.4.15 所示电路就是一个相序指示电路，可以用来判别三相电路中的各相相序。当三相电源对称时，由一个电容和两个灯泡（相当于电阻 R）组成 Y 形联结的三相不对称负载。选择$\dfrac{1}{\omega C}=R$，下面通过计算比较两个灯泡端电压的差异。

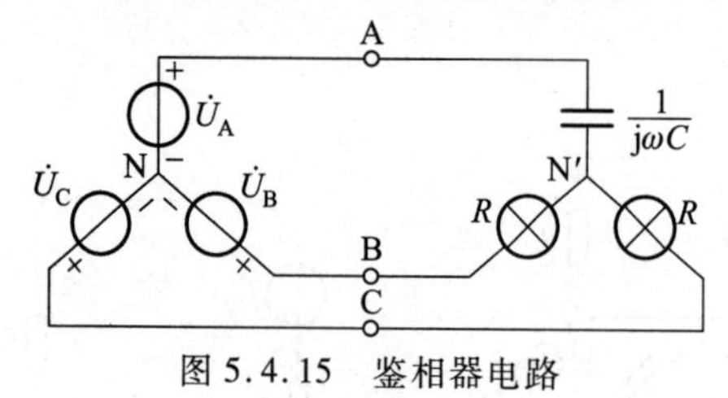

图 5.4.15　鉴相器电路

设 $\dot{U}_{\mathrm{A}}=U\angle 0°$，则

$$\dot{U}_{\mathrm{N'N}}=\frac{\dot{U}_{\mathrm{A}}\mathrm{j}\omega C+\dot{U}_{\mathrm{B}}\dfrac{1}{R}+\dot{U}_{\mathrm{C}}\dfrac{1}{R}}{\mathrm{j}\omega C+\dfrac{1}{R}+\dfrac{1}{R}}=\frac{\mathrm{j}U+U\angle -120°+U\angle -240°}{\mathrm{j}+2}$$

$$=(-0.2+\mathrm{j}0.6)\ U$$

B 相灯泡两端电压为

$$\dot{U}_{\mathrm{BN'}}=\dot{U}_{\mathrm{B}}-\dot{U}_{\mathrm{N'N}}=U\angle -120°-(-0.2+\mathrm{j}0.6)\ U$$

其有效值为

$$U_{\mathrm{BN'}}=1.50U$$

C 相灯泡两端电压

$$\dot{U}_{\mathrm{CN'}}=\dot{U}_{\mathrm{C}}-\dot{U}_{\mathrm{N'N}}=U\angle -240°-(-0.2+\mathrm{j}0.6)\ U$$

其有效值为

$$U_{\mathrm{CN'}}=0.4U$$

可见 B 相灯泡电压要高于 C 相灯泡电压，B 相灯泡要比 C 相灯泡亮得多。由此可判断：若指定接电容的一相为 A 相，则灯泡较亮的一相为 B 相，较暗的一相为 C 相。

习题

5.1 试绘 $u(t)=10\sqrt{2}\sin(2t+60°)$ 的波形图，分别用 t 和 ωt 作为横坐标，试比较这两种画法的不同。

5.2 已知一正弦电压的幅值为 380 V，频率为 50 Hz，初相为 60°。

(1) 写出此正弦电压的时间函数表达式；

(2) 计算 $t=0$,0.002 5 s,0.007 5 s,0.010 0 s,0.012 5 s,0.017 5 s 的电压瞬时值；

(3) 绘出波形图。

5.3 若已知两个同频率正弦量的频率为 $f=50$ Hz，相量分别为 $\dot{U}_1=40\angle 30°$ V，$\dot{U}_2=-100\angle -150°$ V：(1) 写出 $u_1(t)$、$u_2(t)$ 的瞬时表达式；(2) 求 $u_1(t)$、$u_2(t)$ 的相位差。

5.4 若已知一端口电路的电压、电流为 $u(t)=10\sqrt{2}\sin(314t-20°)$ V、$i(t)=2\sqrt{2}\sin(314t-50°)$ A，试画出它们的相量图，并求出它们的相位差。

5.5 试求题图 5.5 中矩形波的有效值。

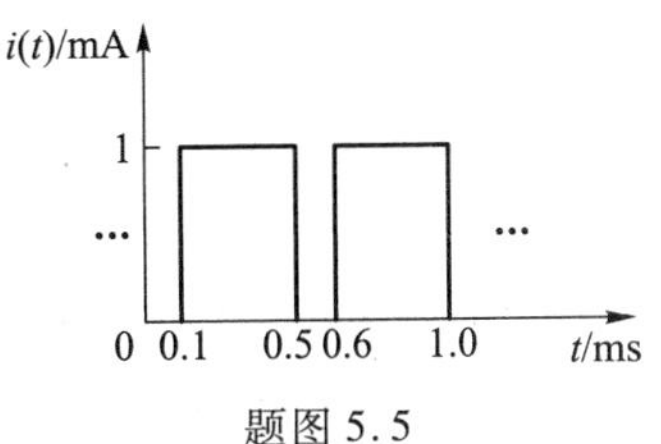

题图 5.5

5.6 写出下列各正弦量的相量，并画出它们的相量图。

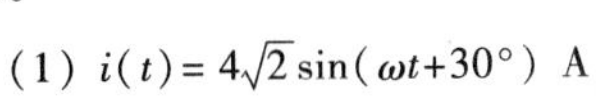

(1) $i(t)=4\sqrt{2}\sin(\omega t+30°)$ A

(2) $i(t)=10\sqrt{2}\sin(\omega t-90°)$ A

(3) $i(t)=100\sqrt{2}\sin(\omega t+60°)$ V

(4) $i(t)=220\sqrt{2}\sin(\omega t-45°)$ V

5.7 用相量法求下列两正弦电压的和与差：

$u_1(t)=220\sqrt{2}\sin(\omega t+30°)$ V

$u_2(t)=100\sqrt{2}\sin(\omega t-60°)$ V

5.8 一电感 $L=31.8$ mH，试求电压为 $u(t)=\sqrt{2}\,10\sin 314t$ V 和 $u(t)=10\sqrt{2}\sin 314\,000t$ V 时的电感电流。

5.9 有一电感线圈，其电感为 20 mH，其电阻可以忽略不计，如通过电感中的电流为 $i(t)=10\sqrt{2}\sin(314t-30°)$ mA，试求电感两端的电压，写出其瞬时表达式并画出相量图。

5.10 一电容 C 为 500 pF，如通过该电容的电流为 $i(t)=10\sqrt{2}\sin(10^6t-30°)$ mA，试求电容两端的电压，写出其瞬时表达式并画出相量图。

5.11 已知如题图 5.11 所示电路中，已知 $R=10\ \Omega$，$I_1=I_2=10$ A，求I 和 U_s。

5.12 如题图 5.12 所示正弦稳态电路中，已知 $U=200$ V，$I_1=10$ A，$I_2=10\sqrt{2}$ A，$R_1=10\ \Omega$，$R_2=X_L$。试以 $\dot{U}_C$为参考相量，画出 $\dot{I}_1$、$\dot{I}_2$、$\dot{I}$、$\dot{U}_{R_1}$、$\dot{U}$、$\dot{U}_L$的相量图。

5.13 试求题图 5.13(a)、(b)所示两电路的等效阻抗 Z。

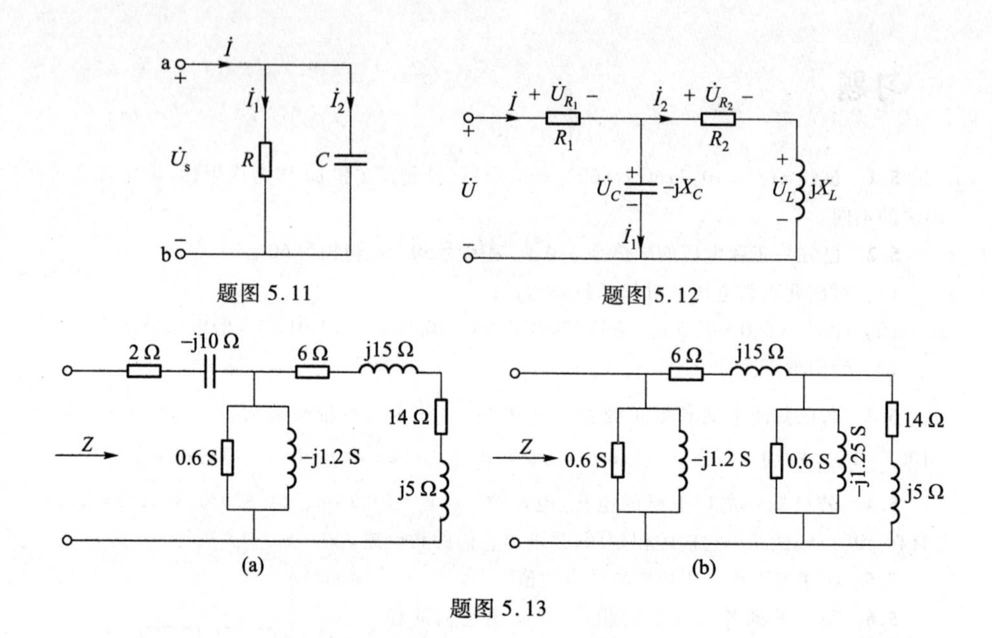

题图 5.11　　题图 5.12

(a)　　(b)

题图 5.13

5.14　试求题图 5.14 所示电路的端口等效阻抗 Z。

5.15　如题图 5.15 所示电路，$u_a(t)=10\sqrt{2}\sin(1\ 000t+60°)$ V，$u_b(t)=5\sqrt{2}\sin(1\ 000t-30°)$ V，$C=100\ \mu F$。试求无源一端口网络 N 的串联等效电路和并联等效电路的元件值。

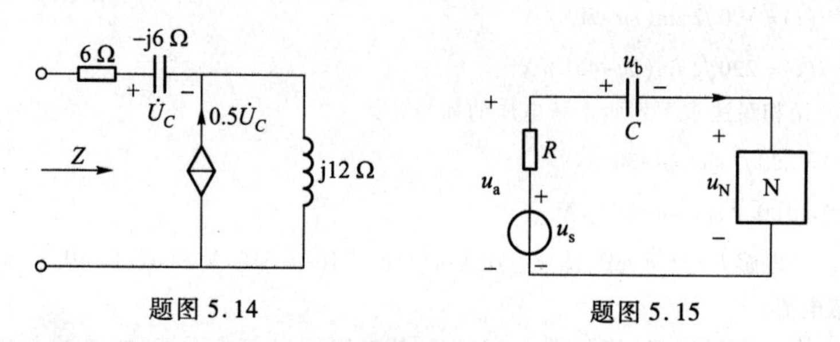

题图 5.14　　题图 5.15

5.16　如题图 5.16 所示电路中，已知 $f=50$ Hz，$i(t)=5\sqrt{2}\sin(\omega t+45°)$ A，$u(t)=100\sin\omega t$ V，$X_L=10\ \Omega$，$X_{C1}=10\ \Omega$，求 R 和 X_C 之值。

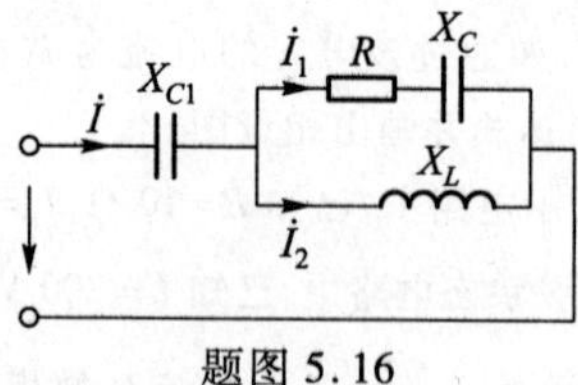

题图 5.16

5.17　已知无源一端口网络的输入阻抗 $Z=20\angle 60°\ \Omega$，外施电压 $\dot{U}=100\angle -30°$ V，求该

一端口网络消耗的功率和功率因数。

5.18 如题图 5.18 所示线性无源一端口网络 P，已知 $\dot{U}=30\angle 45^\circ$ V，$\dot{I}=10\angle 15^\circ$ A，求该一端口网络吸收的复数功率、有功功率、无功功率和视在功率。

5.19 日光灯正常工作时，如果忽略镇流器的电阻，就是一个 L（镇流器）和 R（灯管）的串联电路，如题图 5.19 所示。设已知外加电压 $U=220$ V，$f=50$ Hz，电流 $I=0.36$ A，日光灯的功率 $P=40$ W。求镇流器的电感 L。

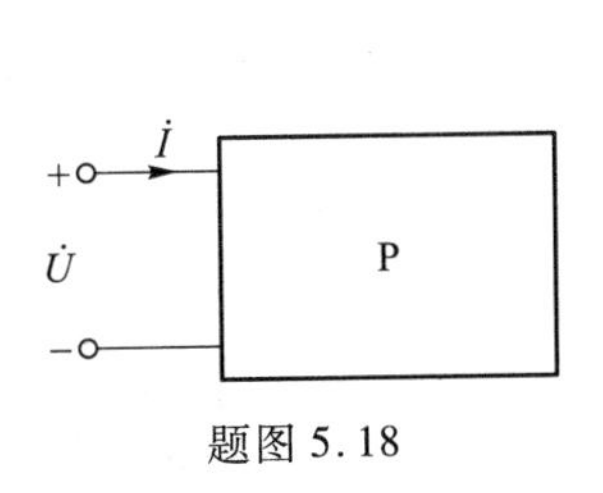

题图 5.18

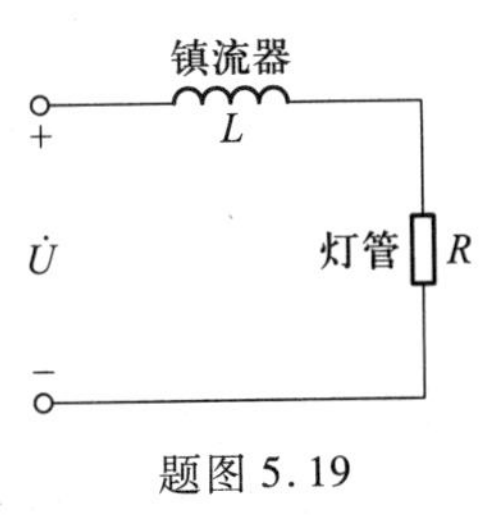

题图 5.19

5.20 如题图 5.20 所示电路为测电感线圈参数的实验方法之一，若已知 $\omega=200$ rad/s，并由实验测得电压表读数为 200 V，电流表读数为 2 A，功率表读数为 240 W，求等效电感的电阻 R 和电感 L 值。

5.21 如题图 5.21 所示电路中，已知 $U_s=20$ V，$R_2=6\ \Omega$，$X_{L2}=8\ \Omega$，$R_3=3\ \Omega$，$X_{C3}=4\ \Omega$，$X_{C1}=1\ \Omega$。求各支路吸收的复数功率及电压源发出的复数功率。

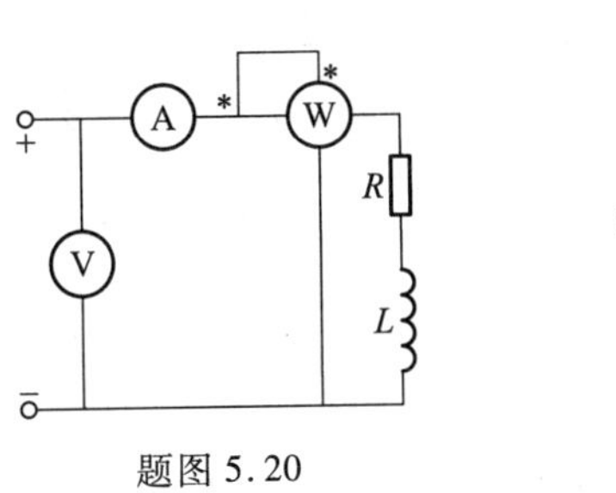

题图 5.20

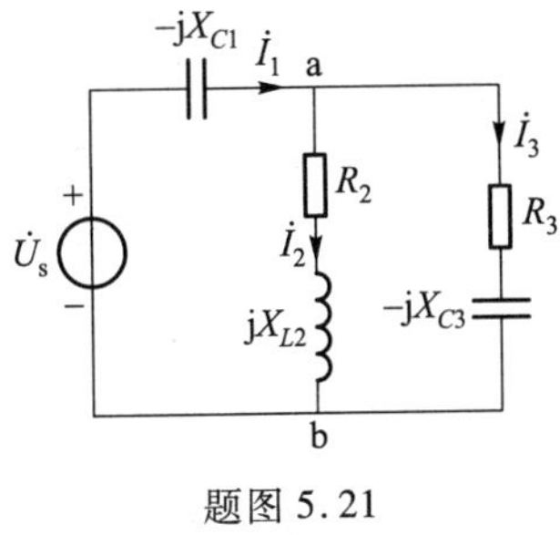

题图 5.21

5.22 如题图 5.22 所示电路中，已知 $R_1=R_2=R_3$、$I_1=I_2=I_3$、$U=3$ V，功率表读数为 3 W，试求：

（1）以 $\dot{U}_{ab}$ 为参考相量画相量图；

（2）在（1）的基础上求参数 R_1 和 X_2、X_3 的值。

5.23 在阻抗为 $Z_1=(0.1+j0.1)\ \Omega$ 的输电线末端，接上 $P_2=10$ kW，$\cos\varphi_2=0.9$ 的电感性负载，末端电压 $U_2=220$ V。试求线路输入端的功率因数 $\cos\varphi_1$，输入端电压 U_1 以及输电线的输电效率 $\eta=\dfrac{P_2}{P_1}$。

5.24 如题图 5.24 所示正弦稳态电路中，已知 $f=50$ Hz，$U_s=100$ V，感性负载 Z_1 的电流

$I_1=10$ A 且其功率因数 $\cos\varphi_1=0.5$，$R=20\ \Omega$，试求电源发出的有功功率、电流 I 以及电路的总功率因数。若要使电流 $I=11$ A，应并联最小为多大的电容 C？此时电路的总功率因数为多少？

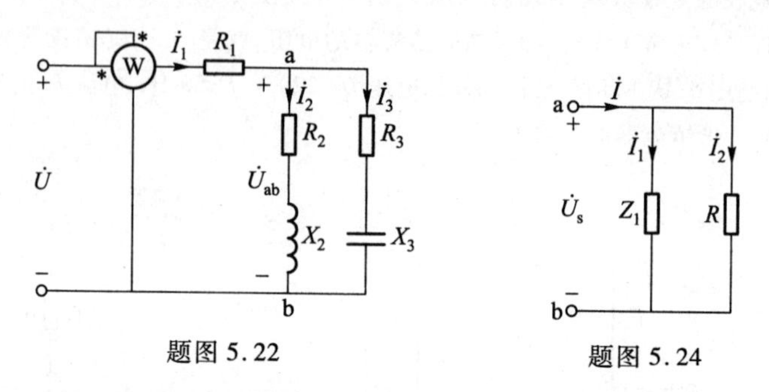

题图 5.22　　　　题图 5.24

5.25　在 RLC 串联电路中，已知电源电压为 5 mV，$R=40\ \Omega$，$L=0.5$ H，$C=100\ \mu$F，试求回路谐振时的频率、谐振时元件 L 和 C 上的电压以及电路的品质因数 Q。

5.26　某收音机的输入回路如题图 5.26 所示，已知 $L=0.3$ mH，$R=10\ \Omega$，为收到浙江人民广播电台 810 kHz 信号，(1) 求调谐电容 C 值；(2) 若输入电压为 1.5 μV，求谐振电流以及此时的电容电压。

5.27　如题图 5.27 电路，已知 $C=1\ \mu$F、$L_1=0.4$ H、$L_2=0.6$ H，如果电路产生串联谐振，谐振角频率是多少？如果电路产生并联谐振，则谐振角频率为多少？

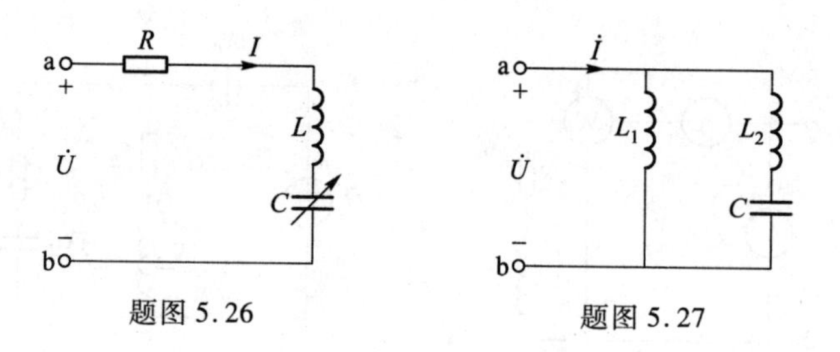

题图 5.26　　　　题图 5.27

5.28　如题图 5.28 所示电路，$u(t)=220\sqrt{2}\sin(250t+20°)$ V，$R_1=R_2=110\ \Omega$，$C_1=20\ \mu$F，$C_2=80\ \mu$F，$L=1$ H，求电流 I_1 和 I_2 以及电路的输入阻抗。

5.29　题图 5.29 所示正弦电路中的两灯都不亮，试分析其原因。

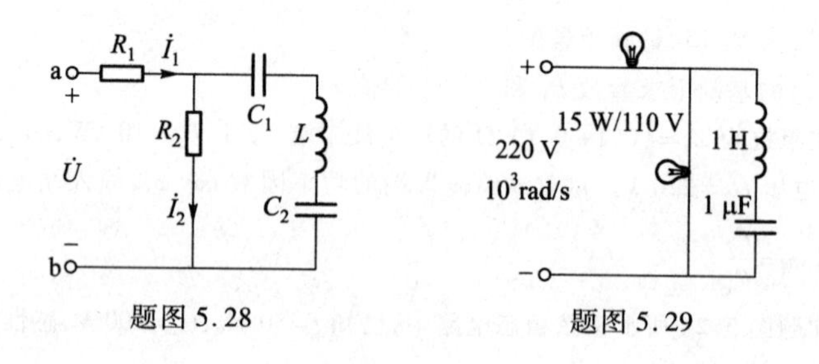

题图 5.28　　　　题图 5.29

5.30　互感线圈如题图 5.30 所示，试判别每组线圈之间的同名端。

5.31　在正弦交流电路中，常用题图 5.31 所示的方法来判别互感线圈之间的同名端。如果图中电流表读数相同，图(a)中的电压表读数大于图(b)中的电压表读数，试判别线圈间的同名端。

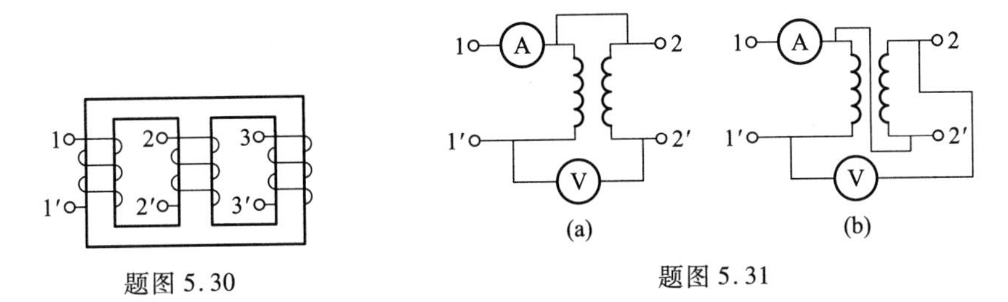

题图 5.30　　　　题图 5.31

5.32　为测量两线圈之间的互感，先把两个线圈顺向串联连接，外加 220 V、50 Hz 电压源，测得电流值 $I=2.5$ A，功率 $P=62.5$ W，然后把线圈反向串联连接，接在同一电源上，测得功率 $P=250$ W，试求此线圈互感值 M。

5.33　已知 $L_1=0.1$ H，$L_2=0.2$ H，$M=0.05$ H 外加电压 $u=\sqrt{2}\times100\sin 314t$ V，试求题图 5.33 中 a、b 两种并联接法的支路电流值 i。

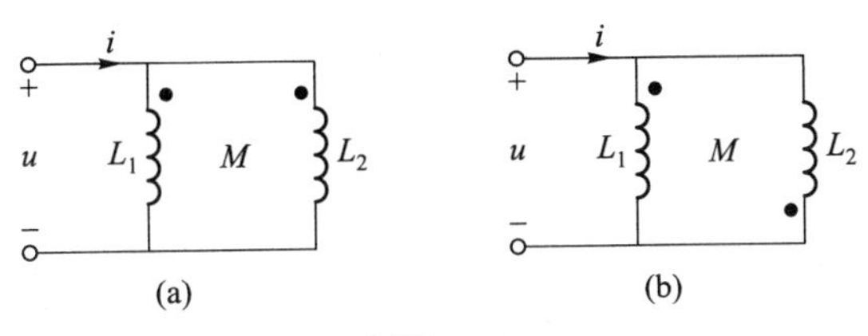

题图 5.33

5.34　电路如题图 5.34 所示，已知 $R=5\ \Omega$，$\omega L_1=\omega L_2=4\ \Omega$，$\omega M=2\ \Omega$，$\dot{U}_s=20\angle 0^\circ$ V，$\dot{I}_s=2\angle 90^\circ$ A 试求电压源和电流源的有功功率。

5.35　电路如题图 5.35 所示，已知 $u_s=\sqrt{2}\times100\sin 1\ 000t$ V，$R_1=10\ \Omega$，$R_2=5\ \Omega$，$L_1=5$ mH，$L_2=13$ mH，$M=3$ mH，试求两功率表读数。

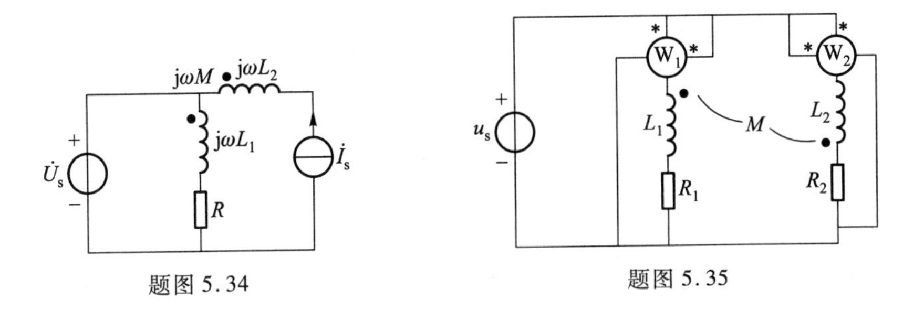

题图 5.34　　　　题图 5.35

5.36　电路如题图5.36所示，已知 $R_1=12\ \Omega, R_2=10\ \Omega, X_{L1}=X_{L2}=X_{L3}=8\ \Omega, X_M=4\ \Omega$，试求ab端的入端阻抗 Z。

5.37　题图5.37所示电路，已知 $\dot{U}_s=220\angle 0^\circ$ V，$R_1=5\ \Omega, R_2=10\ \Omega, L_1=0.1$ H，$L_2=0.1$ H，$M=0.05$ H，$Z=50\ \Omega$，电源频率 $f=50$ Hz，试求 $\dot{I}_1$、$\dot{I}_2$，变压器一次侧输入功率，二次侧输出功率及传输效率。

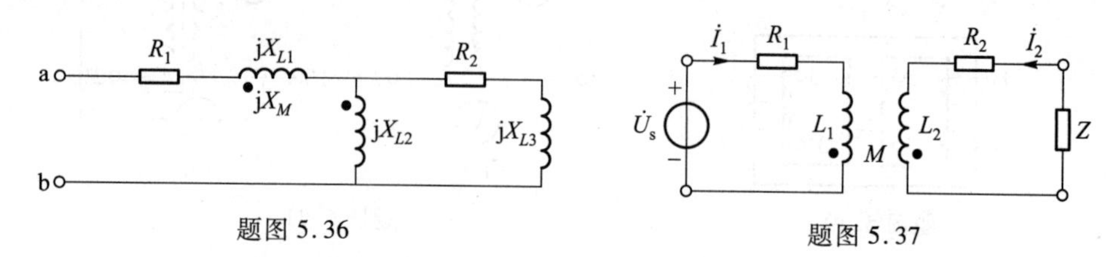

题图5.36　　题图5.37

5.38　具有互感耦合的电路如题图5.38所示，试列出用网孔电流法解题所需的方程组。

5.39　题图5.39所示电路，已知 $R_1=20\ \Omega, L_1=30$ mH，$L_2=60$ mH，$M=20$ mH，在ab端外加电压 $u=\sqrt{2}U\sin 10^4 t$，问为使电路发生串联谐振，电容 C 应取多大值。

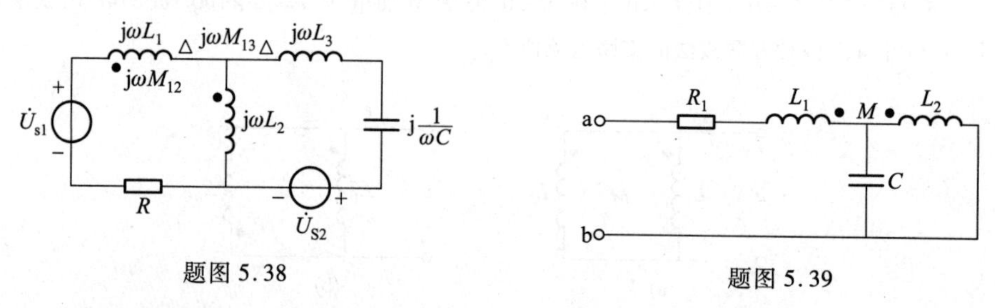

题图5.38　　题图5.39

5.40　题图5.40所示正弦交流电路，已知 $U=50$ V，$I_1=I_2=I_3=10$ A，$X_C=10\ \Omega$，电路吸收的有功功率为433 W，求 R_2、X_{L1}、X_{L2} 及 ωM。

5.41　题图5.41所示电路，已知 $R=10\ \Omega$，为使得入端阻抗等于160 Ω，求理想变压器的匝数比 $N_1:N_2$。

5.42　题图5.42所示电路，理想变压器匝数比为 $N_1:N_2$，求ab端的等效阻抗。

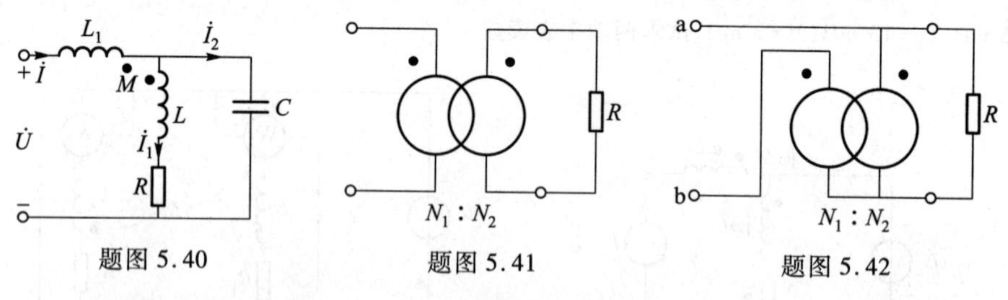

题图5.40　　题图5.41　　题图5.42

5.43　题图5.43所示电路，求AB端的戴维宁等效电路.

5.44　题图5.44所示电路，$Z=(80+j60)\ \Omega$，$R=5\ \Omega$，$\omega L_1=\omega L_2=160\ \Omega$，$\omega M=90\ \Omega$，$\dot{U}_s=$

$10\angle 0^\circ$ V。欲使负载 Z 获得最大功率，求电容 C 的容抗 X_C 和理想变压器的匝数比 $N_1:N_2$，并求 Z 获得的最大功率值。

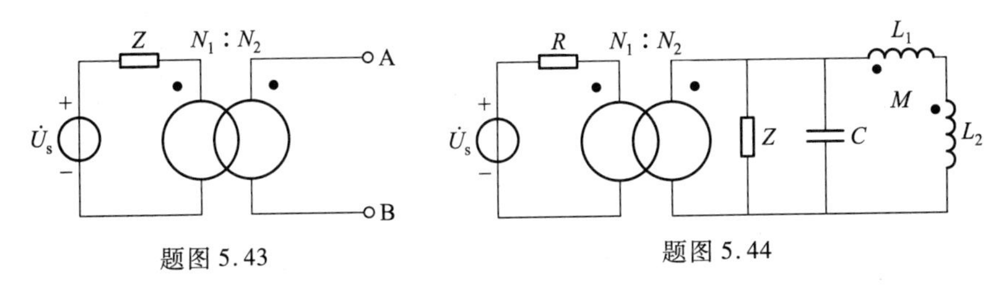

题图 5.43　　　　题图 5.44

5.45　下列各组电压，是否为对称的三相电压？若是，请说明相序。

(1) $\begin{cases} u_A = 100\sin \omega t \text{ V} \\ u_B = 100\sin(\omega t-120^\circ) \text{ V} \\ u_C = 100\sin(\omega t+120^\circ) \text{ V} \end{cases}$　　(2) $\begin{cases} u_A = 200\cos \omega t \text{ V} \\ u_B = 200\cos(\omega t-120^\circ) \text{ V} \\ u_C = 200\cos(\omega t+120^\circ) \text{ V} \end{cases}$

(3) $\begin{cases} u_A = 100\sin \omega t \text{ V} \\ u_B = 100\cos(\omega t-120^\circ) \text{ V} \\ u_C = 100\sin(\omega t+120^\circ) \text{ V} \end{cases}$　　(4) $\begin{cases} u_A = 380\cos(\omega t-60^\circ) \text{ V} \\ u_B = 380\cos(\omega t+180^\circ) \text{ V} \\ u_C = 380\sin(\omega t+150^\circ) \text{ V} \end{cases}$

5.46　对称三相电路，Y / Y 接法，线电压 380 V，负载阻抗 $Z=22\angle 30^\circ\ \Omega$，求线电流和三相功率。

5.47　对称三相电路，Δ/Δ 接法，线电压 380 V，负载阻抗 $Z=22\angle 30^\circ\ \Omega$，求线电流和三相功率。

5.48　在对称三相电路中，已知负载为 Δ 联结，相电流 $\dot{I}_{AC}=10\angle -30^\circ$ A，求：

(1) 三个线电流；

(2) 若线电压为 $\dot{U}_{AB}=220\angle 0^\circ$ V，求负载阻抗。

5.49　对称三相电路如题图 5.49 所示，已知 $U_A=200$ V，$Z_1=(12-\text{j}7)\ \Omega$，$Z_2=(12-\text{j}15)\ \Omega$ 试求 I_1、I_2 及 U 的值。

5.50　对称三相电路如题图 5.50 所示，线电压 100 V，星形负载消耗功率 $P_1=60$ W，功率因数 $\cos\varphi_1=0.5(\varphi_1>0)$，三角形负载消耗功率 $P_2=45$ W，$\cos\varphi_2=0.6(\varphi_2<0)$，试求电源电流 $\dot{I}_A$、$\dot{I}_B$、$\dot{I}_C$。

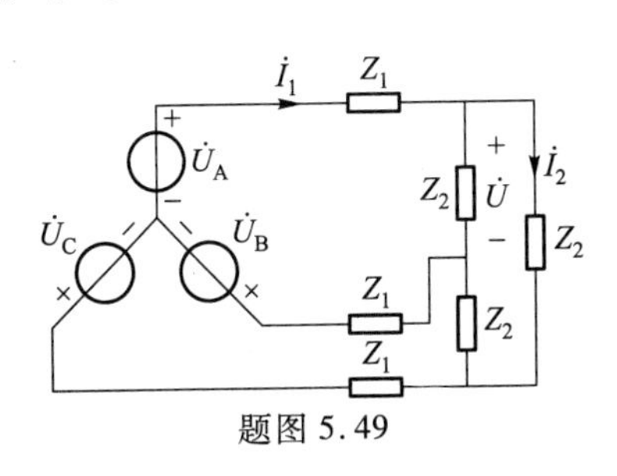

题图 5.49

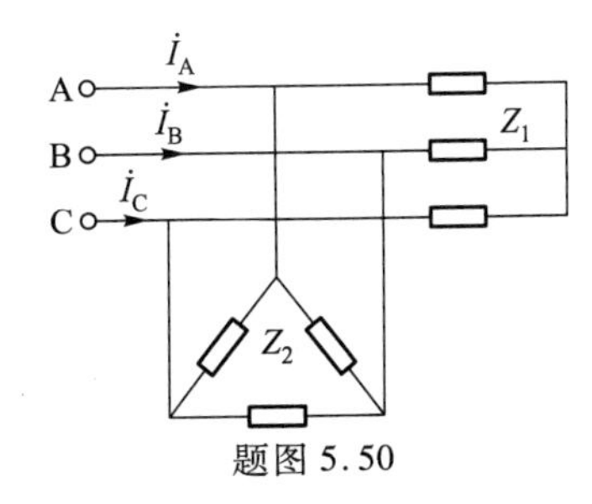

题图 5.50

5.51　对称三相电路如题图 5.51 所示，已知 $\dot{U}_A=100\angle 0°$ V，Z_Y 为纯电容，吸收的无功功率为 942 var，$Z_\Delta=300\ \Omega$，试求 $\dot{I}_{A1}$ 及 $\dot{I}_{AB}$，并求电源发出的复功率。

5.52　三相对称电路如题图 5.52 所示，已知 $\dot{U}_{A1}=380\angle 0°$ V，$\dot{U}_{A2}=220\angle 0°$ V，$Z_1=20\text{j}\ \Omega$，$Z_2=(40-\text{j}30)\ \Omega$，$Z_3=(24+\text{j}18)\ \Omega$，试求负载 Z_3 中的相电流和 Δ 形联结的对称三相电源发出的功率。

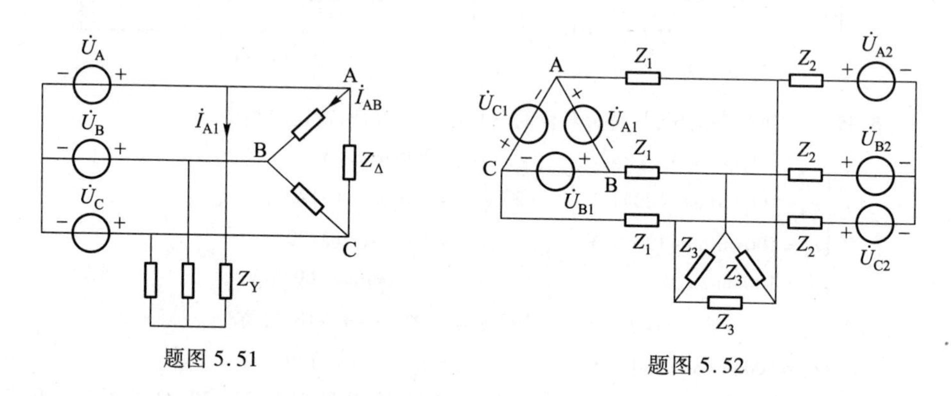

题图 5.51　　　　题图 5.52

5.53　题图 5.53 所示对称三相电路，线电压 380 V，$P_1=2.2$ kW，$\cos\varphi_1=0.5(\varphi_1>0)$，$Z_2=(30+\text{j}40)\ \Omega$，求 I_A、电路总有功功率。

5.54　在上题中，已知 $f=50$ Hz，若要使总功率因数为 1，接入 Δ 接法的三个电容，求电容 C。

5.55　题图 5.55 所示三相电路中，对称电源线电压 380 V，对称线路阻抗 $Z_1=(2+\text{j}4)\ \Omega$，对称负载 $Z_2=(30+\text{j}24)\ \Omega$，在 AB 线间有单相阻抗 $Z_3=38\angle 30°\ \Omega$，求 $\dot{I}'_A$、$\dot{I}_A$、$\dot{I}_B$、$\dot{I}_C$。

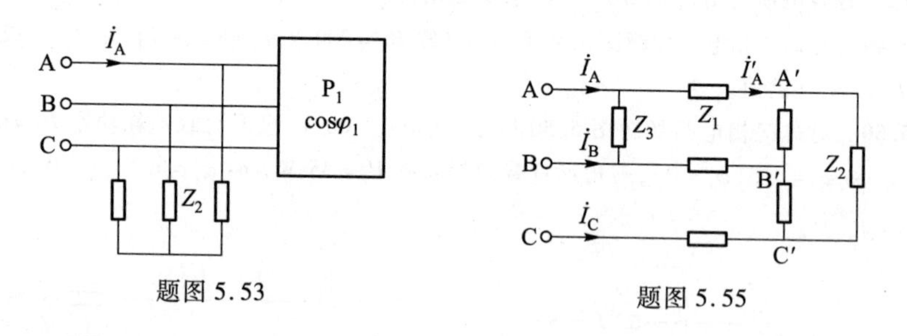

题图 5.53　　　　题图 5.55

5.56　题图 5.56 所示对称三相负载，已知线电压为 380 V，$Z=(8+\text{j}6)\ \Omega$，求各功率表的读数。

5.57　在题图 5.57 所示对称三相电路中，线电压 380 V，$Z=(8+\text{j}6)\ \Omega$，(1) 求线电流，两功率表读数，并利用此两读数求总有功功率和无功功率。(2) 若开关 S 断开，求两功率表读数。

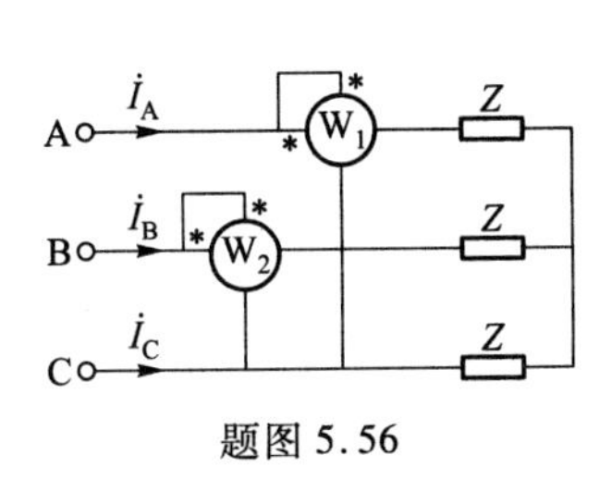

题图 5.56

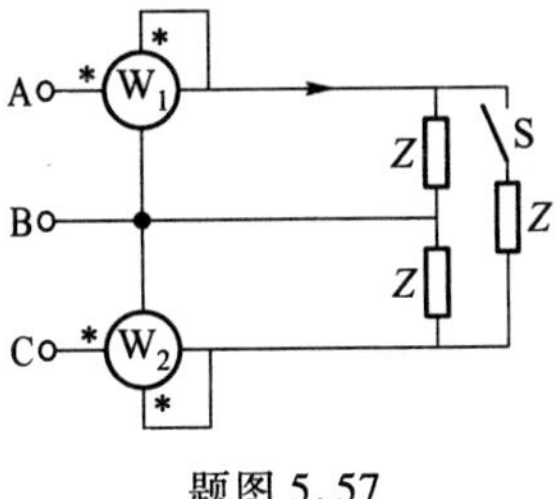

题图 5.57

5.58 利用题图 5.58 所示电路,可由单相电压 $\dot{U}$ 在三个相等电阻 R 上获得一组对称三相电压。若已知电源频率为 50 Hz,电阻 $R=10\ \Omega$,试求为使 R 上得到一组对称三相电压所需的 L、C 之值。

5.59 题图 5.59 所示电路,电源为三相对称电源,已知线电压为 U_l,(1) L、C 满足什么条件时,线电流对称?(2) 若 R 为开路,求线电流。

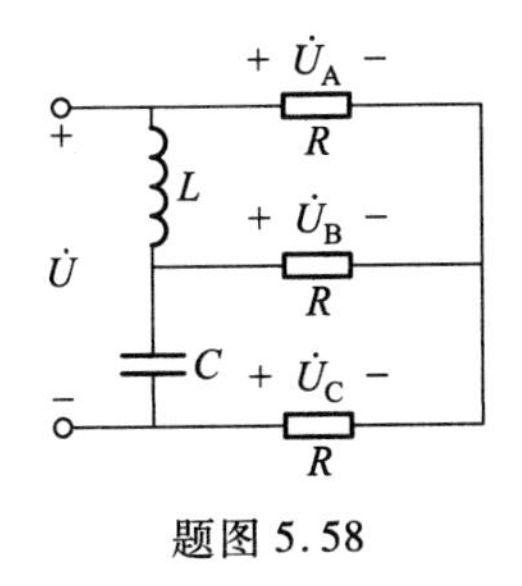

题图 5.58

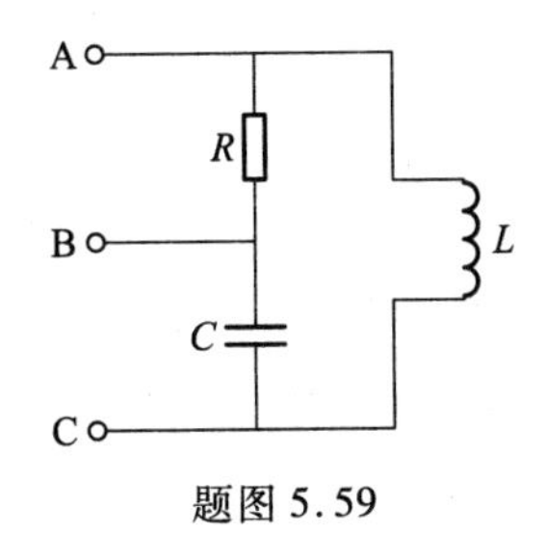

题图 5.59

第6章
非正弦信号与频率特性分析

前述电路中,电路的激励均是直流电源或是单一频率的正弦电源,但在实际电气和电子电路中,激励还可能是非正弦周期信号源。

本章主要介绍非正弦周期信号的傅里叶级数分解和频谱,非正弦周期信号的有效值、平均值、平均功率等概念,讲述非正弦周期信号的稳态分析计算方法。针对非正弦非周期信号,介绍傅里叶变换及其频谱的特点,并将傅里叶变换应用于电路分析,研究电路的频率特性和频率响应分析方法。

6.1 非正弦周期信号分解

6.1.1 非正弦周期信号

前面章节对直流电路和正弦交流电路的稳态分析方法进行了详细介绍,对激励源为直流或正弦交流的实际电路问题,可用所述方法进行分析计算。但是在实际电气和电子系统中,除了激励源是直流和正弦交流外,还常常会遇到激励源是非正弦的问题,例如电力系统的交流发电机所产生的电动势,并不是理想的正弦波曲线,而是接近正弦波的周期性波形。即使是正弦波激励源电路,如果电路中存在非线性元件,产生的响应也可能是非正弦的。如图6.1.1所示半波整流电路中,由于二极管D的单向导电性能,使得电流只能在一个方向通过,而在另一个方向被阻断,这样就得到如图6.1.1所示的电流波形,称为半波整流波形。

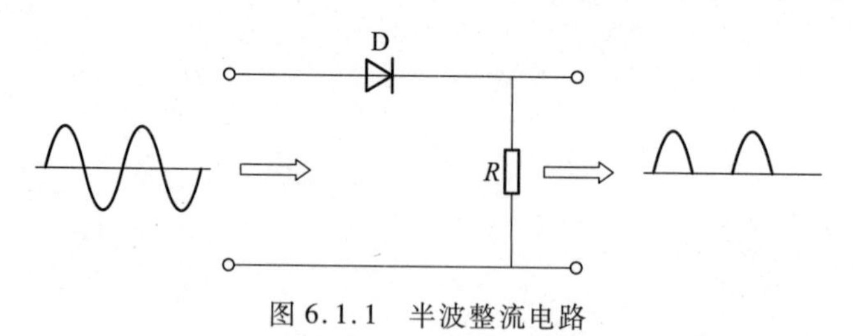

图6.1.1 半波整流电路

在电子通信工程方面,传输的各种信号大多是按照非正弦规律变动的。收音机或电视机所收到的信号电压或电流的波形是显著的非正弦形。在自动控制、电子计算机和无线电技术等方面,电压和电流往往也都是周期性的非正弦波形,有些电信号甚至是非周期性的。

非正弦周期交流信号的特点有两点:

(1) 非正弦波;

(2) 按周期规律变化,满足:$f(t)=f(t+nT)$ $(n=0,1,2,\cdots)$,式中 T 为周期。

如图 6.1.2 所示为一些典型的非正弦周期信号。

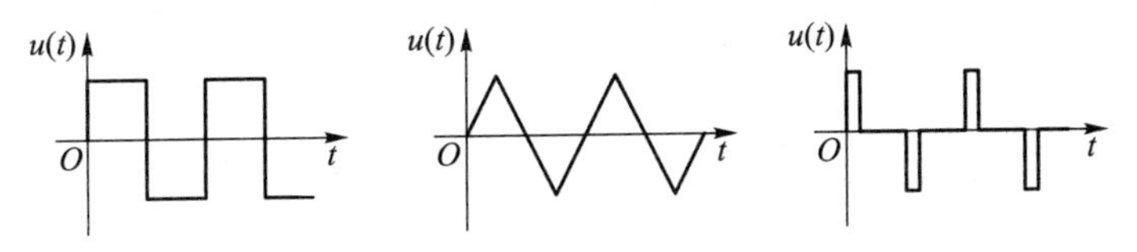

图 6.1.2 非正弦周期信号

一般来说,非正弦波形可分为周期的与非周期的两种。对于非正弦周期信号,可以利用傅里叶级数分解为一系列不同频率的正弦分量。对于非周期信号,则可利用傅里叶积分变换作类似的分析。傅里叶级数是用正弦量之和来表达一个非正弦周期函数并给出频谱。傅里叶变换是假设非周期函数的周期为无穷大,而由傅里叶级数推得的积分表达式,通过傅里叶变换,可将时间域内的信号转换到频率域中去。傅里叶变换在通信系统和数字信号处理中具有非常重要的意义,特别是当某些不能用拉普拉斯变换的场合。因为拉普拉斯变换只能处理电路的输入信号具有初始条件及 $t>0$ 的情况。

6.1.2 非正弦周期函数的傅里叶级数分解

1. 傅里叶级数的三角函数形式

周期信号是定义在$(-\infty,\infty)$区间,每隔一定时间 T,按相同规律重复变化的信号。一般表示为

$$f(t)=f(t+nT)\quad(n=0,1,2,\cdots)$$

如果函数 $f(t)$ 满足狄里赫利条件,它就可以分解为傅里叶级数。一般电气电子技术中所涉及的周期函数通常都能满足狄里赫利条件,可展开为傅里叶级数。因此,在后述讨论中均忽略这一问题。

对于上述周期函数 $f(t)$,可表示为傅里叶级数

$$f(t)=\frac{a_0}{2}+\sum_{n=1}^{\infty}(a_n\cos n\omega_1 t+b_n\sin n\omega_1 t)\tag{6.1.1}$$

式中,a_0、a_n 和 b_n 称为傅里叶系数,当周期函数 $f(t)$ 已知时,可由下面公式求得

$$\left.\begin{aligned}a_0&=\frac{2}{T}\int_0^T f(t)\,\mathrm{d}t=\frac{2}{T}\int_{-\frac{T}{2}}^{\frac{T}{2}} f(t)\,\mathrm{d}t\\a_n&=\frac{2}{T}\int_0^T f(t)\cos n\omega_1 t\mathrm{d}t=\frac{2}{T}\int_{-\frac{T}{2}}^{\frac{T}{2}} f(t)\cos n\omega_1 t\mathrm{d}t\\b_n&=\frac{2}{T}\int_0^T f(t)\sin n\omega_1 t\mathrm{d}t=\frac{2}{T}\int_{-\frac{T}{2}}^{\frac{T}{2}} f(t)\sin n\omega_1 t\mathrm{d}t\end{aligned}\right\}\tag{6.1.2}$$

式(6.1.1)是傅里叶级数的一种形式,其中含有正弦量和余弦量。为简便,将式(6.1.1)中同频率的正弦量和余弦量合并,则有

$$f(t)=A_0+\sum_{n=1}^{\infty}A_n\cos(n\omega_1 t+\psi_n)\tag{6.1.3}$$

式(6.1.3)为傅里叶级数的另一种形式。它表明$f(t)$是由一个常数项和许多不同频率的正弦分量组成。常数项A_0称为周期函数的直流分量(恒定分量),第二项$A_1\cos(\omega_1 t+\psi_1)$的变化周期与原函数$f(t)$周期相同,称为周期函数$f(t)$的基波分量,简称基波,$\omega_1=2\pi/T$称为基波角频率,$A_1$和$\psi_1$分别为基波的幅值和初相位。其余各项($n>1$的项)统称为高次谐波。当$n=2$时称为二次谐波,$n=3$时称为三次谐波,以此类推。可见,高次谐波分量的频率是基波频率的整数倍。A_n和ψ_n分别是第n次谐波的幅值和初相角。

比较式(6.1.1)和式(6.1.3),可得出两式中各系数之间的关联式为

$$\left.\begin{aligned}A_0&=\frac{a_0}{2}\\A_n&=\sqrt{a_n^2+b_n^2}\\\psi_n&=\arctan\left(\frac{-b_n}{a_n}\right)\end{aligned}\right\}\tag{6.1.4}$$

将周期函数分解为直流分量、基波分量和一系列不同频率谐波分量的工作,称为傅里叶级数分解。

由上述可见,傅里叶级数分解的关键在于傅里叶系数的确定。而具有某种对称性的波形,其傅里叶系数的确定通常比较简捷。如果函数为偶函数,如图6.1.3(a)所示,波形对称于Y轴,则有$f(t)=f(-t)$,根据式(6.1.2)可知,$b_n=0$。如果函数为奇函数,波形对称于原点,如图6.1.3(b)所示,即有$f(t)=-f(-t)$,根据式(6.1.2)可知,$a_0=0,a_n=0$。如果函数满足镜对称函数,如图6.1.3(c),$f(t)=-f\left(t+\dfrac{T}{2}\right)$,即将波形移动半个周期后与原波形关于$X$轴对称,则其傅里叶级数中不含偶次谐波分量,即有$A_0=A_2=A_4=\cdots=A_{2k}=0(k=1,2,3,\cdots)$。有关傅里叶级数的详细讨论可参见有关书籍。

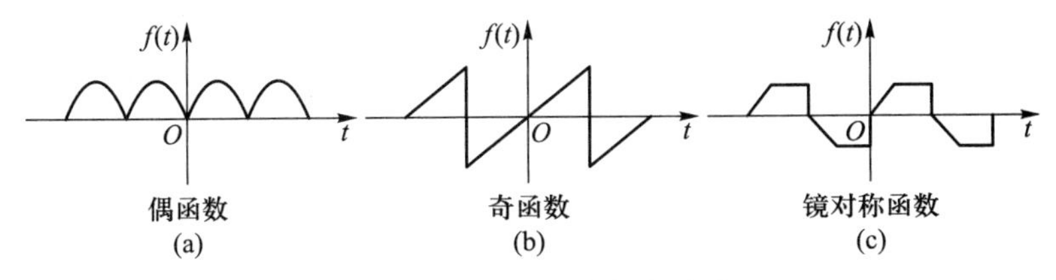

图 6.1.3 具有对称性的波形

例 6.1.1 对称方波电压如图 6.1.4 所示，其表达式可写为

$$u(t)=\begin{cases}U & -\dfrac{T}{4}<t<\dfrac{T}{4}\\ -U & -\dfrac{T}{2}<t<-\dfrac{T}{4},\dfrac{T}{4}<t<\dfrac{T}{2}\end{cases}$$

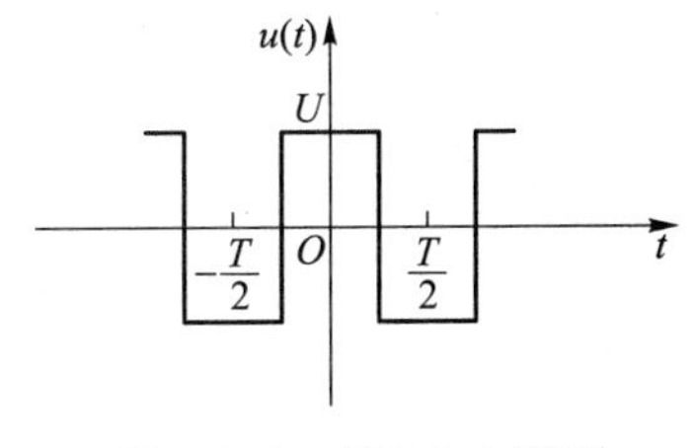

图 6.1.4 例 6.1.1 题图

求该信号的傅里叶级数形式。

解：根据傅里叶系数公式(6.1.2)，可得

$$a_0=\frac{2}{T}\int_{-\frac{T}{2}}^{\frac{T}{2}}u(t)\,dt=\frac{2}{T}\left[\int_{-\frac{T}{2}}^{-\frac{T}{4}}(-U)\,dt+\int_{-\frac{T}{4}}^{\frac{T}{4}}U dt+\int_{\frac{T}{4}}^{\frac{T}{2}}(-U)\,dt\right]=0$$

$$a_n=\frac{2}{T}\int_{-\frac{T}{2}}^{\frac{T}{2}}f(t)\cos n\omega_1 t dt$$

$$=\frac{2}{T}\left[\int_{-\frac{T}{2}}^{-\frac{T}{4}}(-U)\cos n\omega_1 t dt+\int_{-\frac{T}{4}}^{\frac{T}{4}}U\cos n\omega_1 t dt+\int_{\frac{T}{4}}^{\frac{T}{2}}(-U)\cos n\omega_1 t dt\right]$$

$$=\frac{U}{n\pi}\left[2\sin n\frac{\pi}{2}-2\sin n\frac{3}{2}\pi\right]$$

$$=\begin{cases}(-1)^{\frac{(n-1)}{2}}\times\dfrac{4U}{n\pi} & n\text{ 为奇数}\\ 0 & n\text{ 为偶数}\end{cases}$$

$$b_n=\frac{2}{T}\int_{-\frac{T}{2}}^{\frac{T}{2}}f(t)\sin n\omega_1 t dt=0$$

由此可得所求方波信号的傅里叶级数形式为

$$u(t)=\frac{4U}{\pi}\left(\cos\omega_1 t-\frac{1}{3}\cos 3\omega_1 t+\frac{1}{5}\cos 5\omega_1 t-\cdots\right)$$

由于傅里叶级数展开为无穷级数，在实际工程分析计算中，需要根据级数展开后的收敛情况、电路的频率特性以及精度要求，来确定其所取的项数。一般只取前面几项主要谐波分量即可。例如，对于上例方波展开的傅里叶级数表达式，取不同项数合成时，其合成波形如图 6.1.5 所示。可见，当取谐波项数越多，合成波形就越接近原来的理想方波，与原波形偏差越小。

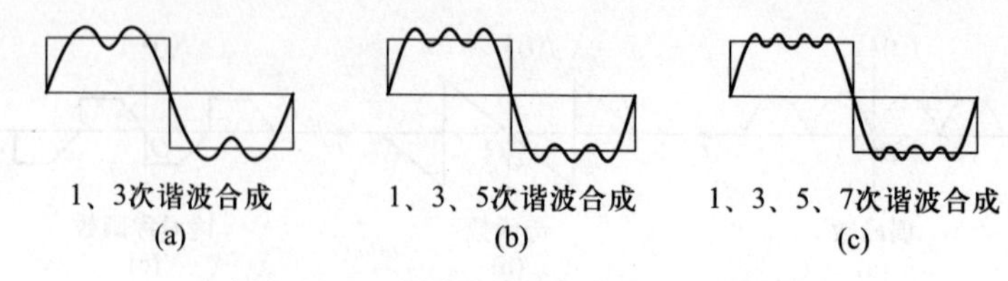

图 6.1.5 不同项数谐波合成的方波波形

2. 傅里叶级数的复指数形式

非正弦信号除了表示成上述傅里叶级数的三角函数形式外,还可以表示成复指数形式的傅里叶级数。已知函数可展开成式(6.1.1)所示的傅里叶级数三角函数形式,为清晰,重写如下

$$f(t)=\frac{a_0}{2}+\sum_{n=1}^{\infty}a_n\cos n\omega_1 t+\sum_{n=1}^{\infty}b_n\sin n\omega_1 t$$

将欧拉公式

$$\cos n\omega_1 t=\frac{e^{jn\omega_1 t}+e^{-jn\omega_1 t}}{2}$$

$$\sin n\omega_1 t=\frac{e^{jn\omega_1 t}-e^{-jn\omega_1 t}}{2j}$$

代入,可得

$$\begin{aligned}f(t)&=\frac{a_0}{2}+\sum_{n=1}^{\infty}\left[a_n\left(\frac{e^{jn\omega_1 t}+e^{-jn\omega_1 t}}{2}\right)+b_n\left(\frac{e^{jn\omega_1 t}-e^{-jn\omega_1 t}}{2j}\right)\right]\\&=\frac{a_0}{2}+\sum_{n=1}^{\infty}\left[\left(\frac{a_n-jb_n}{2}\right)e^{jn\omega_1 t}+\left(\frac{a_n+jb_n}{2}\right)e^{-jn\omega_1 t}\right]\end{aligned}\tag{6.1.5}$$

因为 $b_n=\frac{2}{T}\int_0^T f(t)\sin n\omega_1 t\mathrm{d}t$ 对于变量 n 为奇函数,故有

$$\sum_{n=1}^{\infty}\frac{a_n+jb_n}{2}e^{-jn\omega_1 t}=\sum_{n=-1}^{-\infty}\frac{a_n-jb_n}{2}e^{jn\omega_1 t}$$

同时当 $n=0$ 时 $b_n=0$,因此可以把式(6.1.5)中 $f(t)$ 表达式中的三项统一,得到

$$f(t)=\sum_{n=-\infty}^{+\infty}\frac{a_n-jb_n}{2}e^{jn\omega_1 t}=\sum_{n=-\infty}^{+\infty}\dot{F}_n e^{jn\omega_1 t}\tag{6.1.6}$$

上式就是傅里叶级数的复指数表达形式,它把周期信号 $f(t)$ 表示成一系列以 $jn\omega_1 t$ 为指数的复指数函数式,式中

$$\dot{F}_n=\frac{a_n-jb_n}{2}=\frac{A_n}{2}e^{j\psi_n}\tag{6.1.7}$$

式中,系数 a_n、b_n 与傅里叶级数三角函数形式中的系数一致,即满足式(6.1.2)。

可见，$\dot{F}_n$ 代表了 $f(t)$ 信号中各谐波分量的所有信息。$\dot{F}_n$ 的模为对应谐波分量幅值的一半，$\dot{F}_n$ 的幅角（当 n 取正值时）为对应谐波分量的初相角。

将傅里叶级数三角函数形式中的 a_n、b_n，即式(6.1.2)代入式(6.1.7)，$\dot{F}_n$ 则可由下式直接求出

$$\dot{F}_n=\frac{a_n-\mathrm{j}b_n}{2}=\frac{1}{T}\left[\int_0^T f(t)(\cos n\omega_1 t-\mathrm{j}\sin n\omega_1 t)\,\mathrm{d}t\right]$$

$$=\frac{1}{T}\int_0^T f(t)\mathrm{e}^{-\mathrm{j}n\omega_1 t}\mathrm{d}t \tag{6.1.8}$$

或

$$\dot{F}_n=\frac{1}{T}\int_{-\frac{T}{2}}^{\frac{T}{2}} f(t)\mathrm{e}^{-\mathrm{j}n\omega_1 t}\mathrm{d}t \tag{6.1.9}$$

$\dot{F}_n$ 是 $n\omega_1$ 的函数，按式(6.1.8)或式(6.1.9)直接求解 $\dot{F}_n$，避免了求解 a_n、b_n 的过程，计算更简便。

3. 频谱特性

傅里叶级数复指数形式的表达式(6.1.6)是已知周期信号 $f(t)$ 的频域表达式，它与信号的时域表达式 $f(t)$ 是完全等价的。$\dot{F}_n$ 称为给定信号的频谱函数。$\dot{F}_n$ 幅值随 $n\omega_1$ 变化的关系 $|\dot{F}_n(n\omega_1)|$ 称为振幅频谱，$\dot{F}_n$ 的相位随 $n\omega_1$ 变化的关系 $\psi(n\omega_1)$ 称为相位频谱。由于系数 $a_n=a_{-n}$，$b_n=-b_{-n}$，因此振幅频谱为偶函数，而相位频谱则为奇函数。信号 $f(t)$ 所包含的各谐波幅值与相位可用幅频特性和相频特性图来直观表示。

根据周期信号展成傅里叶级数的不同形式可分为单边频谱和双边频谱。

(1) 单边频谱

若周期信号 $f(t)$ 的傅里叶级数展开式为(6.1.3)，则对应的振幅频谱 $A_n(n\omega_1)$ 和相位频谱 $\psi_n(n\omega_1)$ 称为单边频谱。例如，图 6.1.4 所示对称方波电压，其傅里叶级数展开为第一种形式，$a_0=0$，$a_n=\begin{cases}(-1)^{\frac{(n-1)}{2}}\times\dfrac{4U}{n\pi}, & n\text{ 为奇数}\\ 0, & n\text{ 为偶数}\end{cases}$，$b_n=0$。若表示成第二种形式，则有 $A_0=\dfrac{a_0}{2}=0$，$A_n=\sqrt{a_n^2+b_n^2}=\dfrac{4U}{n\pi}$，$n$ 为奇数，$\psi_n=\arctan\left(\dfrac{-b_n}{a_n}\right)=0$

频谱图如图 6.1.6 所示，为单边频谱图。

(2) 双边频谱

若周期信号 $f(t)$ 的傅里叶级数展开式为式(6.1.5)，即

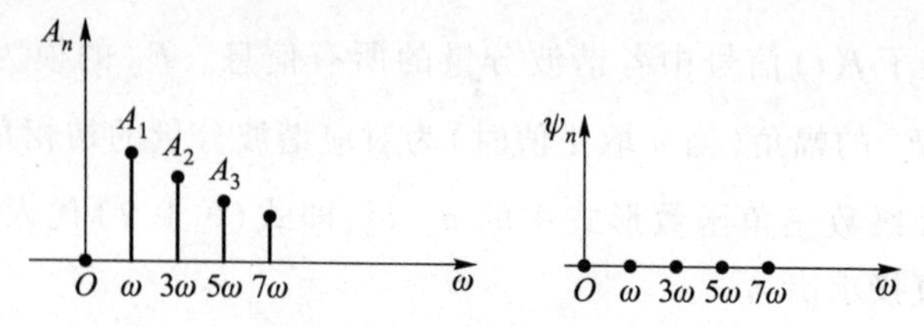

图 6.1.6　单边频谱图

$$f(t)=\sum_{n=-\infty}^{+\infty}\frac{a_n-\mathrm{j}b_n}{2}\mathrm{e}^{\mathrm{j}n\omega_1 t}=\sum_{n=-\infty}^{+\infty}\dot{F}_n\mathrm{e}^{\mathrm{j}n\omega_1 t}=\sum_{n=-\infty}^{+\infty}\frac{A_n}{2}\mathrm{e}^{\mathrm{j}\psi_n}\mathrm{e}^{\mathrm{j}n\omega_1 t}$$

则$|\dot{F}_n|$与 $n\omega_1$ 所描述的振幅频谱以及相位 $\arctan(\dot{F}_n)=\psi_n$ 与 $n\omega_1$ 所描述的相位频谱称为双边频谱，如图 6.1.7 所示。比较图 6.1.6 和图 6.1.7 所示频谱图可以看出，单边振幅频谱是指 $A_n=2|\dot{F}_n|$与正 n 值的关系，双边振幅频谱是指$|\dot{F}_n|$与正负 n 值的关系。应注意$|\dot{F}_n|=|\dot{F}_{-n}|$，所以将双边振幅频谱围绕纵轴将负 n 一边对折到 n 一边，并将振幅相加，便得到单边振幅 A_n 频谱。

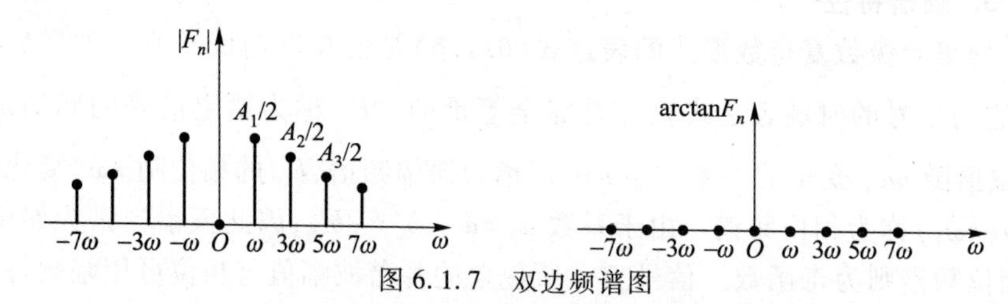

图 6.1.7　双边频谱图

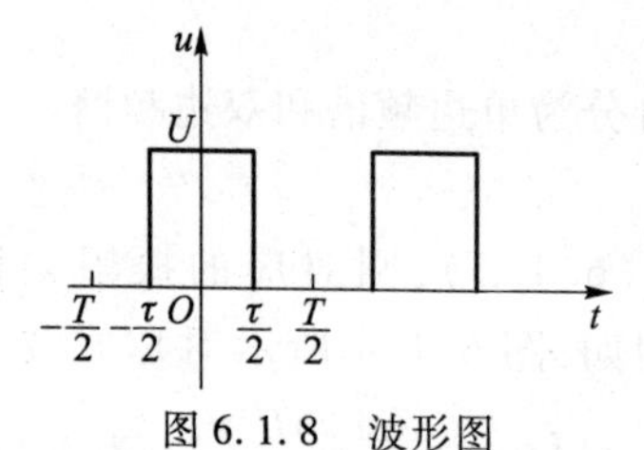

图 6.1.8　波形图

4. 周期信号频谱的特点

例 6.1.2　周期脉冲信号如图 6.1.8 所示，求该信号的频谱函数 $\dot{U}(n\omega_1)$，并作 $\tau=\dfrac{T}{4}$时的振幅频谱和相位频谱图。

解：　由波形图可知

$$u(t)=\begin{cases}0 & -\dfrac{T}{2}<t<-\dfrac{\tau}{2}\\ U & -\dfrac{\tau}{2}<t<\dfrac{\tau}{2}\\ 0 & \dfrac{\tau}{2}<t<\dfrac{T}{2}\end{cases}$$

频谱函数为

$$\dot{U}(n\omega_1)=\frac{1}{T}\int_{-\frac{T}{2}}^{\frac{T}{2}}u(t)\,e^{-\mathrm{j}n\omega_1 t}\mathrm{d}t=\frac{1}{T}\int_{-\frac{\tau}{2}}^{\frac{\tau}{2}}U\mathrm{e}^{-\mathrm{j}n\omega_1 t}\mathrm{d}t$$

$$=\frac{U}{T}\frac{\mathrm{e}^{-\mathrm{j}n\omega_1\frac{\tau}{2}}-\mathrm{e}^{\mathrm{j}n\omega_1\frac{\tau}{2}}}{-\mathrm{j}n\omega_1}=\frac{\tau U}{T}\left[\frac{\sin\dfrac{n\omega_1\tau}{2}}{\dfrac{n\omega_1\tau}{2}}\right] \tag{6.1.10}$$

若 $\tau=\frac{T}{4}$,则可得 $\dot{U}(n\omega_1)=\frac{U}{4}\left[\frac{\sin\ n\dfrac{\pi}{4}}{n\dfrac{\pi}{4}}\right]$

若 $U=1$,则由上式可作出振幅与相位的双边频谱图形如下

$$\dot{F}_n=\dot{U}(n\omega_1)=\frac{1}{4}\times\frac{\sin(n\pi/4)}{n\pi/4}$$

$$F_0=\frac{1}{4},F_{\pm1}=0.225,F_{\pm2}=0.159,F_{\pm3}=0.075,F_{\pm4}=0,F_{\pm5}=-0.045,$$

$$F_{\pm6}=-0.053$$

故 $|\dot{F}_n|$,$\arctan(\dot{F}_n)$ 的双边频谱图如图 6.1.9 所示。

当 $|\dot{F}_n|$ 为实数,且 $f(t)$ 各谐波分量的相位为零或 $\pm\pi$,图形比较简单时,也可将振幅频谱和相位频谱合在一幅图中。比如,例 6.1.2 中 $f(t)$ 的频谱可用 $|\dot{F}_n|$ 与 $n\omega_1$ 关系图形反映,如图 6.1.10 所示。

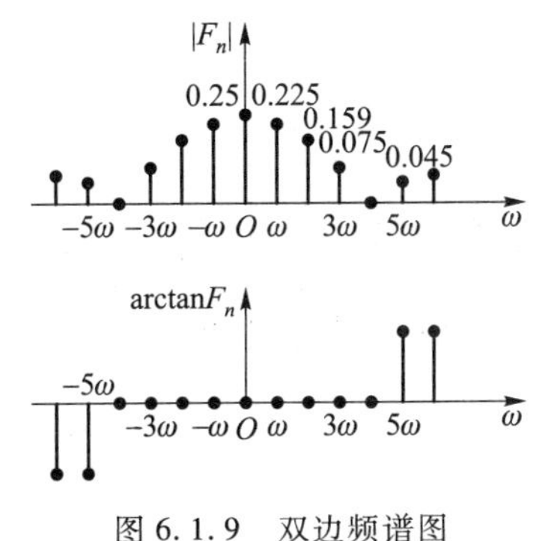

图 6.1.9 双边频谱图

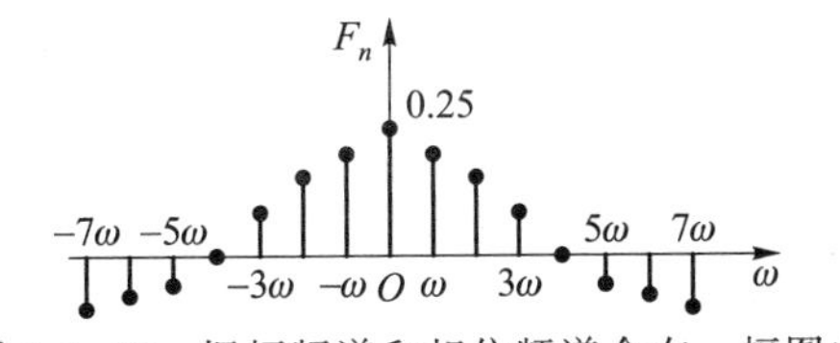

图 6.1.10 振幅频谱和相位频谱合在一幅图中

(1) 周期信号频谱的特征

从频谱图 6.1.10 可看出,周期信号的频谱具有如下特征:

① 周期信号的频谱是不连续的,具有离散性。频谱都是由许多相互有一定间隔的线条组成,所有谱线都是频率 ω 的不连续函数。周期信号的这种频谱称为离散频谱。

② 周期信号的频谱具有谐波性。即所有谱线都出现在基波频率 ω_1 的整数倍的频率上。

③ 幅值频谱中各谱线的高度,随着谐波频率的增高,虽然有起有伏,有高有

低,但总的趋势是起伏逐渐减小,最后收敛为零。幅值频谱的收敛性,是由傅里叶级数的收敛性决定的。

(2) 周期信号的有效频谱宽度

从周期脉冲的频谱函数表达式(6.1.10)可以看出:

① 周期矩形脉冲信号的频谱是离散的,两谱线间隔为 $\omega_1=\dfrac{2\pi}{T}$。

② 直流分量、基波及各次谐波分量的大小正比于脉幅 U 和脉宽 τ,反比于周期 T,其变化受包络线 $S_a(x)=\dfrac{\sin x}{x}$的制约。

③ 当 $\omega=\dfrac{2n\pi}{\tau}$, $n=\pm1,\pm2,\cdots$时,谱线的包络线过零点。因此 $\omega=\dfrac{2n\pi}{\tau}$称为零分量频率。

④ 周期矩形脉冲信号包含无限多条谱线,它可分解为无限多个频率分量,但其主要能量集中在第一个零分量频率之内。因此,通常把 $\omega=0\sim\dfrac{2\pi}{\tau}$这段频率范围称为矩形信号的有效频谱宽度或信号的占有频带,记作

$$B_\omega=\frac{2\pi}{\tau}\quad \text{或}\quad B_f=\frac{1}{\tau}$$

显然,有效频谱宽度 B 只与脉冲宽度 τ 有关,而且成反比关系。有效频谱宽度是研究信号与系统频率特性的重要内容,要使信号通过线性系统不失真,就要求系统本身所具有的频率特性必须与信号的频宽相适应。

对于一般周期信号,同样也可得到离散频谱,也存在零分量频率和信号的占有频带。

(3) 周期信号频谱与周期 T 及脉冲宽度的关系

在脉冲宽度 τ 保持不变的情况下,若增大周期 T,则从式(6.1.10)可以看出

① 离散谱线的间隔 $\omega_1=\dfrac{2\pi}{T}$将变小,即谱线变密。

② 各谱线的幅度将变小,包络线变化缓慢,即振幅收敛速度变慢。

③ 由于 τ 不变,故零分量频率位置不变,信号有效频谱宽度亦不变。

当周期无限增大时,$f(t)$ 变为非周期信号,相邻谱线间隔趋近于零,谱线将趋于无限密集,相应振幅趋于无穷小量。从而周期信号的离散频谱过渡到非周期信号的连续频谱,这将在下一节中讨论。

图 6.1.11 给出了振幅频谱与脉冲宽度之间的关系,可以看出,如果保持周期矩形信号的周期 T 不变,而改变脉冲宽度 τ,则可知此时谱线间隔不变。若减

小 τ,则信号频谱中的第一个零分量频率 $\omega=\dfrac{2\pi}{\tau}$增大,即信号的频谱宽度增大,同时出现零分量频率的次数减小,相邻两个零分量频率间所含的谐波分量增大。并且各次谐波的振幅减小,即振幅收敛速度变慢。若 τ 增大,则反之。

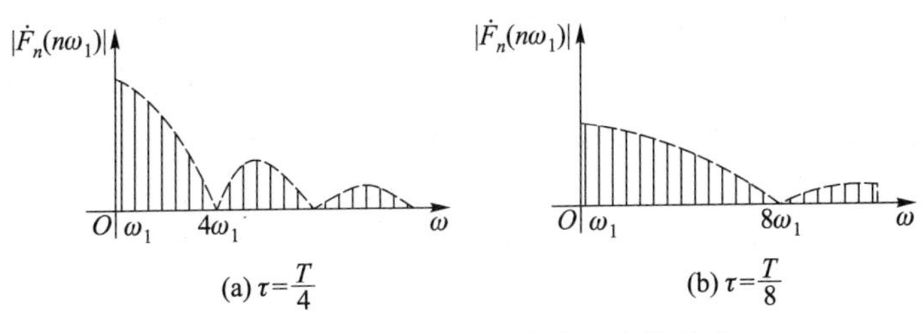

图 6.1.11 振幅频谱与脉冲宽度的关系

(4) 周期信号的功率谱

周期信号 $f(t)$ 的平均功率可定义为在 1 Ω 电阻上消耗的平均功率,即

$$P=\frac{1}{T}\int_{-T/2}^{T/2}f^2(t)\,\mathrm{d}t \tag{6.1.11}$$

周期信号 $f(t)$ 的平均功率可以用式(6.1.11)在时域进行计算,也可以在频域进行计算。若 $f(t)$ 的复指数型傅里叶级数展开式为

$$f(t)=\sum_{n=-\infty}^{n=\infty}\dot{F}_n\mathrm{e}^{\mathrm{j}n\omega_1 t}$$

则将此式代入式(6.1.11),并利用 $\dot{F}_n$ 的有关性质,可得

$$P=\frac{1}{T}\int_{-T/2}^{T/2}f^2(t)\,\mathrm{d}t=\sum_{n=-\infty}^{n=\infty}|\dot{F}_n|^2 \tag{6.1.12}$$

该式称为帕塞瓦尔(Parseval)定理。它表明周期信号的平均功率完全可以在频域用 $|\dot{F}_n|$加以确定。实际上它反映周期信号在时域的平均功率等于频域中的直流功率分量和各次谐波平均功率分量之和。$|\dot{F}_n|^2$ 与 $n\omega_1$ 的关系称为周期信号的功率频谱,简称为功率谱。显然,周期信号的功率谱也是离散谱。

例 6.1.3 试求图 6.1.8 所示周期矩形脉冲信号在有效频谱宽度内,谐波分量所具有的平均功率占整个信号平均功率的百分比。设 $\tau=\dfrac{T}{5}$, $U=1$, $T=1$。

解: 因为
$$\dot{U}(n\omega_1)=\frac{\tau U}{T}\frac{\sin\dfrac{n\omega_1\tau}{2}}{\dfrac{n\omega_1\tau}{2}}=\frac{1}{5}\left[\frac{\sin n\dfrac{\pi}{5}}{n\dfrac{\pi}{5}}\right]$$

第一个零分量频率为

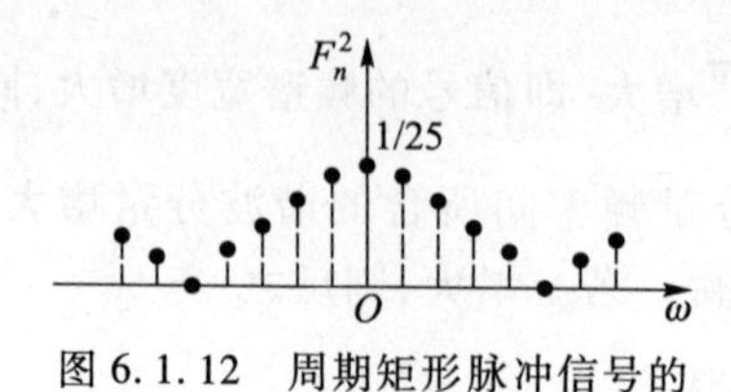

图 6.1.12　周期矩形脉冲信号的功率谱图

$$\omega_0=\frac{2\pi}{\tau}=10\pi$$

所以在信号频谱宽度内,包含一个直流分量和四个谐波分量。功率谱图如图 6.1.12 所示。

在有效频谱宽度内信号的平均功率为

$$P_{\mathrm{B}}=|F_0|^2+2(|F_1|^2+|F_2|^2+|F_3|^2+|F_4|^2)$$

$$=\frac{1}{5^2}+\frac{2}{5^2}\left\{S_{\mathrm{a}}^2\left(\frac{\pi}{5}\right)+S_{\mathrm{a}}^2\left(\frac{2\pi}{5}\right)+S_{\mathrm{a}}^2\left(\frac{3\pi}{5}\right)+S_{\mathrm{a}}^2\left(\frac{4\pi}{5}\right)\right\}=0.180\ 6\ \mathrm{W}$$

而周期信号的平均功率为

$$P=\frac{1}{T}\int_{-T/2}^{T/2}f^2(t)\,\mathrm{d}t=0.2\ \mathrm{W}$$

故

$$\frac{P_{\mathrm{B}}}{P}=\frac{0.180\ 6}{0.2}=0.9$$

从上式可以看出,在所给出的周期矩形脉冲情况下,包含在有效频谱宽度内的信号平均功率约占整个信号平均功率的90%。

6.1.3　非正弦周期信号的有效值、平均值

1. 非正弦周期函数的有效值

前已定义了周期信号的有效值为

$$I=\sqrt{\frac{1}{T}\int_0^T i^2(t)\,\mathrm{d}t}\qquad U=\sqrt{\frac{1}{T}\int_0^T u^2(t)\,\mathrm{d}t}$$

对于非正弦周期信号电流、电压,可展为傅里叶级数

$$i(t)=I_0+\sum_{k=1}^{\infty}I_{\mathrm{m}k}\sin(k\omega t+\psi_k)$$

$$u(t)=U_0+\sum_{k=1}^{\infty}\sqrt{2}\,U_k\sin(k\omega t+\psi_{kU})$$

代入有效值表达式有

$$I=\sqrt{\frac{1}{T}\int_0^T\left[I_0+\sum_{k=1}^{\infty}I_{\mathrm{m}k}\sin(k\omega t+\psi_k)\right]^2\mathrm{d}t}$$

把根号内的平方式展开,由三角函数的正交性可知,不同频率的两个正弦函数乘积在[0,T]上积分为零,即有

$$\sum_{j=1}^{\infty}\sum_{k=1}^{\infty}\frac{2}{T}\int_0^T I_{\mathrm{m}k}\sin(k\omega t+\psi_k)\times I_{\mathrm{m}j}\sin(\mathrm{j}\omega t+\psi_j)\,\mathrm{d}t=0\quad(k\neq j)$$

而同频率电流分量的平方,可计算得

$$\frac{1}{T}\int_0^T I_0^2 \mathrm{d}t = I_0^2$$

$$\sum_{k=1}^{\infty}\frac{1}{T}\int_0^T I_{mk}^2 \sin^2(k\omega t+\psi_k)\,\mathrm{d}t = \sum_{k=1}^{\infty}\frac{I_{mk}^2}{2} = \sum_{k=1}^{\infty} I_k^2$$

于是可得非正弦周期交流电流的有效值为

$$I = \sqrt{I_0^2 + \sum_{k=1}^{\infty} I_k^2} = \sqrt{I_0^2 + I_1^2 + I_2^2 + \cdots} \qquad (6.1.13)$$

式中,I_0 为直流分量,I_k 为各次谐波的有效值。

同理可推得非正弦周期电压有效值为

$$U = \sqrt{U_0^2 + \sum_{k=1}^{\infty} U_k^2} = \sqrt{U_0^2 + U_1^2 + U_2^2 + \cdots} \qquad (6.1.14)$$

式中,U_0 为直流分量,U_k 为各次谐波的有效值。

由式(6.1.13)、式(6.1.14)表明非正弦周期函数的有效值为直流分量及各次谐波分量有效值平方和的均方根值。

2. 非正弦周期函数的平均值

非正弦周期函数的平均值定义为周期函数在一个周期内的平均值。设非正弦周期电流、电压分解为如下傅里叶级数

$$i(t) = I_0 + \sum_{k=1}^{\infty} I_{mk}\sin(k\omega t+\psi_k)$$

$$u(t) = U_0 + \sum_{k=1}^{\infty}\sqrt{2}\,U_k\sin(k\omega t+\psi_{kU})$$

考虑到正弦交流函数在一个周期内的平均值为0,则非正弦周期电流、电压平均值表达式为

$$I_{AV} = \frac{1}{T}\int_0^T i(t)\,\mathrm{d}t = I_0 \qquad U_{AV} = \frac{1}{T}\int_0^T u(t)\,\mathrm{d}t = U_0$$

即非正弦周期函数的平均值就是它的直流分量。由此可见,讨论非正弦周期的平均值意义不大。工程上,为了计算整流电路,常把非正弦周期电流的绝对值在一个周期内的平均值定义为整流平均值,即

$$I_{AVR} = \frac{1}{T}\int_0^T |i(t)|\,\mathrm{d}t$$

按上式可求得正弦量的平均值为

$$I_{AVR} = \frac{1}{T}\int_0^T |I_m \sin \omega t|\,\mathrm{d}t$$

$$= \frac{2I_m}{\pi} = 0.637 I_m = 0.898 I$$

它相当于正弦电流经全波整流后的平均值,这是因为取电流的绝对值相当于把负半轴的各个值变为正值。

同理,可得正弦电压的平均值为

$$U_{\mathrm{AVR}}=\frac{1}{T}\int_{0}^{T}|u(t)|\mathrm{d}t=\frac{2U_{\mathrm{m}}}{\pi}=0.637U_{\mathrm{m}}=0.898U$$

当测量非正弦周期电流(或电压)时,用不同的仪表进行测量时,会得到不同的结果:如选用热电系、电动系或电磁系仪表进行测量,则所得结果为其有效值,因为这些仪表的偏转角都正比于非正弦周期电流(或电压)有效值的平方。如选用磁电系仪表(即直流仪表)进行测量,所得结果将是电流的直流分量。如选用全波整流磁电系仪表测量,所得结果将为其整流平均值。这是因为这种磁电系仪表的偏转角正比于电流(或电压)的整流平均值。因此,在测量非正弦周期电流和电压时,要注意选择合适的仪表,并区分各种不同类型仪表读数所示的含意。

6.1.4　非正弦周期信号的功率

非正弦周期信号的瞬时功率

$$p(t)=u(t)i(t)$$

式中

$$u(t)=U_0+\sum_{k=1}^{\infty}\sqrt{2}U_k\sin(k\omega t+\psi_{kU})$$

$$i(t)=I_0+\sum_{k=1}^{\infty}\sqrt{2}I_k\sin(k\omega t+\psi_{kI})$$

平均功率(有功功率)定义为瞬时功率在一个周期内的平均值,即

$$\begin{aligned}P&=\frac{1}{T}\int_{0}^{T}p(t)\mathrm{d}t=\frac{1}{T}\int_{0}^{T}u(t)i(t)\mathrm{d}t\\&=\frac{1}{T}\int_{0}^{T}\left[U_0+\sum_{k=1}^{\infty}\sqrt{2}U_k\sin(k\omega t+\psi_{kU})\right]\left[I_0+\sum_{k=1}^{\infty}\sqrt{2}I_k\sin(k\omega t+\psi_{kI})\right]\mathrm{d}t\end{aligned}$$

经多项式相乘,上式积分函数的表达式由同频率量乘积与不同频率量乘积组成,考虑到三角函数在[0,T]上的正交性,可推得

$$\begin{aligned}P&=U_0I_0+\sum_{k=1}^{\infty}U_kI_k\cos(\psi_{kU}-\psi_{kI})\\&=U_0I_0+\sum_{k=1}^{\infty}U_kI_k\cos\varphi_k\end{aligned}\tag{6.1.15}$$

式中,$\varphi_k=\psi_{kU}-\psi_{kI}$为 k 次谐波电压与电流相位差。由式(6.1.15)可知,非正弦信号的平均功率等于直流分量的功率与各谐波信号平均功率之和。

例 6.1.4 如图 6.1.13 所示无源一端口网络，已知其端口电压 $u(t)=100+100\sin\ \omega t+30\sin(3\omega t-30^\circ)$，电流 $i(t)=25+50\sin(\omega t-45^\circ)+10\sin(2\omega t-60^\circ)$，试求该一端口网络的平均功率 P。

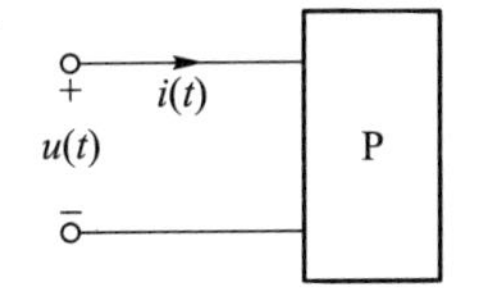

图 6.1.13 例 6.1.4 题图

解：由式(6.1.15)知，平均功率

$$P=U_0I_0+\sum_{k=1}^{\infty}U_kI_k\cos\ \varphi_k=U_0I_0+U_1I_1\cos\ \varphi_1$$
$$=\left(100\times25+\frac{100}{\sqrt{2}}\times\frac{50}{\sqrt{2}}\cos\ 45^\circ\right)\ \mathrm{W}=4268.03\ \mathrm{W}$$

值得注意的是，在进行平均功率的计算时，各谐波信号的平均功率必须是相同次谐波的电压电流计算得到。

人们对非正弦电压的功率成分及功率因数定义的探讨已有近 40 年之久，目前除有功功率外，其他功率成分的定义尚未达成共识。现阶段普遍接受的视在功率定义为

$$S=UI=\sqrt{\sum_{k=0}^{\infty}U_k^2}\sqrt{\sum_{k=0}^{\infty}I_k^2}$$

即电压的有效值与电流的有效值的乘积，用来表示相应电气设备的容量。

系统有功功率和视在功率的比值称为功率因数(power factor)，用 F_p 表示

$$F_\mathrm{p}=\frac{P}{S}$$

可用以衡量线路功率利用率。

特殊地，在非正弦电路下，若不考虑电压畸变，即电压为正弦波，设正弦波电压有效值为 U，而电流为非正弦波的情况下，即有畸变，畸变电流有效值为 I，基波电流有效值为 I_1，与电压的相位差 φ_1，这时定义的有功功率为

$$P=UI_1\cos\ \varphi_1$$

功率因数为

$$F_\mathrm{p}=\frac{I_1}{I}\cos\ \varphi_1=\lambda\cos\ \varphi_1$$

其中，$\lambda=\dfrac{I_1}{I}$，即基波电流有效值和总电流有效值之比；$\cos\ \varphi_1$ 称为位移因子或基波因子。

而在非正弦电路中，无功功率的定义争议很多，目前还没有公认的结论，有时域、频域中的无功功率定义，以及基于电压电流畸变的无功功率定义，不同的定义具有不同的含义，感兴趣的读者可查阅相关文献，此处不再阐述。

6.2　非正弦周期信号电路的稳态分析

对于非正弦周期信号激励的稳态电路,无法用直流电路或正弦交流电路的计算方法来分析计算,而必须先把非正弦周期信号激励用傅里叶级数分解为不同频率的正弦分量之和,然后再分别计算各个频率分量激励下的电路响应。最后用叠加定理把各响应分量进行叠加获得稳态响应。其计算过程的主要步骤可分为三步:

(1) 把给定的周期非正弦激励源分解为傅里叶级数表达式,即分解为直流分量与各次谐波分量之和,根据展开式各项收敛性及所需精度确定所需谐波项数;

(2) 分别计算直流分量和各频率谐波分量激励下的电路响应。直流分量用直流电路分析方法,各频率谐波分量按正弦交流电路计算;

(3) 应用叠加定理把输出响应的直流分量和各谐波分量瞬时值相加,得到总的响应值。

在进行计算时,必须注意以下三点:

(1) 直流分量作用于电路时,相当于求解直流电路,电容视为开路,电感视为短路;

(2) 电感 L 和电容 C 的感抗和容抗随着频率的变化而变化。感抗对高次谐波电流有抑制作用,因而可以减小电流的非正弦程度;容抗对高次谐波电流有畅通作用,使电流中含有比较显著的高次谐波分量。

(3) 不同频率的正弦量不能用相量式相加,因为不同频率的相量式相加是无意义的。

以下示例说明线性电路的周期非正弦稳态分析。

例 6.2.1　电路如图 6.2.1 所示,已知 $u=(400\cos\omega_1 t+200\cos 3\omega_1 t)$ V,$I_S=4$ A,$R_1=R_2=100\ \Omega$,$\omega_1 L=\dfrac{1}{\omega_1 C}=50\ \Omega$。

求:(1) 各电表读数;(2) 验证功率平衡。

解:(1) 各电源单独作用

① 直流分量只有电流源 I_S,电感短路,电容开路,电路如图 6.2.1(b)所示。

$$I_0=-\frac{R_2}{R_1+R_2}I_S=-2\ \text{A}$$

$$U_0=I_S(R_1/\!/R_2)=(4\times 50)\ \text{V}=200\ \text{V}$$

$P_0=0$,这是因为 I_S 单独作用时,电压源被短路。也可这样考虑,Ⓦ表示电源

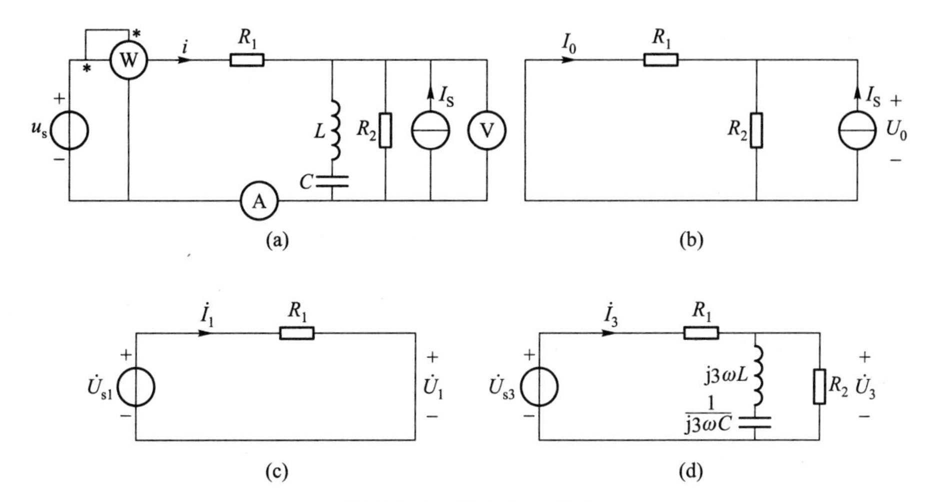

图 6.2.1 例 6.2.1 题图

u 输出功率，u 中无直流分量，故 P_0 必为零。

② 一次谐波分量单独作用

此时电流源开路，又由于 $X_L = X_C$，故 L、C 支路发生串联谐振，相当于短路，一次谐波作用等效电路如图 6.2.1(c)所示，为纯电阻电路。

$$\dot{U}_{s1} = \frac{400}{\sqrt{2}}\angle 0^\circ \text{ V}$$

$$\dot{I}_1 = \frac{\dot{U}_{s1}}{R_1} = \frac{4}{\sqrt{2}}\angle 0^\circ \text{ A}$$

$$\dot{U}_1 = 0 \text{ V}$$

$$P_1 = U_{s1} I_1 \cos\varphi_1 = \frac{400}{\sqrt{2}} \times \frac{4}{\sqrt{2}} \cos 0^\circ \text{ W} = 800 \text{ W}$$

③ 三次谐波分量单独作用

如图 6.2.1(d)所示

$$\dot{U}_{s3} = \frac{200}{\sqrt{2}}\angle 0^\circ \text{ V}$$

$$\dot{I}_3 = \frac{\dot{U}_{s3}}{R_1 + R_2 /\!/ \left(\text{j}3\omega_1 L - \text{j}\dfrac{1}{3\omega_1 C}\right)} = 0.828\angle -16.29^\circ \text{ A}$$

$$\dot{U}_3 = \dot{I}_3 \cdot \left[R_2 /\!/ \left(\text{j}3\omega_1 L - \text{j}\frac{1}{3\omega_1 C}\right)\right] = 66.27\angle 20.56^\circ \text{ V}$$

$$P_3 = U_{s3} I_3 \cos\varphi_3 = \frac{200}{\sqrt{2}} \times 0.828 \cos 16.29^\circ \text{ W} = 112.4 \text{ W}$$

④ 叠加

Ⓐ 表读数 $I=\sqrt{I_0^2+I_1^2+I_3^2}=\sqrt{2^2+\left(\frac{4}{\sqrt{2}}\right)^2+0.828^2}\ \text{A}=3.562\ \text{A}$

Ⓥ 表读数 $U=\sqrt{U_0^2+U_1^2+U_3^2}=\sqrt{200^2+0+66.27^2}\ \text{V}=210.7\ \text{V}$

Ⓦ 表读数 $P_u=P_0+P_1+P_2=(0+800+112.4)\ \text{W}=912.4\ \text{W}$

(2) 验证功率平衡

功率表读数量出电压源 u 发出功率 P_u。另有电流源 I_S 发出功率为 $P_{IS}=U_0I_S=200\times4\ \text{W}=800\ \text{W}$,故电源发出总功率为

$$P_t=P_u+P_{IS}=(912.4+800)\ \text{W}=1\ 712.4\ \text{W}$$

此功率必为电路中电阻元件所消耗,分别为

$$P_{R1}=I^2R_1=3.562^2\times100\ \text{W}=1\ 268.8\ \text{W}$$

$$P_{R2}=\frac{U^2}{R_2}=\frac{210.7^2}{100}\ \text{W}=443.9\ \text{W}$$

电阻消耗总功率为

$$P_R=P_{R1}+P_{R2}=(1\ 268.8+443.9)\ \text{W}=1\ 712.7\ \text{W}$$

忽略计算误差,应有 $P_u=P_R$,印证了功率平衡。

例 6.2.2 电路如图 6.2.2 所示,已知 $u_{S1}=[220\sqrt{2}+220\sqrt{2}\sin(\omega t-90°)]\ \text{V}$, $u_{S2}=[220\sqrt{2}\sin(\omega t+90°)+110\sqrt{2}\sin 3\omega t]\ \text{V}$, $R=220\ \Omega$, $\omega M=110\ \Omega$, $\frac{1}{\omega C}=220\ \Omega$, $\omega L_1=\omega L_2=\omega L_3=220\ \Omega$,

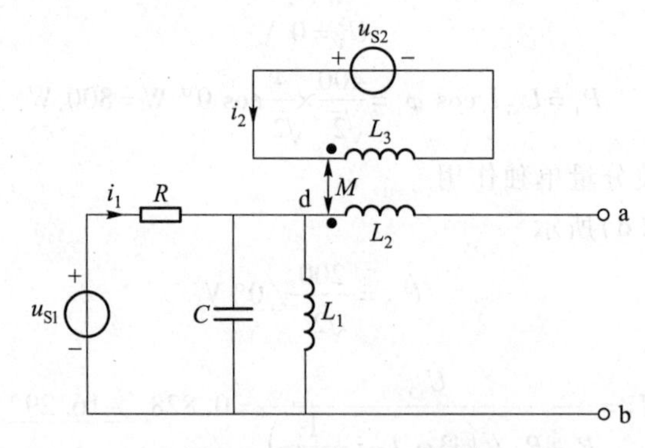

图 6.2.2 例 6.2.2 题图

求:(1) 开路电压 u_{ab}及其有效值 U_{ab};(2) 电路消耗功率。

解:(1) $u_{ab}=u_{ad}+u_{db}$

u_{ad}为由 u_{S2}产生电流 i_2 通过互感 M 在 L_2 上产生的互感电压;u_{db} 为 u_{S1} 产生

电流在 L_1 上产生的自感电压。

① u_{S1} 中直流分量单独作用

$$I_{10}=\frac{U_{S10}}{R}=\frac{\sqrt{2}\times220}{\sqrt{2}\times220}\ \text{A}=1\ \text{A}$$

$$U_{db0}=0\ \text{V}$$

② u_{S1} 中一次谐波分量单独作用

因 $\omega L_1=\dfrac{1}{\omega C}$，电路发生并联谐振，相当于开路，$u_{S1}$ 的一次谐波电压直接加在 L_1 上，即

$$I_{11}=0\ \text{A}$$

$$\dot{U}_{db1}=\dot{U}_{S11}=220\angle-90^\circ\ \text{V}$$

$$u_{db1}=\sqrt{2}\times220\sin(\omega t-90^\circ)\ \text{V}$$

③ u_{S2} 中一次谐波分量单独作用

$$\dot{U}_{ad1}=-\dot{I}_{21}\cdot \text{j}\omega M=-\frac{\dot{U}_{S21}}{\text{j}\omega L_3}\cdot \text{j}\omega M=-\frac{220\angle90^\circ\times110}{220}\ \text{V}=-110\angle90^\circ\ \text{V}$$

$$u_{ad1}=-\sqrt{2}\times110\sin(\omega t+90^\circ)\ \text{V}$$

④ u_{S2} 中三次谐波分量单独作用

$$\dot{U}_{ad3}=-\dot{I}_{23}\cdot \text{j}3\omega M=-\frac{\dot{U}_{S23}}{\text{j}3\omega L_3}\cdot \text{j}3\omega M=-\frac{110\angle0^\circ\times110}{220}\ \text{V}=-55\angle0^\circ\ \text{V}$$

$$u_{ad3}=-\sqrt{2}55\sin 3\omega t\ \text{V}$$

⑤ 叠加瞬时值

$$u_{ab}=u_{ad}+u_{db}=-\sqrt{2}\times110\sin(\omega t+90^\circ)-\sqrt{2}\times55\sin 3\omega t+\sqrt{2}\times220\sin(\omega t-90^\circ)$$
$$=\sqrt{2}\times330\sin(\omega t-90^\circ)-\sqrt{2}\times55\sin 3\omega t$$

有效值 $U_{ab}=\sqrt{330^2+55^2}\ \text{V}=334.55\ \text{V}$

(2) 消耗功率

u_{S2} 产生电流，只在 L_2 上产生互感电压，不消耗功率。

u_{S1} 中一次谐波因并联谐振而相当于开路，也不消耗功率。因此，只有 u_{S1} 中直流分量在电阻 R 上消耗功率。

故总的消耗功率为 $P=I_{10}^2\cdot R=220\ \text{W}$。

非正弦周期信号电路的计算特点：计算非正弦周期交流电路，必须是同次谐波的正弦量才能用相量相加得到，不同频率对应的 X_C、X_L 不同，总的电压电流瞬时值可以通过各次谐波的瞬时值叠加得到，电压电流的有效值按照各次谐波有

效值平方的均方根计算。总的平均功率等于各次谐波平均功率的代数和。

6.3　三相对称非正弦交流电路分析

在实际的电力系统中,三相发电机产生的电压往往不是理想的正弦波。电网中变压器等设备由于磁路的非线性,其励磁电流往往是非正弦周期波形,包含有高次谐波分量。因此在三相对称电路中,电网电压与电流都可能产生非正弦波形,即存在高次谐波。下面分析对称三相电路中(电路负载为三相对称线性负载,电源为三相对称电动势)的高次谐波响应。

非正弦三相对称电动势各相的变化规律相同,但在时间上依次相差三分之一周期,取 A 相为参考起点,则三相电动势为

$$\left.\begin{aligned} e_A &= e(t) \\ e_B &= e\left(t-\frac{T}{3}\right) \\ e_C &= e\left(t-\frac{2}{3}T\right) \end{aligned}\right\} \tag{6.3.1}$$

由于各相电动势为非正弦周期量,可把它们展开为傅里叶级数。一般情况下,发电机的三相电动势均为奇谐波函数,只包含奇次谐波分量。对于各相展开式有

$$\begin{aligned} e_A(t) = &\sqrt{2}E_1\sin(\omega t+\psi_1)+\sqrt{2}E_3\sin(3\omega t+\psi_3) \\ &+\sqrt{2}E_5\sin(5\omega t+\psi_5)+\sqrt{2}E_7\sin(7\omega t+\psi_7)+\cdots \end{aligned}$$

$$\begin{aligned} e_B(t) = &\sqrt{2}E_1\sin\left[\omega\left(t-\frac{T}{3}\right)+\psi_1\right]+\sqrt{2}E_3\sin\left[3\omega\left(t-\frac{T}{3}\right)+\psi_3\right] \\ &+\sqrt{2}E_5\sin\left[5\omega\left(t-\frac{T}{3}\right)+\psi_5\right]+\sqrt{2}E_7\sin\left[7\omega\left(t-\frac{T}{3}\right)+\psi_7\right]+\cdots \end{aligned}$$

即

$$\begin{aligned} e_B(t) = &\sqrt{2}E_1\sin\left(\omega t+\psi_1-\frac{2}{3}\pi\right)+\sqrt{2}E_3\sin(3\omega t+\psi_3) \\ &+\sqrt{2}E_5\sin\left[5\omega t+\psi_5-\frac{4}{3}\pi\right]+\sqrt{2}E_7\sin\left[7\omega t+\psi_7-\frac{2}{3}\pi\right]+\cdots \end{aligned}$$

同理有

$$\begin{aligned} e_C(t) = &\sqrt{2}E_1\sin\left(\omega t+\psi_1-\frac{4}{3}\pi\right)+\sqrt{2}E_3\sin(3\omega t+\psi_3) \\ &+\sqrt{2}E_5\sin\left[5\omega t+\psi_5-\frac{2}{3}\pi\right]+\sqrt{2}E_7\sin\left[7\omega t+\psi_7-\frac{4}{3}\pi\right]+\cdots \end{aligned}$$

由上述三相电势表达式可见,基波、7 次谐波分量各相振幅相等,相位差各

为$\frac{2}{3}\pi$，相序变化依次为 A→B→C→A，因此构成正序对称三相系统。可推得 $n=6k+1(k=0,1,2,\cdots)$ 次谐波分量都组成正序对称三相系统。

各相中五次谐波分量振幅相等，相位各差$\frac{2}{3}\pi$，但相序变化次序为 A→C→B→A，故构成对称三相负序系统。可推得 $n=6k-1(k=1,2,3,\cdots)$ 次谐波均组成负序系统。

各相中三次谐波分量振幅相等、相位相同，这样的三相系统称为对称零序三相系统。可知 $n=6k+3(k=0,1,2,\cdots)$ 次谐波均构成零序系统。这样，三相非正弦周期对称电动势中的各个同频率分量可分成正序、负序和零序三个不同的系统。

下面分析对称非正弦三相电路的求解方法，首先分析在 Y-Y 无中线联结方式时相电压与线电压的关系。如果电源相电压中含有高次谐波，由于线电压为两个相电压之差，如 $u_{ab}=u_a-u_b$，由前面各相展开式不难看出，对于正序和负序系统的各次谐波分量，其线电压有效值是对应相电压分量有效值的$\sqrt{3}$倍，而对于零序分量，由于其幅值相等相位相同，在线电压中将不包含这些谐波分量。因此对于电源相电压有效值有

$$U_{ph}=\sqrt{U_{1ph}^2+U_{3ph}^2+U_{5ph}^2+U_{7ph}^2+\cdots}$$

而线电压有效值为

$$\begin{aligned}U_l&=\sqrt{U_{1l}^2+U_{5l}^2+U_{7l}^2+U_{11l}^2+\cdots}\\&=\sqrt{3}\times\sqrt{U_{1ph}^2+U_{5ph}^2+U_{7ph}^2+U_{11ph}^2+\cdots}\end{aligned}$$

对于 Y-Y 有中线系统，如图 6.3.1 所示电路，在基波分量激励时，电路的计算方法已在第 3 章对称三相正弦电路中作过详细讨论，由于中性点电位$\dot{U}_{NN'}=0$，计算时可采用单相图求得 A 相电压电流值，然后直接写出 B、C 相的电压电流值。此时中线电流为零。同理，凡是正序系统的各次谐波，均可用这种方法计算。

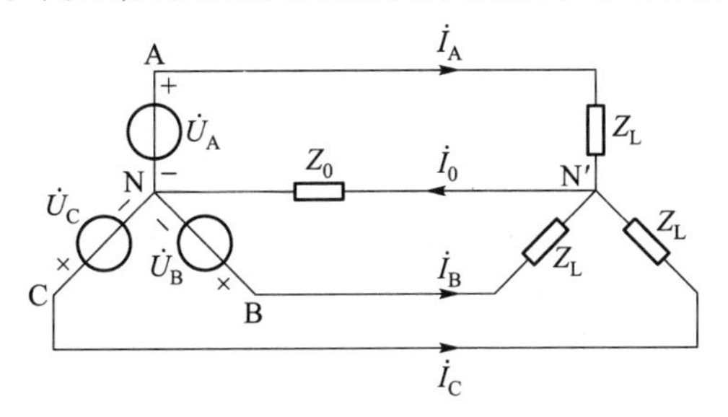

图 6.3.1　Y-Y 有中线系统

对于负序系统的五次谐波分量,其中性点电压

$$\dot{U}_{NN'(5)}=\frac{\dfrac{\dot{U}_{A5}}{R+j5\omega L}+\dfrac{\dot{U}_{B5}}{R+j5\omega L}+\dfrac{\dot{U}_{C5}}{R+j5\omega L}}{\dfrac{3}{R+j5\omega L}+\dfrac{1}{Z_0(5)}}=0$$

因此仍然可以采用与基波分量相同的单相图计算,当得出 A 相电压电流后,依次写出 B、C 相电压电流,只是需注意相序为 A→C→B,即 C 相滞后 A 相$\frac{2}{3}\pi$,B 相滞后 C 相$\frac{2}{3}\pi$。

对于三相三次谐波电势,有 $\dot{U}_{A(3)}=\dot{U}_{B(3)}=\dot{U}_{C(3)}$,令 $Z_{L3}=R+j3\omega L$,$Z_{03}=R_0+j3\omega L_0$,中性点电压为

$$\dot{U}_{NN'(3)}=\frac{\dfrac{\dot{U}_{A3}}{Z_{L3}}+\dfrac{\dot{U}_{B3}}{Z_{L3}}+\dfrac{\dot{U}_{C3}}{Z_{L3}}}{\dfrac{3}{Z_{L3}}+\dfrac{1}{Z_{03}}}=\frac{\dfrac{3\dot{U}_{A3}}{Z_{L3}}}{\dfrac{3}{Z_{L3}}+\dfrac{1}{Z_{03}}}\neq 0$$

即中性点电压不为零,它包含有三次谐波分量。可计算负载 A 相三次谐波电流为

$$\dot{I}_{A3}=\frac{\dot{U}_{A3}-\dot{U}_{NN'(3)}}{Z_{L3}}=\frac{\dot{U}_{A3}}{3Z_{03}+Z_{L3}}$$

可见在计算 A 相三次谐波电流时,A 相电路等效阻抗为 $Z_{L3}+3Z_{03}$,即包含一个 3 倍中线阻抗的附加阻抗值。据此可作出计算三相三次谐波的单相计算图(见图 6.3.2)。其余两相的电压电流与 A 相完全相同。中线电流是相电流的三倍。零序系统中其余谐波分量的计算方法与此相同。

对于 Y-Y 联结无中线电路,由于零序分量的各相电压大小相同相位相同,尽管中点间电压不为零,但无零序分量电流。因此负载相电流与相电压均不包含零序谐波分量。对于负载接成三角形的 Y-Δ 联结电路,由于相电压等于线电压,而线电压中不包含零序分量,因此负载相电压相电流不含零序分量,线电流中也不含零序分量。

下面分析非正弦周期三相电源接成三角形的情况。如图 6.3.3 所示,若在 Δ 联结中串入一电压表,则可知在表两端的瞬时电压为

$$\begin{aligned}u(t)&=u_A(t)+u_B(t)+u_C(t)\\&=3[\sqrt{2}U_3\sin(3\omega t+\psi_3)+\sqrt{2}U_9\sin(9\omega t+\psi_9)+\cdots]\end{aligned}$$

其有效值为

$$U=3\sqrt{U_3^2+U_9^2+\cdots}$$

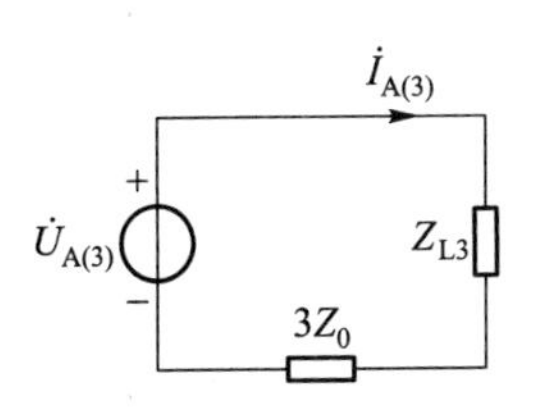

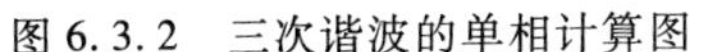
图 6.3.2 三次谐波的单相计算图

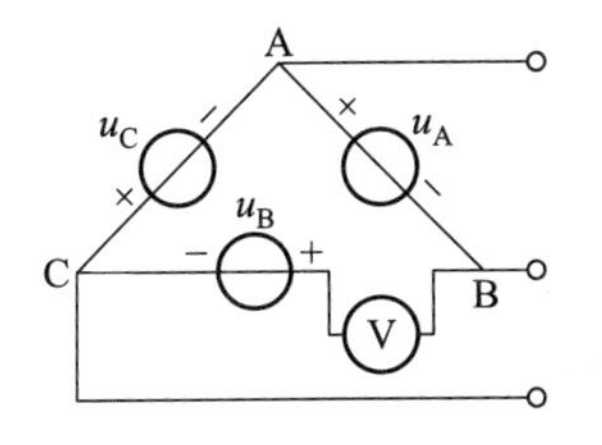

图 6.3.3 三相电源接成三角形

Δ 联结的环路中存在电动势，会在环路中产生对应的谐波电流。由于三相电源的内阻一般都很小，因此即使是较小的零序谐波分量也会产生一个很大的谐波电流。电源内部的环流会增加发电机绕组损耗，降低发电机效率，使电机过热，不利于机组运行。因此一般情况下三相发电机绕组不采用 Δ 联结方式。进一步分析可知，在 Δ 联结的三相电源中，环流在每相绕组内阻抗上的压降等于该相零序电动势的值，且方向相反，故 Δ 联结的电源线电压中不包含零序分量，可推知 Δ-Δ 联结的电路系统中负载上也不包含零序电压电流分量。

例 6.3.1 对称三相电路如图 6.3.4 所示，已知 $\omega L=6\ \Omega$，$\dfrac{1}{\omega C}=30\ \Omega$，$e_{A}=[\sqrt{2}\times 90\sin\ \omega t+\sqrt{2}\,60\sin(3\omega t+30°)+\sqrt{2}\times 50\sin(5\omega t+90°)]$ V，求：(1) U_{AB}，U_{A}，I_{A}；(2) u_{B}。

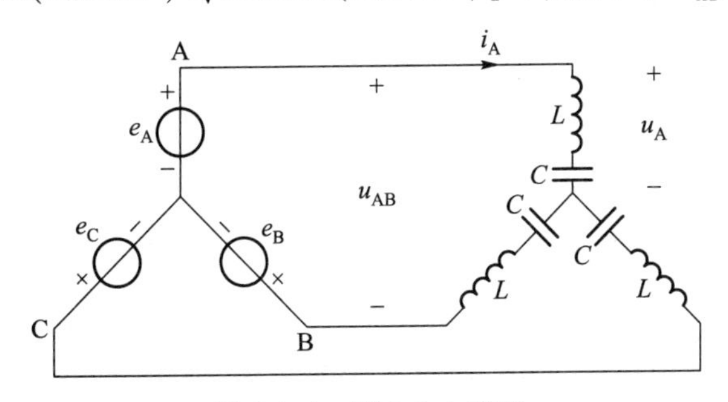

图 6.3.4 例 6.3.1 题图

解：(1) 已知三相电源含有基波分量(正序)，三次谐波分量(零序)和五次谐波分量(负序)。因此按照非正弦电路的分析步骤，按各次谐波分量依次作用分析如下。

① 基波作用：$e_{A1}=\sqrt{2}\times 90\sin\ \omega t$ V，此时为正序分量作用的对称三相电路 Y-Y无中线电路，根据对称三相电路的基本概念，可知

$$\dot{U}_{A1}=\dot{E}_{A1}=90\underline{/0°}\ \text{V}$$

$$\dot{I}_{A1}=\frac{\dot{U}_{A1}}{Z}=3.75\underline{/90°}\ \text{A}$$

$$\dot{U}_{AB1}=\sqrt{3}\,\dot{U}_{A1}\angle 30^\circ=90\sqrt{3}\angle 30^\circ\ \text{V}$$

$$\dot{U}_{B1}=90\angle -120^\circ\ \text{V}$$

② 三次谐波作用时，$e_{A3}=\sqrt{2}\times 60\sin(3\omega t+30^\circ)$ V，为零序分量作用的 Y-Y 无中线电路，此时：$\dot{U}_{NN'}=\dot{E}_{A3}$

$$\dot{U}_{A3}=0\ \text{V},\quad \dot{I}_{A3}=0\ \text{A},\quad \dot{U}_{B3}=0\ \text{V},\quad \dot{U}_{AB3}=0\ \text{V}$$

③ 五次谐波作用时，$e_{A5}=\sqrt{2}\times 50\sin(5\omega t+90^\circ)$ V，为负序分量作用的 Y-Y 无中线电路，与正序分量作用的对称三相电路类似，此时

$$\dot{U}_{A5}=\dot{E}_{A5}=50\angle 90^\circ\ \text{V}$$

$$\dot{I}_{A5}=\frac{\dot{U}_{A5}}{Z}=2.08\angle 180^\circ\ \text{A}$$

$$\dot{U}_{B5}=50\angle -150^\circ\ \text{V}$$

$$\dot{U}_{AB5}=-\dot{U}_{BA5}=-\sqrt{3}\,\dot{U}_{B5}\angle 30^\circ=50\sqrt{3}\angle 60^\circ\ \text{V}$$

④ 将上述分析综合合成，即得

$$U_{AB}=\sqrt{(90\sqrt{3})^2+(50\sqrt{3})^2}\ \text{V}=178.32\ \text{V}$$

$$U_A=\sqrt{(90)^2+(50)^2}\ \text{V}=103\ \text{V}$$

$$I_A=\sqrt{(3.75)^2+(2.08)^2}\ \text{A}=4.29\ \text{A}\qquad \dot{U}_{AB3}=0\ \text{V}$$

（2）$u_B=[\sqrt{2}\times 90\sin(\omega t-120^\circ)+\sqrt{2}\times 50\sin(5\omega t-150^\circ)]$ V

6.4　非正弦信号的傅里叶变换

前面已讨论了周期非正弦信号的傅里叶级数展开，下面来分析非周期信号的傅里叶变换。当周期信号的重复周期 T 无限增大时，周期信号就转化为非周期信号（单个不重复信号），如对于周期矩形脉冲波，当周期 T 趋于无穷大时，周期信号就转化为单个非周期脉冲。从例 6.1.2 的结果可知，此时信号频谱间隔 $\omega_1=2\pi/T$ 趋于零，即谱线从离散转向连续，而其振幅值则趋于零，信号中各分量都变为无穷小。尽管各频率分量从绝对值来看都趋于无穷小，但其相对大小却是不相同的。为区别这种相对大小，在周期 T 趋于无穷大时，求 $\dot{F}_n/(1/T)$ 的极限，并定义此极限值为非周期函数的频谱函数 $F(\mathrm{j}\omega)$，即

$$F(\mathrm{j}\omega)=\lim_{T\to\infty}\frac{\dot{F}_n}{\frac{1}{T}}=\lim_{T\to\infty}\int_{-\frac{T}{2}}^{\frac{T}{2}}f(t)\mathrm{e}^{-\mathrm{j}n\omega_1 t}\mathrm{d}t$$

当 $T\to\infty$ 时，$\omega_1\to 0$，$n\omega_1$ 转化为 ω，即离散的频谱转为连续频谱，上式可改为

$$F(\mathrm{j}\omega)=\int_{-\infty}^{\infty}f(t)\mathrm{e}^{-\mathrm{j}\omega t}\mathrm{d}t \tag{6.4.1}$$

对于一个非周期信号 $f(t)$，可由上式求出其频谱函数，同理，若已知非周期信号频谱函数 $F(\mathrm{j}\omega)$，则也可求出其时域表达式。其计算式为

$$f(t)=\frac{1}{2\pi}\int_{-\infty}^{\infty}F(\mathrm{j}\omega)\mathrm{e}^{\mathrm{j}\omega t}\mathrm{d}\omega \tag{6.4.2}$$

式(6.4.1)与式(6.4.2)是一对傅里叶积分变换式，式(6.4.1)把时域信号 $f(t)$ 转换为频域的频谱函数信号，称为傅里叶正变换，有时记为

$$F\{f(t)\}=F(\mathrm{j}\omega)\quad 或 \quad f(t)\to F(\mathrm{j}\omega)$$

而式(6.4.2)是把频域信号 $F(\mathrm{j}\omega)$ 变换为时域信号，称为傅里叶逆变换，有时记为

$$\mathscr{F}^{1}\{F(\mathrm{j}\omega)\}=f(t)\quad 或 \quad F(\mathrm{j}\omega)\to f(t)$$

进行傅里叶变换的函数需满足狄里赫里条件和绝对可积条件。

例 6.4.1 求图 6.4.1(a)所示的单个矩形波的频谱函数 $F(\mathrm{j}\omega)$，并作振幅频谱与相位频谱图。

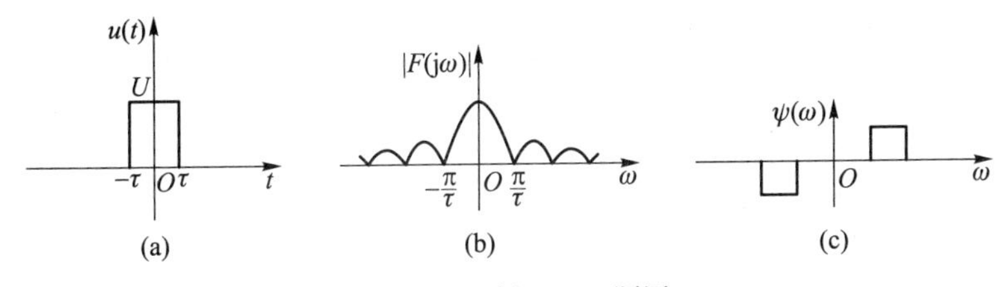

图 6.4.1 例 6.4.1 题图

解：单个矩形波的频谱函数为

$$F(\mathrm{j}\omega)=\int_{-\infty}^{\infty}f(t)\mathrm{e}^{-\mathrm{j}\omega t}\mathrm{d}t=\int_{-\tau}^{\tau}U\mathrm{e}^{-\mathrm{j}\omega t}\mathrm{d}t=\frac{U}{-\mathrm{j}\omega}[\mathrm{e}^{-\mathrm{j}\omega\tau}-\mathrm{e}^{\mathrm{j}\omega\tau}]=\frac{2U}{\omega}\sin\omega\tau=2U\tau\frac{\sin\omega\tau}{\omega\tau}$$

并有

$$|F(\mathrm{j}\omega)|=2U\tau\frac{\sin\omega\tau}{\omega\tau};$$

$$|\psi(\mathrm{j}\omega)|=\begin{cases}0 & S_{\mathrm{a}}(\omega\tau)>0\\ \pi & S_{\mathrm{a}}(\omega\tau)<0\end{cases}$$

它的幅度频谱与相位频谱如图 6.4.1 (b)、(c)所示。可以看出,矩形脉冲信号在时域中处于有限范围内,而其频谱却以 $S_a(\omega\tau)$ 规律变化,分布于无限宽的频率范围内,但其主要能量处于 $0\sim\frac{\pi}{\tau}$ 范围,通常认为这种信号的占有频带为 $B_\omega=\frac{\pi}{\tau}$ 或 $B_f=\frac{1}{2\tau}$。

从振幅频谱图上可见,矩形脉冲信号所包含的频率分量随频率增大而很快减小,信号主要成分集中于 $-\frac{\pi}{\tau}<\omega<\frac{\pi}{\tau}$ 之间,即频率宽度为 $\frac{-1}{2\tau}<f<\frac{1}{2\tau}$。如果脉冲宽度变窄,即 τ 值变小,则信号主要频率分量所占的频率范围就变大。反之当脉冲变宽,τ 值变大,则其主要频率分量范围就变小。对于一个较窄的脉冲信号,如果电路要使它通过,则电路的特性必须能使较大频率范围的所有信号都能通过。傅里叶变换在信号分析与处理中有重要意义。常见信号的傅里叶变换如表 6.4.1所示。傅里叶变换的基本性质归纳如表 6.4.2 所示。

表 6.4.1　常用信号的傅里叶变换

时间函数 $f(t)$	傅里叶变换 $F(j\omega)$
单边指数信号 $f(t)=e^{-at}\varepsilon(t)\quad a>0$	$1/(a+j\omega)$
偶双边指数信号 $f(t)=e^{-a\lvert t\rvert}\varepsilon(t)\quad a>0$	$2a/(a^2+\omega^2)$
奇双边指数信号 $f(t)=\begin{cases}-e^{at} & t<0\\ e^{-at} & t>0\end{cases}\quad a>0$	$-j2\omega/(a^2+\omega^2)$
符号函数 $\operatorname{sgn}(t)=\begin{cases}+1 & t>0\\ -1 & t<0\end{cases}$	$\frac{2}{j\omega}$
直流信号 $f(t)=E\quad -\infty<t<\infty$	$2\pi E\delta(\omega)$
单位阶跃信号 $\varepsilon(t)=\begin{cases}1 & t>0\\ 0 & t<0\end{cases}$	$\pi\delta(\omega)+\frac{1}{j\omega}$
单位冲激信号 $\begin{cases}\delta(t)=0 & t\neq0\\ \int_{-\infty}^{\infty}\delta(t)\,dt=1\end{cases}$	1
矩形脉冲信号 $f(t)=\begin{cases}E & \lvert t\rvert<\tau/2\\ 0 & \lvert t\rvert>\tau/2\end{cases}$	$\tau E[S_a(\omega\tau/2)]^2$
三角脉冲信号 $f(t)=\begin{cases}1-\lvert t\rvert/\tau & \lvert t\rvert<\tau\\ 0 & \lvert t\rvert>\tau\end{cases}$	$\tau[S_a(\omega\tau/2)]^2$

表 6.4.2 傅里叶变换的基本性质

性质名称	时域	频域
1. 线性	$af_1(t)+bf_2(t)$	$aF_1(\mathrm{j}\omega)+bF_2(\mathrm{j}\omega)$
2. 对称性	$F(\mathrm{j}t)$	$2\pi f(-\omega)$
3. 折叠性	$f(-t)$	$F(-\mathrm{j}\omega)$
4. 尺度变换性	$f(at)$	$\frac{1}{a}F\left(\mathrm{j}\frac{\omega}{a}\right)$
5. 时移性	$f(t\pm t_0)$	$e^{\pm \mathrm{j}\omega t_0}F(\mathrm{j}\omega)$
6. 频移性	$\mathrm{e}^{\pm \mathrm{j}\omega_0 t}f(t)$	$F[\mathrm{j}(\omega\mp\omega_0)]$
7. 时域微分	$\frac{\mathrm{d}^n f(t)}{\mathrm{d}t^n}$	$(\mathrm{j}\omega)^n F(\mathrm{j}\omega)$
8. 频域微分	$t^n f(t)$	$(\mathrm{j})^n \frac{\mathrm{d}^n F(\mathrm{j}\omega)}{\mathrm{d}\omega^n}$
9. 时域积分	$\int_{-\infty}^{t} f(x)\,\mathrm{d}x$	$\pi F(0)\delta(\omega)+\frac{1}{\mathrm{j}\omega}F(\mathrm{j}\omega)$
10. 频域积分	$\pi f(0)\delta(t)+\frac{1}{t}f(t)$	$\frac{1}{\mathrm{j}}\int_{-\infty}^{\omega} F(\mathrm{j}x)\,\mathrm{d}x$
11. 时域卷积	$f_1(t) * f_2(t)$	$F_1(\mathrm{j}\omega)F_2(\mathrm{j}\omega)$
12. 频域卷积	$f_1(t)f_2(t)$	$\frac{1}{2\pi}F_1(\mathrm{j}\omega) * F_2(\mathrm{j}\omega)$

周期信号虽然不满足绝对可积的条件,但其傅里叶变换是存在的。由于周期信号频谱是离散的,所以它的傅里叶变换必然也是离散的,而且是由一系列冲激信号组成。

对于正弦信号 $f_2(t)=\sin\,\omega_0 t=\dfrac{\mathrm{e}^{\mathrm{j}\omega_0 t}-\mathrm{e}^{-\mathrm{j}\omega_0 t}}{2\mathrm{j}} \quad -\infty<t<\infty$

有
$$F_2(\mathrm{j}\omega)=\frac{1}{2\mathrm{j}}[2\pi\delta(\omega-\omega_0)-2\pi\delta(\omega+\omega_0)]=\mathrm{j}\pi[\delta(\omega+\omega_0)-\delta(\omega-\omega_0)]$$

其波形及其频谱如图 6.4.2 所示。

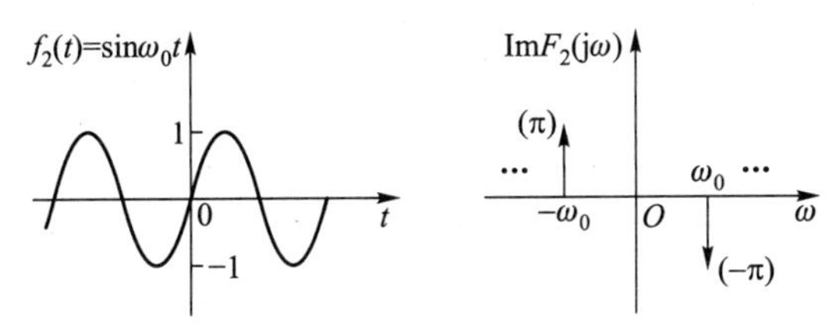

图 6.4.2 正弦信号波形及其频谱

对于周期为 T 的一般周期信号 $f(t)$，其复指数型傅里叶级数展开式为

$$f(t)=\sum_{n=-\infty}^{+\infty}\dot{F}_n e^{jn\omega_1 t}$$

式中，$\omega_1=\dfrac{2\pi}{T}$，$\dot{F}_n=\dfrac{1}{T}\int_{-\frac{T}{2}}^{\frac{T}{2}}f(t)e^{-jn\omega_1 t}dt$。

对上式两边取傅里叶变换，并利用其线性和频移性，且考虑到 $\dot{F}_n$ 与时间 t 无关，可得

$$F(j\omega)=\sum_{n=-\infty}^{\infty}F_n 2\pi\delta(\omega-n\omega_1)=2\pi\sum_{n=-\infty}^{\infty}F_n\delta(\omega-n\omega_1) \qquad (6.4.3)$$

式(6.4.3)表明，一般周期信号的傅里叶变换(频谱函数)是由无穷多个冲激函数组成，这些冲激函数位于信号的各谐波频率 $n\omega_1(n=0,\pm1,\pm2,\cdots)$处，其强度为相应傅里叶级数系数 $\dot{F}_n$ 的 2π 倍。

可见，周期信号的频谱是离散的，但由于傅里叶变换是反映频谱密度的概念，因此周期信号 $f(t)$ 的傅里叶变换 $F(j\omega)$ 不同于傅里叶系数 $\dot{F}_n$，它不是有限值，而是冲激函数，这表明在无穷小的频带范围(即谐频点)取得了无穷大的频谱值。

6.5　频率特性

非正弦信号中含有丰富的谐波，电路中 L 和 C 对于不同频率的正弦信号有不同的响应，所以，不同的谐波频率分量，其电路响应有不同的特性。即使不同频率的谐波分量具有相同的振幅，但其产生的响应也由于电路特性不同而不同。某些电路的阻抗会随频率增大而增大，而某些电路却相反。因此在对非正弦信号分析时，不但要考虑信号本身的特性，而且还需研究电路特性随频率变化的关系，即需要研究电路的频率特性。

一般而言，当激励源频率变化时，电路的阻抗导纳和电压电流响应值均随之变化，即激励与响应随频率而变，这一变化关系称为电路的频率特性。

电路的频率特性用正弦稳态电路的网络函数来描述，定义为响应相量 $\dot{R}$ 与激励源相量 $\dot{E}$ 之比。即

$$H(j\omega)=\frac{\text{响应相量}}{\text{激励源相量}}=\frac{\dot{R}}{\dot{E}}$$

其中，$H(j\omega)$ 是 ω 的函数，可写为

$$H(j\omega)=|H(j\omega)|\underline{/\theta(j\omega)}$$

网络函数的模$|H(\mathrm{j}\omega)|$随ω的变化关系称为电路的幅频特性，网络函数的幅角$\theta(\mathrm{j}\omega)$随ω的变化关系称为电路的相频特性。

输入输出的信号不同，网络函数的含义也不同。网络函数可以是复阻抗、复导纳、电压转换比等。若响应和激励出自同一个端口，则称为策动点函数，如

$$H(\mathrm{j}\omega)=Z(\mathrm{j}\omega)=\frac{\dot{U}_1}{\dot{I}_1}$$

称为策动点阻抗或输入阻抗。对于给定的电路，频率特性既可以通过对电路进行正弦稳态分析得到网络函数，也可以对微分方程进行傅里叶变换得出，还可以用实验的方法，改变正弦激励的频率，对应于各频率下响应与激励的比值和相位差，获得幅频和相频特性曲线。

$H(\mathrm{j}\omega)$仅取决于系统本身结构。系统一旦给定，$H(\mathrm{j}\omega)$也随之确定，它反映了系统的频域特性，所以$H(\mathrm{j}\omega)$是表征系统特征的重要物理量。已知

$$H(\mathrm{j}\omega)=|H(\mathrm{j}\omega)|\mathrm{e}^{\mathrm{j}\varphi(\omega)}$$

在这里，$|H(\mathrm{j}\omega)|$称为系统的幅频特性；$\varphi(\omega)$称为系统的相频特性。因此，通过研究$H(\mathrm{j}\omega)$就可了解系统的整个频率特性，从而了解系统的功能。

例 6.5.1 试求图 6.5.1(a)中以$u_R(t)$为响应的系统函数$H(\mathrm{j}\omega)$，并画出其频率特性曲线。

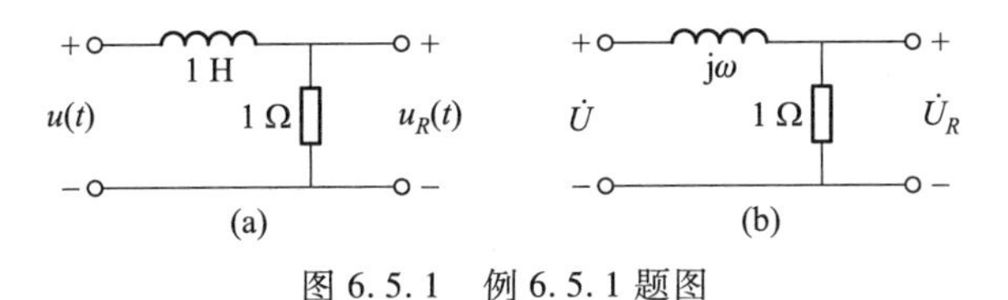

图 6.5.1 例 6.5.1 题图

解法 1：列写电路的微分方程如下

$$u(t)=\frac{L}{R}\frac{\mathrm{d}u_R}{\mathrm{d}t}+u_R$$

进行傅里叶变换 $U(\mathrm{j}\omega)=\left(\frac{L}{R}\mathrm{j}\omega+1\right)U_R(\mathrm{j}\omega)$

$$\frac{U_R(\mathrm{j}\omega)}{U(\mathrm{j}\omega)}=\frac{1}{\frac{L}{R}\mathrm{j}\omega+1}=\frac{1}{\mathrm{j}\omega+1}$$

解法 2：图 6.5.1(a)所示电路对应的频域模型如图 6.5.1(b)所示。由相量分析法有

$$H(\mathrm{j}\omega)=\frac{\dot{U}_R}{\dot{U}}=\frac{1}{1+\mathrm{j}\omega}$$

所以,该系统幅频特性为
$$|H(\mathrm{j}\omega)|=\frac{1}{\sqrt{1+\omega^2}}$$
相频特性为
$$\varphi(\omega)=-\arctan\omega$$
其频率特性如图 6.5.2 所示。可见该系统为一个低通滤波器。

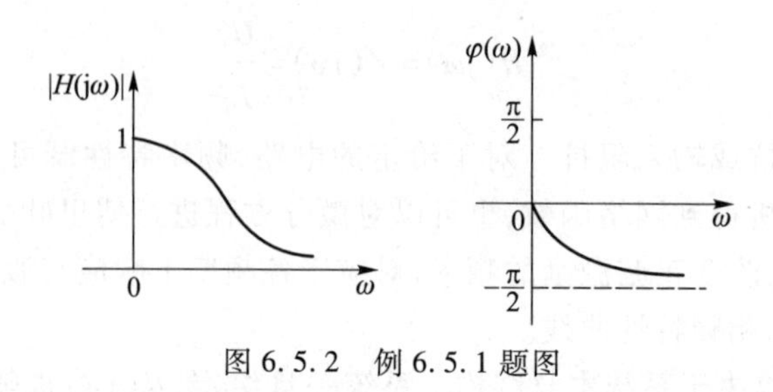

图 6.5.2　例 6.5.1 题图

6.6　滤　波　器

6.6.1　滤波器的功能与分类

滤波器是一种让某一特定频率范围的信号通过,而极大地衰减或抑制其他频率成分的信号通过的电路或装置。

简单地说,滤波器在电路中的作用有:① 将有用的信号与噪声分离,提高信号的抗干扰性及信噪比;② 滤掉不感兴趣的频率成分,提高分析精度;③ 从复杂频率成分中分离出单一的频率分量。

滤波器的分类方法很多,按元件分类,滤波器可分为:有源滤波器、无源滤波器、陶瓷滤波器、晶体滤波器、机械滤波器、锁相环滤波器、开关电容滤波器等。

按信号处理的方式分类,滤波器可分为:模拟滤波器、数字滤波器。

按通频带分类,滤波器可分为:低通滤波器(LPF)、高通滤波器(HPF)、带通滤波器(BPF)、带阻滤波器(BEF)等。

除此之外,还有一些特殊滤波器,如满足一定频响特性、相移特性的特殊滤波器,例如,线性相移滤波器、时延滤波器、电视机中的中放声表面波滤波器等。

按通带滤波特性分类,有源滤波器可分为:巴特沃思型滤波器、切比雪夫型滤波器、贝塞尔型滤波器等。

按运放电路的构成分类,有源滤波器可分为:无限增益单反馈环型滤波器、无限增益多反馈环型滤波器、压控电源型滤波器、负阻变换器型滤波器、回转器型滤波器等。

本节仅分析无源滤波器,有源滤波器的相关知识将在《电路分析与电子技术基础——模拟电子技术基础部分》中展述。

6.6.2 无源滤波器

无源滤波器是由电容、电感和电阻等无源元件组成的滤波电路,以达到抑制某一次或多次谐波的作用。无源滤波装置的成本较低、经济、简便,因此获得广泛应用。

由 R、L、C 元件按不同方式组成的电路能起到滤波或选频的作用。根据频率特性所表示的通过或阻止信号频率范围的不同,无源滤波器可分为低通滤波器、高通滤波器、带通滤波器和带阻滤波器四种。

1. 无源低通滤波器电路

无源低通滤波器电路是滤掉输入信号的高频成分,使信号的低频成分通过的电路。如图 6.6.1 所示 RC 电路,取电压 $\dot{U}_1$ 为输入,电容电压 $\dot{U}_2$ 为输出,则网络函数为电压转换比

$$A_U(\mathrm{j}\omega)=\frac{\dot{U}_2(\mathrm{j}\omega)}{\dot{U}_1(\mathrm{j}\omega)}=\frac{\dfrac{1}{\mathrm{j}\omega C}}{R+\dfrac{1}{\mathrm{j}\omega C}}=\frac{1}{1+\mathrm{j}\omega RC}$$

$$=\frac{1}{\sqrt{1+\omega^2R^2C^2}}\angle -\arctan\omega RC$$

式中,幅值

$$|A_U(\omega)|=\frac{1}{\sqrt{1+\omega^2R^2C^2}}$$

相位

$$\varphi(\omega)=-\arctan\ \omega RC$$

$|A_U(\omega)|$与 $\varphi(\omega)$随 ω 变化的幅频特性和相频特性如图 6.6.2 所示。令 $\omega_C=\dfrac{1}{RC}$

则当 $\omega=\omega_C$ 时,$A_U=\dfrac{1}{\sqrt{2}}=0.707$,称 ω_C 为截止频率。

由图 6.6.2 可见,RC 电路在 $\omega=\omega_C$ 时,$|A_U(\omega)|=0.707$;当 $\omega<\omega_C$ 时,$|A_U(\omega)|$变化缓慢,幅值近似于 1;当 $\omega>\omega_C$ 时,$|A_U(\omega)|$幅值明显减小。这表明上述 RC 电路具有使低频信号较易通过而抑制高频信号的作用,因此称该电路为低通滤波电路,简称为低通滤波器。ω_C 称之为截止频率,即频率高于截止频率的输入信号不能通过该电路传送到输出端。

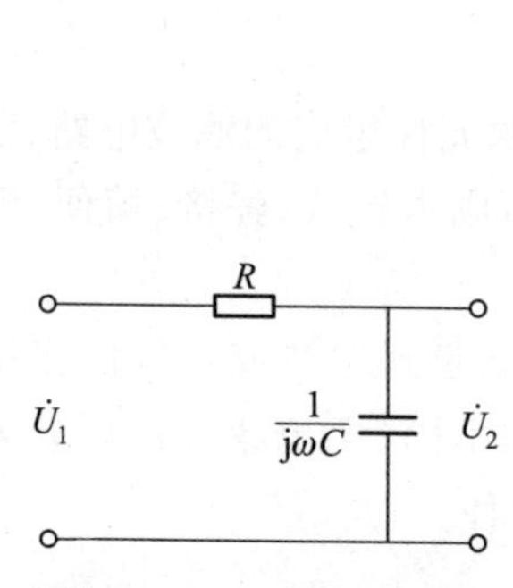

图 6.6.1　*RC* 低通滤波器

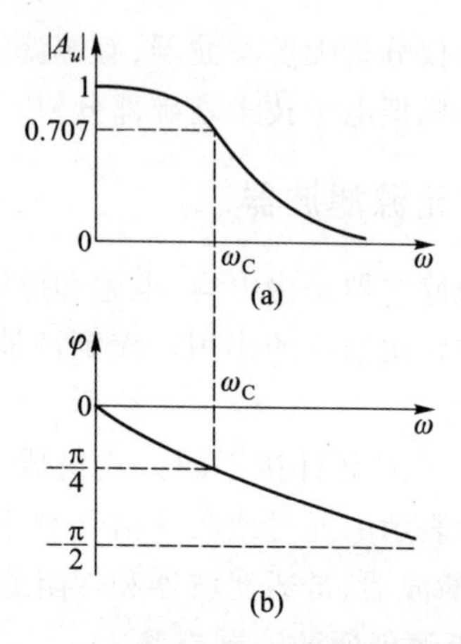

图 6.6.2　*RC* 低通滤波器的频率特性

2. 无源高通滤波器电路

无源高通滤波器电路是滤掉输入信号的低频成分，使信号的高频成分通过的电路。如图 6.6.3 所示 *RC* 电路，取电压 $\dot{U}_1$ 为输入信号，电阻电压 $\dot{U}_2$ 为输出信号，则网络函数为

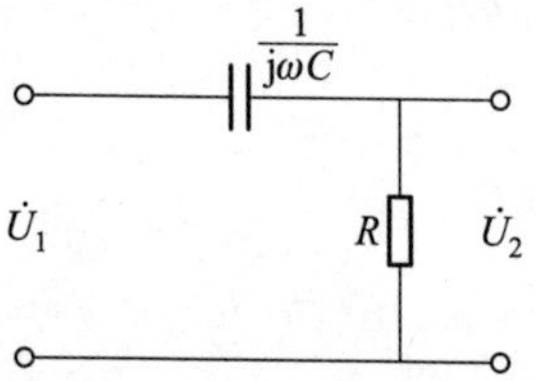

图 6.6.3　*RC* 高通滤波器

$$A_U(\mathrm{j}\omega)=\frac{\dot{U}_2(\mathrm{j}\omega)}{\dot{U}_1(\mathrm{j}\omega)}=\frac{R}{R+\frac{1}{\mathrm{j}\omega C}}=\frac{1}{1+\frac{1}{\mathrm{j}\omega RC}}$$

$$=\frac{1}{1-\mathrm{j}\frac{\omega_C}{\omega}}=\frac{1}{\sqrt{1+\left(\frac{\omega_C}{\omega}\right)^2}}\angle -\arctan\frac{\omega_C}{\omega}$$

式中，$\omega_C=\frac{1}{RC}$。

幅值 $|A_U(\omega)|=\frac{U_2}{U_1}=\frac{1}{\sqrt{1+\left(\frac{\omega_C}{\omega}\right)^2}}$

相位　　$\varphi(\omega)=-\arctan\frac{\omega_C}{\omega}$

$|A_U(\omega)|$ 与 $\varphi(\omega)$ 随 ω 变化的幅频特性和相频特性如图 6.6.4 所示。

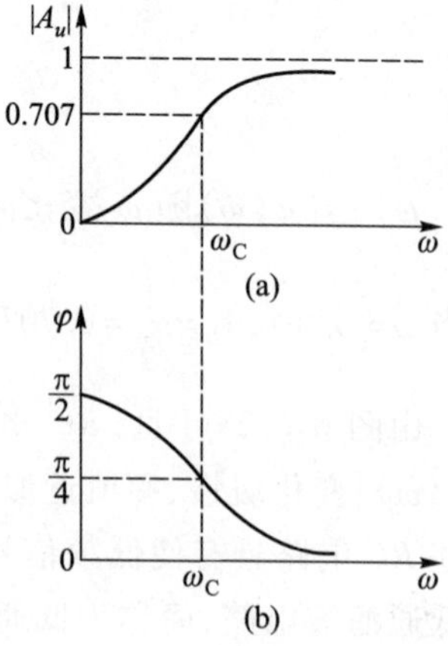

图 6.6.4　*RC* 高通滤波器的频率特性

由图 6.6.4 可见，*RC* 电路在 $\omega=\omega_C$ 时，$|A_U(\omega)|=0.707$；当 $\omega>\omega_C$ 时，$|A_U(\omega)|$ 变化缓慢，幅值近似于 1；当 $\omega<\omega_C$ 时，$|A_U(\omega)|$ 幅

值减小明显。这表明上述 *RC* 电路具有使高频信号较易通过而抑制低频信号的作用，因此称该电路为高通滤波电路，简称为高通滤波器。ω_C 称之为截止频率，即频率低于截止频率的输入信号不能通过该电路传送到输出端。

3. 无源带通滤波器电路

无源带通滤波器电路是滤掉输入信号的高频、低频成分，使信号的中间频率成分通过的电路。如图 6.6.5所示电路，取电压 $\dot{U}_1$ 为输入信号，电压 $\dot{U}_2$ 为输出信号，则网络函数为

$$A_U(\mathrm{j}\omega)=\frac{\dot{U}_2(\mathrm{j}\omega)}{\dot{U}_1(\mathrm{j}\omega)}=\frac{\dfrac{R/(\mathrm{j}\omega C)}{R+1/(\mathrm{j}\omega C)}}{R+1/(\mathrm{j}\omega C)+\dfrac{R/(\mathrm{j}\omega C)}{R+1/(\mathrm{j}\omega C)}}=\frac{1}{3+\mathrm{j}\left(\omega RC-\dfrac{1}{\omega RC}\right)}$$

$$=\frac{1}{3+\mathrm{j}\left(\dfrac{\omega}{\omega_0}-\dfrac{\omega_0}{\omega}\right)}=\frac{1}{\sqrt{3^2+\left(\dfrac{\omega}{\omega_0}-\dfrac{\omega_0}{\omega}\right)^2}}\angle -\arctan\left(\frac{\dfrac{\omega}{\omega_0}-\dfrac{\omega_0}{\omega}}{3}\right)$$

式中，$\omega_0=\dfrac{1}{RC}$称为中心角频率。

幅值
$$|A_U(\omega)|=\frac{U_2}{U_1}=\frac{1}{\sqrt{3^2+\left(\dfrac{\omega}{\omega_0}-\dfrac{\omega_0}{\omega}\right)^2}}$$

相位
$$\varphi(\omega)=-\arctan\left(\frac{\dfrac{\omega}{\omega_0}-\dfrac{\omega_0}{\omega}}{3}\right)$$

$|A_U(\omega)|$与 $\varphi(\omega)$随 ω 变化的幅频特性和相频特性如图 6.6.6 所示。

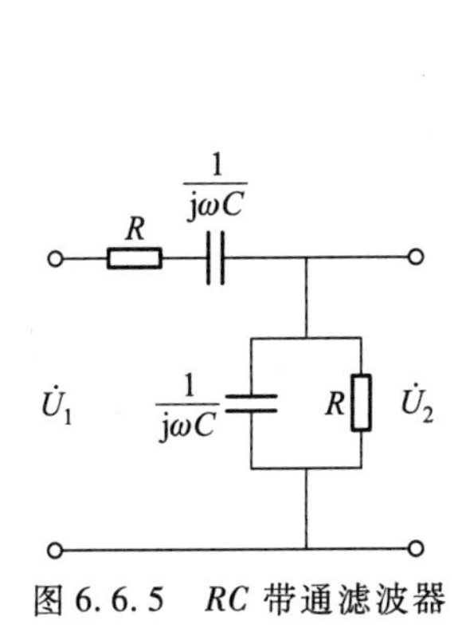

图 6.6.5 *RC* 带通滤波器

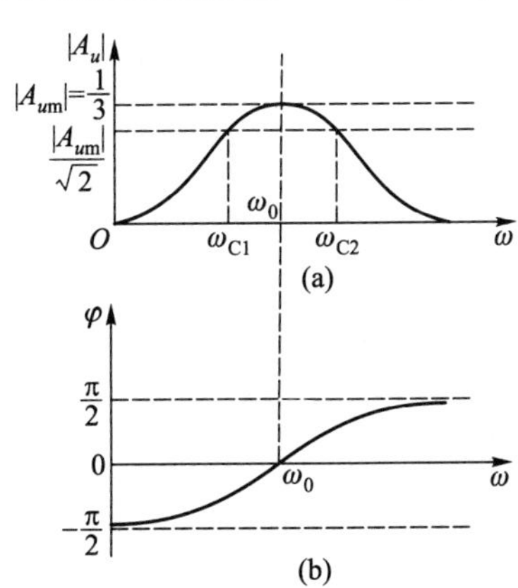

图 6.6.6 *RC* 带通滤波器的频率特性

由图 6.6.6 可见，电路在 $\omega=\omega_0$ 时，$|A_U(\omega)|=\frac{1}{3}$为最大值，而 $\varphi(\omega)=0$ 表明这时的输出电压和输入电压同相；频率大于或小于 ω_0 时，$|A_U(\omega)|$幅值均下降，当下降到最大值 0.707 倍时的低、高端频率 ω_{C1} 和 ω_{C2} 分别称为低端截止频率和高端截止频率。它们之间的差值即是通频带，即 $\Delta\omega=\omega_{C2}-\omega_{C1}$。

与高、低通滤波器不同，该电路只允许中间频带的信号通过，因此，称之为带通滤波器，它可作为电子技术中 RC 振荡器的选频电路。

4. 无源带阻滤波器电路

带阻滤波器是专门抑制或衰减某一频段的信号，而让该频段以外的所有信号通过的电路，与带通滤波器的概念相对。

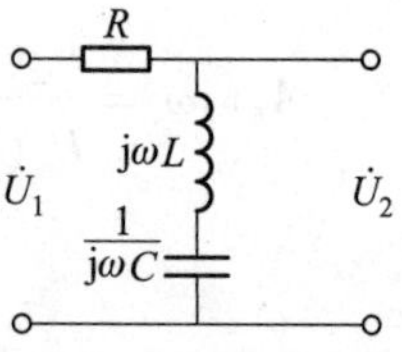

R　$\mathrm{j}\omega L$　$\dot{U}_1$　$\frac{1}{\mathrm{j}\omega C}$　$\dot{U}_2$

图 6.6.7 RLC 带阻滤波器

如图 6.6.7 所示电路，是由简单的 RLC 串联电路构成的带阻滤波电路，取电压 $\dot{U}_1$ 为输入信号，电容与电感的电压和 $\dot{U}_2$ 作为输出信号，则网络函数为

$$A_U(\mathrm{j}\omega)=\frac{\dot{U}_2(\mathrm{j}\omega)}{\dot{U}_1(\mathrm{j}\omega)}=\frac{\mathrm{j}[\omega L-1/(\omega C)]}{R+\mathrm{j}[\omega L-1/(\omega C)]}$$

$$=\frac{\omega L-1/(\omega C)}{\sqrt{R^2+[\omega L-1/(\omega C)]^2}}\angle \arctan\left[\frac{R}{\omega L-1/(\omega C)}\right]$$

式中，$\omega_0=\frac{1}{\sqrt{LC}}$称为中心角频率。

$$\text{幅值}\quad |A_U(\mathrm{j}\omega)|=\frac{U_2}{U_1}=\frac{\omega L-1/(\omega C)}{\sqrt{R^2+[\omega L-1/(\omega C)]^2}}=\frac{Q\left(\frac{\omega}{\omega_0}-\frac{\omega_0}{\omega}\right)}{\sqrt{1+Q^2\left(\frac{\omega}{\omega_0}-\frac{\omega_0}{\omega}\right)^2}}$$

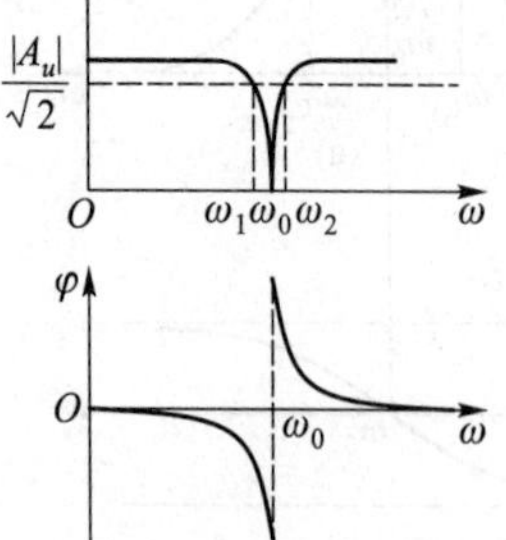

图 6.6.8 带阻滤波器的频率特性

$$\text{相位}\ \varphi(\omega)=\arctan\left(\frac{1}{Q\left(\frac{\omega}{\omega_0}-\frac{\omega_0}{\omega}\right)}\right)$$

式中，$Q=\frac{\omega_0 L}{R}$称为品质因数。

$|A_U(\omega)|$与 $\varphi(\omega)$随 ω 变化的幅频特性和相频特性如图 6.6.8 所示。

由图 6.6.8 可见，电路在 $\omega=\omega_0$ 时，$|A_U(\omega)|=0$ 为最小值，而$\varphi(\omega)=0$ 表明这时

的输出电压和输入电压同相；频率大于或小于 ω_0 时，$|A_U(\omega)|$幅值均上升，当上升到最大值 0.707 倍时的低、高端频率 ω_1 和 ω_2 分别称为带阻滤波器的下限频率和带阻滤波器的上限频率（$\omega_2>\omega_1$）。它们之间的差值即是抑制带宽（阻带），即 $\Delta\omega=\omega_2-\omega_1$，品质因数 $Q=\dfrac{\omega_0}{\Delta\omega}$。通过幅频特性，可以发现这个电路对中心频率 ω_0 及附近频率的信号有衰减和抑制作用。

图 6.6.9 *RLC* 串联电路

下面利用 Multisim 软件，通过 *RLC* 串联电路来考察电路参数 R 对频率特性的影响。图 6.6.9 中 $R_1=1\sim10\ \text{k}\Omega$，变化步长为 1 kΩ。分别以电容电压、电感电压、电阻电压以及 *LC* 上的总电压为输出，电源 u_S 为输入，基于 Multisim 参数扫描分析获得幅频和相频特性与 R 的关系曲线如图 6.6.10～图 6.6.13 所示。

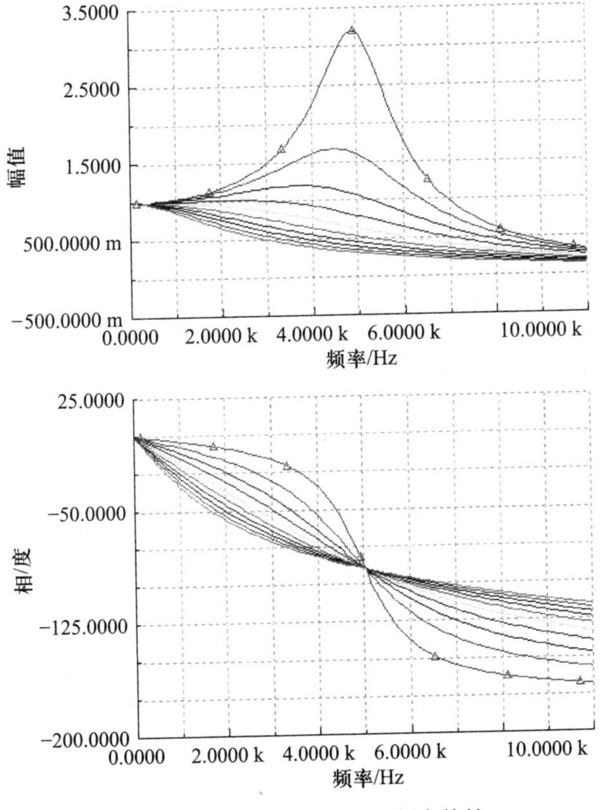

图 6.6.10 $U_C(\omega)/U_S(\omega)$频率特性

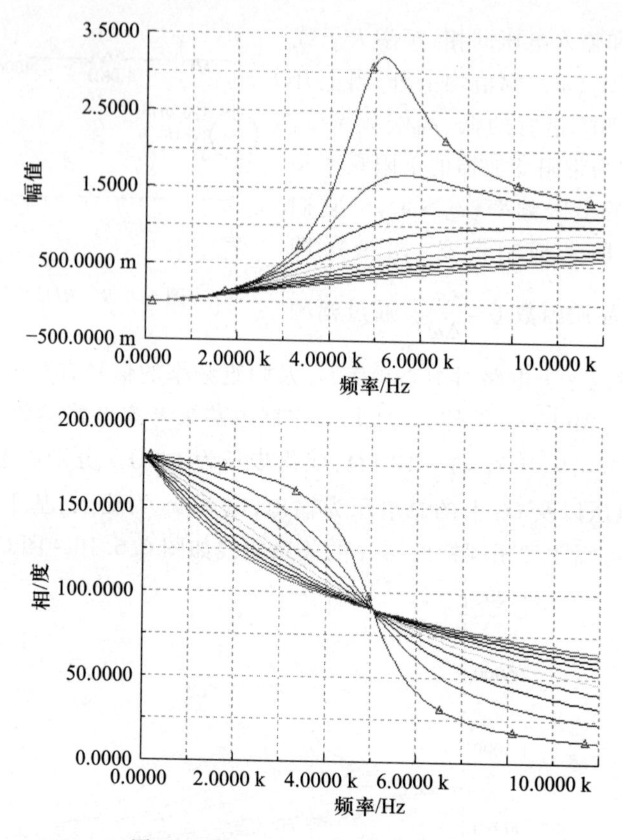

图 6.6.11　$U_L(\omega)/U_S(\omega)$频率特性

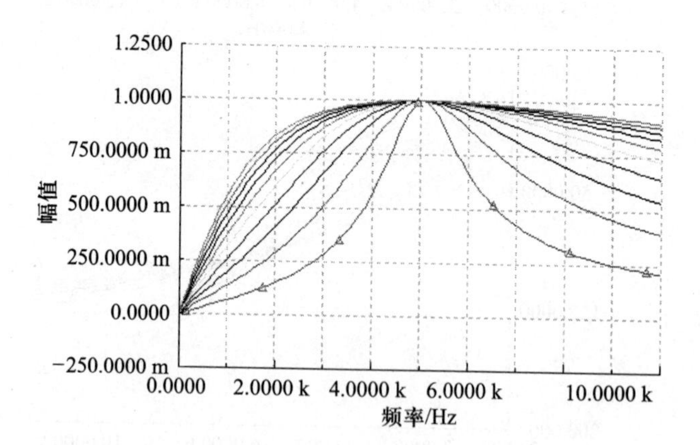

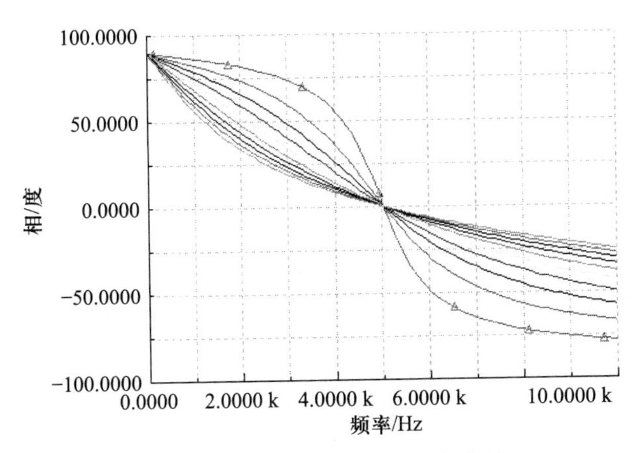

图 6.6.12 $U_R(\omega)/U_S(\omega)$频率特性

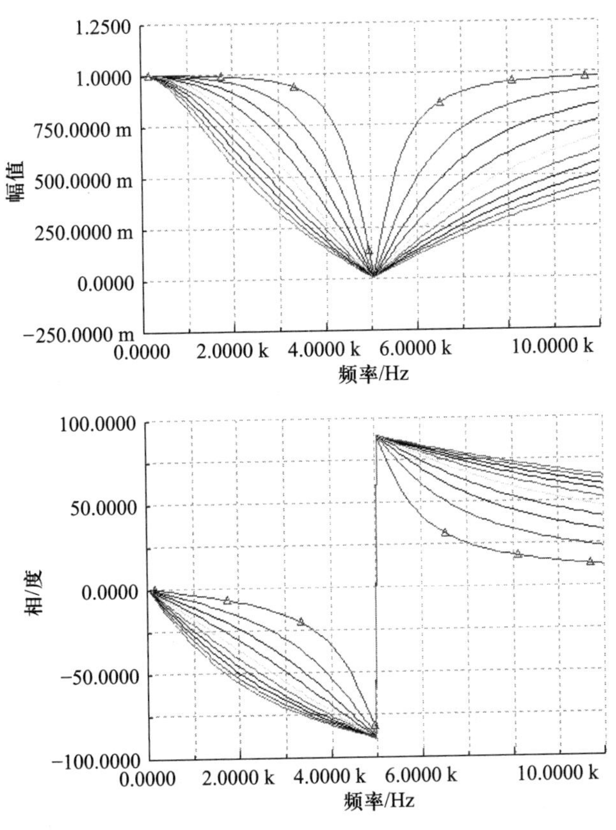

图 6.6.13 $U_{LC}(\omega)/U_S(\omega)$频率特性

若以电容电压为输出，则转移电压比为$\dfrac{\dot{U}_C}{\dot{U}_S}=\dfrac{\dfrac{1}{\mathrm{j}\omega C}}{R+\mathrm{j}\left(\omega L-\dfrac{1}{\omega C}\right)}$。谐振频率处，其幅值为$\dfrac{1}{R\omega_0 C}=Q$，输出与输入的相位移为$-90°$。幅频特性具有高通的特性，如图6.6.10所示。

根据声学研究，如信号功率不低于原有最大值一半，人的听觉辨别不出，这是定义通频带的实践依据，由此可得截止频率的定义为幅值降为其最大值的$\dfrac{1}{\sqrt{2}}$所对应的频率。也就是

$$\left|\frac{\dot{U}_C}{\dot{U}_S}\right|=\frac{\dfrac{1}{\omega C}}{\sqrt{R^2+\left(\omega L-\dfrac{1}{\omega C}\right)^2}}=\frac{1}{\sqrt{2}}$$

解得截止频率为

$$\omega_C=\sqrt{\frac{1}{LC}+\left(\frac{R}{2L}\right)^2}+\frac{R}{2L}$$

频率特性取得极值的频率为$\omega_{Cm}=\omega_0\sqrt{1-\dfrac{1}{2Q^2}}<\omega_0$，这就是说，当$Q<1/\sqrt{2}$，频率特性单调增加，当$Q>1/\sqrt{2}$，频率特性有极值，$\dfrac{U_C(\omega_{Cm})}{U_S}=\dfrac{Q}{\sqrt{1-\dfrac{1}{4Q^2}}}>Q$，这一现象称为峰化。

以电感电压为输出，转移电压比为$\dfrac{\dot{U}_L}{\dot{U}_S}=\dfrac{\mathrm{j}\omega L}{R+\mathrm{j}\left(\omega L-\dfrac{1}{\omega C}\right)}$，谐振频率处，幅值为$\dfrac{\omega_0 L}{R}=Q$，输出与输入的相位移为$90°$。幅频特性具有带阻的特性，如图6.6.11所示。当$Q>1/\sqrt{2}$，频率特性有极值

$$\omega_{Lm}=\omega_0\sqrt{\frac{2Q^2}{2Q^2-1}}>\omega_0,\quad U_L(\omega_{Lm})=U_C(\omega_{Cm})=\frac{QU}{\sqrt{1-\dfrac{1}{4Q^2}}}>QU$$

且有，$\omega_{Lm}\cdot\omega_{Cm}=\omega_0$，$Q$越高$\omega_{Lm}$和$\omega_{Cm}$越靠近$\omega_0$。

若以电阻电压为输出，$\dfrac{\dot{U}_R}{\dot{U}_S}=\dfrac{R}{R+\mathrm{j}\left(\omega L-\dfrac{1}{\omega C}\right)}$，在谐振频率处幅值最大为 1，输出与输入的相位移为 0°。按照截止频率的定义，有

$$\left|\frac{\dot{U}_R}{\dot{U}_S}\right|=\frac{R}{\sqrt{R^2+\left(\omega L-\dfrac{1}{\omega C}\right)^2}}=\frac{1}{\sqrt{2}}$$

则 $\omega_{C1,C2}=\sqrt{1+\dfrac{1}{4Q^2}}\pm\dfrac{1}{2Q}$，其中 $Q=\dfrac{\omega_0 L}{R}$，幅频特性具有带通的特性。通频带宽为 $\Delta\omega=\omega_{C2}-\omega_{C1}=\dfrac{\omega_0}{Q}=\dfrac{R}{L}$。从图 6.6.12 中可见，随着 R 的减少，通带宽度减少。

若以电感和电容上的总电压为输出，$\dfrac{\dot{U}_{LC}}{\dot{U}_S}=\dfrac{\mathrm{j}\left(\omega L-\dfrac{1}{\omega C}\right)}{R+\mathrm{j}\left(\omega L-\dfrac{1}{\omega C}\right)}$，谐振频率处幅值为 0。幅频特性具有带阻的特性，如图 6.6.13 所示。

6.7 应用示例

6.7.1 整流滤波电路

滤波电路可用于滤去整流输出电路中的纹波，在实际使用中，一般与负载串联电感 L 或在负载两端并联电容 C，以及连接由电容、电感组合成的各种滤波电路。

直流设备的正常工作离不开稳定的直流电源。在实际应用中，除了在某些特定场合采用太阳能电池或化学电池作电源外，多数电路的直流电是由电网的交流电转换来的。通常直流电源的结构以及各处的输出波形如图 6.7.1 所示。

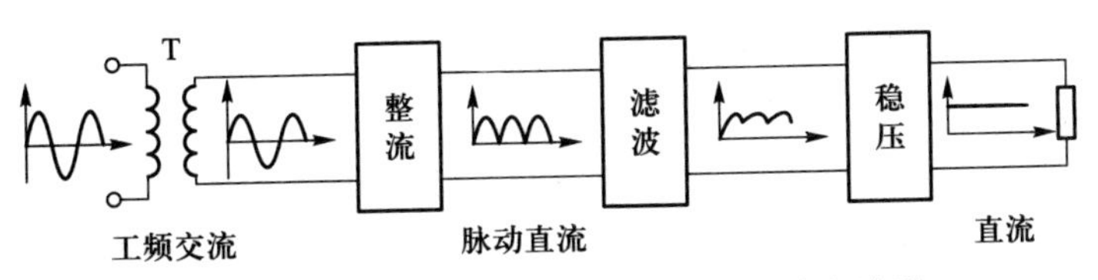

图 6.7.1 直流电源的组成结构及各处输出波形

图6.7.1中各组成部分的功能如下。

(1) 电源变压器:将220 V或380 V的电网工频交流电压变换成符合需要的工频交流电压。

(2) 整流电路:利用元件的单向导电性能,把大小和方向都变化的交流电变换为方向不变、大小有脉动的直流电。该整流电路可采用不同的电路结构,这将会在专业课中具体学习。

(3) 滤波电路:把电容 C(或电感 L)与负载 R 并联(或串联),利用储能元件电容 C 两端的电压(或通过电感 L 的电流)不能突变的性质,可以滤除整流电路输出中的部分交流成分,从而得到比较平滑的直流电。

(4) 稳压电路:稳压电路的作用是使整流滤波后的直流电压基本上不随交流电网电压和负载的变化而变化。

此处仅讨论滤波电路,其余部分将会在今后的专业课中深入学习。

将图6.7.1所示整流电路用典型的二极管桥式整流电路实现,如图6.7.2(a)所示。接入电源后,在 u_2 正半周时,二极管 D_1、负载 R_L、二极管 D_3 构成回路,电源向负载供电;当在 u_2 的负半周时,二极管 D_2、负载 R_L、二极管 D_4 构成回路,电源仍向负载供电,输出 u_O 方向保持不变,输出波形如图6.7.2(b)所示。脉动电压 u_O 包含直流分量和交流分量,为非正弦周期信号,将其作傅里叶级数分解,结果为式(6.7.1)

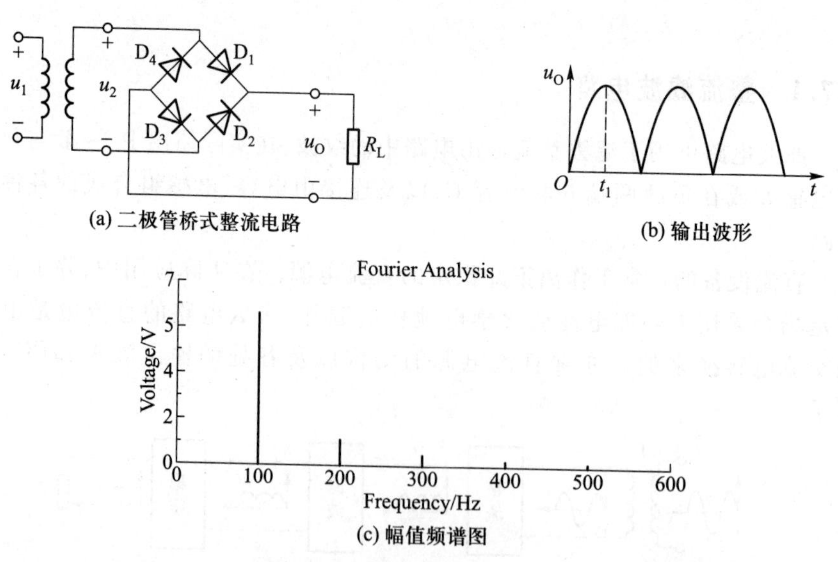

图6.7.2　二极管桥式整流电路、输出波形及幅值频谱图

$$u_O=\sqrt{2}U_2\left(\frac{2}{\pi}-\frac{4}{3\pi}\cos 2\omega t-\frac{4}{15\pi}\cos 4\omega t+\cdots\right) \tag{6.7.1}$$

可见,该波形中含有偶次谐波分量,并且二次谐波幅值最大,利用电路仿真软件 Multisim 中的 Fourier Analysis 对图 6.7.2(b)波形作傅里叶级数分析,可得到其幅值频谱图如图 6.7.2(c)所示,与理论计算式(6.7.1)基本一致。

当加入电容滤波电路后,其滤波电路、输出波形及幅值频谱如图 6.7.3 所示。

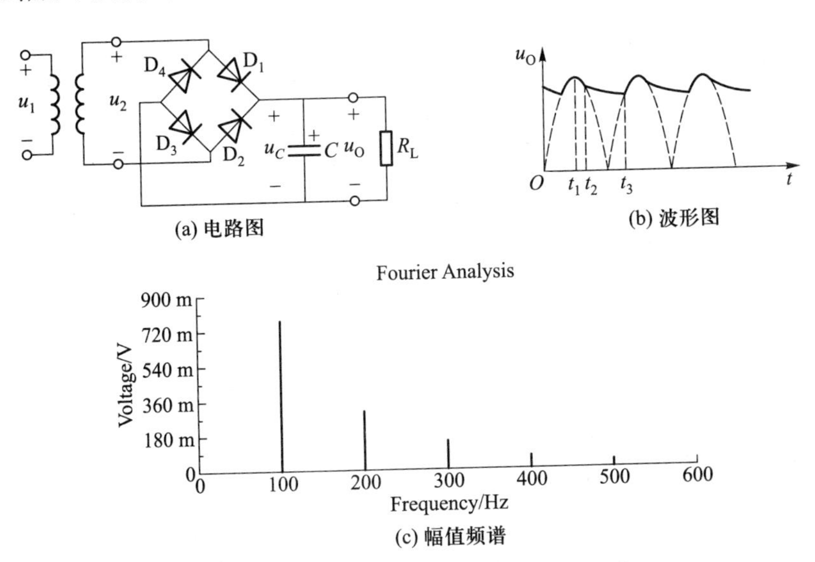

图 6.7.3 滤波电路、输出波形及幅值频谱

电容滤波的工作原理分析如下:如图 6.7.3(a)所示,接通交流电源后,二极管导通,整流电源向电容充电,并向负载供电,输出电压的波形是正弦形。在 t_1 时刻,即达到 $u_2$90°峰值时,u_2 开始以正弦规律下降,此时二极管是否关断取决于二极管承受的是正向电压还是反向电压。先设此时二极管关断,那么滤波电容以指数规律向负载放电,从而维持一定的负载电流。但是 90°后指数规律下降的速率快,而正弦波下降的速率小,所以超过 90°以后有一段时间二极管仍然承受正向电压,二极管导通。随着 u_2 的下降,正弦波的下降速率越来越快,u_C 的下降速率越来越慢,所以在超过 90°后的某一点,如图 6.7.3(b)中的 t_2 时刻,二极管开始承受反向电压,二极管关断,电容器 C 向负载 R_L 提供电流,直至下一个半周的正弦波到来。此后 u_2 再次超过 u_C,如图 6.7.3(b)中的 t_3 时刻,二极管重又导电。因此经过电容滤波后的输出波形如图 6.7.3(b)实线所示,将其进行傅里叶级数分析,得到的幅值频谱图如图 6.7.3(c)所示。比较图 6.7.3(b)实线和图 6.7.2(b),图 6.7.3(c)和图 6.7.2(c)可以看出,经过电容滤波后的输出电

压波形更加平稳，谐波分量大幅减小。

电容滤波一般负载电流较小，输出电压波形的放电段比较平缓，纹波较小，输出脉动小，输出平均电压大，具有较好的滤波特性。

同理，利用储能元件电感 L 的电流不能突变的特点，在整流电路的负载回路中串联一个电感，使输出电流波形较为平滑。因为电感对直流的阻抗小，交流的阻抗大，因此能够得到较好的滤波效果而直流损失小。但是对于交流分量，在 ωL 和 R_L 上分压后，很大一部分交流分量降落在电感上，因而降低了输出电压中的脉动成分。电感 L 越大，R_L 越小，则滤波效果越好，所以电感滤波适用于负载电流比较大且变化比较大的场合。

根据应用场合不同，LC 组成的复合滤波器也可以作为无源滤波器应用到电路中。

6.7.2　谐波的危害和抑制

谐波的存在对电网和电器设备带来严重的影响和危害。谐波使电能的生产、传输和利用的效率降低，使电气设备过热、产生谐振和噪声，并使绝缘老化，使用寿命缩短，甚至发生故障或烧毁。谐波可引起电力系统局部并联谐振和串联谐振，使谐波含量放大，造成电容器等设备烧毁。谐波还会引起继电保护和自动装置误动作，使电能计量出现混乱。对于电力系统外部，谐波对通信设备和电子设备也会产生严重干扰。

电力系统谐波的主要来源之一是电网中的电力电子设备，在这些设备中，各种整流装置所占的比例最大。而目前常用的整流装置大多采用二极管不控整流电路或晶闸管相控整流电路，它们对电网注入大量谐波及无功功率，网侧电流波形畸变严重，谐波含量高，造成严重的电网“污染”。随着这类非线性负载容量的增大和应用的不断普及，电力电子装置的谐波污染问题成为电气工程领域关注的焦点问题之一。不少国家和国际学术组织都制定了限制电力系统谐波和用电设备谐波的标准和规定，其中较有影响的是 IEEE 519－1992 和 IEC 555－2。我国也先后于 1984 年和 1993 年分别制定了限制谐波的规定和国家标准。当电力系统的谐波含量超过此标准，就必须采取措施进行抑制。

针对电网的谐波抑制，国内外专家进行了大量的研究。装设无源滤波器是谐波补偿的传统方法。这种方法既可补偿谐波，又可补偿无功功率，而且结构简单，可靠性高、维护方便，因此得到了广泛的应用，但这种方法只能补偿固定频率的谐波，且其补偿特性受电网阻抗和运行状态影响，易和系统产生并联谐振，使滤波器过载甚至烧毁。尽管如此，LC 滤波器当前仍然是补偿谐波的最主要的手段。

采用有源电力滤波器(active power filter,APF)是谐波抑制的一个重要趋势。有源电力滤波器相当于一个谐波发生器,用于产生和电网谐波大小相等、方向相反的谐波以抵消电网中的谐波。APF 可以对幅值和频率都变化的谐波进行动态补偿,使得电网电流只含基波分量,能够跟踪基波的变化,其补偿效果不受电网阻抗的影响,因而受到广泛重视。

在电力系统中,大多数网络元件和负载都是感性的,如异步电动机、变压器、电抗器、电力系统架空线等。感性负载必须吸收无功功率才能正常工作。电力电子装置本身也会产生大量无功功率,如变频调速装置、电流型感应加热电源、大功率整流电源等。随着电力电子装置的广泛应用,无功功率的影响日益突出。无功功率的增加导致电流和视在功率的增大,使发电机、变压器、输电线路及其他电器设备的容量和损耗增加;另外,无功功率的增加还会导致线路及变压器的压降增加,如果是冲击性无功功率负载如大功率电机启动、中频感应加热电源等,则会引起电网电压波动,严重影响电网供电质量。2002 年的美国加州大停电,正是由于电网的无功功率的影响造成的,这个问题目前为更多的国家所重视。

对无功功率,目前还未获得公认的定义。无功功率补偿通常包含基波无功补偿和谐波无功补偿,后者实际上就是谐波补偿。在通常情况下,无功功率补偿是对基波无功功率进行补偿。

早期无功补偿装置的典型代表是同步调相机,后来发展为静止无功补偿装置(static var compensator,SVC)和静止无功发生器(advanced static var generator,SVG)。20 世纪 90 年代后期,美国电力研究院提出了统一潮流控制器(UPFC)。实际上,SVC、SVG 和 UPFC 都是柔性交流输电系统(FACTS)中的元件,也是一种电力电子装置,FACTS 是电力电子技术在电力系统中的一个主流应用之一。

对于作为主要谐波源的电力电子装置来说,谐波抑制和无功补偿都是被动的方法。积极的方法应该是开发新型变流器或对传统变流器进行改进,使其不产生谐波,功率因数为 1 或可调。这种变流器被称为单位功率因数变流器,高功率因数变流器可近似看成单位功率因数变流器。这是当今电力电子技术中最具基础和前景的技术之一。

习题

6.1 将题图 6.1 所示波形展开为傅里叶级数,并作振幅频谱和相位频谱图。

6.2 已知某一信号的频谱图如题图 6.2 所示,试写出此信号的傅里叶级数表达式。

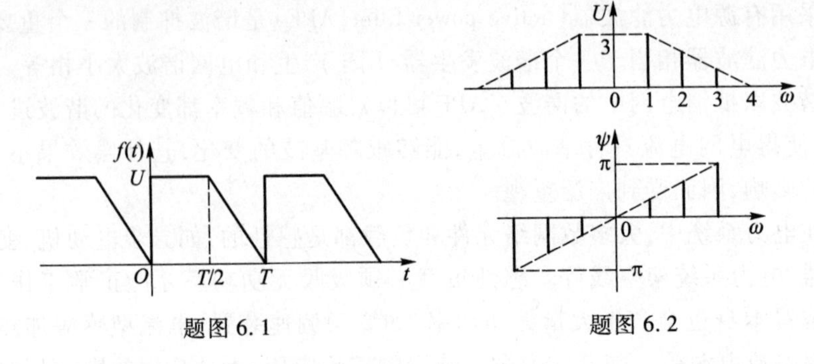

题图 6.1　　　　题图 6.2

6.3　题图 6.3 所示为全波整流信号，其幅值为 U，周期为 T，试求该信号的指数形式傅里叶级数，并作振幅频谱和相位频谱图。

6.4　电路如题图 6.4 所示，已知 $R=20\ \Omega, \omega L=\dfrac{1}{\omega C}=10\ \Omega, u(t)=[10+\sqrt{2}\times100\sin\omega t+\sqrt{2}\times40\sin(3\omega t+30^\circ)]\ \mathrm{V}$，求 $i(t)$ 及功率表读数。

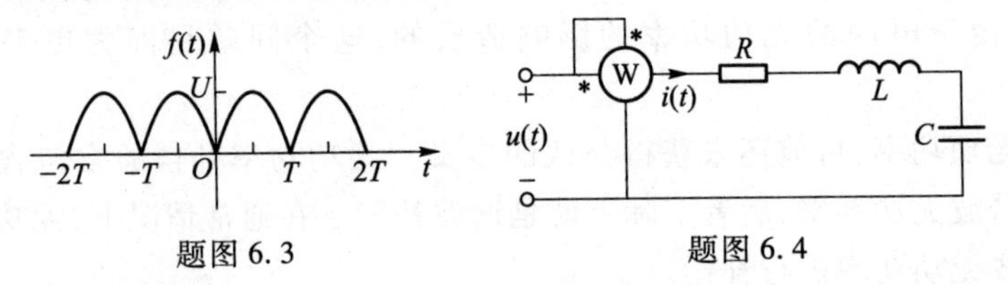

题图 6.3　　　　题图 6.4

6.5　电路如题图 6.5 所示，已知 $u(t)=[5+\sqrt{2}\times40\sin(\omega t+30^\circ)+\sqrt{2}\times30\sin(3\omega t-20^\circ)]\ \mathrm{V}$，$i(t)=[1+\sqrt{2}\times5\sin(\omega t-30^\circ)+\sqrt{2}\times3\sin(3\omega t+10^\circ)]\ \mathrm{A}$，求 I、U 及功率 P。

6.6　电路如题图 6.6 所示，已知 $R=10\ \Omega, \omega L=5\ \Omega, \dfrac{1}{\omega C}=10\ \Omega, u(t)=[150+200\sin\omega t+100\sin(2\omega t+90^\circ)]\ \mathrm{V}$，求 $i_R(t)$。

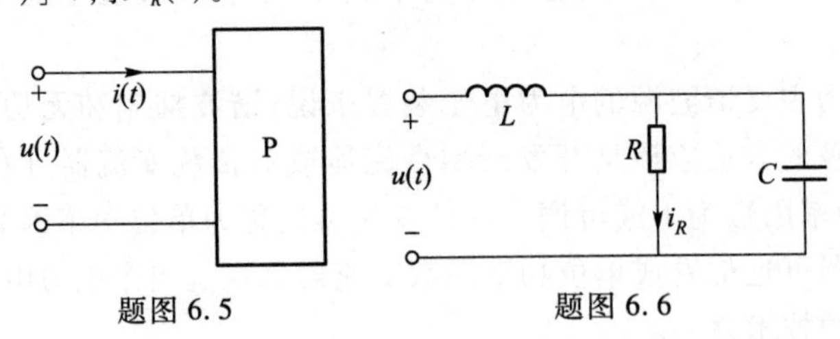

题图 6.5　　　　题图 6.6

6.7　电路如题图 6.7 所示，已知 $R=\omega L_2=\dfrac{1}{\omega C}=100\ \Omega, \omega L_1=\dfrac{25}{2}\ \Omega, u(t)=[40+30\sin\omega t+70\sin(3\omega t+45^\circ)]\ \mathrm{V}$，求 i 及 u_C。

6.8　题图 6.8 所示电路，已知：$u_s(t)=30\sqrt{2}\sin\omega t\ \mathrm{V}, i_s(t)=3\sqrt{2}\sin(2\omega t+45^\circ)\ \mathrm{A}$，且 $\gamma=30\ \Omega, R=10\ \Omega, \omega L=1/(\omega C)=20\ \Omega$。求 i_L、i_C、i_R 和电压源电流源的平均功率。

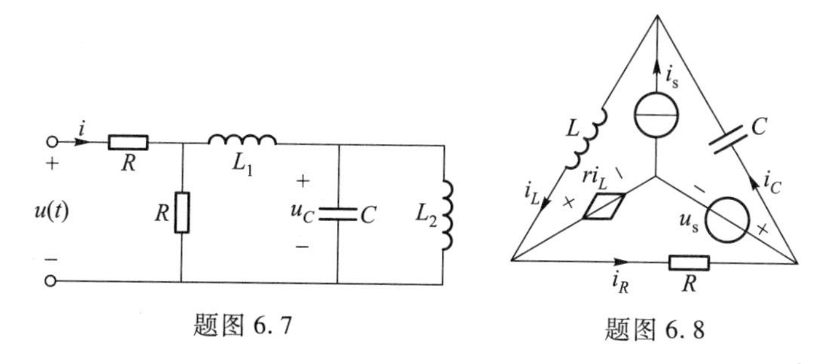

题图 6.7　　　　题图 6.8

6.9　题图 6.9 所示电路，已知 $u_1=\sqrt{2}\times220\sin 314t$ V，$R=100\ \Omega$，$L_1=50$ mH，$L_2=100$ mH，$C=50\ \mu$F，$U_2=100$ V，求各支路电流及两个电压源输出功率。

6.10　题图 6.10 所示电路，已知 $R_1=R_2=10\ \Omega$，$\omega L_1=\dfrac{1}{\omega C}=10\ \Omega$，$\omega L_2=20\ \Omega$，　$\omega M=5\ \Omega$，$u_s=100\sin\omega t$，$I_S=1$ A，，求两只功率表读数值。

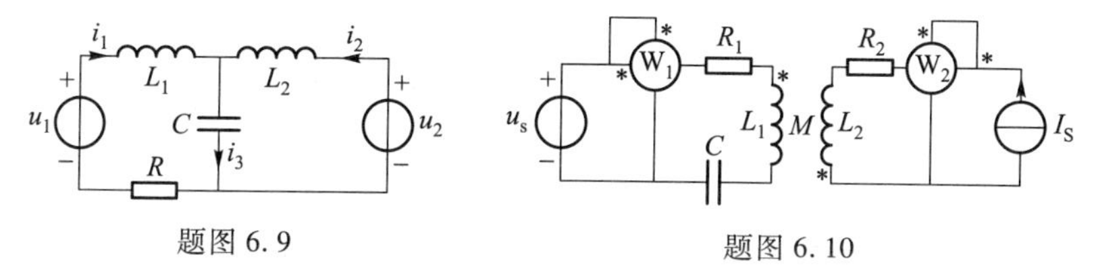

题图 6.9　　　　题图 6.10

6.11　题图 6.11 所示电路，已知 $C=0.25$ F，功率表读数为 40 W，$u_S=[10+20\sqrt{2}\sin(2t)+10\sqrt{2}\sin(4t)]$ V，且当 u_S 为 $\omega=2$rad/s 的正弦电压时，$U_{CD}=U_R=0.5U_S$，当 u_S 为 $\omega=4$rad/s 的正弦电压时，$U_{CD}=0$ V，求 L_1，L_2，R。

6.12　题图 6.12 所示电路，已知 $R_1=R_2=100\ \Omega$，$\omega_1 L=\dfrac{1}{\omega_1 C}=100\ \Omega$，$i_L(t)$ 中直流分量 $I_0=1$ A，基波分量 $I_{L1}=1$ A，三次谐波分量 $I_{L3}=\dfrac{1}{2}$ A，求外施电压 $u(t)$ 的有效值。

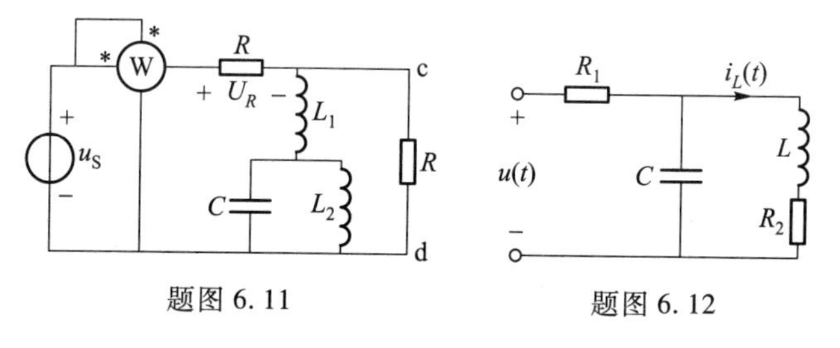

题图 6.11　　　　题图 6.12

6.13　求信号 $u(t)=[\mathrm{e}^{-t}\sin 10\times2\pi t]\cdot 1(t)$ 的连续频谱函数(傅里叶变换式)。

6.14　电压脉冲信号如题图 6.14 所示，求该信号的连续频谱函数。

6.15　题图 6.15 所示电路，已知 $C=10^{-4}$ F，$u(t)=(\sqrt{2}U_1\sin 1\ 000t+\sqrt{2}U_3\sin 3\ 000t)$ V，测得 $u_R(t)=\sqrt{2}U_3\sin 3\ 000t$ V，试求 L_1、L_2 的值。

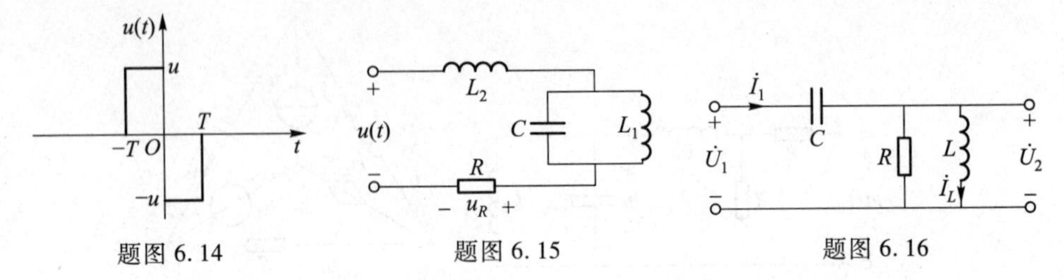

题图 6.14　　题图 6.15　　题图 6.16

6.16　对称三相四线制 Y–Y 接法的非正弦电路中，已知相电压为 $u_A=[10\sqrt{2}\sin(\omega t+30°)+5\sqrt{2}\sin(3\omega t+60°)+3\sqrt{2}\sin(5\omega t+45°)]$ V，相负载为电阻 $R=20\ \Omega$，中线阻抗为 $Z_N=10\ \Omega$。分别求线电压、线电流和中线电流的有效值。

6.17　上题中，将中线断开，其他条件不变，求相负载吸收的功率。

6.18　对称三相Δ–Δ接法的非正弦电路中，相电势仍为 $u_A=[10\sqrt{2}\sin(\omega t+30°)+5\sqrt{2}\sin(3\omega t+60°)+3\sqrt{2}\sin(5\omega t+45°)]$ V，相电势的内阻抗为 1 Ω，负载阻抗为 20 Ω，求负载相电流。

6.19　对称三相电路，如题图 6.19 所示，已知相电压为 $u_A=(220\sqrt{2}\sin\omega t+30\sqrt{2}\sin 3\omega t)$ V，负载Y 接，每相由 R、L 组成，$R=20\ \Omega$，$\omega L=40\ \Omega$，求线电流、开关在位置 1 和 2 的功率表读数，并求负载消耗的总功率。

6.20　对称三相四线制，Y 接电势含有基波和三次谐波，Y 接负载为纯电阻，已知中线电阻为 $R_N=4\ \Omega$，中线电流 9 A，线电压为 380 V，三相电路总功率为 6 966 W，求负载电阻。

6.21　电路如题图 6.21 所示，试求下列各频率特性：

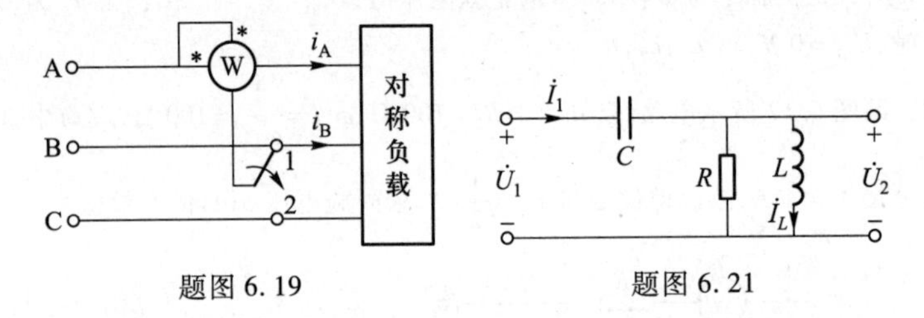

题图 6.19　　题图 6.21

（1）转移电压比 $H(\mathrm{j}\omega)=\dfrac{\dot{U}_2}{\dot{U}_1}$；（2）转移电流比 $N(\mathrm{j}\omega)=\dfrac{\dot{I}_L}{\dot{I}_1}$；（3）入端阻抗 $Z(\mathrm{j}\omega)=\dfrac{\dot{U}_1}{\dot{I}_1}$。

6.22　试写出题图 6.22 所示电路的传递函数，并说明他们的滤波性能。

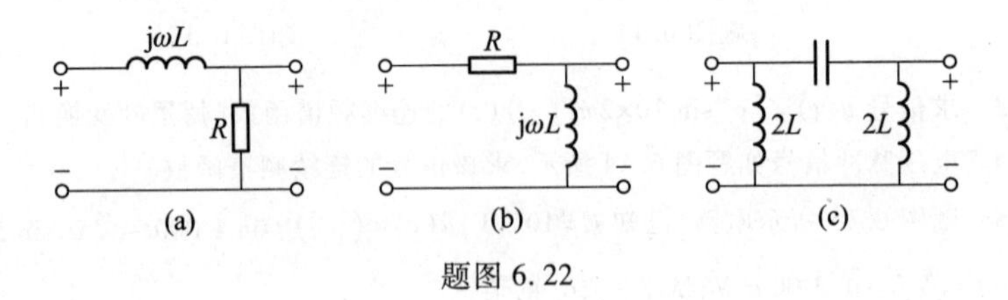

题图 6.22

第7章 线性动态电路的暂态分析

本章针对含有储能元件 C 和 L 的动态电路，介绍其在换路过程中所产生的过渡过程现象。首先讨论一阶和二阶动态电路过渡过程的分析法和直觉分析法，然后介绍单位阶跃函数和单位冲激函数激励下动态电路的暂态响应，以及两种响应之间的关系。在应用示例中，讨论了电容电压和电感电流的强迫跃变、数字脉冲响应、半导体器件电路中的过渡过程以及电力电路中的过渡过程分析。

7.1 电路过渡过程与换路定则

含有储能元件 C 和 L 的电路称为动态电路。若动态电路由线性元件组成，就是线性动态电路。动态电路出现结构改变，如接通、断开、改接等情况，或者激励、电路参数的骤然变化，称之为电路的换路。稳定系统的换路，意味着电路常常会从一个稳定状态变成另一个稳定状态，或者说储能元件的能量将有不同的储能状态。由于储能元件状态的改变一般并非立即完成，而需经历一段时间，这段时间发生的变化过程称为过渡过程。本章将要讨论的是线性动态电路的过渡过程。

7.1.1 动态电路的过渡过程

自然界一切事物的运动，在特定条件下处于一种稳定状态，一旦条件改变，就要过渡到另一种新的稳定状态。

如前所述，当含有储能元件(电容和电感)的电路中，因发生换路，电路从一个稳定状态历经过渡过程建立另一新的稳定状态。与电路的稳态相对应，电路的过渡状态称为暂态。而研究电路过渡过程中电压或电流随时间的变化规律，即在 $0\leqslant t<\infty$ 的时间域内的 $u(t)$、$i(t)$ 称之为过渡过程分析或暂态分析。

电路中的过渡过程是由于电路的接通、断开、短路、电源或电路中的参数突然改变等原因，即其换路时所引起的。然而，并不是所有的电路在换路时都产生过渡过程，换路只是产生过渡过程的外在原因，其内因是电路中具有储能元件电容或电感。储能元件所储存的能量是不能突变的，这是因为能量的突变意味着无穷大功率的存在,这在实际中是不可能的。

由于换路时电容和电感分别所储存的能量$\frac{1}{2}Cu_C^2$和$\frac{1}{2}Li_L^2$不能突变,即电容电压u_C和电感电流i_L只能连续变化,而不能突变。由此可见,含有储能元件的电路在换路时产生过渡过程的根本原因是能量不能突变。

需要指出的是,由于电阻不是储能元件,因而纯电阻电路不存在过渡过程。

过渡过程(暂态过程)虽然过程短暂,但其分析并把握其变化规律在工程中颇为重要。这是因为一方面,在电子技术中常利用RC电路的暂态过程来实现振荡信号的产生、信号波形的变换或延时等。另一方面,电路在暂态过程中也会出现过电压或过电流现象,损及电气设备,造成事故。

电路过渡过程分析是电路原理中非常重要的一部分内容。这不仅因为电路的过渡过程是实际电路中普遍存在的自然现象,而且也由于在模拟电子技术、现代电力电子技术和自动控制理论应用中常需要用过渡过程知识去解释特定电路的物理过程。在分析模拟电子电路的动态响应时,无源元件的过渡过程是其基本的电路工作模式,是分析电路整体响应的理论基础;而在现代电力电子技术中,电感L和电容C则起到了更为核心的作用,通过其开关状态的不断更替来实现能量形式的变换,此时L和C在整个过程中一直处于过渡状态。对其过渡过程的分析研究无疑是电力电子技术的应用基础所在。

7.1.2　动态电路方程

在过渡过程的分析中,常将外界对电路的输入称为激励,将电路在激励作用下所产生的电流、电压称为响应(或输出)。一个电路若引入激励历时已久,那么这个电路在激励作用足够长时间后所建立的状态称为强制状态或强迫状态。当一个稳定电路的激励恒定或随时间作周期性变化时,强制状态就是稳定状态,简称稳态。显然,以前各章所讨论的电路分析问题均为求解电路稳态解的问题。

仅由电阻和电源组成的网络称为电阻网络,其响应是与激励即时跟随的,与之前的状态无关,即无记忆的,故电阻网络也称即时网络。然而,分析含有电容、电感等储能元件的动态电路的过渡过程时,任一时刻的响应不只与当前的激励状态有关,而且还与过去的电路状态有关。因而求解动态电路过渡过程,从数学角度而言,是求微分方程的全解;从物理意义而言,是求响应随时间变化的全过程。

以下推导对应于RL和RC动态电路的微分方程。与电阻电路和正弦稳态电路相似,电路方程均由KCL、KVL和元件伏安特性决定。

如图7.1.1(a)所示RL串联电路

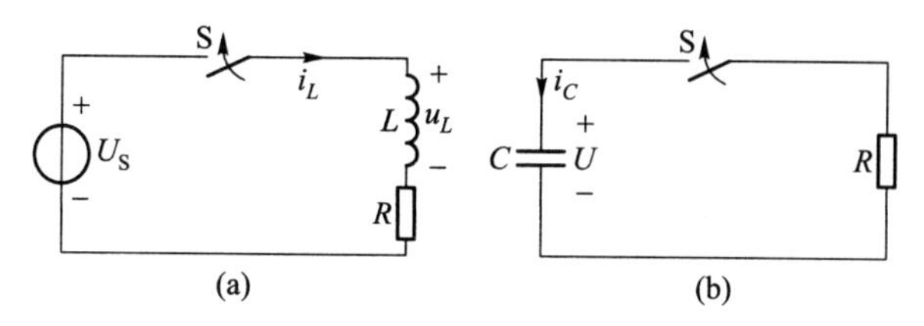

图 7.1.1　*RL* 和 *RC* 电路

由 KVL
$$u_L+u_R=U_S \tag{7.1.1}$$
电阻的元件特性
$$u_R=Ri_L \tag{7.1.2}$$
电感的元件特性
$$u_L=L\frac{\mathrm{d}i_L}{\mathrm{d}t} \tag{7.1.3}$$

以 i_L 为变量,将式(7.1.2)和式(7.1.3)带入式(7.1.1),同时消除其他变量,则有

$$L\frac{\mathrm{d}i_L}{\mathrm{d}t}+Ri_L=U_S \tag{7.1.4}$$

可见由 *RL* 组成的电路,其 i_L 满足一阶微分方程。因而称为一阶电路。

若以 u_R 为变量,其方程很容易通过改写式(7.1.4)得到

$$\frac{L}{R}\frac{\mathrm{d}u_R}{\mathrm{d}t}+u_R=U_S \tag{7.1.5}$$

若以 u_L 为变量,其方程很容易通过改写式(7.1.4)得到

$$\frac{L}{R}\frac{\mathrm{d}u_L}{\mathrm{d}t}+u_L=\frac{\mathrm{d}U_S}{\mathrm{d}t} \tag{7.1.6}$$

式(7.1.4)、式(7.1.5)和式(7.1.6)具有相同的特征方程$\frac{L}{R}s+1=0$,因此,在同一电路中,所有电路变量的变化规律相同,且与外加电源无关,是电路固有的属性。

同理,可导出图 7.1.1(b)所示 *RC* 电路的微分方程

由 KVL
$$u_C=u_R \tag{7.1.7}$$
电阻的元件特性
$$u_R=-Ri_C \tag{7.1.8}$$
电容的元件特性
$$i_C=C\frac{\mathrm{d}u_C}{\mathrm{d}t} \tag{7.1.9}$$
不难得出满足的方程为
$$u_C+RC\frac{\mathrm{d}u_C}{\mathrm{d}t}=0 \tag{7.1.10}$$

可见,*RC* 电路的 u_C 是一阶微分方程的解。同理可以推导出 *RC* 电路的任何一个变量所满足的微分方程具有相同的特征方程 $RCs+1=0$。

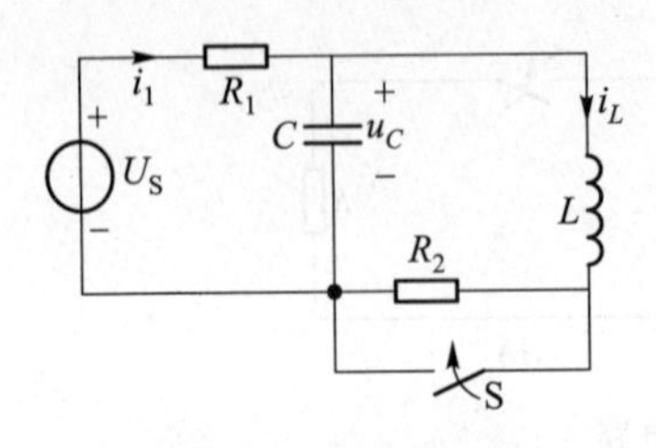

图 7.1.2　*RLC* 电路

一阶微分方程所描述的电路称为一阶电路。

进而分析同时含有 L 和 C 的线性动态电路如图 7.1.2 所示，设电路原已达稳态，$t=0$ 时开关 S 合上。当 $t>0$ 后，列写 KVL 和 KCL 方程

$$R_1 i_1 + u_C = U_S \tag{7.1.11}$$

$$R_1 i_1 + u_L = U_S \tag{7.1.12}$$

$$i_1 = i_C + i_L \tag{7.1.13}$$

将式(7.1.13)代入式(7.1.11)

$$R_1 i_1 + \frac{1}{C}\int (i_1 - i_L)\,\mathrm{d}t = U_S$$

对上式两边同时求导得

$$R_1 \frac{\mathrm{d}i_1}{\mathrm{d}t} + \frac{1}{C}(i_1 - i_L) = \frac{\mathrm{d}U_S}{\mathrm{d}t} = 0 \tag{7.1.14}$$

由式(7.1.12)可得

$$i_1 = -\frac{L}{R_1}\frac{\mathrm{d}i_L}{\mathrm{d}t} + U_S \tag{7.1.15}$$

将式(7.1.15)代入式(7.1.14)，并代入数据整理得

$$LC\frac{\mathrm{d}^2 i_L}{\mathrm{d}t^2} + \frac{L}{R_1}\frac{\mathrm{d}i_L}{\mathrm{d}t} + i_L = U_S \tag{7.1.16}$$

式(7.1.16)是以 i_L 为变量的二阶常系数非齐次微分方程。

如果以 u_C 为变量，将式(7.1.13)带入式(7.1.11)，并利用 $i_C = C\dfrac{\mathrm{d}u_C}{\mathrm{d}t}$，则可得到

$$R_1\left(C\frac{\mathrm{d}u_C}{\mathrm{d}t} + i_L\right) + u_C = U_S \tag{7.1.17}$$

将式(7.1.17)对时间求导，并利用 $u_L = L\dfrac{\mathrm{d}i_L}{\mathrm{d}t} = u_C$，则

$$LCR_1\frac{\mathrm{d}^2 u_C}{\mathrm{d}t^2} + L\frac{\mathrm{d}u_C}{\mathrm{d}t} + R_1 u_C = 0 \tag{7.1.18}$$

式(7.1.18)是以 u_C 为变量的二阶常系数齐次微分方程。

如果以 i_1 为变量，将式(7.1.11)带入式(7.1.13)，得到

$$i_1 = C\frac{\mathrm{d}(U_S - R_1 i_1)}{\mathrm{d}t} + i_L \tag{7.1.19}$$

对式(7.1.19)求导，并考虑 $u_L = L\dfrac{\mathrm{d}i_L}{\mathrm{d}t}$，则有

$$\frac{\mathrm{d}i_1}{\mathrm{d}t}=-CR_1\frac{\mathrm{d}^2 i_1}{\mathrm{d}t^2}+\frac{u_L}{L} \tag{7.1.20}$$

再将式(7.1.12)带入式(7.1.20),得到

$$LCR_1\frac{\mathrm{d}^2 i_1}{\mathrm{d}t^2}+L\frac{\mathrm{d}i_1}{\mathrm{d}t}+R_1 i_1=U_\mathrm{S} \tag{7.1.21}$$

式(7.1.21)是以 i_1 为变量的二阶常系数非齐次微分方程。

由上述分析可见,不论是电路中的哪个变量,其微分方程均为二阶,方程的右端项与电路中的激励电源有关。而且齐次微分方程完全相同,说明过渡过程的性质与所选取的电路变量无关,与电源无关,仅由微分方程的通解决定。

二阶微分方程描述的电路称为二阶电路,其中通常包含至少 2 个不同类型的储能元件。一般情况下,电路的阶等于电路中储能元件的数目,但是,下述情况下,电路阶数小于储能元件数。其一种情况是同类型的储能元件相互连接,如:C_1 与 C_2 串联,则它们可等效为一个电容,其值为$\frac{C_1C_2}{C_1+C_2}$;C_1 与 C_2 并联,则它们可等效为一个电容,其值为 C_1+C_2;L_1 与 L_2 串联,则它们可等效为一个电感,其值为 L_1+L_2;L_1 与 L_2 并联,则它们可等效为一个电感,其值为$\frac{L_1L_2}{L_1+L_2}$。另一种情况是换路后的电路中含有电容组成的回路或电容与理想电压源组成的回路,如图 7.1.3(a),因开关合上后,有 $u_{C1}+u_{C2}=u_\mathrm{S}$,所以,两个电容电压是相互关联的,这种电路在换路过程中,将会产生电容电压初值跃变,同时电路的微分方程会降低一阶。同理,图 7.1.3(b)所示的电路在换路后包含仅由电感与理想电流源组成的节点,则电感电流不独立,其初值将会发生突变。上述两种电路称为奇异电路,电路的阶数均降低一阶。

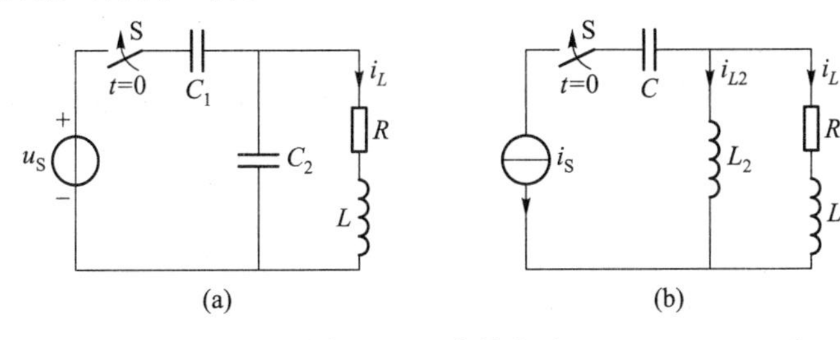

图 7.1.3 奇异电路

依据动态电路方程求解动态电路过渡过程通常有以下四种方法。

(1) 经典法(电路时域分析法):根据电路来列写关于响应 $x(t)$ 的微分方程,在时域直接求解微分方程,求出其特解和通解,再由初始条件决定其积分常数。

(2) 运算法(电路复频域分析法):应用拉普拉斯变换得到关于响应的复频

域代数方程，求出响应的象函数，再经拉普拉斯逆变换，最后得出时域解。

(3) 积分法：利用卷积积分在时域中直接求解任意函数激励下的零状态响应。

(4) 状态变量法：适当选择一组状态变量，将一个 n 阶微分方程变换为 n 个一阶微分方程组，建立状态方程，然后求解状态方程最后得到响应。

本章重点介绍经典法，对线性时不变电路进行暂态分析。另外三种方法将在第8章中介绍。

7.1.3　换路定则

为便于分析，定义换路时刻为 $t=0$，换路前的瞬间时刻为 $t=0_-$，换路后的瞬间时刻为 $t=0_+$。

以换路时刻 t_0 为起点，之后电容电压的瞬时值为

$$u_C(t)=u_C(t_0)+\frac{1}{C}\int_{t_0}^{t} i_C(\xi)\,\mathrm{d}\xi$$

式中令 $t_0=0_-$，$t=0_+$，则有

$$u_C(0_+)=u_C(0_-)+\frac{1}{C}\int_{0_-}^{0_+} i_C(\xi)\,\mathrm{d}\xi$$

当电容电流 i_C 为有限值时，从 $0_-\to 0_+$ 积分项为零，故有

$$u_C(0_+)=u_C(0_-)$$

上述结果表明：当电容电流 i_C 为有限值时，电容上的电压 u_C 在换路前后瞬间保持连续(即无跳变)。这就是换路时刻电容所遵循的规则，称为电容元件的换路定则。该定则也可以表示为：当电容电流 i_C 为有限值时，电容元件的电荷 q 不突变，也即

$$q(0_+)=q(0_-)$$

电感元件的换路定则是：当电感电压 u_L 为有限值时，电感中的磁链 $\boldsymbol{\Psi}_L$ 和电流 i_L 在换路前后瞬间保持连续(即无跳变)。推导如下：

$$i_L(t)=i_L(t_0)+\frac{1}{L}\int_{t_0}^{t} u_L(\xi)\,\mathrm{d}\xi$$

式中令 $t_0=0_-$，$t=0_+$，则有

$$i_L(0_+)=i_L(0_-)+\frac{1}{L}\int_{0_-}^{0_+} u_L(\xi)\,\mathrm{d}\xi$$

当电感两端电压 u_L 为有限值时，积分项为零，故而有

$$i_L(0_+)=i_L(0_-)$$

也可用磁链表示为　$\boldsymbol{\Psi}(0_+)=\boldsymbol{\Psi}(0_-)$。

电容电压 u_C 和电感电流 i_L 的初始值，即 $u_C(0_+)$ 和 $i_L(0_+)$ 称为独立的初始条件，其他变量的初始值则称为非独立的初始条件。

换路定则还可以从电磁能量一般不能突变的观点予以说明。这是因为，如果换路前后 u_C、i_L 不连续而发生跳变，则电容中储存的电场能 $W_C=\frac{1}{2}Cu_C^2$、电感中储存的磁场能 $W_L=\frac{1}{2}Li_L^2$ 亦将发生突变，储能突变意味着电容、电感上的功率为无穷大，而功率无穷大将导致电压或电流为无穷大。一般来说，这将违背基尔霍夫定律，因此，换路前后瞬间，电容电压、电感电流不能跳变。当然，在某些特殊的情况下，电容电压、电感电流也会发生强迫跳变。

当已知或求得换路前瞬间的 $u_C(0_-)$ 和 $i_L(0_-)$ 后，只要符合电容电流 i_C 或电感电压 u_L 为有限值的条件，便可直接利用换路定则得到换路后瞬间的 $u_C(0_+)$ 和 $i_L(0_+)$。电路中其他变量在 $t=0_+$ 时刻的初始值可以在换路后瞬间的电路中求得。具体处置方法是电容元件用电压为 $u_C(0_+)$ 的电压源替代，电感元件用电流为 $i_L(0_+)$ 的电流源替代，各独立电源取 $t=0_+$ 时刻的值，从而得到 $t=0_+$ 时刻等效的电阻电路，其中各支路的电压和电流，即为非独立的初始值。

例 7.1.1 图 7.1.4(a)所示电路中，$U_S=6\text{ V}$，$R_1=2\ \Omega$，$R_2=4\ \Omega$，$C=1\text{ F}$，$L=3\text{ H}$，开关 S 打开已久，且 $u_C(0_-)=2\text{ V}$，在 $t=0$ 时刻，将开关 S 合上，求开关 S 闭合后瞬间的 $i_L(0_+)$，$u_C(0_+)$，$i_L'(0_+)$，$u_C'(0_+)$ 以及 $i_{R1}(0_+)$，$\left.\frac{\mathrm{d}i_{R1}}{\mathrm{d}t}\right|_{0+}$，$\left.\frac{\mathrm{d}^2i_{R1}}{\mathrm{d}t^2}\right|_{0+}$。

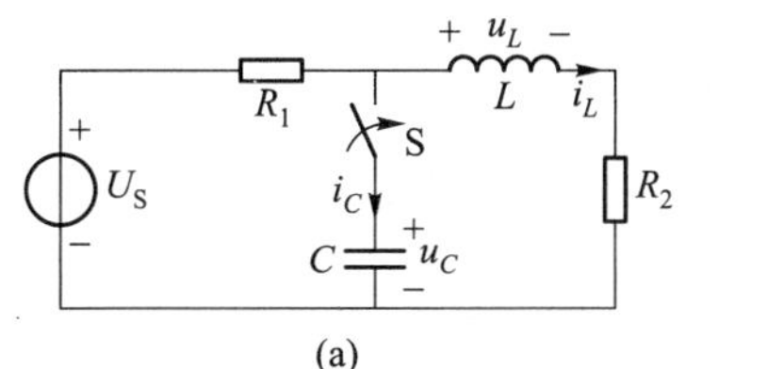

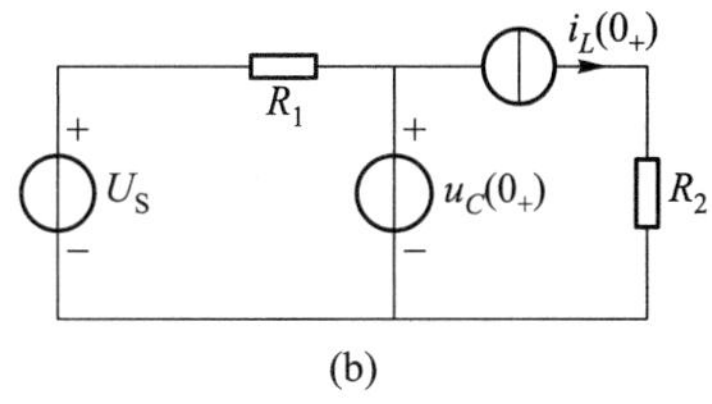

图 7.1.4 例 7.1.1 题图

解：当 $t<0$ 时，S 打开已久，电感 L 相当于短接，则有：$i_L(0_-)=\frac{U_S}{R_1+R_2}=1\text{ A}$

当 $t=0$ 瞬间，S 闭合，由换路定则可知

$$i_L(0_+)=i_L(0_-)=1\text{ A}$$

$$u_C(0_+)=u_C(0_-)=2\text{ V}$$

画出 $t=0_+$ 时刻的等效电路，如图 7.1.5(b)所示，它是一个直流电阻电路。

$$u_L(0_+)=u_C(0_+)-R_2i_L(0_+)=-2\text{ V}$$

由 $u_L=L\frac{\mathrm{d}i_L}{\mathrm{d}t}$可得

$$\frac{\mathrm{d}i_L}{\mathrm{d}t}(0_+)=\frac{u_L(0_+)}{L}=-\frac{2}{3}\ \mathrm{A}\cdot\mathrm{s}^{-1}$$

$$i_C(0_+)=\frac{U_\mathrm{S}-u_C(0_+)}{R_1}-i_L(0_+)=1\ \mathrm{A}$$

由 $i_C=C\frac{\mathrm{d}u_C}{\mathrm{d}t}$可得

$$\frac{\mathrm{d}u_C}{\mathrm{d}t}(0_+)=\frac{i_C(0_+)}{C}=1\ \mathrm{V}\cdot\mathrm{s}^{-1}$$

由此例可见，换路前后瞬间 u_C 和 i_L 连续，但 i_C 在换路前后不连续，u_C 的导数不连续；同样，$\frac{\mathrm{d}i_L}{\mathrm{d}t}=\frac{u_L(0_+)}{L}$也因 $u_L(0_+)=-2\ \mathrm{V}$，$u_L(0_-)=0\ \mathrm{V}$，在换路前后不连续。

$$i_{R1}(0_+)=\frac{U_\mathrm{S}-u_C(0_+)}{R_1}=\frac{6-2}{2}\ \mathrm{A}=2\ \mathrm{A}$$

$$i_{R1}(0_+)=i_{R2}(0_+)=\frac{1}{2}[I_\mathrm{S}-i_L(0_+)]=1\ \mathrm{A}$$

在换路后的电路中，应有

$$i_{R1}(t)=\frac{U_\mathrm{S}-u_C(t)}{R_1}$$

对上式求一阶导数，并考虑 0_+时刻，可得 $\left.\frac{\mathrm{d}i_{R1}}{\mathrm{d}t}\right|_{0_+}=\frac{1}{R_1}\left(-\left.\frac{\mathrm{d}u_{C2}}{\mathrm{d}t}\right|_{0_+}\right)=0.5\ \mathrm{A}\cdot\mathrm{s}^{-1}$

对上式求二阶导数，并考虑 0_+时刻，可得 $\left.\frac{\mathrm{d}^2i_{R1}}{\mathrm{d}t^2}\right|_{0_+}=\frac{1}{R_1}\left(-\left.\frac{\mathrm{d}^2u_{C2}}{\mathrm{d}t^2}\right|_{0_+}\right)$

在换路后的电路中含电容的节点上列 KCL，$\frac{\mathrm{d}u_C(t)}{\mathrm{d}t}=\frac{i_{R1}(t)-i_L(t)}{C}$

对上式求一阶导数，并考虑 0_+时刻，可得

$$\left.\frac{\mathrm{d}^2u_C}{\mathrm{d}t^2}\right|_{0_+}=\frac{\left.\frac{\mathrm{d}i_{R1}}{\mathrm{d}t}\right|_{0_+}-\left.\frac{\mathrm{d}i_L}{\mathrm{d}t}\right|_{0_+}}{C}=\frac{0.5-\left(-\frac{2}{3}\right)}{1}\ \mathrm{V}\cdot\mathrm{s}^{-2}=\frac{7}{6}\ \mathrm{V}\cdot\mathrm{s}^{-2}$$

从例 7.1.1 中求解不同类型的电路初值可见，储能元件初值 $u_C(0_+)$、$i_L(0_+)$由换路定则决定，储能元件一阶导数初值有$\left.\frac{\mathrm{d}u_C}{\mathrm{d}t}\right|_{0_+}=\frac{i_C(0_+)}{C}$，$\frac{\mathrm{d}i_L}{\mathrm{d}t}=\frac{u_L(0_+)}{L}$，很容易通过储能元件中的 $i_C(0_+)$和 $u_L(0_+)$求得。但是求$\left.\frac{\mathrm{d}i_{R1}}{\mathrm{d}t}\right|_{0_+}$和$\left.\frac{\mathrm{d}^2i_{R1}}{\mathrm{d}t^2}\right|_{0_+}$则困难得多。

因此,经典法不适合用于三阶以上电路过渡过程的分析,而是将三阶以上的微分方程转化为三个一阶微分方程组联立求解,即采用第 8 章中所述的状态方程法求解。

下面讨论电容电压和电感电流跳变的情况。

当电路换路后,电路中存在由电压源、电容组成的回路或纯电容回路时,换路定则不再适用,各电容电压可能会跳变,此时电容电流不再是有限值。求解方法示例如下。

例 7.1.2 在图 7.1.5 所示电路中,已知 $C_1 = 1\ \text{F}, C_2 = 2\ \text{F}, u_{C1}(0_-) = u_{C2}(0_-) = 1\ \text{V}, U_S = 5\ \text{V}$,在 $t=0$ 时,开关 S 闭合,求 S 闭合后瞬间 $u_{C1}(0_+)$、$u_{C2}(0_+)$各为多少?

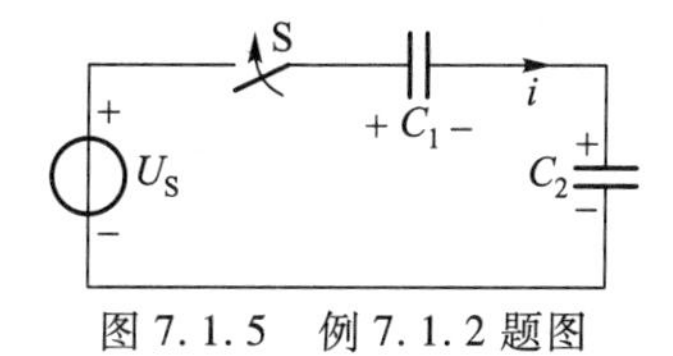

图 7.1.5 例 7.1.2 题图

解:S 闭合后瞬间,在 $t=0_+$时有

$$u_{C1}(0_+) + u_{C2}(0_+) = U_S = 5\ \text{V} \tag{1}$$

电容电压必须跳变才能满足上式,若沿用换路定则就不可能满足上式。由 KCL 得出

$$i = C_1 \frac{\mathrm{d}u_{C1}}{\mathrm{d}t} = C_2 \frac{\mathrm{d}u_{C2}}{\mathrm{d}t}$$

$$C_2 \frac{\mathrm{d}u_{C2}}{\mathrm{d}t} - C_1 \frac{\mathrm{d}u_{C1}}{\mathrm{d}t} = 0$$

$$\int_{0_-}^{0_+} \left[C_2 \frac{\mathrm{d}u_{C2}}{\mathrm{d}t} - C_1 \frac{\mathrm{d}u_{C1}}{\mathrm{d}t} \right] \cdot \mathrm{d}t = 0$$

$$C_2 u_{C2}(0_+) - C_1 u_{C1}(0_+) = C_2 u_{C2}(0_-) - C_1 u_{C1}(0_-) \tag{2}$$

(2)式表明换路前后电荷守恒。

代入数据得

$$2u_{C2}(0_+) - u_{C1}(0_+) = 1 \tag{3}$$

联立求解(1)(3)式得

$$u_{C1}(0_+) = 3\ \text{V} \qquad u_{C2}(0_+) = 2\ \text{V}$$

从计算结果可知 $u_{C1}(0_+) \neq u_{C1}(0_-)$,$u_{C2}(0_+) \neq u_{C2}(0_-)$,即电容电压强迫跳变,电容电流不为有限值。

当电路换路后,电路中存在由电流源和电感组成的割集(广义节点)或纯电感割集时,换路定则亦不再适用,各电感电流可能要发生跳变,此时电感电压不再是有限值。求解方法示于下例。

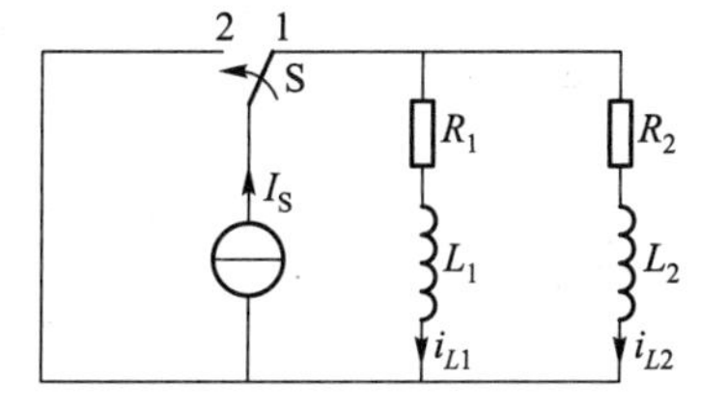

图 7.1.6 例 7.1.3 题图

例 7.1.3 在图 7.1.6 所示电路中,已知

$R_1=1\ \Omega, R_2=2\ \Omega, L_1=2\ \text{H}, L_2=4\ \text{H}, I_S=3\ \text{A}$，开关S原在1处已久，在$t=0$时，开关S由1切换至2，求换路后瞬间的电感电流$i_{L1}(0_+)$、$i_{L2}(0_+)$为多少？

解：当$t<0$时，开关S在1处已久，L_1、L_2相当于短接，则

$$i_{L1}(0_-)=I_S\times\frac{R_2}{R_1+R_2}=2\ \text{A}$$

$$i_{L2}(0_-)=I_S\times\frac{R_2}{R_1+R_2}=1\ \text{A}$$

当S由1切换至2后瞬间，在$t=0_+$时有

$$i_{L1}(0_+)+i_{L2}(0_+)=0 \qquad (1)$$

$$L_2\frac{\mathrm{d}i_{L2}}{\mathrm{d}t}+R_2 i_{L2}-\left[L_1\frac{\mathrm{d}i_{L1}}{\mathrm{d}t}+R_1 i_{L1}\right]=0 \qquad (2)$$

对(2)式从0_-到0_+积分得

$$\left[\int_{0_-}^{0_+}L_2\frac{\mathrm{d}i_{L2}}{\mathrm{d}t}\mathrm{d}t+\int_{0_-}^{0_+}R_2 i_{L2}\mathrm{d}t\right]-\left[\int_{0_-}^{0_+}L_1\frac{\mathrm{d}i_{L1}}{\mathrm{d}t}\mathrm{d}t+\int_{0_-}^{0_+}R_1 i_{L1}\mathrm{d}t\right]=0$$

因为i_{L1}、i_{L2}仍是有限值，且从0_-到0_+的时间间隔为无穷小，故$\int_{0_-}^{0_+}R_1 i_{L1}\mathrm{d}t=0$，$\int_{0_-}^{0_+}R_2 i_{L2}\mathrm{d}t=0$，于是

$$L_2\cdot i_{L2}(0_+)-L_1\cdot i_{L1}(0_+)=L_2\cdot i_{L2}(0_-)-L_1\cdot i_{L1}(0_-) \qquad (3)$$

(3)式表明换路前后磁链守恒。

在(1)(3)式中代入数据并联立求解得

$$i_{L1}(0_+)=i_{L2}(0_+)=0$$

从计算结果可知$i_{L1}(0_+)\neq i_{L1}(0_-)$，$i_{L2}(0_+)\neq i_{L2}(0_-)$，在换路前后电感电流发生强迫跳变，电感电压不为有限值。

7.2　一阶电路的时域分析法

7.2.1　*RC*串联电路

如图7.2.1所示*RC*电路，电容具有初始储能，即$u_C(0_-)=U_0$，在$t=0$时刻，开关S合向1，*RC*电路接通直流电压源，计算换路后的响应$u_C(t)$、$i(t)$、$u_R(t)$。

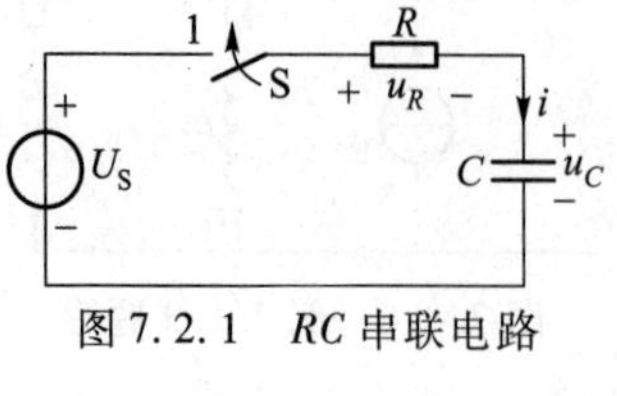

图7.2.1　*RC*串联电路

当$t>0$，开关S切换至1，由KVL得

$$RC\frac{\mathrm{d}u_C}{\mathrm{d}t}+u_C=U_S \qquad (7.2.1)$$

此为一阶线性常系数非齐次微分方程。该

方程的全解是其特解和齐次方程的通解之和，即

$$u_C(t)=u_{Cp}(t)+u_{Ch}(t)$$

$u_C(t)$表示全解，$u_{Cp}(t)$表示特解，$u_{Ch}(t)$表示通解。由微分方程的知识基础，可得特解

$$u_{Cp}(t)=U_S$$

该方程的齐次方程

$$RC\frac{du_C}{dt}+u_C=0 \tag{7.2.2}$$

式(7.2.2)是一个一阶线性常系数齐次微分方程，其特征方程为 $RCs+1=0$；特征根为 $s=-\frac{1}{RC}$。

其通解
$$u_{Ch}(t)=Ae^{st}=Ae^{-\frac{t}{RC}}$$

故全解为
$$u_C(t)=u_{Cp}(t)+u_{Ch}(t)=U_S+Ae^{-\frac{t}{RC}} \tag{7.2.3}$$

根据换路定则 $u_C(0_+)=u_C(0_-)=U_0$ 和式(7.2.3)可得

$$u_C(0_+)=U_S+A$$

因此
$$A=U_0-U_S$$

最终求得
$$u_C(t)=U_S+(U_0-U_S)e^{-\frac{t}{RC}} \qquad t\geqslant 0_+ \tag{7.2.4}$$

将式(7.2.4)用图形表示，则可画出响应 $u_C(t)$ 随时间变化的曲线，如图 7.2.2 所示。图 7.2.2(a)表明，当电压源的电压值大于电容上的初始电压，当 $t>0$ 后，电压源对电容 C 充电。电容电压从初始电压 U_0 逐渐增大，最终充电至稳态电压 U_S。如果电压源的电压值小于电容上的初始电压，则电容 C 放电给电压源。电容电压 u_C 从初始电压 U_0 逐渐衰减至稳态值 U_S，如图 7.2.2(b)所示。

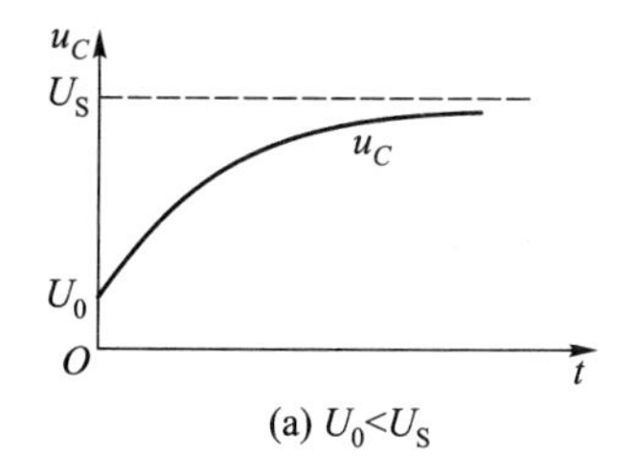

(a) $U_0<U_S$

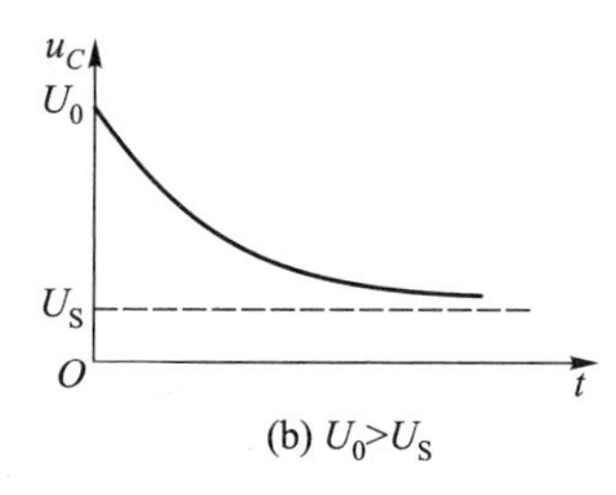

(b) $U_0>U_S$

图 7.2.2 RC 电路的响应

由换路后的电路约束，可求得

$$i(t)=C\frac{du_C}{dt}=\frac{U_S-U_0}{R}e^{-\frac{t}{RC}}$$

$$u_R(t)=Ri(t)=(U_S-U_0)e^{-\frac{t}{RC}}$$

因开关合上之前，$i(0_-)=0$，$u_R(0_-)=0$，可见，电流 i 和 u_R 在 $t=0$ 时刻，突变为 $i(0_+)=\dfrac{U_S-U_0}{R}$，$u_R(0_+)=U_S-U_0$，然后以 $e^{-\frac{t}{RC}}$ 衰减至零。

综上可见，不论电容是充电还是放电，也不论是电路中的哪个变量，其暂态变化的规律中均含 $e^{-\frac{t}{RC}}$，而 RC 的值决定了暂态过程的变化速率。RC 具有时间的量纲，并且是一阶电路固有的属性，因而称为一阶电路的时间常数，用 τ 表示。τ 越大，过渡过程维持的时间越长、过渡过程进行得越慢；τ 越小，过渡过程维持的时间越短、过渡过程进行得越快。当 R 一定、C 越大，则放电电流越大，放电时间越长；当 C 一定、R 越大，则放电电流越小，放电时间越长。

表7.2.1描述了衰减的进程，当 $t\to\infty$ 时，指数函数 $e^{-\frac{t}{\tau}}\to 0$。从理论上说，过渡过程需要经过无穷长的时间才能结束，但实际上 t 经过 $3\tau\sim5\tau$ 时间后，工程上即认为过渡过程基本结束，因为响应已经衰减至初始值的5% ~0.67%。

表7.2.1　指数函数的衰减与 τ 的关系

t	0	τ	2τ	3τ	4τ	5τ	$\cdots\infty$
$e^{-\frac{t}{\tau}}$	1	36.8%	13.5%	5%	1.8%	0.67%	$\cdots 0$

从表中可见，τ 代表了过渡过程每衰减 $e^{-1}=0.368$ 倍所需的时间，因此时间常数 τ 可从电容电压 u_C 的放电曲线上获得，如图7.2.3所示。由图7.2.3(a)可知，当 u_C 从初始值放电至初始值的 e^{-1} 倍时所经历的时间就是 τ。在图7.2.3(b)中，设 P 为其上的任一点，过 P 点的切线与稳态值交至点 Q，从 P 点作 t 轴的垂直线，与稳态值线的交点为 P'，则有

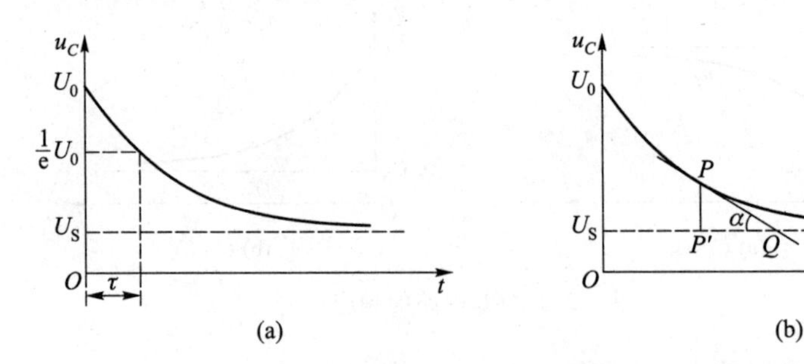

图7.2.3　时间常数 τ

$$\tan\alpha=-\frac{du_C}{dt}=\frac{1}{\tau}(U_0-U_S)e^{-\frac{t}{\tau}}=\frac{(U_0-U_S)e^{-\frac{t}{\tau}}}{\tau}=\frac{PP'}{P'Q}$$

τ 对应于线段 $P'Q$。

在工程中，关注过渡过程延续的时间，亦即 τ 的大小。通过实验得出 u_C 的衰减曲线，再由上述作图的方法即可求出 τ。

在整个过渡过程中，电阻消耗的总能量为

$$\int_0^{\infty} Ri^2 \mathrm{d}t = \int_0^{\infty} R\left(\frac{U_S - U_0}{R}\mathrm{e}^{-\frac{t}{RC}}\right)^2 \mathrm{d}t = -\frac{R^2 C}{2}\left(\frac{U_S - U_0}{R}\right)^2 \mathrm{e}^{-\frac{2t}{RC}}\Big|_0^{\infty} = \frac{C(U_S - U_0)^2}{2}$$

电源提供的能量

$$\int_0^{\infty} U_S i \mathrm{d}t = -U_S RC\frac{U_S - U_0}{R}\mathrm{e}^{-\frac{t}{RC}}\Big|_0^{\infty} = CU_S(U_S - U_0)$$

电容 C 上储存的初始能量 $\frac{1}{2}CU_0^2$，换路结束后的储能为 $\frac{1}{2}CU_S^2$。显然，其能量差 $\left(\frac{1}{2}CU_0^2 - \frac{1}{2}CU_S^2\right)$ 与电阻所消耗的能量之和等于电源提供的能量。

7.2.2 *RL* 串联电路

如图 7.2.4 所示 RL 串联电路，电感 L 上有初始储能，即 $i(0_-) = I_0$。在 $t=0$ 时刻，开关合上，RL 电路接通直流电压源 U_S，计算换路后的响应 $i(t)$、$u_L(t)$ 和 $u_R(t)$。

当 $t>0$ 后，开关 S 切换至 1，由 KVL 得

$$L\frac{\mathrm{d}i}{\mathrm{d}t} + Ri = U_S \tag{7.2.5}$$

是一个一阶线性常系数非齐次微分方程。该方程的全解是特解和齐次方程的通解之和，即

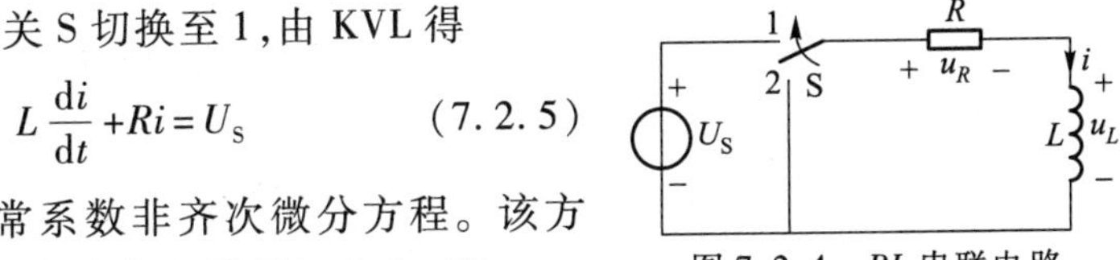

图 7.2.4 *RL* 串联电路

$$i(t) = i_p(t) + i_h(t) = \frac{U_S}{R} + A\mathrm{e}^{-\frac{t}{\tau}}$$

式中的积分常数 A 由初始条件确定。在 $t=0$ 时刻，根据换路定则：$i(0_+) = i(0_-) = I_0$，则有

$$i(0_+) = I_0 = \frac{U_S}{R} + A$$

因此有

$$A = I_0 - \frac{U_S}{R}$$

最终解得

$$i(t) = \frac{U_S}{R} + \left(I_0 - \frac{U_S}{R}\right)\mathrm{e}^{-\frac{R}{L}t} \qquad t \geqslant 0_+$$

$$u_R(t) = U_S + (RI_0 - U_S)\mathrm{e}^{-\frac{R}{L}t} \qquad t \geqslant 0_+$$

$$u_L(t)=U_S-u_R=-(RI_0-U_S)\mathrm{e}^{-\frac{R}{L}t} \qquad t\geqslant 0_+$$

如果将 RL 串联电路与 RC 串联电路的暂态响应加以对比，可见$\frac{L}{R}$与 RC 具有等同的效应，即 RL 串联电路的时间常数 $\tau_L=\frac{L}{R}$。τ_L 具有时间的量纲，当 R 为 1 Ω，L 为 1 H，则 τ_L 为 1 s。在 RL 电路中，时间常数 τ_L 与 L 成正比，与 R 成反比。当 R 一定时，L 越大，电感中储存的初始能量越大，放电时间越长；当 L 一定时，R 越大，电阻 R 消耗的功率 Ri^2 越大，磁场能转化为热能的速率越大，放电时间越短，时间常数越小。

总结求解一阶电路的经典法步骤如下：

（1）选择一个电路变量，建立其微分方程；

（2）确定初始条件；

（3）求微分方程的齐次微分方程的通解和非齐次微分方程的特解；

（4）将通解与特解相加，并利用初始条件确定其中的待定系数。

值得注意的是：上述分析是从数学的角度进行的，它表明，一阶电路的响应就是一阶微分方程的全解，由通解和特解组成。特解对应的分量从物理角度来说就是电路的强制分量，取决于电路中激励（也就是电源）的性质和大小。齐次方程的通解所对应的分量是电路的自由分量。当电路中激励为恒定或随时间作周期性变化时，强制分量就是稳态分量，也称为稳态响应；自由分量就称为暂态分量，也称为暂态响应。

若电路中初始能量为零，也即 $u_C(0_+)=0$ 或 $i_L(0_+)=0$，则有 $u_C(t)=U_S(1-\mathrm{e}^{-\frac{t}{\tau_C}})$ 或 $i_L(t)=I_S(1-\mathrm{e}^{-\frac{t}{\tau_L}})$，称此为零状态响应，该响应正比于电源的大小。

若电路中无激励电源，则有 $u_C(t)=u_C(0_+)\mathrm{e}^{-\frac{t}{\tau_C}}$ 或 $i_L(t)=i_L(0_+)\mathrm{e}^{-\frac{t}{\tau_L}}$，称此为零输入响应，该响应正比于电路初值。

7.3 全响应的分解

在 7.2 节介绍了线性动态电路的响应特性取决于描述电路的线性常系数非齐次微分方程，动态电路的响应对应着相应微分方程的全解。由外加激励和非零初始状态的储能元件的初始储能共同引起的响应，称为全响应，全响应就是微分方程的全解，是方程的特解与其齐次方程的通解之和。本节以初始储能不为零的 RC 串联电路接通直流电源时的响应示例如下

$$u_C(t)=U_S+(U_0-U_S)e^{-\frac{t}{RC}} \tag{7.3.1}$$

式中，U_0 为电容的初值，U_S 为直流电源电压。该式表明，全解或者说全响应可以分解为自由响应和强制响应，自由响应的形式与齐次微分方程的通解相同，强制响应对应非齐次微分方程的特解。这是从数学的角度分解全响应。也即，从数学的角度

$$全解=特解\{U_S\}+通解\{(U_0-U_S)e^{-\frac{t}{RC}}\} \tag{7.3.2}$$

从过渡过程分析角度来说，就是

$$全响应=强制分量+自由分量 \tag{7.3.3}$$

$$全响应=稳态响应\{u_{Cp}(t)=U_S\}+暂态响应\{u_{Ch}(t)=(U_0-U_S)e^{-\frac{t}{RC}}\} \tag{7.3.4}$$

这就是全响应的第一种分解方式。现对式(7.3.1)作一个变形，即

$$u_C(t)=U_S+(U_0-U_S)e^{-\frac{t}{RC}}=U_0e^{-\frac{t}{RC}}+U_S(1-e^{-\frac{t}{RC}}) \tag{7.3.5}$$

可以发现：第一项仅取决于 $u_C(0_+)$，称为零输入响应 $u_{CZi}(t)$，第二项与外加激励有关，称为零状态响应 $u_{CZs}(t)$。上述分析表明，如果将储能元件的初始储能和独立电源均看成电路的激励，则它们共同作用于线性电路而产生的响应，可用叠加的观点来分析

$$全响应=零输入响应\{U_0e^{-\frac{t}{RC}}\}+零状态响应\{U_S(1-e^{-\frac{t}{RC}})\} \tag{7.3.6}$$

其中，零输入响应是外加激励置零后，由初始储能产生的响应，用下标 Zi 表示；零状态响应则是外加激励作用于零初始状态储能元件而产生的响应，用下标 Zs 表示，即

$$u_C(t)=u_{CZi}(t)+u_{CZs}(t) \tag{7.3.7}$$

这就是全响应的第二种分解方式。式(7.3.7)表明了线性电路的一个重要性质。零状态响应与零输入响应之和就等于全响应这一结论不仅仅适用于一阶电路，也适用于高阶电路。

无论采取哪种方法对响应进行分解，电路中实际存在的响应都是全响应，零输入响应和零状态响应分别与初始条件和外加激励成比例，而全响应因非零初始值的存在导致其与外加激励之间不满足线性关系。

将全响应分解为零输入响应和零状态响应对于分析任意激励的响应具有非常重要的意义，这一点在第 8 章的网络函数以及卷积积分中有所体现。

7.4 一阶电路的三要素法

回顾用经典法求解一阶电路过渡过程的步骤,可见一阶电路的全响应等于对应的一阶线性常系数微分方程的全解,记为$f(t)$,即

$$f(t)=f_{\mathrm{p}}(t)+f_{\mathrm{h}}(t)$$

式中,$f_{\mathrm{p}}(t)$代表方程特解,$f_{\mathrm{h}}(t)$代表齐次方程的通解,对应于一阶微分方程,其特征根为$\frac{1}{\tau}$,$f_{\mathrm{h}}(t)$为指数形式$A\mathrm{e}^{-\frac{t}{\tau}}$,则全响应为

$$f(t)=f_{\mathrm{p}}(t)+A\mathrm{e}^{-\frac{t}{\tau}}$$

取$t=0_+$时刻的值

$$f(0_+)=f_{\mathrm{p}}(0_+)+A$$

$$A=f(0_+)-f_{\mathrm{p}}(0_+)$$

于是得到

$$f(t)=f_{\mathrm{p}}(t)+[f(0_+)-f_{\mathrm{p}}(0_+)]\mathrm{e}^{-\frac{t}{\tau}} \tag{7.4.1}$$

该公式是求解一阶动态电路的简便有效的工具,式中,$f_{\mathrm{p}}(t)$是一阶线性常系数微分方程的特解,即一阶动态电路在激励作用下的强制分量。当激励是直流或正弦交流电源时,强制分量即是稳态分量,此时,可按直流电路、正弦交流稳态电路的求解方法求得$f_{\mathrm{p}}(t)$;$f(0_+)$是响应在换路后瞬间的初始值;τ是时间常数,一阶电路的时间常数为$\tau=R_{\mathrm{eq}}C$或$\tau=\frac{L}{R_{\mathrm{eq}}}$,$R_{\mathrm{eq}}$是电路储能元件两端的端口等效电阻。

$f_{\mathrm{p}}(t)$、$f(0_+)$和τ称为一阶动态电路的三个要素,式(7.4.1)称为三要素公式。三要素法表明,一阶动态电路的响应不需要求解微分方程,只要计算"0_-"电路、"0_+"电路、新稳态电路以及等效电阻R_{eq},就可按照式(7.4.1)求得响应,所以,这种方法又称为直觉分析法。

例7.4.1　图7.4.1所示电路中,已知$U_{\mathrm{S}}=10\ \mathrm{V}$,$L=1\ \mathrm{mH}$,$R=10\ \Omega$,电压表的内阻$R_{\mathrm{V}}=1.5\ \mathrm{k\Omega}$,在$t=0$时开关S断开,断开前电路已处于稳态。试求开关S断开后电压表两端电压的初始值,电感电流$i_L(t)$和电压$u_L(t)$。

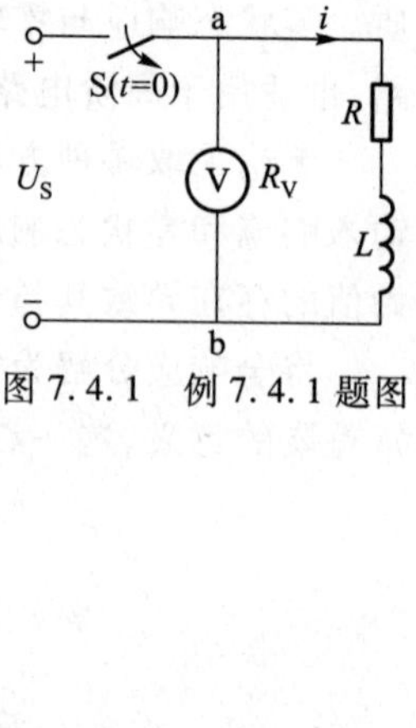

图7.4.1　例7.4.1题图

解:换路前通过RL串联支路的电流为

$$i(0_-)=\frac{U_{\mathrm{S}}}{R}=\frac{10\ \mathrm{V}}{10\ \Omega}=1\ \mathrm{A}$$

根据换路定则有

$$i_L(0_+)=i_L(0_-)=1\ \text{A}$$

开关断开强迫该电流必须流经电压表,所以电压表两端的初始电压值为

$$U_{ab}(0_+)=-i(0_+)R_V=-1\ \text{A}\times 1\ 500\Omega=-1\ 500\ \text{V}$$

$$U_L(0_+)=U_{ab}(0_+)-i(0_+)R=(-1\ 500-10)\ \text{V}=-1\ 510\ \text{V}$$

电路的时间常数为 $\tau=\dfrac{L}{R+R_V}=\dfrac{10^{-3}\ \text{H}}{(10+1\ 500)\ \Omega}=0.66\times 10^{-6}\ \text{S}$

稳态分量是 $i_{Lp}(t)=0$

由三要素公式可得 $i_L(t)=i_L(0_+)\text{e}^{-\frac{t}{\tau}}=\text{e}^{-1.5\times 10^6 t}\text{A}$

$$u_L(t)=L\frac{\text{d}i_L(t)}{\text{d}t}=-10^{-3}\times 1.5\times 10^6\text{e}^{-1.5\times 10^6 t}\ \text{V}=-1\ 500\text{e}^{-1.5\times 10^6 t}\ \text{V}$$

也可以用三要素法直接计算电感电压如下

$$\begin{aligned}u_L(t)&=u_{Lp}+[u_L(0_+)-u_{Lp}]\text{e}^{-1.5\times 10^6 t}\\&=[0+(-1\ 510-0)\text{e}^{-1.5\times 10^6 t}]\ \text{V}\\&=-1\ 500\text{e}^{-1.5\times 10^6 t}\ \text{V}\end{aligned}$$

由以上计算可以看出,在换路瞬间,电压表两端出现了 1 500 V 的高电压,尽管时间常数很小(微秒级),过渡过程的时间很短,也可能使电压表击穿或损坏。所以在有电感线圈的电路中,要特别注意过电压现象出现,以免损坏电气设备。就测量电压而言,一般应该先移去电压表后,再断开电源开关。

基于 *RL* 电路的过渡过程分析,可知道一个已经通电的电感线圈,是不能突然断电的,电感线圈电流突变会导致电感两端产生瞬间高压,危及相关设备。为了防止这种现象,实际中常在电路中接入二极管续流,当然,也有电路恰恰利用这种现象获取高压,譬如日光灯管就是利用电路突然断开产生高压使灯管内气体导通发光的。

例 7.4.2 在图 7.4.2(a)的电路中,开关 S 原处于位置 3,电容无初始储能。在 $t=0$ 时,开关接到位置 1,经过一个时间常数的时间,又突然接到位置 2。试写出电容电压 $u_C(t)$ 的表达式,画出变化曲线,并求开关 S 接到位置 2 后电容电压变到 0 V 所需的时间。

解:(1) 先用三要素法求开关 S 接到位置 1 时的电容电压 u_{C1}

$$u_C(0_+)=u_C(0_-)=0$$

$$u_{Cp}(t)=U_{S1}=10\ \text{V}$$

$$\tau_1=(R_1+R_3)C=(0.5+0.5)\times 10^3\times 0.1\times 10^{-6}\text{s}=0.1\ \text{ms}$$

则 $u_C(t)=u_{Cp}(t)+[u_C(0_+)-u_{Cp}(0_+)]\text{e}^{-\frac{t}{\tau_1}}=10(1-\text{e}^{-\frac{t}{0.1}})\ \text{V}\quad(0\leqslant t<0.1\ \text{ms})$

（2）在经过一个时间常数 τ_1 后，开关 S 接到位置 2，用三要素法求电容电压

$$u_C(\tau_{1_+})=u_C(\tau_{1_-})=10(1-e^{-1})=6.32\ \text{V}$$

$$u_{C\text{p}}(t)=-5\ \text{V}$$

$$\tau_2=(R_2+R_3)C=(1+0.5)\times10^3\times0.1\times10^{-6}\text{s}=0.15\ \text{ms}$$

则

$$u_C(t)=u_{C\text{p}}(t)+[u_C(\tau_{1+})-u_{C\text{p}}(\tau_{1+})]e^{-\frac{t-\tau_1}{\tau_2}}$$

$$=(-5+11.32e^{-\frac{t-0.1}{0.15}})\ \text{V}\quad(t\geqslant0.1\ \text{ms})$$

在电容电压变到 0 V 时，即

$$-5+11.32e^{-\frac{t-0.1}{0.15}}=0$$

解得

$$t=\left(0.1-0.15\ln\frac{5}{11.32}\right)\ \text{ms}=0.22\ \text{ms}$$

$u_C(t)$的变化曲线如图 7.4.2(b)所示

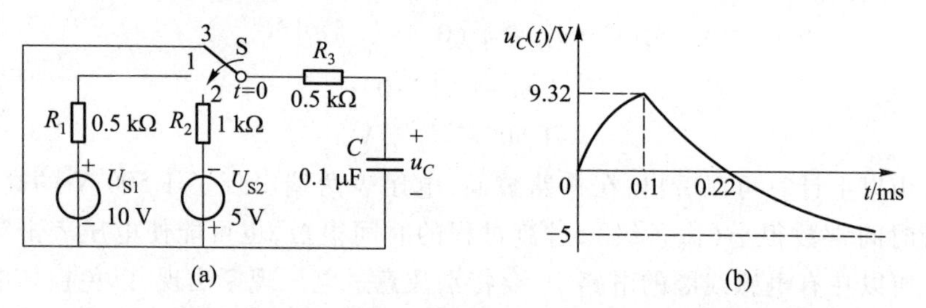

图 7.4.2　例 7.4.2 的电路和 u_C 的变化曲线

例 7.4.3　补偿分压电路

当一个矩形脉冲序列信号如图 7.4.3(a)经过电阻分压后往下一级传输时，如果下一级电路中存在杂散电容和分布电容，其等效电路如图 7.4.3(b)所示，当输入信号由零跳变到高电平值时，输出信号电压将按照指数规律上升，如图 7.4.3(c)所示，经过 3～5τ 才能达到稳态值 $u_{2\text{p}}(t)=\dfrac{U_{1\text{m}}}{R_1+R_2}R_2$，结果导致输出波形的边沿变坏。

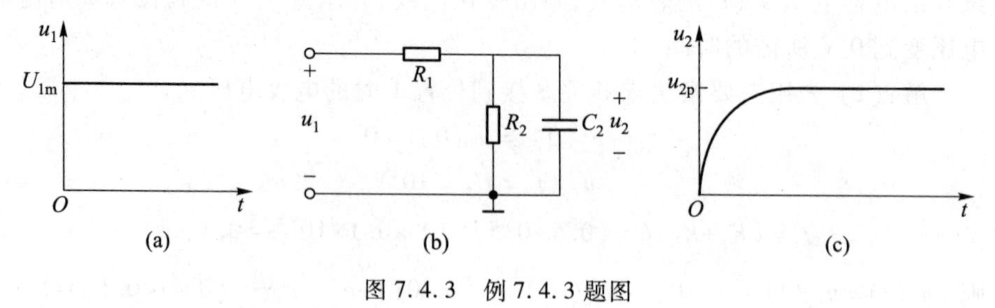

图 7.4.3　例 7.4.3 题图

今若在分压电阻 R_1 两端并联电容 C_1，如图 7.4.4 所示，此时，因电容与理想电压源组成回路而使电容初值发生突变。假设 $u_{C1}(0_-)=0$，　$u_{C2}(0_-)=0$ 根据电荷守恒，可得 $u_{C2}(0_+)=\dfrac{C_1U_{1m}}{C_1+C_2}$，而 $u_{C2p}(t)=\dfrac{R_2U_{1m}}{R_1+R_2}$，由三要素公式可得

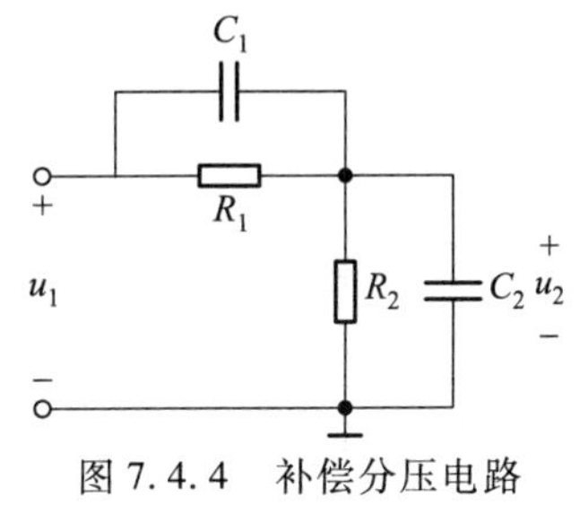

图 7.4.4　补偿分压电路

$$u_{C2}(t)=\frac{R_2U_{1m}}{R_1+R_2}+\left(\frac{C_1U_{1m}}{C_1+C_2}-\frac{R_2U_{1m}}{R_1+R_2}\right)\mathrm{e}^{-\frac{t}{(R_1/\!/R_2)(C_1+C_2)}}$$

由此可见，当满足关系 $R_1C_1=R_2C_2$ 时，$u_{C2}(t)$ 将没有过渡过程，输出电压 u_2 将紧随输入电压 u_1 一起向上跳变，因此电容 C_1 称为加速电容。该电路称为 RC 分压电路，亦称为补偿分压电路。

例 7.4.4　电力电路中的暂态过程

工程上接通电容电路时，例如接通空载电缆或架空母线时，会形成极大的电流冲击，应注意采取相应的安全措施。下面来分析这一现象产生的原因。

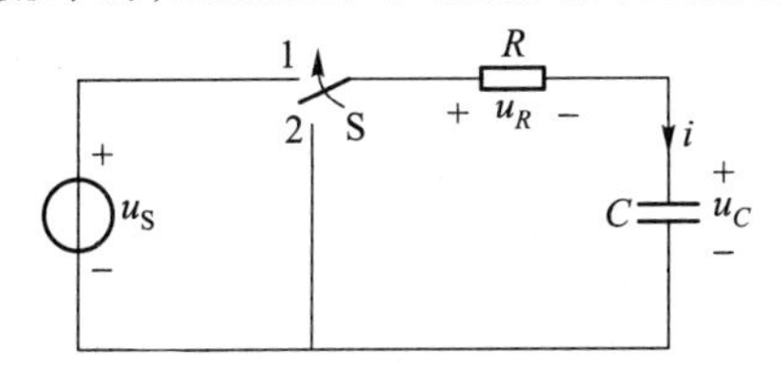

图 7.4.5　电力电路示意图

图 7.4.5 所示电路激励源为正弦交流电压源 $u_S(t)=\sqrt{2}U\sin(\omega t+\psi_u)$。由三要素法，$i(0_+)=0$，$\tau=RC$。正弦交流激励下的稳态电流，可用相量求解

$$\dot{I}\left(R-\mathrm{j}\frac{1}{\omega C}\right)=\dot{U}$$

$$\dot{I}=\frac{\dot{U}}{R-\mathrm{j}\dfrac{1}{\omega C}}=\frac{U\angle\psi_u}{\sqrt{R^2+\left(\dfrac{1}{\omega C}\right)^2}\angle\varphi}=\frac{U}{z}\angle\Psi_u-\varphi$$

其中

$$\varphi=\arctan\left(-\frac{1}{\omega CR}\right)\qquad z=\sqrt{R^2+\left(\frac{1}{\omega C}\right)^2}$$

$$\dot{U}_{Cp}=\dot{I}\left(-\mathrm{j}\frac{1}{\omega C}\right)=\frac{U}{z\cdot\omega C}\angle\psi_u-\varphi-90^\circ$$

$$u_{Cp}(t)=\frac{\sqrt{2}U}{z\cdot\omega C}\cdot\sin(\omega t+\psi_u-\varphi-90^\circ)$$

由三要素公式得到

$$u_C(t)=\frac{\sqrt{2}U}{z\cdot\omega C}\cdot\sin(\omega t+\psi_u-\varphi-90^\circ)-\frac{\sqrt{2}U}{z\cdot\omega C}\cdot\sin(\psi_u-\varphi-90^\circ)\,\mathrm{e}^{-\frac{t}{RC}}\tag{7.4.2}$$

$$i(t)=C\frac{\mathrm{d}u_C}{\mathrm{d}t}=\frac{\sqrt{2}U}{z}\sin(\omega t+\psi_u-\varphi)+\frac{\sqrt{2}U}{z\cdot\omega C\cdot R}\sin(\psi_u-\varphi-90^\circ)\mathrm{e}^{-\frac{t}{RC}} \qquad (7.4.3)$$

从式(7.4.2)和式(7.4.3)可以看出,电源的初相角 ψ_u 对暂态分量的大小有影响,通常 ψ_u 称为接通角。当 $\psi_u=\varphi$ 或 $\psi_u=\varphi+180^\circ$ 时,可得出电容电压的暂态分量为最大。从式(7.4.2)不难看出,电容过渡电压的最大值无论如何不会超过稳态电压幅值 $\frac{\sqrt{2}U}{z\cdot\omega C}$ 的两倍。但是从式(7.4.3)可以看出,在某些情况下,过渡电流的最大值将大大超过稳态电流的幅值 $\frac{\sqrt{2}U}{z}$。譬如:$\frac{X_C}{R}=\frac{1}{\omega C\cdot R}=500$ 时,$\varphi\approx-90^\circ$,若设接通角 $\psi_u=90^\circ$,则在换路后瞬间电流暂态分量约为 $\frac{500\sqrt{2}U}{z}$,是稳态分量的幅值的500倍左右。

7.5　二阶电路的响应

7.5.1　二阶电路的时域分析法

含有两个独立储能元件的电路,其微分方程为二阶,称为二阶电路。二阶电路的时域解法与一阶电路基本相同。本节仅以 RLC 串联电路的零输入响应为例讨论二阶电路的时域解法。

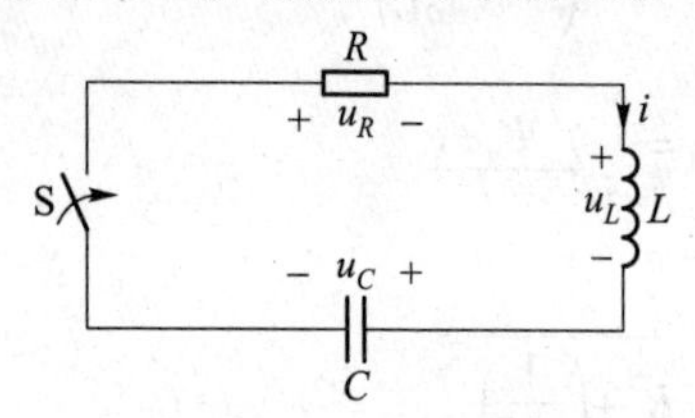

图7.5.1　RLC 串联电路

如图7.5.1为 RLC 串联电路,当 $t<0$ 时,电容 C 曾充过电,初始电压为 U_0,电感 L 处于零初始状态,即 $u_C(0_-)=U_0$,$i_L(0_-)=0$。在 $t=0$ 时刻,开关S闭合,求零输入响应 $u_C(t)$、$i(t)$ 与 $u_L(t)$。

如图7.5.1所示选取各电压、电流的参考方向。开关S闭合后,根据基尔霍夫电压定律和元件特性列写描述电路的微分方程

$$Ri+L\frac{\mathrm{d}i}{\mathrm{d}t}+u_C=0 \qquad (7.5.1)$$

$$i=C\frac{\mathrm{d}u_C}{\mathrm{d}t} \qquad (7.5.2)$$

将式(7.5.2)代入式(7.5.1),可得

$$RC\frac{\mathrm{d}u_C}{\mathrm{d}t}+L\cdot C\cdot\frac{\mathrm{d}^2u_C}{\mathrm{d}t^2}+u_C=0 \tag{7.5.3}$$

初始条件可根据换路定则确定如下

$$u_C(0_+)=u_C(0_-)=U_0,\quad \frac{\mathrm{d}u_C}{\mathrm{d}t}(0_+)=\frac{1}{C}i(0_+)=0$$

式(7.5.3)的特征方程为 $s^2+\frac{R}{L}s+\frac{1}{LC}=0$

特征根为

$$\left.\begin{aligned} s_1&=-\frac{R}{2L}+\sqrt{\left(\frac{R}{2L}\right)^2-\frac{1}{LC}}\\ s_2&=-\frac{R}{2L}-\sqrt{\left(\frac{R}{2L}\right)^2-\frac{1}{LC}}\end{aligned}\right\} \tag{7.5.4}$$

特征根仅与电路结构和参数有关。

1. 过阻尼过渡过程

当$\left(\frac{R}{2L}\right)^2>\frac{1}{LC}$即$R>2\sqrt{\frac{L}{C}}$时,特征方程有两个不相等的负实根。通解$u_C(t)$的一般形式为

$$u_C(t)=A_1\mathrm{e}^{s_1t}+A_2\mathrm{e}^{s_2t} \tag{7.5.5}$$

电流 $$i(t)=C\frac{\mathrm{d}u_C}{\mathrm{d}t}=CA_1s_1\mathrm{e}^{s_1t}+CA_2s_2\mathrm{e}^{s_2t} \tag{7.5.6}$$

因为s_1、s_2是两个不相等的负实根,解的两个分量$A_1\mathrm{e}^{s_1t}$、$A_2\mathrm{e}^{s_2t}$的绝对值单调减小,所以电路的过渡过程是非周期情况,也称为过阻尼情况。其中积分常数A_1、A_2由初始条件确定,对式(7.5.5)、式(7.5.6)取$t=0_+$时刻值

$$u_C(0_+)=A_1+A_2,\quad i(0_+)=CA_1s_1+CA_2s_2$$

由初值 $$A_1+A_2=U,\quad CA_1s_1+CA_2s_2=0$$

联立求解上两式得 $$A_1=\frac{s_2U_0}{s_2-s_1},\quad A_2=\frac{-s_1U_0}{s_2-s_1}$$

将A_1、A_2代入式(7.5.5)、式(7.5.6)即得

电容电压 $$u_C(t)=\frac{U_0}{s_2-s_1}(s_2\mathrm{e}^{s_1t}-s_1\mathrm{e}^{s_2t}) \tag{7.5.7}$$

电流 $$i(t)=C\frac{\mathrm{d}u_C}{\mathrm{d}t}=\frac{U_0}{L(s_2-s_1)}(\mathrm{e}^{s_1t}-\mathrm{e}^{s_2t})$$

电感电压 $$u_L(t)=L\frac{\mathrm{d}i}{\mathrm{d}t}=\frac{U_0}{s_2-s_1}(s_1\mathrm{e}^{s_1t}-s_2\mathrm{e}^{s_2t})$$

$u_C(t)$、$i(t)$、$u_L(t)$随时间变化的曲线如图7.5.2所示。在式(7.5.7)中，$u_C(t)$包含两个分量，s_1、s_2都为负值，且$|s_2|>|s_1|$，故e^{s_2t}比e^{s_1t}衰减得快，这两个单调下降的指数函数决定了电容电压$u_C(t)$的放电过程是非周期的。

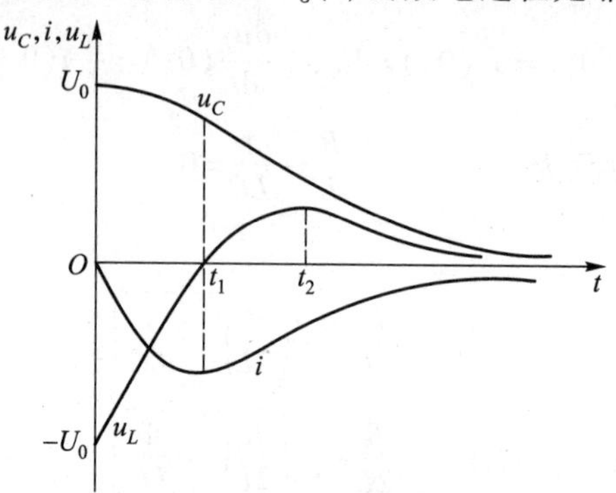

图7.5.2 过阻尼响应

在式(7.5.7)中，由于$s_2-s_1<0$，$e^{s_1t}-e^{s_2t}\geqslant 0$，所以$i\leqslant 0$，这说明电流只有大小变化而没有方向变化。在电路图7.5.1中，电流i的参考方向与电容电压$u_C(t)$的方向一致，电流为负，意味着电路接通后，电容一直处于放电状态。当$t=0_+$时，$i(0_+)=0$，当$t\to\infty$，电容放电完毕，电流也等于零。在放电过程中，$|i|$必然经历由小到大然后趋于零的过程，其中在$t=t_1$时，$|i|$达到最大值。

令$\dfrac{di}{dt}=0$得

$$s_1e^{s_1t}-s_2e^{s_2t}=0$$

则

$$t_1=\frac{\ln\dfrac{s_2}{s_1}}{s_1-s_2}$$

在$t=t_1$时刻，是i的极值点，也是u_C的波形转折点，因为$\left.\dfrac{d^2u_C}{dt^2}\right|_{t=t_1}=0$。

电感电压在$t=0_+$时初值为$-U_0$，在$0<t<t_1$时，由于电流i不断负向增加，u_L为负；在$t>t_1$后，电流负向减少，u_L为正，最终u_L衰减至零。

令$\dfrac{du_L}{dt}=0$得

$$s_1^2e^{s_1t}-s_2^2e^{s_2t}=0$$

可求得u_L达到最大值的时刻t_2

$$t_2=\frac{2\ln\dfrac{s_2}{s_1}}{s_1-s_2}=2t_1$$

在 $t=t_2$ 时刻,是 u_L 的极值点,也是 i 的波形转折点,因为 $\left.\frac{\mathrm{d}^2 i_L}{\mathrm{d}t^2}\right|_{t=t_2}=0$ 。

从能量转换角度分析非周期放电的过程。此过程可分两个阶段:

(1) $0\leqslant t\leqslant t_1$,电容电压 u_C 逐渐降低,电场能量释放,$|i|$增加,电感的磁场能逐渐增加,电阻消耗能量,即电容释放的电场能转化为电感中的磁场储能和供电阻消耗;

(2) $t>t_1$,电容电压继续降低,电场能量继续释放,$|i|$减小,电感转变为释放磁场储能,即电容、电感共同释放电磁能量,供给电阻消耗,直至能量耗尽,过渡过程结束。

2. 欠阻尼过渡过程

当$\left(\frac{R}{2L}\right)^2<\frac{1}{LC}$即 $R<2\sqrt{\frac{L}{C}}$ 时,特征方程有两个实部为负的共轭复根,$s_{1,2}=-b\pm\sqrt{b^2-\omega_0^2}=-b\pm\mathrm{j}\omega_\mathrm{d}$,其中,$b=\frac{R}{2L}$,称为衰减系数,$\omega_0=\frac{1}{\sqrt{LC}}$称为谐振角频率,$\omega_\mathrm{d}=\sqrt{\omega_0^2-b^2}$ 称为振荡角频率。

由欧拉公式,电容电压 $u_C(t)$的一般形式为

$$u_C(t)=A\mathrm{e}^{-bt}\sin(\omega_\mathrm{d}t+\theta) \tag{7.5.8}$$

此时过渡过程中电压电流是周期性振荡的,称为欠阻尼情况。

电流为

$$i(t)=C\frac{\mathrm{d}u_C}{\mathrm{d}t}=CA\mathrm{e}^{-bt}[-b\sin(\omega_\mathrm{d}t+\theta)+\omega_\mathrm{d}\cos(\omega_\mathrm{d}t+\theta)] \tag{7.5.9}$$

由初值确定积分常数 A、θ,对式(7.5.8)、式(7.5.9)取 $t=0_+$时刻的值,即

$$u_C(0_+)=A\sin\theta=U_0$$
$$i(0_+)=C\cdot A[-b\sin\theta+\omega_\mathrm{d}\cos\theta]=0$$

联立求解得

$$\theta=\arctan\frac{\omega_\mathrm{d}}{b},A=U_0\cdot\frac{\omega_0}{\omega_\mathrm{d}}$$

于是

$$u_C(t)=U_0\frac{\omega_0}{\omega_\mathrm{d}}\mathrm{e}^{-bt}\sin(\omega_\mathrm{d}t+\theta) \tag{7.5.10}$$

$$\begin{aligned} i(t)&=CU_0\frac{\omega_0}{\omega_\mathrm{d}}\mathrm{e}^{-bt}[-b\sin(\omega_\mathrm{d}t+\theta)+\omega_\mathrm{d}\cos(\omega_\mathrm{d}t+\theta)]\\ &=\frac{U_0}{L\omega_\mathrm{d}}\mathrm{e}^{-bt}\sin(\omega_\mathrm{d}t+\pi) \end{aligned} \tag{7.5.11}$$

$$u_L(t)=L\frac{\mathrm{d}i}{\mathrm{d}t}=\frac{U_0}{\omega_\mathrm{d}}\mathrm{e}^{-bt}[-b\sin(\omega_\mathrm{d}t+\pi)+\omega_\mathrm{d}\cos(\omega_\mathrm{d}t+\pi)]$$

$$=U_0\frac{\omega_0}{\omega_d}\mathrm{e}^{-bt}\sin(\omega_d t-\theta) \tag{7.5.12}$$

$u_C(t)$、$i(t)$、$u_L(t)$的波形如图7.5.3所示，它们都是振幅按指数规律衰减（由图中虚线所描绘的包络线）的正弦波，称为阻尼振荡或衰减振荡。可以得出：当u_C达到极大值时，i为零；当i达到极大值时，u_L为零。衰减系数b越大，振幅衰减越快；b越小，振幅衰减越慢。阻尼振荡角频率$\omega_d=\sqrt{\omega_0^2-b^2}=\sqrt{\frac{1}{LC}-\left(\frac{R}{2L}\right)^2}$由电路本身的参数确定：如果$L$及$C$一定，电阻$R$增大，则$\omega_d$减小，振荡减慢，阻尼振荡周期$T_d=\frac{2\pi}{\omega_d}$增大；当$R$增大到$R=2\sqrt{\frac{L}{C}}$时，则$\omega_d=0$，$T_d\rightarrow\infty$，于是响应从周期性振荡情况变为非周期非振荡情况；电阻R减小，则衰减系数b减小，衰减减慢，在$R=0$的极限情况下，衰减系数$b=0$，响应变成等幅振荡，也称为无阻尼振荡。无阻尼振荡角频率ω_d等于谐振角频率ω_0，这时式(7.5.10)、式(7.5.11)、式(7.5.12)变为

$$u_C(t)=U_0\sin\left(\omega_0 t+\frac{\pi}{2}\right) \tag{7.5.13}$$

$$i(t)=\frac{U_0}{\omega_0 L}\sin(\omega_0 t+\pi) \tag{7.5.14}$$

$$u_L(t)=U_0\sin\left(\omega_0 t-\frac{\pi}{2}\right) \tag{7.5.15}$$

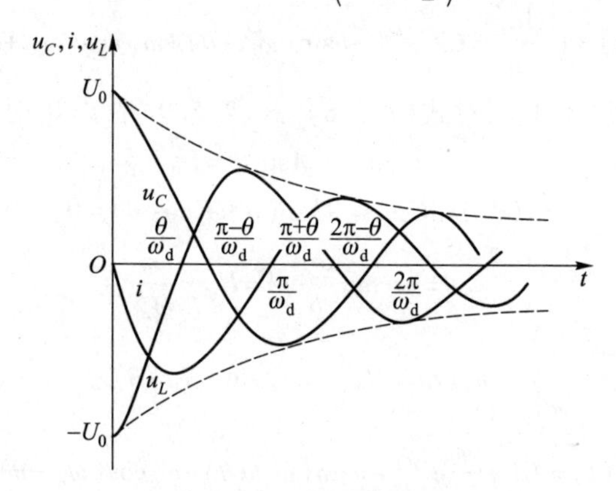

图7.5.3　欠阻尼响应

上述无阻尼振荡不是由激励源强制作用所形成的，而是零输入响应，因此称为自由振荡。从能量转换角度分析RLC串联电路中的自由振荡，实质上是电容所储存的电场能量和电感所储存的磁场能量反复进行交换的过程。因$R=0$，所

以无损耗,振荡一旦形成,将持续下去。

下面从能量转换角度分析 *RLC* 电路的欠阻尼周期性振荡过程。如图 7.5.3 所示,在第一个衰减振荡的半个周期内$\left(0\leqslant t\leqslant\frac{T_{\mathrm{d}}}{2}\right)$,可分三个阶段分析:

(1) $0\leqslant t\leqslant\frac{\theta}{\omega_{\mathrm{d}}}$,电容电压 u_C 逐渐减少,$|i|$从零增加到最大值,电容释放的电场能转化为电感中储存的磁场能和电阻损耗,由于电阻较小,电容释放的电场能大部分转化为磁场能;

(2) $\frac{\theta}{\omega_{\mathrm{d}}}\leqslant t\leqslant\frac{\pi-\theta}{\omega_{\mathrm{d}}}$,电容电压继续减小,$|i|$也逐渐减小,电容、电感均释放能量,供电阻消耗,在 $t=\frac{\pi-\theta}{\omega_{\mathrm{d}}}$时,$u_C=0$,电容储能已放完;

(3) $\frac{\pi-\theta}{\omega_{\mathrm{d}}}\leqslant t\leqslant\frac{\pi}{\omega_{\mathrm{d}}}$,$|i|$继续减少,电感继续释放磁场能,一部分转换为电容上的电场储能,迫使电容反方向充电,一部分供电阻消耗,在 $t=\frac{\pi}{\omega_{\mathrm{d}}}=\frac{T_{\mathrm{d}}}{2}$时,电容反向充电结束。电容反向充电的最高电压低于初始电压 U_0。在第二个衰减振荡的半个周期内,能量的转换情况与第一个半周期相似,只是电容在反向放电给电感储存和电阻消耗,如此循环往复,直至能量耗尽,过渡过程结束。

3. 临界阻尼过渡过程

当$\left(\frac{R}{2L}\right)^2=\frac{1}{LC}$,即 $R=2\sqrt{\frac{L}{C}}$时,特征方程有两个相等的负实根

$$s_1=s_2=-\frac{R}{2L}=s$$

电容电压 $u_C(t)$的一般形式为

$$u_C(t)=(A_3+A_4t)\mathrm{e}^{st} \tag{7.5.16}$$

电流

$$i(t)=C\frac{\mathrm{d}u_C}{\mathrm{d}t}=C[(A_3+A_4t)s+A_4]\mathrm{e}^{st} \tag{7.5.17}$$

由初始条件确定积分常数 A_3、A_4 为

$$u_C(0_+)=A_3=U_0$$
$$i(0_+)=C[A_3s+A_4]$$

解之得

$$A_3=U_0,A_4=-U_0s$$

因此

$$u_C(t)=U_0(1-st)\mathrm{e}^{st} \tag{7.5.18}$$

$$i(t)=-\frac{U_0}{L}t\mathrm{e}^{st} \tag{7.5.19}$$

$$u_L(t)=L\frac{\mathrm{d}i}{\mathrm{d}t}=-U_0(1+st)\mathrm{e}^{st} \tag{7.5.20}$$

$u_C(t)$、$i(t)$、$u_L(t)$随时间变化的曲线与图 7.5.2 所示的曲线相似。

综上所述,求解二阶电路过渡过程可以归结为以下步骤:

(1) 求初值。解 0_-稳态电路,获得 $u_C(0_-)$和 $i_L(0_-)$;解 0_+电路,获取$\frac{\mathrm{d}u_C}{\mathrm{d}t}(0_+)$或$\frac{\mathrm{d}i_L}{\mathrm{d}t}(0_+)$;

(2) 列写电路的微分方程,即 $t>0$ 时的动态电路方程;

(3) 求微分方程的特解和对应齐次方程的通解,合成全解;若激励源为直流或正弦交流,则特解可以解 $t>0$ 且达到新的稳态时的电路;

(4) 利用初始条件确定积分常数。

上述过程可归纳为"四步四电路"求解法。如果同时求解 u_C 和 i_L,则 0_+电路的求解可以省去,因为,在储能不突变的情况下,两个待定系数可由 $u_C(0_+)=u_C(0_-)$和 $i_L(0_+)=i_L(0_-)$来确定。

例 7.5.1　图 7.5.4 所示电路中,$R_1=10\ \Omega$,$R_2=2\ \Omega$,$C=\frac{1}{4}\ \mathrm{F}$,$L=2\ \mathrm{H}$,开关 S 在位置"1"已久,当 $t=0$ 时,S 由"1"切换至"2",求 $u_C(t)$与 $i_L(t)$。

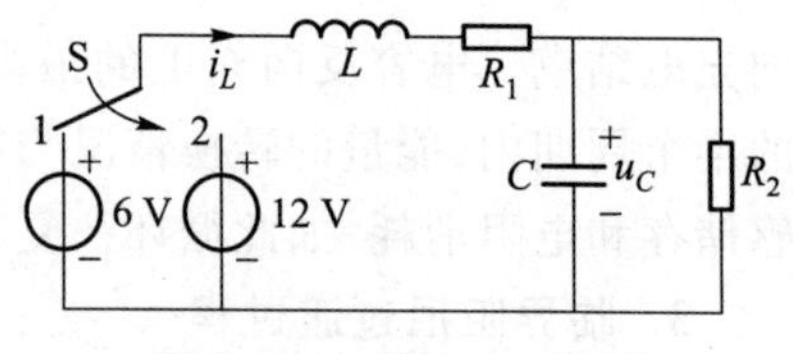

图 7.5.4　例 7.5.1 题图

解:第一步:解 0_-电路求初值

$t<0$,S 在"1"位置已达稳态,则

$$i_L(0_-)=\frac{6}{R_1+R_2}=0.5\ \mathrm{A}$$

$$u_C(0_-)=R_2 i_L(0_-)=1\ \mathrm{V}$$

第二步:解 $t>0$ 时电路所对应的微分方程

$t>0$,S 切换至"2",应有

KVL　$$L\frac{\mathrm{d}i_L}{\mathrm{d}t}+R_1 i_L+u_C=12$$

KCL　$$i_L=C\frac{\mathrm{d}u_C}{\mathrm{d}t}=+\frac{u_C}{R_2}$$

消去 i_L 整理得　$$LC\frac{\mathrm{d}^2u_C}{\mathrm{d}t^2}+\left[\frac{L}{R_2}+R_1C\right]\frac{\mathrm{d}u_C}{\mathrm{d}t}+\left[\frac{R_1}{R_2}+1\right]u_C=12$$

代入数据得 $$\frac{\mathrm{d}^2u_C}{\mathrm{d}t^2}+7\frac{\mathrm{d}u_C}{\mathrm{d}t}+12u_C=24$$

第三步:求微分方程的全解

特解为 $u_{Cp}(t)=2\ \mathrm{V}$。因电源为直流,特解的求取也可以按照直流稳态电路计算而获得。

特征方程为 $s^2+7s+12=0$,其特征跟为 $s_1=-3\quad s_2=-4$

通解 $$u_{Ch}(t)=A_1\mathrm{e}^{-3t}+A_2\mathrm{e}^{-4t}$$

全解为 $$u_C(t)=u_{Cp}(t)+u_{Ch}(t)=2+A_1\mathrm{e}^{-3t}+A_2\mathrm{e}^{-4t}$$

并由电容电压求出电感电流 $$i_L(t)=C[-3A_1\mathrm{e}^{-3t}-4A_2\mathrm{e}^{-4t}]+\frac{1}{R_2}[2+A_1\mathrm{e}^{-3t}+A_2\mathrm{e}^{-4t}]$$

$$=1-\frac{1}{4}A_1\mathrm{e}^{-3t}-\frac{1}{2}A_2\mathrm{e}^{-4t}$$

第四步:由初值确定待定系数

$$u_C(0_+)=2+A_1+A_2=u_C(0_-)=1$$

$$i_L(0_+)=1-\frac{1}{4}A_1-\frac{1}{2}A_2=i_L(0_-)=0.5$$

解之得 $$A_1=-4,A_2=-3$$

于是 $$u_C(t)=(2-4\mathrm{e}^{-3t}+3\mathrm{e}^{-4t})\ \mathrm{V}$$

$$i_L(t)=\left(1+\mathrm{e}^{-3t}-\frac{3}{2}\mathrm{e}^{-4t}\right)\ \mathrm{A}$$

7.5.2 二阶电路的直觉分析法

经典法求解二阶动态电路的过程就是求解二阶微分方程的过程,但是,在工程的很多场合中,并不关心响应的解析结果,而仅仅关注响应的特征,所以只需要知道表征相应性质的特征量,如初始值、初始变化趋势、稳态值、过渡过程的阻尼性质等。在这种情况下,类似于一阶动态电路的三要素法,不必求解微分方程,即可用简捷的方法求得二阶动态电路暂态响应的近似解答。

现以例子说明直觉分析法。已知图 7.5.5 中,$u_C(0_-)=3\ \mathrm{V}$,$i(0_-)=0\ \mathrm{A}$,$C=0.01\ \mathrm{F}$,$L=0.04\ \mathrm{H}$,R 分别取值 5 Ω 和 1 Ω。该电路不含电源,即电容电压 u_C 的稳态值为 0。经分析可得电路初值为 $u_C(0_+)=3$,$\frac{\mathrm{d}u_C}{\mathrm{d}t}(0_+)=\frac{1}{C}i(0_+)=0$。而 *RLC* 串联电

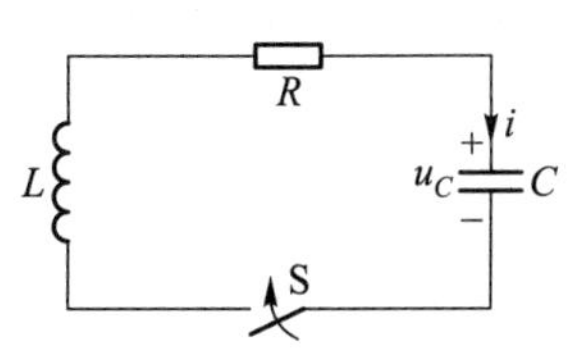

图 7.5.5 *RLC* 串联电路

路的特征根为 $s_{1,2}=-\frac{R}{2L}\pm\sqrt{\left(\frac{R}{2L}\right)^2-\frac{1}{LC}}=-b\pm\sqrt{b^2-\omega_0^2}$。

当 $R=5\ \Omega$ 时，$s_1=-25$，$s_2=-100$，为过阻尼响应，单调衰减。按下述步骤可粗略绘制出响应波形。

（1）首先，由初始值 $u_C(0_+)$ 和 $\frac{\mathrm{d}u_C}{\mathrm{d}t}(0_+)$ 确定曲线起点和变化趋势。在 $u_C(0_+)=3\ \mathrm{V}$ 处，沿时间轴方向出发。

（2）过阻尼特性意味着曲线单调衰减。

（3）衰减的速率主要取决于持续时间较长的那个特征根，也就是，类似于一阶电路的放电过程 $\mathrm{e}^{-25t}=\mathrm{e}^{-\frac{t}{0.04}}$，过渡过程持续时长约 $(3\sim5)\times0.04\ \mathrm{s}=(0.12\sim0.2)\ \mathrm{s}$。

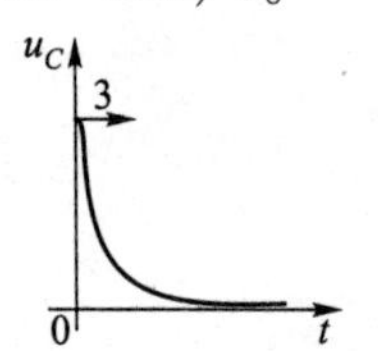

图 7.5.6　过阻尼响应

由此获得近似响应曲线如图 7.5.6 所示。

当 $R=1\ \Omega$ 时，$s_{1,2}=-12.5\pm\mathrm{j}48.4$，为欠阻尼响应，衰减振荡。其中，周期 $T_\mathrm{d}=\frac{2\pi}{\omega_\mathrm{d}}=0.13\ \mathrm{s}$，衰减系数 $b=-12.5$，振荡峰值包络线的衰减 $\mathrm{e}^{-12.5t}$。因为，$b=\frac{R}{2L}$，借助 5.2 节 RLC 谐振电路中品质因数 $Q=\frac{\omega_0 L}{R}$，衰减系数可改写为 $b=\frac{\omega_0}{2Q}$。若经历 Q 个周期 $\left(\text{也就是 } Q=\frac{\omega_0}{2b}=\frac{\sqrt{\omega_\mathrm{d}^2+b^2}}{2b}=\frac{\sqrt{48.4^2+12.5^2}}{2\times12.5}=2\right)$，则 $\mathrm{e}^{-bt}=\mathrm{e}^{-\frac{\omega_0 L}{2Q}Q\frac{2\pi}{\omega_\mathrm{d}}}=\mathrm{e}^{-\frac{\pi\omega_0}{\omega_\mathrm{d}}}<\mathrm{e}^{-\pi}\approx4\%$。也就是说，系统振荡 2 个周期，峰值包络线将衰减为其原始值的 4%。

确定 $R=1\ \Omega$ 时响应曲线的步骤如下：

（1）首先，由初始值 $u_C(0_+)$ 和 $\frac{\mathrm{d}u_C}{\mathrm{d}t}(0_+)$ 确定曲线起点和变化趋势。即，在 $u_C(0_+)=3\ \mathrm{V}$ 处，沿时间轴方向出发。

（2）欠阻尼特性意味着曲线具有衰减振荡的特点。振荡角频率为 ω_d，周期 $T_\mathrm{d}=\frac{2\pi}{\omega_\mathrm{d}}=0.13\ \mathrm{s}$。峰值的包络线按照 $\mathrm{e}^{-12.5t}$ 衰减。类似于一阶电路的放电过程，过渡过程约持续 $(3\sim5)\times\frac{1}{12.5}\ \mathrm{s}=(0.24\sim0.4)\ \mathrm{s}$，也即大约经历 $\frac{(3\sim5)\frac{1}{b}}{T_\mathrm{d}}=\frac{(0.24\sim0.4)}{0.13}\approx(2\sim3)$ 次振荡。

(3) 如果没有电路激励,峰值包络线的起始值 U_{CM} 可由能量恒等式获得。$t=0$ 时,如果所有能量都储存在电容中,电容电压将获得一个最大值 U_{CM},相应地,电容电压的衰减将限制在一对正负指数曲线之间,这对曲线在 $t=0$ 时初值为 $\pm U_{CM}$,经过 Q(品质因数)个周期衰减为其初始值的 4%,U_{CM} 可由 $t=0$ 时的系统总能量算出

$$\frac{1}{2}Cu_C^2(0_-)+\frac{1}{2}Li^2(0_-)=\frac{1}{2}Cu_{CM}^2$$

它表明若电路中的初始能量全部转换为电容储能时,电容电压可能的数值。本例中,因电感无初始储能,所以包络线在 $t=0$ 时刻就是 $u_C(0_+)$。

综上所述,可以近似画出 $R=1\ \Omega$ 的响应曲线如图 7.5.7 所示。

近似画出的响应曲线足以体现响应的基本特征。这一方法常用于工程实际之中。

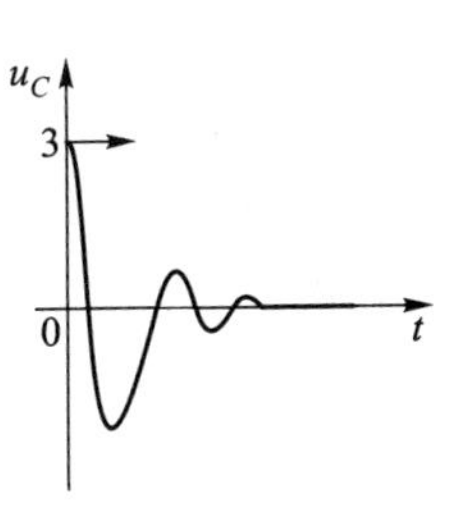

图 7.5.7 欠阻尼响应

7.6 单位阶跃响应和单位冲激响应

单位阶跃响应指的是单位阶跃函数的激励源施加至动态电路所产生的零状态响应。单位冲激响应则是单位冲激函数的激励源施加至动态电路所产生的零状态响应。

7.6.1 单位阶跃响应

在单位阶跃函数激励下的零状态响应,称为单位阶跃响应,常用 $s(t)$ 表示。

如图 7.6.1 所示 RL 电路,设电压 $u_S(t)$ 是单位阶跃函数,即 $u_S(t)=\varepsilon(t)$,相当于在 $t=0$ 时刻接通 1 V 的直流电压,由方程

$$Ri+L\frac{\mathrm{d}i}{\mathrm{d}t}=u_S$$

即很容易求出阶跃响应 $i(t)$

$$i(t)=\frac{1}{R}(1-\mathrm{e}^{-\frac{R}{L}t})\cdot\varepsilon(t) \quad (7.6.1)$$

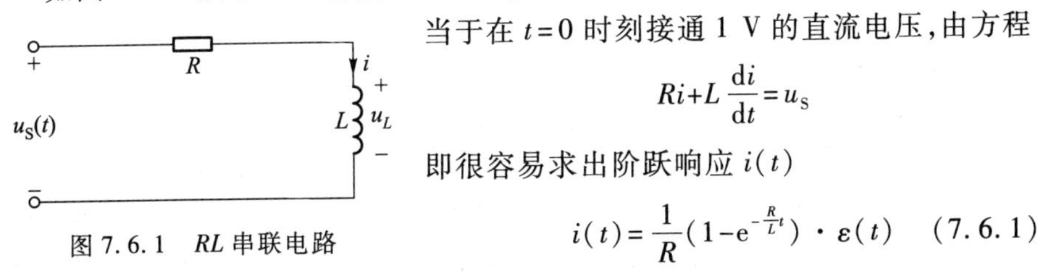

图 7.6.1 RL 串联电路

倘若将图 7.6.1 中的激励改变为延时的单位阶跃函数,即 $u_S(t)=\varepsilon(t-t_0)$,相当于在 $t=t_0$ 时刻接通 1 V 的直流电压,仍以 $t=0$ 时刻作为时间的起点,则同样可以得到

$$
\begin{aligned}
i(t) &= i_{p}(t)+\left[i(t_{0_+})-i_{p}(t_{0_+})\right]\mathrm{e}^{-\frac{t-t_0}{\tau}} \\
&= \frac{1}{R}\left[1-\mathrm{e}^{-\frac{R}{L}(t-t_0)}\right]\cdot\varepsilon(t-t_0)
\end{aligned}
\tag{7.6.2}
$$

比较式(7.6.1)与式(7.6.2)可见,只要将式(7.6.1)中的时间变量 t 用延时的时间变量$(t-t_0)$替代,就得到式(7.6.2)。因为,该电路的激励延时 t_0,则响应也随之延时 t_0,这种电路称为非时变电路。由线性 R、L、C、M 组成的电路都是非时变的。

RC 串联电路的阶跃响应,实质上是 RC 串联电路在单位直流激励 U_S 下的零状态响应,这里不再赘述。

例 7.6.1　在如图 7.6.1 所示电路中,激励 $u_S(t)$ 是如图 7.6.2 所示的矩形脉冲,求电路中产生的零状态响应 $i(t)$?

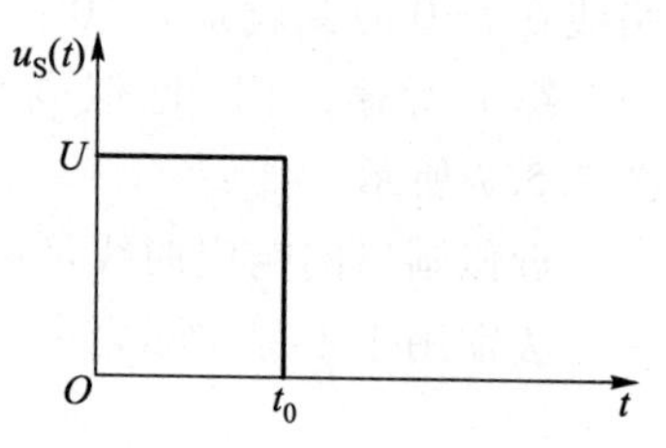

图 7.6.2　例 7.6.1 激励

解:$t<0$ 时,$i(0_-)=0$

根据换路定则,$i(0_+)=i(0_-)=0$

在 $0<t<t_0$ 时:$i_p(t)=\dfrac{U}{R}$

由三要素公式可以解得

$$
\begin{aligned}
i(t) &= i_{p}(t)+\left[i(0_+)-i_{p}(0_+)\right]\mathrm{e}^{-\frac{t}{\tau}} \\
&= \frac{U}{R}(1-\mathrm{e}^{-\frac{R}{L}t})
\end{aligned}
\tag{7.6.3}
$$

在 $t>t_0$ 时:

由式(7.6.3)可知　$i(t_{0_-})=\dfrac{U}{R}(1-\mathrm{e}^{-\frac{R}{L}t_0})$

根据换路定则　$i(t_{0_+})=i(t_{0_-})=\dfrac{U}{R}(1-\mathrm{e}^{-\frac{R}{L}t_0})$

又易知 $i_p(t)=0$

从而,由三要素公式可得

$$
i(t)=\frac{U}{R}(1-\mathrm{e}^{-\frac{R}{L}t_0})\,\mathrm{e}^{-\frac{R}{L}(t-t_0)}
\tag{7.6.4}
$$

以上求解方法是根据激励的作用对时间进行分段求解的方法。考虑到激励为矩形脉冲,$u_S(t)=U[\varepsilon(t)-\varepsilon(t-t_0)]$,因而根据式(7.6.1)、式(7.6.2)以及零状态线性性质,可直接得出

$$
i(t)=\frac{U}{R}[1-\mathrm{e}^{-\frac{R}{L}t}]\cdot\varepsilon(t)-\frac{U}{R}[1-\mathrm{e}^{-\frac{R}{L}(t-t_0)}]\cdot\varepsilon(t-t_0)
\tag{7.6.5}
$$

式 (7.6.5)按时间写成分段函数,即是式 (7.6.3)和式 (7.6.4)。

7.6.2 单位冲激响应

单位冲激响应是指单位冲激函数 $\delta(t)$激励下电路的零状态响应,常以 $h(t)$表示。

冲激激励 $\delta(t)$可看作在 $t=0$ 时刻电路中有一个幅度为无限大而作用时间为无限小的电源。当 $t<0$ 时,显然没有激励作用;当 $t=0$ 时,无限大激励作用,使储能元件的初始储能从 0_-到 0_+无限短时间里发生跳变,建立起 $t=0_+$时刻的初始储能;当 $t>0$ 后,显然也没有激励,电路依靠 $t=0_+$时刻的初始储能产生零输入响应。因此,求冲激响应的关键是求换路后瞬间的初始值。

现以图 7.6.1 所示电路为例,分析 RL 串联电路中的冲激响应。设图 7.6.1 所示电路中 $u_S(t)=\delta(t)$,求电流 $i(t)$的冲激响应。

由 KVL 列写电路微分方程

$$L\frac{\mathrm{d}i}{\mathrm{d}t}+Ri=\delta(t) \tag{7.6.6}$$

从式(7.6.6)可知,$i(t)$在 $t=0$ 时本身发生跳变,跳变后为有限值,倘若 $i(t)$本身为无限值,则$\frac{\mathrm{d}i}{\mathrm{d}t}$中将含有 $\delta(t)$的一阶导数,而等式右边不存在 $\delta(t)$的一阶导数,这样式(7.6.6)就不可能成立。根据上述分析,对式(7.6.6)两边从 $t=0_-$到 0_+作积分,可得

$$\int_{0_-}^{0_+}\left[L\frac{\mathrm{d}i}{\mathrm{d}t}\right]\cdot\mathrm{d}t+\int_{0_-}^{0_+}Ri\mathrm{d}t=\int_{0_-}^{0_+}\delta(t)\cdot\mathrm{d}t$$

如前所述 $i(t)$为有限值,上式第二项积分为零,则有

$$L[i(0_+)-i(0_-)]+0=1$$

由于 $i(0_-)=0$,所以 $i(0_+)=\frac{1}{L}$。

可以看出,这里电感电流不满足换路定则,即 $i(0_+)=\frac{1}{L}\neq i(0_-)=0$。当 $t>0$ 后,$\delta(t)=0$,式(7.6.6)转化为齐次微分方程

$$L\frac{\mathrm{d}i}{\mathrm{d}t}+Ri=0$$

可解得

$$i(t)=\frac{1}{L}\mathrm{e}^{-\frac{R}{L}t}\qquad t>0$$

$$u_L(t)=L\frac{\mathrm{d}i}{\mathrm{d}t}=-\frac{R}{L}\mathrm{e}^{-\frac{R}{L}t}\qquad t>0$$

最终得到 RL 串联电路的冲激响应

$$i(t)=\frac{1}{L}\mathrm{e}^{-\frac{R}{L}t}\cdot\varepsilon(t) \tag{7.6.7}$$

$$u_L(t)=\delta(t)-\frac{R}{L}\mathrm{e}^{-\frac{R}{L}t}\cdot\varepsilon(t) \tag{7.6.8}$$

$i(t)$、$u_L(t)$ 随时间变化的曲线如图 7.6.3 所示。

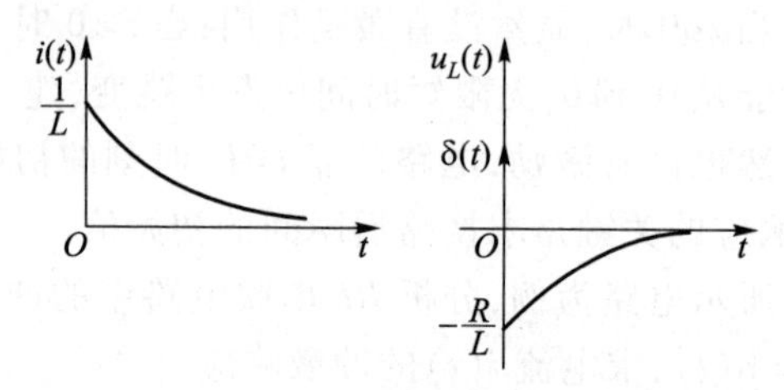

图 7.6.3　RL 电路的单位冲激响应

冲激函数是阶跃函数的导数，因此在线性、非时变电路中，冲激响应 $h(t)$ 亦是阶跃响应 $s(t)$ 的导数，即

$$h(t)=\frac{\mathrm{d}s(t)}{\mathrm{d}t} \tag{7.6.9}$$

现证明如下。

单位冲激函数可视为矩形脉冲的极限情况，即

$$\delta(t)=\lim_{\Delta\to0}\frac{1}{\Delta}[\varepsilon(t)-\varepsilon(t-\Delta)]=\frac{\mathrm{d}}{\mathrm{d}t}\varepsilon(t)$$

冲激响应就是由阶跃函数 $\frac{\varepsilon(t)}{\Delta}$ 所产生的响应 $\frac{s(t)}{\Delta}$ 与延时阶跃函数 $\frac{\varepsilon(t-\Delta)}{\Delta}$ 所产生的响应 $\frac{s(t-\Delta)}{\Delta}$ 的代数和，取极限 $\Delta\to0$，得到

$$h(t)=\lim_{\Delta\to0}\frac{1}{\Delta}[s(t)-s(t-\Delta)]=\frac{\mathrm{d}}{\mathrm{d}t}s(t)$$

根据式(7.6.9)，得到冲激响应的另一种求解方法。在上面的 RL 串联电路中，为求电感电流的冲激响应，可先求其阶跃响应 $s_{\mathrm{i}}(t)=\frac{1}{R}(1-\mathrm{e}^{-\frac{R}{L}t})\cdot\varepsilon(t)$，然后即得

冲激响应：$h_{\mathrm{i}}(t)=\frac{\mathrm{d}s_{\mathrm{i}}(t)}{\mathrm{d}t}=\frac{1}{R}(1-\mathrm{e}^{-\frac{R}{L}t})\cdot\frac{\mathrm{d}\varepsilon(t)}{\mathrm{d}t}+\frac{1}{R}\frac{R}{L}\mathrm{e}^{-\frac{R}{L}t}\cdot\varepsilon(t)=\frac{1}{L}\mathrm{e}^{-\frac{R}{L}t}\cdot\varepsilon(t)$

求解结果与式(7.6.7)相同。

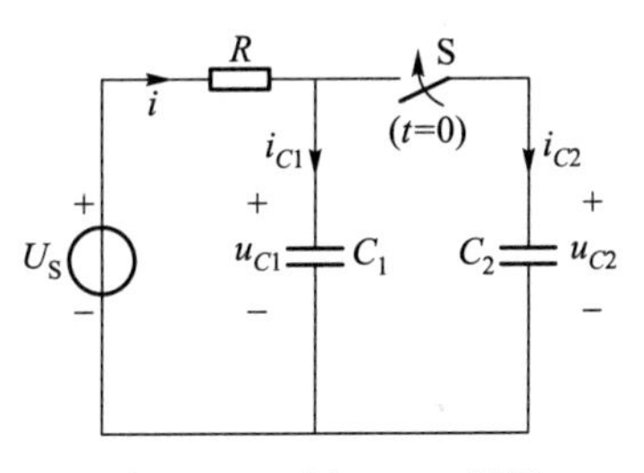

图 7.6.4　例 7.6.2 题图

例 7.6.2　如图 7.6.4 所示电路，$U_S=1$ V，$R=1$ Ω，$C_1=0.25$ F，$C_2=0.5$ F。$t=0$ 时 S 接通，求 $u_{C1}(t)$，$u_{C2}(t)$。

解：由题意知，开关合上前，$u_{C1}(0_-)=1$ V，$u_{C2}(0_-)=0$。开关合上后，电容上的电压初值将发生突变。根据系统总电荷守恒，有

$$C_1u_{C1}(0_+)+C_2u_{C2}(0_+)=C_1u_{C1}(0_-)+C_2u_{C2}(0_-) \tag{7.6.10}$$

$$u_{C1}(0_+)=u_{C2}(0_+) \tag{7.6.11}$$

联立求解式(7.6.10)和式(7.6.11)，可得

$$u_C(0_+)=u_{C1}(0_+)=u_{C2}(0_+)=\frac{1}{3}\text{ V}$$

稳态值

$$u_{C1p}(t)=u_{C2p}(t)=1\text{ V}$$

时间常数

$$\tau=R(C_1+C_2)=\frac{4}{3}\text{ s}$$

由三要素法

$$u_C(t)=1+\left(\frac{1}{3}-1\right)e^{-\frac{4}{3}t}=1-\frac{2}{3}e^{-\frac{4}{3}t}\quad(t\geqslant0_+)$$

欲完整表示电容电压的变化规律，可用分段函数表示如下

$$u_{C1}(t)=\begin{cases}1 & t\leqslant0_-\\ 1-\dfrac{2}{3}e^{-\frac{4}{3}t} & t\geqslant0_+\end{cases}\qquad u_{C2}(t)=\begin{cases}0 & t\leqslant0_-\\ 1-\dfrac{2}{3}e^{-\frac{4}{3}t} & t\geqslant0_+\end{cases}$$

也可以利用阶跃函数表示为

$$u_{C1}(t)=\varepsilon(-t)+\left(1-\frac{2}{3}e^{-\frac{4}{3}t}\right)\varepsilon(t)\qquad u_{C2}(t)=\left(1-\frac{2}{3}e^{-\frac{4}{3}t}\right)\varepsilon(t)$$

$$i_{C1}=C_1\frac{du_{C1}}{dt}=0.25\left[-\delta(-t)+\frac{8}{9}e^{-\frac{4}{3}t}\varepsilon(t)+\left(1-\frac{2}{3}e^{-\frac{4}{3}t}\right)\delta(t)\right]$$

$$=-\frac{1}{6}\delta(t)+\frac{2}{9}e^{-\frac{4}{3}t}\varepsilon(t)$$

$$i_{C2}=C_2\frac{du_{C2}}{dt}=0.5\left[\frac{8}{9}e^{-\frac{4}{3}t}\varepsilon(t)+\left(1-\frac{2}{3}e^{-\frac{4}{3}t}\right)\delta(t)\right]=\frac{1}{6}\delta(t)+\frac{4}{9}e^{-\frac{4}{3}t}\varepsilon(t)$$

求解电容电流发现，换路后两个电容电压发生突变，使得电容电流含有冲激电流，且大小相等，符号相反，电源支路中的电流 $i=i_{C1}+i_{C2}$ 不含冲激分量。

电容电流也可以根据物理含义方便求得。由于 $0_-\to0_+$，C_1 电压的改变量为 $\Delta u_{C1}=\left(\frac{1}{3}-1\right)\text{ V}=-\frac{2}{3}\text{ V}$，转移的电荷 $\Delta q_1=0.25\times\left(-\frac{2}{3}\right)\text{ C}=-\frac{1}{6}\text{ C}$，相应的电流

为$-\frac{1}{6}\delta(t)$，而$t>0_+$，

$$i_{C1}=0.25\frac{\mathrm{d}\left(1-\frac{2}{3}\mathrm{e}^{-\frac{4}{3}t}\right)}{\mathrm{d}t}=\frac{2}{9}\mathrm{e}^{-\frac{4}{3}t}$$

若将$0_-\to 0_+$瞬间电流的冲激分量包含进去，就可表示为

$$i_{C1}=-\frac{1}{6}\delta(t)+\frac{2}{9}\mathrm{e}^{-\frac{4}{3}t}\varepsilon(t)$$

该结果与用全域表示的电容电压求导所得到的结果是相同的。这是因为，全域表达式中包含了对突变的描述，当对突变的u_C求导数，即体现为冲激电流。

二阶动态电路冲激响应的分析方法与一阶动态电路基本相同，有所区别的是初值的确定更为复杂。

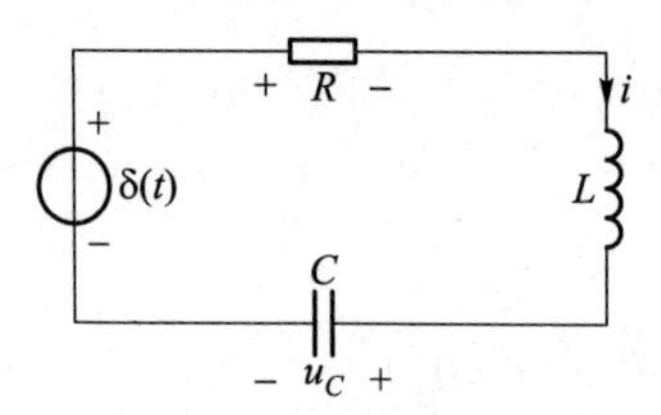

图 7.6.5 冲激电源激励的 *RLC* 串联电路

如图 7.6.5 所示 *RLC* 串联电路，求冲激响应$u_C(t)$和$i(t)$（即单位冲激函数作用下的零状态响应）。

在$t=0$时刻，列写电路 KVL 方程如下

$$u_R+u_L+u_C=\delta(t)$$

$$RC\frac{\mathrm{d}u_C}{\mathrm{d}t}+LC\frac{\mathrm{d}^2u_C}{\mathrm{d}t^2}+u_C=\delta(t)$$

方程右边是冲激函数$\delta(t)$，故左方$\frac{\mathrm{d}^2u_C}{\mathrm{d}t^2}$中包含冲激，$\frac{\mathrm{d}u_C}{\mathrm{d}t}$中包含有限值的跳变，$u_C$应连续。因为倘若$\frac{\mathrm{d}u_C}{\mathrm{d}t}$中包含冲激，那么$\frac{\mathrm{d}^2u_C}{\mathrm{d}t^2}$中包含冲激的一阶导数，而方程的右边不含冲激的一阶导数，方程两边不能平衡。因此u_C连续而不跳变，即$u_C(0_+)=u_C(0_-)=0$。对微分方程两边从$t=0_-$到0_+积分，可得

$$\int_{0_-}^{0_+}RC\frac{\mathrm{d}u_C}{\mathrm{d}t}\cdot\mathrm{d}t+\int_{0_-}^{0_+}LC\frac{\mathrm{d}^2u_C}{\mathrm{d}t^2}\cdot\mathrm{d}t+\int_{0_-}^{0_+}u_C\cdot\mathrm{d}t=\int_{0_-}^{0_+}\delta(t)\cdot\mathrm{d}t$$

$$RC[u_C(0_+)-u_C(0_-)]+LC\left[\frac{\mathrm{d}u_C}{\mathrm{d}t}(0_+)-\frac{\mathrm{d}u}{\mathrm{d}t}(0_-)\right]=1$$

因为初始条件为$u_C(0_-)=0$，$i(0_-)=0$，得$\frac{\mathrm{d}u_C}{\mathrm{d}t}(0_-)=\frac{i(0_-)}{C}=0$

所以$\frac{\mathrm{d}u_C}{\mathrm{d}t}(0_+)=\frac{1}{LC}$即$i(0_+)=\frac{1}{L}$

即换路后初始状态 $u_C(0_+)=u_C(0_-)=0$

$$i(0_{+})=\frac{1}{L}$$

结果表明，换路瞬间，电感电流跃变，电容电压保持。换路之后，二阶电路的响应就是零输入响应，与7.5.1节的分析方法完全相同，这里不再赘述。

根据换路瞬间冲激电压源在各元件上分配的特点，可以采取下面介绍的另一种方法确定冲激函数激励下的初值。

冲击电压源作用于 RLC 串联电路，其分配原则是：电容相对于电阻可以忽略，电阻相对于电感可以忽略。或者说，承担冲激电压的元件优先顺序是电感、电阻、电容，也就是说，若 RLC 串联，冲激电压由电感承担，即 $u_{L}=\delta(t)$，即 $i_{L}(0_{+})=i_{L}(0_{-})+\frac{1}{L}\int_{0_{-}}^{0_{+}}\delta(t)\,\mathrm{d}t$，电感电流突变。

上述分析过程可用图7.6.6表示，图中，电容上不承担冲激电压，等效为短路，电感承受电源电压，等效为开路，于是有

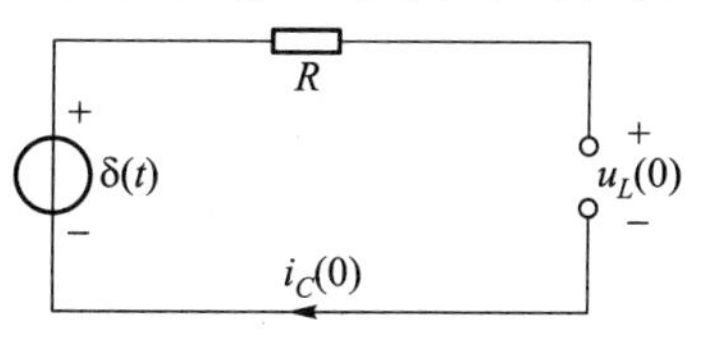

图7.6.6 换路瞬间等效电路

$$u_{L}(0)=\delta(t),\quad i_{C}(0)=0$$

$$i_{L}(0_{+})=i_{L}(0_{-})+\frac{1}{L}\int_{0_{-}}^{0_{+}}u_{L}(0)\,\mathrm{d}t=\frac{1}{L}$$

$$u_{C}(0_{+})=u_{C}(0_{-})+\frac{1}{C}\int_{0_{-}}^{0_{+}}i_{C}(0)\,\mathrm{d}t=0$$

所得初值与上述从方程分析求得的初值相同。

同理，当冲击电流源加到 RLC 并联电路时，在 $t=0$ 的瞬间，冲击电流全部从电容中流过，使电容中的储能发生突变，也就是电容电压发生突变。如图7.6.7，承担冲击电流的元件优先顺序是电容、电阻、电感。这就是说，$i_{C}(0)=\delta(t)$，即 $u_{C}(0_{+})=u_{C}(0_{-})+\frac{1}{C}\int_{0_{-}}^{0_{+}}\delta(t)\,\mathrm{d}t$，电容电压突变以满足冲击电流源的制约。

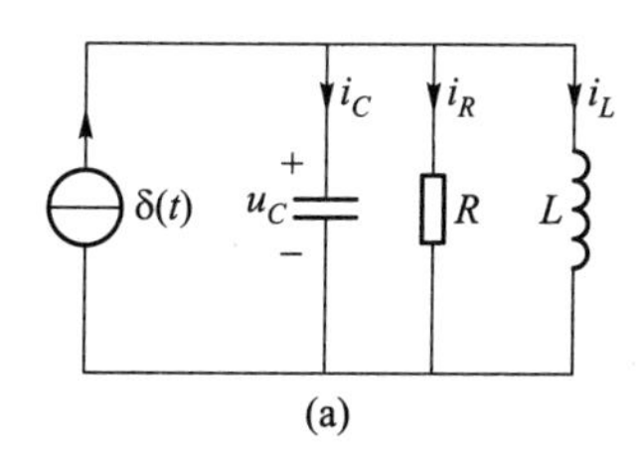

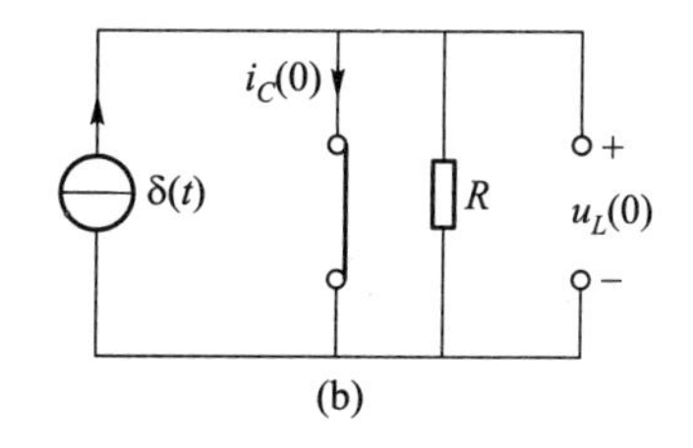

图7.6.7 冲激电源激励的 RLC 并联电路

若 RC 串联，冲激电压由电阻承担，即 $u_{R}=\delta(t)$，电容电压为有限值，但会突变。

若 RL 串联，冲激电压由电感承担，即 $u_{L}=\delta(t)$，则 $i_{L}(0_{+})=i_{L}(0_{-})+\frac{1}{L}\int_{0_{-}}^{0_{+}}\delta(t)\,\mathrm{d}t$，

电感电流突变。

例 7.6.3　如图 7.6.8(a)所示电路，已知 $R=\frac{1}{5}\ \Omega, L=\frac{1}{6}\ \mathrm{H}, C=1\ \mathrm{F}$，求冲激响应 $i_L(t)$。

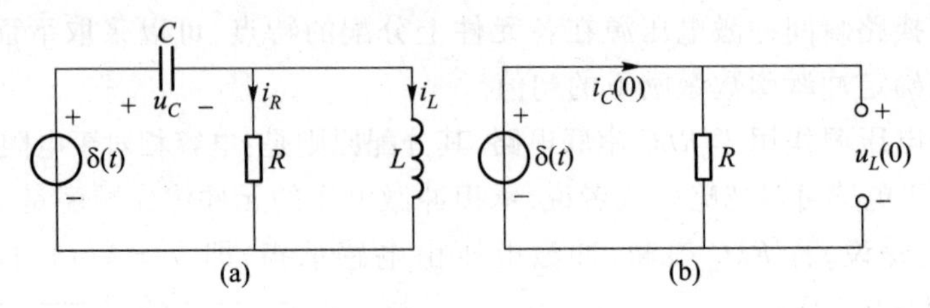

图 7.6.8　例 7.6.3 题图

解法 1：先求初值，然后求零输入响应 $i_L(t)$。

在 $t=0$ 时刻，应有

$$i_L(0)=i_L(0_-)=0, \quad u_C(0)=u_C(0_-)=0$$

画出 $t=0$ 时刻的等效电路，如图 7.6.8(b)所示。

$$u_L(0)=\delta(t)$$

$$i_C(0)=\frac{\delta(t)}{R}=5\delta(t)$$

于是

$$i_L(0_+)=i_L(0_-)+\frac{1}{L}\int_{0_-}^{0_+}u_L(0)\,\mathrm{d}t=6\ \mathrm{A}$$

$$u_C(0_+)=u_C(0_-)+\frac{1}{C}\int_{0_-}^{0_+}i_C(0)\,\mathrm{d}t=5\ \mathrm{V}$$

当 $t>0$ 后，列写方程如下

KVL：

$$u_C+Ri_R=0$$

$$u_C+u_L=0$$

KCL：

$$i_R=C\frac{\mathrm{d}u_C}{\mathrm{d}t}-i_L$$

消除中间变量后的方程为　$RCL\frac{\mathrm{d}^2i_L}{\mathrm{d}t^2}+L\frac{\mathrm{d}i_L}{\mathrm{d}t}+Ri_L=0$

代入参数

$$\frac{\mathrm{d}^2i_L}{\mathrm{d}t^2}+5\frac{\mathrm{d}i_L}{\mathrm{d}t}+6i_L=0$$

微分方程的解为

$$i_L(t)=A_1\mathrm{e}^{-2t}+A_2\mathrm{e}^{-3t}$$

由初始条件

$$i_L(0_+)=6\ \mathrm{A}$$

$$\frac{\mathrm{d}i_L}{\mathrm{d}t}(0_+)=\frac{u_L(0_+)}{L}=\frac{-u_C(0_+)}{L}=30\ \mathrm{A}\cdot\mathrm{s}^{-1}$$

确定积分常数如下:

$$i_L(0_+)=A_1+A_2=6$$

$$\frac{\mathrm{d}i_L}{\mathrm{d}t}(0_+)=-2A_1-3A_2=-30$$

解之得

$$A_1=-12 \qquad A_2=18$$

所以

$$i_L(t)=-12\mathrm{e}^{-2t}+18\mathrm{e}^{-3t} \quad t>0$$

解法 2:先求阶跃响应,当 $t>0$ 后,列写方程得到

KVL:

$$u_C+Ri_R=1$$

$$u_C+u_L=1$$

KCL:

$$i_R=C\frac{\mathrm{d}u_C}{\mathrm{d}t}-i_L$$

消除中间变量后的方程为

$$RCL\frac{\mathrm{d}^2 i_L}{\mathrm{d}t^2}+L\frac{\mathrm{d}i_L}{\mathrm{d}t}+Ri_L=0$$

$$i_L(t)=A_1'\mathrm{e}^{-2t}+A_2'\mathrm{e}^{-3t}$$

初始条件

$$i_L(0_+)=i_L(0_-)=0$$

$$\frac{\mathrm{d}i_L}{\mathrm{d}t}(0_+)=\frac{u_L(0_+)}{L}=\frac{1}{L}=6\ \mathrm{A}\cdot\mathrm{s}^{-1}$$

则

$$A_1'+A_2'=0$$

$$-2A_1'-3A_2'=6$$

解之得

$$A_1'=6 \qquad A_2'=-6$$

阶跃响应

$$i_L(t)=s(t)=6\mathrm{e}^{-2t}-6\mathrm{e}^{-3t} \qquad t\geqslant 0$$

冲激响应

$$i_L(t)=h(t)=-12\mathrm{e}^{-2t}+18\mathrm{e}^{-3t} \qquad t>0$$

与解法 1 结果一致。

7.7 应用示例

7.7.1 数字电路中的响应延迟

1. 反相器串联的传播延迟分析

两个反相器串联,理想情况下输入数字信号与输出应该相同,但是,实际波

形的上升沿和下降沿均非理想，而是如图7.7.1(b)所示。当输入从逻辑**1**变化到逻辑**0**的一段时间 $t_{pd,1\to0}$ 后输出才达到 U_{OH}，从而使得产生此信号的反相器满足静态要求，并获得噪声容限。这段时间称为反相器A输入从逻辑**1**到逻辑**0**的跃迁产生的传播延迟。$t_{pd,0\to1}$ 的含义类似。

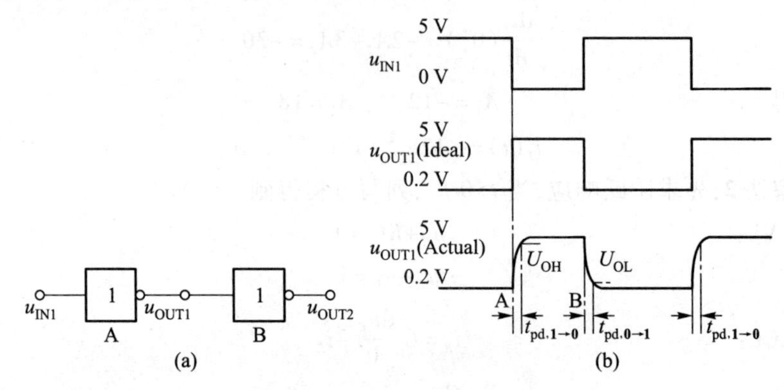

图7.7.1　反相器与数字信号

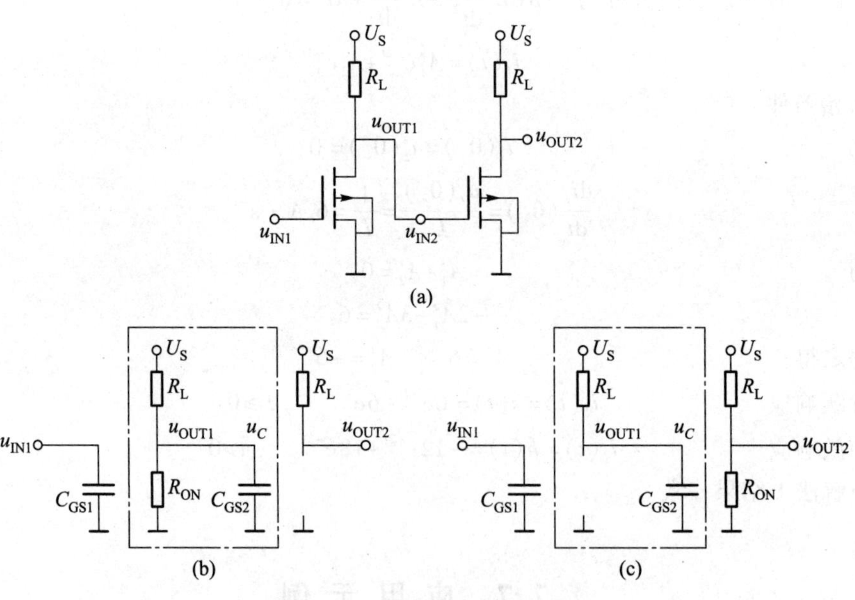

图7.7.2　反相器及其等效电路

反相器的内部电路如图7.7.2(a)所示，如果传播延迟是因栅极到源极的电容 C_{Gs} 而致，则当输入为高电平时，串联反相器的等效电路如图7.7.2(b)所示。当输入为低电平时，串联反相器的等效电路如图7.7.2(c)所示。我们感兴趣的图中点画线框内部的电路，下面进行定量分析。

例 7.7.1 已知反相器的输出低电压 $U_{\mathrm{OL}}=1\ \mathrm{V}$,输出高电压 $U_{\mathrm{OH}}=4\ \mathrm{V}$,假设 MOSFET 的开启电压是 $U_{\mathrm{T}}=1\ \mathrm{V}$,$R_{\mathrm{ON}}=1\ \mathrm{k\Omega}$,$R_{\mathrm{L}}$ 为 10 kΩ,电容初值 5 V,求 $t_{\mathrm{pd},0\to1}$ 和 $t_{\mathrm{pd},1\to0}$ 以及反相器的传播时间 $t_{\mathrm{pd}}=\max\{t_{\mathrm{pd},0\to1},t_{\mathrm{pd},1\to0}\}$。

解:计算 $t_{\mathrm{pd},0\to1}$,也就是电容电压从初值 5 V 降至 $U_{\mathrm{OL}}=1\ \mathrm{V}$ 所用的时间。对于图 7.7.2(b),用三要素法,有

$$\tau=\frac{R_{\mathrm{L}}R_{\mathrm{ON}}}{R_{\mathrm{L}}+R_{\mathrm{ON}}}C_{\mathrm{GS2}},u_C(0_+)=5\ \mathrm{V},\quad u_{C\mathrm{p}}(t)=\frac{U_{\mathrm{S}}}{R_{\mathrm{ON}}+R_{\mathrm{L}}}R_{\mathrm{ON}}$$

$$u_C(t)=u_{C\mathrm{p}}(t)+[u_C(0_+)-u_{C\mathrm{p}}(0_+)]\mathrm{e}^{-\frac{t}{\tau}}<U_{\mathrm{OL}}$$

即

$$t>-\tau\ln\frac{U_{\mathrm{OL}}-u_{C\mathrm{p}}(t)}{U_{\mathrm{S}}-u_{C\mathrm{p}}(0_+)}=0.192\ 8\ \mathrm{ns}$$

因此

$$t_{\mathrm{pd},0\to1}=0.192\ 8\ \mathrm{ns}$$

计算 $t_{\mathrm{pd},1\to0}$,也就是电容电压从初值$\left[\text{上一状态稳态值 } u_{C\mathrm{p}}(t)=\frac{U_{\mathrm{S}}}{R_{\mathrm{ON}}+R_{\mathrm{L}}}R_{\mathrm{ON}}\right]$升至 $U_{\mathrm{OH}}=4\ \mathrm{V}$ 所用的时间。对于图 7.7.2(c),用三要素法,有

$$\tau=R_{\mathrm{L}}C_{\mathrm{GS2}},\quad u_C(0_+)=\frac{U_{\mathrm{S}}}{R_{\mathrm{ON}}+R_{\mathrm{L}}}R_{\mathrm{ON}},\quad u_{C\mathrm{p}}(t)=U_{\mathrm{S}}$$

$$u_C(t)=u_{C\mathrm{p}}(t)+[u_C(0_+)-u_{C\mathrm{p}}(0_+)]\mathrm{e}^{-\frac{t}{\tau}}>U_{\mathrm{OH}}$$

即

$$t<-\tau\ln\frac{U_{\mathrm{OH}}-u_{C\mathrm{p}}(t)}{U_{\mathrm{S}}-u_{C\mathrm{p}}(0_+)}=1.514\ \mathrm{ns}$$

因此

$$t_{\mathrm{pd},1\to0}=1.514\ 1\ \mathrm{ns}$$

则门传输延迟为

$$t_{\mathrm{pd}}=1.514\ 1\ \mathrm{ns}$$

假设两个反相器间连线的电阻和电容都不容忽略,其等效电路如图 7.7.3 所示,$R_{\mathrm{wire}}=2\ \mathrm{k\Omega}$,$C_{\mathrm{wire}}=2\ \mathrm{pF}$,再求 t_{pd}。

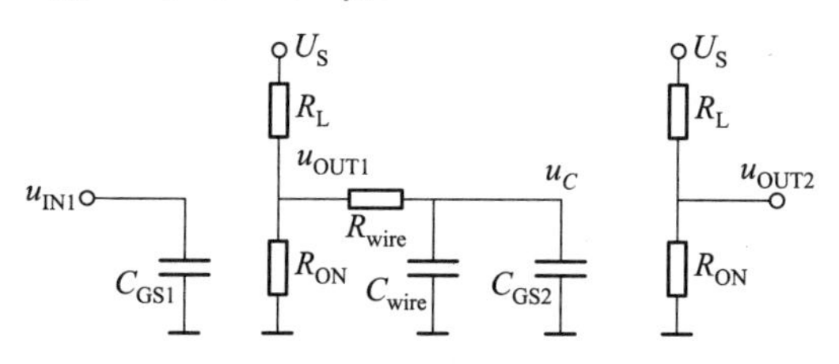

图 7.7.3 考虑连线阻容影响的反相器等效电路

计算过程与上述相似,仅仅是等效电容的大小,以及从电容两端看进去的戴维宁等效电路有所区别,计算过程略去,直接给出计算结果 $t_{\mathrm{pd},0\to1}=12.9\ \mathrm{ns}$,$t_{\mathrm{pd},1\to0}=38.15\ \mathrm{ns}$。可见,导线延迟使电路延迟增加了不止一个数量级。

这个例子表明,电容导致电路输出缓慢上升和下降,产生信号延迟,从而限

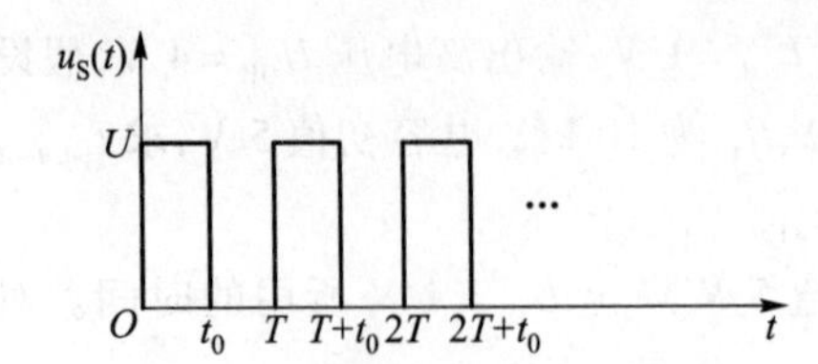

图 7.7.4　周期性矩形脉冲电压波形

制了时钟频率。

2. 脉冲序列作用下动态电路的响应

如图 7.7.4 所示的周期性矩形脉冲电压序列 $u_S(t)$ 作用下 RL 串联电路，假设 $\tau \ll \frac{T}{2}$，则零状态响应电流 $i(t)$ 为可应用零状态线性以及阶跃函数的延迟特性计算如下

$$i(t)=\frac{U}{R}[1-\mathrm{e}^{-\frac{R}{L}t}]\cdot\varepsilon(t)-\frac{U}{R}[1-\mathrm{e}^{-\frac{R}{L}(t-t_0)}]\cdot\varepsilon(t-t_0)+\frac{U}{R}[1-\mathrm{e}^{-\frac{R}{L}(t-T)}]\cdot$$

$$\varepsilon(t-T)-\frac{U}{R}[1-\mathrm{e}^{-\frac{R}{L}[t-(T+t_0)]}]\cdot\varepsilon[t-(T+t_0)]+\cdots$$

若图 7.6.5 所示脉冲序列加到 RC 串联电路，经历很长时间后，电路将稳定地充电和放电，则此稳定的电容电压波形，可分为两段分别由三要素公式计算如下。

第一段，$0<t<T$，为充电：$u_C(t)=U+(U_1-U)\mathrm{e}^{-t/\tau}$，$U_2=U+(U_1-U)\mathrm{e}^{-T/\tau}$　(7.7.1)

其中 U_1 为第一段的起始时刻电容电压值，U_2 为第一段的终止时刻电容电压值。

第二段，$T<t<2T$，为放电 $u_C(t)=U_2\mathrm{e}^{-(t-T)/\tau}$，$U_1=U_2\mathrm{e}^{-T/\tau}$　(7.7.2)

其中 U_2 为第二段的起始时刻电容电压值，也就是第一段的终止时刻电容电压值。U_1 则是放电结束时的电容电压值，也就是下一个周期(第一段)的起始时刻电容电压值。

两段联立求解，即将式(7.7.2)带入式(7.7.1)，可获得

$$U_2=U+U_2\mathrm{e}^{-2T/\tau}-U\mathrm{e}^{-t/\tau},\quad U_2=\frac{U(1-\mathrm{e}^{-T/\tau})}{1-\mathrm{e}^{-2T/\tau}}=\frac{U}{1-\mathrm{e}^{-T/\tau}}$$

$$U_1=\frac{U(\mathrm{e}^{-T/\tau}-\mathrm{e}^{-2T/\tau})}{1-\mathrm{e}^{-2T/\tau}},\quad U_1=\frac{U\mathrm{e}^{-T/\tau}}{1+\mathrm{e}^{-T/\tau}}$$

波形如图 7.7.5(c)所示。

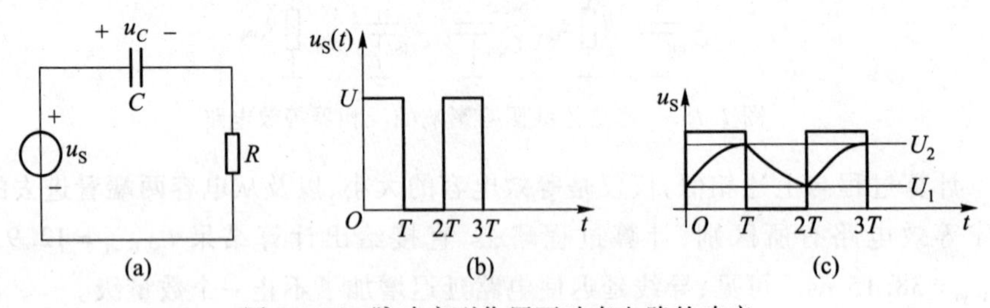

图 7.7.5　脉冲序列作用下动态电路的响应

7.7.2 含半导体器件电路的过渡过程分析

1. 含续流二极管的电感电路

电感线圈从工作电路中切除时会出现冲击电压,例如,发电机励磁电路断开时。在图 7.7.6(a)所示电路的开关关断瞬间,电感两端会出现高电压,$u_L(0_+)=R_1\dfrac{U}{R}$。若 $R\ll R_1$,则 $u_L(0_+)\gg U$,为防止电感电流引起高电压,造成设备损坏,需并联续流二极管如图 7.7.6(b)所示。

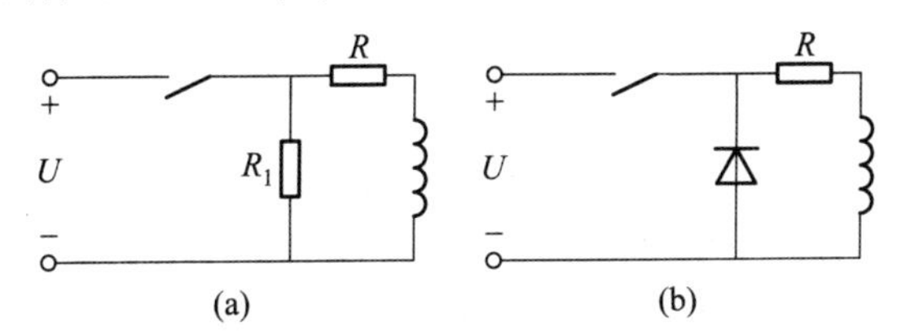

图 7.7.6 电感电路的关断

例 7.7.2 图 7.7.7 所示电路中,$R_1=10\ \Omega$,$L=1$ H,接在 $U=100$ V 的直流电源上。现要求断开时电压 u_{ab}不超过 U 的 3 倍,且使电流 i 在 0.1 s 内衰减至初值的 5% 以下,求 R_2 为多少?

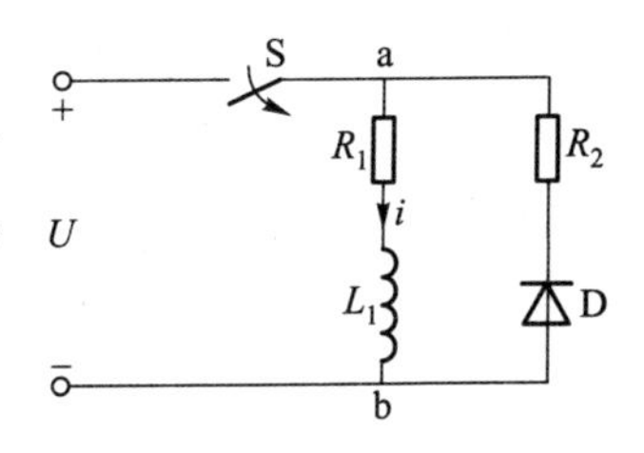

图 7.7.7 例 7.7.2 题图

解:开关 S 闭合前,电路处于稳态,则

$$i(0_-)=\frac{U}{R_1}=\frac{100}{10}\ \text{A}=10\ \text{A}$$

根据换路定则,有 $i(0_+)=i(0_-)$

$t>0$ 后,S 断开,回路中没有激励,则 $i_p(t)=0$

假设二极管为理想二极管,开启电压和导通电阻均为零,则时间常数为

$$\tau=\frac{L_1}{R_1+R_2}=\frac{1}{10+R_2}$$

利用三要素法 $i(t)=i_p(t)+[i(0_+)-i_p(0_+)]e^{-\frac{t}{\tau}}=10e^{-(10+R_2)t}$

$$u_{ab}(t)=R_1i(t)+L_1\frac{di}{dt}=-10R_2e^{-(10+R_2)t}$$

根据题意 $|u_{ab}(0_+)|=10R_2<3\times100$

$$R_2\leqslant30\ \Omega$$

由 $10e^{-(10+R_2)t}\big|_{t=0.1}=10\times5\%$

$$R_2\geqslant9.957\ \Omega$$

综合考虑,$9.957\ \Omega\leqslant R_2\leqslant30\ \Omega$,$R_2$ 在此范围内取值均能满足题意要求。

2. 升压式 DC–DC 转换电路

将一个固定的直流电压变换成可变的直流电压称为 DC/DC 变换，其基本原理是对直流供电的电路进行通断控制来使得输出电压在一个周期的平均值——直流分量，达到所要求的数值。图 7.7.8 所示为降压式 DC/DC 变换器电路，也称为降压斩波器 Buck Converter。其中，MOSFET 工作于开关状态，称为开关管，L 和 C 取值很大，使得电感电流和电容电压维持近似为直流，稳态时电感在前半个周期吸收的能量等于后半个周期发出的能量。图 7.7.9 是开关管导通和截止时的等效电路。

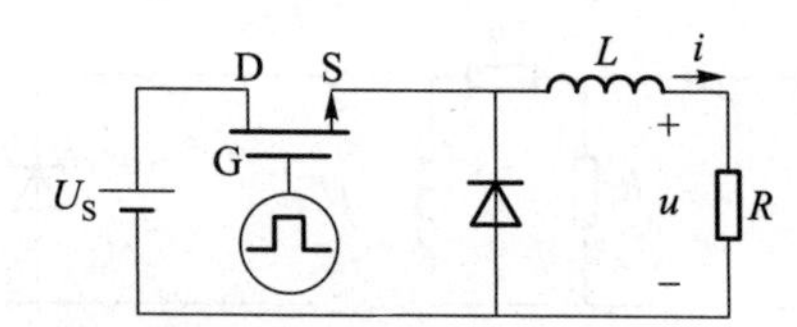

图 7.7.8　降压式 DC/DC 变换器(Buck)电路

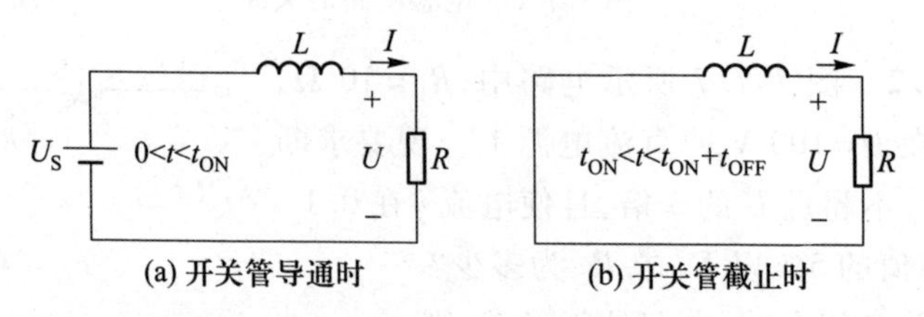

(a) 开关管导通时　　(b) 开关管截止时

图 7.7.9　等效电路

假设开关管的开关周期为 $T=t_{ON}+t_{OFF}$，占空比 $D=\dfrac{t_{ON}}{T}$。$t_{ON}=DT$ 为管子开通时间，t_{OFF} 为截止时间。忽略二极管的导通压降。

$0<t<t_{ON}$ 时段，等效电路如图 7.7.9(a)，假设电感电流初值为 I_1，则由三要素公式可得

$$i'(0_+)=I_1,\quad i'_p(t)=\frac{U_S}{R},\quad \tau=\frac{L}{R},\quad i'=\frac{U_S}{R}+\left(I_1-\frac{U_S}{R}\right)e^{-\frac{t}{\tau}}$$

$t_{ON}<t<t_{ON}+t_{OFF}$ 时段，等效电路如图 7.7.9(b)，换路后的初值为 I_2，则电感电流为

$$i''(t_{ON}{}^{+})=I_2,\quad i''_p(t)=0,\quad \tau=\frac{L}{R},\quad i''=I_2e^{-\frac{(t-t_{ON})}{\tau}}$$

要注意，这里计算的是过渡过程稳定下来以后的电感电流，I_1 和 I_2 是未知数，需要利用换路时的边界条件来求出，即

$$i'(t_{ON})=I_2,\quad i''(t_{ON}+t_{OFF})=I_1$$

则 $$I_1=\frac{U_S}{R}\frac{1-e^{-t_{ON}/\tau}}{1-e^{-T/\tau}}e^{-\frac{t_{OFF}}{\tau}},\quad I_2=\frac{U_S}{R}\frac{1-e^{-t_{ON}/\tau}}{1-e^{-T/\tau}}$$

在实际场合，常常从工程的观点来估计电感电流和输出电压 U。

因为 L 值取得较大，$\tau=\frac{L}{R}$ 非常大，i 在开关管导通和截止期间几乎不变，设 $i\approx I$ 为定值，因此 $u=U$ 也不变。

$0<t<t_{ON}$，电感吸收的能量为 $W_{L\_abs}=(U_S-U)\cdot I\cdot t_{ON}$

$t_{ON}<t<t_{ON}+t_{OFF}$，电感发出的能量为 $W_{L\_dis}=U\cdot I\cdot t_{OFF}$

稳态时电感每周期能量守恒

$$(U_S-U)\cdot I\cdot t_{ON}=U\cdot I\cdot t_{OFF}$$

$$U=U_S\frac{t_{ON}}{T}$$

还可以按照下述方法来近似分析

开关管导通 $$U_S-U=L\frac{di}{dt}=L\frac{\Delta i}{DT}$$

开关管截止 $$U=-L\frac{di}{dt}=-L\frac{\Delta i}{T_{OFF}}$$

电感电压一个周期内积分平均值为 $(U_S-U)t_{ON}-Ut_{OFF}=0$

$$\frac{U}{U_S}=\frac{t_{ON}}{T}=D$$

可见，要想改变输出直流电压的大小，只需要改变开关管的占空比即可，这就是 DC/DC 变换的基本原理。开关管电压、电感电压和电流的变化曲线如图 7.7.10 所示。

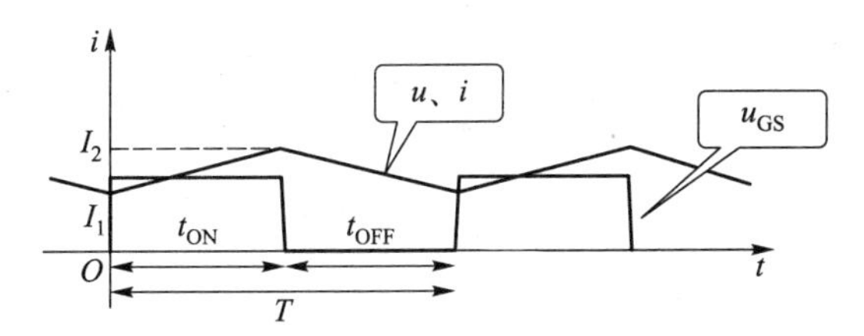

图 7.7.10 升压式 DC/DC 转换电路的输出波形

7.7.3 振荡器的起振过程

RC 振荡电路如图 7.7.11(a)所示，采用不同的分析方法，研究其振荡和稳幅的原理。

其中一种方法：将文氏电桥振荡电路中的放大器用系数为 k 的电压控制电

压源代替，如图7.7.11(b)所示。

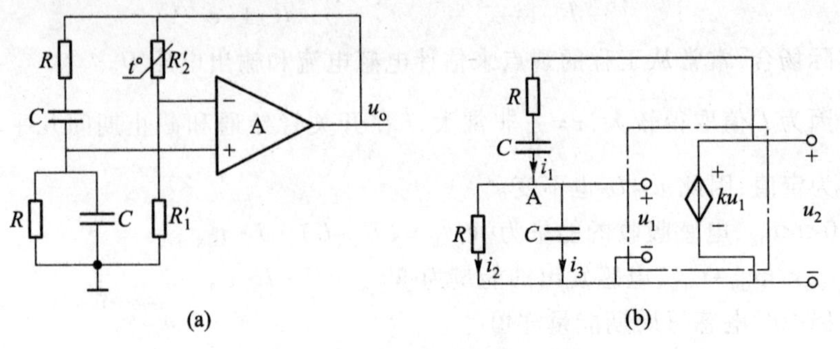

图 7.7.11　振荡器及其等效电路

节点A列写KCL有

$$i_1=\frac{u_1}{R}+C\frac{\mathrm{d}u_1}{\mathrm{d}t}$$

KVL有

$$R\left(\frac{u_1}{R}+C\frac{\mathrm{d}u_1}{\mathrm{d}t}\right)+\frac{1}{C}\int\left(\frac{u_1}{R}+C\frac{\mathrm{d}u_1}{\mathrm{d}t}\right)\mathrm{d}t+u_1=u_2$$

$$u_1+RC\frac{\mathrm{d}u_1}{\mathrm{d}t}+\frac{1}{RC}\int u_1\mathrm{d}t+u_1+u_1=Ku_1$$

整理得

$$\frac{\mathrm{d}^2u_1}{\mathrm{d}t^2}+\left(\frac{3-k}{RC}\right)\frac{\mathrm{d}u_1}{\mathrm{d}t}+\frac{u_1}{R^2C^2}=0$$

特征方程　$$P^2+\frac{3-k}{RC}P+\frac{1}{R^2C^2}=0$$

特征根　$$P=-\frac{3-k}{2RC}\pm\sqrt{\left(\frac{3-k}{2RC}\right)^2-\left(\frac{1}{RC}\right)^2}$$

(1) $\left(\frac{3-k}{2RC}\right)^2>\left(\frac{1}{RC}\right)^2$ 即 $|3-k|>2$，特征根为实数，即 $k\leqslant1$ 和 $k\geqslant5$ 时为非振荡过程

(2) $\left(\frac{3-k}{2RC}\right)^2<\left(\frac{1}{RC}\right)^2$ 即 $|3-k|<2$，特征根为共轭复数，$P=-\frac{3-k}{2RC}\pm\sqrt{\left(\frac{3-k}{2RC}\right)^2-\left(\frac{1}{RC}\right)^2}$，即 $1<k<5$ 时为振荡过程。

令 $\frac{3-k}{2RC}=\delta$，则有

$1<k<3$　$\delta>0$　衰减振荡

$k=3$　$\delta=0$　等幅振荡　$u_1=K\sin(\omega_0 t+\beta)$

$3<k<5$　$\delta<0$　增幅振荡

上述结果表明，当接通电路后，受控源输入端总会有极微弱的电压(如电容上的残留电荷)，当放大倍数略大于3时，在电路中会引起增幅振荡，当 u_1 和 u_2 的幅值超过现行工作范围而继续增加时，放大倍数将逐渐减小，直到 $k=3$ 时，电路就会出现持续的等幅振荡。如果受控源放大倍数 $k<3$ 时，电路不会起振；当 k 比3大许多时，u_2 波形失真度会增大，甚至不能起振。

值得注意的是，这里所研究的自激振荡现象是由电路元件的非线性特性引起的，持续振荡的振幅与电路的起始状态无关。这与线性电路中所出现的持续振荡是不同的，后者的振幅取决于电路的起始状态。

习题

7.1　电路如题图7.1所示，$L=1$ H。换路前电路已处于稳态，$t=0$ 时将开关合上。试求过渡过程的初始值 $i_L(0_+)$，$i(0_+)$，$i_S(0_+)$ 及 $u_L(0_+)$。

7.2　电路如题图7.2所示，$L=0.5$ H。换路前电路已处于稳态，$t=0$ 时将开关打开，计算 $t=0_+$ 时，i、$\frac{di}{dt}$ 及 $\frac{d^2i}{dt^2}$。

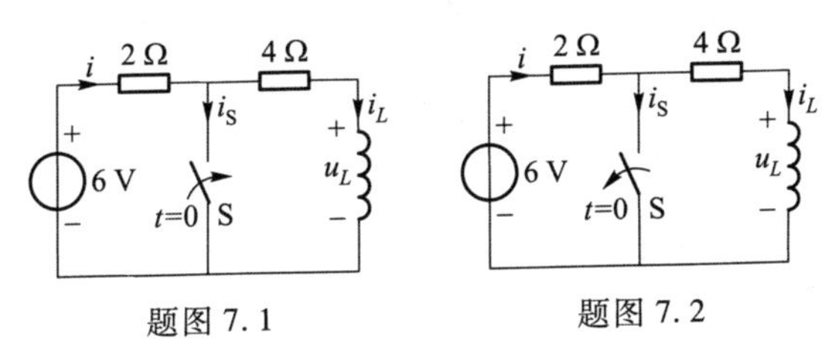

题图7.1　　题图7.2

7.3　电路如题图7.3所示，$t=0$ 时开关S由1扳向2，在 $t<0$ 时电路已达到稳态，求初始值 $i(0_+)$ 和 $u_C(0_+)$。

7.4　在题图7.4所示电路中，$I_S=6$ A，$L_1=1$ H，$L_2=2$ H，$R=1$ Ω，$i_1(0_-)=1$ A，$i_2(0_-)=2$ A，问S闭合后 $i_2(0_+)$ 和 $i_2(\infty)$ 各为多少？

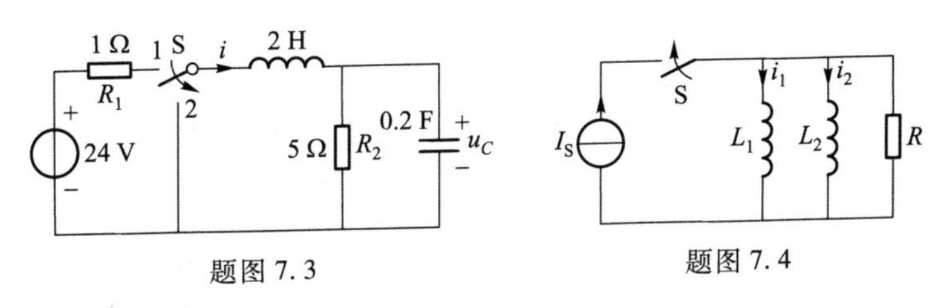

题图7.3　　题图7.4

7.5　在题图7.5所示电路中 $C_1=1\ \text{F}, C_2=2\ \text{F}, R_1=1\ \Omega, R_2=2\ \Omega, U_S=9\ \text{V}$，开关S打开已久，$t=0$ 时将S闭合，试求 $u_{C1}(0_+)$、$u_{C2}(0_+)$。

7.6　在题图7.6所示电路中，S闭合前电路已达稳态，$t=0$ 时S闭合，求：$t>0$ 时的 $u_2(t)$，其中 $U_S=30\ \text{V}, L_1=800\ \text{mH}, L_2=200\ \text{mH}, M=50\ \text{mH}$。

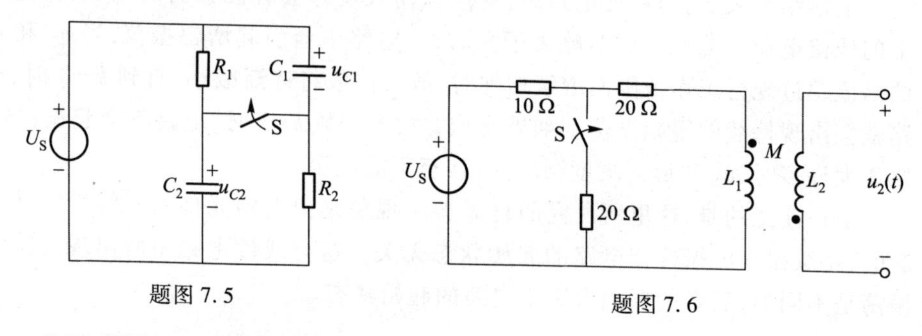

题图7.5　　题图7.6

7.7　题图7.7(b)所示电路中，$I_0=2\ \text{A}, t_0=0.1\ \text{s}, L=1\ \text{H}, R=2\ \Omega$。电流源 $i(t)$ 的波形如题图7.7(a)所示，试求电感的电流。

7.8　电路如题图7.8所示，用三要素法求 $t\geqslant 0$ 时的 i_1 和 i_2。

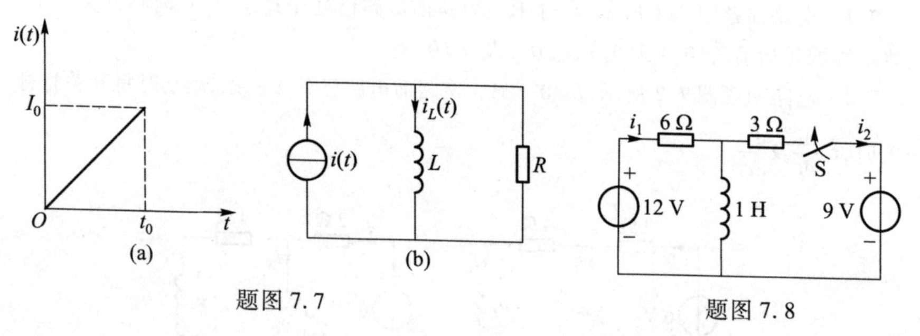

题图7.7　　题图7.8

7.9　*RC* 串联电路，在 $t=0$ 时接通正弦电压源，其中，$R=10\ \Omega, C=200\ \mu\text{F}, u_C(0_-)=2\ \text{V}$，$u_S=\sqrt{2}\sin(314t-45°)\ \text{V}$，求开关S合上后 $i(t)$ 和 $u_C(t)$。

7.10　题图7.10电路中，已知 $I_S=1\ \text{A}, \beta=0.5$，电路已达稳态，现 β 突然从0.5变为1.5，试求 $u(t)$。

7.11　题图7.11所示电路，$t=0$ 时开关 S_1 闭合、S_2 打开，$t<0$ 时电路已达稳态，求 $t>0$ 时的电流 $i(t)$。

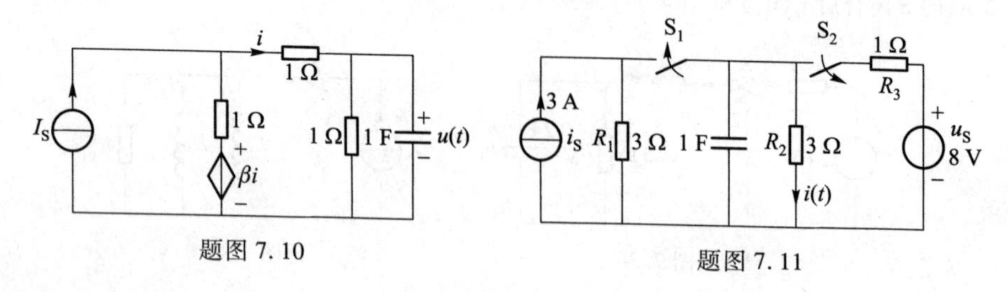

题图7.10　　题图7.11

7.12　题图 7.12 所示电路中，已知 $R_1=20\ \Omega$，$R_2=10\ \Omega$，$r=20\ \Omega$，$C_1=C_2=0.1\ \text{F}$，$u_S=12\ \text{V}$，开关 S 闭合已久，试求 S 打开后其两端的电压 $u_0(t)$ 与 $u_{C2}(t)$。

7.13　电路如题图 7.13 所示。求开关 S 断开后的 u_C 和 i_L。

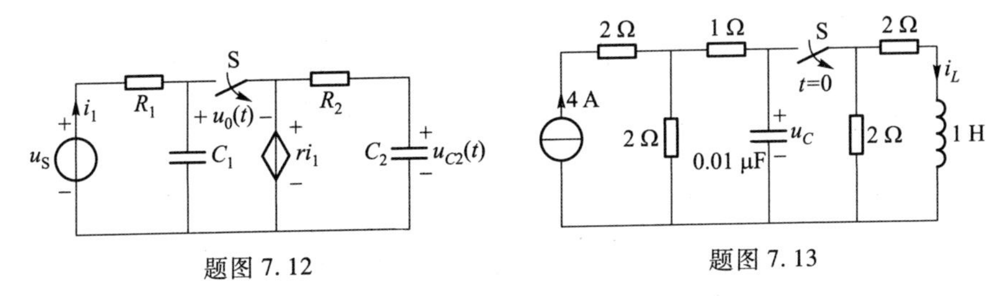

题图 7.12　　　　题图 7.13

7.14　题图 7.14 所示电路中，已知 $R_1=100\ \Omega$，$R_2=30\ \Omega$，$R_3=60\ \Omega$，$C=100\ \mu\text{F}$，$L=100\ \text{mH}$，$I_S=0.5\ \text{A}$，$E=30\ \text{V}$，开关 S 原为断开，电路已达稳态，现于 $t=0$ 时闭合 S，求 $i_C(t)$ 及 $i(t)$。

7.15　题图 7.15 所示电路中，已知 $R_1=6\ \Omega$，$R_2=3\ \Omega$，$R_3=2\ \Omega$，$L=0.1\ \text{H}$，$C=0.1\ \text{F}$，$I_S=6\ \text{A}$，$U_S=18\ \text{V}$，原电路已处于稳态，今在 $t=0$ 时打开开关 S，求 S 打开后 $u_C(t)$ 和 $i_L(t)$。

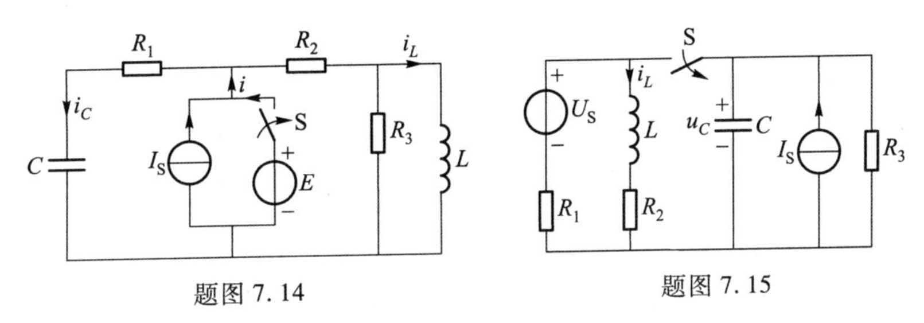

题图 7.14　　　　题图 7.15

7.16　题图 7.16 所示电路中，开关 S 原已打开，已知 $L=1\ \text{H}$，$R_1=R_2=R_3=1\ \Omega$，$i_L(0_-)=0$，$i_S(t)=\delta(t)\cdot A$，开关 $t=1$ s 时闭合，试用经典法求 $u_S(t)=-1(t-1)\cdot\text{V}$ 时的响应 $i_L(t)$。

7.17　题图 7.17 所示电路中，$C=0.01/3\ \text{F}$，为电阻网络，输出电压的零状态响应 $u_0(t)=(3-7.5\text{e}^{-30t})\ \text{V}$，若 C 换为电感 L 且 $L=1\ \text{H}$，则零状态响应 $u_0(t)=$？

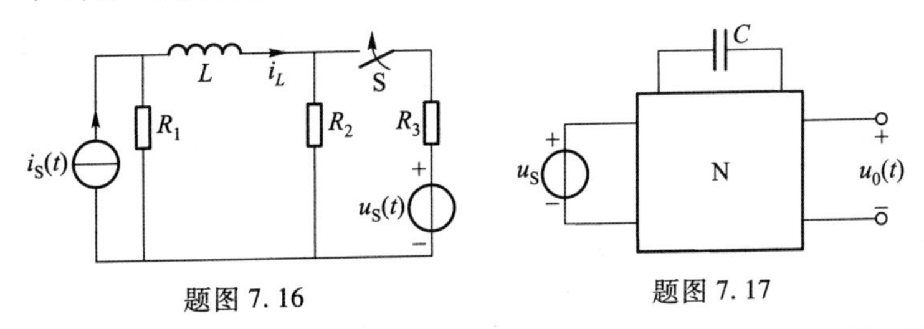

题图 7.16　　　　题图 7.17

7.18　电路如题图 7.18 所示，已知 $u_C(0_-)=0$，$i_L(0_+)=0.5\ \text{A}$，$t=0$ 时开关 S 闭合，求开关闭合后电感中的电流 $i_L(t)$。

7.19　试求题图 7.19 所示电路暂态分量的形式，已知 $C_1=1\ \mu\text{F}$，$C_2=2\ \mu\text{F}$，$L=0.03\ \text{H}$，

$R=100\ \Omega$。

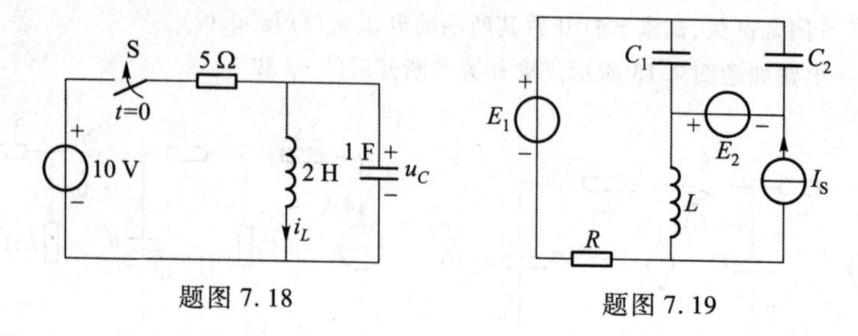

题图 7.18　　　题图 7.19

7.20　题图7.20所示电路S断开时已达稳态，求闭合后的 $i(t)$。

7.21　题图7.21所示电路中，开关S闭合已久，$t=0$ 时断开S，试求电感中的过渡电流和电容上的过渡电压。

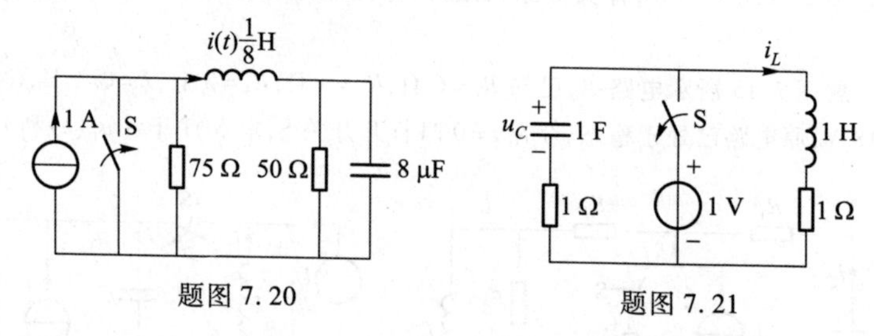

题图 7.20　　　题图 7.21

7.22　题图7.22所示电路中，$L=1$ H，$R=10\ \Omega$，$C=\frac{1}{16}$ F，$u_C(0_-)=0$，$i_L(0_-)=0$，试求 $i_L(0_+)$、$u_C(0_+)$ 和 $i_L(t)$。

7.23　题图7.23所示电路中，开关置于1已久，$t=0$ 时，由1切换到2，已知：$R_1=10\ \Omega$，$R_2=2\ \Omega$，$C=\frac{1}{4}$ F，$L=2$ H，求 $u_C(t)$、$i_L(t)$。

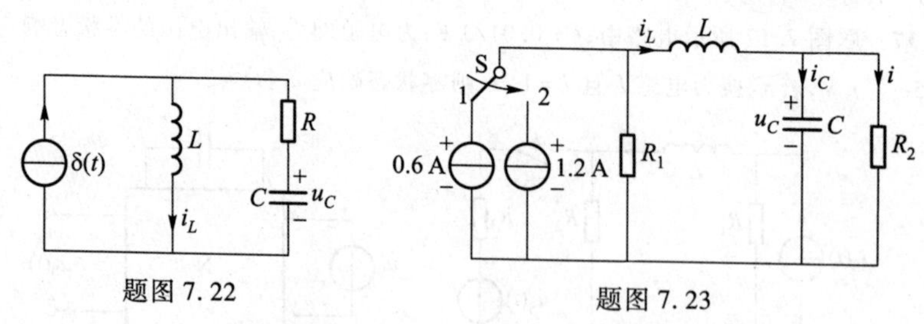

题图 7.22　　　题图 7.23

7.24　如题图7.24所示电路中，$R=20\ \Omega$，$L=0.4$ H，$C=0.004$ F。$i_L(0_-)=0.75$ A，$u_C(0_-)=5$ V，$t=0$ 时，S闭合，求过渡电压 $u_C(t)$。

7.25　上题中，当 $R=10\ \Omega$ 时，再求 $u_C(t)$。

7.26　如题图7.26所示电路中，$G=5$ S，$L=0.25$ H，$C=1$ F。求：(1) $i_S(t)=1(t)$ A时，电路的阶跃响应 $i_L(t)$；(2) $i_S(t)=\delta(t)$ A时，电路的冲激响应 $u_C(t)$。

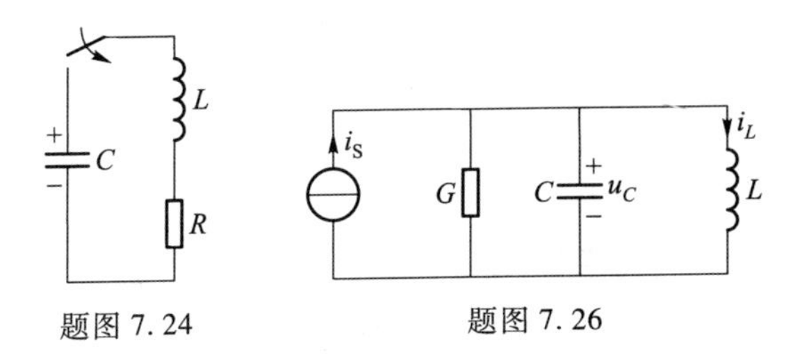

题图 7.24　　题图 7.26

7.27　题图 7.27 所示电路中，已知：$U_S=10$ V，$R_1=R_2=2$ Ω，$L=2$ H，$C=2$ F，$r=5$ Ω，原电路已处于稳态，现在 $t=0$ 时闭合开关 S，求 S 闭合后流过开关 S 的电流 $i_S=(t)$。

7.28　题图 7.28 所示电路中，已知 $R=10$ Ω，$U_S=12$ V，$C=0.01$ F，$L=0.2$ H，$\beta=\frac{1}{3}$，开关闭合已久，求开关打开后的电压 $u_S(t)$ 和电流 $i_L(t)$。

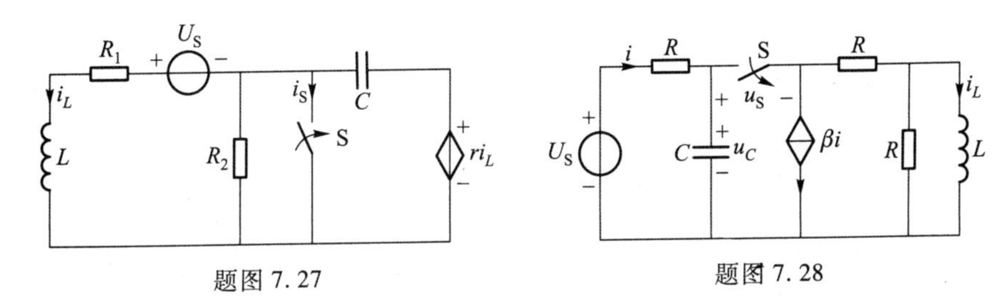

题图 7.27　　题图 7.28

7.29　题图 7.29 所示电路中，$I_S=1$ A，$R=10$ Ω，$L=0.01$ H，稳压管 W 反向稳定电压为 6 V（正向电压为零），试求 S 闭合后的 $i_L(t)$。

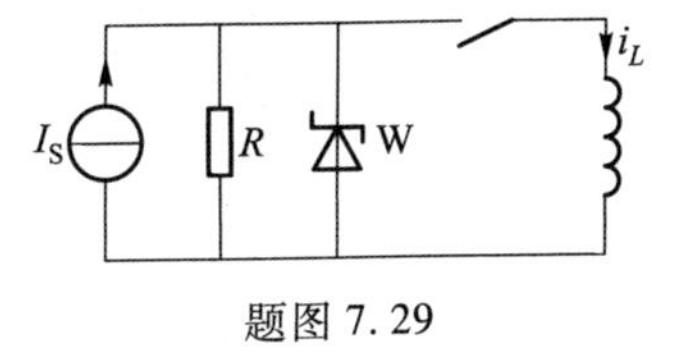

题图 7.29

7.30　题图 7.30 所示电路中，D 为理想二极管，W 为稳压二极管，反向稳定电压为 6 V，$U_S=10$ V，$R_1=10$ Ω，$R_2=10$ Ω，$L=0.1$ H。S 闭合已久，求开关打开后的 $i_L(t)$。

7.31　题图 7.31 所示电路中，$L_1=0.05$ H，$L_2=0.05$ H，$M=0.03$ H，$R_1=10$ Ω，$R_2=3$ Ω，二极管正向电阻 $R_D=100$ Ω，反向电阻 $R'_D=100$ Ω，$I_S=1$ A，晶体管周期性导通和截止（导通期 $R_{ce}=0$，关断期 $R_{ce}=\infty$），导通持续时间为 40 ms，截止持续时间为 10 ms，求 $u_2(t)$。

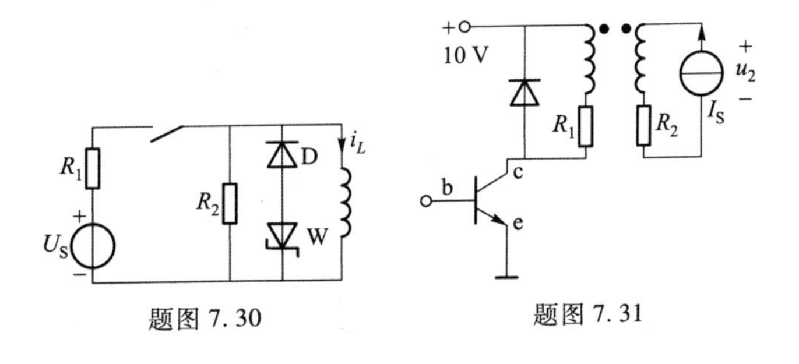

题图 7.30　　题图 7.31

7.32　题图7.32所示电路中，继电器线圈的电感为L，电阻为R，当线圈的电流$i(t)$达到0.08 A时，继电器动作，$t=0$时，S合上，今发现$t=0.01$s时继电器动作时$L=?$

7.33　题图7.33所示电路中，$C=10\ \mu F$，$u_C(0_-)=24\ V$，$R_1=R_2=1\ k\Omega$，W为稳压二极管，其反向稳压值为6 V，求S闭合后的$u_C(t)$。

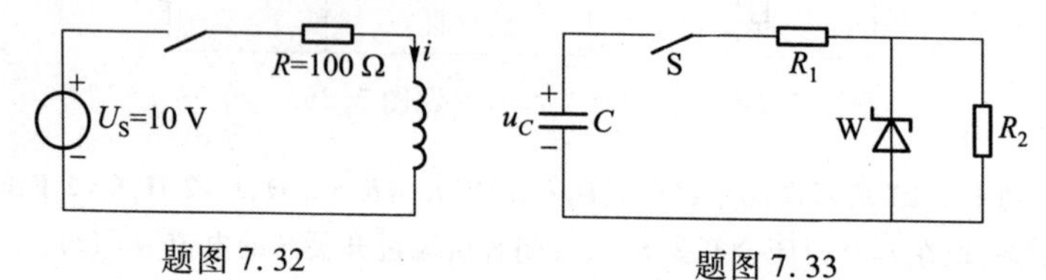

题图7.32　　　　题图7.33

7.34　题图7.34所示运算放大器的开环放大倍数$\mu\to\infty$，$R=1\ k\Omega$，$C=0.01\ \mu F$，$R_2=100\ \Omega$，$U_S=10\ V$，已知$u_C(0_-)=0\ V$，求接通电压源u_S后的$u_C(t)$和$u_2(t)$。

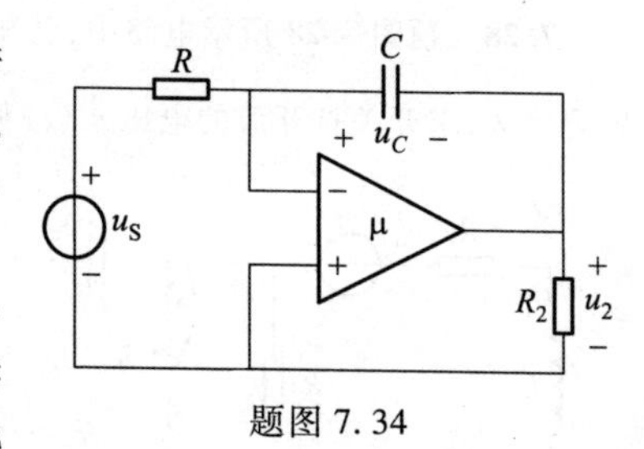

题图7.34

7.35　题图7.35所示电路中，$L=0.1\ H$，$R=10\ \Omega$，$R_e=990\ \Omega$，晶体管周期性地导通和截止，持续时间均为5 ms，二极管为理想看待，求$i_L(t)$、c点对地电位$u_C(t)$。

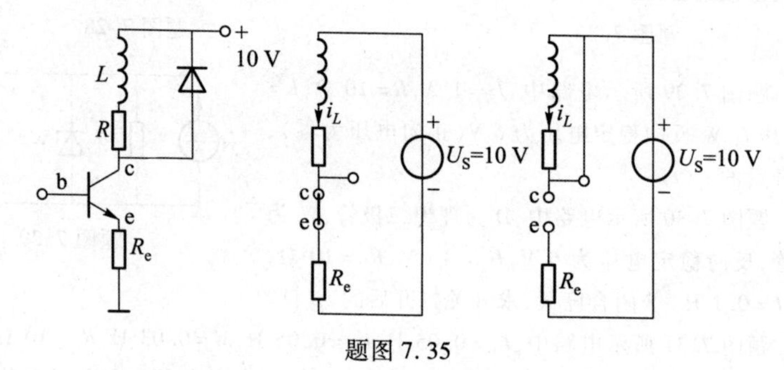

题图7.35

7.36　题图7.36所示电路中，已知$U=220\ V$，$R_1=3\ \Omega$，$L=2\ H$，选择R使：(1)开关打开放电开始时，线圈两端的瞬时电压不超过正常工作电压的5倍；(2)整个放电过程在1 s内基本结束。

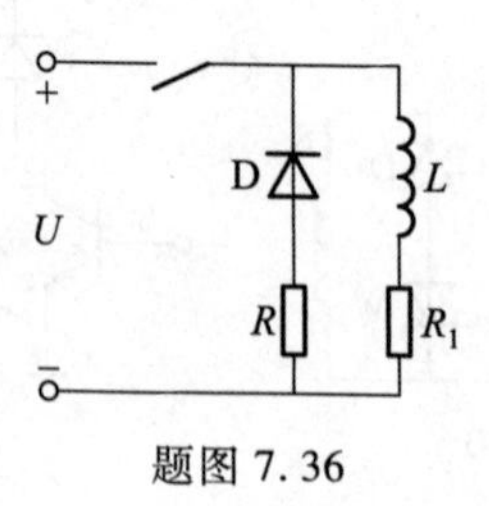

题图7.36

第8章 线性动态电路的复频域分析

本章介绍拉普拉斯变换、复频域中的电路定律、电路元件及其模型，通过构建复频域中的电路模型，得出求解电路过渡过程的运算法；随后介绍网络函数及其零极点分析，讲述计算电路零状态响应的卷积积分法和叠加积分法；最后介绍状态方程的列写以及状态变量法，在应用示例中说明了网络函数对输出信号频率特性的影响。

8.1 拉普拉斯变换

8.1.1 拉普拉斯变换的定义

拉普拉斯变换是以法国数学家拉普拉斯命名的针对连续信号分析的一种变换方法，指数信号 e^{x} 是衰减最快的信号之一，将信号乘上指数信号之后，很容易满足绝对可积的条件。因此将原始信号乘上衰减指数因子之后进行傅里叶变换，就成为拉普拉斯变换。这种变换能将微分方程转化为代数方程求解，意义非常重大。拉普拉斯变换是傅里叶变换的推广，是一种更普遍的表达形式。

通过拉普拉斯变换，把动态电路时域求解微分方程全解的问题转化为在频域求解代数方程的问题，给复杂高阶动态电路的求解提供了新的途径，具体分析思路是：首先通过拉普拉斯变换，将已知的时域函数变换为频域函数（也称象函数），将时域函数的微分方程转化为相应的频域函数的代数方程，求解代数方程，得到响应的象函数，然后进行拉普拉斯逆变换，返回时域，最终得到满足电路初始条件的原时域微分方程的全解。在分析动态电路的过渡过程时，运用拉普拉斯变换求解是一种行之有效的方法，在电路原理中专称为运算法。

一个定义在$[0,\infty)$区间的函数 $f(t)$，选择因子 $e^{-\sigma t}$ 与之相乘（σ 为任意实数），使得 $f(t)\cdot e^{-\sigma t}$ 在区间$[0,\infty)$内绝对可积，则它的傅里叶变换为

$$F(j\omega)=\int_{0}^{\infty}f(t)\cdot e^{-\sigma t}e^{-j\omega t}dt=\int_{0}^{\infty}f(t)e^{-(\sigma+j\omega)t}dt \tag{8.1.1}$$

令 $s=\sigma+j\omega$，s 称为复频率，将式(8.1.1)写为

$$F(s)=\int_{0}^{\infty}f(t)\mathrm{e}^{-st}\mathrm{d}t \tag{8.1.2}$$

式(8.1.2)就是拉普拉斯变换定义式。通常$f(t)$称为原函数,是t的函数;$F(s)$称为象函数,是s的函数。

拉普拉斯变换存在的条件为:

(1) $t>0$时,$f(t)$和$f'(t)$都分段连续,在有限区间内至多存在有限个间断点;

(2) $f(t)$是指数阶函数,即存在常数M和σ_0,使$|f(t)|<M\mathrm{e}^{\sigma_0 t}$,从而使积分$\int_{0_-}^{\infty}|f(t)\cdot\mathrm{e}^{-st}|\mathrm{d}t$有限,其中$s=\sigma+\mathrm{j}\omega$、$\sigma>\sigma_0$,则$f(t)$的拉普拉斯变换存在。电路中常见函数一般都是指数阶函数。数学中有一些函数,例如$t^t 1(t)$、$\mathrm{e}^{t^2}1(t)$等,比指数函数增加得更快,它们的拉普拉斯变换不存在,但这样的函数一般并没有什么实际意义。

在式(8.1.2)中,积分下限从0_-开始,称为0_-拉氏变换;积分上限从0_+开始,称为0_+拉氏变换。式(8.1.2)的积分下限取为0_-,则把$t=0$时刻可能出现的冲激函数包含在被积函数中,在动态电路暂态分析中,常取电路积分下限为0_-。

对$F(s)$进行傅里叶反变换,即有

$$f(t)\cdot\mathrm{e}^{-\sigma t}=\frac{1}{2\pi}\int_{-\infty}^{\infty}F(s)\mathrm{e}^{\mathrm{j}\omega t}\mathrm{d}\omega$$

上式两边同乘$\mathrm{e}^{\sigma t}$,得

$$f(t)=\frac{1}{2\pi}\int_{-\infty}^{\infty}F(s)\mathrm{e}^{(\sigma+\mathrm{j}\omega)t}\mathrm{d}\omega=\frac{1}{2\pi\mathrm{j}}\int_{\sigma-\mathrm{j}\infty}^{\sigma+\mathrm{j}\infty}F(s)\mathrm{e}^{st}\mathrm{d}s \tag{8.1.3}$$

式(8.1.2)、式(8.1.3)是一对拉普拉斯变换式,式(8.1.2)为拉普拉斯正变换,式(8.1.3)为拉普拉斯逆变换,常用手写体"$\mathscr{L}$"表示拉普拉斯变换,记为

$$F(s)=\mathscr{L}[f(t)]\qquad f(t)=\mathscr{L}^{-1}[F(s)]$$

8.1.2　基本函数的拉普拉斯变换

1. 指数函数 $\mathrm{e}^{-\alpha t}\cdot\varepsilon(t)$

$$F(s)=\int_{0^-}^{\infty}\mathrm{e}^{-\alpha t}\cdot\varepsilon(t)\mathrm{e}^{-st}\mathrm{d}t=\int_{0^-}^{\infty}\mathrm{e}^{-(s+\alpha)t}\mathrm{d}t=\frac{1}{s+\alpha}\quad \text{这里应有 } \sigma>-\alpha$$

当$\alpha\to 0$时,$\mathrm{e}^{-\alpha t}\cdot\varepsilon(t)$成为单位阶跃函数$\varepsilon(t)$,于是$\varepsilon(t)$的拉普拉斯变换为$\frac{1}{s}$,记为

$$\varepsilon(t) \leftrightarrow \frac{1}{s}$$

当 $\alpha=\pm j\omega$ 时，可得 $$e^{\mp j\omega t}\cdot\varepsilon(t) \leftrightarrow \frac{1}{s\pm j\omega}$$

2. 单位冲激函数 $\delta(t)$

$$F(s)=\int_{0_-}^{\infty}\delta(t)e^{-st}dt=\int_{0_-}^{0_+}\delta(t)e^{-st}dt=1$$

式中利用了 $\delta(t)$ 的筛分性质，即 $\int_{-\infty}^{\infty}\delta(t)f(t)dt=\int_{0_-}^{0_+}\delta(t)\cdot f(t)dt=f(0)$

一些常用函数的拉普拉斯变换式详见表 8.1.1。

表 8.1.1 一些常用函数的拉普拉斯变换

$f(t)$	$F(s)$
$\delta(t)$	1
$\varepsilon(t)$	$\frac{1}{s}$
$e^{-\alpha t}\cdot\varepsilon(t)$	$\frac{1}{s+\alpha}$
$t^n\cdot\varepsilon(t)$（n 为正整数）	$\frac{n!}{s^{n+1}}$
$\sin\omega t\cdot\varepsilon(t)$	$\frac{\omega}{s^2+\omega^2}$
$\cos\omega t\cdot\varepsilon(t)$	$\frac{s}{s^2+\omega^2}$
$e^{-\alpha t}\sin\omega t\cdot\varepsilon(t)$	$\frac{\omega}{(s+\alpha)^2+\omega^2}$
$e^{-\alpha t}\cos\omega t\cdot\varepsilon(t)$	$\frac{s+\alpha}{(s+\alpha)^2+\omega^2}$
$t\cdot e^{-\alpha t}\cdot\varepsilon(t)$	$\frac{1}{(s+\alpha)^2}$
$t^n\cdot e^{-\alpha t}\cdot\varepsilon(t)$（$n$ 为正整数）	$\frac{n!}{(s+\alpha)^{n+1}}$

8.2 拉普拉斯变换的基本定理

本节介绍拉普拉斯变换(简称拉氏变换)的基本性质,了解掌握了这些性质,可以更加方便地求解各种拉普拉斯的正、逆变换。

1. 线性定理

设 $\mathscr{L}[f_1(t)]=F_1(s)$,$\mathscr{L}[f_2(t)]=F_2(s)$,则

$$\mathscr{L}[a_1 f_1(t)+a_2 f_2(t)]=a_1 F_1(s)+a_2 F_2(s) \tag{8.2.1}$$

式中,a_1、a_2 为常系数。

证明:$\mathscr{L}[a_1 f_1(t)+a_2 f_2(t)]=\int_{0_-}^{\infty}[a_1 f_1(t)+a_2 f_2(t)]\mathrm{e}^{-st}\mathrm{d}t$

$$=a_1\int_{0_-}^{\infty}f_1(t)\mathrm{e}^{-st}\mathrm{d}t+a_2\int_{0_-}^{\infty}f_2(t)\mathrm{e}^{-st}\mathrm{d}t$$

$$=a_1 F_1(s)+a_2 F_2(s)$$

例 8.2.1 求 $\cos\omega t\cdot\varepsilon(t)$、$\sin\omega t\cdot\varepsilon(t)$ 和 $\sin(\omega t+\theta)\cdot\varepsilon(t)$ 的拉氏变换。

解:$\mathscr{L}[\cos\omega t\cdot\varepsilon(t)]=\mathscr{L}\left[\dfrac{\mathrm{e}^{\mathrm{j}\omega t}+\mathrm{e}^{-\mathrm{j}\omega t}}{2}\cdot\varepsilon(t)\right]=\dfrac{1}{2}\left[\dfrac{1}{s-\mathrm{j}\omega}+\dfrac{1}{s+\mathrm{j}\omega}\right]=\dfrac{s}{s^2+\omega^2}$

同理:$\mathscr{L}[\sin\omega t\cdot\varepsilon(t)]=\mathscr{L}\left[\dfrac{\mathrm{e}^{\mathrm{j}\omega t}-\mathrm{e}^{-\mathrm{j}\omega t}}{\mathrm{j}2}\cdot\varepsilon(t)\right]=\dfrac{\omega}{s^2+\omega^2}$

$$\mathscr{L}[\sin(\omega t+\theta)\cdot\varepsilon(t)]=\mathscr{L}[(\sin\omega t\cos\theta+\cos\omega t\sin\theta)\cdot\varepsilon(t)]$$

$$=\frac{\omega\cdot\cos\theta+s\cdot\sin\theta}{s^2+\omega^2}$$

2. 微分定理

设 $\mathscr{L}[f(t)]=F(s)$,则

$$\mathscr{L}\left[\frac{\mathrm{d}}{\mathrm{d}t}f(t)\right]=\int_{0_-}^{\infty}\frac{\mathrm{d}}{\mathrm{d}t}f(t)\mathrm{e}^{-st}\mathrm{d}t$$

用分部积分公式,得到

$$\mathscr{L}\left[\frac{\mathrm{d}}{\mathrm{d}t}f(t)\right]=f(t)\mathrm{e}^{-st}\Big|_{0_-}^{\infty}-\int_{0_-}^{\infty}f(t)(-s)\mathrm{e}^{-st}\mathrm{d}t$$

上式第一项,当将上限 $t=\infty$ 代入时,其值为零,因为 s 的实部 σ 总可以取得足够大,使之趋于零;当将下限 $t=0_-$代入时,其值为 $f(0_-)$,于是得

$$\mathscr{L}\left[\frac{\mathrm{d}}{\mathrm{d}t}f(t)\right]=sF(s)-f(0_-) \tag{8.2.2}$$

同理,可推广得到 $f(t)$ 的高阶导数的拉氏变换式

$$\mathscr{L}\left[\frac{\mathrm{d}^n}{\mathrm{d}t}f(t)\right]=s^nF(s)-s^{n-1}f(0_-)-s^{n-2}f'(0_-)-\cdots-sf^{(n-2)}(0_-)-f^{(n-1)}(0_-)$$

例 8.2.2 已知 $\mathscr{L}[1(t)]=\frac{1}{s}$,求 $\mathscr{L}[\delta(t)]$、$\mathscr{L}[\delta'(t)]$。

解:由于$\frac{\mathrm{d}1(t)}{\mathrm{d}t}=\delta(t)$,由式(8.2.2)得

$$\mathscr{L}[\delta(t)]=s\cdot\frac{1}{s}-\varepsilon(t)\Big|_{t=0_-}=1$$

同理:

$$\mathscr{L}[\delta'(t)]=s\cdot 1-\delta(t)\Big|_{t=0_-}=s$$

3. 积分定理

设 $\mathscr{L}[f(t)]=F(s)$,则

$$\mathscr{L}\left[\int_{0_-}^{t}f(\xi)\,\mathrm{d}\xi\right]=\frac{F(s)}{s} \tag{8.2.3}$$

证明:$\mathscr{L}\left[\int_{0_-}^{t}f(\xi)\,\mathrm{d}\xi\right]=\int_{0_-}^{\infty}\left[\int_{0_-}^{t}f(\xi)\,\mathrm{d}\xi\right]\cdot\mathrm{e}^{-st}\mathrm{d}t$

$$=-\frac{1}{s}\int_{0_-}^{\infty}\left[\int_{0_-}^{t}f(\xi)\,\mathrm{d}\xi\right]\mathrm{d}(\mathrm{e}^{-st})$$

$$=-\frac{1}{s}\left\{\left[\int_{0_-}^{t}f(\xi)\,\mathrm{d}\xi\right]\cdot\mathrm{e}^{-st}\Big|_{0_-}^{\infty}-\int_{0_-}^{\infty}\mathrm{e}^{-st}\cdot f(t)\,\mathrm{d}t\right\}$$

$$=\frac{F(s)}{s}$$

例 8.2.3 求 $\mathscr{L}[t\cdot\varepsilon(t)]$。

解:斜坡函数 $t\cdot\varepsilon(t)$ 是单位阶跃函数 $1(t)$ 的积分,由式(8.2.3)得

$$\mathscr{L}[t\cdot\varepsilon(t)]=\frac{1/s}{s}=\frac{1}{s^2}$$

4. 时域位移(延时)定理

设 $\mathscr{L}[f(t)]=F(s)$,则

$$\mathscr{L}[f(t-t_0)\cdot\varepsilon(t-t_0)]=\mathrm{e}^{-st_0}F(s) \tag{8.2.4}$$

证明:令 $\xi=t-t_0$,则 $\tau=\xi+t_0$,则

$$\mathscr{L}[f(t-t_0)\cdot\varepsilon(t-t_0)]=\int_{0_-}^{\infty}f(t-t_0)\cdot\varepsilon(t-t_0)\cdot\mathrm{e}^{-st}\cdot\mathrm{d}t$$

将积分下限从 0_- 改为 t_{0_-},不影响积分值,所以有

$$\mathscr{L}[f(t-t_0)\cdot\varepsilon(t-t_0)]=\int_{t_{0_-}}^{\infty}f(t-t_0)\cdot\varepsilon(t-t_0)\cdot\mathrm{e}^{-st}\cdot\mathrm{d}t$$

$$=\int_{0_-}^{\infty}f(\xi)\cdot\varepsilon(\xi)\cdot\mathrm{e}^{-s(\xi+t_0)}\mathrm{d}\xi$$

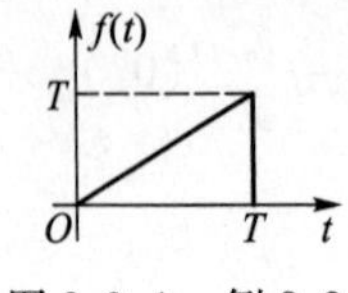

图 8.2.1　例 8.2.4 题图

$$=e^{-st_0}\cdot F(s)$$

例 8.2.4　求图 8.2.1 所示函数 $f(t)$ 的拉普拉斯变换式。

解:由图可知　$f(t)=t[\varepsilon(t)-\varepsilon(t-T)]$

$$f(t)=t\varepsilon(t)-(t-T)\varepsilon(t-T)-T\varepsilon(t-T)$$

$$F(s)=\frac{1}{s^2}-\frac{1}{s^2}e^{-sT}-\frac{T}{s}e^{-sT}$$

5. 复频域位移定理

设 $\mathscr{L}^{-1}[F(s)]=f(t)$,则

$$\mathscr{L}^{-1}[F(s\pm s_0)]=e^{\mp s_0 t}f(t) \tag{8.2.5}$$

证明:

$$\mathscr{L}[e^{\mp s_0 t}f(t)]=\int_{0_-}^{\infty}e^{\mp s_0 t}f(t)e^{-st}dt$$

$$=\int_{0_-}^{\infty}f(t)e^{-(s\pm s_0)t}dt=F(s\pm s_0)$$

例 8.2.5　已知 $\mathscr{L}^{-1}\left[\frac{s}{s^2+\omega^2}\right]=\cos\omega t\cdot\varepsilon(t)$,$\mathscr{L}^{-1}\left[\frac{\omega}{s^2+\omega^2}\right]=\sin\omega t\cdot\varepsilon(t)$。

求:$\frac{s+a}{(s+a)^2+\omega^2}$和$\frac{\omega}{(s+a)^2+\omega^2}$的拉普拉斯逆变换

解:利用复频域位移定理

$$\mathscr{L}^{-1}\left[\frac{s+a}{(s+a)^2+\omega^2}\right]=e^{-at}\cos\omega t\cdot\varepsilon(t),\mathscr{L}^{-1}\left[\frac{\omega}{(s+a)^2+\omega^2}\right]=e^{-at}\sin\omega t\cdot\varepsilon(t)$$

6. 卷积定理

设 $\mathscr{L}[f_1(t)]=F_1(s)$,$\mathscr{L}[f_2(t)]=F_2(s)$,则

$$\mathscr{L}[f_1(t)*f_2(t)]=\mathscr{L}\left[\int_{0_-}^{t}f_1(t-\tau)f_2(\tau)d\tau\right]=F_1(s)\cdot F_2(s) \tag{8.2.6}$$

证明:

$$\mathscr{L}\left[\int_{0_-}^{t}f_1(t-\tau)f_2(\tau)d\tau\right]=\int_{0_-}^{\infty}\left[\int_{0_-}^{t}f_1(t-\tau)f_2(\tau)d\tau\right]e^{-st}dt$$

因为 $f_1(t)$ 的自变量小于零时 $f_1(t)=0$,故将积分上限从 t 改为 ∞,不影响积分值,所以有

$$\mathscr{L}\left[\int_{0_-}^{t}f_1(t-\tau)f_2(\tau)d\tau\right]=\int_{0_-}^{\infty}\int_{0_-}^{\infty}f_1(t-\tau)f_2(\tau)d\tau\cdot e^{-st}dt$$

令 $x=t-\tau$ 代入上式得

$$\mathscr{L}\left[\int_{0-}^{t}f_1(t-\tau)f_2(\tau)d\tau\right]=\int_{0_-}^{\infty}f_2(\tau)\left[\int_{-\tau_-}^{\infty}f_1(x)e^{-s(x+\tau)}dx\right]d\tau$$

$$=\int_{0_-}^{\infty}f_2(\tau)\cdot e^{-s\tau}\left[\int_{-\tau_-}^{\infty}f_1(x)e^{-sx}dx\right]d\tau$$

$$=\left[\int_{0_-}^{\infty}f_2(\tau)e^{-s\tau}d\tau\right]\left[\int_{0_-}^{\infty}f_1(x)e^{-sx}dx\right]$$

$$=F_2(s)\cdot F_1(s)$$

例 8.2.6 求$\dfrac{1}{(s+a)^2}$的拉普拉斯逆变换式。

解:已知 $\mathscr{L}^{-1}\left[\dfrac{1}{s+a}\right]=\mathrm{e}^{-at}\cdot\varepsilon(t)$,利用卷积定理得

$$\mathscr{L}^{-1}\left[\frac{1}{s+a}\cdot\frac{1}{s+a}\right]=\int_{0-}^{t}\mathrm{e}^{-a(t-\tau)}\cdot\varepsilon(t-\tau)\cdot\mathrm{e}^{-a\tau}\cdot\varepsilon(\tau)\,\mathrm{d}\tau$$

$$=\int_{0_-}^{t}\mathrm{e}^{-at}\mathrm{d}\tau=t\cdot\mathrm{e}^{-at}$$

同理可推得

$$\mathscr{L}^{-1}\left[\frac{1}{(s+a)^n}\right]=\frac{1}{(n-1)!}t^{n-1}\mathrm{e}^{-at}$$

7. 初值定理

设 $\mathscr{L}[f(t)]=F(s)$,则 $f(0_+)=\lim\limits_{s\to\infty}sF(s)$

证明:由微分定理

$$\mathscr{L}\left[\frac{\mathrm{d}}{\mathrm{d}t}f[t]\right]=\int_{0_+}^{\infty}\frac{\mathrm{d}}{\mathrm{d}t}f(t)\,\mathrm{e}^{-st}\mathrm{d}t=sF(s)-f(0_+)$$

此处用 $f(0_+)$ 而不用 $f(0_-)$,是因为我们感兴趣的是换路后的初值,令 $s\to\infty$,则

$$0=\lim_{s\to\infty}[sF(s)-f(0_+)]$$

$$f(0_+)=\lim_{s\to\infty}sF(s)$$

例 8.2.7 设 $f(t)=(1-\mathrm{e}^{-t})\cdot\varepsilon(t)$,验证初值定理。

解:

$$F(s)=\frac{1}{s}-\frac{1}{s+1}=\frac{1}{s(s+1)}$$

$$f(0_+)=\lim_{S\to\infty}sF(s)=\lim_{s\to\infty}\frac{1}{s+1}=0$$

又 $f(0_+)=1-\mathrm{e}^0=0$ 得证。

8. 终值定理

设 $\mathscr{L}[f(t)]=F(s)$,则 $f(\infty)=\lim\limits_{s\to 0}sF(s)$

证明:由微分定理

$$\mathscr{L}\left[\frac{\mathrm{d}}{\mathrm{d}t}f(t)\right]=\int_{0_+}^{\infty}\frac{\mathrm{d}}{\mathrm{d}t}f(t)\,\mathrm{e}^{-st}\mathrm{d}t=sF(s)-f(0_+)$$

令 $s\to 0$,则

$$f(\infty)-f(0_+)=\lim_{s\to 0}[sF(s)-f(0_+)]$$

$$f(\infty)=\lim_{s\to 0}sF(s)$$

例 8.2.8　仍设$f(t)=(1-e^{-t})\cdot\varepsilon(t)$，验证终值定理。

解：

$$F(s)=\frac{1}{s(s+1)}$$

$$f(\infty)=\lim_{s\to 0}sF(s)=\lim_{s\to 0}\frac{1}{s+1}=1$$

又　$f(\infty)=1-e^{-\infty}=1$　得证。

注意：利用终值定理求$f(\infty)$的前提条件是$f(\infty)$必须存在，且是唯一确定的值。例如当$f(t)=\sin t$时，$f(\infty)$不确定，不能运用终值定理。

8.3　拉普拉斯逆变换与部分分式展开

利用拉普拉斯逆变换的定义式(8.1.3)，将象函数$F(s)$代入式中进行积分，即可求出相应的原函数$f(t)$，但往往求积分的运算并不简单。下面介绍求拉氏逆变换的一种较为简便的方法。

设有理分式函数

$$F(s)=\frac{Q(s)}{P(s)}=\frac{b_m s^m+b_{m-1}s^{m-1}+\cdots+b_1 s+b_0}{a_n s^n+a_{n-1}s^{n-1}+\cdots+a_1 s+a_0}$$

若$m\geqslant n$，则$F(s)$可通过多项式除法得

$$F(s)=C_{m-n}s^{m-n}+\cdots+c_2 s^2+c_1 s+c_0+\frac{Q_1(s)}{P(s)}$$

式中，整式$C_{m-n}s^{m-n}+\cdots+c_2s^2+c_1s+c_0$的拉普拉斯逆变换为$C_{m-n}\delta^{(m-n)}(t)+\cdots+c_2\delta^{(2)}(t)+c_1\delta^{(1)}(t)+c_0\delta(t)$；$\dfrac{Q_1(s)}{P(s)}$是有理真分式，记为$F_1(s)=\dfrac{Q_1(s)}{P(s)}$。对于电路问题，多数$F(s)$是有理真分式，即$n\geqslant m$的情况。为求$F_1(s)$的拉普拉斯逆变换，通常利用部分分式展开的方法，将之展开成简单分式之和。简单分式的逆变换，可直接查表8.1.1获得。

令$P(s)=0$，求出相应的几个根，记作$p_i(i=1,2,\cdots,n)$。根据所求根的不同类型，下面分三种情况进行讨论。

1. 当$P(s)=0$有几个不相同的实数根

$F_1(s)$按部分分式展开为

$$F_1(s)=\frac{Q_1(s)}{P(s)}=\frac{K_1}{s-p_1}+\frac{K_2}{s-p_2}+\cdots+\frac{K_i}{s-p_i}+\cdots+\frac{K_n}{s-p_n}$$

式中，$K_1, K_2, \cdots, K_n$ 是对应于 $F_1(s)$ 极点 $p_1, p_2, \cdots, p_n$ 的留数。留数 K_i 可由下面两式求出，即

$$K_i = [F_1(s) \cdot (s-p_i)]\Big|_{s=p_i} \tag{8.3.1}$$

或

$$K_i = \lim_{s\to p_i}\frac{Q_1(s)}{P'(s)} = \frac{Q_1(s)}{P'(s)}\bigg|_{s=p_i} \tag{8.3.2}$$

于是 $F_1(s)$ 的逆变换式为

$$f_1(t) = \sum_{i=1}^{n} K_i e^{p_i t} \tag{8.3.3}$$

例 8.3.1 已知某象函数为 $F(s)=\dfrac{2s+1}{s(s+2)(s+5)}$，求相应的原函数 $f(t)$。

解：$F(s)$ 的部分分式展开式为

$$F(s)=\frac{2s+1}{s(s+2)(s+5)}=\frac{A_1}{s}+\frac{A_2}{s+2}+\frac{A_3}{s+5}$$

由式(8.3.1)

$$A_1 = sF(s)\Big|_{s=s_1} = \frac{2s+1}{(s+2)(s+5)}\bigg|_{s=0} = \frac{1}{2\times 5} = 0.1$$

$$A_2 = (s+2)F(s)\Big|_{s=s_2} = \frac{2s+1}{s(s+5)}\bigg|_{s=-2} = \frac{2(-2)+1}{(-2)(-2+5)} = \frac{-3}{(-2)(3)} = 0.5$$

$$A_3 = (s+5)F(s)\Big|_{s=s_3} = \frac{2s+1}{s(s+2)}\bigg|_{s=-5} = \frac{2(-5)+1}{(-5)(-5+2)} = \frac{-9}{(-5)(-3)} = -0.6$$

于是 $f(t)=\mathscr{L}^{-1}[F(s)]=\mathscr{L}^{-1}\left[\dfrac{0.1}{s}+\dfrac{0.5}{s+2}-\dfrac{0.6}{s+5}\right]=(0.1+0.5e^{-2t}-0.6e^{-5t})\varepsilon(t)$

2. 当 $P(s)=0$ 包含有共轭复根

设

$$F_1(s)=\frac{Q_1(s)}{P(s)}=\frac{Q_1(s)}{[s+(d-j\omega)][s+(d+j\omega)]P_1(s)}$$

$$=\frac{K_1}{s+(d-j\omega)}+\frac{K_2}{s+(d+j\omega)}+\frac{Q_2(s)}{P_1(s)}$$

当 $F_1(s)$ 是实系数多项式时，K_1 是复数，K_2 是 K_1 的共轭复数。

$$K_1 = F_1(s)[s+(d-j\omega)]\Big|_{s=-d+j\omega} = A\angle\theta$$

$$K_2 = F_1(s)[s+(d+j\omega)]\Big|_{s=-d-j\omega} = A\angle -\theta$$

$$\frac{K_1}{s+(d-j\omega)}+\frac{K_2}{s+(d+j\omega)} = Ae^{j\theta}\cdot e^{-(d-j\omega)t}+Ae^{-j\theta}e^{-(d+j\omega)t}$$

$$=Ae^{-dt}[e^{j(\omega t+\theta)}+e^{-j(\omega t+\theta)}]$$

$$=2|A|e^{-dt}\cos(\omega t+\theta)\cdot 1(t)$$

例 8.3.2　已知某象函数为 $F(s)=\dfrac{s+3}{(s+1)(s^2+2s+5)}$，求相应的原函数。

解：由 $s^2+2s+5=0$ 得 $s_2=-1+\mathrm{j}2, s_3=-1-\mathrm{j}2=s_2^*$

象函数的部分展开式为

$$F(s)=\frac{s+3}{(s+1)(s+1-\mathrm{j}2)(s+1+\mathrm{j}2)}=\frac{A_1}{s+1}+\frac{A_2}{s+1-\mathrm{j}2}+\frac{A_3}{s+1+\mathrm{j}2}$$

各部分分式的系数分别为

$$A_1=(s+1)F(s)\big|_{s=s_1}=\frac{s+3}{s^2+2s+5}\bigg|_{s=-1}=\frac{-1+3}{(-1)^2+2(-1)+5}=0.5$$

$$A_2=(s+1-\mathrm{j}2)F(s)\big|_{s=s_2}=\frac{s+3}{(s+1)(s+1+\mathrm{j}2)}\bigg|_{s=-1+\mathrm{j}2}$$

$$=\frac{(-1+\mathrm{j}2)+3}{(-1+\mathrm{j}2+1)(-1+\mathrm{j}2+1+\mathrm{j}2)}=\frac{2+\mathrm{j}2}{(\mathrm{j}2)(\mathrm{j}4)}$$

$$=-0.25(1+\mathrm{j}1)=-0.25\sqrt{2}\,\mathrm{e}^{\mathrm{j}\frac{\pi}{4}}$$

$$A_3=(s+1+\mathrm{j}2)F(s)\big|_{s=s_3}=-0.25\sqrt{2}\,\mathrm{e}^{-\mathrm{j}\frac{\pi}{4}}=A_2^*$$

$$f(t)=\mathscr{L}^{-1}[F(s)]$$

$$=0.5\mathrm{e}^{-t}\varepsilon(t)-0.5\sqrt{2}\,\mathrm{e}^{-t}\cos\left(2t+\frac{\pi}{4}\right)\varepsilon(t)$$

3. 当 $P(s)=0$ 包含有重根

设 $P(s)=0$ 包含一个 r 重根 p_1，则

$$F_1(s)=\frac{Q_1(s)}{P(s)}=\frac{Q_1(s)}{(s-p_1)^rP_1(s)}$$

$$=\frac{K_{11}}{s-p_1}+\frac{K_{12}}{(s-p_1)^2}+\cdots+\frac{K_{1r}}{(s-p_1)^r}+\frac{Q_2(s)}{P_1(s)}$$

全式乘 $(s-p_1)^r$，再令 $s=p_1$ 得

$$K_{1r}=(s-p_1)^rF_1(s)\big|_{s=p_1}$$

将 $(s-p_1)^rF_1(s)$ 关于 s 求导，再令 $s=p_1$，得

$$K_{1(r-1)}=\frac{\mathrm{d}}{\mathrm{d}s}[(s-p_1)^rF_1(s)]\big|_{s=p_1}$$

同理，可依次求得 $K_{1(r-2)},\cdots,K_{12},K_{11}$。通式为

$$K_{1j}=\frac{1}{(r-j)!}\frac{\mathrm{d}^{r-j}}{\mathrm{d}s^{r-j}}[(s-p_1)^rF_1(s)]\big|_{s=p_1}$$

例 8.3.3　已知象函数 $F(s)=\dfrac{2s^2+1\,000s+140\,000}{s^3+400s^2+40\,000s}$，求相应的原函数 $f(t)$。

$$\text{解}:F(s)=\frac{2s^2+1\ 000s+140\ 000}{s(s^2+400s+40\ 000)}=\frac{2s^2+1\ 000s+140\ 000}{s(s+200)^2}$$

$$=\frac{A_1}{s}+\frac{A_{21}}{s+200}+\frac{A_{22}}{(s+200)^2}$$

$$A_1=sF(s)\big|_{s=s_1}=\frac{2s^2+1\ 000s+140\ 000}{(s+200)^2}\Bigg|_{s=0}=\frac{140\ 000}{200^2}=3.5$$

$$A_{22}=(s+200)^2F(s)\big|_{s=s_2}=\frac{2s^2+1\ 000s+140\ 000}{s}\Bigg|_{s=-200}$$

$$=\frac{2\times(-200)^2+1\ 000\times(-200)+140\ 000}{-200}=-100$$

$$A_{21}=\frac{\mathrm{d}}{\mathrm{d}s}(s+200)^2F(s)\big|_{s=s_2}=\frac{\mathrm{d}}{\mathrm{d}s}\left(\frac{2s^2+1\ 000s+140\ 000}{s}\right)\Bigg|_{s=-200}$$

$$=2-\frac{140\ 000}{s^2}\Bigg|_{s=-200}=2-\frac{140\ 000}{(-200)^2}=-1.5$$

$$f(t)=\mathscr{L}^{-1}[F(s)]=\mathscr{L}^{-1}\left[\frac{3.5}{s}-\frac{1.5}{s+200}-\frac{100}{(s+200)^2}\right]$$

$$=3.5\varepsilon(t)-(1.5+100t)\mathrm{e}^{-200t}\varepsilon(t)$$

8.4 复频域(s 域)中的电路定律、电路元件及其模型

电路中最重要的两个定律是基尔霍夫电流定律(KCL)和基尔霍夫电压定律(KVL),其表达式为

KCL: $\sum i(t)=0$

KVL: $\sum u(t)=0$

对两个定律的方程式作拉普拉斯变换,即有

KCL: $\sum I(s)=0$

KVL: $\sum U(s)=0$

上面两式就是基尔霍夫定律的复频域(s 域)形式。这说明各支路电流的象函数仍遵循 KCL;回路中各支路电压的象函数仍遵循 KVL。

8.4.1 *RLC* 元件的 s 域模型

1. 线性电阻元件

图 8.4.1(a)表示线性电阻元件的时域模型,当其电压电流参考方向选为一

致时,其电压、电流的关系是

$$u(t)=R\cdot i(t)$$

图 8.4.1　电阻元件 s 域模型

经拉普拉斯变换得电压、电流象函数间的关系

$$U(s)=R\cdot I(s) \tag{8.4.1}$$

因此,电阻复频域(s 域)模型如图 8.4.1(b)所示。

2. 线性电感元件

图 8.4.2(a)表示线性电感元件的时域模型,当其电压电流参考方向一致时,电压电流的时域关系式是　$u_L(t)=L\dfrac{\mathrm{d}i_L(t)}{\mathrm{d}t}$

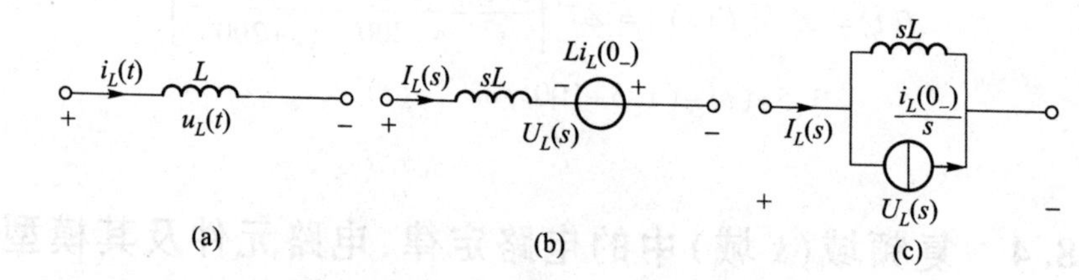

图 8.4.2　电感元件 s 域模型

经拉普拉斯变换后得　$U_L(s)=L[sI_L(s)-i_L(0_-)]$

$$U_L(s)=sL\cdot I_L(s)-L\cdot i_L(0_-) \tag{8.4.2}$$

根据式(8.4.2)可以画出电感元件的复频域模型,如图 8.4.2(b)所示,其中 sL 称为电感的运算感抗,$Li_L(0_-)$取决于电感电流的初始值,称为附加运算电压,它体现了初始储能的作用,如同独立电压源一样,参考方向如图 8.4.2(b)中所示。电感电压 $U_L(s)$等于运算感抗 sL 与 $I_L(s)$的乘积与 $Li_L(0_-)$两项之差,而不只是 sL 上的电压。通过等效变换,得到电感元件的另一个复频域模型,如图 8.4.2(c)所示。在这个模型中 sL 仍是电感的运算感抗,与之并联的$\dfrac{i_L(0_-)}{s}$如同独立电流源一样。

3. 线性电容元件

图 8.4.3(a)表示线性电容元件的时域模型,当其电压电流参考方向一致时,电压电流的时域关系式是

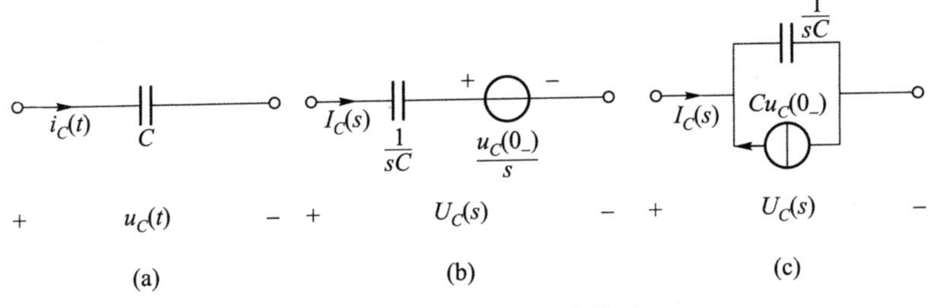

图 8.4.3 电容元件 s 域模型

$$i_C(t)=C\frac{\mathrm{d}u_C(t)}{\mathrm{d}t}$$

经拉普拉斯变换后得

$$I_C(s)=C[sU_C(s)-u_C(0_-)]$$

$$U_C(s)=\frac{1}{sC}I_C(s)+\frac{u_C(0_-)}{s} \tag{8.4.3}$$

根据式(8.4.3)可以画出电容元件的复频域模型,如图 8.4.3(b)所示,其中$\frac{1}{sC}$称为电容的运算容抗,$\frac{u_C(0_-)}{s}$取决于电容电压的初始值,称为附加运算电压,它体现了初始储能的作用,如同独立电压源一般,参考方向如图 8.4.3(b)中所示。电容电压 $U_C(s)$等于运算容抗$\frac{1}{sC}$与 $I_C(s)$的乘积与$\frac{u_C(0_-)}{s}$两项之和,而不仅仅是$\frac{1}{sC}$上的电压。通过等效变换,还可得到电容元件的另一个复频域模型,如图 8.4.3(c)所示。在这个模型中$\frac{1}{sC}$仍是电容的运算容抗,与之并联的 $Cu_C(0_-)$就如同一个独立电流源。

8.4.2 互感元件的 s 域模型

图 8.4.4(a)表示线性互感线圈的时域模型,当其电压电流参考方向如图中所示时,电压电流的时域关系式是

$$\begin{cases} u_1=L_1\dfrac{\mathrm{d}i_1}{\mathrm{d}t}+M\dfrac{\mathrm{d}i_2}{\mathrm{d}t} \\ u_2=L_2\dfrac{\mathrm{d}i_2}{\mathrm{d}t}+M\dfrac{\mathrm{d}i_1}{\mathrm{d}t} \end{cases}$$

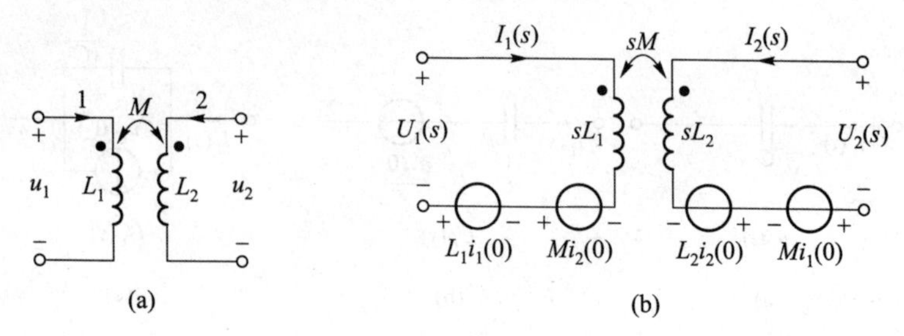

图 8.4.4　互感元件 s 域模型

经拉普拉斯变换后得

$$\begin{cases}U_1(s)=sL_1I_1(s)-L_1i_1(0_-)+sMI_2(s)-Mi_2(0_-)\\U_2(s)=sL_2I_2(s)-L_2i_2(0_-)+sMI_1(s)-Mi_1(0_-)\end{cases}\tag{8.4.4}$$

根据式(8.4.4)可以画出互感线圈的复频域模型,如图 8.4.4(b)所示,由于含有磁耦合,附加运算电压包含两项,体现了互感线圈初始储能的作用,如同独立电压源一般,参考方向如图 8.4.4(b)中所示。

8.4.3　独立源与受控源的 s 域模型

对于独立电压源、电流源,只需将相应的电压源电压、电流源电流的时域表达式,经过拉普拉斯变换,得到相应的象函数即可。例如:直流电压源电压 $E\cdot\varepsilon(t)$ 变换为 $\dfrac{E}{s}$;正弦电流源电源 $I_{\mathrm{m}}\sin(\omega t+\theta)\cdot\varepsilon(t)$ 变换为 $I_{\mathrm{m}}\cdot\dfrac{s\cdot\sin\theta+\omega\cdot\cos\theta}{s^2+\omega^2}$。

对于受控电源,如果控制系数为常数,那么复频域电路模型与其时域电路一样,形式不变。图 8.4.5(a)为时域中的 VCVS,图 8.4.5(b)为其复频域电路模型。其他形式受控电源的复频域电路模型,同理可得。

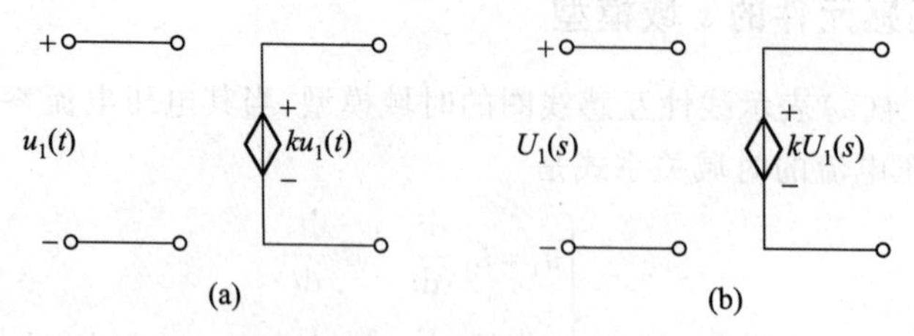

图 8.4.5　受控源 s 域模型

8.5　线性动态电路的复频域分析

图 8.5.1(a)所示是一个 RLC 串联电路，初始条件为 $u_C(0_-)$、$i_L(0_-)$，应用上一节的电路元件及其模型，可画出相应的复频域电路模型，即运算电路，如图 8.5.1(b)所示。

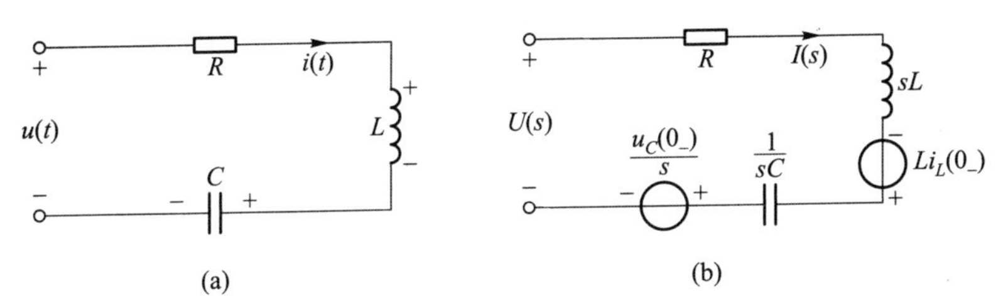

图 8.5.1　RLC 串联电路的 s 域模型

根据复频域的 KVL，可列写出

$$RI(s)+sLI(s)-Li_L(0_-)+\frac{1}{sC}I(s)+\frac{u_C(0_-)}{s}=U(s)$$

$$\left(R+sL+\frac{1}{sC}\right)I(s)=U(s)+Li_L(0_-)-\frac{u_C(0_-)}{s}$$

令 $Z(s)=R+sL+\dfrac{1}{sC}$，则上式即为

$$Z(s)\cdot I(s)=U(s)+Li_L(0_-)-\frac{u_C(0_-)}{s}$$

式中，$Z(s)$称为 RLC 串联电路的运算阻抗，其倒数 $Y(s)=\dfrac{1}{Z(s)}$称为运算导纳。正弦稳态电路中 RLC 串联阻抗为 $Z(\mathrm{j}\omega)=R+\mathrm{j}\omega L+\dfrac{1}{\mathrm{j}\omega C}$，在形式上与 $Z(s)$相似。

在运算电路中，将初始条件作为附加运算电源处理后，所有运算阻抗上的电压电流关系符合欧姆定律形式。既然运算电路中的 KCL、KVL 和欧姆定律在形式上与直流稳态电路或正弦稳态电路都相似，所以在稳态电路中运用过的各种分析方法和定理均可引申至运算电路。例如，节点电压法、回路电流法、叠加定理、Y/Δ 变换、戴维宁定理、双口网路等均可以直接应用于运算电路。这样就把时域求解微分方程的问题转换为复频域中求解运算电路的代数运算问题。

应用拉普拉斯变换分析线性动态电路过渡过程的方法，通常被称为运算法。

应用运算法求解的思路为:建立运算电路、求网络响应的象函数,然后,求其网络响应的原函数。

例 8.5.1 电路如图 8.5.2(a)所示,已知 $R_1=2\ \Omega, R_2=1\ \Omega, L=1\ \mathrm{H}, C=2\ \mathrm{F}, U_S=4\ \mathrm{V}, I_S=2\ \mathrm{A}$。开关 S 闭合前,电路原已达稳态,$t=0$ 时开关 S 闭合,求开关 S 闭合后电容电压 $u_C(t)$ 及开关中电流 $i(t)$。

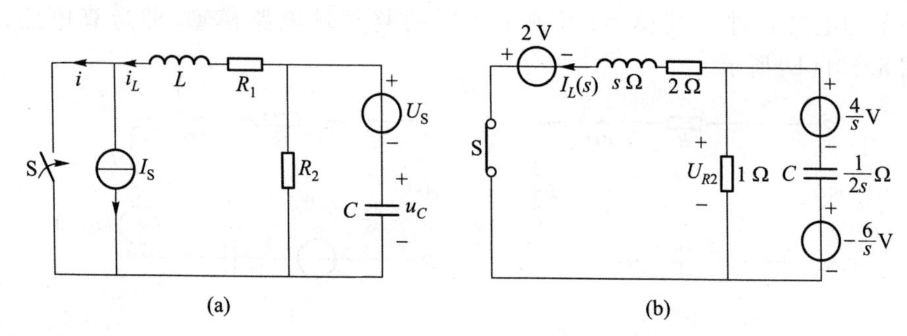

图 8.5.2 例 8.5.1 题图

解:由已知电路可得 $i_L(0_+)=i_L(0_-)=2\ \mathrm{A}$;$u_C(0_+)=u_C(0_-)=-6\ \mathrm{V}$。开关 S 闭合后的运算电路如图 8.5.2(b)所示

由节点法得

$$U_{R2}(s)=\frac{-\dfrac{2/s}{1/2s}-\dfrac{2}{2+s}}{1+2s+\dfrac{1}{2+s}}=\frac{-4-\dfrac{2}{2+s}}{1+2s+\dfrac{1}{2+s}}=\frac{-2s-5}{s^2+2.5s+1.5}$$

$$=\frac{-2s-5}{(s+1.5)(s+1)}=\frac{k_1}{s+1.5}+\frac{k_2}{s+1}$$

$$k_1=\left.\frac{-2s-5}{s+1}\right|_{s=-1.5}=\frac{3-5}{-1.5+1}=4;\qquad k_2=\left.\frac{-2s-5}{s+1.5}\right|_{s=-1}=\frac{2-5}{-1+1.5}=-6$$

则

$$u_{R2}(t)=(4\mathrm{e}^{-1.5t}-6\mathrm{e}^{-t})\varepsilon(t)\ \mathrm{V}$$

$$u_C(t)=u_R(t)-U_S=(4\mathrm{e}^{-1.5t}-6\mathrm{e}^{-t}-4)\varepsilon(t)\ \mathrm{V}$$

$$i_C(t)=C\frac{\mathrm{d}u_C(t)}{\mathrm{d}t}=(-12\mathrm{e}^{-1.5t}+12\mathrm{e}^{-t})\varepsilon(t)\ \mathrm{A}$$

$$i_{R2}(t)=\frac{u_{R2}(t)}{R_2}=(4\mathrm{e}^{-1.5t}-6\mathrm{e}^{-t})\varepsilon(t)\ \mathrm{A}$$

最终得

$$i_L(t)=-[i_C(t)+i_{R2}(t)]=(8\mathrm{e}^{-1.5t}-6\mathrm{e}^{-t})\varepsilon(t)\ \mathrm{A}$$

$$i(t)=i_L(t)-I_S=(8\mathrm{e}^{-1.5t}-6\mathrm{e}^{-t}-2)\varepsilon(t)\ \mathrm{A}$$

例 8.5.2 电路如图 8.5.3 所示，已知 $R_1=9\ \Omega$，$R_2=1\ \Omega$，$C_1=1\ \text{F}$，$C_2=4\ \text{F}$，$U_S=10\ \text{V}$，求零状态响应 $i(t)$ 和 $u_2(t)$。

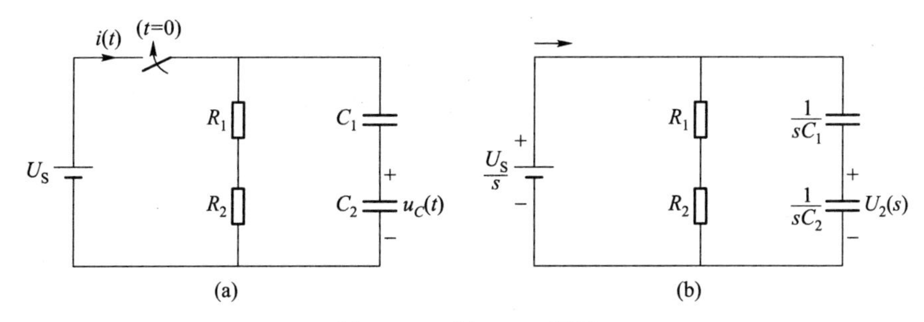

图 8.5.3 例 8.5.2 题图

解：电路的复频域模型如图 8.5.3(b)所示。

$U_2(s)$ 为 $\dfrac{U_S}{s}$ 在电容 C_2 上的分压，得到

$$U_2(s)=\frac{\left(\dfrac{1}{sC_2}\right)\left(\dfrac{U_S}{s}\right)}{\dfrac{1}{sC_1}+\dfrac{1}{sC_2}}=\frac{2}{s}$$

于是，有

$$u_2(t)=2\varepsilon(t)\ \text{V}$$

从 $u_2(t)$ 的表达式得 $u_2(0_+)=2\ \text{V}$，显然，电容电压在 $t=0$ 时刻发生突变。

电流 $I(s)$ 为

$$I(s)=\frac{\left(\dfrac{U_S}{s}\right)}{\dfrac{1}{sC_1}+\dfrac{1}{sC_2}}+\frac{\left(\dfrac{U_S}{s}\right)}{R_1+R_2}$$

$$=8+\frac{1}{s}$$

由上式得 $i(t)=(8\delta(t)+\varepsilon(t))\ \text{A}$

可见 $i(t)$ 中含有冲激函数。

例 8.5.3 在如图 8.5.4 所示的电路中，开关在位置 1 已经很久了。若开关在 $t=0$ 时刻由位置 1 打到位置 2，试画出开关动作后电路的运算电路图。并用节点电压法求 $t\geqslant 0_+$ 时的 $u_C(t)$。

解：电路复频域模型如图 8.5.4(b)所示

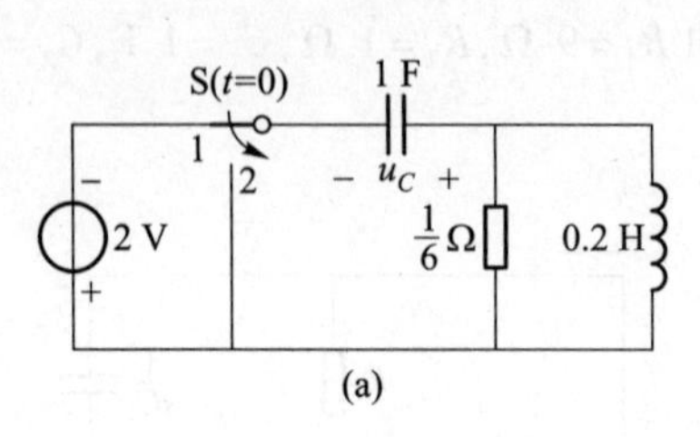

(a)

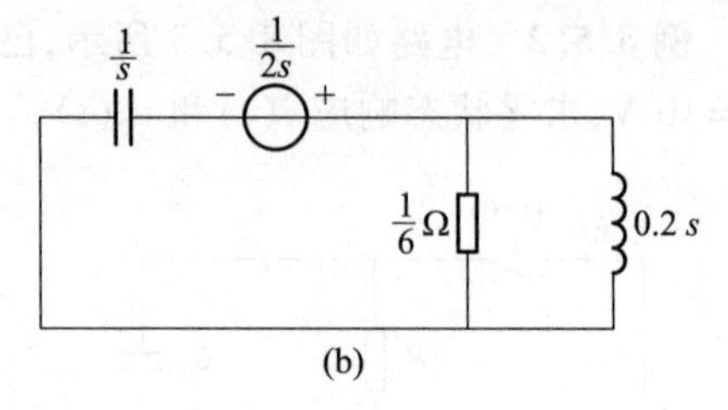

(b)

图 8.5.4　例 8.5.3 题图

$$U_C(0_+)=U_C(0_-)=2\ \text{V}\qquad i_L(0_+)=i_L(0_-)=0\ \text{A}$$

$$\left(s+6+\frac{1}{0.2s}\right)U_C(s)=\frac{\frac{1}{2s}}{\frac{1}{s}}$$

$$U_C(s)=\frac{5}{8}\frac{1}{s+5}-\frac{1}{8}\frac{1}{s+1}$$

$$u_C(t)=\left(\frac{5}{8}e^{-5t}-\frac{1}{8}e^{-t}\right)\varepsilon(t)\ \text{V}\qquad (t\geqslant 0_+)$$

例 8.5.4　如图 8.5.5 所示电路，$u_{S1}(t)=3e^{-t}\varepsilon(t)$ V，$u_{S2}(t)=e^{-2t}\varepsilon(t)$ V，电容电压和电感电流的初始值均为零，求电流 $i_2(t)$。

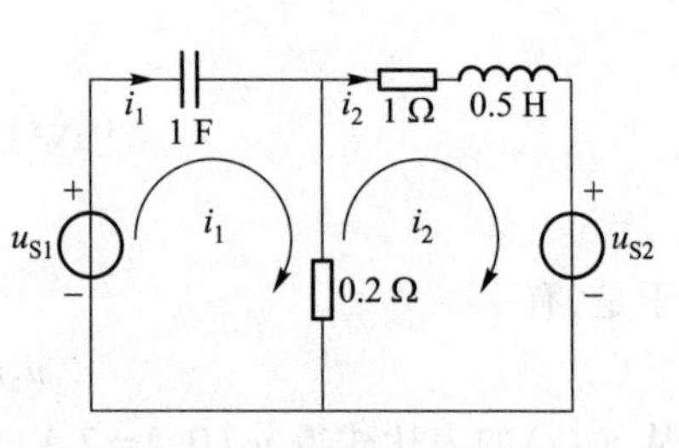

图 8.5.5　例 8.5.4 题图

解：由 $u_{S1}(t)$ 和 $u_{S2}(t)$ 的象函数分别为

$$U_{S1}(s)=\frac{3}{s+1}$$

$$U_{S2}(s)=\frac{1}{s+2}$$

根据图 8.5.5 所示电路 s 域模型（略），其网孔电流方程为

$$\left(\frac{1}{s}+0.2\right)I_1(s)-0.2I_2(s)=\frac{3}{s+1}$$

$$-0.2I_1(s)+(0.5s+1.2)I_2(s)=-\frac{1}{s+2}$$

从上两式解得

$$I_2(s)=\frac{4s^2-10}{(s+1)(s+2)(s+3)(s+4)}$$

将 $I_2(s)$ 用部分分式展开，应有

$$I_2(s)=\frac{-1}{s+1}+\frac{-3}{s+2}+\frac{13}{s+3}+\frac{-9}{s+4}$$

于是

$$i_2(t)=(-e^{-t}-3e^{-2t}+13e^{-3t}-9e^{-4t})\varepsilon(t)\ \text{V}$$

例 8.5.5 用拉普拉斯变换法求图 8.5.6 所示电路 $u(t)$ 的零状态响应。已知 $R_1=R_2=10\ \Omega$，$C=0.05\ \text{F}$，$i_S(t)=(1-t)[\varepsilon(t)-\varepsilon(t-1)]$。

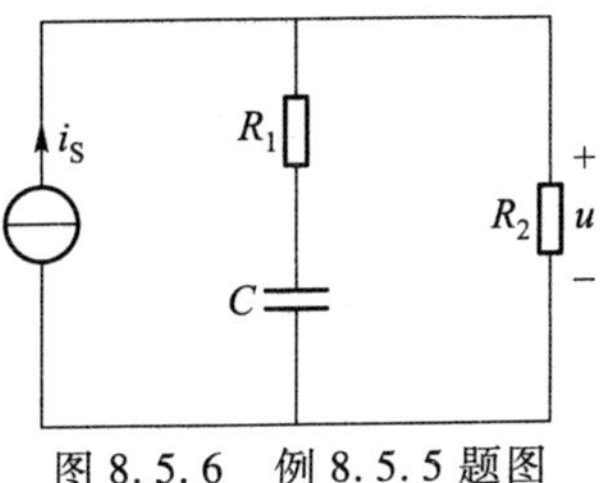

图 8.5.6 例 8.5.5 题图

解：由已知条件，$i_S(t)$ 为

$$i_S(t)=(1-t)[\varepsilon(t)-\varepsilon(t-1)]=(1-t)\varepsilon(t)+(t-1)\varepsilon(t-1)$$

则 $i_S(t)$ 的象函数为

$$I_S(s)=\frac{1}{s}-\frac{1}{s^2}+\frac{1}{s^2}e^{-s}$$

基于电路分析得

$$U(s)=\frac{I_S(s)}{\dfrac{1}{R_2}+\dfrac{1}{R_1+\dfrac{1}{sC}}}=\frac{5s+10}{s+1}\left(\frac{1}{s}-\frac{1}{s^2}+\frac{1}{s^2}e^{-s}\right)$$

$$=\frac{(5s+10)(s-1)}{(s+1)s^2}+\frac{5s+10}{(s+1)s^2}e^{-s}$$

根据部分分式展开法，应有

$$\frac{(5s+10)(s-1)}{(s+1)s^2}=\frac{-10}{s+1}+\frac{-10}{s^2}+\frac{15}{s}$$

$$\frac{5s+10}{(s+1)s^2}=\frac{5}{s+1}+\frac{10}{s^2}+\frac{-5}{s}$$

于是

$$u(t)=\{(-10e^{-t}-10t+15)\varepsilon(t)+[5e^{-(t-1)}+10(t-1)-5]\varepsilon(t-1)\}\ \text{V}$$

例 8.5.6 如图 8.5.7(a) 所示电路，已知：$R=6\ \Omega$，$L=1\ \text{H}$，$C=0.04\ \text{F}$，$u_C(0_-)=1\ \text{V}$，$i(0_-)=5\ \text{A}$，当 $t=0$ 时闭合开关 S，接上正弦交流激励 $e(t)=12\sin 5t\ \text{V}$，试求 $i(t)$。

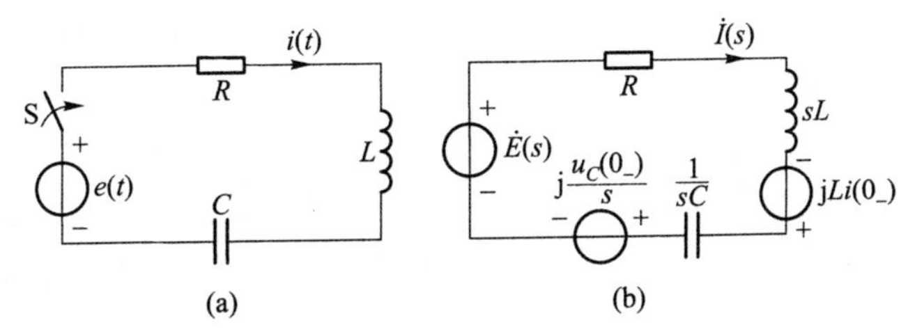

图 8.5.7 例 8.5.6 题图

解:当正弦交流电源作用时,直接对正弦函数作拉氏变换然后求解,往往计算很繁杂。在这里,介绍一种计算技巧。首先,构建一个复数指数函数 $E_{\mathrm{m}}\mathrm{e}^{\mathrm{j}(\omega t+\theta)}$ 替代正弦函数 $E_{\mathrm{m}}\sin(\omega t+\theta)$,这样,实际激励函数只是复数激励函数的虚部,其计算结果也将是复数,但其虚部才是真正正弦交流电源激励下的响应。

现设

$$\overset{\Delta}{e}(t)=E_{\mathrm{m}}\mathrm{e}^{\mathrm{j}(\omega t+\theta)}=12\mathrm{e}^{\mathrm{j}5t}$$

$$\overset{\Delta}{E}(s)=\frac{E_{\mathrm{m}}\mathrm{e}^{\mathrm{j}\theta}}{s-\mathrm{j}\omega}=\frac{12}{s-\mathrm{j}5}$$

作运算电路如图 8.5.7(b)所示,为了在取虚部运算中不丢失附加内电源的作用,因此需在附加内电源前额外添加"j",使之也同样成为虚部,于是

$$\left(R+sL+\frac{1}{sC}\right)\overset{\Delta}{I}(s)=\overset{\Delta}{E}(s)+\mathrm{j}Li(0_-)-\mathrm{j}\frac{u_C(0_-)}{s}$$

$$\overset{\Delta}{I}(s)=\frac{\overset{\Delta}{E}(s)+\mathrm{j}Li(0_-)-\mathrm{j}\dfrac{u_C(0_-)}{s}}{R+sL+\dfrac{1}{sC}}=\frac{\mathrm{j}5s^2+37s-\mathrm{j}s-5}{(s-\mathrm{j}5)(s^2+6s+25)}=\frac{A_1}{s-\mathrm{j}5}+\frac{A_2}{s+3-\mathrm{j}4}+\frac{A_3}{s+3+\mathrm{j}4}$$

$$A_1=(s-\mathrm{j}5)\cdot\overset{\Delta}{I}(s)\big|_{s=\mathrm{j}5}=2$$

$$A_2=(s+3-\mathrm{j}4)\cdot\overset{\Delta}{I}(s)\big|_{s=-3+\mathrm{j}4}=4.596\underline{/156.62^\circ}$$

$$A_3=(s+3+\mathrm{j}4)\cdot\overset{\Delta}{I}(s)\big|_{s=-3-\mathrm{j}4}=3.593\underline{/55.31^\circ}$$

注意这里 $I(s)$ 的分子并不是实系数多项式,因而 A_2、A_3 不是共轭复数,需要分别计算,得到

$$\begin{aligned}\overset{\Delta}{i}(t)&=2\mathrm{e}^{\mathrm{j}5t}+4.596\mathrm{e}^{\mathrm{j}156.62^\circ}\mathrm{e}^{(-3+\mathrm{j}4)t}+3.953\mathrm{e}^{\mathrm{j}55.31^\circ}\mathrm{e}^{(-3-\mathrm{j}4)t}\\&=2\mathrm{e}^{\mathrm{j}5t}+\mathrm{e}^{-3t}\left[4.596\mathrm{e}^{\mathrm{j}(4t+156.62^\circ)}+3.953\mathrm{e}^{\mathrm{j}(-4t+55.31^\circ)}\right]\end{aligned}$$

最后作取虚部运算

$$\begin{aligned}i(t)&=\mathrm{lm}[\overset{\Delta}{i}(t)]\\&=2\sin 5t+\mathrm{e}^{-3t}[4.596\sin(4t+156.62^\circ)+3.953\sin(-4t+55.31^\circ)]\\&=[2\sin 5t+8.2\mathrm{e}^{-3t}\sin(4t+142.43^\circ)]\ \mathrm{A}\qquad t\geqslant 0\end{aligned}$$

最后需要指出,复频域运算电路模型直接说明了全响应是零输入响应和零状态响应之和,因为将时域电路转化为复频域运算电路后,其中的电源可分为两部分:一部分是外加电源,另一部分是由动态元件的初始状态 $u_C(0_-)$ 和 $i_L(0_-)$ 形成的附加运算内电源 $\dfrac{u_C(0_-)}{s}$ 和 $Li_L(0_-)$。依据叠加定理,全响应是由

外加电源产生的响应(即零状态响应)与附加运算内电源产生的响应(零输入响应)之和。

8.6 网络函数

8.6.1 网络函数的定义与形式

在图 8.6.1 中,$e(t)$表示电路中某个激励,$r(t)$表示在该激励作用下所产生的某一零状态响应。经拉普拉斯变换后得到$e(t)$的象函数为$E(s)$,$r(t)$的象函数为$R(s)$,由此定义网络函数$H(s)$如下

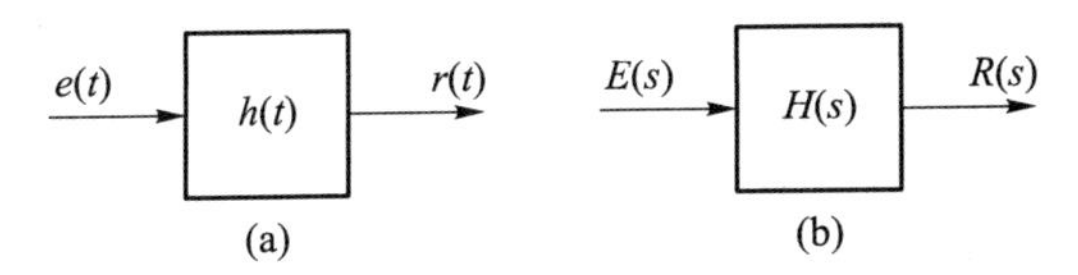

图 8.6.1 网络函数定义

$$H(s)=\frac{R(s)}{E(s)} \tag{8.6.1}$$

按照激励和响应的位置不同,网络函数可以分为策动点函数(又称为输入函数或入端函数)和传递函数(又称为传输函数或转移函数)。所谓策动点函数是当激励和响应在同一端口时的网络函数,而传递函数则是当激励和响应在不同端口时的网络函数。图 8.6.2 表示了六种形式的网络函数,其中图(a)、(b)表示策动点函数,图(c)、(d)、(e)、(f)表示传递函数。图(a)中,网络函数$H(s)=\frac{I(s)}{U(s)}$即是入端运算导纳(复频域入端导纳);图(b)中网络函数$H(s)=\frac{U(s)}{I(s)}$即是入端运算阻抗(复频域入端阻抗);图(c)中$H(s)=\frac{U_2(s)}{I_1(s)}$即是转移运算阻抗,图(d)中$H(s)=\frac{I_2(s)}{I_1(s)}$即是转移电流比;图(e)中$H(s)=\frac{U_2(s)}{U_1(s)}$即是转移电压比;图(f)中$H(s)=\frac{I_2(s)}{U_1(s)}$即是转移运算导纳。

对于已知结构的线性网络,激励和响应指定后,就可以按定义式(8.6.1)计算网络函数。

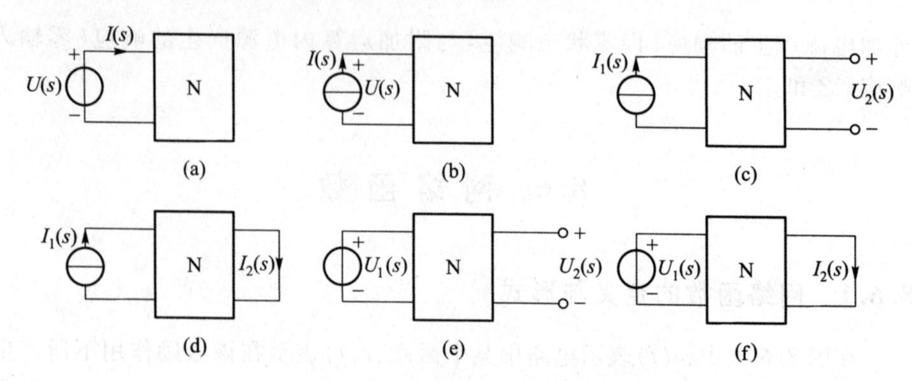

图 8.6.2　六种形式的网络函数

例 8.6.1　如图 8.6.3 所示为 RLC 串联电路，已知激励为电压源 u_S，响应为电容电压 u_C，求网络函数 $H(s)=\dfrac{U_C(s)}{U_S(s)}$。

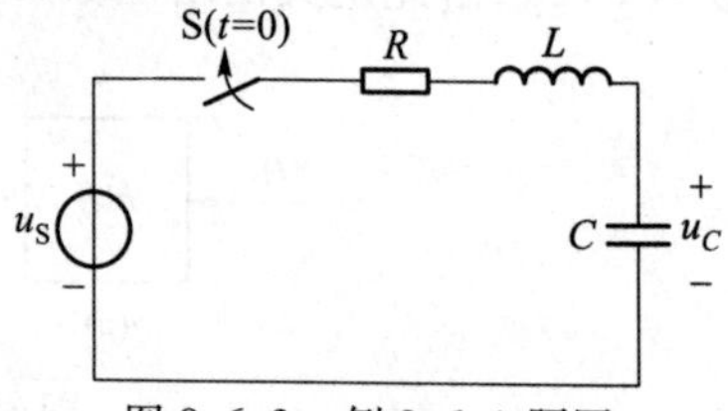

图 8.6.3　例 8.6.1 题图

解：因为网络函数是零状态条件下响应与激励之比，所以由 s 域电路模型，得

$$H(s)=\frac{U_C(s)}{U_S(s)}=\frac{1}{R+sL+\dfrac{1}{sC}}\cdot\frac{1}{sC}=\frac{1}{LCs^2+RCs+1}=\frac{1}{LC\left(s^2+\dfrac{R}{L}s+\dfrac{1}{LC}\right)}$$

例 8.6.2　图 8.6.4(a)为低通滤波器电路。若激励是 $e(t)$，响应是 $i_1(t)$、$u_2(t)$，试求网络函数。

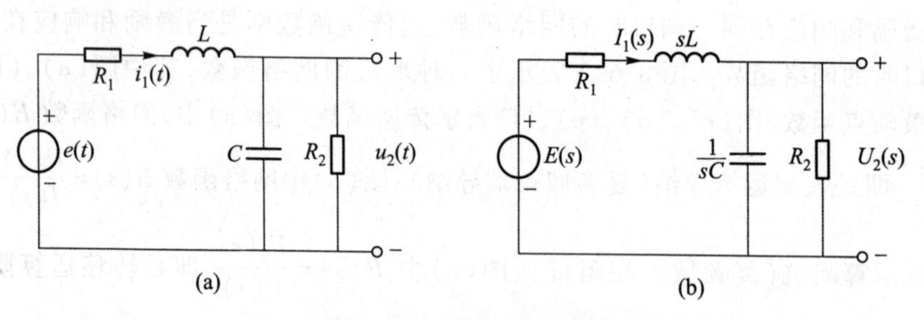

图 8.6.4　例 8.6.2 题图

解：将图 8.6.3(a)电路转换为运算电路如图(b)所示，按网络函数的定义有

$$H(s)=\frac{I_1(s)}{E(s)}=Y(s)=\left[R_1+sL+\frac{R_2\times\dfrac{1}{sC}}{R_2+\dfrac{1}{sC}}\right]^{-1}$$

整理后得
$$H(s)=\frac{sR_2C+1}{s^2R_2LC+s(R_1R_2C+L)+(R_1+R_2)}$$

又
$$H'(s)=\frac{U_2(s)}{E(s)}=\frac{\dfrac{R_2\times\dfrac{1}{sC}}{R_2+\dfrac{1}{sC}}}{R_1+sL+\dfrac{R_2\times\dfrac{1}{sC}}{R_2+\dfrac{1}{sC}}}$$

$$=\frac{R_2}{s^2R_2LC+s(R_1R_2C+L)+(R_1+R_2)}$$

可见,网络函数的分母表达式只与电路的结构和参数有关,而与激励无关。

8.6.2 网络函数的求解与应用

对于线性、非时变、集中参数电路,$H(s)$是 s 的实系数有理函数,即

$$H(s)=\frac{N(s)}{D(s)}=\frac{b_ms^m+b_{m-1}s^{m-1}+\cdots+b_1s+b_0}{a_ns^n+a_{n-1}s^{n-1}+\cdots+a_1s+a_0} \tag{8.6.2}$$

由式(8.6.1)可得
$$R(s)=H(s)\times E(s) \tag{8.6.3}$$

当 $E(s)=1$ 即 $e(t)=\delta(t)$时,$R(s)=H(s)$,这说明 $H(s)$是单位冲激函数$\delta(t)$激励下的零状态响应 $h(t)$的象函数,换言之,$H(s)$的原函数即是(单位)冲激响应 $h(t)$。冲激响应 $h(t)$知道了,就可以求出 $H(s)$,也就可以确定任意激励下的零状态响应。反之,若已知某一激励作用下的零状态响应,由 $E(s)$与 $R(s)$也就可以求出 $H(s)$,从而确定其他任意激励下的零状态响应。因此,线性电路任一激励作用的零状态响应确定后,其他任意激励作用的零状态响应也就确定了。

例 8.6.3 如图 8.6.5 所示电路,计算网络函数 $H(s)=\dfrac{I_0(s)}{I_S(s)}$,若 $i_S(t)=\varepsilon(t)-\varepsilon(t-2)$,计算在该激励下的响应 $i_o(t)$。

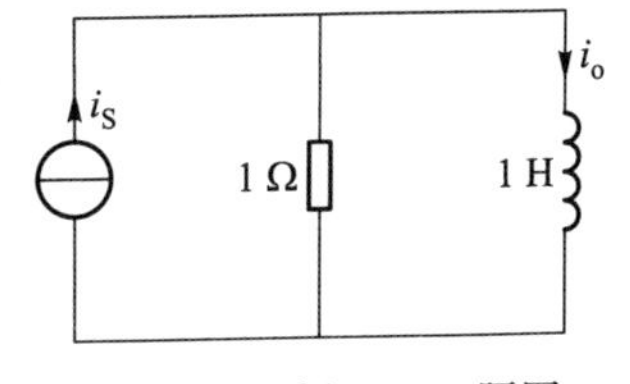

图 8.6.5 例 8.6.3 题图

解:根据电路的运算电路模型和分流公式可得其网络函数,即

$$H(s)=\frac{I_o(s)}{I_S(s)}=\frac{1}{s+1}$$

再由拉氏变换知

$$I_S(s)=\mathscr{L}[i_S(t)]=\mathscr{L}[\varepsilon(t)-\varepsilon(t-2)]=\frac{1}{s}-\frac{e^{-2t}}{s}$$

所以,$I_S(s)$产生的响应$I_o(s)$为

$$I_o(s)=H(s)I_S(s)=\frac{1}{s(s+1)}-\frac{e^{-2t}}{s(s+1)}$$

得时域响应为

$$i_S(t)=\mathscr{L}^{-1}[I_o(s)]$$

当$0\leqslant t\leqslant 2$时　　$i_o(t)=1-e^{-t}$

当$t>2$时　　$i_o(t)=1-e^{-t}-(1-e^{-(t-2)})=e^{-t}(e^2-1)$

例 8.6.4　在图 8.6.6(a)所示电路中,P 为无源双口网络,1-1′端口接单位阶跃电压源时,2-2′端口开路电压的零状态响应为$u_0(t)=(1-e^{-100t})\varepsilon(t)$ V;在图 8.6.6(b)中,1-1′端口接单位冲激电压源时,2-2′端口短路电流的零状态响应为$i_d(t)=5e^{-50t}\varepsilon(t)$ A;在图 8.6.6(c),在 2-2′端口接入电阻$R=30\ \Omega$,并在 1-1′端口施加电压$u_S(t)$,那么以电阻上的电流$i(t)$作为输出,试求网络函数$H(s)$,倘若$u_S(t)=5e^{-40t}\varepsilon(t)$ V,试求$i(t)=$?

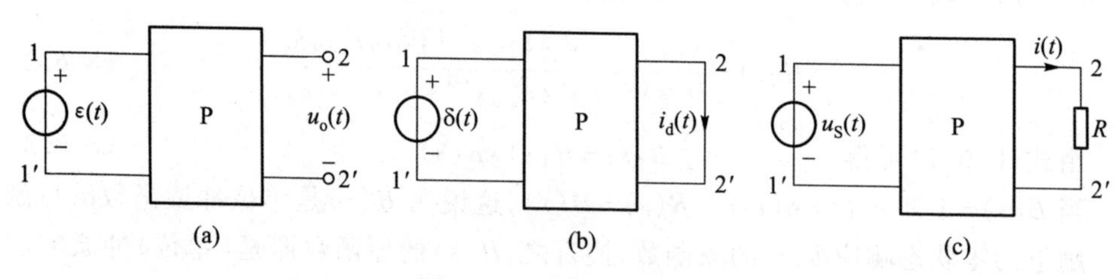

图 8.6.6　例 8.6.4 题图

解:由图 8.6.6(a)知:当$U_S(s)=\dfrac{1}{s}$时,可得

$$U_o(s)=\frac{1}{s}-\frac{1}{s+100}=\frac{100}{s(s+100)}$$

$$H_1(s)=\frac{U_o(s)}{U_S(s)}=\frac{100}{s+100}$$

由上式知:当$U_S(s)=1$时,图(a)中 2-2′端口的开路电压为

$$U_o'(s)=\frac{100}{s+100}$$

又由图(b)知:当$U_S(s)=1$时,2-2′端口的短路电流为　$I_d(s)=\dfrac{5}{s+50}$

故而当$U_S(s)=1$时,图(c)电路 2-2′端口以左的戴维宁等效电路的等效运算阻抗为

$$Z_d(s)=\frac{U'_o(s)}{I_d(s)}=\frac{20(s+50)}{s+100}$$

根据 s 域的戴维宁等效电路求得另一网络函数如下

$$H(s)=\frac{U'_o(s)}{Z_d(s)+R}=\frac{\dfrac{100}{s+100}}{\dfrac{20(s+50)}{s+100}+30}=\frac{2}{s+80}$$

当 $U_S(s)=\dfrac{5}{s+40}$时,则有

$$I(s)=H(s)\times U_S(s)=\frac{2}{s+80}\times\frac{5}{s+40}=\frac{1}{4}\left(\frac{1}{s+40}-\frac{1}{s+80}\right)$$

最终得出

$$i(t)=\frac{1}{4}(e^{-40t}-e^{-80t})\cdot\varepsilon(t)\ \text{A}$$

8.7 网络函数的零极点分析

8.7.1 网络函数的零点与极点

网络函数 $H(s)$是关于 s 的实系数函数,表示为

$$H(s)=\frac{Q(s)}{P(s)} \tag{8.7.1}$$

式(8.7.1)中 $Q(s)$、$P(s)$分别为 $H(s)$的分子、分母多项式,对它们作因式分解,假设分子分母无公因式,则可分解为

$$H(s)=H_0\times\frac{(s-z_1)(s-z_2)\cdots(s-z_m)}{(s-p_1)(s-p_2)\cdots(s-p_n)} \tag{8.7.2}$$

式中,$z_1,z_2,\cdots,z_m$ 称为 $H(s)$的零点;$p_1,p_2,\cdots,p_n$ 称为 $H(s)$的极点;$H_0=\dfrac{b_m}{a_n}$,称为 $H(s)$的增益常数。显然,零点、极点、增益常数确定了,网络函数就被唯一地确定了。零点和极点可在 s 复平面上标出,通常用符号“∘”表示零点,用符号“×”表示极点。在复平面上表示网络函数零极点的图,则称为零极点图。

回顾前面用经典法在时域分析线性动态网络的过渡过程时,响应与激励的关系是用线性常系数微分方程表示的,即

$$a_n\frac{\mathrm{d}^n r(t)}{\mathrm{d}t^n}+a_{n-1}\frac{\mathrm{d}^{n-1} r(t)}{\mathrm{d}t^{n-1}}+\cdots+a_1\frac{\mathrm{d}r(t)}{\mathrm{d}t}+a_0 r(t)$$

$$=b_m\frac{\mathrm{d}^m e(t)}{\mathrm{d}t^m}+b_{m-1}\frac{\mathrm{d}^{m-1} e(t)}{\mathrm{d}t^{m-1}}+\cdots+b_1\frac{\mathrm{d}e(t)}{\mathrm{d}t}+b_0 e(t) \tag{8.7.3}$$

式(8.7.3)中 $e(t)$、$r(t)$ 分别是激励与响应的时间函数,当线性动态网络处于零初始状态时,对式(8.7.3)作拉普拉斯变换,得到

$$[a_n s^n+a_{n-1}s^{n-1}+\cdots+a_1 s+a_0]R(s)=[b_m s^m+b_{m-1}s^{m-1}+\cdots+b_1 s+b_0]E(s) \tag{8.7.4}$$

令 $H(s)=\dfrac{R(s)}{E(s)}$,则有

$$H(s)=\frac{b_m s^m+b_{m-1}s^{m-1}+\cdots+b_1 s+b_0}{a_n s^n+a_{n-1}s^{n-1}+\cdots+a_1 s+a_0} \tag{8.7.5}$$

由此可见,网络函数的极点就是时域微分方程所对应的特征方程的特征根。

例 8.7.1　在图 8.7.1(a)所示电路中,已知 $R_1=10\ \mathrm{k\Omega}$,$R_2=20\ \mathrm{k\Omega}$,$C_1=100\ \mu\mathrm{F}$,$C_2=200\ \mu\mathrm{F}$。

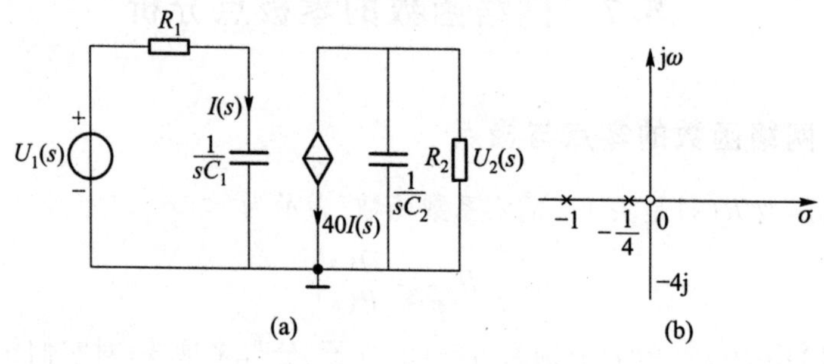

图 8.7.1　例 8.7.1 题图

(1) 求网络函数 $H(s)=\dfrac{U_2(s)}{U_1(s)}$;

(2) 绘制网络函数的零极点分布图。

解:$H(s)=\dfrac{U_2(s)}{U_1(s)}=\dfrac{-40I(s)\left(R_2/\!/\dfrac{1}{sC_2}\right)}{I(s)\left(R_1+\dfrac{1}{sC_1}\right)}$

$$=\frac{-80s}{(s+1)(4s+1)}$$

零极点分布图如 8.7.1(b)所示。

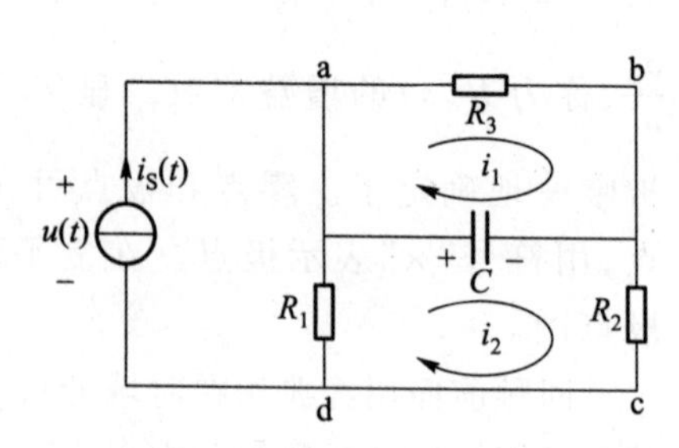

图 8.7.2　例 8.7.2 题图

例 8.7.2　如图 8.7.2 所示电路,$R_1=$

$R_2=1\ \Omega, R_3=3\ \Omega, C=\frac{1}{3}\ \mathrm{F}$,求:

(1) 网络函数 $H(s)=\frac{U(s)}{I_S(s)}$;

(2) 当 $i_S(t)=\delta(t)$ 时,求冲激响应 $u_{ir}(t)=h(t)$;

(3) 当 $i_S(t)=0, u_C(0_-)=1\ \mathrm{V}$,求零输入响应 $u_{zi}(t)$;

(4) 写出回路阻抗矩阵的行列式;

(5) 写出节点导纳矩阵的行列式。

解:(1) 画出图 8.7.2 所示电路的运算电路(略),则得到

$$H(s)=\frac{U(s)}{I_S(s)}=R_1 /\!/ \left[\left(R_3 /\!/ \frac{1}{sC}\right)+R_2\right]=\frac{s+4}{2s+5}$$

(2) 求冲激响应 $u_{ir}(t)$

$$U_{ir}(s)=H(s)=\frac{1}{2}+\frac{3}{4\left(s+\frac{5}{2}\right)}$$

$$U_{ir}(t)=h(t)=\frac{1}{2}\delta(t)+\frac{3}{4}e^{-\frac{5t}{2}}\varepsilon(t)$$

(3) 求零输入响应 $u_{zi}(t)$:将电流源激励 $i_S(t)$ 置零,将其开路,根据电容元件 s 域模型,电容电压的初值 $u_C(0_-)=1\ \mathrm{V}$ 在运算电路中形成附加运算电压为 $\frac{1}{s}$,那么有

$$U_{ad}(s)=U_{zi}(s)=\frac{\frac{1}{s}}{\frac{1}{sC}+R_3 /\!/ (R_1+R_2)}\times\frac{R_3}{R_1+R_2+R_3}\times R_1=\frac{1}{2s+5}$$

于是
$$u_{zi}(t)=\frac{1}{2}e^{-\frac{5t}{2}}\varepsilon(t)$$

(4) 列写回路电流方程

$$\left(R_3+\frac{1}{sC}\right)I_1(s)-\frac{1}{sC}I_2(s)=\frac{u_C(0_-)}{s}$$

$$-\frac{1}{sC}I_1(s)+\left(R_1+R_2+\frac{1}{sC}\right)I_2(s)-R_1I_S(s)=-\frac{u_C(0_-)}{s}$$

回路阻抗矩阵的行列式为

$$\begin{vmatrix} R_3+\frac{1}{sC} & -\frac{1}{sC} \\ -\frac{1}{sC} & R_1+R_2+\frac{1}{sC} \end{vmatrix}=\begin{vmatrix} 3+\frac{3}{s} & -\frac{3}{s} \\ -\frac{3}{s} & 2+\frac{3}{s} \end{vmatrix}=3\left(\frac{2s+5}{s}\right)$$

(5) 列写节点电压方程

$$\left(\frac{1}{R_1}+sC+\frac{1}{R_3}\right)U_a(s)-\left(\frac{1}{R_3}+sC\right)U_b(s)=I_S(s)+\frac{u_C(0_-)}{s}\times sC$$

$$-\left(\frac{1}{R_3}+sC\right)U_a(s)+\left(\frac{1}{R_2}+\frac{1}{R_3}+sC\right)U_b(s)=-\frac{u_C(0_-)}{s}\times sC$$

节点导纳矩阵的行列式为

$$\begin{vmatrix}\frac{1}{R_1}+sC+\frac{1}{R_3} & -\left(\frac{1}{R_3}+sC\right)\\ -\left(\frac{1}{R_3}+sC\right) & \frac{1}{R_2}+\frac{1}{R_3}+sC\end{vmatrix}=\begin{vmatrix}1+\frac{s}{3}+\frac{1}{3} & -\left(\frac{1}{3}+\frac{s}{3}\right)\\ -\left(\frac{1}{3}+\frac{s}{3}\right) & 1+\frac{1}{3}+\frac{s}{3}\end{vmatrix}$$

$$=\frac{1}{9}(6s+15)=\frac{1}{3}(2s+5)$$

从以上五个表达式可以看出，网络函数的极点 $p=-\frac{5}{2}$ 存在于各个函数式中，它表示网络本身的内部特性，与外加电源无关。它反映了冲激响应与零输入响应的变化规律，又称为网络的自然频率或固有频率。

8.7.2　网络函数的极点与冲激响应的关系

将网络函数 $H(s)$ 写成部分分式展开的形式（假设无重极点）

$$H(s)=\frac{K_1}{s-p_1}+\frac{K_2}{s-p_2}+\frac{K_i}{s-p_i}+\cdots+\frac{K_n}{s-p_n}$$

$$=\sum_{i=1}^{n}\frac{K_i}{s-p_i} \tag{8.7.6}$$

上式中 p_1、p_2、…、p_n 是 $H(s)$ 的极点，同时也是相应微分方程的特征方程的特征根，其冲激响应为

$$h(t)=\mathscr{L}^{-1}[H(s)]=K_1e^{p_1t}+K_2e^{p_2t}+\cdots+K_ie^{p_it}+\cdots+K_ne^{p_nt}=\sum_{i=1}^{n}K_ie^{p_it} \tag{8.7.7}$$

图 8.7.3 表示了网络函数 $H(s)$ 的极点在 s 平面上的位置及其相应的冲激响应曲线。从图 8.7.3 中可看出：当极点为 $0(p_1=0)$ 时，$h_1(t)$ 为恒定值；当极点为负实数$(p_2<0)$时，$h_2(t)$ 为衰减的指数曲线；当极点为正实数$(p_3>0)$时，$h_3(t)$ 为增长的指数曲线；当两极点为共轭虚根（p_4、p_5 为一对共轭虚根）时，$h_{45}(t)$ 为等幅正弦曲线；当两极点为左半平面的共轭复数（p_6、p_7 为一对左半平面的共轭复数）时，h_{67} 是幅值衰减的正弦函数；当两极点为右半平面的共轭复数（p_8、p_9 为

一对右半平面的共轭复数)时,$h_{89}(t)$是幅值增长的正弦函数。

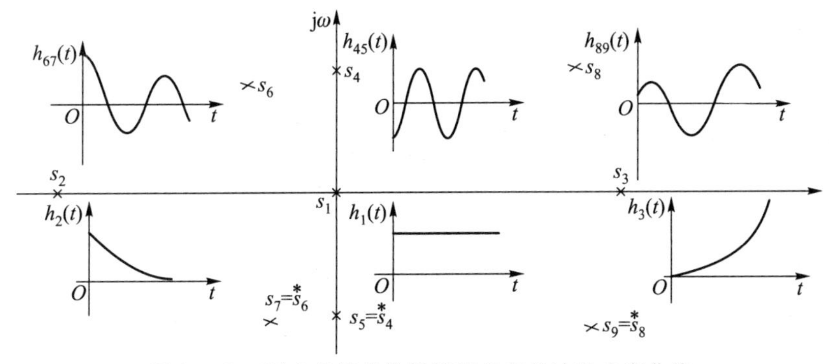

图 8.7.3 $H(s)$的极点位置及其相应的冲激响应曲线

通常用冲激响应 $h(t)$来判别网络的稳定性。当$\lim\limits_{t\to\infty}h(t)=0$ 时,说明网络是渐近稳定的;当$\lim\limits_{t\to\infty}h(t)\to\infty$ 时,说明网络是不稳定的;当$\lim\limits_{t\to\infty}h(t)$为有限值时,说明网络是稳定的。由此可见,利用网络函数的极点能判断网络的稳定性。当网络函数的全部极点都在 s 的左半平面时,网络是渐近稳定的;当有一个或一个以上的极点在 s 的右半平面时,网络是不稳定的;当有一个或一个以上的极点在 s 平面的虚轴上,其余极点都在 s 的左半平面时,则网络稳定。对于含受控源网络或非线性网络,特别需要关注其稳定性问题。

例 8.7.3 在图 8.7.4 (a)所示电路中含有 CCCS,试求当控制系数 k 改变时的冲激响应 $i_2(t)$。

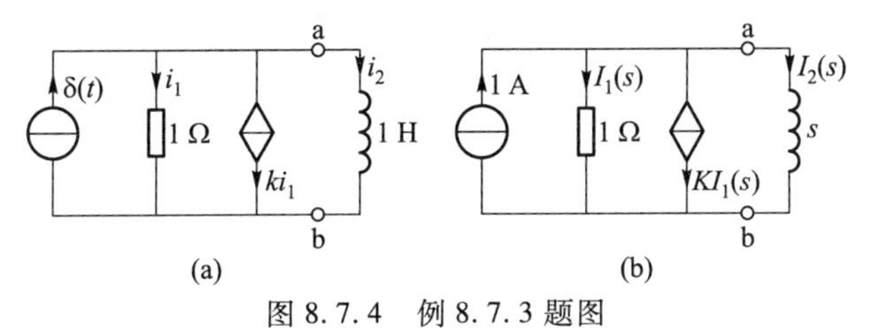

图 8.7.4 例 8.7.3 题图

解:作运算电路如图 8.7.4(b)所示,利用戴维宁定理,将 a b 以左有源一端口网络化为戴维宁等效电路形式,由节点电压法求其开路电压 $E_d(s)$如下

$$E_d(s)=U_{abo}(s)=\frac{1-KI_1(s)}{1/1}$$

$$I_1(s)=U_{abo}(s)/1$$

于是

$$E_d(s)=U_{abo}(s)=\frac{1}{1+K}$$

将 ab 端口短接得 $$I_d(s)=1$$

则戴维宁等效阻抗 $$Z_d(s)=\frac{U_{abo}(s)}{I_d(s)}=\frac{1}{1+K}$$

因而 $$I_2(s)=\frac{E_d(s)}{Z_d(s)+s}=\frac{\frac{1}{1+K}}{s+\frac{1}{1+K}}$$

经拉普拉斯逆变换，可得 $$i_2(t)=\frac{1}{1+K}\mathrm{e}^{-\frac{t}{1+K}}\cdot\varepsilon(t)$$

讨论：(1) 当 $1+K>0$，即 $K>-1$ 时，$i_2(t)$ 随着时间增长而衰减，网络是渐近稳定的。例如设 $K=1$ 时，$i_2(t)=\frac{1}{2}\mathrm{e}^{-\frac{t}{2}}\cdot\varepsilon(t)$，网络函数的极点为 $-\frac{1}{2}$。

(2) 当 $1+K<0$ 即 $K>-1$ 时，$i_2(t)$ 随着时间增长而发散，网络是不稳定的。例如设 $K=-2$ 时，$i_2(t)=(-\mathrm{e}^t)\cdot\varepsilon(t)$，网络函数的极点为 1。

(3) 当 $1+K=0$ 即 $K=-1$ 时，$i_2(t)$ 的函数式无意义，此时回到图 8.7.3(a) 所示电路可知，1 Ω 的电阻支路与 CCCS 支路两条支路在 $K=-1$ 时相当于开路，所以 $i_2(t)=\delta(t)$。

对于不在虚轴上的多重极点的网络函数，对应的冲激响应 $h(t)$ 的变化规律基本上与单重极点时情况一致。

8.7.3　网络函数的零极点与电路频率响应的关系

在网络函数 $H(s)$ 中令 $s=\mathrm{j}\omega$，则 $H(\mathrm{j}\omega)$ 随频率变化的特性称为频率特性，又称为频率响应。将 $H(\mathrm{j}\omega)$ 表示为

$$H(\mathrm{j}\omega)=R(\mathrm{j}\omega)+\mathrm{j}X(\mathrm{j}\omega)=|H(\mathrm{j}\omega)|\underline{/H(\mathrm{j}\omega)} \tag{8.7.8}$$

式中，$R(\mathrm{j}\omega)$、$X(\mathrm{j}\omega)$、$|H(\mathrm{j}\omega)|$、$\underline{/H(\mathrm{j}\omega)}$ 分别为 $H(\mathrm{j}\omega)$ 的实部、虚部、模和相位，都是 ω 的函数，可以证明：$R(\mathrm{j}\omega)$、$|H(\mathrm{j}\omega)|$ 是 ω 的偶函数；$X(\mathrm{j}\omega)$、$\underline{/H(\mathrm{j}\omega)}$ 是 ω 的奇函数，而且 $H(\mathrm{j}\omega)$ 与 $H(-\mathrm{j}\omega)$ 互为共轭，即有

$$H(\mathrm{j}\omega)=\overset{*}{H}(-\mathrm{j}\omega) \tag{8.7.9}$$

例 8.7.4　给定 $H(s)=\frac{s+2}{s^2+4s+3}$，求其实频特性 $R(\mathrm{j}\omega)$，虚频特性 $X(\mathrm{j}\omega)$，幅频特性 $|H(\mathrm{j}\omega)|$ 和相频特性 $\underline{/H(\mathrm{j}\omega)}$，然后再求 $\overset{*}{H}(\mathrm{j}\omega)$ 和 $H(-\mathrm{j}\omega)$。

解：令 $s=\mathrm{j}\omega$，代入 $H(s)$ 得

$$H(\mathrm{j}\omega)=\frac{\mathrm{j}\omega+2}{(3-\omega^2)+\mathrm{j}4\omega}=\frac{(6+2\omega^2)-\mathrm{j}\omega(5+\omega^2)}{9+10\omega^2+\omega^4}$$

于是得

$$R(\mathrm{j}\omega)=\frac{6+2\omega^2}{9+10\omega^2+\omega^4}$$

$$X(\mathrm{j}\omega)=\frac{-\omega(5+\omega^2)}{9+10\omega^2+\omega^4}$$

$$|H(\mathrm{j}\omega)|=\frac{(\omega^2+4)^{\frac{1}{2}}}{(9+10\omega^2+\omega^4)^{\frac{1}{2}}}$$

$$\angle H(\mathrm{j}\omega)=\arctan\frac{\omega}{2}-\arctan\frac{4\omega}{3-\omega^2}$$

$$\overset{*}{H}(\mathrm{j}\omega)=\frac{(6+2\omega^2)+\mathrm{j}\omega(5+\omega^2)}{9+10\omega^2+\omega^4}=H(-\mathrm{j}\omega)$$

从此例可以看出 $R(\mathrm{j}\omega)$ 和 $|H(\mathrm{j}\omega)|$ 是 ω 的偶函数，$X(\mathrm{j}\omega)$ 和 $\angle H(\mathrm{j}\omega)$ 是 ω 的奇函数。

根据式(8.7.2)可知

$$H(\mathrm{j}\omega)=H_0\frac{(\mathrm{j}\omega-z_1)(\mathrm{j}\omega-z_2)\cdots(\mathrm{j}\omega-z_m)}{(\mathrm{j}\omega-p_1)(\mathrm{j}\omega-p_2)\cdots(\mathrm{j}\omega-p_n)}=H_0\frac{\prod_{i=1}^{m}(\mathrm{j}\omega-z_i)}{\prod_{j=1}^{n}(\mathrm{j}\omega-p_j)} \tag{8.7.10}$$

$$|H(\mathrm{j}\omega)|=H_0\frac{\prod_{i=1}^{m}|\mathrm{j}\omega-z_i|}{\prod_{j=1}^{n}|\mathrm{j}\omega-p_j|} \tag{8.7.11}$$

$$\angle H(\mathrm{j}\omega)=\sum_{i=1}^{m}\arg\tan(\mathrm{j}\omega-z_i)-\sum_{j=1}^{m}\arg\tan(\mathrm{j}\omega-p_j) \tag{8.7.12}$$

当网络函数 $H(s)$ 的零、极点和增益常数 H_0 已知时，可以编写计算机程序求其频率特性，即幅频特性和相频特性。对于简单的网络函数也可用作图法粗略地画出频率特性。

如图 8.7.5(a)所示的 RL 电路，当以电感元件两端的电压作为输出量(响应)时，网络函数 $H(s)$ 为

$$H(s)=\frac{U_o(s)}{U_i(s)}=\frac{sL}{R+sL}=\frac{s}{s+\frac{R}{L}} \tag{8.7.13}$$

式(8.7.13)的零点 $z_1=0$，极点 $p_1=-\frac{R}{L}$，其零极点标于图 8.7.5(b)中，零点在原点，极点在负实轴 $-\frac{R}{L}$ 处。

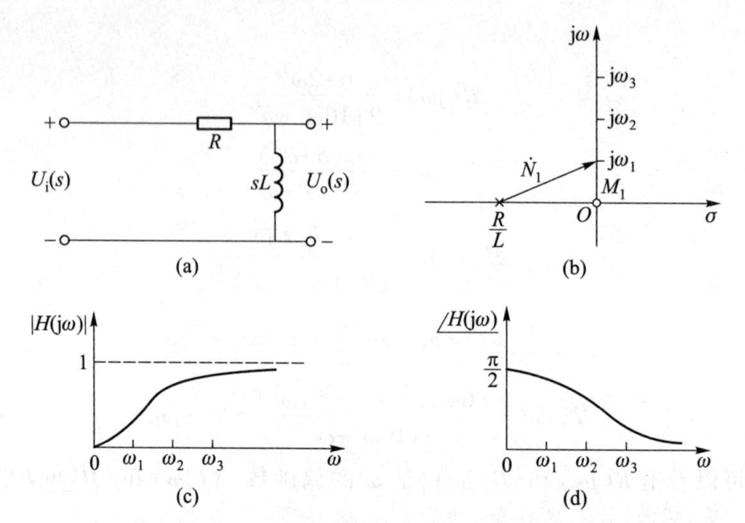

图 8.7.5　*RL* 电路零极点图及幅频相频特性

当 $s=j\omega$，ω 从 0 至 $+\infty$ 改变时，相当于图 8.7.5(b)中的 s 在虚轴上从原点向上移动。令 $s=j\omega_1$，则$(s-p_1)$和$(s-z_1)$可用相量 $\dot{N}_1$ 和 $\dot{M}_1$ 表示，于是

$H(j\omega_1)$的模：$|H(j\omega_1)|=M_1/N_1$

$H(j\omega_1)$的幅角：$\angle H(j\omega_1)=\angle\dot{M}_1-\angle\dot{N}_1$

同样分别取 $s=j\omega_2$、$j\omega_3\cdots$，作图得到 $H(j\omega)$的模和幅角，即可绘制出 $H(j\omega)$的幅频特性和相频特性，如图 8.7.5(c)、(d)所示。从图 8.7.5(b)看出，在低频时，$|\dot{M}_1|$很小，$|H(j\omega)|=\left|\dfrac{U_o(j\omega)}{U_i(j\omega)}\right|$很小，即输出电压$|U_o(j\omega)|$很小；随着频率增加，$|\dot{M}_1|$增加，$|H(j\omega)|$增大，在频率很高时，$|\dot{M}_1|$、$|\dot{N}_1|$接近相等，$|H(j\omega)|$接近于 1，$|U_o(j\omega)|$接近于$|U_i(j\omega)|$，因此这是高通滤波器。利用图 8.7.5(b)同样可以分析 $H(j\omega)$的相频特性：在低频时，$\angle\dot{M}_1=\dfrac{\pi}{2}$，$\angle\dot{N}_1\approx 0$，故$\angle H(j\omega)\approx\dfrac{\pi}{2}$；在高频时，$\angle\dot{M}_1=\dfrac{\pi}{2}$，$\angle\dot{N}_1\approx\dfrac{\pi}{2}$，故$\angle H(j\omega)\approx 0$。

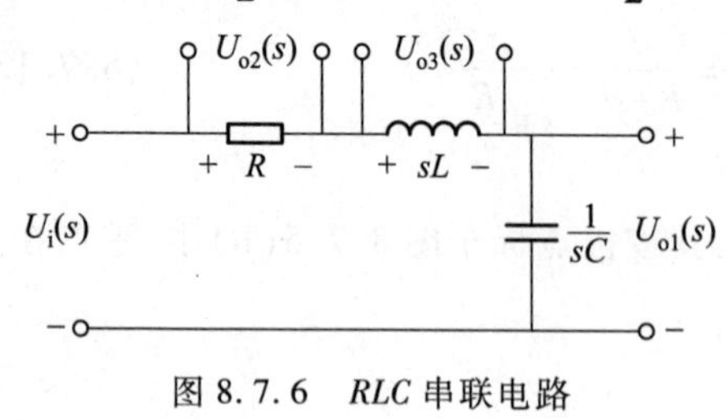

图 8.7.6　*RLC* 串联电路

如果在图 8.7.5(a)中，以电阻 R 上的电压作为输出时，可以构成低通滤波器。由于电容器比电感器容易制造，一般在滤波器常用 RC 串联电路，以电容电压作为输出构成低通滤波器；以电阻电压作为输出构成高通滤

波器。

在图 8.7.6 所示的 RLC 串联电路中，输入正弦电压的频率是可变的，分别以 R、L、C 上的电压作为输出，现讨论这三种输出的不同滤波功能。

当以电容电压作为输出时，可得

$$H_1(s)=\frac{U_{o1}(s)}{U_i(s)}=\frac{\frac{1}{sC}}{R+sL+\frac{1}{sC}}=\frac{\frac{1}{LC}}{s^2+\frac{R}{L}s+\frac{1}{LC}}$$

令 $\omega_0=\frac{1}{\sqrt{LC}}$，$b=\frac{R}{2L}$，可得

$$H_1(s)=\frac{\omega_0^2}{s^2+2bs+\omega_0^2} \tag{8.7.14}$$

当以电阻电压作为输出时，可得

$$H_2(s)=\frac{U_{o2}(s)}{H_i(s)}=\frac{R}{R+sL+\frac{1}{sC}}=\frac{2bs}{s^2+2bs+\omega_0^2} \tag{8.7.15}$$

当以电感电压作为输出时，可得

$$H_3(s)=\frac{U_{o3}(s)}{U_i(s)}=\frac{sL}{R+sL+\frac{1}{sC}}=\frac{s^2}{s^2+2bs+\omega_0^2} \tag{8.7.16}$$

令 $s=\mathrm{j}\omega$，分析可知 $H_1(\mathrm{j}\omega)$、$H_2(\mathrm{j}\omega)$ 和 $H_3(\mathrm{j}\omega)$ 分别具有低通、带通和高通滤波器的特性。例如对于 $H_3(s)$，当 $s=\mathrm{j}0$ 时，$|H_3(s)|=0$，当 $s\to\mathrm{j}\infty$ 时，$|H_3(s)|\to1$，这是高通滤波器的特性。$H_2(s)$ 的频率特性的形状和 RLC 串联电路的电流谐振曲线的形状相同，故知 $H_2(s)$ 是带通的。下面定性地绘制 $H_1(\mathrm{j}\omega)$ 的频率特性，证明它是低通的。

令 $H_1(s)$ 的分母为零，即

$$s^2+2bs+\omega_0^2=0 \tag{8.7.17}$$

得到两个极点为

$$p_{1,2}=-b\pm\sqrt{b^2-\omega_0^2}$$

故

$$H(s)=\frac{\omega_0^2}{(s-p_1)(s-p_2)} \tag{8.7.18}$$

当 $b>\omega_0$，即 $R>2\sqrt{\frac{L}{C}}$ 时，两极点都为负实根，如图 8.7.7(a) 所示。当 $s=\mathrm{j}\omega_1$ 时，有

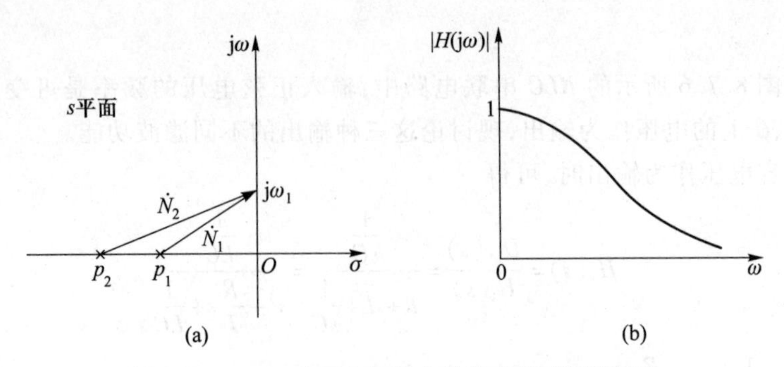

图 8.7.7　*RLC* 串联电路极点为负实根时幅频特性

$$|H(\mathrm{j}\omega_1)|=\frac{\omega_0^2}{N_1N_2}$$

当 $s=\mathrm{j}\omega$，ω 从 $0\to\infty$ 改变时，不难看到 N_1、N_2 都增加，$|H(\mathrm{j}\omega)|$则逐渐减少，如图 8.7.7(b)所示。这是典型的低通滤波器特性。

当 $b<\omega_0$，即 $R<2\sqrt{\dfrac{L}{C}}$时，两极点为共轭复数

$$p_{1,2}=-b\pm\mathrm{j}\sqrt{\omega_0^2-b^2}=-b\pm\mathrm{j}\omega_{\mathrm{d}}$$

式中，$\omega_{\mathrm{d}}=\sqrt{\omega_0^2-b^2}$ 即 $b^2+\omega_{\mathrm{d}}^2=\omega_0^2$。图 8.7.8(a)、(b)绘出了两组共轭复数的极点，它们都是在以原点为中心，以 ω_0 为半径的圆周上。图 8.7.8(a)中的一对共轭极点离虚轴较远，当 ω 从 $0\to\infty$ 改变时，在 ω_{d} 附近 N_1、N_2 改变不大，乘积 N_1N_2 是逐渐增大的，故幅频特性随 ω 增加而单调下降，如图 8.7.8(c)所示。在图 8.7.8(b)中的一对共轭极点离虚轴较近，当 ω 从 $0\to\infty$ 改变时，在 ω_{d} 附近 N_1 变化剧烈，N_2 变化不大，乘积 N_1N_2 先减少再增加，故幅频特性呈现如图 8.7.8(d)所示的变化曲线。从上述图 8.7.8(c)、(d)中所示的幅频特性曲线可知：$H_1(s)$具有低通滤波器特性。

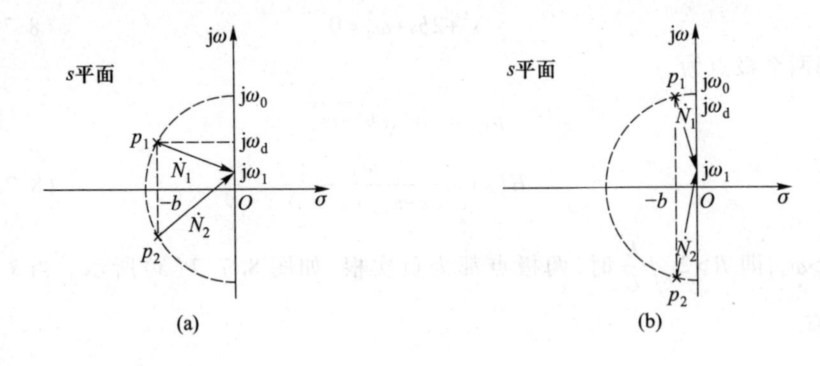

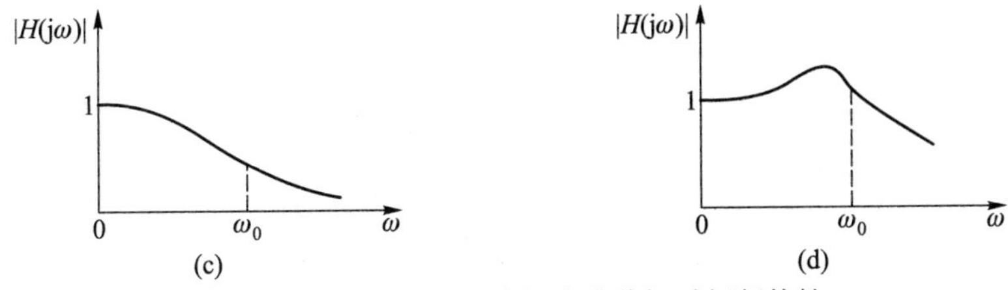

图 8.7.8 RLC 串联电路极点为共轭时幅频特性

例 8.7.5 图 8.7.9(a)为 RC 选频电路,分析以 $U_{o1}(s)$、$U_{o2}(s)$ 作为输出时网络函数的频率特性。

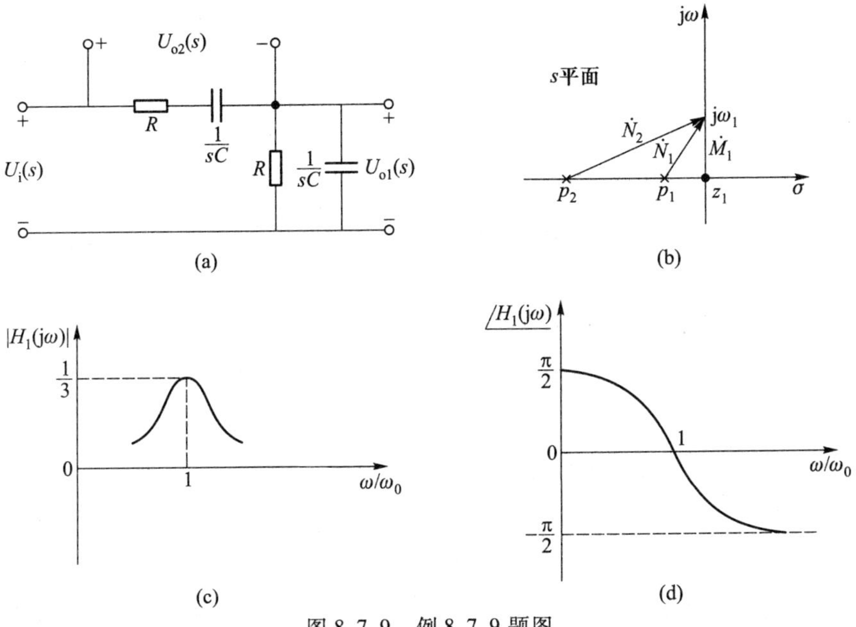

图 8.7.9 例 8.7.9 题图

解:当以 $U_{o1}(s)$ 作为输出时,网络函数为

$$H_1(s)=\frac{U_{o1}(s)}{U_i(s)}=\frac{\dfrac{1}{\dfrac{1}{R}+sC}}{R+\dfrac{1}{sC}+\dfrac{1}{\dfrac{1}{R}+sC}}$$

整理得

$$H_1(s)=\frac{RCs}{(RCs)^2+3RCs+1}$$

令 $\omega_0=\dfrac{1}{RC}, b=\dfrac{3}{RC}=3\omega_0$,则

$$H_1(s)=\frac{\omega_0 s}{s^2+bs+\omega_0^2} \tag{8.7.19}$$

由式(8.7.19)与式(8.7.15)比较可知：$H_1(s)$是带通滤波器的传递函数。它有一个零点 $z_1=0$ 和两个极点，两个极点是 $s^2+bs+\omega_0^2=0$ 的根，即

$$p_{1,2}=\frac{-b}{2}\pm\sqrt{\left(\frac{b}{2}\right)^2-\omega_0^2}=-\frac{3\omega_0}{2}\pm\sqrt{\left(\frac{3\omega_0}{2}\right)^2-\omega_0^2}$$

$$=-\frac{3\omega_0}{2}\pm\frac{\sqrt{5}\,\omega_0}{2}=-0.382\omega_0,-2.618\omega_0$$

这是两个不相等的负实根，图 8.7.9(b)示出了在 s 平面上 $H_1(s)$ 的零极点分布图。

令 $s=\mathrm{j}\omega$，则

$$H_1(\mathrm{j}\omega)=\frac{1}{3+\mathrm{j}\left(\dfrac{\omega}{\omega_0}-\dfrac{\omega_0}{\omega}\right)} \tag{8.7.20}$$

上式的表述与 RLC 串联电路中电流的谐振特性相似，在谐振频率 $\omega=\omega_0$ 时，$|H_1(\mathrm{j}\omega)|=\dfrac{1}{3}$，达到最大值；在低频时，$|H_1(\mathrm{j}\omega)|\approx 0$，$\angle H_1(\mathrm{j}\omega)\approx\dfrac{\pi}{2}$；在高频时，$|H_1(\mathrm{j}\omega)|\approx 0$，$\angle H_1(\mathrm{j}\omega)\approx-\dfrac{\pi}{2}$。$H_1(\mathrm{j}\omega)$的幅频和相频特性分别如图 8.7.9(c)、(d)所示。

当以 $U_{o2}(s)$ 作为输出时，网络函数为

$$H_2(s)=\frac{U_{o2}(s)}{U_i(s)}=\frac{U_i(s)-U_{o1}(s)}{U_i(s)}$$

$$=1-H_1(s)=\frac{(RCs)^2+2RCs+1}{(RCs)^2+3RCs+1} \tag{8.7.21}$$

式(8.7.21)的两个极点与 $H_1(s)$ 相同，其二重零点为 $-\omega_0$。令 $s=\mathrm{j}\omega$，则得

$$H_2(\mathrm{j}\omega)=\frac{\mathrm{j}2RC\omega+1-(RC\omega)^2}{\mathrm{j}3RC\omega+1-(RC\omega)^2}$$

同样记 $\omega_0=\dfrac{1}{RC}$，整理得到

$$H_2(\mathrm{j}\omega)=\frac{2+\mathrm{j}\left(\dfrac{\omega}{\omega_0}-\dfrac{\omega_0}{\omega}\right)}{3+\mathrm{j}\left(\dfrac{\omega}{\omega_0}-\dfrac{\omega_0}{\omega}\right)}=1-H_1(\mathrm{j}\omega)$$

从图 8.7.9(c)、(d)不难作出 $H_2(\mathrm{j}\omega)$ 的幅频、相频特性，它是带阻滤波器，在低

频和高频时，电源信号容易通过；在 $\omega=\omega_0$ 时，电源信号衰减至原来的2/3。

8.8 网络函数与稳态响应的关系

8.8.1 利用网络函数求直流稳态响应

当电路在直流 $E\cdot 1(t)$ 激励作用下，已知网络函数 $H(s)$，其零状态响应的运算式为

$$R(s)=H(s)\cdot\frac{E}{s}=\frac{K_0}{s}+\sum_{i=1}^{n}\frac{K_i}{s-p_i} \tag{8.8.1}$$

为简化讨论，假设 $H(s)$ 只有单极点，且均在 s 平面的左半平面，K_i 是 $R(s)$ 在极点 p_i 处的留数，K_0 是 $R(s)$ 在极点 $p_0=0$ 处的留数，此极点是由激励阶跃函数 $E\cdot 1(t)$ 引入的，根据拉普拉斯逆变换可得

$$r(t)=K_0+\sum_{i=1}^{n}K_i\mathrm{e}^{p_i t} \tag{8.8.2}$$

因为已假设所有 $H(s)$ 的极点 p_i 均在 s 平面的左半平面，所以 $\sum\limits_{i=1}^{n}K_i\mathrm{e}^{p_i t}$ 随时间的增长而衰减至零，是暂态响应分量，K_0 是稳态响应分量。利用部分分式展开求留数的方法，得到

$$K_0=s\cdot R(s)\big|_{s=0}=E\cdot H(s)\big|_{s=0}=E\cdot H(0) \tag{8.8.3}$$

式(8.8.3)建立了直流激励作用下稳定电路系统的稳态响应与网络函数之间的关系。

8.8.2 利用网络函数求正弦交流稳态响应

当电路在正弦函数 $E_{\mathrm{m}}\sin(\omega t+\theta)$ 激励下，已知网络函数 $H(s)$，其零状态响应的运算式为

$$R(s)=E_{\mathrm{m}}\cdot H(s)\times\frac{s\times\sin\theta+\omega\times\cos\theta}{s^2+\omega^2}=\frac{K_{11}}{s-\mathrm{j}\omega}+\frac{K_{12}}{s+\mathrm{j}\omega}+\sum_{i=1}^{n}\frac{K_i}{s-p_i} \tag{8.8.4}$$

式(8.8.4)中，$\sum\limits_{i=1}^{n}\frac{K_i}{s-p_i}$ 对应暂态响应分量，$\frac{K_{11}}{s-\mathrm{j}\omega}+\frac{K_{12}}{s+\mathrm{j}\omega}$ 对应正弦稳态响应分量。利用部分分式展开求留数的方法，得到

$$\begin{aligned}K_{11}&=(s-\mathrm{j}\omega)\cdot R(s)\big|_{s=\mathrm{j}\omega}\\&=E_{\mathrm{m}}(s-\mathrm{j}\omega)\cdot\frac{s\times\sin\theta+\omega\times\cos\theta}{s^2+\omega^2}\bigg|_{s=\mathrm{j}\omega}\end{aligned}$$

$$=\frac{E_{\mathrm{m}}\omega(\mathrm{j}\sin\theta+\cos\theta)}{\mathrm{j}2\omega}H(\mathrm{j}\omega)$$

$$=\frac{E_{\mathrm{m}}\mathrm{e}^{\mathrm{j}\theta}}{\mathrm{j}2}H(\mathrm{j}\omega)$$

同理
$$K_{12}=\frac{E_{\mathrm{m}}\mathrm{e}^{-\mathrm{j}\theta}}{-\mathrm{j}2}H(-\mathrm{j}\omega)$$

于是
$$r(t)=K_{11}\mathrm{e}^{\mathrm{j}\omega t}+K_{12}\mathrm{e}^{-\mathrm{j}\omega t}+\sum_{i=1}^{n}K_i\mathrm{e}^{p_it} \tag{8.8.5}$$

其中稳态响应分量

$$r_p(t)=K_{11}\mathrm{e}^{\mathrm{j}\omega t}+K_{12}\mathrm{e}^{-\mathrm{j}\omega t}$$
$$=\frac{E_{\mathrm{m}}}{\mathrm{j}2}\left[\mathrm{e}^{\mathrm{j}(\omega t+\theta)}\left|H(\mathrm{j}\omega)\right|\underline{/H(\mathrm{j}\omega)}-\mathrm{e}^{-\mathrm{j}(\omega t+\theta)}\left|H(-\mathrm{j}\omega)\right|\underline{/H(-\mathrm{j}\omega)}\right]$$

因为
$$H(\mathrm{j}\omega)=H^*(-\mathrm{j}\omega)$$

即
$$\left|H(\mathrm{j}\omega)\right|=\left|H(-\mathrm{j}\omega)\right|,\quad \underline{/H(\mathrm{j}\omega)}=-\underline{/H(-\mathrm{j}\omega)}$$

所以
$$r_{\mathrm{P}}(t)=E_{\mathrm{m}}\cdot\left|H(\mathrm{j}\omega)\right|\sin\left[\omega t+\theta+\underline{/H(\mathrm{j}\omega)}\right] \tag{8.8.6}$$

式(8.8.6)说明:在正弦函数激励作用下,在一个稳定的电路系统中,稳态响应分量是与激励同频率的正弦函数,其振幅在激励振幅的基础上有一个$|H(\mathrm{j}\omega)|$大小的增益,其相位在激励相位的基础上有一个$\underline{/H(\mathrm{j}\omega)}$大小的相移。式(8.8.6)建立了正弦函数激励作用下稳定电路系统的稳态响应分量与网络函数之间的关系。

例 8.8.1　如图 8.8.1(a)所示电路,已知 $R=1\ \Omega, C=0.5\ \mathrm{F}, u_1(t)$为激励,$u_2(t)$为响应。试求:

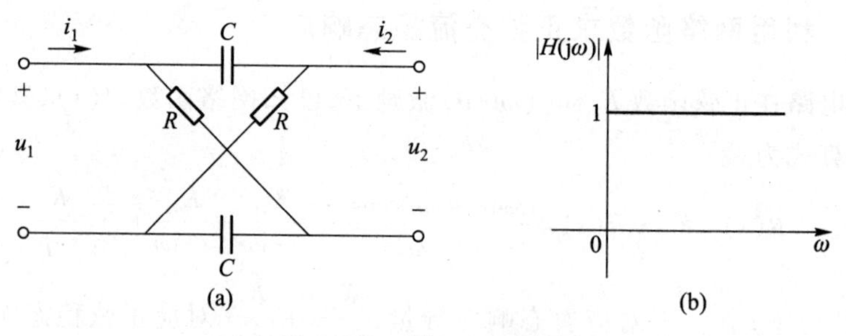

图 8.8.1　例 8.8.1 题图

(1) 网络函数;

(2) 单位冲激响应;

(3) 单位阶跃响应;

(4) 网络函数的幅频特性；

(5) 倘若激励为 2 V 直流信号,输出稳态响应为多少?

(6) 倘若激励为正弦交流 $2\sin(3t-30°)$ V,试求输出稳态响应。

解:(1) 电压 $U_2(s)$ 为

$$U_2(s)=\frac{R}{R+\frac{1}{sC}}U_1(s)-\frac{\frac{1}{sC}}{R+\frac{1}{sC}}U_1(s)$$

网络函数

$$H(s)=\frac{U_2(s)}{U_1(s)}=\frac{s-\frac{1}{RC}}{s+\frac{1}{RC}}=\frac{s-2}{s+2}$$

(2) 对 $H(s)$ 取拉普拉斯逆变换,单位冲激响应为

$$h(t)=\mathscr{L}^{-1}\left[\frac{s-2}{s+2}\right]=\delta(t)-4\mathrm{e}^{-2t}\varepsilon(t)$$

(3) 激励为单位阶跃函数时,有

$$U_2(s)=\frac{s-2}{s+2}U_1(s)=\frac{-1}{s}+\frac{2}{s+2}$$

对上式取逆变换

$$u_2(t)=(-1+2\mathrm{e}^{-2t})\varepsilon(t)$$

(4) 令 $s=\mathrm{j}\omega$,网络函数的模值为

$$|H(\mathrm{j}\omega)|=\frac{|-2+\mathrm{j}\omega|}{|2+\mathrm{j}\omega|}=1$$

幅频特性如图 8.8.1(b)所示。

(5) 在网络函数中令 $s=0$,则有

$$H(s)\big|_{s=0}=\frac{s-2}{s+2}\bigg|_{s=0}=-1$$

输出稳态响应 $u_{2\mathrm{p}}(t)=2\times H(s)\big|_{s=0}=-2$ V

(6) 在网络函数中令 $s=\mathrm{j}3$,则有

$$H(s)\big|_{s=\mathrm{j}3}=\frac{s-2}{s+2}\bigg|_{s=\mathrm{j}3}=1\angle 67.38°$$

输出稳态响应

$$\begin{aligned}u_{2\mathrm{p}}(t)&=2\cdot|H(\mathrm{j}3)|\sin\left[3t-30°+\angle H(\mathrm{j}3)\right]\\&=2\cdot\sin\left[3t+37.38°\right]\ \mathrm{V}\end{aligned}$$

8.9 积分法

线性、非时变网络的零状态响应具有线性性质和非时变性质，可以利用网络函数来证明。

1. 线性叠加性

一个线性、非时变网络的网络函数 $H(s)$ 是 s 的实常系数有理分式，表示为

$$H(s)=\frac{b_m s^m+b_{m-1}s^{m-1}+\cdots+b_1 s+b_0}{a_n s^n+a_{n-1}s^{n-1}+\cdots+a_1 s+a_0} \tag{8.9.1}$$

由式(8.9.1)知，零状态响应象函数 $R(s)$ 是激励象函数 $E(s)$ 乘以网络函数 $H(s)$，即

$$R(s)=H(s)E(s) \tag{8.9.2}$$

假设激励为 $E_1(s)$，则零状态响应 $R_1(s)=H(s)E_1(s)$，再设激励为 $E_2(s)$，则零状态响应 $R_2(s)=H(s)E_2(s)$；如果激励 $E_3(s)=a_1E_1(s)+a_2E_2(s)$，其中 a_1，a_2 为常系数，则

$$\begin{aligned}R_3(s)&=H(s)E_3(s)=H(s)[a_1E_1(s)+a_2E_2(s)]\\&=a_1H(s)E_1(s)+a_2H(s)E_2(s)\end{aligned}$$

即

$$R_3(s)=a_1R_1(s)+a_2R_2(s) \tag{8.9.3}$$

式(8.9.3)表明零状态响应满足线性定理，具有线性性质，也就是说：若干激励共同作用产生的零状态响应是每个激励单独作用情况下所产生的零状态响应的线性叠加。

2. 非时变性

网络函数仍为 $H(s)$，现设激励为 $e_1(t)\cdot\varepsilon(t)$，对应的象函数为 $E_1(s)$，在该激励作用下的零状态响应为

$$R_1(s)=H(s)E_1(s) \tag{8.9.4}$$

零状态响应 $R_1(s)$ 对应的原函数为 $r_1(t)$，即

$$r_1(t)=\mathscr{L}^{-1}[R_1(s)] \tag{8.9.5}$$

假设激励 $e_2(t)$ 是延迟了 t_d 秒后作用于电路的 $e_1(t)$，也就是说 $e_2(t)=e_1(t-t_d)\cdot\varepsilon(t-t_d)$，那么激励 $e_2(t)$ 对应的象函数 $E_2(s)=E_1(s)e^{-st_d}$，在激励 $e_2(t)$ 作用下的零状态响应为

$$R_2(s)=H(s)E_2(s)=H(s)E_1(s)e^{-st_d}$$

$$R_2(s)=R_1(s)e^{-st_d} \tag{8.9.6}$$

零状态响应 $R_2(s)$ 对应的原函数为 $r_2(t)$，即

$$r_2(t)=\mathscr{L}^{-1}[R_2(s)]=\mathscr{L}^{-1}[R_1(s)\mathrm{e}^{-st_\mathrm{d}}]$$

$$r_2(t)=r_1(t-t_\mathrm{d})\varepsilon(t-t_\mathrm{d}) \tag{8.9.7}$$

式(8.9.7)利用了时域位移定理，它说明了零状态响应具有非时变性质，也就是说：激励延迟 t_d 后的零状态响应等于原激励的零状态响应延迟 t_d s。

上述两个性质只适用于 R、L、C、M、受控源系数都是常数的线性电路。

8.9.1 卷积积分法

线性非时变电路的冲激响应确定后，任意激励下的零状态响应也就确定了。下面将推导由冲激响应 $h(t)$ 直接计算任意激励作用下电路零状态响应 $r(t)$ 的时域积分公式。

假设式(8.9.4)中 $H(s)$、$E(s)$、$R(s)$ 的原函数分别为 $h(t)$、$e(t)$、$r(t)$，根据卷积定理，由式(8.9.4)即得

$$r(t)=\int_0^t e(\tau)h(t-\tau)\mathrm{d}\tau \quad t\geqslant 0 \tag{8.9.8}$$

或

$$r(t)=\int_0^t h(\tau)e(t-\tau)\mathrm{d}\tau \quad t\geqslant 0 \tag{8.9.9}$$

利用式(8.9.8)、式(8.9.9)两个卷积公式，不必通过频域转换，就能直接在时域计算零状态响应，这种由冲激响应直接计算任意激励下零状态响应的卷积积分法，又称为波尔定理。

当激励函数 $e(t)$ 较复杂，不是直流、正弦或指数函数，如果利用上一章介绍的经典法难以找到在激励 $e(t)$ 作用下微分方程的特解，或用运算法难以推求 $e(t)$ 的象函数 $E(s)$ 时，则用卷积积分求解将是解决问题的较好方案。

式(8.9.8)还可以在时域中根据叠加定理直接推出。图 8.9.1(a)表示连续的激励函数 $e(t)$，将激励 $e(t)$ 分割成无限多个窄矩形脉冲序列，每个窄矩形脉冲宽为 $\Delta\tau$，高为 $e(\tau_k)$，原激励 $e(t)$ 的作用相当于上述无限多个窄矩形脉冲依次作用于电路，在 τ_k 时刻相当于一个如图 8.9.1(b)所示的延时的窄矩形脉冲作用，用 Δp_k 表示窄矩形脉冲，即

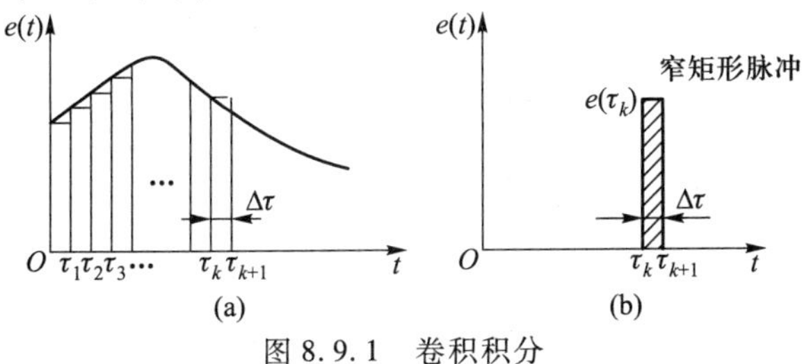

图 8.9.1 卷积积分

$$\begin{aligned}\Delta p_k &= e(\tau_k)\{\varepsilon(t-\tau_k)-\varepsilon[t-(\tau_k+\Delta\tau)]\} \\ &= e(\tau_k)\Delta\tau\times\frac{\varepsilon(t-\tau_k)-\varepsilon[t-(\tau_k+\Delta\tau)]}{\Delta\tau}\end{aligned} \tag{8.9.10}$$

当分割无限密集时，$\Delta\tau\to 0$，由式(8.9.10)得到

$$\Delta p_k = e(\tau_k)\Delta\tau\cdot\delta(t-\tau_k) \tag{8.9.11}$$

当已知冲激函数 $\delta(t)$ 激励下的零状态响应是 $h(t)\cdot\varepsilon(t)$，则由非时变性质式(8.9.7)知，延时冲激函数 $\delta(t-\tau_k)$ 激励下的零状态响应是 $h(t-\tau_k)\cdot\varepsilon(t-\tau_k)$；然后利用线性叠加性质，$e(\tau_k)\Delta\tau\cdot\delta(t-\tau_k)$ 激励下的零状态响应是 $e(\tau_k)\cdot\Delta\tau h(t-\tau_k)\cdot\varepsilon(t-\tau_k)$。最后，对无限多个窄矩形脉冲作用下的零状态响应分量求和并取极限即得出

$$r(t)=\lim_{\Delta\tau\to 0}\sum_{k=0}^{n}e(\tau_k)\Delta\tau h(t-\tau_k)\cdot\varepsilon(t-\tau_k)=\int_0^t e(\tau)h(t-\tau)\mathrm{d}\tau$$

当 $\tau>t$ 时，在 t 瞬时，相应激励还未作用于电路，故积分上限取为 t；因为变量 τ 的积分上下限是 0 和 t，在 $\tau<t$ 的情况下 $\varepsilon(t-\tau)$ 等于 1，所以积分式中不必考虑 $\varepsilon(t-\tau)$。

从卷积积分推演的过程可知，式(8.9.8)可看成是一系列冲激激励连续作用下零状态响应线性叠加的结果。值得注意的是：无论激励是否为连续函数，式(8.9.8)均适用，但当激励为非连续函数时，式(8.9.9)通常不能直接套用。请看下面例题。

例 8.9.1　用卷积方法计算。设激励 $u_S(t)=\varepsilon(t)-\varepsilon(t-2)$，求电流 $i_o(t)$。

解：由如图 8.9.2(a)所示电路，易得其单位冲激响应为

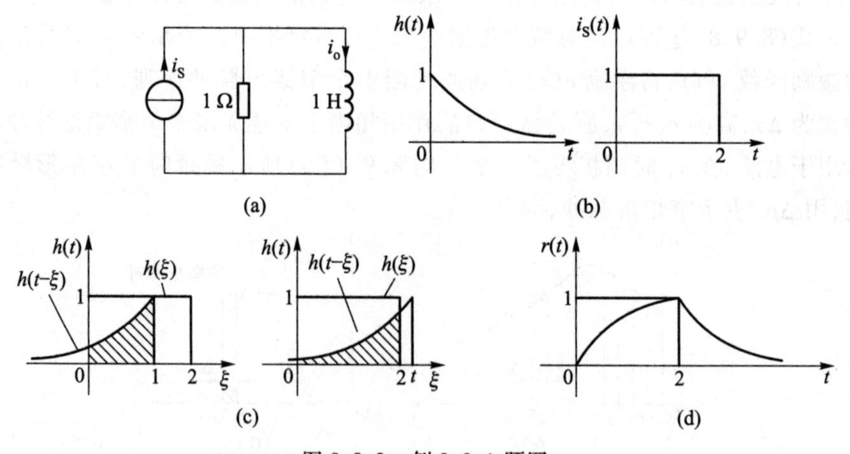

图 8.9.2　例 8.9.1 题图

$$h(t)=\mathscr{L}^{-1}[H(s)]=\mathscr{L}^{-1}\left[\frac{1}{s+1}\right]=\mathrm{e}^{-t}\varepsilon(t)$$

$h(t)$和$i_S(t)$波形如图 8.9.2(b)所示。

根据卷积积分的定义,$i_S(t)$激励的电流响应$i_o(t)$等于$i_S(t)$与$h(t)$的卷积积分,即

$$i_o(t)=i_S(t)*h(t)=\int_0^t i_S(\xi)h(t-\xi)\mathrm{d}\xi$$

将冲激响应$h(\xi)$对纵轴对折并右移t,可得$h(t-\xi)$,如图 8.9.2(c)所示。这里t视为常数。

当$0\leqslant\xi\leqslant2$时,$i_o(t)=\int_0^t 1\times\mathrm{e}^{-(t-\xi)}\mathrm{d}\xi=\mathrm{e}^{-t}\mathrm{e}^{\xi}|_0^t=1-\mathrm{e}^{-t}(0\leqslant t\leqslant2)$

当$\xi\geqslant2$时,$i_o(t)=\int_0^2 1\times\mathrm{e}^{-(t-\xi)}\mathrm{d}\xi=\mathrm{e}^{-t}\mathrm{e}^{\xi}|_0^2=\mathrm{e}^{-t}(\mathrm{e}^2-1)$

最后得到电流$i_o(t)$的响应如图 8.9.2(d)所示。

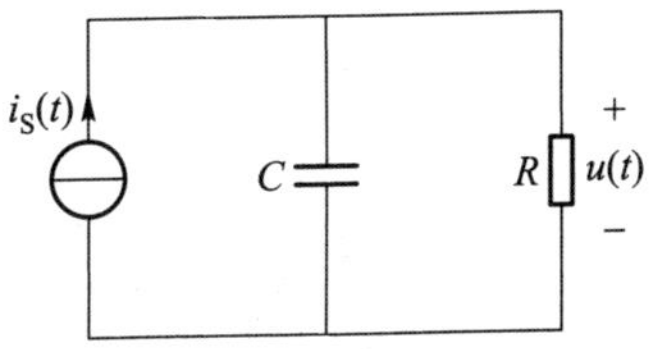

图 8.9.3 例 8.9.2 题图

例 8.9.2 如图 8.9.3 所示的 RC 并联电路,其中$R=200\ \mathrm{k}\Omega$,$C=10\ \mu\mathrm{F}$,$i_S(t)=20\ \mathrm{e}^{-t}\ \mu\mathrm{A}$,设电容上原始储能为零,求$u_C(t)$。

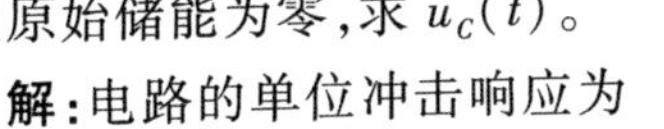

解:电路的单位冲击响应为

$$h(t)=\frac{1}{C}\mathrm{e}^{-\frac{t}{RC}}=10^5\mathrm{e}^{-0.5t}$$

由卷积积分公式有

$$u(t)=\int_0^t i_S(t-\xi)h(\xi)\mathrm{d}\xi=\int_0^t 20\times10^{-6}\mathrm{e}^{-(t-\xi)}\times10^5\mathrm{e}^{-0.5\xi}\mathrm{d}\xi$$

$$=2\mathrm{e}^{-t}\int_0^t \mathrm{e}^{0.5\xi}\mathrm{d}\xi=4(\mathrm{e}^{-0.5t}-\mathrm{e}^{-t})\varepsilon(t)$$

8.9.2 叠加积分法

将激励函数$e(t)$按垂直方向分割为无限多个窄矩形脉冲函数的叠加,推导出了卷积积分公式。现在,将$e(t)$按水平方向分割为无限多个阶跃函数的叠加,则可推导出另一个计算零状态响应的积分公式。

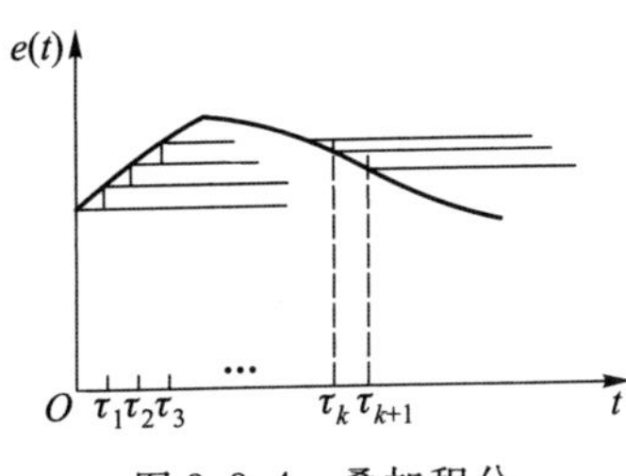

图 8.9.4 叠加积分

如图 8.9.4 所示,将$e(t)$按水平方向分割,相当于$t=0$时有一个阶跃函数$e(0)\cdot\varepsilon(t)$作用于电路,在$t=\tau_1$时刻,有一个小的延时阶跃函数作用,记为Δq_1,则应有

$$\Delta q_1=[e(\tau_1)-e(0)]\cdot\varepsilon(t-\tau_1)$$

同样地，在 $t=\tau_k$ 时刻，有一个小的延时阶跃函数作用，记为 Δq_k，有

$$\Delta q_k=[e(\tau_k)-e(\tau_{k-1})]\cdot\varepsilon(t-\tau_k) \tag{8.9.12}$$

若 $\tau_k-\tau_{k-1}=\Delta\tau$，则：$\Delta q_k=\dfrac{[e(\tau_k)-e(\tau_{k-1})]}{\Delta\tau}\cdot\Delta\tau\cdot\varepsilon(t-\tau_k)$

$$\Delta q_k=e'(\tau_k)\cdot\Delta\tau\cdot\varepsilon(t-\tau_k) \tag{8.9.13}$$

无限多个阶跃函数依次作用于电路，所产生的零状态响应的叠加，就是激励函数 $e(t)$ 作用下的零状态响应。

设单位阶跃函数激励下的零状态响应为 $g(t)\varepsilon(t)$，根据线性性质与时不变性质，则单位阶跃函数 $\varepsilon(t)$ 激励下的零状态响应为：$e(0)\cdot g(t)\cdot\varepsilon(t)$；在 $e'(\tau_k)\cdot\Delta\tau\cdot\varepsilon(t-\tau_k)$ 延时阶跃函数激励下的零状态响应为 $e'(\tau_k)\cdot\Delta\tau\cdot\varepsilon(t-\tau_k)\cdot\varepsilon(t-\tau_k)$，对无限多个阶跃函数作用下的零状态响应分量求和并取极限，得出

$$r(t)=e(0)g(t)\varepsilon(t)+\lim_{\Delta\tau\to 0}\sum_{K=1}^{n}e'(\tau_k)\cdot\Delta\tau\cdot g(t-\tau_k)\varepsilon(t-\tau_k)$$

$$r(t)=e(0)g(t)+\int_0^t e'(\tau)\cdot g(t-\tau)\,\mathrm{d}\tau\quad t\geqslant 0 \tag{8.9.14}$$

式(8.9.14)就是叠加积分公式，也称为裘阿梅里积分公式。

值得注意的是：倘若激励函数 $e(t)$ 不连续，则相当于在间断点存在一个确定量的阶跃函数，分段积分时，必须考虑间断点处的阶跃函数所产生的响应，请看下面例题。

例 8.9.3　在图 8.9.5(a)所示电路中，已知 $R_1=3\ \Omega$，$R_2=6\ \Omega$，$C=0.5\ F$，激励 $e(t)$ 如图 8.9.5(b)所示，即

$$e(t)=\begin{cases}3\mathrm{e}^{-2t} & 0\leqslant t\leqslant 2\ s\\ 0 & t>2\ s\end{cases}$$

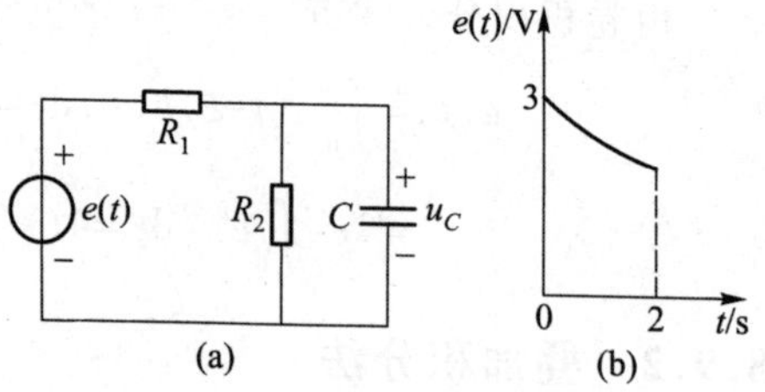

试求输出电压 $u_C(t)$ 的零状态响应。

图 8.9.5　例 8.9.3 题图

解：先求阶跃响应 $g(t)$：

网络函数为

$$H(s)=\frac{\dfrac{1}{sC+\dfrac{1}{R_2}}}{R_1+\dfrac{1}{sC+\dfrac{1}{R_2}}}=\frac{R_2}{R_1R_2Cs+R_1+R_2}=\frac{2}{3}\cdot\frac{1}{s+1}$$

当激励为单位阶跃函数 $\varepsilon(t)$ 时，应有

$$R(s)=H(s)E(s)=\frac{2}{3}\cdot\frac{1}{s+1}\cdot\frac{1}{s}=\frac{2}{3}\left(\frac{1}{s}-\frac{1}{s+1}\right)$$

$$g(t)=r(t)=\frac{2}{3}(1-e^{-t})$$

当 $0\leqslant t\leqslant 2\ \text{s}$ 时，根据式(8.9.14)得到

$$\begin{aligned}u_C(t)&=e(0)\cdot g(t)+\int_0^t \mathrm{e}'(\tau)\cdot g(t-\tau)\,\mathrm{d}\tau\\&=3\times\frac{2}{3}(1-\mathrm{e}^{-t})+\int_0^t(-6\mathrm{e}^{-2\tau})\times\frac{2}{3}[1-\mathrm{e}^{-(t-\tau)}]\,\mathrm{d}\tau\\&=2(1-\mathrm{e}^{-t})+\int_0^t(-4\mathrm{e}^{-2\tau}+4\mathrm{e}^{-t}\mathrm{e}^{-\tau})\,\mathrm{d}\tau\\&=2(\mathrm{e}^{-t}-\mathrm{e}^{-2t})\ \mathrm{V}\end{aligned}$$

当 $t>2\ \text{s}$ 时，应有

$$\begin{aligned}u_C(t)&=\mathrm{e}(0)g(t)+\int_0^2\mathrm{e}'(\tau)g(t-\tau)\,\mathrm{d}\tau+[0-\mathrm{e}(2)]g(t-2)\\&=\left\{2(1-\mathrm{e}^{-t})+2\mathrm{e}^{-4}-2-4\mathrm{e}^{-2}\mathrm{e}^{-t}+4\mathrm{e}^{-t}-3\mathrm{e}^{-4}\times\frac{2}{3}[1-\mathrm{e}^{-(t-2)}]\right\}\ \mathrm{V}\\&=2(1-\mathrm{e}^{-2})\mathrm{e}^{-t}\ \mathrm{V}=1.729\mathrm{e}^{-t}\ \mathrm{V}\end{aligned}$$

8.10 状态变量法

描述系统的方法通常有输入输出法和状态变量法，也称状态空间法。前面章节所讨论的系统时域或频域分析均是运用输入输出法，即主要关心的是系统的输入输出之间的关系，而不考虑系统内部的有关问题。对于简单的一般单输入单输出系统，使用输入输出法很方便，但对于多输入多输出系统，尤其是对于现代工程中碰到的越来越多的非线性系统或时变系统的研究，输入-输出描述法则已难以应付。随着系统理论和计算机技术的迅速发展，自 20 世纪 60 年代开始，作为现代控制理论基础的状态变量法在系统分析中得到广泛应用。此方法的主要特点是利用描述系统内部特性的状态变量取代仅描述系统外部特性的系统函数，并且将这种描述十分便捷的应用于多输入-多输出系统。此外，状态空间方法也成功地用来描述非线性系统或时变系统，并且易于借助计算机求解。

随着近代系统科学与计算机科学的发展，分析系统动态过程的状态变量法

应运而生。所谓系统是指由若干相互联系、相互作用的环节组合而成的具有特定功能的整体,而电网络也可以看作是一个小系统,所以状态变量法当然可应用于电网络的分析。状态变量法不仅可用于分析线性网络,也适用于分析非线性网络,目前数学上已有较完备的解析方法和数值方法可以求解状态方程,利用计算机编程还可以求解大型动态网络问题。本节将以电路为研究对象,介绍状态变量法的一些基本概念和分析方法,为以后学习现代控制理论、系统工程等知识奠定良好基础。

状态的概念在电路与系统理论中均十分重要。在论述状态的定义之前,先回顾一下电路过渡过程的分析。当电路中全部的电容电压、电感电流的初值以及激励已知,就可以利用换路定则、磁链或电荷守恒求出各个响应的初值,还可以通过求解微分方程确定将来全部响应的变化,这说明:要研究电路将来的性状,并不需要了解历史演变的全过程,历史的作用完全体现在初值时刻的电容电压和电感电流中。由此可见,电路中存在着一组必须知道的、个数最少的独立变量,任意瞬间已知了这组变量值,已知了激励,就可以确定电路将来的性状。这样的独立变量就称为状态变量,用列矩阵表示后,称为状态向量。

现在论述状态的定义:一个电路的状态是指在任何时刻必须知道的最少量的信息,这些信息与该时刻以后的激励就足以确定该电路此后的性状。状态变量就是描述电路状态的一组变量,这组变量在任何时刻的值表征了该时刻电路的状态。

在电路分析中,常常选择电容电压与电感电流作为状态变量,当然也可以选择电容电荷与电感磁链作为状态变量,状态变量的选择不是唯一的。

在 R、L、C 动态电路中,状态变量的个数就等于独立的储能元件数。当电路中含有一个纯电容回路或电容与电压源组成的回路时,在这个回路中,其中一个电容电压可以用其他电容电压和电压源电压表示,因此不是独立变量,不能取为状态变量,所以状态变量数就少一个,上述这样的回路,称为病态回路。

同理,如果电路中含有一个纯电感割集或电感与电流源组成的割集,就有一个电感电流不独立而不能取为状态变量,上述这样的割集称为病态割集。综上所述,得到状态变量的个数 n 为

$$n=\text{电容数}+\text{电感数}-\text{病态回路与病态割集数} \tag{8.10.1}$$

式(8.10.1)中电容数、电感数指电容、电感串并联化简后的计数。

8.10.1　状态方程与输出方程

利用状态变量可以列写状态方程,下面以图 8.10.1 所示的 RLC 串联电路为

例来列写状态方程和输出方程。

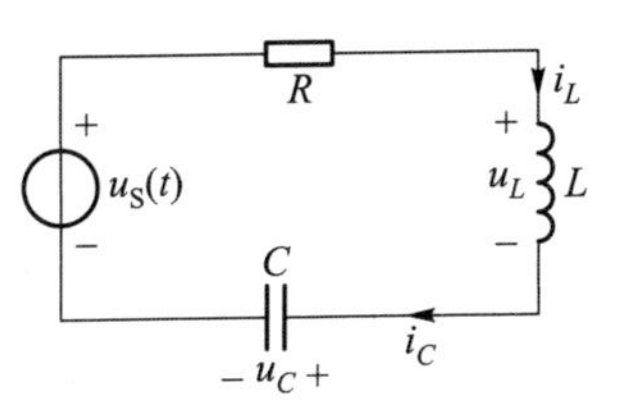

图 8.10.1 *RLC* 串联电路的状态方程

选择 u_C 与 i_L 作为状态变量，由基尔霍夫定律可得

$$C\frac{\mathrm{d}u_C}{\mathrm{d}t}=i_C=i_L$$

$$L\frac{\mathrm{d}i_L}{\mathrm{d}t}=u_S-Ri_L-u_C$$

整理后得到

$$\left.\begin{aligned}\frac{\mathrm{d}u_C}{\mathrm{d}t}&=\frac{1}{C}i_L\\\frac{\mathrm{d}i_L}{\mathrm{d}t}&=-\frac{1}{L}u_C-\frac{R}{L}i_L+\frac{u_S}{L}\end{aligned}\right\}\tag{8.10.2}$$

以上两个独立的一阶微分方程组就是状态方程。

如果将式(8.10.2)中上面一个式子代入下面一个式子，整理后得到

$$LC\frac{\mathrm{d}^2u_C}{\mathrm{d}t^2}+RC\frac{\mathrm{d}u_C}{\mathrm{d}t}+u_C=u_S\tag{8.10.3}$$

式(8.10.3)就是用经典法求解电路过渡过程的二阶微分方程。由此可知，状态变量法也即是将一个 n 阶微分方程转化为 n 个一阶微分方程组，然后求解一阶微分方程组的分析方法。

将式(8.10.2)写成矩阵形式

$$\begin{bmatrix}\dfrac{\mathrm{d}u_C}{\mathrm{d}t}\\\dfrac{\mathrm{d}i_L}{\mathrm{d}t}\end{bmatrix}=\begin{bmatrix}0&\dfrac{1}{C}\\-\dfrac{1}{L}&-\dfrac{R}{L}\end{bmatrix}\begin{bmatrix}u_C\\i_L\end{bmatrix}+\begin{bmatrix}0\\\dfrac{1}{L}\end{bmatrix}[u_S]\tag{8.10.4}$$

从上述例子可以看出，状态方程就是关于状态变量的一组一阶微分方程，状态方程的数目就是状态变量的数目。状态方程的左边是状态变量对时间的一阶导数，方程的右边是关于状态变量与激励的线性组合，对于含有 n 个状态变量、m 个激励源的线性非时变电路，状态方程一般式的矩阵形式为

$$\dot{\boldsymbol{X}}=\boldsymbol{AX}+\boldsymbol{BF}\tag{8.10.5}$$

式中，$\boldsymbol{X}$ 为 n 维状态变量向量；$\dot{\boldsymbol{X}}$ 为 n 维状态变量一阶导数向量；$\boldsymbol{A}$ 为 $n\times n$ 的常数矩阵；$\boldsymbol{B}$ 为 $n\times m$ 的常数矩阵；$\boldsymbol{F}$ 为 m 维激励列向量。

列写状态方程，实际上就是求矩阵 $\boldsymbol{A}$ 和 $\boldsymbol{B}$，它们取决于电路的结构与参数。

在图 8.10.1 所示电路中，倘若以 u_L、u_R 作为输出量，那么可用状态变量和

激励(输入)来表示输出量,应有

$$u_L = u_S - Ri_L - u_C$$
$$u_R = Ri_L$$

写成矩阵形式

$$\begin{bmatrix} u_L \\ u_R \end{bmatrix} = \begin{bmatrix} -1 & -R \\ 0 & R \end{bmatrix} \begin{bmatrix} u_C \\ i_L \end{bmatrix} + \begin{bmatrix} 1 \\ 0 \end{bmatrix} [u_S] \tag{8.10.6}$$

式(8.10.6)就是输出方程,输出方程一般式的矩阵形式为

$$\boldsymbol{Y} = \boldsymbol{CX} + \boldsymbol{DF} \tag{8.10.7}$$

式(8.10.7)中 $\boldsymbol{Y}$ 为输出列向量;$\boldsymbol{C}$、$\boldsymbol{D}$ 为常数矩阵,由电路的结构与参数决定。

8.10.2　状态方程的列写方法

给定一个电网络,可直接列写其状态方程。列写状态方程的方法有:观察法、等效电源法、拓扑法等。下面将分别介绍等效电源法和拓扑法。

1. 等效电源法

对于一个给定的电网络,要列写其状态方程,就是要用状态变量和外加激励来表示电容电流 $i_C\left(\text{正比于}\frac{\mathrm{d}u_C}{\mathrm{d}t}\right)$ 和电感电压 $u_L\left(\text{正比于}\frac{\mathrm{d}i_L}{\mathrm{d}t}\right)$。等效电源法利用替代定理,用电压为 u_C 的电压源替代电容,用电流为 i_L 的电流源替代电感,那么,原网络则化为等效电阻网络。利用求解电阻网络的方法求出电容电流 i_C 和电感电压 u_L,经整理,即可得到相应的状态方程。详细求解过程请看下例。

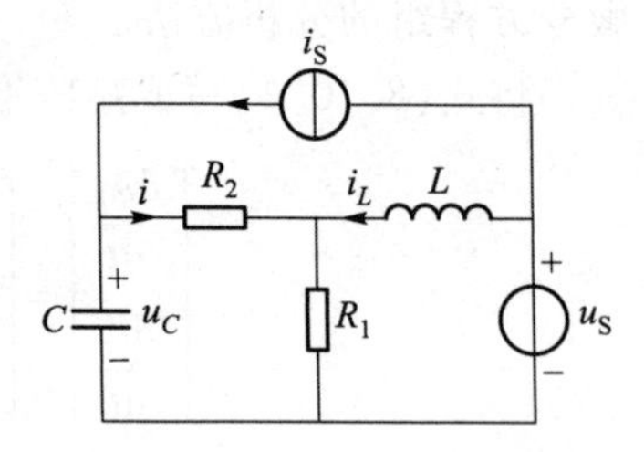

图 8.10.2　例 8.10.1 题图

例 8.10.1　试列写图 8.10.2 所示电路的状态方程的矩阵形式。

解:选 u_C 和 i_L 为状态变量,并设电流 i,列出对应的节点电流方程和回路电压方程,有

$$\begin{cases} C\dfrac{\mathrm{d}u_C}{\mathrm{d}t} + i - i_S = 0 & (1) \\[2ex] L\dfrac{\mathrm{d}i_L}{\mathrm{d}t} - R_2 i + u_C - u_S = 0 & (2) \\[2ex] i = -i_L - \dfrac{R_2 i - u_C}{R_1} & (3) \end{cases}$$

由(3)式解得 $i = \dfrac{1}{R_1+R_2}u_C - \dfrac{R_1}{R_1+R_2}i_L$,将此关系代入 (1)式和(2)式可得

$$\begin{cases} C\dfrac{\mathrm{d}u_C}{\mathrm{d}t}=-\dfrac{1}{R_1+R_2}u_C+\dfrac{R_1}{R_1+R_2}i_L+i_S \\ L\dfrac{\mathrm{d}i_L}{\mathrm{d}t}=-\dfrac{R_1}{R_1+R_2}u_C-\dfrac{R_1R_2}{R_1+R_2}i_L+u_S \end{cases}$$

最后得状态方程的矩阵形式为

$$\begin{bmatrix} \dfrac{\mathrm{d}u_C}{\mathrm{d}t} \\ \dfrac{\mathrm{d}i_L}{\mathrm{d}t} \end{bmatrix}=\begin{bmatrix} -\dfrac{1}{C(R_1+R_2)} & \dfrac{R_1}{C(R_1+R_2)} \\ -\dfrac{R_1}{L(R_1+R_2)} & -\dfrac{R_1R_2}{L(R_1+R_2)} \end{bmatrix}\begin{bmatrix} u_C \\ i_L \end{bmatrix}+\begin{bmatrix} 0 & \dfrac{1}{C} \\ \dfrac{1}{L} & 0 \end{bmatrix}\begin{bmatrix} u_S \\ i_S \end{bmatrix}$$

例 8.10.2 试列写出图 8.10.3 所示电路的状态方程的矩阵形式。

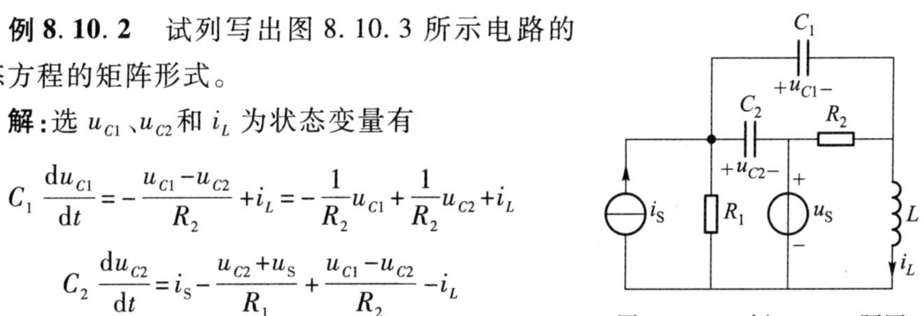

图 8.10.3 例 8.10.2 题图

解:选 u_{C1}、u_{C2}和 i_L 为状态变量有

$$C_1\frac{\mathrm{d}u_{C1}}{\mathrm{d}t}=-\frac{u_{C1}-u_{C2}}{R_2}+i_L=-\frac{1}{R_2}u_{C1}+\frac{1}{R_2}u_{C2}+i_L$$

$$\begin{aligned} C_2\frac{\mathrm{d}u_{C2}}{\mathrm{d}t}&=i_S-\frac{u_{C2}+u_S}{R_1}+\frac{u_{C1}-u_{C2}}{R_2}-i_L \\ &=\frac{1}{R_2}u_{C1}-\left(\frac{1}{R_1}+\frac{1}{R_2}\right)u_{C2}-i_L-\frac{1}{R_1}u_S+i_S \end{aligned}$$

$$L\frac{\mathrm{d}i_L}{\mathrm{d}t}=u_{C2}+u_S-u_{C1}$$

整理成矩阵形式为

$$\begin{bmatrix} \dfrac{\mathrm{d}u_{C1}}{\mathrm{d}t} \\ \dfrac{\mathrm{d}u_{C2}}{\mathrm{d}t} \\ \dfrac{\mathrm{d}i_L}{\mathrm{d}t} \end{bmatrix}=\begin{bmatrix} -\dfrac{1}{R_2C_1} & \dfrac{1}{R_2C_1} & \dfrac{1}{C_1} \\ \dfrac{1}{R_2C_2} & -\left(\dfrac{1}{R_1C_2}+\dfrac{1}{R_2C_2}\right) & -\dfrac{1}{C_2} \\ -\dfrac{1}{L} & \dfrac{1}{L} & 0 \end{bmatrix}\begin{bmatrix} u_{C1} \\ u_{C2} \\ i_L \end{bmatrix}+\begin{bmatrix} 0 & 0 \\ -\dfrac{1}{R_1C_2} & \dfrac{1}{C_2} \\ \dfrac{1}{L} & 0 \end{bmatrix}\begin{bmatrix} u_S \\ i_S \end{bmatrix}$$

2. 拓扑法

借助网络图论知识而建立的系统的列写状态方程的方法,称为拓扑法。根据列写状态方程的思路,要获得$\dfrac{\mathrm{d}u_C}{\mathrm{d}t}$项,则列写含有电容的节点(或割集)的 KCL 方程;要获得$\dfrac{\mathrm{d}i_L}{\mathrm{d}t}$项,则列写含有电感的回路的 KVL 方程。列写状态方程的步骤

归结如下：

(1) 假设网络中不含病态回路和病态割集，是一个常态网络，则必可选择一个常态树，树支包含所有的电容，而所有的电感均在连支上；

(2) 选择常态树中包含的所有电容电压、连支中包含的所有电感电流作为状态变量；

(3) 对每一个电容列写单树支割集的 KCL 方程；

(4) 对每一个电感列写单连支回路的 KVL 方程；

(5) 消去非状态变量的电压、电流，整理即得到状态方程。

例 8.10.3 列出图 8.10.4 所示电路的状态方程的矩阵形式。

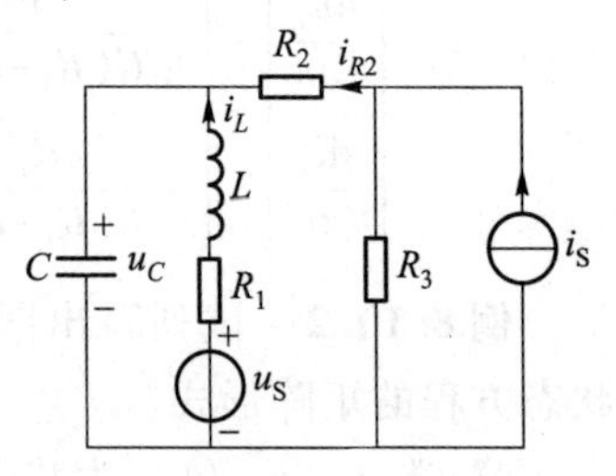

图 8.10.4 例 8.10.3 题图

解：选 u_C 和 i_L 为状态变量，并设电流 i_{R2} 有

$$\begin{cases} C\dfrac{\mathrm{d}u_C}{\mathrm{d}t}=i_L+i_{R2} & (1)\\ L\dfrac{\mathrm{d}i_L}{\mathrm{d}t}+R_1i_L+u_C=u_S & (2)\\ u_C+R_2i_{R2}=R_3(i_S-i_{R2}) & (3)\end{cases}$$

由(3)式解得 $i_{R2}=-\dfrac{1}{R_2+R_3}u_C+\dfrac{R_3}{R_2+R_3}i_S$，将此关系代入(1)式可得

$$\begin{cases} C\dfrac{\mathrm{d}u_C}{\mathrm{d}t}=-\dfrac{1}{R_2+R_3}u_C+i_L+\dfrac{R_3}{R_2+R_3}i_S\\ L\dfrac{\mathrm{d}i_L}{\mathrm{d}t}=-u_C-R_1i_L+u_S\end{cases}$$

最后得状态方程的矩阵形式为

$$\begin{bmatrix}\dfrac{\mathrm{d}u_C}{\mathrm{d}t}\\ \dfrac{\mathrm{d}i_L}{\mathrm{d}t}\end{bmatrix}=\begin{bmatrix}-\dfrac{1}{C(R_2+R_3)} & \dfrac{1}{C}\\ -\dfrac{1}{L} & -\dfrac{R_1}{L}\end{bmatrix}\begin{bmatrix}u_C\\ i_L\end{bmatrix}+\begin{bmatrix}0 & \dfrac{R_3}{C(R_2+R_3)}\\ \dfrac{1}{L} & 0\end{bmatrix}\begin{bmatrix}u_S\\ i_S\end{bmatrix}$$

例 8.10.4 试列写出图 8.10.5 所示电路的状态方程。

解：选 u_C 和 i_L 为状态变量，设电流 i_{R1}、i_{R2}，列写 KCL 和 KVL 方程分别为

$$C\frac{\mathrm{d}u_C}{\mathrm{d}t}=-i_{R1}+i_{R2}-i_{S2} \quad (1)$$

$$L\frac{\mathrm{d}i_L}{\mathrm{d}t}=u_C-i_{R1}R_1 \tag{2}$$

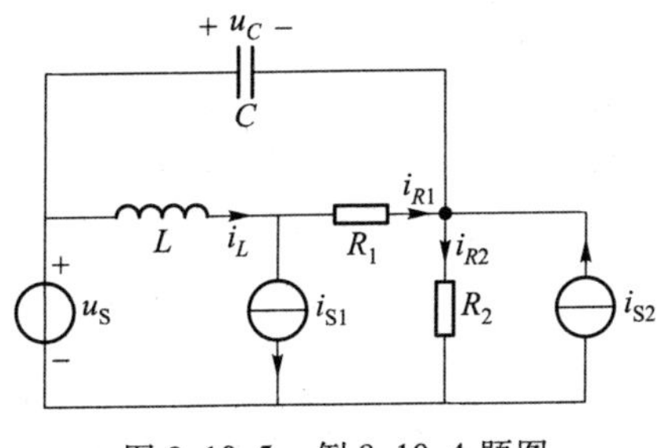

图 8.10.5 例 8.10.4 题图

其中 $i_{R1}=i_L-i_{S1}$，$i_{R2}=\frac{-u_C+u_S}{R_2}=-\frac{u_C}{R_2}+\frac{u_S}{R_2}$。将此两式代入(1)式、(2)式两式后有

$$C\frac{\mathrm{d}u_C}{\mathrm{d}t}=-i_L+i_{S1}-\frac{u_C}{R_2}+\frac{u_S}{R_2}-i_{S2}$$

$$L\frac{\mathrm{d}i_L}{\mathrm{d}t}=u_C-i_LR_1+i_{S1}R_1$$

整理成矩阵形式为

$$\begin{bmatrix}\frac{\mathrm{d}u_C}{\mathrm{d}t}\\ \frac{\mathrm{d}i_L}{\mathrm{d}t}\end{bmatrix}=\begin{bmatrix}-\frac{1}{R_2C} & -\frac{1}{C}\\ \frac{1}{L} & -\frac{R_1}{L}\end{bmatrix}\begin{bmatrix}u_C\\ i_L\end{bmatrix}+\begin{bmatrix}\frac{1}{C} & -\frac{1}{C} & \frac{1}{R_2C}\\ \frac{R_1}{L} & 0 & 0\end{bmatrix}\begin{bmatrix}i_{S1}\\ i_{S2}\\ u_S\end{bmatrix}$$

当网络中含有病态回路或病态割集时，该网络被称为病态网络。病态网络中状态变量的个数 n 满足式(8.10.1)，对于病态网络列写状态方程的方法和步骤与常态网络基本相同，但病态网络状态方程的形式与常态网络有所不同，其特点是还含有激励的一阶导数项，具有以下一般形式

$$\dot{\boldsymbol{X}}=\boldsymbol{AX}+\boldsymbol{B}_1\boldsymbol{F}+\boldsymbol{B}_2\dot{\boldsymbol{F}} \tag{8.10.8}$$

与式(8.10.5)相比，式(8.10.8)多了 $\boldsymbol{B}_2\dot{\boldsymbol{F}}$ 项，$\dot{\boldsymbol{F}}$ 为激励的一阶导数列向量，$\boldsymbol{B}_2$ 为常数矩阵。

8.10.3 状态方程的 s 域求解方法

求解状态方程的数学方法有多种，可以在时域求解，可以在复频域求解，还可以利用计算机求其数值解。这里只介绍应用拉普拉斯变换求解状态方程的解析方法。

n 维状态方程的一般式为

$$\dot{\boldsymbol{X}}(t)=\boldsymbol{AX}(t)+\boldsymbol{BF}(t) \tag{8.10.9}$$

对式(8.10.9)两边进行拉普拉斯变换，应用微分定理和线性性质得到

$$s\boldsymbol{X}(s)-\boldsymbol{X}(0)=\boldsymbol{AX}(s)+\boldsymbol{BF}(s)$$

$$[s\boldsymbol{1}-\boldsymbol{A}]\boldsymbol{X}(s)=\boldsymbol{X}(0)+\boldsymbol{BF}(s) \tag{8.10.10}$$

令 $\boldsymbol{\lambda}(s)=[s\boldsymbol{1}-\boldsymbol{A}]^{-1}$，称为预解矩阵。

式(8.10.10)两边左乘预解矩阵 $\boldsymbol{\lambda}(s)$ 得

$$\boldsymbol{X}(s)=\boldsymbol{\lambda}(s)\boldsymbol{X}(0)+\boldsymbol{\lambda}(s)\boldsymbol{B}\boldsymbol{F}(s) \tag{8.10.11}$$

式(8.10.11)就是状态方程的复频域解。

对式(8.10.11)两边取拉普拉斯逆变换,得到状态变量的时域解为

$$\boldsymbol{X}(t)=\mathscr{L}^{-1}[\boldsymbol{\lambda}(s)\boldsymbol{X}(0)]+\mathscr{L}^{-1}[\boldsymbol{\lambda}(s)\boldsymbol{B}\boldsymbol{F}(s)] \tag{8.10.12}$$

↓　　　　　　　↓　　　　　　　↓

[状态变量的全响应向量]　[零输入响应向量]　[零状态响应向量]

式(8.10.12)表明每一个状态变量的全响应由零输入响应和零状态响应叠加而成。

输出方程的一般式为

$$\boldsymbol{Y}(t)=\boldsymbol{C}\boldsymbol{X}(t)+\boldsymbol{D}\boldsymbol{F}(t) \tag{8.10.13}$$

对式(8.10.13)两边进行拉普拉斯变换,有

$$\boldsymbol{Y}(s)=\boldsymbol{C}\boldsymbol{X}(s)+\boldsymbol{D}\boldsymbol{F}(s) \tag{8.10.14}$$

将式(8.10.11)代入式(8.10.14),得到

$$\begin{aligned}\boldsymbol{Y}(s)&=\boldsymbol{C}\boldsymbol{\lambda}(s)\boldsymbol{X}(0)+\boldsymbol{C}\boldsymbol{\lambda}(s)\boldsymbol{B}\boldsymbol{F}(s)+\boldsymbol{D}\boldsymbol{F}(s)\\&=\boldsymbol{C}\boldsymbol{\lambda}(s)\boldsymbol{X}(0)+[\boldsymbol{C}\boldsymbol{\lambda}(s)\boldsymbol{B}+\boldsymbol{D}]\boldsymbol{F}(s)\end{aligned} \tag{8.10.15}$$

对式(8.10.15)两边取拉普拉斯逆变换,得到输出变量的时域解为

$$\boldsymbol{Y}(t)=\mathscr{L}^{-1}[\boldsymbol{C}\boldsymbol{\lambda}(s)\boldsymbol{X}(0)]+\mathscr{L}^{-1}\{[\boldsymbol{C}\boldsymbol{\lambda}(s)\boldsymbol{B}+\boldsymbol{D}]\boldsymbol{F}(s)\}$$

↓　　　　　　　↓　　　　　　　↓

[输出变量的全响应向量]　[零输入响应向量]　[零状态响应向量]

(8.10.16)

应用拉普拉斯变换求解状态方程的关键是求预解矩阵 $\boldsymbol{\lambda}(s)$,它由系数矩阵 $\boldsymbol{A}$ 所确定,所以系数矩阵 $\boldsymbol{A}$ 表征了网络的固有特性。

例 8.10.5　已知状态方程和初始值分别为

$$\begin{bmatrix}\dot{x}_1(t)\\\dot{x}_2(t)\end{bmatrix}=\begin{bmatrix}0&1\\-2&-3\end{bmatrix}\begin{bmatrix}x_1(t)\\x_2(t)\end{bmatrix}+\begin{bmatrix}0\\6\end{bmatrix}\cdot\varepsilon(t),\begin{bmatrix}x_1(0)\\x_2(0)\end{bmatrix}=\begin{bmatrix}4\\0\end{bmatrix}$$

输出方程为

$$y(t)=\begin{bmatrix}1&1\end{bmatrix}\begin{bmatrix}x_1(t)\\x_2(t)\end{bmatrix}$$

求 $x_1(t)$、$x_2(t)$ 和 $y(t)$。

解:预解矩阵

$$\boldsymbol{\lambda}(s)=[s\boldsymbol{1}-\boldsymbol{A}]^{-1}=\begin{bmatrix}s&-1\\2&s+3\end{bmatrix}^{-1}=\frac{\begin{bmatrix}s+3&1\\-2&s\end{bmatrix}}{s^2+3s+2}$$

由式(8.10.11)可得

$$\begin{bmatrix} X_1(s) \\ X_2(s) \end{bmatrix} = \frac{\begin{bmatrix} s+3 & 1 \\ -2 & s \end{bmatrix}}{s^2+3s+2}\begin{bmatrix} 4 \\ 0 \end{bmatrix} + \frac{\begin{bmatrix} s+3 & 1 \\ -2 & s \end{bmatrix}}{s^2+3s+2}\begin{bmatrix} 0 \\ 6 \end{bmatrix}\frac{1}{s}$$

$$= \frac{\begin{bmatrix} 4s+12 \\ -8 \end{bmatrix} + \begin{bmatrix} \frac{6}{s} \\ 6 \end{bmatrix}}{s^2+3s+2}$$

$$= \begin{bmatrix} \frac{8}{s+1} - \frac{4}{s+2} \\ \frac{-8}{s+1} + \frac{8}{s+2} \end{bmatrix} + \begin{bmatrix} \frac{3}{s} - \frac{6}{s+1} + \frac{3}{s+2} \\ \frac{6}{s+1} - \frac{6}{s+2} \end{bmatrix}$$

经拉普拉斯逆变换得状态变量的全响应为

$$\begin{bmatrix} x_1(t) \\ x_2(t) \end{bmatrix} = \begin{bmatrix} 8e^{-t}-4e^{-2t} \\ -8e^{-t}+8e^{-2t} \end{bmatrix} + \begin{bmatrix} 3-6e^{-t}+3e^{-2t} \\ 6e^{-t}-6e^{-2t} \end{bmatrix}$$

$$= \begin{bmatrix} 3+2e^{-t}-e^{-2t} \\ -2e^{-t}+2e^{-2t} \end{bmatrix} \quad (t \geqslant 0)$$

输出变量的全响应为

$$y(t) = x_1(t) + x_2(t)$$
$$= 3+e^{-2t} \quad (t \geqslant 0)$$

当 $t=0_+$ 时，有
$$\begin{bmatrix} x_1(0_+) \\ x_2(0_+) \end{bmatrix} = \begin{bmatrix} 4 \\ 0 \end{bmatrix}$$

可见，状态变量的全响应满足初值条件，经校验求解正确。

8.10.4　利用 Matlab 求解状态方程

利用 Matlab 中的 simulink 建模，应用状态空间模块，可以快捷地得出输出 $y(t)$ 的变化曲线，如图 8.10.6 所示。

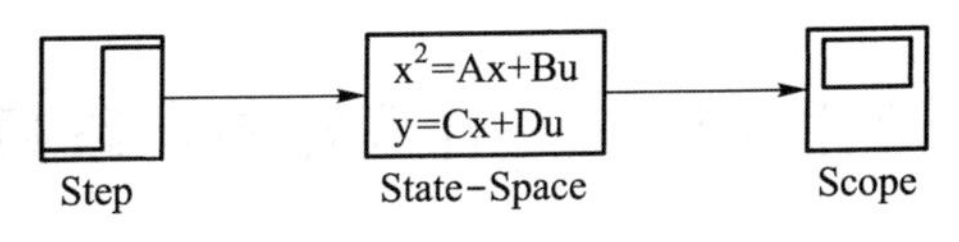

图 8.10.6　simulink 建模

Matlab 的程序和图如图 8.10.7 所示。

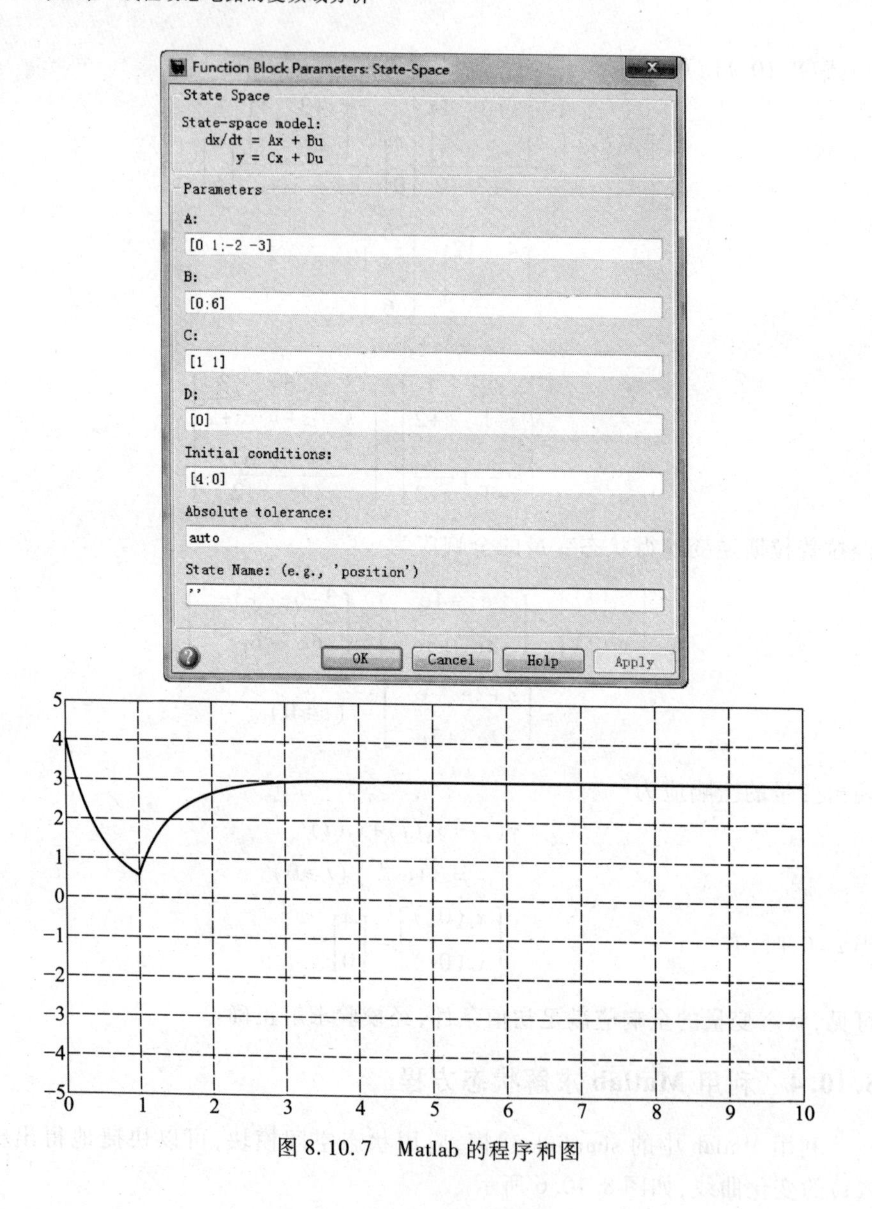

图 8.10.7　Matlab 的程序和图

8.11　应用示例——音调控制电路频率特性

音频功率放大器中的低音音调控制电路如图 8.11.1(a)所示。通过调节可变电阻 R_L 可以实现对低音音调的控制。低音一般在几十至几百赫兹范围内。

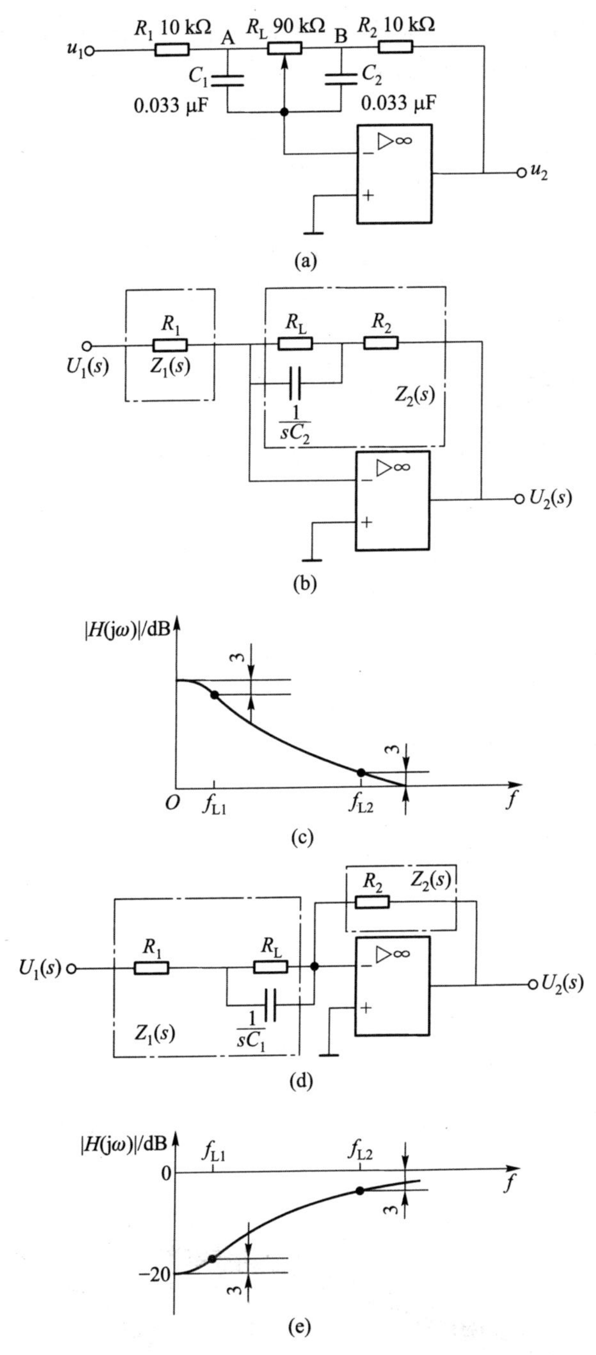

图 8.11.1 音频功率放大器中的低音音调控制电路

现对可变电阻 R_L 在两个极端位置时的电路频响特性加以分析。

(1) 可变电阻移动至A点,电容 C_1 被短接,其等效电路如图8.11.1(b)所示。

$$H(s)=\frac{U_2(s)}{U_1(s)}=-\frac{Z_2(s)}{Z_1(s)}=-\frac{R_L+R_2}{R_1}\times\frac{1+\frac{R_LR_2}{R_L+R_2}sC_2}{1+R_LsC_2}$$

$$H(j\omega)=-\frac{R_L+R_2}{R_1}\times\frac{1+\frac{R_LR_2}{R_L+R_2}j2\pi fC_2}{1+R_Lj2\pi fC_2}$$

$$f_{L1}=\frac{1}{2\pi R_LC_2}=\frac{1}{2\pi\times90\times10^3\times0.033\times10^{-6}}\text{ Hz}=53.5\text{ Hz}$$

假设:
$$f_{L2}=\frac{1}{2\pi\frac{R_LR_2}{R_L+R_2}C_2}=\frac{1}{2\pi\times9\times10^3\times0.033\times10^{-6}}\text{ Hz}=535\text{ Hz}$$

$$H(j\omega)=-\frac{R_L+R_2}{R_1}\times\frac{1+jf/f_{L2}}{1+jf/f_{L1}}$$

$$|H(j\omega)|=\frac{R_L+R_2}{R_1}\times\frac{\sqrt{1+(f/f_{L2})^2}}{\sqrt{1+(f/f_{L1})^2}}$$

当 $f\ll f_{L1}=53.5\text{ Hz}$:$|H(j\omega)|\approx\frac{R_L+R_2}{R_1}=10\cdots\cdots\cdots20\text{ dB}$

当 $f=f_{L1}=53.5\text{ Hz}$:$|H(j\omega)|\approx\frac{R_L+R_2}{R_1}\frac{1}{\sqrt{2}}=\frac{10}{\sqrt{2}}\cdots\cdots\cdots(20-3)\text{ dB}$

当 $f=f_{L2}=535\text{ Hz}$:$|H(j\omega)|\approx\frac{R_L+R_2}{R_1}\frac{\sqrt{2}}{10}=\sqrt{2}\cdots\cdots\cdots3\text{ dB}$

当 $f\gg f_{L2}=535\text{ Hz}$:$|H(j\omega)|\approx\frac{R_L+R_2}{R_1}\times\frac{f_{L1}}{f_{L2}}=1\cdots\cdots\cdots0\text{ dB}$

画出幅频特性如图8.11.1(c)所示。

(2) 可变电阻移动至B点,电容 C_2 被短接,其等效电路如图8.11.1(d)所示。

同理得到:
$$H(s)=-\frac{R_2}{R_L+R_1}\times\frac{1+R_LsC_1}{1+\frac{R_LR_1}{R_L+R_1}sC_1}$$

$$H(j\omega)=-\frac{R_2}{R_L+R_1}\times\frac{1+R_Lj2\pi fC_1}{1+\frac{R_LR_1}{R_L+R_1}j2\pi fC_1}$$

$$f'_{L1}=\frac{1}{2\pi R_L C_1}=\frac{1}{2\pi\times 90\times 10^3\times 0.033\times 10^{-6}}=53.5\ \text{Hz}$$

假设：

$$f'_{L2}=\frac{1}{2\pi\dfrac{R_L R_1}{R_L+R_1}C_1}=\frac{1}{2\pi\times 9\times 10^3\times 0.033\times 10^{-6}}=535\ \text{Hz}$$

$$H(\mathrm{j}\omega)=-\frac{R_2}{R_L+R_1}\times\frac{1+\mathrm{j}f/f'_{L1}}{1+\mathrm{j}f/f'_{L2}}$$

$$|H(\mathrm{j}\omega)|=\frac{R_2}{R_L+R_1}\times\frac{\sqrt{1+(f/f'_{L1})^2}}{\sqrt{1+(f/f'_{L2})^2}}$$

当 $f\ll f'_{L1}=53.5\ \text{Hz}$：$|H(\mathrm{j}\omega)|\approx\dfrac{R_2}{R_L+R_1}=\dfrac{1}{10}\cdots\cdots\cdots -20\ \text{dB}$

当 $f=f'_{L1}=53.5\ \text{Hz}$：$|H(\mathrm{j}\omega)|\approx\dfrac{R_2}{R_L+R_1}\times\sqrt{2}=\dfrac{\sqrt{2}}{10}\cdots\cdots\cdots(-20+3)\ \text{dB}$

当 $f=f'_{L2}=535\ \text{Hz}$：$|H(\mathrm{j}\omega)|\approx\dfrac{R_2}{R_L+R_1}\dfrac{10}{\sqrt{2}}=\dfrac{1}{\sqrt{2}}\cdots\cdots\cdots -3\ \text{dB}$

当 $f\gg f'_{L2}=535\ \text{Hz}$：$|H(\mathrm{j}\omega)|\approx\dfrac{R_2}{R_L+R_1}\times\dfrac{f'_{L2}}{f'_{L1}}=1\cdots\cdots\cdots 0\ \text{dB}$

画出幅频特性如图 8.11.1(e)所示。

习题

8.1 求下列象函数的原函数。

(1) $F(s)=\dfrac{s+4}{2s^2+5s+3}$ (2) $F(s)=\dfrac{s^2+3s+7}{[(s+2)^2+4](s+1)}$

(3) $F(s)=\dfrac{2s^2+3s+2}{(s+1)^3}$ (4) $F(s)=\dfrac{s+2}{s(s+1)^2(s+3)}$

8.2 题图 8.2 所示电路中参数已标明，$t=0$ 时开关 S 合上，求 i_2 的零状态响应。

8.3 题图 8.3 所示电路，已知 $u_C(0_-)=1\ \text{V}$，$i_L(0_-)=5\ \text{A}$，$e(t)=12\sin 5t\cdot\varepsilon(t)\ \text{V}$，用运算法计算 $i_L(t)$。

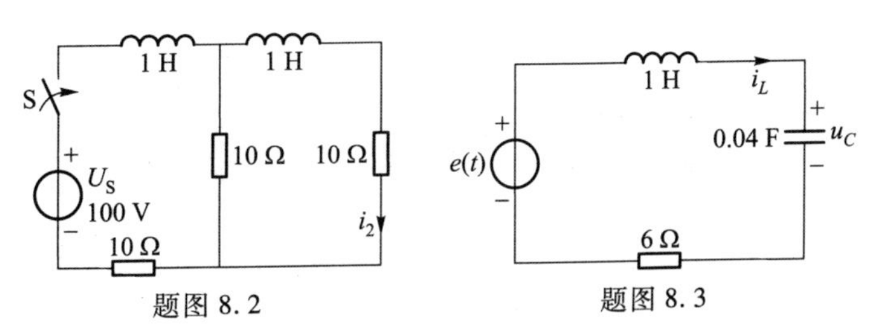

题图 8.2　　题图 8.3

8.4　题图 8.4 所示电路中，$u_S = e^{-t} \cdot \varepsilon(t)$，$R = 1\ \Omega$，$C = 1\ F$，$R_L = 2\ \Omega$，$L = 1\ H$，$u_C(0_-) = 0$，$i_L(0_-) = 0$，试求 $i(t)$。

8.5　题图 8.5 所示电路中，已知 $R_1 = R_2 = 2\ \Omega$，$C = 0.1\ F$，$L = \frac{5}{8}\ H$，$U_{S1} = 4\ V$，$U_{S2} = 2\ V$，原电路已处于稳态，$t = 0$ 时闭合开关 S。

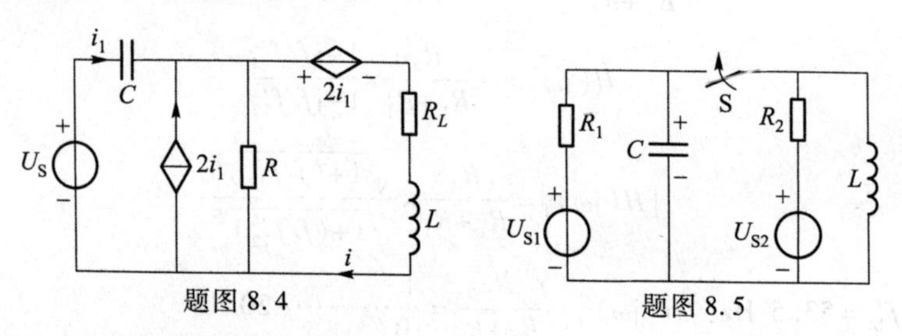

题图 8.4　　题图 8.5

求：(1) 作运算电路图；

(2) 求 $u_C(t)$ 的运算电压 $U_C(s)$；

(3) 求 $u_C(t)$。

8.6　电路如题图 8.6 所示，已知：$R_1 = 30\ \Omega$，$R_2 = R_3 = 5\ \Omega$，$L_1 = 0.1\ H$，$C = 1\ 000\ \mu F$，$U_S = 140\ V$，求 $u_S(t)$。

8.7　在题图 8.7 所示电路中，已知 $L = 1\ H$，$R_1 = R_2 = 1\ \Omega$，$C = 1\ F$，$I_S = 1\ A$，$e(t) = \delta(t)$。原电路已处于稳态，今在 $t = 0$ 时闭合 S，试作运算电路图，并求 $u_C(t)$ 的运算电压 $U_C(s)$。

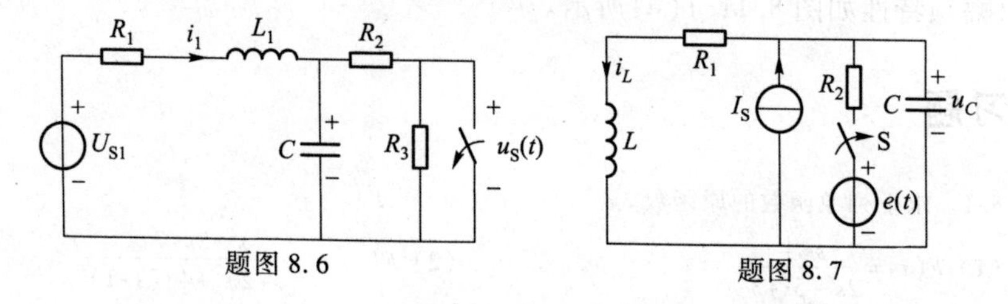

题图 8.6　　题图 8.7

8.8　已知网络函数 $H(s) = (s+1)/(s^2+5s+6)$，试求冲激响应 $h(t)$ 和阶跃响应 $r(t)$。

8.9　在题图 8.9 所示电路中，设 u_1 为输入，u_2 为输出，试求网络函数 $H(s)$，并作零极点图。

8.10　题图 8.10 所示电路中，已知 $L_1 = 2\ H$，$L_2 = 1\ H$，$M = 1\ H$，试求网络函数 $H(s) = U_2(s)/U_1(s)$。

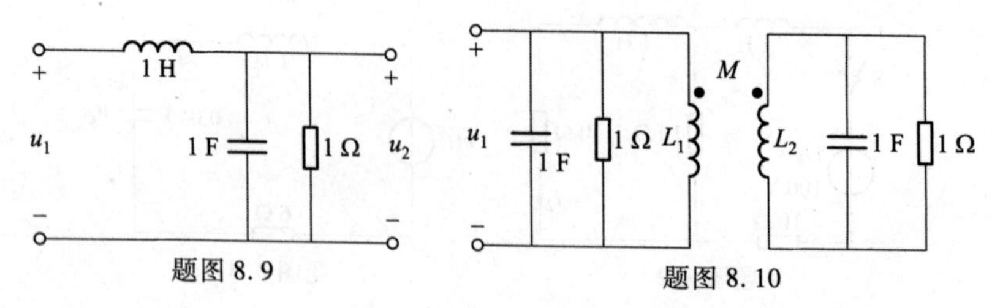

题图 8.9　　题图 8.10

8.11　若网络函数的零极点分布如题图 8.11 所示，试画 $H(\mathrm{j}\omega)$ 的幅频及相频特性。

8.12　题图 8.12 所示为网络函数的零极点图，并知增益常数 $H_0=100$，试求：(1) 幅频和相频特性；(2) 阶跃响应。

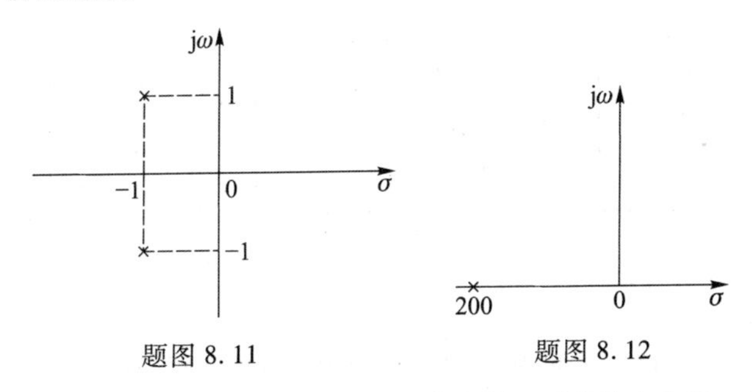

题图 8.11　　　　题图 8.12

8.13　求题图 8.13(a)所示电路在图(b)电流信号输入时的输出电压 $u_C(t)$。

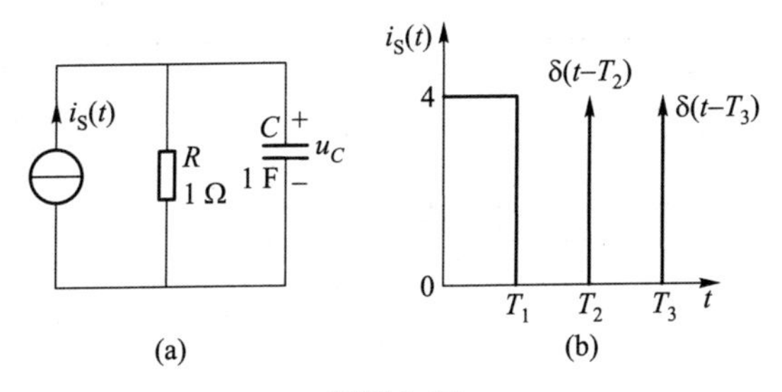

题图 8.13

8.14　某无源单口网络，端口加以单位阶跃电流源时，端口电压的零状态响应为$(1-\mathrm{e}^{-t})\cdot\varepsilon(t)$。现将该单口网络并联电容 C 后再串以电阻 R（如题图 8.14 所示），连接后的电路接通电压源 $u_S=10\cdot\varepsilon(t)$，试求通过电压源的过渡电流。

8.15　某无源单口网络，端口加以单位冲激电压源时，端口电流的零状态响应为 $\mathrm{e}^{-2t}\cdot\varepsilon(t)$，现将该网络端口加电压源 $u_S=10\cdot\varepsilon(t)$，且知该网络处于非零状态，端口电流的初始值 $i(0)=2$ A，试求全响应 $i(t)$。

8.16　题图 8.16 所示电路中，N 为线性无独立电源，零初始状态的动态网络，当 $u_1(t)=\varepsilon(t)$ V 时，$u_2(t)$的稳态电压为零，当 $u_1(t)=\delta(t)$时，$u_2(t)=(A_1\mathrm{e}^{-4.5t}+A_2\mathrm{e}^{-8t})\cdot\varepsilon(t)$ V，且 $u_2(0_+)=50$ V。求：(1) $H(s)=U_2(s)/U_1(s)$；(2) 若 $u_1(t)=10\sin(6t+30^\circ)$ V，求 u_2 的稳态电压 $u_{2\mathrm{p}}(t)$。

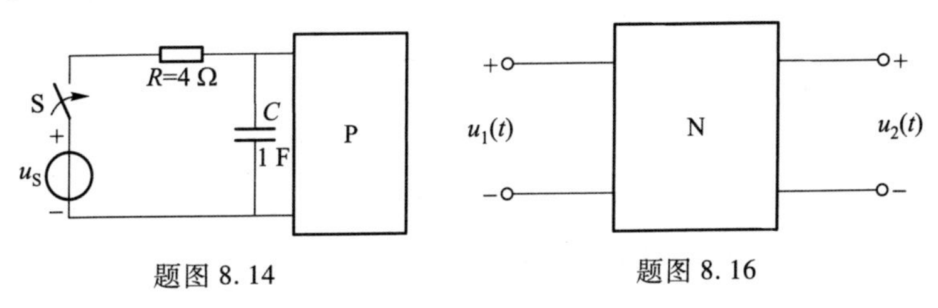

题图 8.14　　　　题图 8.16

8.17　题图8.17所示电路中方框部分无独立源和受控源，在单位冲激源的激励下［见图(a)、(b)］，各输出的零状态响应分别为：$i_1(t)=e^{-t}\cdot\varepsilon(t)$，$u_{20}(t)=\delta(t)-e^{-t}\cdot\varepsilon(t)$，$i_{2d}=\delta(t)-e^{-t}\cdot\varepsilon(t)$，设图(c)中$u_S=5e^{-5t}\cdot\varepsilon(t)$，试求$i_2(t)$。

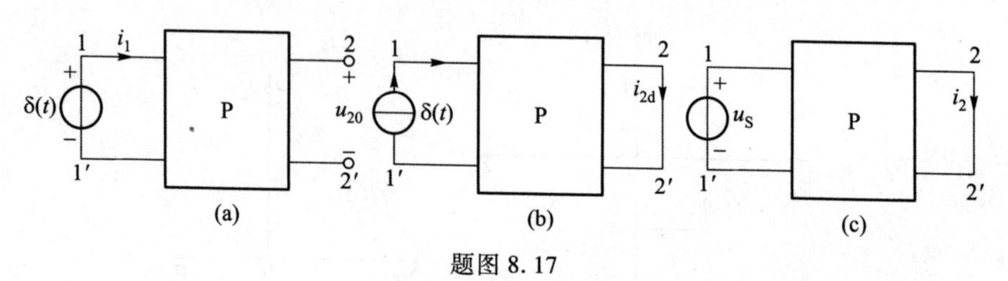

题图8.17

8.18　设题图8.18所示电路中，P为零初始条件的无源网络，已知：图(a)中$u_2(t)=(2e^{-t}+3e^{-2t})\cdot\varepsilon(t)$，图(b)中$i_S(t)=\varepsilon(t-0.1)$，试求$i_1(t)$。

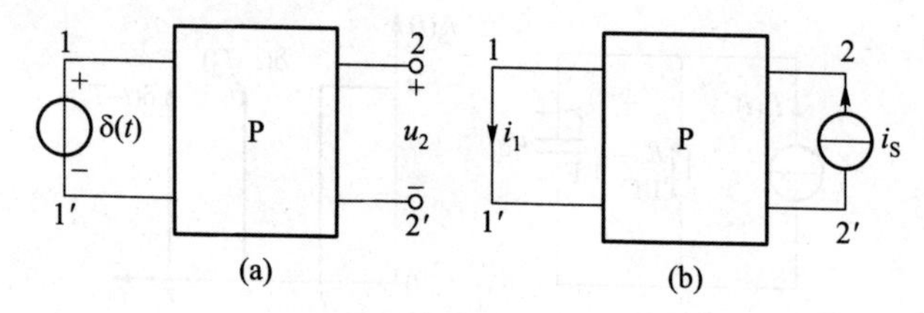

题图8.18

8.19　题图8.19所示网络方框N内有直流源和初始条件，当$u_S=5e^{-2t}\varepsilon(t)$ V时，$i_2=(1+3e^{-2t}-5e^{-t})\varepsilon(t)$ A。当$u_S=10e^{-2t}\varepsilon(t)$ V时，$i_2=(1+6e^{-2t}-8e^{-t})\varepsilon(t)$ A。问：(1) 当$u_S=20e^{-2t}\varepsilon(t)$ V时，$i_2=$？(2) 当$u_S=10\sin 2t\varepsilon(t)$ V时，$i_2=$？

8.20　题图8.20(a)中的P为一无独立源（但具有非零初始条件的储能元件）线性二端口网络，已知：$u_1(t)=\delta(t)$ V时，$u_2(t)=2e^{-t}$ V，$t>0$时，$u_1(t)=\varepsilon(t)$ V时，$u_2(t)=(3+4e^{-t})\varepsilon(t)$ V，求：(1) u_2的零输入响应$u_{2zi}(t)$；(2) 电压传递函数$H(s)=\dfrac{U_2(s)}{U_1(s)}$，及$u_2$的冲激响应和单位阶跃响应；(3) 当$u_1(t)$为图(b)所示的波形时，求$u_2(t)$的全响应。

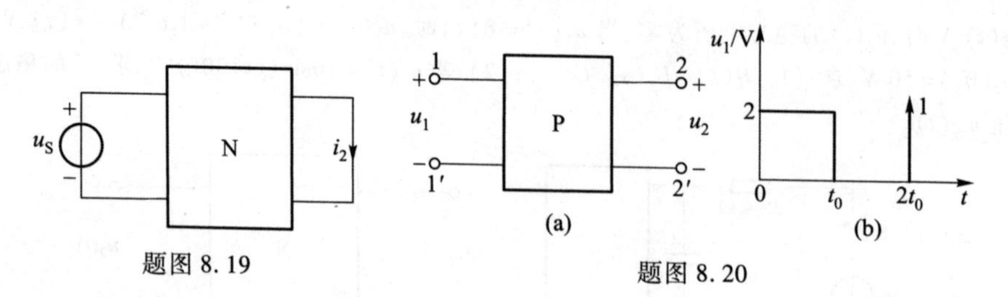

题图8.19　　题图8.20

8.21　某网络函数$H(s)=U(s)/E(s)$有一个零点和两个极点。零点在复平面上的坐标是(−2,0)，极点在复平面上的坐标是(−3,2)和(−3,−2)，且知输入$e(t)=26\cdot\varepsilon(t)$ V时，输

出 $u(t)$ 的稳态响应为 8 V，则该网络函数 $H(s)=$？若输入 $e(t)=141.4\sin(2t+30^\circ)\varepsilon(t)$ V。求输出的稳态响应。

8.22　已知某线性无源网络的冲激响应为 $h(t)$，激励 $e(t)$ 如题图 8.22 所示，则 $t>t_0$ 时，输出的零状态响应 $y(t)$ 用卷积分求解时，其积分式 $y(t)=$？

8.23　上题中，若已知阶跃响应为 $g(t)$，激励 $e(t)$ 不变，求 $t>t_0$ 时输出的零状态响应 $y(t)$。

8.24　题图 8.24(a) 所示电路中，u_S 的波形如图 (b) 所示，即 $u_S=t\cdot[\varepsilon(t)-\varepsilon(t-1)]$，$i(0)=0$。试：(1) 用卷积积分计算 $i(t)$；(2) 用裘阿梅尔积分计算 $i(t)$。

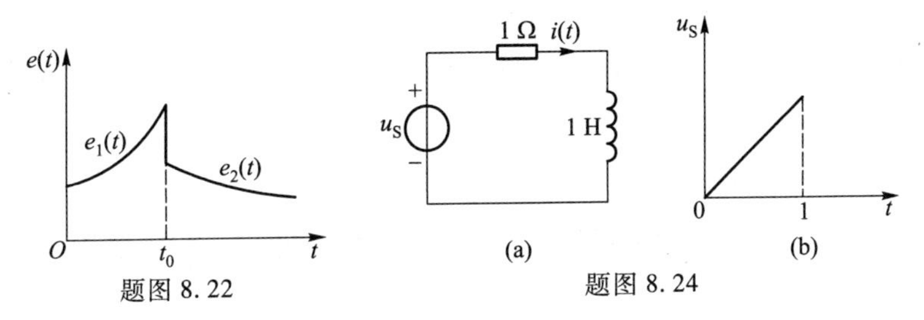

题图 8.22　　　　题图 8.24

8.25　已知题 8.24 中 u_S 的波形如题图 8.25 所示，按图示波形重解 8.24 题。

8.26　题图 8.26 所示电路中，已知 $R=\dfrac{1}{2}\ \Omega$，$L=2$ H，$C=0.5$ F，$u_S(t)=\varepsilon(t)$，试建立状态方程，并求解 $u_C(t)$ 和 $i_L(t)$ [设 $u_C(0)=0$，$i_L(0)=0$]。

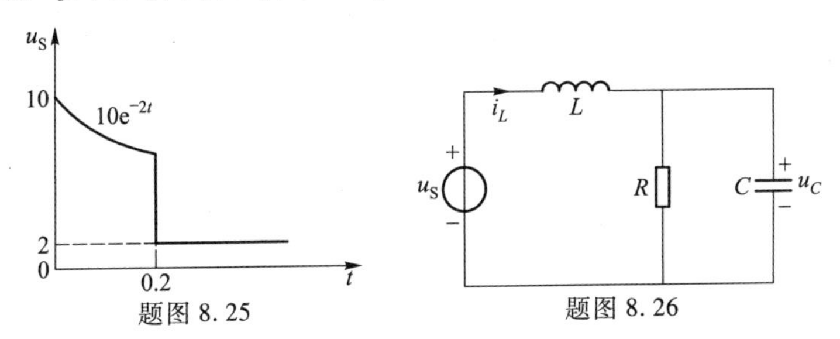

题图 8.25　　　　题图 8.26

8.27　试建立题图 8.27 所示电路的状态方程。其中：$L_1=1$ H，$L_2=\dfrac{1}{2}$ H，$C=1$ F，$R_1=1\ \Omega$，$R_2=2\ \Omega$。

8.28　电路如题图 8.28 所示，建立图示电路的状态方程。

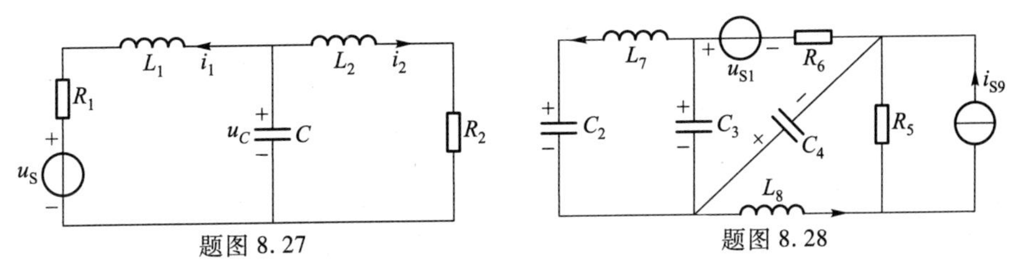

题图 8.27　　　　题图 8.28

第9章 非线性电阻电路分析

本章介绍包含非线性电阻元件的电路分析。首先介绍非线性电阻元件的类别,然后讨论含有单个二端非线性元件电路的静态分析(直流稳态分析),以及增量分析(小信号分析)。接着讨论含多个非线性元件以及复杂非线性电阻电路的分析方法。最后,面向晶体管及其典型应用电路进一步阐述非线性电路分析及应用的特点。

9.1 非线性电阻元件的特性及其分类

在电路系统中,如果电路元件的参数与其电路变量有关,就称该元件为非线性元件,含有非线性元件的电路称为非线性电路。电路元件受到各种各样因素的影响,因此,严格说来,一切实际电路都是非线性电路。

对于非线性程度比较弱的电路元件,简化成线性元件来计算,不会造成本质上的差异。但是,对于许多本质因素具有非线性特性的元件,如果忽略其非线性将无法解释非线性电路所发生的物理现象,可能会导致计算结果与实际情况相差甚远而失去意义,甚至产生本质的差异。由于非线性电路本身固有的特殊性,分析研究非线性电路具有极其重要的工程物理意义。

非线性电路理论是非线性科学研究的一个重要分支,非线性电路的研究和其他学科的非线性问题的研究相互促进。

9.1.1 非线性电阻元件及其特性

二端非线性电阻元件的电路符号如图 9.1.1,其元件特性是

$$f(u,i)=0$$

也就是 u-i 平面上的一条曲线。根据非线性电阻特性曲线的形状特点,常见的非线性电阻一般分为流控型、压控型和单调型电阻。

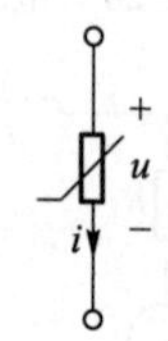

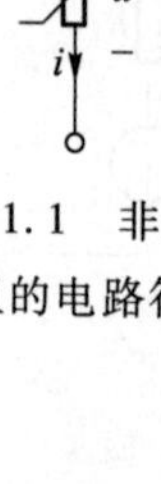

图 9.1.1 非线性电阻的电路符号

1. 流控型电阻:元件两端电压是其电流的单值函数

流控型电阻是一个二端元件,其端电压 u 是电流 i 的单

值函数，即

$$u=f(i)$$

电压 u 是电流 i 的单值函数是指在每给定一个电流值时，可确定唯一的电压值，如图 9.1.2 所示辉光二极管特性曲线，就是一个典型的流控型非线性电阻元件的特性。

2. 压控型电阻：元件电流是其电压的单值函数

压控型电阻元件是一个二端元件，其通过的电流 i 是电压 u 的单值函数，即

$$i=g(u)$$

如图 9.1.3 所示隧道二极管的特性曲线，是一个典型的压控型非线性电阻元件特性。其电流是电压的单值函数，但电压则可以是多值的。

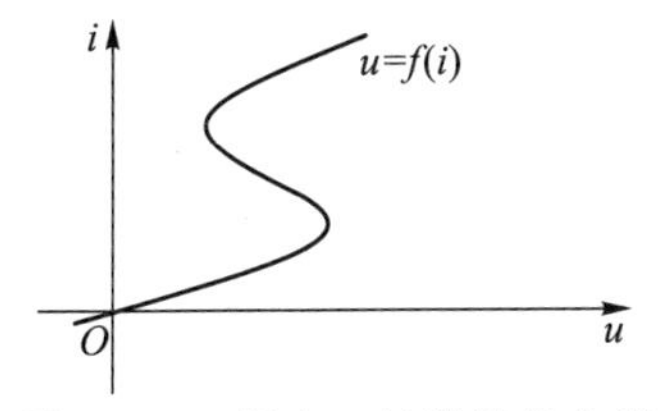

图 9.1.2　辉光二极管特性曲线

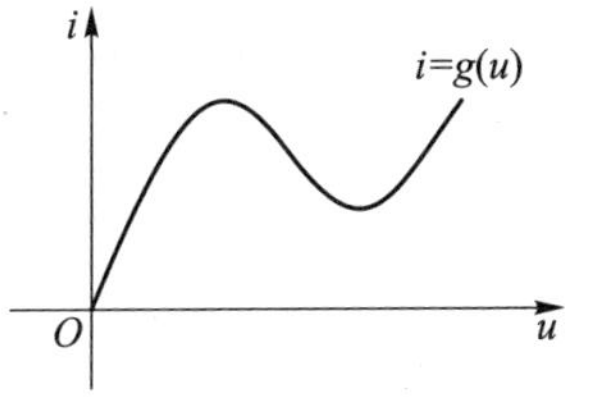

图 9.1.3　隧道二极管特性曲线

3. 单调型电阻：元件电压与其电流之间的关系是单调变化的

单调型电阻是一个二端元件，其端电压 u 是电流 i 的单值函数，电流也是电压的单值函数，即

$$u=f(i) \quad 和 \quad i=g(u)$$

同时成立，并且 f 和 g 互为反函数，则 u、i 间函数关系又可以写为

$$u=g^{-1}(i) \quad 和 \quad i=f^{-1}(u)$$

这种非线性电阻既是流控又是压控的，其特性曲线是单调增长或单调下降。例如，由其伏安特性曲线可知如图 9.1.4 所示的二极管、如图 9.1.5 所示的稳压管就是典型的单调型非线性元件。

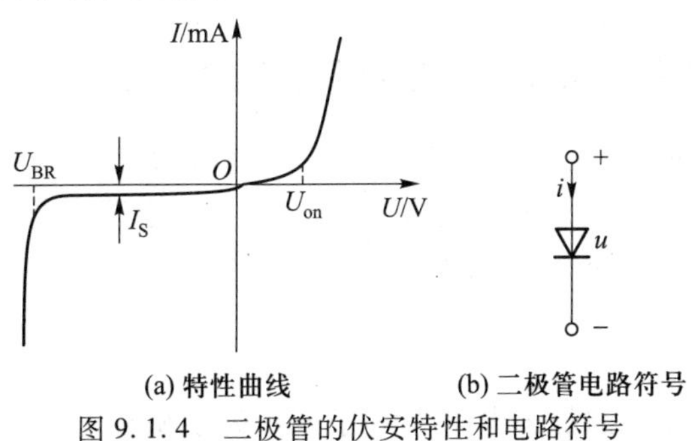

(a) 特性曲线　　(b) 二极管电路符号

图 9.1.4　二极管的伏安特性和电路符号

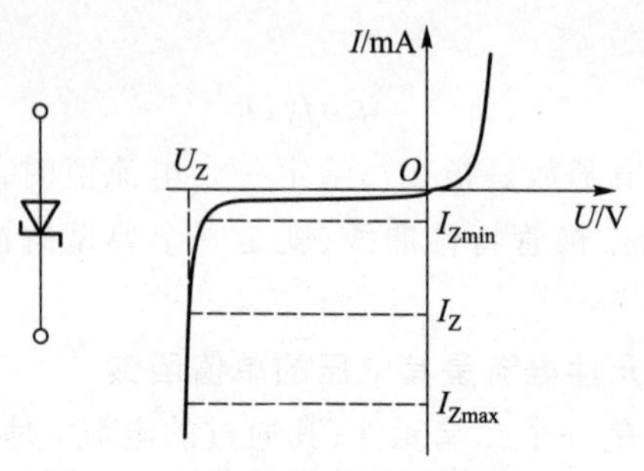

图9.1.5　稳压管的符号及 U–I 特性

4. 三端非线性电阻

在第3章介绍了晶体管和场效晶体管,它们的共同特点是具有三个端钮,其外特性包含输入特性和输出特性两部分。对于晶体管,其特性方程可表示为

输入特性　　$i_{B}=f(u_{BE},u_{CE})$

且因为输入特性曲线受 u_{CE} 的影响很小而近似认为 $i_{B}=f(u_{BE})$

输出特性　　$i_{C}=f(u_{CE},i_{B})$

特性曲线如图9.1.6所示。

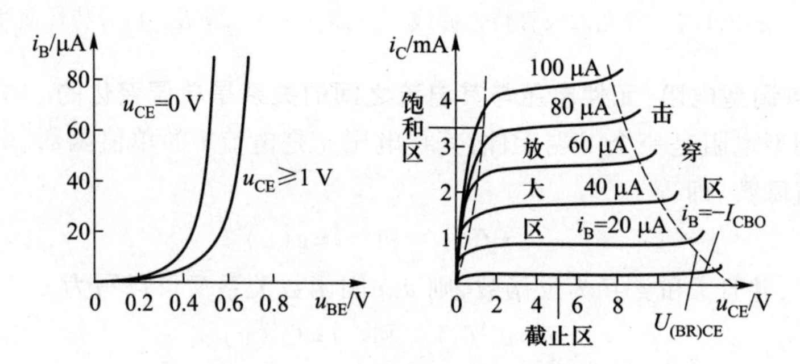

图9.1.6　晶体管输入和输出特性

场效晶体管的栅极电流为零,因此只有输出特性 $i_{D}=f(u_{DS},u_{GS})$ 如图9.1.7所示。

9.1.2　非线性电阻元件的静态电阻和动态电阻

非线性电阻的端电压和电流的比值,不是固定的值,与特性曲线以及工作点有关。以图9.1.8为例,非线性电阻在直流工作状态下的静态电阻 R 等于工作点 P 处的电压 u 与电流 i 之比,即

$$R=\frac{u}{i}$$

在图9.1.8中 P 点处的静态电阻 R 等于该点处横坐标与纵坐标值之比,即电压

值与电流值之比，其值正比于直线 OP 的斜率，即 $\tan\alpha$。

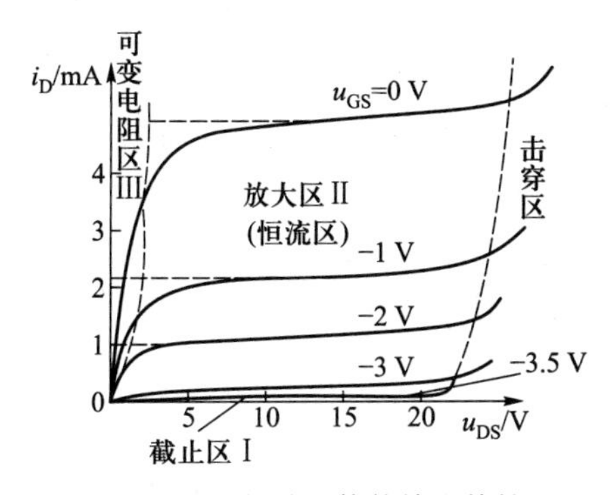

图 9.1.7 场效晶体管输出特性

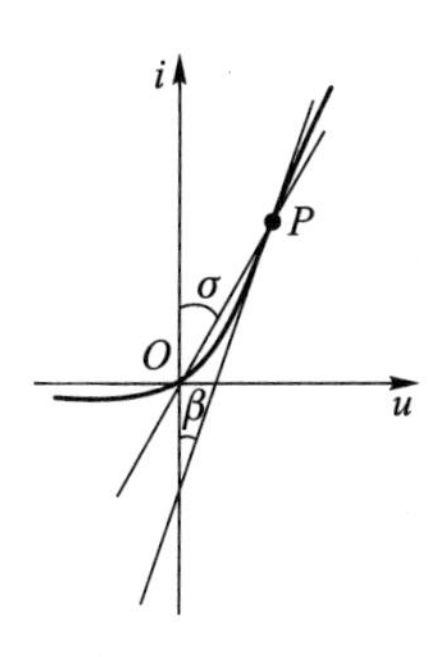

图 9.1.8 动态电阻与静态电阻

非线性电阻在某一工作状态下的动态电阻 R_d 等于该点的电压对电流的导数，即

$$R_d = \frac{du}{di}$$

在图 9.1.8 元件的特性曲线中 P 点处的动态电阻 R_d 正比于元件的特性曲线 P 处的斜率，为 $\tan\beta$。

对于单调电阻，它的特性曲线的斜率总是正值，所以不论在何处的动态电阻都是正值。但从图 9.1.2 或图 9.1.3 所示的两个非线性电阻的特性曲线来看，在有的区域内电流随着电压的增长反而下降，故在该区域内曲线某点的斜率为负值，因此该处的动态电阻是负值，称这种元件具有“负阻”性质。

非线性电阻的参数与电压电流的大小有关，也就是与非线性元件的工作点有关。很多场合，为了充分利用非线性特性曲线的某一特点，要为该元件配置合适的外电路，利用直流电源以及直流通路中的参数设置，将工作点“调”至期望值。

9.2 简单非线性电阻电路的分析

总结线性电阻电路的分析可知，基于 KCL、KVL 以及元件特性，列写各种方程来求解电路是一种普遍适用的方法。另外，还可根据叠加原理、戴维宁和诺顿定理、等效变换的方法解算电路。而 KCL 和 KVL 是电路的拓扑约束，与元件特性无关，因此，列写方程的方法仍然可以用于非线性电路分析，不过要想求解所列写的方程，在选择电路变量和列写哪种类型的方程时当谨慎考虑。这一点将在 9.3 节专门讨论。叠加原理、戴维宁和诺顿定理的实质是因为系统的线性，因此，对于非线性电路，显然是不适用的。伏安特性的等效可以用于非线性电阻电路分析，但是只有当相互连接的非线性元件具有适当形式的特性方程时，才可利用串并联等效原理获得解析表达式，否则只能采用图解法。

本节首先考虑一个二端非线性元件直接接到电源这种简单非线性电路的情况。如果该元件的伏安特性表达式已知，那么使用解析法是一个很方便的方法。如果元件特性不能用函数关系表示，而是已知特性曲线，则需要用图解法。最后，讨论电路中存在多个非线性元件的串并联时如何等效为一个非线性元件。

9.2.1 解析法

图9.2.1所示电路由线性电阻 R_S 和直流电压源 U_S 及一个非线性电阻串联而成。线性电阻 R_S 和电压源 U_S 的串联组合可以看成非线性元件左侧所对应的复杂线性一端口的戴维宁等效电路。已知非线性电阻的伏安特性为 $i=g(u)$。

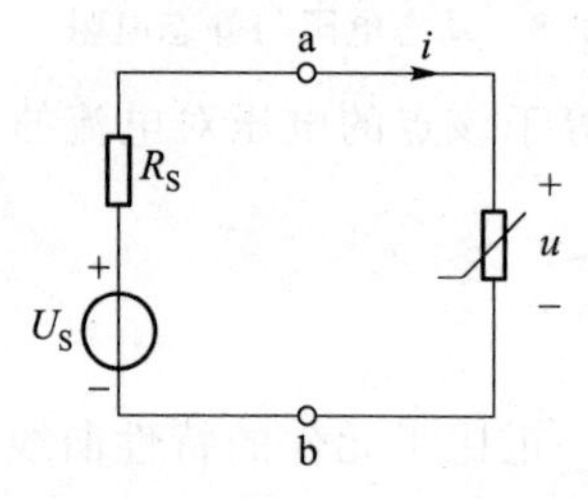

图9.2.1 简单非线性电阻电路

对此电路用KVL，可得下列方程

$$U_S=R_Si+u \tag{9.2.1}$$

而式中 u 和 i 又是非线性元件的电压和电流，并且已知它们满足 $i=g(u)$。将此关系式带入式(9.2.1)，则有

$$U_S=R_Sg(u)+u \tag{9.2.2}$$

解此方程即可得到 u。这个电压是同时满足ab两侧元件特性的电压值，也称为直流工作点电压，用 U_0 表示。工作点电流用 $I_0=\dfrac{U_S-U_0}{R_S}$，或 $I_0=g(U_0)$ 求解均可。

这种方法称为解析法。该方法简单，准确，但是如果非线性元件特性的函数表达式复杂，则很难手工算出满足式(9.2.2)的解。

例9.2.1 一个二极管构成的基本电路如图9.2.2所示，已知二极管的外特性为 $i=2\times10^{-6}(e^{4.6u}-1)$ A，其特性曲线如图所示，求：

(1) 当 $U_S=1$ V，$R_L=1$ kΩ 时，$I=?$

(2) 当 $U_S=5$ V，$R_L=2$ kΩ 时，$I=?$

(3) 当 $U_S=22\sqrt{2}\sin\omega t$ V 时，若 $R_L=10$ Ω，画出负载电流和二极管两端电压 u_L 的波形。

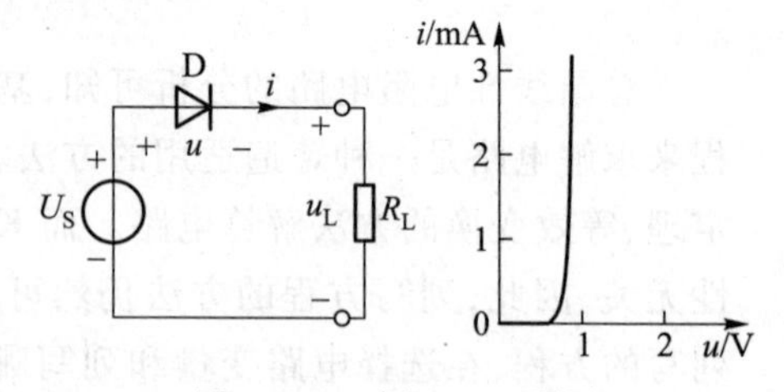

图9.2.2 例9.2.1题图

解：将已知电路参数带入KVL方程

$U_S - R_L i = u$，有

$$1-10^3\times2\times10^{-6}(e^{4.6u}-1)=u$$

但是该方程很难手工求解。用 Matlab 求解以及波形绘制如下。

(1) 方程 $1-10^3\times2\times10^{-6}(e^{4.6u}-1)=u$ 的解算结果

```
u=fzero(inline('1-1000*2e-6*(exp(4.6*u)-1)-u'),0)
i=2e-6*(exp(4.6*u)-1)
>> u=fzero(inline('1-1000*2e-6*(exp(4.6*u)-1)-u'),0)
i=2e-6*(exp(4.6*u)-1)


u=
    0.8848
i=
  1.1515e-004
```

(2) 方程 $5-2\times10^3\times2\times10^{-6}(e^{4.6u}-1)=u$ 的解算结果

```
u=fzero(inline('5-2000*2e-6*(exp(4.6*u)-1)-u'),0)
i=2e-6*(exp(4.6*u)-1)
>>u=fzero(inline('5-2000*2e-6*(exp(4.6*u)-1)-u'),0)
i=2e-6*(exp(4.6*u)-1)
u=
    1.4745
i=
    0.0018
```

(3) 方程 $22\sqrt{2}\sin\omega t-10\times2\times10^{-6}(e^{4.6u}-1)=u$ 的解算结果

```
clc;
t=0:4*pi/100:4*pi;
us=22*sqrt(2)*sin(t);
y=inline('a-10*2e-6*(exp(4.6*u)-1)-u','u','a');
uo=zeros(101);
for n=1:101;
    a=us(n);
    [z,zz,p]=fzero(y,0,[ ],a);
    uo(n)=z;
end;
```

```
i=2e-6*(exp(4.6*uo)-1);
plot(t,uo,'--r',t,i,'-b');
xlabel('wt')
ylabel('uo/i')
```

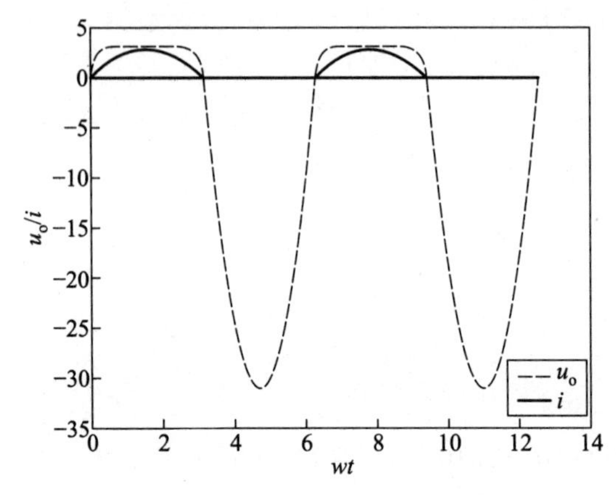

图 9.2.3　二极管的电压和电流

图 9.2.3 为二极管的电压和电流,明显可见其单向导通性。

9.2.2　图解法

非线性电阻的电压、电流关系即伏安特性往往难以用解析式表示,所以用图解法较为方便。

1. 图解法确定二端非线性器件的工作点

如图 9.2.4(a)所示电路中,在方框中的含源一端口网络 N 外仅有一个非线性电阻。N 中的电路总可以利用戴维宁定理将其用一个独立电压源与一线性电阻串联的组合支路来替代,如图 9.2.4(b)所示的 ab 左端电路,其端口伏安特性方程为

$$u=U_{oc}-R_{eq}i$$

假设 R_{eq}为正值(在含受控源时可能为负值),此线性含源一端口 N 的外特性曲线是 u-i 平面上的一条直线,该直线称为非线性电阻的直流负载线。直线交于 u 轴值为开路电压 U_{oc},直线交于 i 轴值是含源一端口的短路电流$\frac{u_{oc}}{R_{eq}}$,如图 9.2.5 所示。又因非线性电阻接于含源一端口处,所以 u 和 i 的关系也满足非线性电阻的特性 $u=f(i)$,一端口特性曲线与非线性电阻特性曲线的交点,即为上述方程的解,也就是电路工作点 $Q(U_0,I_0)$。这种求解的方法称为曲线相交法。

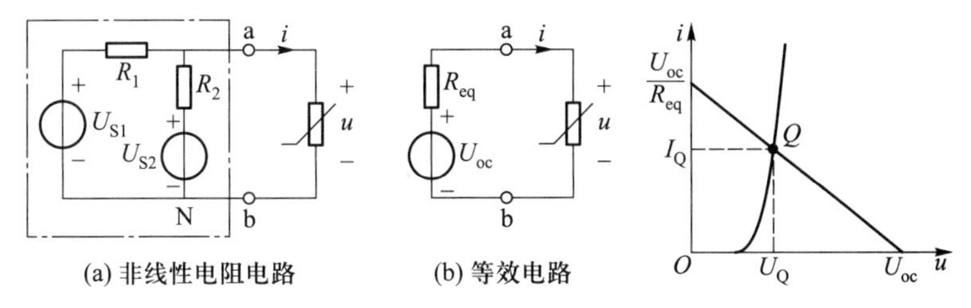

图 9.2.4 非线性电阻电路及其等效电路　　图 9.2.5 图解法求工作点

若用图解法再次求解例 9.2.1，只能如图 9.2.6 所示求得较为粗略的近似结果如下：

(1) 当 $U_S=1$ V，$R_L=1$ kΩ 时。负载线与坐标轴的交点分别为(1 V，0)和(0，1 mA)。作图可得工作点约为(0.8 V，0.2 mA)

(2) 当 $U_S=5$ V，$R_L=2$ kΩ 时。负载线与坐标轴的交点分别为(5 V，0)和(0，2.5 mA)。作图可得工作点约为(1 V，2 mA)

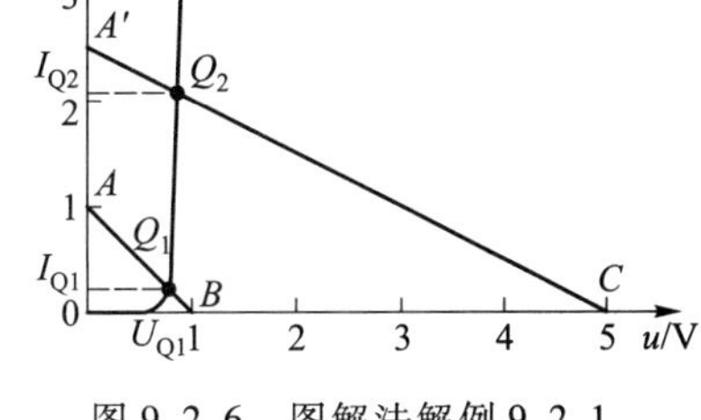

图 9.2.6 图解法解例 9.2.1

将图解法的结果与解析法结果相比，显然可见其结果的参考价值有限。该例中所求之(3)甚至无法使用图解法求解。因此图解法常用作非线性电路的定性分析。

2. 图解法确定非线性电路端口特性

如果电路中的非线性电阻元件不止一个，只要它们之间存在着串、并联的关系，就可以将它们用一个等效的非线性电阻来代替，其特性曲线可由曲线相加方法得到。

两个非线性电阻元件串联电路，如图 9.2.7(a)所示。它们的特性方程分别为 $u_1=f_1(i_1)$，$u_2=f_2(i_2)$，其特性曲线如图 9.2.7(c)所示。因为两个元件是串联，故有 $i_1=i_2=i$。又根据 KVL，可得总电压 $u=u_1+u_2=f_1(i_1)+f_2(i_2)=f_1(i)+f_2(i)$，因此，在同一个 i 值下，将 $f_1(i_1)$ 和 $f_2(i_2)$ 曲线上对应的电压值 u_1、u_2 相加，可得到此电路的电压 u。取不同的 i 值可逐点求出 u、i 特性曲线 $u=f(i)$，如图 9.2.7(c)所示。曲线 $u=f(i)$ 即是图 9.2.7(a)中两个串联非线性电阻的等效电阻的 u、i 特性，可用一个等效的非线性电阻来表示如图 9.2.7(b)所示。如果两个非线性电阻是流控型电阻，那么，这一等效非线性电阻的求解过程可以用解析式表示。但是，如果包含压控型电阻，那么，两个非线性电阻串联等效的过程只能用图解法分析。

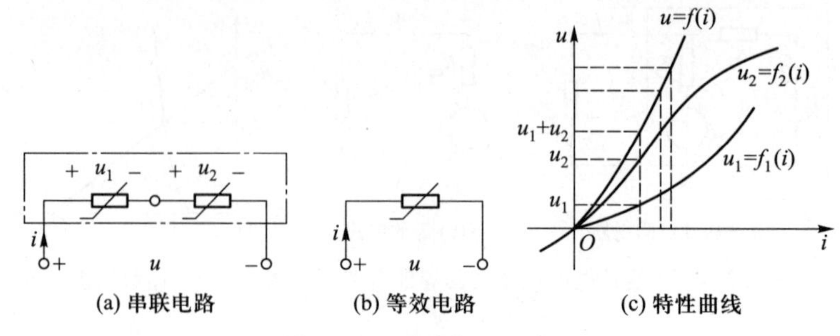

图 9.2.7　非线性电阻串联

两个非线性电阻并联电路,如图 9.2.8(a)所示。这两个非线性电阻的特性方程分别为 $i_1=g_1(u_1)$,$i_2=g_2(u_2)$,其特性曲线如图 9.2.8(b)所示。

根据基尔霍夫电压和电流定律,对图 9.2.8(a)有

$$u=u_1=u_2$$

$$i=i_1+i_2=f_1(u_1)+f_2(u_2)=f_1(u)+f_2(u)$$

于是在图 9.2.8(b)中,只要在同一电压 u 值下,将 $f_1(u_1)$ 和 $f_2(u_2)$ 曲线上对应的电流值 i_1 和 i_2 相加,可得到电流 i。依次取不同的电压值 u,可以逐点求得特性曲线 $i=f(u)$,如图 9.2.8(b)所示。图 9.2.8(c)所示非线性电阻是图 9.2.8(a)中两个非线性电阻并联后的等效非线性电阻,曲线 $i=f(u)$ 也是该等效电阻的特性曲线。

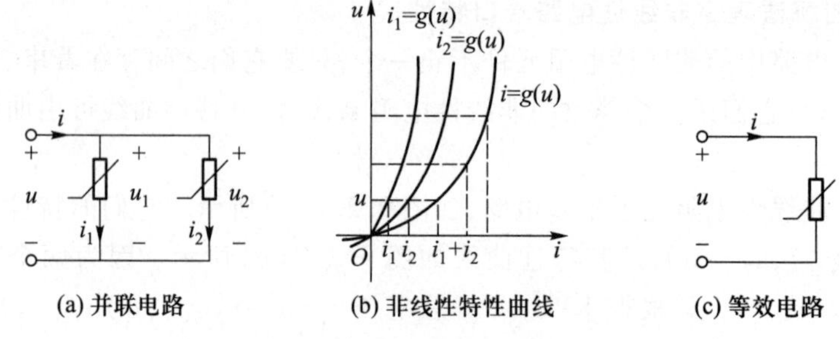

图 9.2.8　两个并联非线性电阻

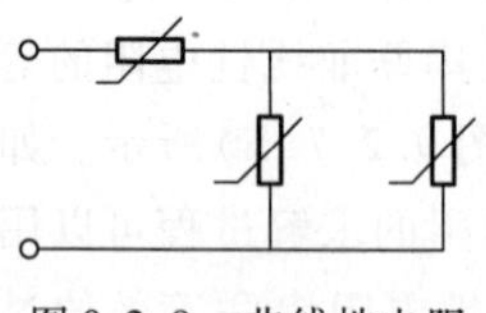

图 9.2.9　非线性电阻的混联

如果电路中含有若干个并联和串联的非线性电阻,可按上述作图法,依次求出等效的 $u-i$ 特性曲线。如图 9.2.9 所示非线性电阻混联电路的情况,可以先画出两个并联非线性电阻等效电阻的特性曲线,然后再画出此等效非线性电阻与串联的非线性电阻的特性曲线,即可得到此电路的特性曲线。

9.3 复杂非线性电阻电路分析

复杂非线性电路指的是电路中含有多个非线性元件，此时，不能直接使用前述图解法和解析法，而列写方程法将是一种较好的选择。不过，对于非线性电阻电路，列出的方程是一组非线性代数方程，而对于含有非线性储能元件的电路，列出的方程则是一组非线性微分方程。由于非线性代数方程组无法求出解析解，因此必须研究其数值算法，牛顿法、共轭梯度法等是常见的逐步迭代逼近法，方法的基本原理请参考相关书籍。Matlab 软件提供了求解非线性代数方程组的若干函数，如 solve 等，也可以编写简单的代码以获得更高精度的解。此外，应指出，当电路中既有压控型电阻，又有流控型电阻时，需要选取合适的电路变量才能列写出方程。

例 9.3.1 电路如图 9.3.1 所示，其中非线性电阻的伏安特性为 $u_3=\sqrt{i_3}$，试列出电路方程。

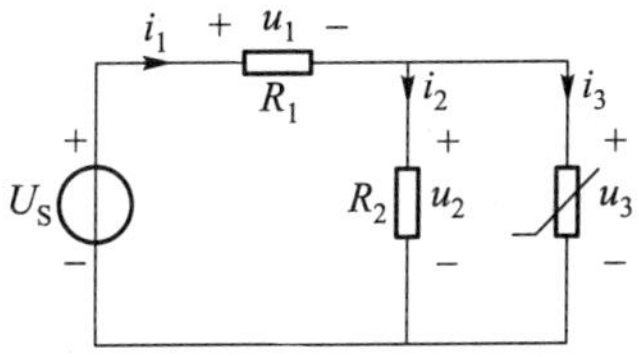

图 9.3.1 例 9.3.1 题图

解：电路中非线性元件为流控型，可以将其视作电流控制电压源，因此可以按照支路电流法列写方程如下

$$i_1-i_2-i_3=0$$

$$R_1i_1-R_2i_2-U_S=0$$

$$R_2i_2-10\sqrt{i_3}=0$$

也可以网孔为路径列写回路方程如下

$$R_1i_1+R_2(i_1-i_3)=U_S$$

$$10\sqrt{i_3}-R_2(i_1-i_3)=0$$

这是一个非线性代数方程组，因为只有一个非线性元件，可以消去变量 i_1，得到待解非线性方程为

$$\frac{U_SR_2}{R_1+R_2}-\frac{R_1R_2}{R_1+R_2}i_3-10\sqrt{i_3}=0$$

这个方程的前两项正是非线性元件左侧含源一端口电路的特性方程，或者说图 9.3.1 左侧戴维宁等效支路所对应的电压方程。

从上述例题可推测出一个结论，含有流控型电阻的电路，可以直接列写回路方程。如果含有压控型电阻，则列写节点方程较为简单。如果电路中既有电压控制的电阻，又有电流控制的电阻，建立方程的过程就比较复杂，并且可能无法完全按照回路法或节点法列写方程。

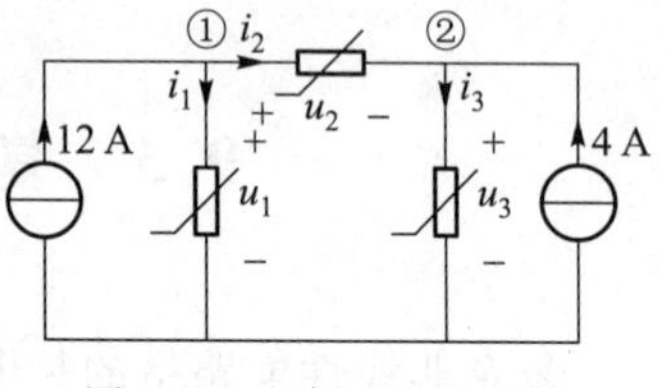

图 9.3.2 例 9.3.2 题图

例 9.3.2 用方程法求解图 9.3.2 所示电路中各个非线性元件的电压和电流。假设电路中各非线性电阻的伏安特性为 $i_1=u_1^3$, $u_2=-i_2^{1/2}$, $i_3=u_3^{3/2}$。

解:很显然,由于流控型元件的存在,无法直接列写节点电压方程。因包含压控型电阻,也无法直接列写回路方程。那么,我们选择混合变量 u_1、i_2、u_3 为待解变量,并为其列写方程组

在节点①处列写 KCL $\quad u_1^3+i_2=12$

在节点②处列写 KCL $\quad i_2-u_3^{3/2}=-4$

在三个非线性元件组成的回路中列写 KVL $\quad -u_1-i_2^{1/2}+u_3=0$

这个三阶的非线性代数方程组必须借助数学工具才能求解。如采用 Matlab 的符号计算工具箱,代码以及计算结果如下所示。由于计算中会出现复数解,所以通过引入循环仅仅保留了实数解。因此计算结果表明,电路有两个实数解(2,4,4)和(2.284,2.549,0.069 72)。

```
clearall
clc

digits(4);
% specifies the minimum number of significant nonzero digits

syms    u1 u3 i2
equa1 ='u1^3+i2=12';
equa2 ='i2-u3^(3/2)=-4';
equa3 ='-u1-i2^(1/2)+u3=0';
warning('off');
[u1,u3,i2]=solve(equa1,equa2,equa3,u1,u3,i2);
% additional parameters in the function 'solve' specify
% the order of returned solutions

% ----------find and display the real solutions----------%
rootsn=length(u1);
roots=[];
```

```
for i=1:rootsn
   if isreal(u1(i))&& isreal(u3(i))&& isreal(i2(i))
      roots=[roots;u1(i),u3(i),i2(i)];
   end
end    % remove possibly spurious solutions
roots% display results
roots=

[     2,     4,       4]
[ 2.285,2.549,0.06972]
```

如果将流控型的电阻特性改为压控型,即 $i_2=u_2^2$。那么可以列写节点电压方程如下

$$u_1^3+(u_1-u_3)^2=12$$

$$-(u_1-u_3)^2+u_3^{3/2}=4$$

Matlab 的代码与前述类似,计算结果如下。计算结果表明,电路有两个实数解(2,4)和(2.284,2.549)。两个节点电压的结果与上述解答完全相同。

```
clearall
clc

digits(4);
% specifies the minimum number of significant nonzero digits

syms u1 u3
equa1='u1^3+(u1-u3)^2=12';
equa2='-(u1-u3)^2+u3^(3/2)=4';
warning('off');
[u1,u3]=solve(equa1,equa2,u1,u3);
% additional parameters in the function 'solve' specify
% the order of returned solutions

% ----------find and display the real solutions----------%
rootsn=length(u1);
roots=[];
```

```
for i=1:rootsn
   if isreal(u1(i))&& isreal(u3(i))
      roots=[roots;u1(i),u3(i)];
   end
end   % remove possibly spurious solutions
roots% display results
roots=

[    2,    4]
[ 2.285,2.549]
```

9.4 分段线性化方法

分段线性化方法(也称折线法)是研究非线性电路的一种常用而有效的方法。它的特点在于把非线性特性曲线用一些分段的直线来近似地逼近,对于每个线段来说,则可应用线性电路的计算方法。折线的数学表述可以是全域的,也可以分域表示。不同的表示方法,其对应的电路求解方法有所区别。本节在阐述非线性特性曲线分段线性化近似之后,重点介绍基于理想二极管的状态猜测法、凹凸电阻等效法以及分段线性迭代法。

9.4.1 分段线性化特性的电路表示

根据非线性曲线的形状,总可以用分段直线来近似逼近,直线的分段数以及逼近的程度取决于非线性器件的应用场合以及待分析问题的精度要求和计算成本,在此不做详细讨论,本节着重介绍特性曲线采用分段线性化近似后,应该怎样求电路的解。

1. 二极管的分段线性化电路模型

在9.1节介绍了二极管及其特性曲线,因为其开启电压 U_{on} 很小,并且在外加电压大于 U_{on} 时具有近似恒压的特点,因此,特性曲线的分段线性化近似有如图9.4.1~图9.4.3三种。三种近似的特性曲线所对应的等效电路模型分别为理想模型、恒压模型和折线模型。

(1) 理想模型

当二极管的反向工作电压较小、正向工作电压较大时,忽略其开启电压,则伏安特性曲线可用图 9.4.1(a)所示的折线来近似,并用图(b)所示的理想二极管元件来表示。很显然,理想二极管实际上相当于一个开关,加反向电压时截止,电流为零,相当于开路;加正向电压时导通,压降为零,相当于短路。等效电路如图(c)所示。

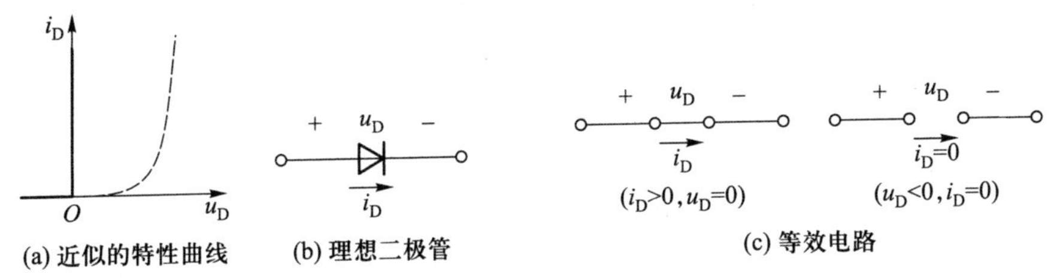

图 9.4.1　理想模型

如果反向饱和电流不能忽略,那么也可将上述电路模型修改为理想二极管与一个数值为反向饱和电流的理想电流源相并联。

(2) 恒压模型

当二极管开启电压不能忽略时,采用图 9.4.2 所示恒压模型,其等效电路为理想二极管与理想电压源的串联,其中,理想电压源的数值为二极管开启电压。

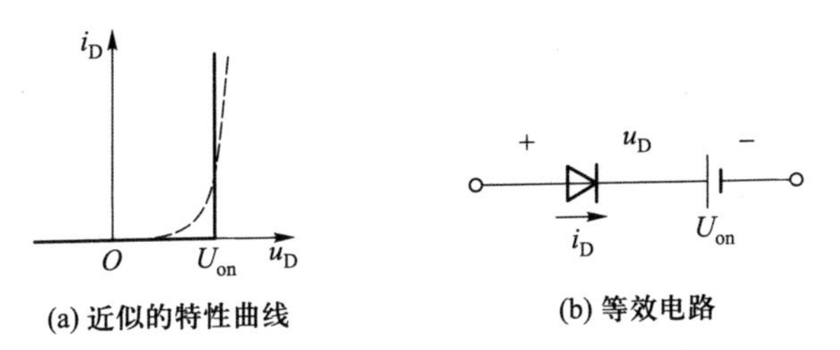

图 9.4.2　恒压模型

(3) 折线模型

当特性曲线的开启电压以及斜率均不能忽略时,电路分析模型如图 9.4.3(b)所示,称为折线模型。其中,U_{on}为二极管的开启电压,r_d 为正向特性曲线的斜率。

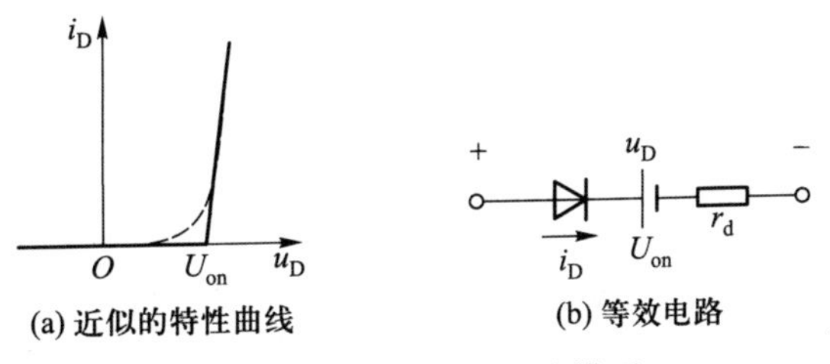

图 9.4.3　二极管的电路模型

2. 凹凸电阻

将伏安特性曲线用凹凸电阻的连接来表示,其本质是分段线性化的一种全域表示方法。凹电阻元件和凸电阻元件是两个可解析表示的分段线性模型,常常作为基本元件用来描述分段线性化的伏安特性。

凹电阻元件(concave resistor)是一个分段电压控制电阻元件,其特性曲线如图9.4.4(a)所示,G 表示图示线性区段的斜率,E 表示折点电压。凹电阻元件的特性方程为

$$i=\frac{1}{2}G[\,|u-u_{\mathrm{b}}|+(u-u_{\mathrm{b}})\,]$$

也就是当 $u<u_{\mathrm{b}}$ 时,$i=0$;当 $u>u_{\mathrm{b}}$ 时,$i=G(u-u_{\mathrm{b}})$。

凹电阻元件可由一个理想二极管与电压为 u_{b} 的电压源和电导为 G 的电阻相互串联的电路来实现,如图9.4.4(b)所示,其电路符号如图9.4.4(c)所示。显然凹电阻元件就是二极管的折线模型。

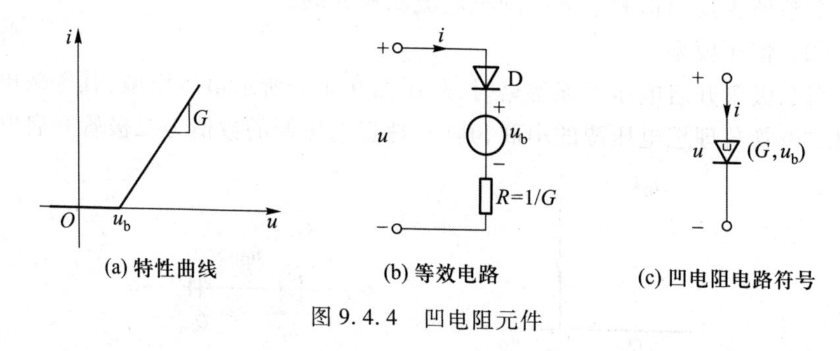

图9.4.4 凹电阻元件

凸电阻元件(convex resistor)是分段线性电流控制电阻元件,该元件可用线性区段的斜率 G 和折点电流 i_{b} 两个参数来描述。其特性曲线如图9.4.5(a)所示。凸电阻元件的方程为

$$u=\frac{1}{2}R[\,|i-i_{\mathrm{b}}|+(i-i_{\mathrm{b}})\,]$$

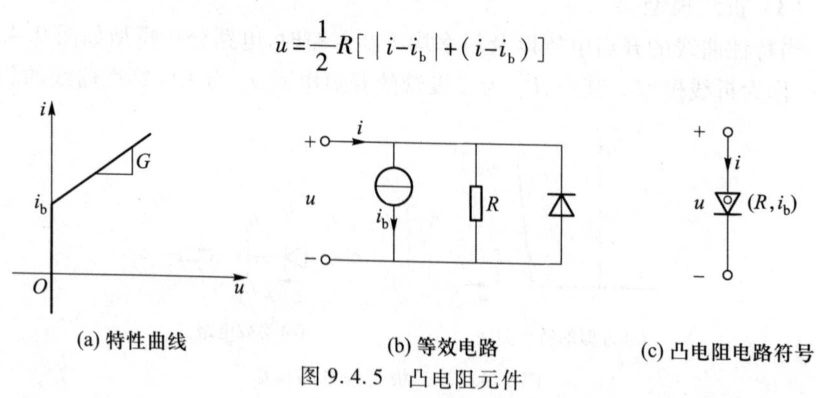

图9.4.5 凸电阻元件

凸电阻元件的等效电路如图 9.4.5(b)所示，它可用一个电流等于 i_b 的电流源与阻值等于 $1/G$ 的电阻和理想二极管并联组合来表示。凸电阻元件的电路符号如图 9.4.5(c)所示。

从凹凸电阻的特性方程可见，原来的分段线性化特性曲线已经在整个定义域中表示成函数，因此可以直接使用解析法进行求解。缺点是，该方程手工不易计算。另外，凹凸电阻并不是直接可以获得。下面以隧道二极管为例，来看其特性曲线全域化表示的过程。

图 9.4.6(a)虚线所示的电阻特性曲线可由三段直线 Oa、ab、bc 近似表示，这三段直线又可用图 9.4.6(b)中的一个线性电阻 G_0 和两个凹形电阻(G_1,E_1)、(G_2,E_2)的曲线相加而成。

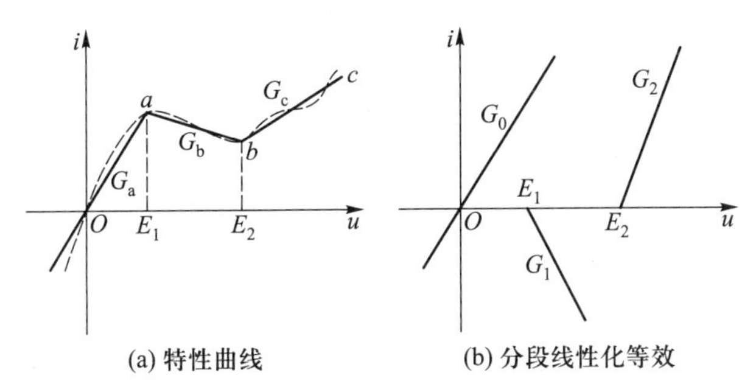

图 9.4.6 隧道二极管及其特性曲线的分段线性化

对于 $u\leqslant E_1$：电导 $G_0=G_a$。

对于 $E_1<u\leqslant E_2$：电导 $G_0+G_1=G_b$(G_b 为负，G_1 也为负)。

对于 $E_2<u$；电导 $G_0+G_1+G_2=G_c$。

已知 G_a、G_b、G_c[从图 9.4.4(a)中得到]，联立求解以上三式得

$$G_0=G_a,\quad G_1=-G_a+G_b,\quad G_2=-G_b+G_c$$

于是

$$i=G_0u+\frac{1}{2}G_1[\,|u-E_1|+(u-E_1)\,]+\frac{1}{2}G_2[\,|u-E_2|+(u-E_2)\,]$$

3. 分段线性化特性的分域表示

非线性特性曲线经过分段线性化近似后，在每个区间就是一条直线，如图 9.4.6(a)的 Oa、ab、bc，他们的等效电路模型可以用合适工作范围内的戴维宁支路(理想电压源与电阻串联)或诺顿支路(理想电流源与电导并联)来表示如下

$$Oa: I_{(1)}=G_a(E_{(1)}-0)+0,\quad I_{\mathrm{seq1}}=0,\quad G_{\mathrm{eq1}}=G_a,\quad (u\leqslant E_1, i<I_1)$$

$$ab: I_{(2)}=G_b(E_{(2)}-E_1)+I_1,\quad I_{\mathrm{seq2}}=\frac{I_1-I_2}{E_1-E_2},\quad G_{\mathrm{eq2}}=G_b,\quad (E_1<u\leqslant E_2, I_1<i<I_2)$$

$bc:, I_{(3)}=G_c(E_{(3)}-E_2)+I_2$，　$I_{seq3}=I_2-E_2G_c$，　$G_{eq2}=G_c$，　$(E_2<u, i>I_2)$

将每个线段对应的等效电路模型替换非线性元件，进行电路试解，只要解落在该线段工作范围内就是工作点之一。

综上所述，伏安特性曲线分段线性化后，可以用折线全域表示，也可以分段用局部直线表示。折线意味着各段直线的斜率不连续，这个突变可以用理想二极管来表示，这就是图 9.4.1 ~ 图 9.4.3 所示二极管的近似电路模型，以及凹凸电阻均含理想二极管的原因。

非线性电路的分段线性化分析方法基于上述三种处理方式，具体计算过程相应有折线等效电路法、基于凹凸电阻的折线方程法和分段线性迭代法三种。

(1) 将折线用等效电路表示，称为折线等效电路法。这个等效电路对应于折线，是与原特性曲线在整个定义域内近似相等。等效电路中包含了理想二极管，因此在求解该等效电路时，需要另寻解决方法。常用求解包含理想二极管电路的方法，有假定状态分析法和分段等效法。

(2) 将折线用全域函数表示，称为折线方程法。基于凹凸电阻的串并联组合来表示较为复杂的特性曲线，继而转化为解析法或含理想二极管电路的求解。

(3) 分段线性迭代法，该方法将每一段直线用戴维宁或诺顿支路等效为线性电路，逐次求解各段直线所对应的电路。

以图 9.4.3 所示折线模型为例，将二极管的三种分析方法：折线等效电路法、折线方程法和分段线性迭代法各自的特点以及优缺点汇总在表 9.4.1 中。

表 9.4.1　折线等效电路法、折线方程法和分段线性迭代法的比较

方法	要点	特点
折线等效电路法	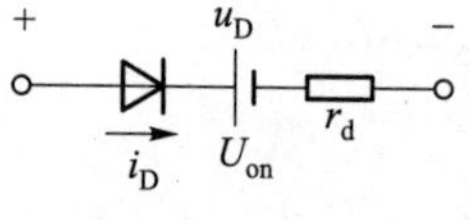 + u_D − ; i_D ; U_{on} ; r_d	求解含有理想二极管的电路。 优点：模型易于理解 缺点：电路分析不方便
折线方程法	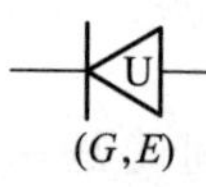 U ; (G,E) ; $i_D=\frac{1}{2}\frac{1}{r_d}[\,\lvert u_D-U_{on}\rvert+(u_D-U_{on})\,]$	将折线在全域用函数表示。 优点：模型易于理解 缺点：方程难以求解
分段线性迭代法	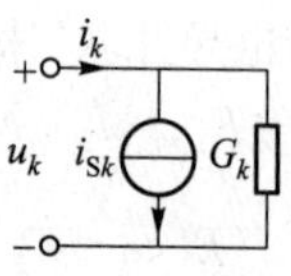 i_k ; + ; u_k ; i_{Sk} ; G_k ; − ; $\begin{cases} k=1, i_{S1}=0, G_1=0 \\ k=2, i_{S2}=\dfrac{E}{G}, G_2=G \end{cases}$	将折线用分段直线表示。 优点：模型参数易于确定；电路计算简单 缺点：结果需要判断甄别

9.4.2 含理想二极管电路的分析

从 9.4.1 节中可见,对非线性特性曲线分段线性化后,其等效电路中会包含理想二极管。在实际工程中,很多二极管的应用电路,在一定工作状态下也可以近似为理想二极管。因此含理想二极管电路的分析是非线性电路分析中的基本问题之一,下面介绍假定状态分析法来求其解。

如果一个电路仅含一个理想二极管,则这类电路的分析可以充分利用戴维宁定理。即:将其中的二极管划出,对余下部分的电路求取其戴维宁等效,由此便可以很容易判断电路中的二极管是否导通。如图 9.4.7(a)所示电路,将二极管划出,其电路如图(b)所示,求取该图的戴维宁等效将二极管加入原电路,可得等效电路如图(c)所示。由于二极管阴极电位比阳极电位高 2.4 V,因此,二极管截止,所求电流为零。

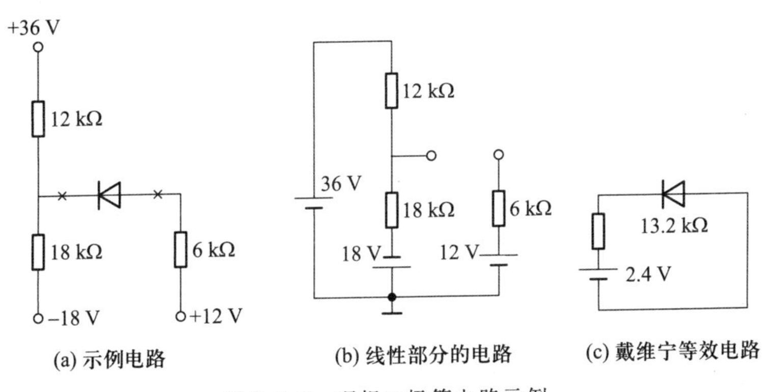

(a) 示例电路　(b) 线性部分的电路　(c) 戴维宁等效电路

图 9.4.7 理想二极管电路示例

如果电路中含有多个理想二极管,可以先假设其中的二极管处于导通或截止状态,然后根据这样的假设来对电路进行分析计算,如果计算结果与假设矛盾,则另行假设,反复计算,最后得出结果;如果计算结果与假设情况一致,则认为假设正确,可以进一步确定电路的其他状态。

图 9.4.8 为二极管组成的“逻辑门”(logic gates),三个二极管的阳极接在一起,称这种接法为共阳极接法。假定二极管的工作状态有以下几种:

(1) 所有二极管或其中两个同时导通

由于此处的二极管为理想元件,那么如果是(1)中所述的情况,则各个二极管的阳极与阴极应该保持等电位,而二极管又为共阳极接法,因此其阳极不可能为不同的电位值,这与电路理论矛盾,所以这种假设是错误的。

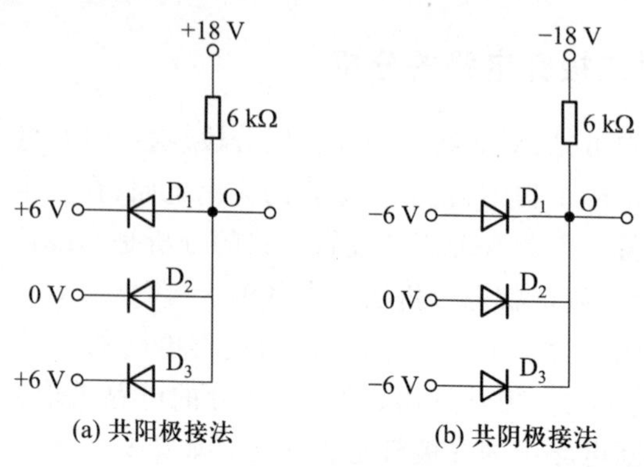

图 9.4.8　二极管逻辑门电路

（2）一个二极管导通

假设二极管 D_1 导通，D_2、D_3 截止，那么 O 点电位即为 6 V，此时由于 O 点电位比二极管 D_2 的阴极电位高，所以 D_2 也导通，这又与电路理论矛盾；同理二极管 D_3 导通，D_1、D_2 截止时的情况也类似。

而当二极管 D_2 导通，D_1、D_3 截止时，阳极电位为 0 V，此时二极管 D_1、D_3 同时保持截止，假定的状态合理。

因此可以得出结论，电路中二极管 D_2 导通，D_1、D_3 截止。二极管的工作状态确定后，电路的其他参数等就可由此得出。

图 9.4.8(b)中的情况可以完全类似地分析，其结论是二极管 D_2 导通，D_1、D_3 截止。

实际上，对于共阴极、共阳极这两种特殊的连接形式的二极管电路而言有如下的结论：

- 共阴极接法的二极管中，阳极电位高者导通，阴极钳位。
- 共阳极接法的二极管中，阴极电位低者导通，阳极钳位。

以图 9.4.8(a)为例，如果二极管 D_1、D_2、D_3 的输入电压 U_A、U_B、U_C 只有 0（低电平）和 6 V（高电平）两种情况，则总结该电路的功能可以得出下列逻辑关系：

① 当 U_A、U_B、U_C 均为高电平时，U_O 才为高电平；

② 只要 U_A、U_B、U_C 中有一个为低电平（或二者均为低电平），则 U_O 为低电平。

在数字逻辑电路中，若高电平用 **1** 表示，低电平用 **0** 表示，上述逻辑关系可用表 9.4.2 表示。这样的逻辑关系称为**与**逻辑。

表 9.4.2　与逻辑真值表

A	B	C	O
0	**0**	**0**	**0**
0	**0**	**1**	**0**
0	**1**	**0**	**0**
0	**1**	**1**	**0**
1	**0**	**0**	**0**
1	**0**	**1**	**0**
1	**1**	**0**	**0**
1	**1**	**1**	**1**

9.4.3　折线方程法

例 9.4.1　二极管的特性曲线如图 9.4.9 所示，电压源 $u_s(t)=20\sin t$，电阻 $R=2$，求 u 和 i。

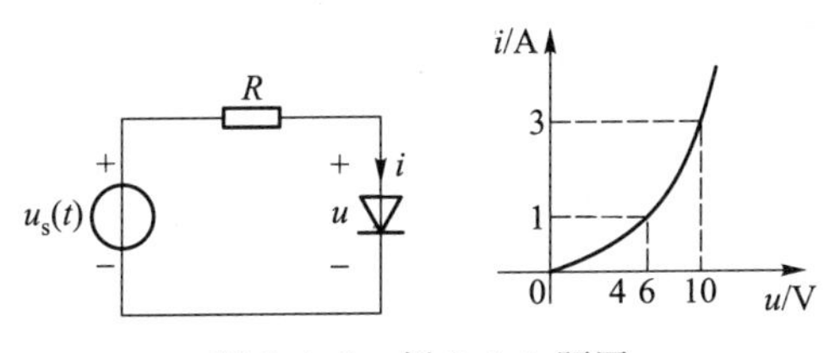

图 9.4.9　例 9.4.1 题图

解：将二极管正向特性曲线分成 0～6 V 以及 6～10 V 两段，按照 9.4.1 节介绍的分段线性化特性曲线全域化方法，其折线方程可表示为

$$i=\frac{1}{12}(\,|u-0|+u-0)+\frac{1}{6}(\,|u-6|+u-6)$$

再由电路方程 $u_s(t)=Ri+u$，带入已知的电源和二极管特性表达式，则有

$$20\sin(t)=2\left[\frac{1}{12}(\,|u-0|+u-0)+\frac{1}{6}(\,|u-6|+u-6)\right]+u$$

利用 Matlab 即可求得二极管的电压和电流波形，如图 9.4.10 所示。

```
clc;
t=0:4*pi/100:4*pi;
us=20*sin(t);
```

```
y=inline('(1/6)*(abs(u)+u)+(1/3)*(abs(u-6)+u-6)+u-a','u',
'a');
uo=zeros(101);
for n =1:101;
     a=us(n);
     [z,zz,p]=fzero(y,0,[ ],a);
     uo(n)=z;
end;
i=(1/12)*(abs(uo)+uo)+(1/6)*(abs(uo-6)+uo-6);
plot(t,uo,'-r',t,i,'-b');
```

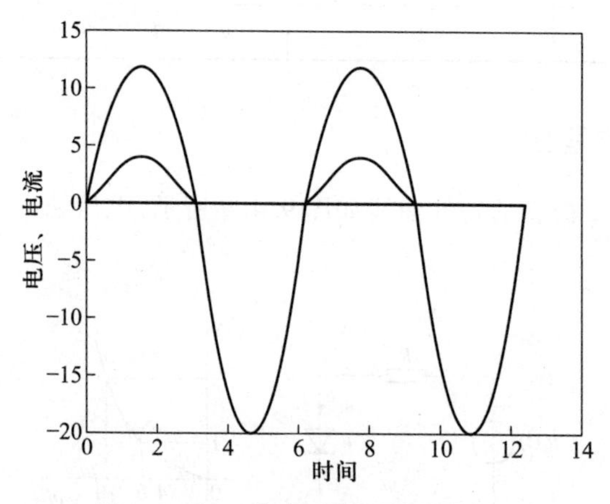

图 9.4.10　二极管的电压和电流波形

例 9.4.2　图 9.4.11(a)所示电路,电源的电动势 $E=6$ V,内阻 $R=2\ \Omega$,与隧道二极管 T 连接,后者的特性可用三段直线近似表示,如图 9.4.11(b)。各段直线的起始电压和斜率分别为 $E_a=0,G_a=3$ S;$E_b=1$ V,$G_b=-2$ S;$E_c=2$ V,$G_c=1$ S,求工作点。

解:按照 9.4.1 节介绍的分段线性化特性的全域化表示方法,各支路的电流可分别用函数式表示为

$$i_1=G_0u$$

$$i_2=\frac{1}{2}G_1[\ |u-E_1|+(u-E_1)\ ]$$

$$i_3=\frac{1}{2}G_2[\ |u-E_2|+(u-E_2)\ ]$$

其中,$E_1=1$ V,$E_2=2$ V,$G_0=3$ S,$G_1=-5$ S,$G_2=3$ S。

图 9.4.11 所示隧道二极管特性曲线可用一个线性电导和两个凹电阻的并联来代替，如图 9.4.12(a)所示，也可以根据凹电阻的具体含义等效为图 9.4.12(b)。

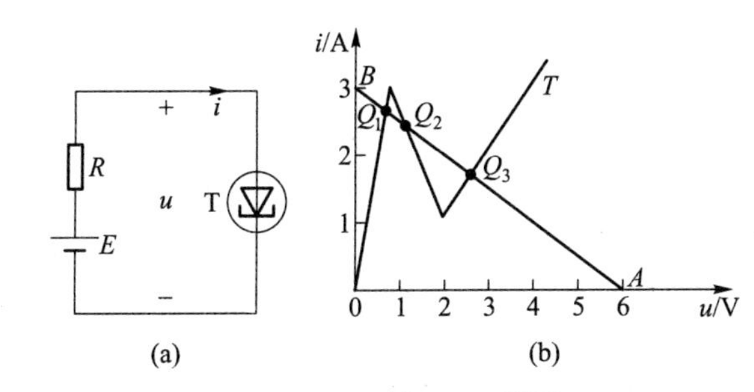

图 9.4.11 例 9.4.2 题图

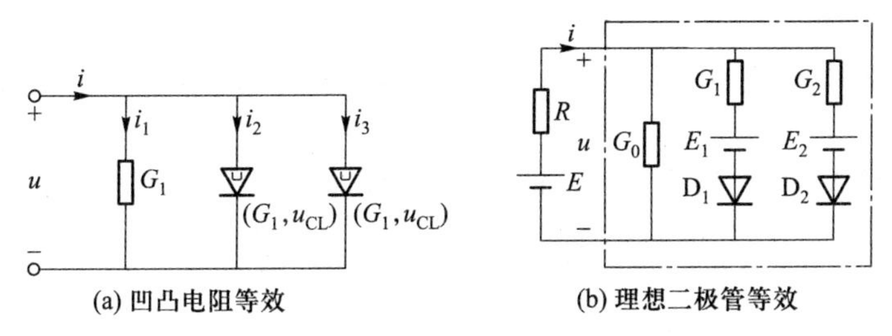

图 9.4.12 等效电路图

解法 1：用图 9.4.12(a)的凹凸电阻电路代替原电路中的隧道二极管，并列写节点电压方程如下

$$\frac{E-u}{R}=uG_0+\frac{1}{2}G_1[\,|u-E_1|+(u-E_1)\,]+\frac{1}{2}G_2[\,|u-E_2|+(u-E_2)\,]$$

可应用 Matlab 求解。u 和 i 分别为隧道二极管的端电压和电流。结果表明，该电路有三个解。

```
>> for n=0:2
n=n+1;
u=fzero('(-5/2)*(abs(u-1)+x-1)+(3/2)*(abs(u-2)+u-2)+
u*3-(6-u)/2',n)
i1=3*u;
i2=(-5/2)*(abs(u-1)+u-1);
i3=(3/2)*(abs(u-2)+u-2);
i=i1+i2+i3
```

```
end
u =
    0.8571
i =
    2.5714
u =
    1.3333
i =
    2.3333
u =
    2.6667
i =
    1.6667
```

解法 2:基于图 9.4.12(b),采用假设状态法来求解含理想二极管的电路如下。

当 $u<1$ V 时,二极管 D_1、D_2 断开,电路成为 E、R、G_0 串联,此时

$$i_{Q1}=\frac{E}{R+\frac{1}{G_0}}=\frac{6}{2+\frac{1}{3}}\ \text{A}=\frac{18}{7}\ \text{A}$$

$$u_{Q1}=\frac{I}{G_0}=\frac{18/7}{3}\ \text{V}=\frac{6}{7}\ \text{V}$$

验算二极管两端电压:$u_{D1}=-\frac{1}{7}$ V;$u_{D2}=-\frac{8}{7}$ V。确实处于截止状态。

当 1 V$\leqslant u<2$ V 时,D_1 导通、D_2 断开,利用节点电压法

$$u_{Q2}=\frac{E/R+E_1G_1}{1/R+G_0+G_1}=\frac{6/2+1\times(-5)}{1/2+3-5}\ \text{V}=\frac{4}{3}\ \text{V}$$

$$i_{Q2}=\frac{E-u_{Q2}}{R}=\frac{6-4/3}{2}\ \text{A}=\frac{7}{3}\ \text{A}$$

验算二极管两端电压:$u_{D1}=\frac{1}{3}$ V 导通;$u_{D2}=-\frac{2}{3}$ V 截止。

当 2 V$\leqslant u$ 时,D_1、D_2 都导通,利用节点电压法

$$u_{Q3}=\frac{E/R+E_1G_1+E_2G_2}{1/R+G_0+G_1+G_2}=\frac{6/2+1\times(-5)+2\times3}{1/2+3-5+3}\ \text{V}=\frac{8}{3}\ \text{V}$$

$$i_{Q3}=\frac{E-u_{Q3}}{R}=\frac{6-8/3}{2}\ \text{A}=\frac{5}{3}\ \text{A}$$

验算二极管两端电压：$u_{D1}=\dfrac{5}{3}$ V 导；$u_{D2}=\dfrac{2}{3}$ V 导通。

计算结果与方法 1 完全相同。

9.4.4 分段线性迭代法

我们知道电压电流平面上不过零点的直线总可以用戴维宁或诺顿等效支路来表示，分段线性迭代法，是将折线中的每一段用等值电路来表示。也就是说，该段直线就可以用电阻、理想电压源、理想电流源来等效，这样，原来所需要的非线性电路分析就转化为线性电路分析。

在例 9.4.2 中，隧道二极管特性曲线可近似用三个区域的三段直线来表示，三段直线的方程分别是

第 1 段：　　$i=3u \quad -\infty<u<1$

第 2 段：　　$i=5-2u \quad 1<u<2$

第 3 段：　　$i=u-1 \quad 2<u<\infty$

将三段直线与 $i_k=I_{0k}+u_kG_k$ 比较可得每段直线的斜率 G_k、延长线与坐标轴的交点 $(0,I_{0k})$ $(U_{0k},0)$、起始点 (u_{sk},i_{sk}) 和终止点 (u_{ek},i_{ek})，并列于表 9.4.3 中。每一段直线的等效电路如图 9.4.13，为线性电路，列写节点电压方程很容易求出解答如下

$$u_k=\frac{\dfrac{E}{R}-I_{0k}}{\dfrac{1}{R}+G_k},\quad i_k=I_{0k}+u_kG_k$$

表 9.4.3 三段直线对应电路解

k	G_k	I_{0k}	U_{0k}	(u_{sk},i_{sk})	(u_{ek},i_{ek})	(u_k,i_k)	工作点？
1	3	0	0	(0,0)	(1,3)	$\left(\frac{6}{7},\frac{18}{7}\right)$	是
2	−2	5	2.5	(1,3)	(2,1)	$\left(\frac{4}{3},\frac{7}{3}\right)$	是
3	1	−1	1	(2,1)	(∞,∞)	$\left(\frac{8}{3},\frac{5}{3}\right)$	是

将三段直线对应的电路逐一求解，结果列于表 9.4.3 中。若计算所得 (u_k,i_k) 落于该段直线的起始点 (u_{sk},i_{sk}) 和终止点 (u_{ek},i_{ek}) 之间，则其为工作点之一。否则，可能是位于该段直线的延长线上，如图所示，就不是真实的工作点，该解应舍

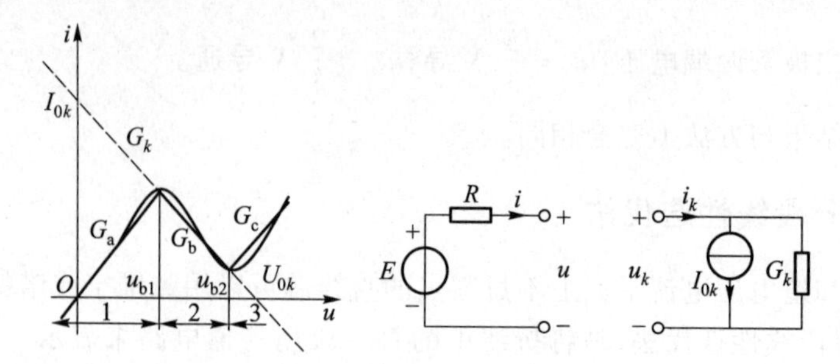

图 9.4.13　分段线性迭代等效电路与参数

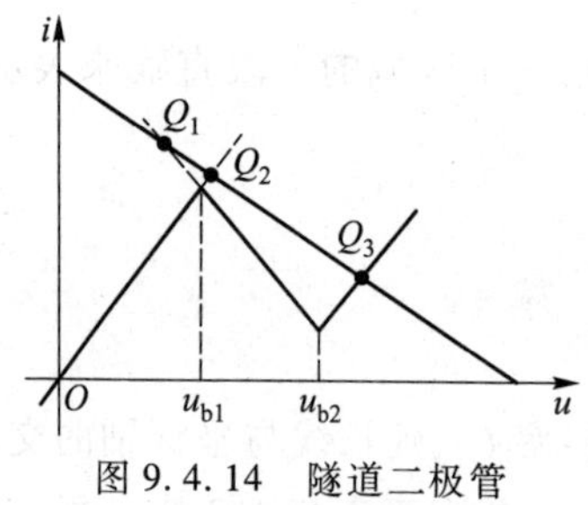

图 9.4.14　隧道二极管的静态工作点

去。如图 9.4.14 所示负载线与分段区域线段的特性交点，则只有 Q_3 为实际的工作点，而 Q_1 和 Q_2 并不是实际工作点，而是虚点。

下面我们再次求解例 9.2.1：因题中硅整流电路如图 9.4.15(a)，而待求三种情况下电压源的大小均大于二极管的开启电压，甚至大于二极管的工作电压，因此，工作点应该位于二极管的恒压源区段，采用恒压模型来近似（硅材料二极管约为 0.7 V），等效电路为图 9.4.15(b)。由于模型中理想二极管处于正偏，所以，计算前两问的等效电路可以进一步简化为如图 9.4.15(c)所示。

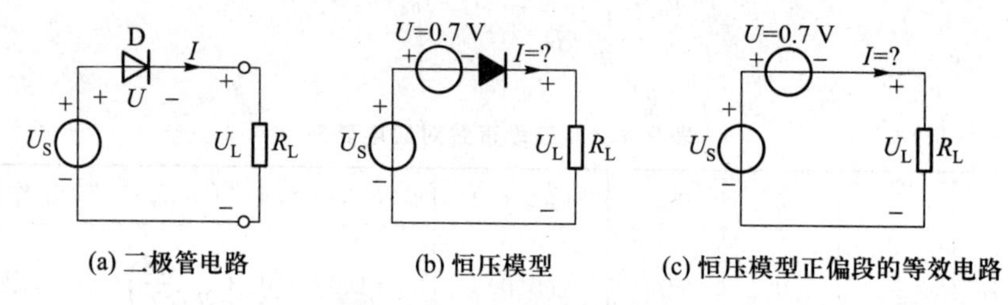

图 9.4.15　二极管电路分析

解该电路可得
$$I=\frac{U_S-0.7}{R_L}$$

代入待求三种情况下的负载和电源值，可分别得

(1) 当 $U_S=1\ \text{V}, R_L=1\ \text{k}\Omega$ 时，$I=\dfrac{U_S-0.7}{R_L}=\dfrac{1-0.7}{1\,000}\ \text{A}=0.3\ \text{mA}$

(2) 当 $U_S=5\ \text{V}, R_L=2\ \text{k}\Omega$ 时，$I=\dfrac{U_S-0.7}{R_L}=\dfrac{5-0.7}{2\,000}\ \text{A}=2.15\ \text{mA}$

(3) 当 $u_S=22\sqrt{2}\sin\omega t\ \text{V}$ 时，若 $R_L=10\ \Omega$，此时电源为交流电，因此要同时

考虑二极管正偏和反偏时的等效电路,也就是

$$i(t)=\frac{u_{S}(t)-0.7}{R_{L}}=\frac{22\sqrt{2}\sin\omega t-0.7}{10}=(2.2\sqrt{2}\sin\omega t-0.07)\ \text{A}\quad u_{S}>0$$

$$i(t)=0\quad u_{S}<0$$

这种“分段线性化等效电路模型法”的分析结果有一定的近似性,这是因为不同二极管的伏安特性曲线存在差异,其正向压降可能会在(0.6~0.8) V之间变化。但若 $U_{S}\gg 0.7$ V,则二极管正向压降的变化对于工作电流的计算便只有不大的影响。为了简化计算,有时甚至忽略二极管的正向压降。此时,二极管便可采用图 9.4.1 所示的理想二极管模型来近似。比如说例 9.2.1(3)中 22 V 的交流电源远大于二极管的管压降,采用图 9.4.2 的恒压模型所得到的结果 $i=(2.2\sqrt{2}\sin\omega t-0.07)$ A 和采用图 9.4.1 的理想模型结果 $i=(2.2\sqrt{2}\sin\omega t)$ A 几乎没有什么差别。

“分段线性化等效电路模型法”的关键是要确定非线性元件的工作点,然后才能决定采用哪种等效电路来进行分析。另外,这种方法不可能得到精确解。

9.5 小信号分析

小信号分析法是分析非线性电阻电路的一种极其独特的方法。在工程实践中,特别是在电子电路中,常会遇到既含有作为偏置电路的直流电源又含有交变小信号的非线性电路。如图 9.5.1(a)所示电路。U_{S} 为直流电压源,$u_{s}(t)$ 为交变电压源,且 $|u_{s}(t)|\ll U_{S}$,故称 $u_{s}(t)$ 为小信号电压。电阻 R_{S} 为线性电阻,非线性电阻为电压控制电阻,其电压、电流关系 $i=g(u)$,图 9.5.1(b)为其特性曲线。

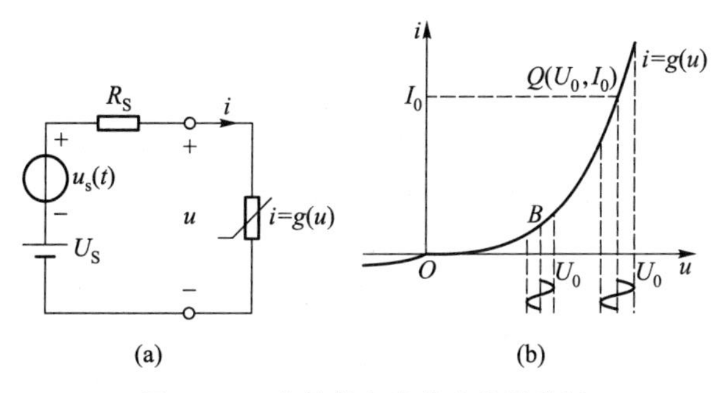

图 9.5.1 非线性电路的小信号分析

因为交流信号远小于直流,所以非线性元件上的电压和电流可以近似认为是在直流的基础上叠加了一个小的交流分量,在交流分量的变化范围内,伏安特性曲线可近似为直线段可以采用这种模型,如图 9.5.2 所示。曲线上 Q 点对应的是直流信号单独作用时非线性元件的电压和电流,称之为静态工作点。而在 Q 点基础上叠加的小信号变化量,可以用在 Q 点画出的切线来拟合微小变化时的曲线,这样可以用一个动态电阻 r_d 来表示非线性元件,称为小信号等效电路模型,如图 9.5.3 所示。

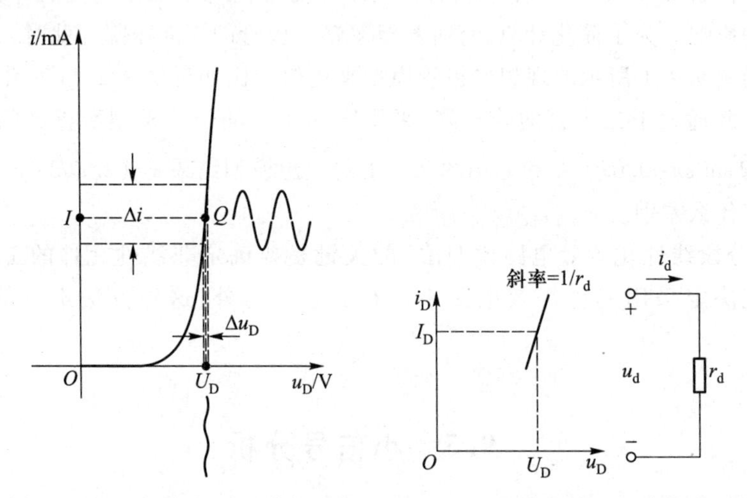

图 9.5.2　二极管交、直流信号叠加　图 9.5.3　小信号模型及其等效电路

以二极管为例,已知其伏安特性为

$$i_D = I_S(e^{U/U_T}-1)$$

若静态工作点为(U_D, I_D),则动态电阻为

$$\frac{1}{r_d}=\frac{\Delta i_D}{\Delta u_D}\approx\frac{di_D}{du_D}=\frac{d[I_S(e^{U/U_T}-1)]}{du}\approx\frac{I_S}{U_T}\cdot e^{\frac{u}{U_T}}\approx\frac{I_D}{U_T}$$

$$r_d=\frac{U_T}{I_D}$$

显然 r_d 的大小与直流工作点的大小有关。

以上是通过图解法直观地说明小信号分析的原理,下面进而严格地予以推导。

对于图 9.5.1,根据 KVL 列写电路方程为

$$U_S+u_s(t)=R_S i(t)+u(t) \tag{9.5.1}$$

如果没有小信号 $u_s(t)$ 存在时,该非线性电路的解,可由一端口的特性曲线(负载线)与非线性电阻特性曲线相交的交点来确定,即 $Q(U_0, I_0)$。当有小信号加入后,电路中电流和电压都随时间变化,但是由于 $|u_s(t)|\ll U_S$,致使电路的解

$u(t)$和$i(t)$必然在工作点$Q(U_0,I_0)$附近变动,因此,电路的解就可以写为

$$\begin{aligned} u(t) &= U_0+u_\delta(t) \\ i(t) &= I_0+i_\delta(t) \end{aligned} \tag{9.5.2}$$

式(9.5.2)中$u_\delta(t)$和$i_\delta(t)$是由小信号$u_s(t)$引起的偏差。在任何时刻t,$u_\delta(t)$和$i_\delta(t)$相对U_0和I_0都是很小的。

由于$i=g(u)$,而$u=U_0+u_\delta(t)$,所以式(9.5.2)可写为

$$I_0+i_\delta(t)=g[U_0+u_\delta(t)] \tag{9.5.3}$$

因$u_\delta(t)$很小,可将式(9.5.3)右边项在工作点Q附近用泰勒级数展开表示为

$$I_0+i_\delta(t)=g(U_0)+g'(U_0)u_\delta(t)+\frac{1}{2}g''(U_0)u_\delta^2(t)+\cdots \tag{9.5.4}$$

考虑到$u_\delta(t)$很小,可只取一阶近似,而略去高阶项,式(9.5.4)为

$$I_0+i_\delta(t)\approx g(U_0)+g'(U_0)u_\delta(t) \tag{9.5.5}$$

由于$I_0=g(U_0)$,则式(9.5.5)可写为

$$i_\delta(t)=g'(U_0)u_\delta(t)$$

故有

$$\left.\frac{\mathrm{d}g}{\mathrm{d}u}\right|_{u=U_0}=G_\mathrm{d}=\frac{1}{R_\mathrm{d}} \tag{9.5.6}$$

式(9.5.6)中的G_d为非线性电阻在Q点处的动态电导,即动态电阻R_d的倒数,二者取决于非线性电阻在Q点处的斜率,是一个常数。小信号电压和电流关系可写为

$$i_\delta(t)=G_\mathrm{d}u_\delta(t) \quad 或 \quad u_\delta(t)=R_\mathrm{d}i_\delta(t) \tag{9.5.7}$$

由此可见小信号电压和电流之间是线性关系。将式(9.5.7)带入式(9.5.1)可得

$$U_\mathrm{S}+u_s(t)=R_\mathrm{S}[I_0+i_\delta(t)]+U_0+u_\delta(t) \tag{9.5.8}$$

由于

$$U_\mathrm{S}=R_\mathrm{S}I_0+U_0 \tag{9.5.9}$$

对应于静态工作点,所以式(9.5.8)可写为

$$u_s(t)=R_\mathrm{S}i_\delta(t)+R_\mathrm{d}i_\delta(t) \tag{9.5.10}$$

式(9.5.10)为一线性代数方程,相应的电路如图9.5.4所示,该电路为非线性电路在工作点处的小信号等效电路。此等效电路为一线性电路,很容易求得小信号电压和电流

$$i_\delta(t)=\frac{u_s(t)}{R_\mathrm{S}+R_\mathrm{d}};\quad u_\delta(t)=R_\mathrm{d}i_\delta(t)=\frac{R_\mathrm{d}i_\delta(t)}{R_\mathrm{S}+R_\mathrm{d}}$$

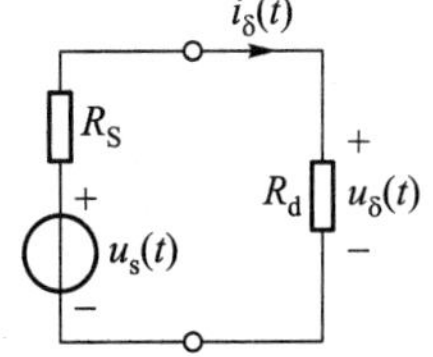

图9.5.4 小信号分析等效电路

通过以上分析,对于既含直流电源又含小信号时变电源的非线性电路,求解步骤为

(1) 计算静态工作点$Q(U_0,I_0)$。

（2）确定静态工作点处的动态电阻 R_d 或动态电导 G_d。

（3）画出小信号等效电路，并计算小信号响应 $u_\delta(t)$ 和 $i_\delta(t)$。

（4）求非线性电路的全响应 $u=U_0+u_\delta(t)$ 和 $i=I_0+i_\delta(t)$。

例 9.5.1　如图 9.5.5 所示非线性电阻电路，非线性电阻的电压、电流关系为 $i=Ku^2(u>0)$，式中电流 i 的单位为 mA，电压 u 的单位为 V，$K=1\ \text{mA/V}^2$。电阻 $R_S=1\ \text{k}\Omega$，直流电压源 $U_S=3$ V，直流电流源 $I_S=2$ mA，小信号电压源 $u_s(t)=50\times10^{-3}\cos t$ V，试求 u 和 i。

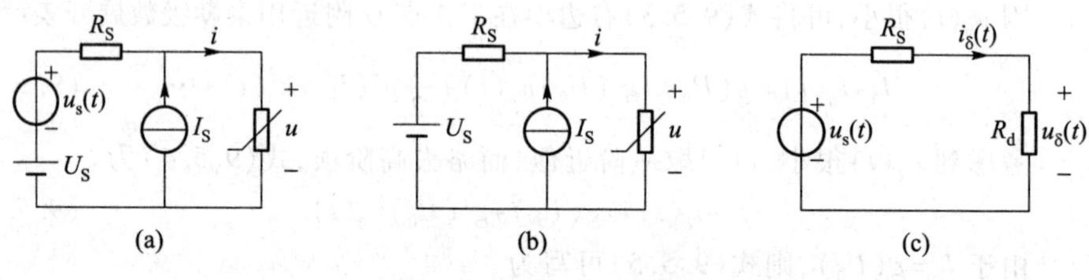

图 9.5.5　例 9.5.1 题图

解：先求静态工作点 $Q(U_0,I_0)$，小信号源 $u_s(t)=0$ 时，由图(b)电路得

$$u=5-10^3 i$$

$$i=Ku^2$$

解得静态工作点 $Q(U_0,I_0)=Q(1.8\ \text{V},3.24\ \text{mA})$，即

$$U_0=1.8\ \text{V},\quad I_0=3.24\ \text{mA}$$

工作点处的动态电导为　$G_d=\dfrac{di}{du}\Big|_{U_0=1.8}=\dfrac{d}{du}(Ku^2)\Big|_{u=U_0=1.8}=2KU_0=3.6\ \text{mS}$

动态电阻为 $R_d=\dfrac{1}{G_d}=278\ \Omega$，小信号等效电路如图 9.5.5(c)所示，从而求出小信号响应为

$$i_\delta(t)=\frac{u_s(t)}{R_S+R_d}=\frac{50\times10^{-3}\cos t}{10^3+278}\ \text{A}=0.039\times10^{-3}\cos t\ \text{A}$$

$$u_\delta(t)=R_d i_\delta(t)=278\times1.039\times10^{-3}\cos t\ \text{A}=10.87\times10^{-3}\cos t\ \text{V}$$

求其全响应为

$$i=I_0+i_\delta(t)=(3.24+0.039\cos t)\ \text{mA}$$

$$u=U_0+u_\delta(t)=(1.8+10.87\times10^{-3}\cos t)\ \text{V}$$

如果 $u_s(t)$ 是一个直流电路输入端的干扰信号，其波纹系数（交流幅值与直流的比例）在输入端为 $\dfrac{50\times10^{-3}}{5}=10^{-2}$，由于非线性电阻元件的作用，在输出端减

少为 $u_{\delta m}=\dfrac{10.87\times10^{-3}}{1.8}\ \text{V}=0.6\times10^{-2}\ \text{V}$,说明该电路具有稳压效果。如果要使波纹系数减小的效果更为明显,应该在哪方面努力呢？找合适的工作点或增大 G_d 是值得考虑的办法之一,即$\dfrac{1}{R_S G_d+1}\to$minimum,或换用特性曲线更为陡峭的非线性元件。

例 9.5.2 将上个例题中的非线性元件换成图 9.5.6 所示的结型场效晶体管(JFET),这种经特殊连接而作为二端元件使用的 JFET 的特性为

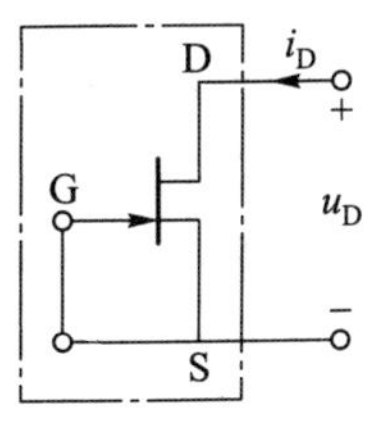

图 9.5.6 例 9.5.2 题图

$$i=\begin{cases} I_{DSS}\left[2\dfrac{u}{U_P}-\left(\dfrac{u}{U_P}\right)^2\right] & u\leqslant U_P \\ I_{DSS} & u>U_P \end{cases}$$

式中,$I_{DSS}=5\ \text{mA}$,$U_P=5\ \text{V}$。重求例 9.5.1 的输出波纹系数。

解:当非线性元件以左等效电源 $U_d=5\ \text{V}$ 时,可求得静态工作点为

$$I_0=\frac{2U_d-\left(\dfrac{U_P^2}{R_S I_{DSS}}+2U_P\right)+\sqrt{\left(\dfrac{U_P^2}{R_S I_{DSS}}+2U_P\right)^2-\dfrac{4U_P^2U_d}{R_S I_{DSS}}}}{2R_S}=3.1\ \text{mA}$$

$$U_0=(5-10^3\times3.1\times10^{-3})\ \text{V}=1.9\ \text{V}$$

动态电导为

$$G_d=\frac{\text{d}i}{\text{d}u}\bigg|_{U_0=1.9}=\frac{\text{d}}{\text{d}u}\left\{I_{DSS}\left[2\frac{u}{U_P}-\left(\frac{u}{U_P}\right)^2\right]\right\}_{u=|U_0=1.9}=I_{DSS}\left[2\frac{1}{U_P}-2\left(\frac{u}{U_P^2}\right)\right]=1.24\ \text{mS}$$

波纹系数

$$\frac{\dfrac{50\times10^{-3}}{G_dR_S+1}}{U_0}=\frac{22.32\times10^{-3}}{1.9}=1.17\times10^{-2}$$

当 $U_d=10\ \text{V}$ 时,有

$$I_0=5\ \text{mA},U_0=(10-10^3\times5\times10^{-3})\ \text{V}=5\ \text{V},G_d=0,\frac{\dfrac{50\times10^{-3}}{G_dR_S+1}}{U_0}=\frac{50\times10^{-3}}{5}=1\times10^{-2}$$

当 $U_d=15\ \text{V}$ 时,有

$$I_0=5\ \text{mA},U_0=(15-10^3\times5\times10^{-3})\ \text{V}=10\ \text{V},G_d=0,\frac{\dfrac{50\times10^{-3}}{G_dR_S+1}}{U_0}=\frac{50\times10^{-3}}{10}=0.5\times10^{-2}$$

由分析可见,正是利用了 JFET 的饱和特性,也就是,当静态工作电压 $U_0>U_P=$

5 V 时的恒流特性，使输出电压波纹系数减小，并且，随着等效直流电压源的增大，其波纹系数急剧减小。

9.6　三端非线性电阻电路分析

如9.1节所述，晶体管和场效晶体管都可以抽象成三端非线性电阻元件，第三章已经介绍过晶体管和场效晶体管的电路符号、外特性，这一节将基于实例介绍含晶体管和场效晶体管电路静态分析的图解法和等效电路模型法以及小信号分析法。

9.6.1　晶体管电路的静态分析

图9.6.1(a)所示为实际所用的共射放大电路，用于将输入的微弱信号 u_s 放大后在负载电阻 R_L 上输出。U_{CC} 为直流偏置电源，小信号 $u_s=10\sqrt{2}\sin\omega t$ mV，耦合电容 C_1、C_2、C_e 在小信号工作频率下可视为短路。已知 $\beta=100$，$U_{BE}=0.7$ V，晶体管的外特性如图9.6.2所示。

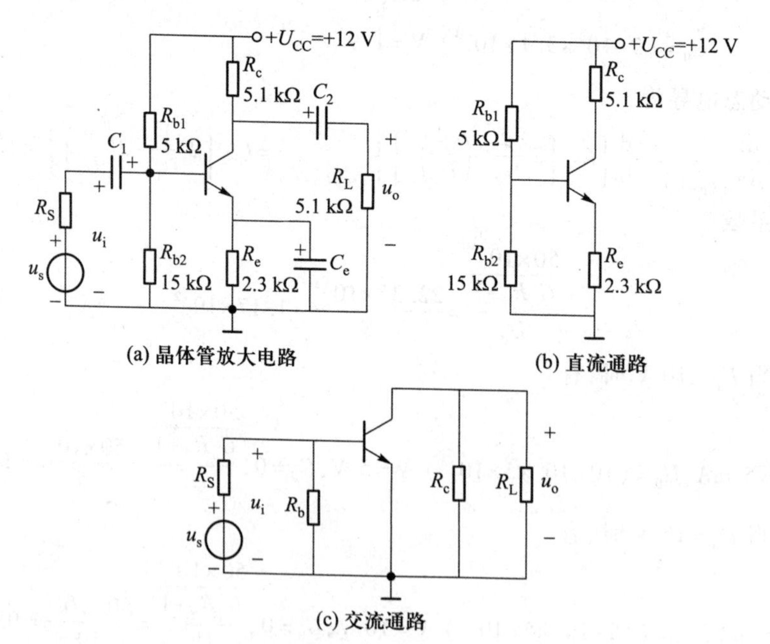

图9.6.1　晶体管放大电路及其交直流通路

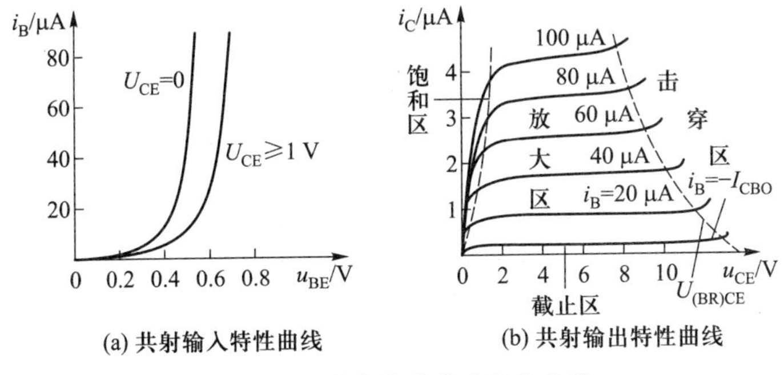

(a) 共射输入特性曲线　　(b) 共射输出特性曲线

图 9.6.2　晶体管的伏安特性曲线

在放大电路中，直流电源为非线性器件架设合适的静态工作点，对应的电路称为直流偏置电路或直流通路，如图 9.6.1(b)所示。小信号产生的电路响应是将外特性在工作点处近似等效为直线而得到的小信号电路模型的解。该电路称为小信号电路或交流通路，是在直流信号置零，耦合电容短路的情况下对应的电路，如图 9.6.1(c)所示。小信号分析模型的详细推导将在下一节介绍。

与二端电路元件类似，描述晶体管外特性的方式一般有三种。第一种，已知电流放大倍数 β(直流放大倍数近似与交流放大倍数相等)和管子导通压降 $U_{BE(on)}$。此时晶体管外特性用分段折线来近似等效，如图 9.6.3 中的虚线所示，图(a)表明 u_{BE}与 i_B 的关系是：当管子处于截止时，$i_B=0$，相当于开路；当管子处于导通状态时，$u_{BE}=U_{BE(on)}\approx 0.7$ V，可用恒压源等效。图(b)表明：当管子处于截止时，$i_B=0$ 和 $i_C=0$；当管子处于放大状态时，$i_C=\beta i_B$，可用 CCCS 等效；当管子处于饱和状态时，$u_{CE}=U_{CES}$，可用恒压源等效。综上所述，可得图 9.6.4 所示的等效电路模型。根据实际电路中管子的工作状态，选用其中的等效电路模型替代晶体管就可进行相应的电路计算。这就是三端电阻器件的分段线性化等效电路分析法。与 9.4.4 节所述二端器件的分析方法完全类似，且更为简单，因为二

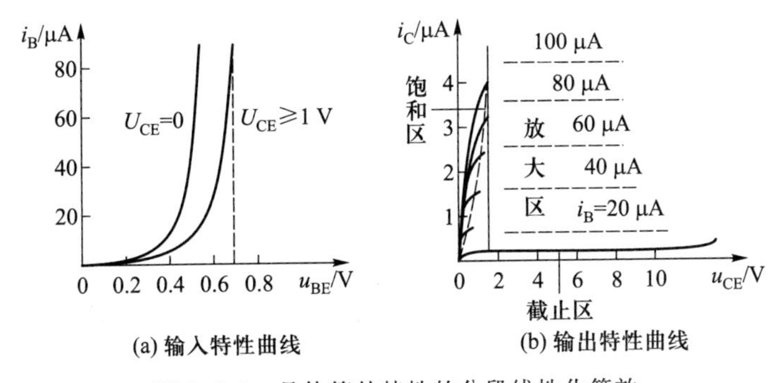

(a) 输入特性曲线　　(b) 输出特性曲线

图 9.6.3　晶体管外特性的分段线性化等效

端器件伏安特性的等效可能更侧重于精度而用多段折线拟合，事先无法判断工作点的位置，而晶体管外特性的折线化是有规律的，可以预先判断其工作状态，所以在电路计算时，只取三种等效电路之一替代即可。第二种和第三种方法见例9.6.1。

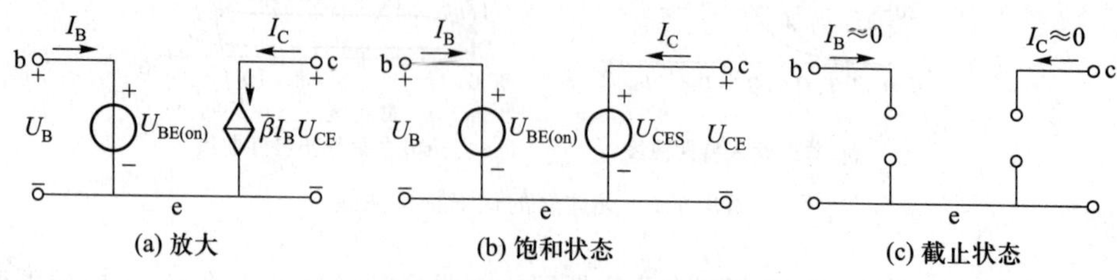

图9.6.4　晶体管的等效电路模型

例9.6.1　已知晶体管放大电路的直流偏置电路如图9.6.5所示，且晶体管的外特性或$\bar{\beta}$已知，求其静态工作点。

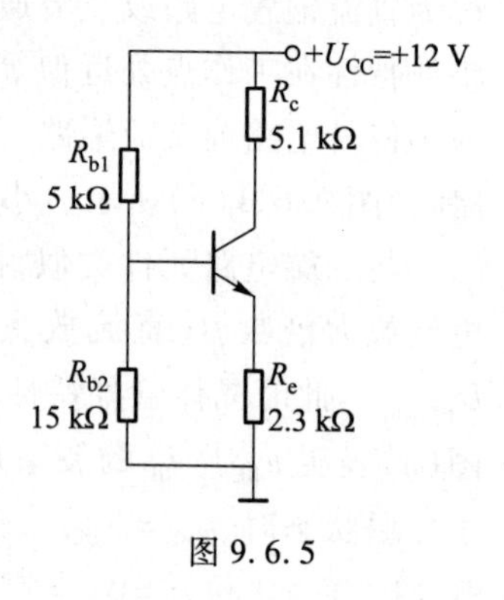

图9.6.5

解：第一种方法是基于分段线性化后的等效电路法。

由于晶体管处于放大状态，可用图9.6.4(a)所示的放大状态电路模型取代之，得到如图9.6.6(a)所示的静态工作点计算电路，经过等效处理可得图9.6.6(b)，并进一步从基极B对地进行左侧电路的戴维宁等效化简为图9.6.6(c)。其中，$R' = R_{b1} // R_{b2} = 15 // 5\ \text{k}\Omega = 3.75\ \text{k}\Omega$；$U' = \dfrac{R_{b2}}{R_{b1}+R_{b2}}U_{CC} = 3\ \text{V}$。

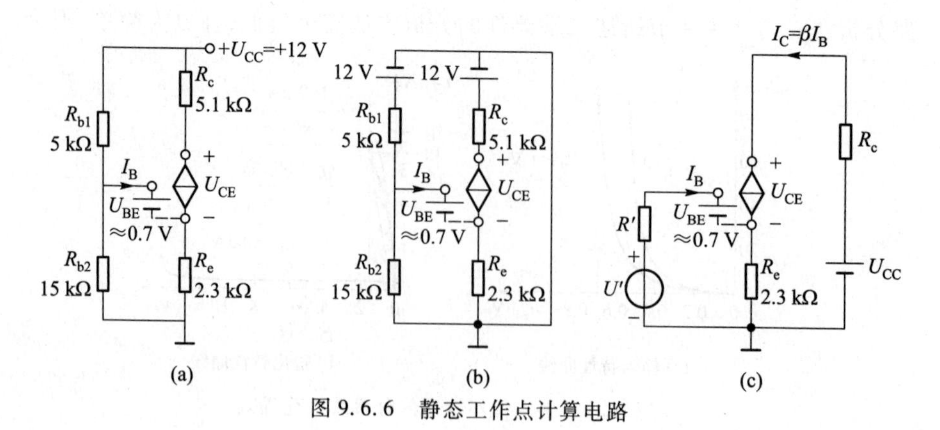

图9.6.6　静态工作点计算电路

解图 9.6.6(c)电路,可得静态工作点

$$I_{B}=\frac{U'-U_{BE}}{R'+(1+\beta)R_{e}}=9.74\ \mu A;$$

$$I_{C}=\beta I_{B}=100\times9.74\ \mu A=0.974\ mA;$$

$$U_{CE}=[12-I_{C}(R_{c}+R_{e})]\ V=4.8\ V$$

这种方法在电子电路分析中最为常见。

第二种方法是已知外特性曲线,直接采用图解法。

用图解法计算晶体管电路静态工作点的思路与二极管类似,区别在于,晶体管的特性包含输入与输出特性,所以要分成两步,先根据输入回路求(U_{BEQ},I_{BQ}),然后,由输出回路和 I_{BQ},决定(U_{CEQ},I_{CQ})。

输入回路:从图 9.6.7(a)所示直流偏置电路的等效电路可见,如果 $R_e=0$,那么,输入回路的图解法与简单二极管电路的图解法完全相同。但是由于存在 R_e,导致输入和输出回路关联,所以需要列写 $U_{BE}\sim I_B$ 方程如下

$$U_{BE}=U'-I_{B}[R'+(1+\beta)R_{e}]=3-237.4I_{B}$$

就可画出负载线,得到静态工作点(U_{BEQ},I_{BQ})=(0.62 V,9 μA),如图 9.6.7(b)所示。

输出回路:为了得到 $U_{CE}\sim I_C$ 方程,须在输出回路列写 KVL 如下

$$U_{CE}=U_{CC}-(I_{C}R_{c}+I_{E}R_{e})\approx U_{CC}-I_{C}(R_{c}+R_{e})=12-7.4I_{C}$$

画出负载线,在一族曲线中根据 I_{BQ} 找到静态工作点(U_{CEQ},I_{CQ})=(4.7 V,0.93 mA),如图 9.6.7(c)所示。

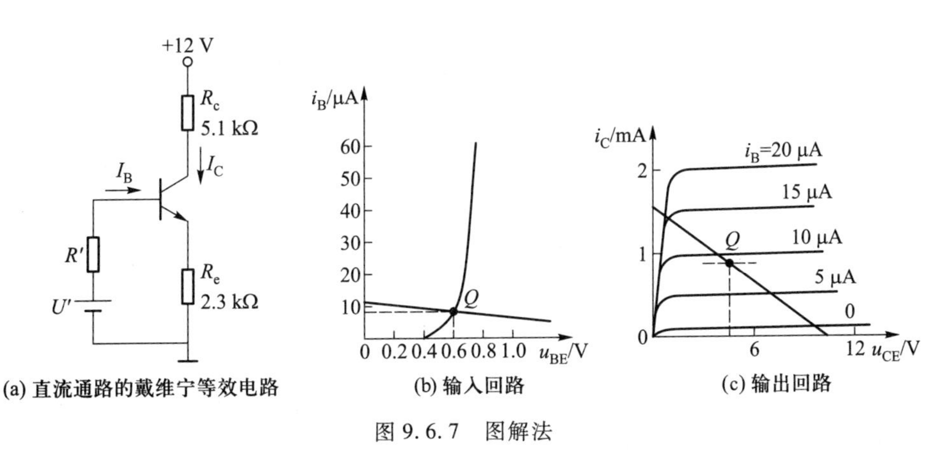

(a) 直流通路的戴维宁等效电路 (b) 输入回路 (c) 输出回路

图 9.6.7 图解法

图解法依赖于外特性曲线,且精度不高,在复杂电路分析中不方便,但是在工程估算以及定性分析是具有明确的物理含义,易于理解。

第三种方法是已知外特性方程表达式。

输入特性曲线的数学表达式为　$i_B = f(u_{BE})\big|_{u_{CE}=C}$

输出特性曲线的数学表达式为　$i_C = f(u_{CE})\big|_{i_B=C}$

可以按照9.3节复杂非线性电路分析的列方程求解法，不过列方程容易，求解非线性代数方程将非常困难。所以，这种方法仅在某些特殊场合中应用，比如说小信号电路模型推导。

9.6.2　晶体管放大电路的小信号分析

图9.6.8为晶体管共射极输入、输出特性曲线。设该管的静态工作点为Q，在输入特性曲线中，当输入信号引起b-e间电压u_{BE}在U_{BEQ}的基础上变化Δu_{BE}，基极电流i_B在I_{BQ}的基础上变化Δi_B时，工作点将由Q移至Q'。于是，在输出特性曲线中，i_C将在I_{CQ}的基础上变化$\Delta i_C'$。此时，静态工作点将由Q移至Q'。但由于u_{CE}在i_C变化$\Delta i_C'$时，也同时变化了Δu_{CE}，并且Δu_{CE}与Δi_C的变化相反($\Delta i_C>0$时，$\Delta u_{CE}<0$)，所以实际的工作点为Q''，如图9.6.8(b)所示。

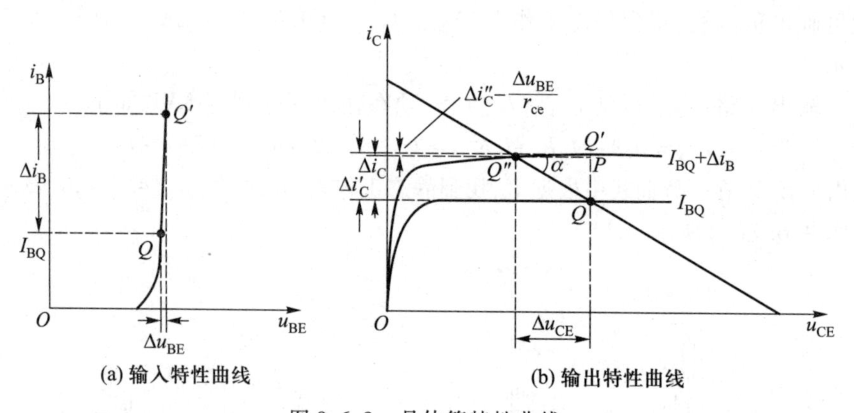

图9.6.8　晶体管特性曲线

(1) 从输入回路(b-e)看，在动态范围不大的情况下，基射极(b-e间)电压变化量Δu_{BE}与基极电流变化量Δi_B近似呈线性关系，所以输入回路b、e间的小信号模型可用一动态电阻(或称微变等效电阻)表示，记作r_{be}。即

$$r_{be}=\frac{\Delta u_{BE}}{\Delta i_B}$$

由图9.6.8(a)可知，r_{be}是晶体管输入特性曲线在Q点附近切线斜率的倒数。

(2) 从输出回路看，因$i_C=f(i_B, u_{CE})$，按照全微分的概念，集电极电流的变化Δi_C可以看作由Δi_B和Δu_{CE}各自引起的，由图9.6.8(b)可知：

① 当 $u_{CE}=U_{CEQ}$不变时,若基极电流变化 Δi_B,则 Q 点将垂直地上移至 Q',此时集电极电流变化 $\Delta i_C'$,按照晶体管电流放大系数的定义有

$$\Delta i_C'=\beta\Delta i_B$$

② 当基极电流 $i_B=I_{BQ}+\Delta i_B$ 保持不变时,若 u_{CE}变化 Δu_{CE}(注意 $\Delta u_{CE}<0$),则 Q'点将沿输出特性曲线左移至 Q''。此时 i_C 的变化为 $\Delta i_C''$($\Delta i_C''<0$,它反映了 u_{CE} 变化对 i_C 的影响)。为求 i_C'',在$\Delta Q'Q''P$ 中,令

$$r_{ce}=\frac{\Delta u_{CE}}{\Delta i_C''}=\frac{1}{\tan\alpha}$$

式中,α 为线段 $Q''Q'$与 $Q''P$ 之间的夹角。因此 r_{ce}为晶体管射极与集电极之间的动态输出电阻,是输出特性曲线在 Q''点附近的斜率的倒数。

当 Δi_B 和 Δu_{CE}同时起作用时,工作点从 Q 点经 Q'移至 Q'',所以集电极电流的变化 Δi_C 为

$$\Delta i_C=\Delta i_C'+\Delta i_C''=\beta\Delta i_B+\frac{\Delta u_{CE}}{r_{ce}}$$

因此,晶体管输出回路 c、e 间的模型由受控制电流源"$\beta\cdot\Delta i_B$"和 c、e 间动态输出电阻 r_{ce}并联组成。

综上所述,根据晶体管输入回路的模型可得出它的低频小信号模型,如图 9.6.9(b)所示。由于动态输出电阻 r_{ce}一般很大,通常可以忽略,此时,可得晶体管的简化小信号模型如图 9.6.9(c)所示。

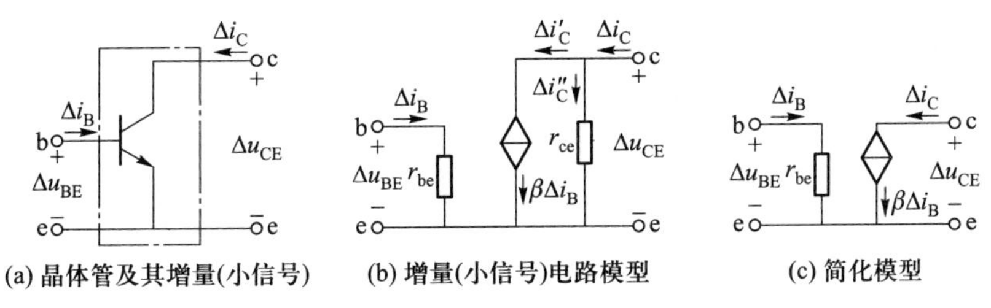

图 9.6.9 双极型晶体管低频小信号电路模型

上述小信号分析的原理是基于图解法,在静态工作点处将非线性元件特性局部线性化,并用电路模型等效表示。下面将基于晶体管的外特性推导三端非线性电阻元件的小信号等效电路模型——微变等效电路模型。

已知,输入特性曲线的数学表达式为:$i_B=f(u_{BE})\big|_{u_{CE}=C}$,输出特性曲线的数学表达式为:$i_C=f(u_{CE})\big|_{i_B=C}$。静态工作点为($U_{BEQ}$,$I_{BQ}$)和($U_{CEQ}$,$I_{CQ}$)。为便于分析,将输入特性表达式改写为 $u_{BE}=g(i_B,u_{CE})$,且 u_{BE}基本不随 u_{CE}的变化而改变;将输出特性表达式改写为 $i_C=f(u_{CE},i_B)$。

仿照9.5节二端器件小信号分析电路模型的推导，利用二元函数的泰勒公式，将输入输出特性在工作点处展开得

$$U_{BEQ}+\Delta u_{BE}=g(i_B,u_{CE})\big|_{I_{BQ},U_{CEQ}}+\frac{\partial g}{\partial i_B}\bigg|_{I_{BQ},U_{CEQ}}i_B+\frac{\partial g}{\partial u_{CE}}\bigg|_{I_{BQ},U_{CEQ}}\Delta u_{CE}+\cdots \quad (1)$$

$$I_{CQ}+\Delta i_C=f(u_{CE},i_B)\big|_{I_{BQ},U_{CEQ}}+\frac{\partial f}{\partial i_B}\bigg|_{I_{BQ},U_{CEQ}}\Delta i_B+\frac{\partial f}{\partial u_{CE}}\bigg|_{I_{BQ},U_{CEQ}}\Delta u_{CE}+\cdots \quad (2)$$

式(1)可改写为
$$\Delta u_{BE}\approx\frac{\partial g}{\partial i_B}\bigg|_{I_{BQ},U_{CEQ}}\Delta i_B=r_{BE}\Delta i_B \quad (3)$$

式(2)可改写为
$$\Delta i_C=\frac{\partial f}{\partial i_B}\bigg|_{I_{BQ},U_{CEQ}}\Delta i_B+\frac{\partial f}{\partial u_{CE}}\bigg|_{I_{BQ},U_{CEQ}}\Delta u_{CE}=\beta\Delta i_B+\frac{1}{r_{CE}}\Delta u_{CE} \quad (4)$$

式中，$r_{BE}=\dfrac{\Delta u_{BE}}{\Delta i_B}=\dfrac{\partial g}{\partial i_B}\bigg|_{I_{BQ},U_{CEQ}}$输入动态电阻，是输入特性曲线上工作点处的斜率；$\beta=\dfrac{\Delta i_C}{\Delta i_B}=\dfrac{\partial f}{\partial i_B}\bigg|_{I_{BQ},U_{CEQ}}$为交流放大倍数；$\dfrac{1}{r_{CE}}=\dfrac{\Delta i_C}{\Delta u_{CE}}=\dfrac{\partial f}{\partial u_{CE}}\bigg|_{I_{BQ},U_{CEQ}}$输出动态电导，是输出特性曲线上工作点处的斜率，由于输出特性在放大区几乎呈现恒流特征，所以r_{CE}很大，通常作开路处理。将(3)式和(4)式由电路方程转换为电路模型，如图9.6.9(b)所示。

在应用晶体管小信号模型时应注意以下几点：

① 小信号模型只在低频小信号时才适用。

② 小信号模型中的电压、电流都是变化量或称交流分量[如图9.6.9(c)中的微变量Δi_B、Δi_C、Δu_{BE}、Δu_{CE}，或者交流小信号i_b、i_c、u_{be}、u_{ce}]，因而电路中的电压、电流符号不允许出现反映直流量(如I_B、I_C、U_{BE}、U_{CE}等)或瞬时总量(i_B、i_C、u_{BE}、u_{CE}等)的符号。

③ 小信号模型中的各个参数，如r_{be}、β、r_{ce}均为微变参数，且其数值与静态工作点位置有关，并非固定的常数。

④ 小信号模型中的电流源“$\beta\cdot\Delta i_B$”为受控源，其方向和大小由Δi_B决定，无论对NPN型或PNP型晶体管都是如此。

⑤ r_{be}也可按下列公式估算

$$r_{be}=r_{bb'}+(1+\beta)\frac{V_T}{I_{EQ}}$$

式中，$r_{bb'}$为基区体电阻，低频小功率管的$r_{bb'}$约为100～300 Ω(实验值)；V_T为常数，室温下约等于26 mV，I_{EQ}为与静态工作点对应的发射极电流。

例9.6.2　假如某晶体管工作在小信号放大状态时，发射极电流$I_E=0.02$ mA，电流放大系数$\beta=90$。如果集电极电流变化量$\Delta i_C=0.3$ mA，问基极和

发射极之间应加入的电压变化量 Δu_{BE} 为多少？

解：根据图 9.6.9(c) 的小信号模型，先求出晶体管的输入电阻

$$r_{be}=\left[200+(\beta+1)\frac{26}{0.02}\right]\ \Omega=1\ 500\ \Omega$$

则有
$$\Delta u_{BE}=r_{be}\Delta i_B=r_{be}\frac{\Delta i_C}{\beta}=1\ 500\times\frac{0.3}{90}\ \text{mV}=5\ \text{mV}。$$

现在我们来分析图 9.6.1(a) 所示放大电路的输出信号。将上述小信号等效电路模型与图 9.6.1(c) 交流通路中的晶体管对应 b、c、e 三个极作替换，得到微变等效电路如图 9.6.10，解电路就可从中求得交流小信号 Δi_C，Δu_{CE} 和 Δu_o。

继而计算
$$A_u=\frac{\Delta u_o}{\Delta u_i}=\frac{-\beta\Delta i_B\ \dfrac{r_{ce}}{R_L /\!/ R_C+r_{ce}}R_L /\!/ R_C}{\Delta i_B r_{be}}$$

$$u_o=\Delta u_o;\quad u_{CE}=U_{CEQ}+\Delta u_{CE};\quad i_C=I_{CQ}+\Delta i_C$$

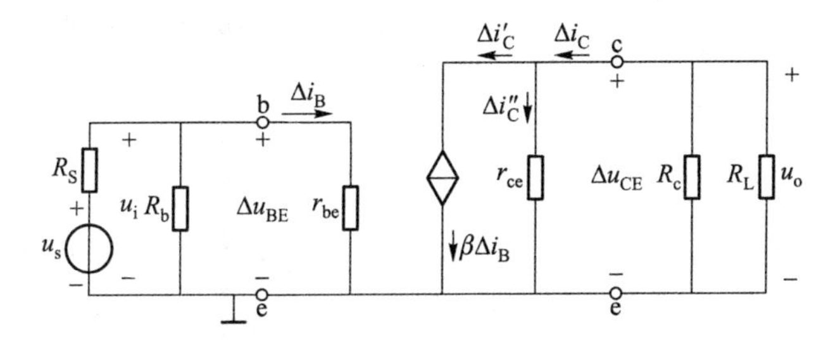

图 9.6.10 微变等效电路

由前述对晶体管的输入、输出特性的分析可以得出晶体管处于截止、放大和饱和状态时的静态电路模型，也得出了小信号分析的电路模型。有了这些模型我们就可以根据晶体管的工作情况，将具有非线性特性的电路转换为线性电路来进行分析，不论是什么样的放大电路，都可进行类似的分析。

9.6.3 场效晶体管电路的静态分析

以增强型 N 沟道场效晶体管为例，在一定的漏-源电压 U_{DS} 下，栅-源电压 u_{GS} 与漏极电流 i_D 的函数关系称为转移特性，记作

$$i_D=f(u_{GS})\big|_{U_{DS}=\text{常数}}$$

当管子工作在恒流区时，U_{DS} 对 I_D 的影响较小，所以不同的 U_{DS} 所对应的转移特性曲线基本上是重合在一起的，而且转移特性曲线与输出特性曲线有严格的对应关系，如图 9.6.11(a) 所示。这时 i_D 可以近似地表示为

$$i_D = I_{DO}\left(\frac{u_{GS}}{U_T} - 1\right)^2$$

式中，I_{DO}是 $u_{GS}=2U_T$ 时的 i_D，称为饱和漏极电流。

在栅-源电压 U_{GS}一定的情况下，漏极电流 i_D 随漏-源电压 u_{DS}变化的函数关系称为输出特性，即

$$i_D = f(u_{DS})\big|_{U_{GS}=\text{常数}}$$

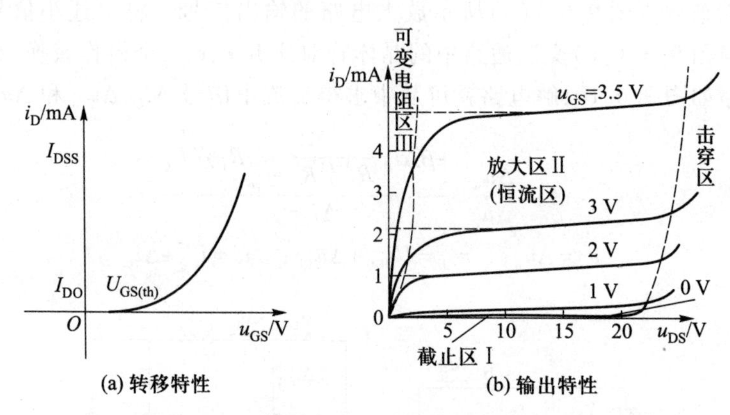

图 9.6.11　增强型 N 沟道场效晶体管特性曲线

输出特性具有 4 个区：可变电阻区、恒流区也称放大区、截止区、击穿区。对应不同 U_{GS}的各输出特性曲线上，凡满足 $u_{DS}=u_{GS}-U_{GS(off)}$ 关系的各点连线，便是恒流区和可变电阻区的分界线，如图 9.6.11(b)中虚线所示。

各个区的直流简化等效电路模型如图 9.6.12 所示。图中，i_D 与 u_{GS}之间满足上述平方律关系。注意该图与晶体管的直流简化电路模型(图 9.6.4)之间的区别。

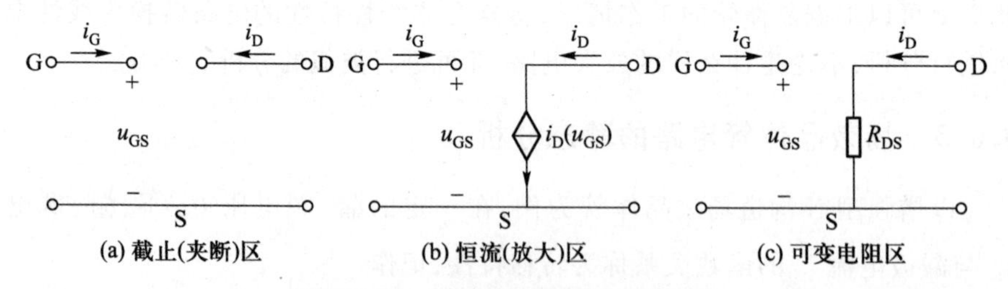

图 9.6.12　场效晶体管等效电路模型

例 9.6.3　由 FET 组成的放大电路如图 9.6.13 所示，已知 FET 的转移特性为 $I_D = I_{DSS}\left(1-\frac{u_{GS}}{U_P}\right)^2 = 1\times\left(1-\frac{u_{GS}}{-2}\right)^2$。试求静态工作点($U_{GSQ}$、$I_{DQ}$、$U_{DSQ}$)，并验证它

的合理性。

解:图 9.6.13 中,因栅极电流为零,所以 R_{G3} 上无直流电压降落,则栅源电压为

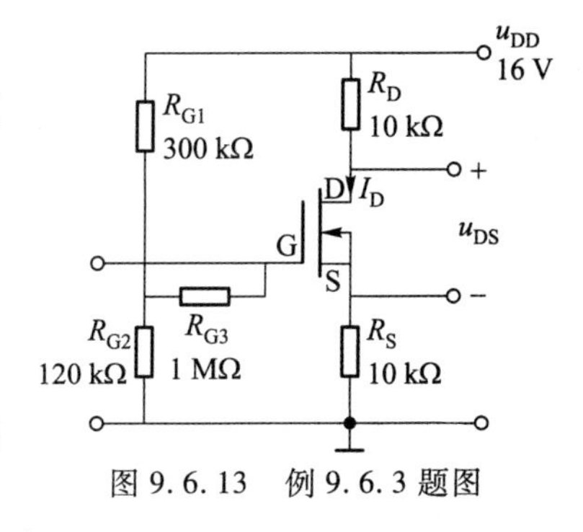

图 9.6.13 例 9.6.3 题图

$$U_{GS}=\frac{R_{G2}}{R_{G1}+R_{G2}}U_{DD}-I_D R_S=\frac{120}{300+120}\times 16-10I_D$$
$$=4.6-10I_D$$

假设 FET 工作在放大区,因此可用图 9.6.12(b)模型取代图中的 FET,有

$$I_D=\left(1-\frac{U_{GS}}{-2}\right)^2$$

求解上列方程,可得二组解:① $I_{DQ}=0.84\ \text{mA}$,$U_{GSQ}=-3.8\ \text{V}$;② $I_{DQ}=0.52\ \text{mA}$,$U_{GSQ}=-0.6\ \text{V}$。

显然,第①组解是不合理的(因为 $U_{GSQ}=-3.8\ \text{V}<U_P$)所以应舍去。

按第二组解

$$I_{DQ}=0.52\ \text{mA},\qquad U_{GSQ}=-0.6\ \text{V}$$

所以 $$U_{DSQ}=U_{DD}-(R_D+R_S)I_{DQ}=[16-(10+10)\times 0.52]\ \text{V}=5.6\ \text{V}$$

显然,因 $U_{DSQ}>U_{GSQ}-U_P=1.4\ \text{V}$,说明 FET 工作在放大区。

9.6.4 场效晶体管放大电路的小信号分析

场效晶体管小信号(增量)模型的推导过程与晶体管相似,基于下述外特性方程

$$i_G=0$$
$$i_D=f(u_{GS})\big|_{U_{DS}=\text{常数}}\quad\rightarrow\quad i_D=f(u_{GS},U_{DS})$$

用泰勒公式近似如下

$$I_{DQ}+\Delta i_d\approx f(U_{GSQ},U_{DSQ})+\left.\frac{\partial f(u_{gs},u_{ds})}{\partial u_{gs}}\right|_{U_{GSQ},U_{DSQ}}u_{gs}+\left.\frac{\partial f(u_{gs},u_{ds})}{\partial u_{ds}}\right|_{U_{GSQ},U_{DSQ}}u_{ds}+\cdots$$

式中,$g_m=\left.\frac{\partial f(u_{gs},u_{ds})}{\partial u_{gs}}\right|_{U_{GSQ},U_{DSQ}}=\left.\frac{\partial i_D}{\partial u_{gs}}\right|_{U_{GSQ},U_{DSQ}}$,称为低频跨导;$r_{ds}=\left.\frac{\partial f(u_{gs},u_{ds})}{\partial u_{ds}}\right|_{U_{GSQ},U_{DSQ}}=\left.\frac{\partial i_D}{\partial u_{ds}}\right|_{U_{GSQ},U_{DSQ}}$ 为场效晶体管的漏极输出电阻(类似于晶体管的 r_{ce})。相应的小信号等效电路如图 9.6.14(b)所示。

注意由于外特性表达式不同,所以场效晶体管的交流小信号电路模型与晶体管是有区别的。

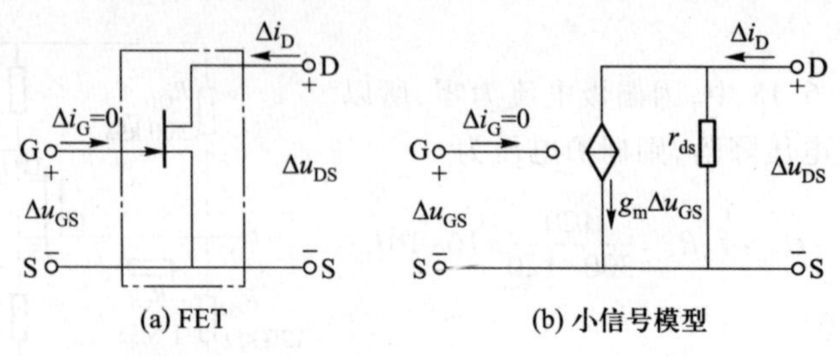

图 9.6.14　场效晶体管的低频小信号模型

例 9.6.4　已知图 9.6.15(a)中，$U_S=10\ \text{V}$，$R_L=10\ \text{k}\Omega$，输出特性在恒流区有 $i_D=f(u_{GS})=I_{DO}\left(\dfrac{u_{GS}}{U_T}-1\right)^2$，$I_{DO}=0.5\ \text{mA}$，$U_T=1\ \text{V}$。试分析：

(1) 大信号工作情况下放大器的偏置及其有效输入与输出范围；

(2) 小信号工作情况下放大器的偏置及其有效输入与输出范围。

解：放大电路的目的是为基本放大器件创造一个放大信号的条件，即具有线性放大的能力。而基本放大器件如晶体管和场效晶体管均为非线性元件，那么，怎样才能让管子工作在其线性放大区呢？

假设管子工作在恒流区，那么，相应的等效电路如图 9.6.16 所示，输出电压为

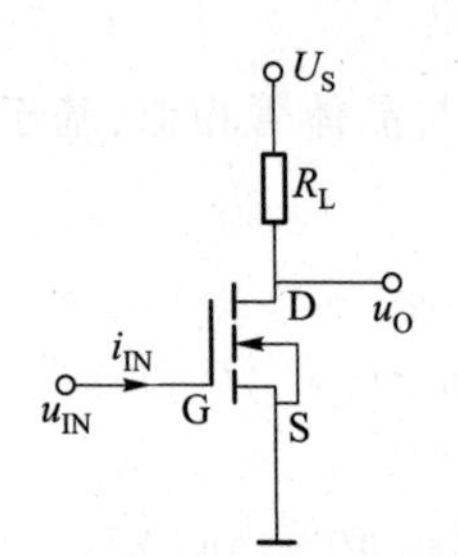

图 9.6.15　例 9.6.4 题图

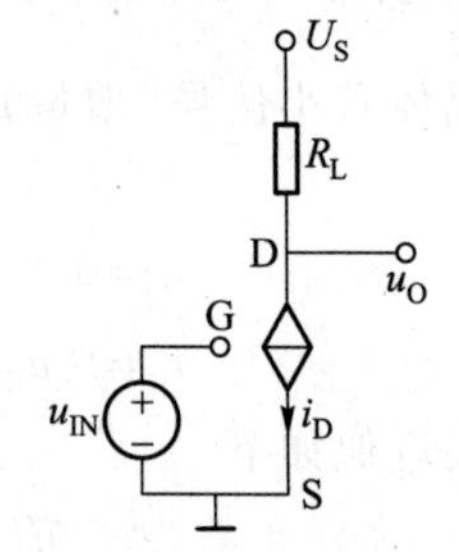

图 9.6.16　场效晶体管恒流区等效电路

$$u_O=U_S-i_DR_L\text{，且 }u_{IN}\geqslant U_T,\ u_O\geqslant u_{IN}-U_T$$

显然 $u_{IN}\geqslant U_T$，$u_O\geqslant u_{IN}-U_T$ 是确保 MOSFET 工作在恒流区的条件。如果将输入和输出电压的关系画成曲线，也就是电压传输特性曲线，如图 9.6.17。该曲线表明，当 $u_{IN}<U_T$，放大器处于截止状态，$u_O=U_S$。随着 $u_{IN}\geqslant U_T$ 并增加，输出电压 $u_O=U_S-i_DR_L$ 迅速减少。直到 $u_O<u_{IN}-U_T$，管子进入可变电阻区域，在传输特性上对应于图 9.6.17 右下方的虚线段。

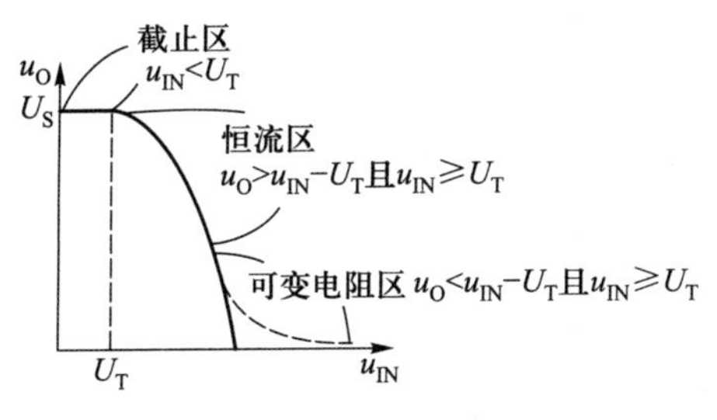

图 9.6.17 电压传输特性

由图 9.6.17 可以看出，最高有效输入电压应该是传输特性 $u_O=U_S-I_{DO}\left(\dfrac{u_{GS}}{U_T}-1\right)^2R_L$ 与 $u_O=(u_{IN}-U_T)$ 的交点，即

$$u_{IN}-U_T=\frac{-1+\sqrt{1+\dfrac{4I_{DO}U_SR_L}{U_T^2}}}{\dfrac{2I_{DO}R_L}{U_T^2}}$$

若令

$$K=\frac{2I_{DO}}{U_T^2}$$

则有

$$u_{IN}=\frac{-1+\sqrt{1+2KU_SR_L}}{KR_L}+U_T$$

由此可得输入电压的有效范围是 $U_T\sim\dfrac{-1+\sqrt{1+2KU_SR_L}}{KR_L}+U_T$，输出电压的有效范围为 $U_S\sim\dfrac{-1+\sqrt{1+2KU_SR_L}}{KR_L}$。带入电路参数，可得输入电压范围为(1～2.3) V，输出电压范围为(10～1.3) V。

(1) 如果 u_{IN}是正弦大信号，工作点选在 0 点，也就是不加直流偏置，其输出信号如图 9.6.18(a)所示。从图中看出，输出波形并未放大反而减小，而且严重畸变，显然，这种放大方式是不合适的。正确的方法是将工作点设置在输入电压有效区的中点，如图 9.6.18(b)所示 Q 点。但是，我们发现其输出信号的幅度并不关于工作点对称。这是因为管子本身的非线性增益造成的。如果要将此放大器作为线性放大器使用，必须采用小信号放大。

(2) 小信号放大

假设 $u_{IN}=U_{IN}+u_{in}$，$u_{IN}=U_{IN}+U_m\sin\omega t$ 且 $U_{IN}\gg u_{in}$，将输出特性曲线在工作点处线性化后，小信号响应是线性的，即

$$i_d=K(u_{gs}-U_T)\big|_{u_{gs}=U_{GSQ}}u_{gs}$$

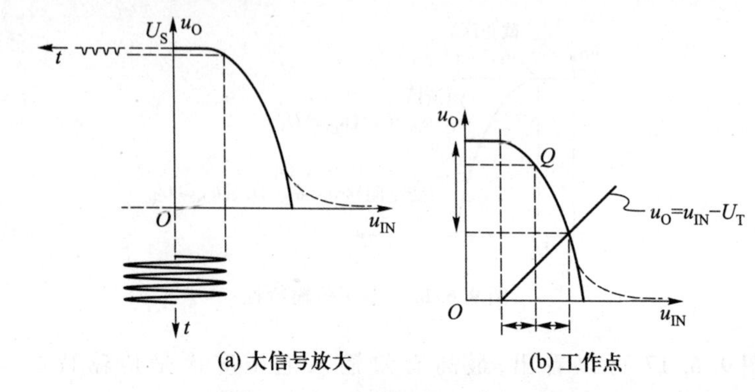

(a) 大信号放大　　(b) 工作点

图 9.6.18　大信号输入输出波形

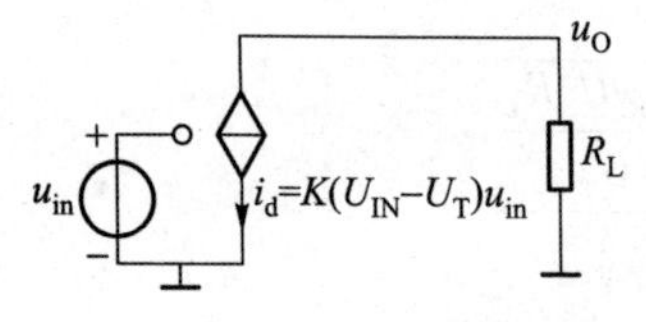

图 9.6.19　小信号分析等效电路

相应的电路模型如图 9.6.19。则总响应为

$$u_O=U_{DSQ}+u_{ds}=U_{DSQ}-K(U_{IN}-U_T)R_L u_{in}$$

波形如图 9.6.20 所示，可见输出信号得到线性放大。

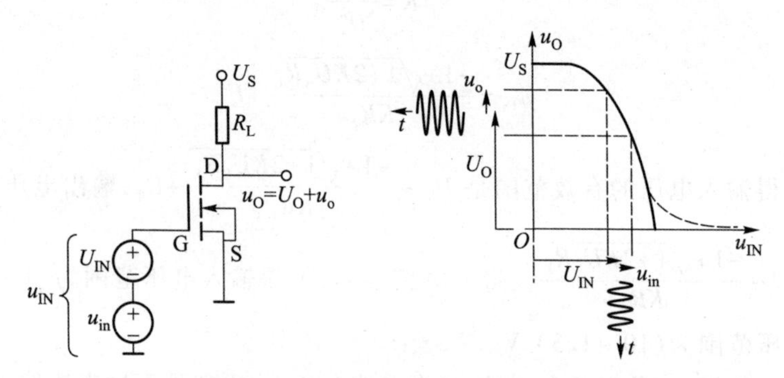

图 9.6.20　小信号输入输出波形

对于小信号放大的性能而言，最大不失真电压是一个非常重要的指标，因为小信号增益

$$A_u=\frac{u_o}{u_{in}}=K(u_{gs}-U_T)\big|_{u_{gs}=U_{GSQ}}R_L$$

与 U_{IN} 有关，在增益 A_u 一定的情况下，$U_{IN}=\frac{A_u}{KR_L}+U_T$。而输入电压的有效范围是 $U_T\sim\frac{-1+\sqrt{1+2KU_SR_L}}{KR_L}+U_T$。这意味着，输入直流偏置距离输入电压上下限的余

量为$\frac{A_u}{KR_L}$和$\frac{-1+\sqrt{1+2KU_S R_L}}{KR_L}-\frac{A_u}{KR_L}$。这两个量中较小的值就是最大不失真输入电压。

假设小信号增益为 12,带入本例题参数,有 $U_{IN}=\frac{A_u}{KR_L}+U_T=\left(\frac{12}{10^{-3}\times 10\times 10^3}+1\right)$ V = 2.2 V。前面已经求出输入电压的有效范围是(1 ~2.3) V,因此余量为(1.2, 0.1) V。所以,输入小信号的最大峰峰值为 0.2 V。

上述讨论表明,对于大信号,选择工作点非常重要。对于小信号,则需要在增益和输入信号变化范围之间进行折中,因为增大增益意味着要选择具有较高输入电压的放大器偏置,而较大的偏置电压将接近有效输入电压范围的上限,从而限制了信号正向变化的范围。

另外,如果放大器需要驱动下一级放大器,那么其输出工作点电压决定了下一级的输入工作点电压,如两级放大器如图 9.6.21 所示,假设两级放大器参数相同,而第一级偏置 $U_{IA}=2.2$ V,$U_{OA}=U_S-\frac{K(U_{IA}-U_T)^2}{2}R_L=2.8$ V

第二级,$U_{IB}=U_{OA}=2.8$ V。根据第二级工作在饱和区的有效输入电压范围为 $U_T\sim\frac{-1+\sqrt{1+2KU_S R_L}}{KR_L}+U_T$,也就是 1 ~2.3 V。显然 $U_{OA}=2.8$ V>2.3 V,超出上界,无法为第二级提供合适的偏置电压。解决办法是增加 U_{IA}或增加第一级的 R_L。

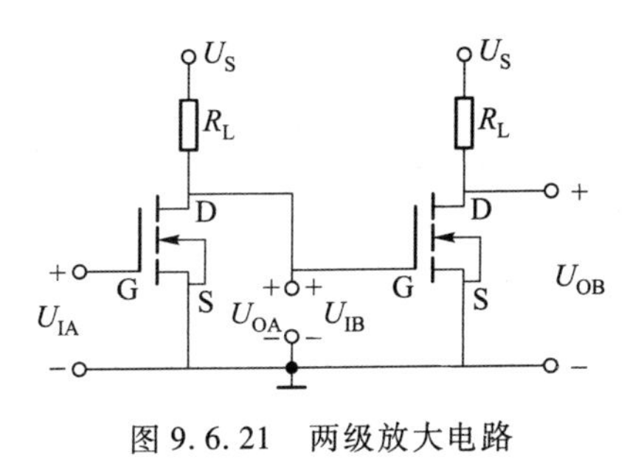

图 9.6.21 两级放大电路

习题

9.1 PN 结二极管的 $i=I_S(e^{\frac{u}{U_T}}-1)$,$U_T=26$ mV,$I_S=0.1$ mA。计算,当 i 为 2 mA 及 6 mA 时,二极管的静态和动态电阻分别为多少?如电流由 1.9 mA 变到 2.1 mA 及由 5.9 mA 变到 6.1 mA 时,分别求出二极管上电压的变化量。

9.2　试作出题图 9.2 各个电路端口上的伏安特性曲线。其中二极管可近似为理想二极管。

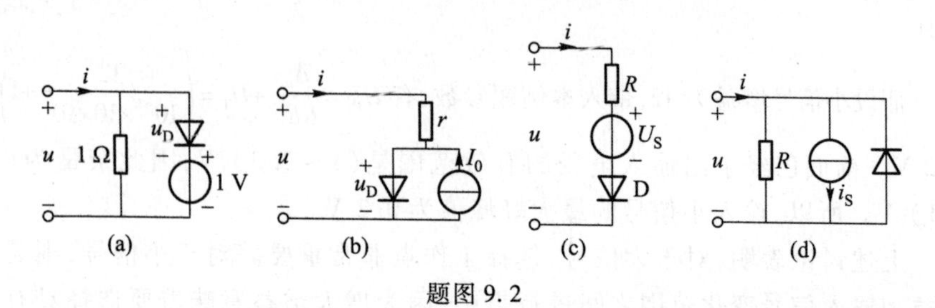

题图 9.2

9.3　题图 9.3(a)所示电路中,两个理想稳压管相串联后再与线性电导 G 并联,两理想稳压管的特性分别如题图 9.3(b)、(c)所示,求端口特性 $u(i)$。

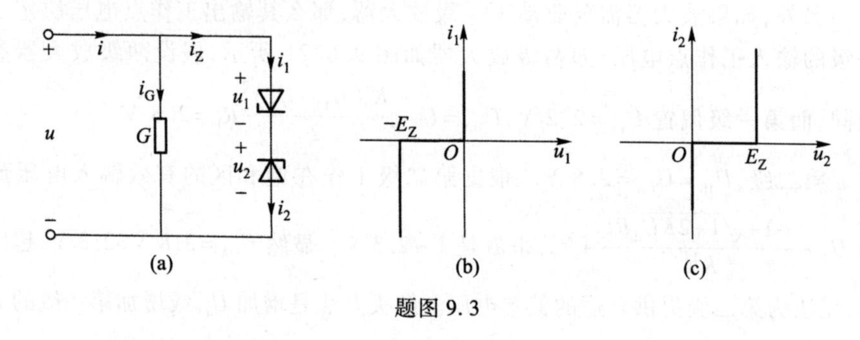

题图 9.3

9.4　如题图 9.4 所示电路,$R_1=1\ \Omega$,$R_2=2\ \Omega$,$U_S=1$ V,$I_S=1$ A,D 可近似为理想二极管,求在 u-i 平面上画出此特性曲线。

9.5　避雷器中使用的一种器件具有下述特性方程 $i=0.3\times10^{-20}u^5$,试用 Matlab 画出其特性曲线。

9.6　理想二极管特性的表达方式除了采用分段函数表示外,还可以写成

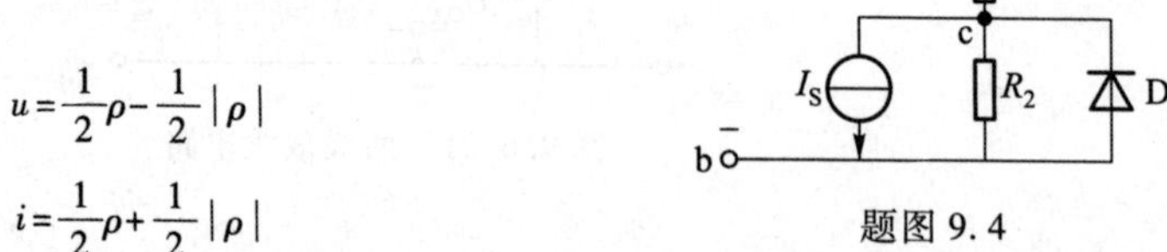

$$u=\frac{1}{2}\rho-\frac{1}{2}|\rho|$$

$$i=\frac{1}{2}\rho+\frac{1}{2}|\rho|$$

题图 9.4

式中,参数 ρ 的变化范围为 $-\infty\sim+\infty$。检验一下,这种表达式是否正确?能否写成 $i=f(u)$ 的形式?

9.7　非线性电阻的伏安特性曲线以及非线性电路如题图 9.7 所示,求 U 和 I。

9.8　如题图 9.8(a)所示电路,假设非线性电阻分别是:(1) 左侧为正极的理想二极管;(2) 右侧为正极的理想二极管;(3) 特性曲线如题图 9.8(b)所示,分别求上述三种情况下电流 i 的值。

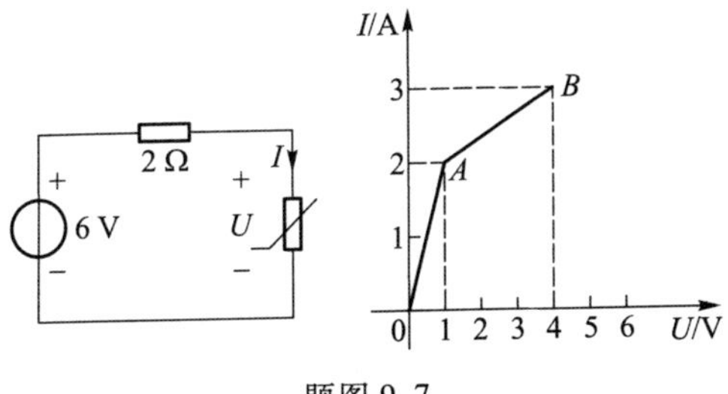

题图 9.7

9.9　电路如题图 9.9 所示，非线性电阻元件 R 的伏安特性 $U_R=I_R^2(I_R>0)$。试求 I_R 和电压 U_R。

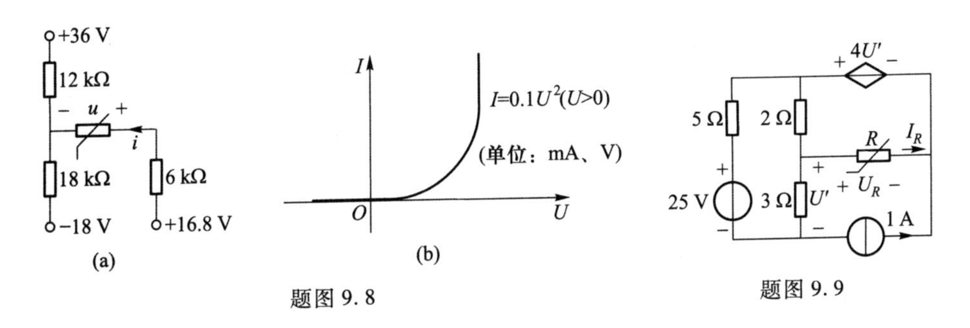

题图 9.8　　　　题图 9.9

9.10　如题图 9.10 所示电路，元件 A 的伏安特性为 $U=\begin{cases}0 & I\leqslant 0\\ I^2+1 & I>0\end{cases}$，求 I、U 及 I_1。

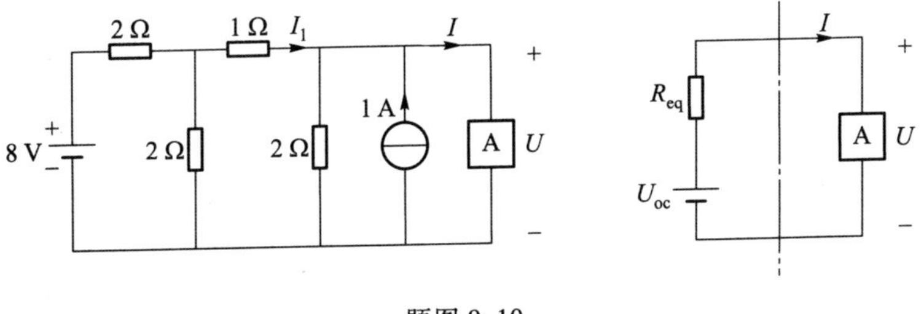

题图 9.10

9.11　电路如题图 9.11 所示，其中非线性电阻 R_1 的伏安关系为 $i_1=0.1u_1+2u_1{}^2$，非线性电阻 R_2 的伏安关系为 $i_2=I_0(\mathrm{e}^{\frac{u_2}{u_T}}-1)$，试列出电路的电路方程。

9.12　写出如题图 9.12 所示的电路方程。假设电路中各非线性电阻的伏安特性为 $i_1=u_1^3$，$i_2=u_2^2$，$i_3=u_3^{\frac{3}{2}}$。

9.13　如题图 9.13 所示电路中，设 $I_1=U_1^3$（单位：A，V），$U_2=I_2^3$（单位：V，A）。试列出求解 U_1 及 I_2 的二元方程组。

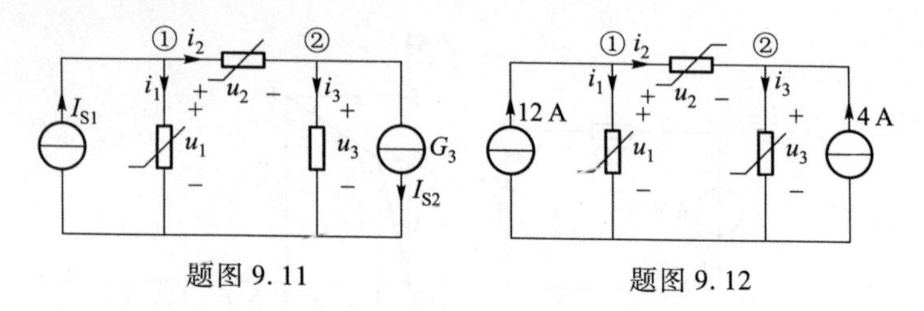

题图 9.11　　　　题图 9.12

9.14　电路如题图 9.14 所示，其中非线性电阻的伏安关系分别为 $i_1=0.1u_1+2u_1^2$，$i_2=I_0(e^{\frac{u_2}{u_T}}-1)$，以及 $u=i+i^2$，试选取合适的变量列写电路方程。

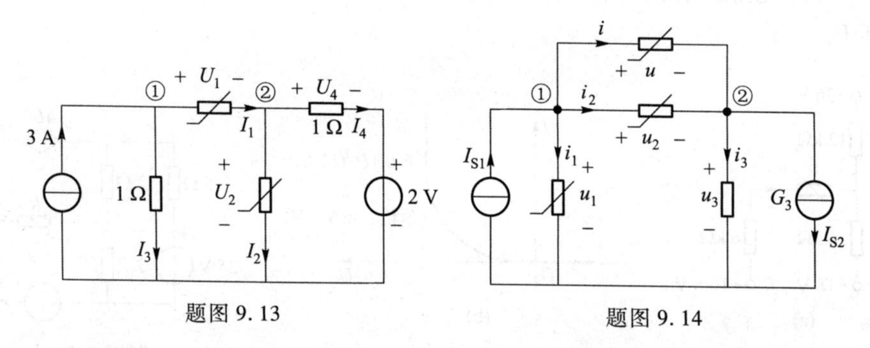

题图 9.13　　　　题图 9.14

9.15　如题图 9.15 所示非线性电阻电路中，非线性电阻的电压电流关系为 $u=2i+i^3$，当信号电压 $u_S(t)=0$ 时，回路中的电流为 1 A，在 $u_S(t)=\sin\omega t$ V 时，试用小信号分析法求电流 i。

9.16　题图 9.16 所示电路中，非线性电阻的伏安关系为 $i=u^2+u(u>0)$，$I_0=10$ A，$R_0=\frac{1}{2}$ Ω，$i_S(t)=0.07\cos\omega t$ A。试用小信号分析法求电流 i。

9.17　电路如题图 9.17 所示，非线性电阻的电压、电流关系为 $i=\frac{1}{2}u^2(u>0)$，式中电流 i 的单位为 A，电压 u 的单位为 V。电阻 $R_S=1$ Ω，直流电压源 $U_S=3$ V，直流电流源 $I_S=1$ A，小信号电压源 $u_s(t)=3\times10^{-3}\cos t$ V，试求 u 和 i。

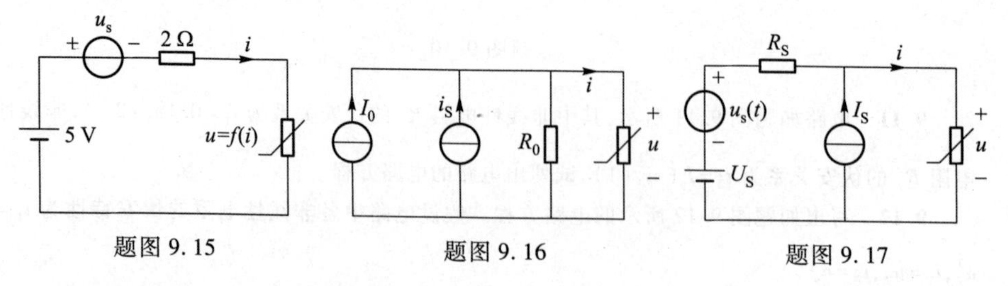

题图 9.15　　　　题图 9.16　　　　题图 9.17

9.18　题图 9.18 中(1) 当 $R=150$ Ω，$U_S=0.45$ V 时，求电路工作点；(2) $R=60$ Ω，$U_S=0.24$ V，$u_s=0.01\cos\omega t$ V，求隧道二极管上电压的时变分量。

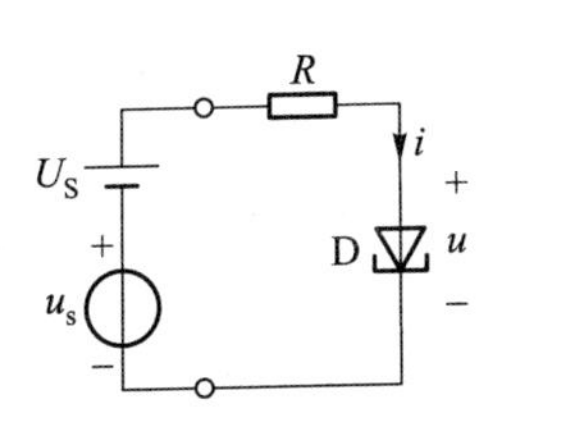

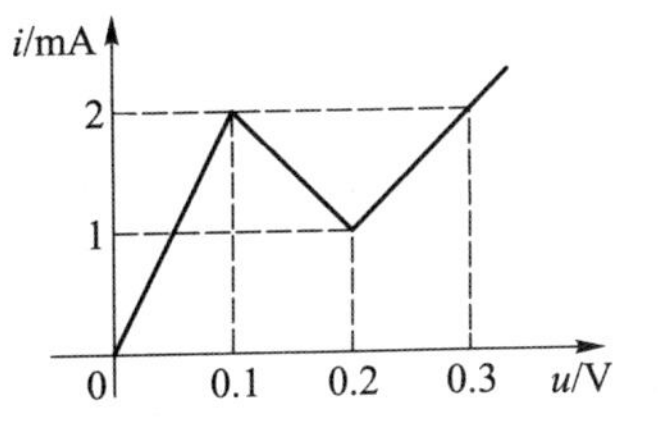

题图 9.18

***9.19** 如题图 9.19(a)所示电路的非线性电阻的特性曲线如题图 9.19(b)所示,已知 $R_1=2\ \Omega$,$R_2=8\ \Omega$,$U_S=12\ \text{V}$。求:(1) 求 ab 左端的戴维宁等效电路;(2) 若想让该电路工作在非线性特性曲线的第一段上,在不改变 ab 左端电路的前提下,需要采取什么措施后再连接非线性电阻,请给出方案和具体参数;(3) 在(2)的基础上,如果还有一个小信号 $u=U_m\sin\omega t$ 与非线性电阻串联,为保证信号不畸变,请问该信号幅度 U_m 的最大值是多少?

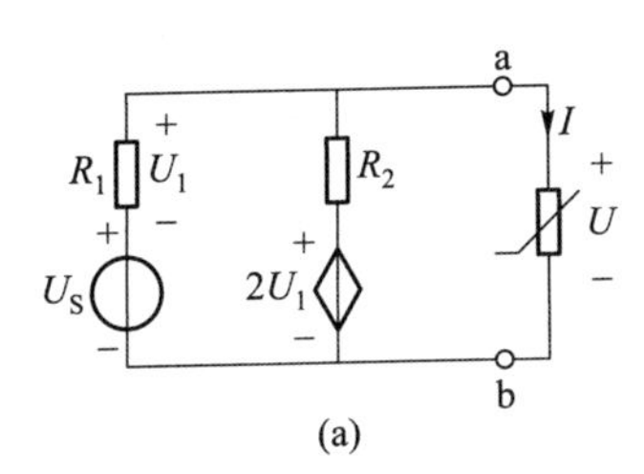

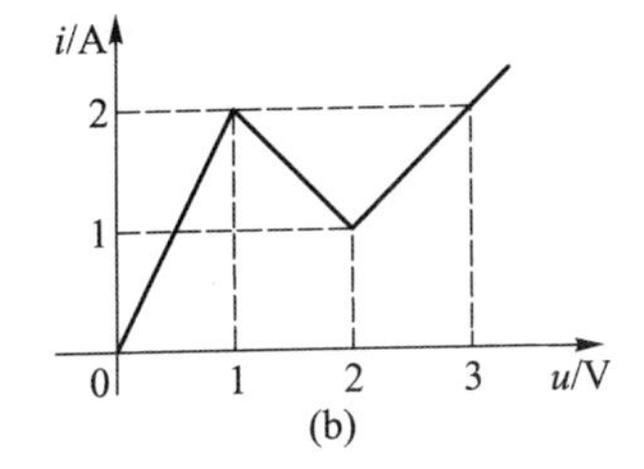

题图 9.19

***9.20** 在如题图 9.20 所示电路中,$U_1=I_1^2(I_1>0)$、$U_2=I_2^2(I_2>0)$,$I=2\ \text{A}$。(1) 求二端网络 N_A 的戴维宁等效电路。(2) 求电压 U_1。

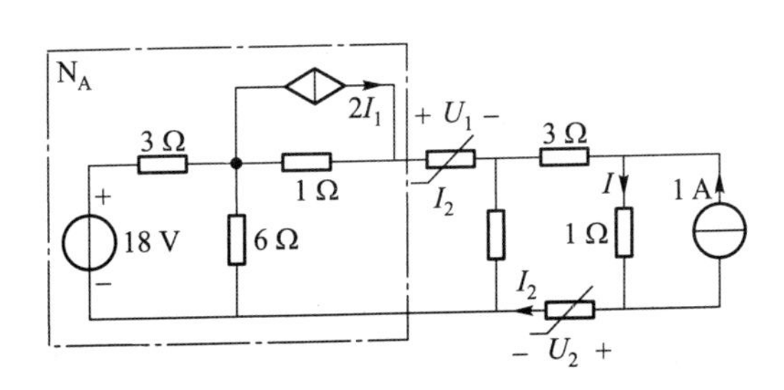

题图 9.20

***9.21** 电路如题图 9.21(a)所示,已知非线性电阻 R_1 和 R_2 的伏安特性曲线分别如题图 9.21(b)、(c)所示。线性电阻 $R_3=0.5\ \Omega$,电流源 $I_S=3\ \text{A}$,求非线性电阻 R_2 的电流 I_2。试分别采用(1) 非线性元件伏安特性等效法;(2) 分段线性迭代法;(3) 列写方程法。并考虑 Matlab 辅助计算。

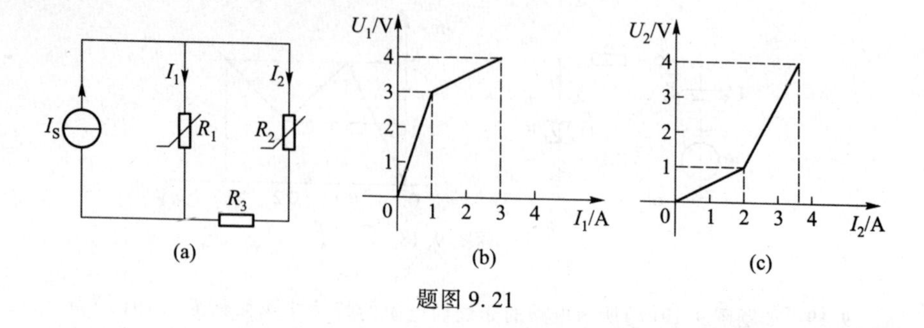

题图 9.21

9.22　放大电路如题图 9.22 所示，已知晶体管的 $\bar{\beta}=\beta=20$，$r_{bb}=80\ \Omega$，$R_B=96\ k\Omega$，$R_C=2.4\ k\Omega$，$R_E=2.4\ k\Omega$，$U_{CC}=24\ V$，交流输入信号电压有效值 $U_i=1\ V$。试分别求集电极对地输出电压 U_{o1}（有效值），和发射极对地输出电压 U_{o2}（有效值）。

9.23　放大电路如题图 9.23 所示，已知晶体管的 $\bar{\beta}=\beta=20$，$r_{bb}=80\ \Omega$，$R_B=96\ k\Omega$，$R_C=2.4\ k\Omega$，$R_E=2.4\ k\Omega$，$U_{CC}=24\ V$，交流输入信号电压有效值 $U_i=1\ V$。试求输出电压 u_O。

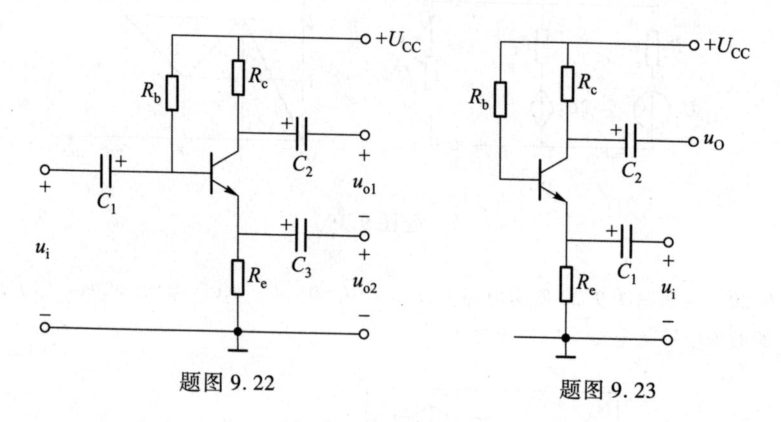

题图 9.22　　　　题图 9.23

9.24　试用图解法确定题图 9.24(a) 所示电路的 I_{DQ}、U_{DSQ}。场效晶体管的输出特性曲线如题图 9.24(b) 所示。

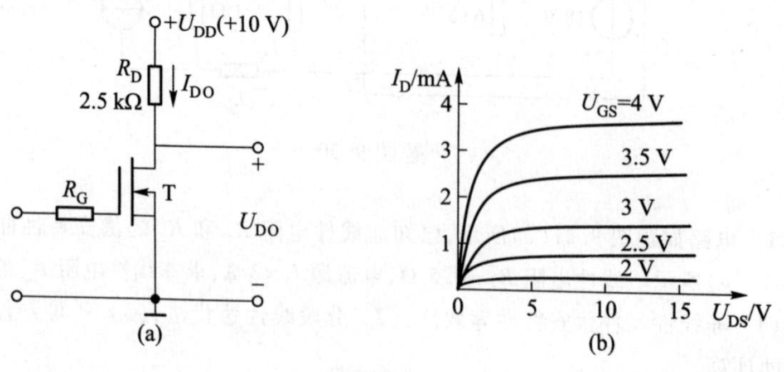

题图 9.24

9.25 请给出题图 9.25 所示三种基本放大电路的直流通路、交流通路、静态工作点计算电路和小信号分析等效电路。

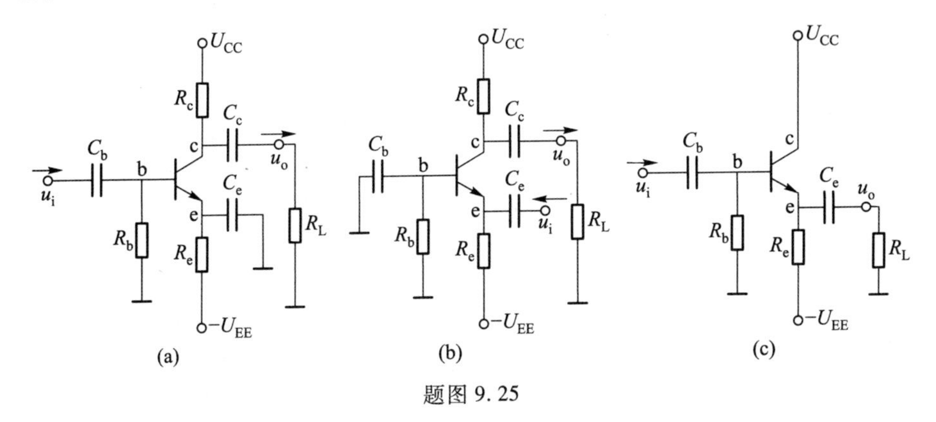

题图 9.25

9.26 FET 放大电路如题图 9.26 所示。分别画出直流通路和交流通路，静态工作点计算电路和小信号分析等效电路。

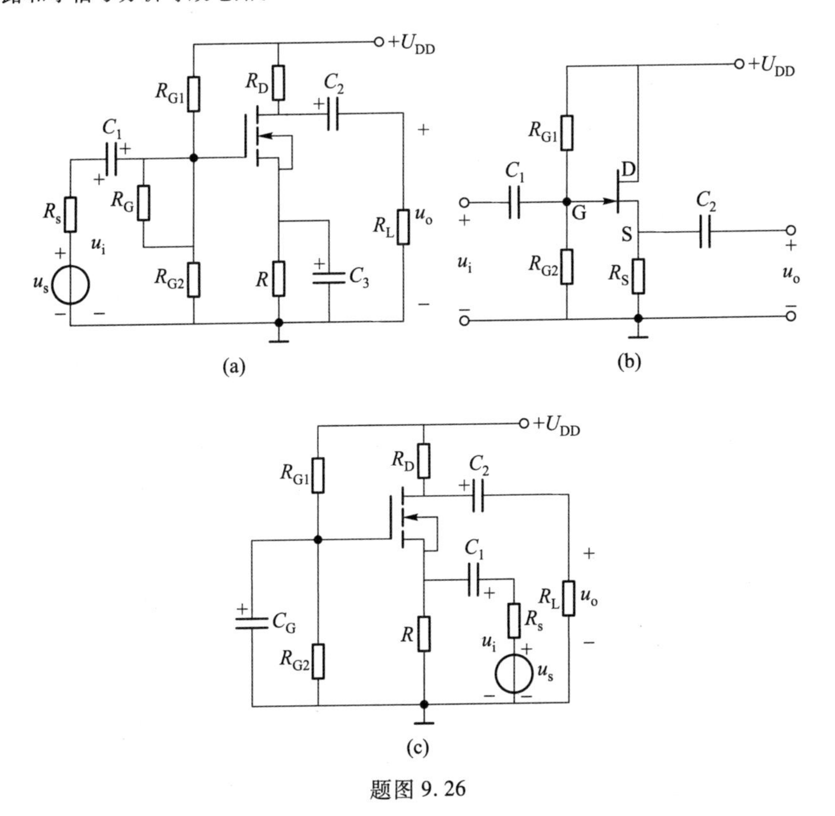

题图 9.26

附录
电子器件基础

附1　半导体与PN结

半导体材料的发现、半导体器件的发明及其制造工艺的不断完善对电子技术的发展起到了至关重要的作用。目前的电子产品,无论是其中的分立器件,还是集成电路,均需要用到半导体材料,并且都以PN结作为核心。了解半导体与PN结的一些基础性特性,有助于后续对电子电路的更好分析与理解。

附1.1　半导体

常用的半导体材料有硅、锗和砷化镓等,它们的导电能力介于导体和绝缘体之间。这些半导体材料在自然界中蕴含丰富,其中硅的使用最为广泛。

硅是四价元素,其原子结构如图附1.1(a)所示。其最外层轨道上有四个电子,称为价电子。由于原子呈中性,故作简化表示如图附1.1(b)所示。

在纯净半导体(即不含任何杂质,亦称本征半导体)中,价电子极易与相邻的原子形成共价键结构,如图附1.2所示。晶体中的共价键具有较强的结合力,在热力学温度零度和无外界能量激发的情况下,价电子被共价键束缚,不存在自由运动的电子,所以此时的半导体对外呈现绝缘体特性。

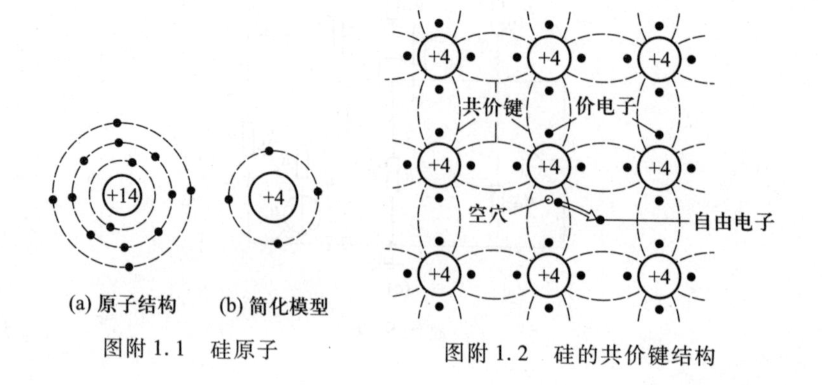

图附1.1　硅原子

图附1.2　硅的共价键结构

若温度升高(或光照等其他能量激发),有部分价电子能够获取足够的能量,从而挣脱共价键的束缚成为自由电子。这样,就会在相应的共价键中留下一个空位(亦称空穴),这一过程称为本征激发。在本征半导体中,自由电子和空穴是成对出现的,自由电子带负电,而空穴带正电。当然,自由电子在运动过程中,也会与空穴相遇,此时,一对电子空穴对将消失,这一过程称为复合。

自由电子和空穴可以分别被看成是携带负、正电荷的载流子,其浓度直接影响了本征半导体的导电能力。在一定温度时,电子空穴对的产生和复合是同时进行的,达到动态平衡时,电子空穴对便维持在一定的浓度值

$$n_i = p_i = AT^{3/2} e^{-E_G/2kT} \mathrm{cm}^{-3}$$

式中,n_i 和 p_i 分别表示本征半导体中的自由电子和空穴的浓度,A 为半导体材料系数,k 为玻耳兹曼常数,E_G 为禁带宽度常数,T 为温度。据计算,在常温($T=300$ K)时,n_i 或 p_i 的数值仅为其原子密度的三万亿分之一,所以本征半导体的导电能力是非常弱的,几乎相当于绝缘体;然而,温度每升高 10 ℃,n_i 或 p_i 的数值将增加一倍,由此可见,温度对本征半导体的导电能力影响较大。

为提高半导体的导电能力,通常会在纯净半导体中掺入少量其他元素作为杂质,形成杂质半导体。如果掺入的是五价元素如磷或砷等,由于在与周围原子形成共价键时,每一个五价元素的原子均可以多出一个电子,它不受共价键的束缚,所以只需获取很少的能量,即可以成为自由电子。在这种半导体中,由于自由电子的浓度要远大于空穴的浓度,因此也称为 N 型(电子型)半导体。这里,自由电子称为多数载流子(简称多子),空穴称为少数载流子(简称少子)。同理,如果掺入的是三价元素如硼或镓等,当它们与周围的原子形成共价键时,就会产生大量的空穴。这种以空穴为多数载流子、电子为少数载流子的半导体,称为 P 型(空穴型)半导体。

无论是 N 型还是 P 型半导体,多数载流子的浓度主要受掺杂控制,掺杂越多,多数载流子的浓度就越高,半导体的导电性能也就越强。此时,温度对半导体导电性能的影响相对很小。

载流子的定向运动在宏观上的体现即为电流。半导体中的载流子有以下两种运动形式:(1) 电场作用下的漂移运动,空穴顺电场方向运动,电子逆电场方向运动,由于两者所带的电荷极性相反,所以它们运动所产生的电流方向一致;(2) 浓度差异引起的扩散运动,无论空穴或电子,均由浓度高的区域向浓度低的区域扩散,最终达到浓度平衡。

附 1.2　PN 结

采用工艺措施将一块杂质半导体(如 P 型)中的某一区域加工为另一种类

型的杂质半导体(如N型),如图附1.3(a)所示。

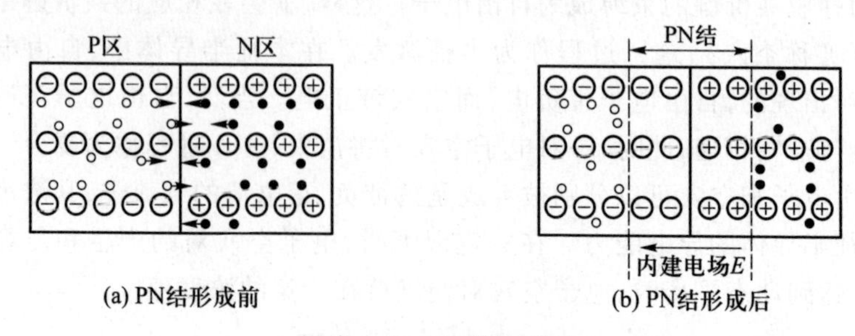

图附1.3 PN结的形成

由于P型和N型半导体之间存在着多数载流子的浓度差异,因此,P区的空穴和N区的自由电子会分别向对方作扩散运动。于是,P区在交界面附近因失去空穴而留下不能移动的负离子,而N区在交界面附近因失去电子而留下不能移动的正离子,从而形成了一个由正、负离子电荷所组成的空间电荷区(亦称耗尽区或势垒区),如图附1.3(b)所示。

由于空间电荷区的两边分别带有正负电荷,从而建立了一个由N区指向P区的内建电场,如图附1.3(b)所示。内电场的建立将阻碍多数载流子的扩散运动,但有助于少数载流子的漂移运动(即N区的空穴和P区的自由电子分别向对方漂移),当这两种运动达到动态平衡时,空间电荷区的宽度就能相对稳定,此时就称为PN结,如图附1.3(b)所示。

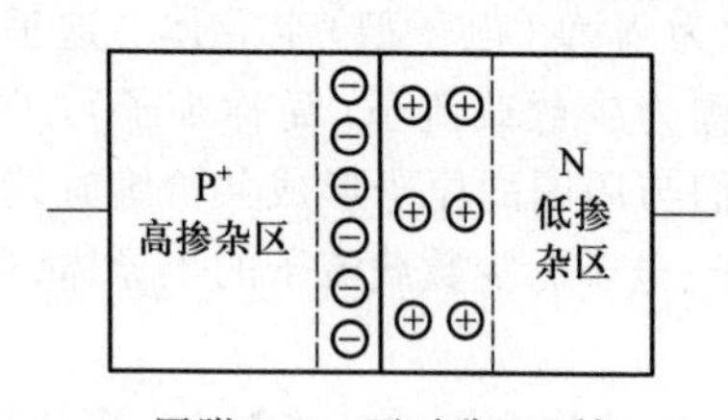

图附1.4 不对称PN结

PN结的厚度很薄(典型值约为0.5 μm)。若P区和N区的掺杂浓度不同,则可以获得不对称PN结,如图附1.4所示。

1. PN结的单向导电性

按图附1.5(a)连接线路:P区接外电源正极,N区接外电源负极,称为给PN结外加正向电压或正向偏置(简称正偏)。由于外加电场与PN结的内建电场方向相反,所以外加电场有助于P区和N区中多数载流子的扩散运动(少数载流子的漂移运动被抑制),使得PN结的宽度变窄(内建电位差降低)。此时,通过PN结的电流,主要是多数载流子扩散运动形成的扩散电流(亦称正向电流),其大小受外部电路限流电阻R的限制。当外加电压达到一定的数值后,扩散电流就可以大大增加;而且,只要外加正向电压值有微小变化,即能使扩散电流发生显著变化。

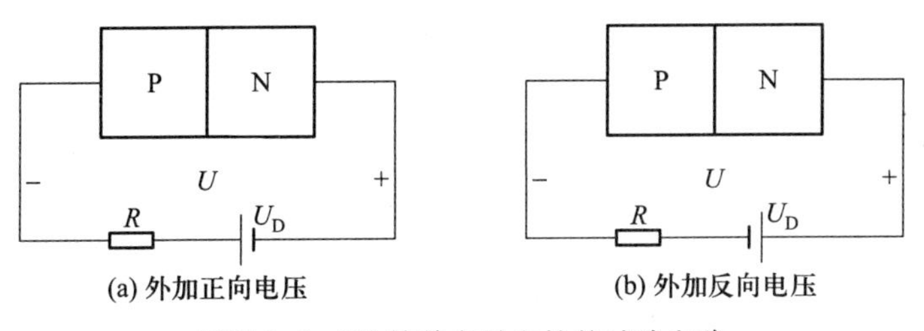

(a) 外加正向电压　　(b) 外加反向电压

图附 1.5　PN 结单向导电性的试验电路

若按图附 1.5(b)连接线路：P 区接外电源负极，N 区接外电源正极，称为给 PN 结外加负向电压或反向偏置（简称反偏）。由于外加电场与 PN 结的内建电场方向相同，所以 P 区和 N 区中多数载流子将离开 PN 结，从而使 PN 结变宽（内建电位差增加）。此时，多数载流子的扩散运动被大大抑制，少数载流子的漂移运动占优势，通过 PN 结的电流主要是少数载流子漂移运动形成的漂移电流（亦称反向电流）。在前面的分析中我们知道，少数载流子的浓度很低，因此反向电流通常远小于正向电流；另外，少数载流子的浓度几乎仅与温度有关，所以反向电流几乎不随外加电压的变化而变化，亦称反向饱和电流。

综上所述，PN 结具有单向导电性：PN 结正偏时，正向电流较大，相当于开关合上，PN 结反偏时，反向电流很小，相当于开关打开。

2. PN 结的伏安（温度）特性

PN 结的伏安特性如图附 1.6 所示，它直观形象地表示了单向导电性，其经验公式为

$$i=I_S(e^{u/U_T}-1),\quad U_T=kT/q \tag{附 1.2.1}$$

图附 1.6　PN 结的温度特性

式中，I_S 为反向饱和电流，U_T 为温度的电压当量（k 为玻耳兹曼常数，1.381×10^{-23} J/K；q 为电子电荷，1.6×10^{-19} C）。在常温（$T=300$ K）时，$U_T\approx26$ mV。

（1）正向特性（PN 结处于正向偏置时）

若 $u>U_T$（例 $u=100$ mV，则 $e^{u/U_T}\approx e^4\approx55\gg1$），式（附 1.2.1）可简化为

$$i=I_S e^{u/U_T} \tag{附 1.2.2}$$

或

$$u=U_T\ln\frac{i}{I_S}=26\ln\frac{i}{I_S}\approx60\ \lg\frac{i}{I_S}\ \text{mV} \tag{附 1.2.3}$$

由式（附 1.2.3）可知，电流每增大 10 倍，PN 结电压约增加 60 mV，这说明 PN 结的正向特性很陡，如图附 1.6 所示。

（2）反向特性（PN 结处于反向偏置时）

若 $u\leqslant100$ mV，则 $e^{u/U_T}\approx e^{-4}\ll1$，此时的式（附 1.2.1）可写成

$$i=-I_S \tag{附 1.2.4}$$

在前面的分析中我们知道，I_S 很小（分立器件的典型值为 $10^{-8}\sim10^{-14}$ A，集成电路中其值更小），且在一定的电压范围内为常数，所以 PN 结的反向特性很平坦，如图附 1.6 所示。

（3）温度特性

外加正向电压时，若温度升高，PN 结的正向电流增加，而 PN 结的正向电压却降低，所以正向特性曲线会略向左偏移（偏移系数约为 -2.5 mV/℃），如图附 1.6 的正向区域所示。

少数载流子的浓度受温度影响较大，因此当温度升高时，PN 结的反向饱和电流 I_S 将显著增加（温度每升高 10 ℃，电流值将增加约一倍），如图附 1.6 的反向区域所示。

需要注意的是，当 PN 结温度过高时，本征激发产生的少数载流子浓度有可能超过杂质原子所提供的多数载流子。此时，杂质半导体的导电性能类似于本征半导体，而 PN 结也将不再存在。因此，为保证 PN 结的正常工作，需要限制一个最高结温（硅半导体材料为 150 ℃ ~200 ℃，锗半导体材料为 75 ℃ ~100 ℃）。

3. PN 结的反向击穿现象

PN 结处于反向偏置时，其反向饱和电流很小，且在一定的电压范围内基本不变。然而，当外加的反向电压超过一定的数值时，反向电流开始急剧变大，这种现象称为 PN 结的反向击穿，如图附 1.7 所示。

由图可见：发生反向击穿时，反向电流变化很大，PN 结的两端电压却几乎不变（这一电压称为反向击穿电压，用 $U_{(BR)}$ 表示），稳压二极管正是利用这一特性制成的。在实际电路中，需要对反向电流加以限制，否则 PN 结将迅速烧坏。

反向击穿分为电击穿和热击穿两种，电击穿又包括齐纳击穿和雪崩击穿。PN结热击穿后电流很大，电压也很高，消耗在PN结上的功率很大，容易使PN结发热，把PN结烧毁。热击穿是不可逆的。

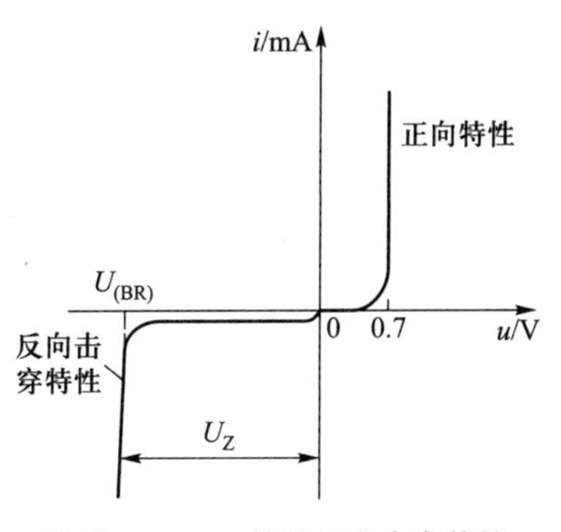

图附1.7　PN结的反向击穿特性

齐纳击穿发生在掺杂浓度较高的半导体中。此时的空间电荷区很窄，只要有不大的反向电压（一般在6 V以下）就可以破坏共价键，将价电子分离出来产生电子-空穴对，从而形成较大的反向电流。若反向电压增大到较大数值（一般在30 V以上）时，由于内电场较强，少数载流子的漂移速度被加快，在撞击中性原子时，激发了共价键中的价电子，产生电子-空穴对。新的载流子继续被加速和撞击，使载流子数呈雪崩式地倍增，从而导致反向电流剧增。这种情况称为雪崩击穿。击穿电压介于6～30 V之间的，上述两种击穿可同时发生。两种击穿都可能导致PN结的永久性损坏，所以使用时应避免PN结外加的反向电压过高。

4. PN结的电容效应

在一定条件下，PN结显现出充放电的电容效应。不同工作情况下的电容效应，可以分别用势垒电容和扩散电容来描述。

势垒电容C_B描述了PN结势垒区空间电荷随外加电压变化而产生的电容效应。当PN结外加正向电压升高时，N区的电子和P区空穴进入耗尽区，相当于电子和空穴分别向C_B充电。当外加正向电压降低或为反向电压时，电子和空穴分别离开耗尽区，类似于电子和空穴从C_B放电。

C_B是非线性电容，其值（一般在1～100 pF）与PN结面积、势垒区宽度及外加电压有关。利用C_B值随外加电压而变化的特性，可以制成变容二极管。在PN结反偏时，C_B的作用不能忽视，特别是在高频时，它对电路有较大的影响。

PN结的扩散电容C_D描述了积累在P区的电子或N区的空穴随外加电压的变化的电容效应。PN结正向导电时，多子扩散到对方区域后，在PN结边界上积累，并有一定的浓度分布。积累的电荷量随外加电压的变化而变化，当PN结正向电压加大时，正向电流随着加大，这就要求有更多的载流子积累起来以满足电流加大的要求；而当正向电压减小时，正向电流减小，积累在P区的电子或N区的空穴就要相对减小，这样，当外加电压变化时，有载流子向PN结充入或放出。

C_D 是非线性电容，PN 结正偏时，C_D 较大，反偏时由于载流子数目很少，因此扩散电容数值很小，一般可以忽略。

由于 PN 结结电容 C_j（包括 C_B 和 C_D，等于两者之和）的存在，使其在高频运用时，必须考虑结电容的影响。PN 结高频等效电路可表示为电阻 r 与结电容 C_j 的并联。C_j 的大小除了与本身结构和工艺有关外，还与外加电压有关。当 PN 结处于正向偏置时，r 为正向电阻，数值很小，而结电容较大（主要决定于扩散电容 C_D）。当 PN 结处于反向偏置时，r 为反向电阻，其数值较大，结电容较小（主要决定于势垒电容 C_B）。

附 2　晶体管及其载流子的可控原理

晶体管有自由电子和空穴两种不同极性的载流子参与导电，所以又名双极型晶体管（Bipolar Junction Transistor，简写为 BJT）。

晶体管可以有多种分类方式。一般，根据材料组成的不同可分为硅和锗两种类型，根据内部掺杂方式的不同可分为 NPN 和 PNP 两种类型；另外，也可以根据工作频率分为高频、中频和低频，根据输出功率分为大功率、中功率和小功率。由于电子相比空穴有更好的迁移特性，所以 NPN 型通常要用得更多些，以下内容以硅材料 NPN 型晶体管为例。

附 2.1　晶体管的基本结构

晶体管有两种基本的结构形式：NPN 型和 PNP 型。以 NPN 型晶体管为例，其内部区域分布如图附 2.1（a）所示（SiO_2 为绝缘层），包含三块不同的杂质半导体区域：底层为 N^+ 型区域，称为集电区，其特点是面积较大，掺杂浓度相对高；中间层为 P 型区域，称为基区，特点是厚度很薄（μm 数量级），掺杂浓度相对低；上层为 N^{++} 型区域，称为发射区，特点是面积较小，掺杂浓度很高。由于发射区和

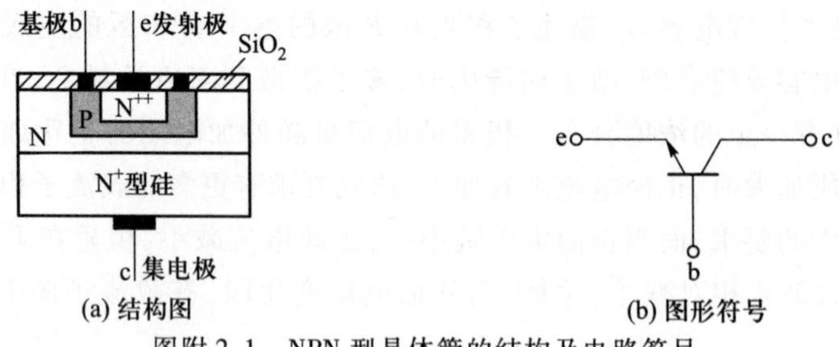

图附 2.1　NPN 型晶体管的结构及电路符号

集电区分别位于基区的两侧，所以从内部结构看，晶体管包含两个背向且靠得很近的 PN 结，分别称为集电结 J_C 和发射结 J_E。

从外形看，晶体管有三个电极：集电极 c、基极 b 和发射极 e，分别对应其内部的三块区域，所以晶体管是三端电子器件。在电路图中，晶体管的符号如图附 2.1(b)所示，其中，发射极的箭头方向表示发射结正偏时，晶体管内的实际电流方向。

PNP 型晶体管与 NPN 型的区别在于：所有区域的掺杂类型相反。由此，导致在实际的工作电路中，所有的电压电流方向也均相反。图附 2.2(a)、(b)所示 PNP 型晶体管内部区域分布及符号。

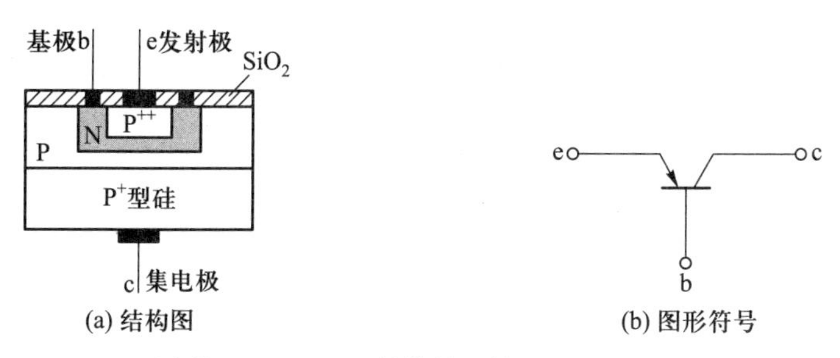

(a) 结构图　　(b) 图形符号

图附 2.2　PNP 型晶体管的结构及电路符号

附 2.2　晶体管的内部载流子

晶体管工作时，通过改变两个 PN 结上的偏置电压，能有效地控制内部载流子的运动，从而使晶体管呈现出完全不同于二极管的特性。下面，以图附 2.3 所示 NPN 型晶体管（包括外部偏置电压）为例，简要说明晶体管内部载流子的运动情况。

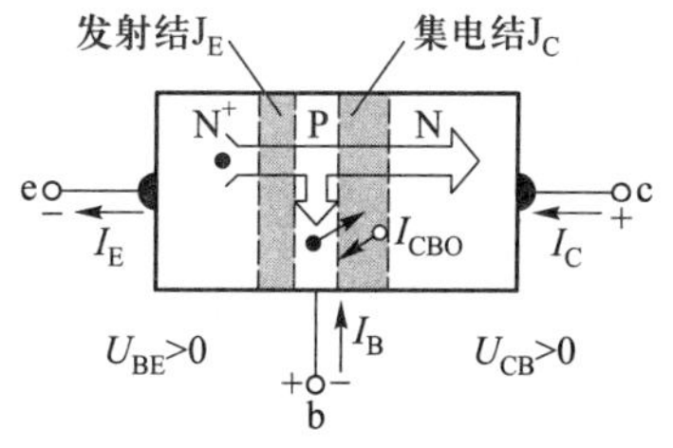

图附 2.3　NPN 型晶体管的内部载流子运动

图附 2.3 中，发射结上的偏置电压 $U_{BE}>0$（发射结 J_E 正偏），发射区和基区的多数载流子将大量地扩散至对方区域，并共同组成发射极电流 I_E；由于发射区的掺杂浓度很高，因此 I_E 以发射区的电子电流为主。发射区的电子进入基区后，其中的一部分被基区的多数载流子复合，从而形成基极电流 I_B；由于基区很薄，且掺杂浓度低，所以基区的复合率很低，I_B 一般很小。同时，在集电结偏置电压 $U_{CB}>0$（集电结 J_C 反偏）条件下，绝大部分进入基区的发射区电子，能漂移至集电区，并形成集电极电流 I_C；由于集电区的面积很大，所以有利于收集电子。另外，集电区和基区的少数载流子的漂移运动还将形成反向饱和电流 I_{CBO}。

根据以上分析,可知

$$\begin{aligned} I_E &= I_{EN} + I_{EP} \approx I_{EN} \\ I_B &= I_{BN} + I_{EP} - I_{CBO} \approx I_{BN} \\ I_C &= I_{CN} + I_{CBO} \approx I_{CN} \end{aligned} \tag{附 2.2.1}$$

式中,I_{EP}表示基区多数载流子的扩散电流,I_{EN}和 I_{BN}分别表示发射区电子电流、发射区电子进入基区后的复合电流,$I_{CN}=I_{EN}-I_{BN}$。由此,针对晶体管,有:$I_E=I_B+I_C$。

附 2.3　晶体管的工作状态与电路组态

在实际应用中,根据晶体管两个 PN 结的不同的偏置,可以得到四种不同的工作模式:

(1) 发射结正偏,集电结反偏,晶体管处于放大工作状态;

(2) 发射结反偏,集电结反偏,晶体管处于截止工作状态;

(3) 发射结正偏,集电结正偏,晶体管处于饱和工作状态;

(4) 发射结反偏,集电结正偏,晶体管处于倒置(反向放大)工作状态。

在模拟电子电路中,晶体管通常处于放大工作状态,作为放大器使用;在数字和脉冲电路中,主要应用晶体管的截止与饱和两种工作状态,作为开关使用。倒置工作状态的应用较少(在后续数字 TTL 集成门电路内部结构中可见这种工作状态)。

由晶体管构成的应用电路,通常以某两个电极分别作为输入端和输出端,剩下的第三电极作为输入输出的公共端。为使晶体管正常工作,集电极不能作为输入端,基极不能作为输出端,而公共端可以连接至任意一个电极。因此,有三种基本的晶体管电路连接方式:共基极、共发射极和共集电极,分别对应三种基本组态:共基(CB)、共射(CE)和共集(CC),分别如图附 2.4 所示。图中,发射结和集电结分别要求正偏和反偏,以保障晶体管工作于放大状态。

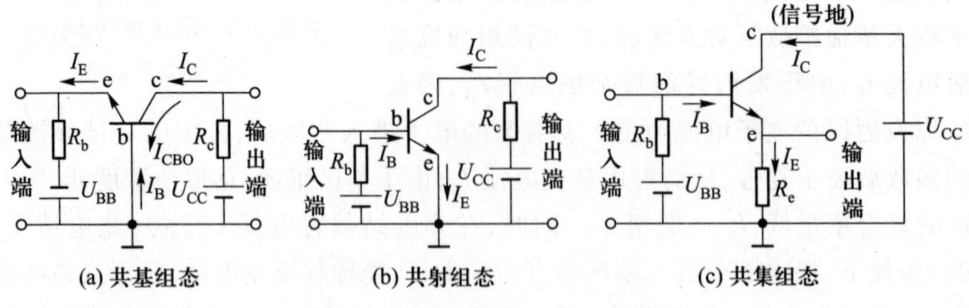

图附 2.4　晶体管的三种基本组态

图附 2.4(a)所示共基组态中,输入电流为 I_E,输出电流为 I_C。为表示输入输出电流之间的关系,定义共基极直流电流放大系数 $\bar{\alpha}$

$$\bar{\alpha}=\frac{I_{CN}}{I_{EN}} \tag{附 2.3.1}$$

$\bar{\alpha}$ 表示到达集电区的电子电流 I_{CN} 在总的发射区电子电流 I_{EN} 中所占的比例,是晶体管电路的输入输出电流传输比。$\bar{\alpha}$ 的数值恒小于 1(典型值为 0.95 ~ 0.995)。将式(附 2.3.1)代入式(附 2.2.1)后,可得

$$I_C=\bar{\alpha}I_{EN}+I_{CBO}\approx\bar{\alpha}I_E \tag{附 2.3.2}$$

式(附 2.3.2)说明,在共基组态中,若 $\bar{\alpha}$ 为常数,则输出电流 I_C 与输入电流 I_E 成线性关系。

图附 2.4(b)所示共射组态中,输入电流为 I_B,输出电流为 I_C。同样,定义共射极直流电流放大系数 $\bar{\beta}$

$$\bar{\beta}=\frac{I_{CN}}{I_{BN}} \tag{附 2.3.3}$$

由于 $I_{EN}=I_{CN}+I_{BN}$,所以

$$\bar{\beta}=\frac{\bar{\alpha}}{1-\bar{\alpha}} \tag{附 2.3.4}$$

$\bar{\beta}$ 表示到达集电区的电子电流 I_{CN} 与在基区被复合的电子电流 I_{BN} 的比例,同时 $\bar{\beta}$ 也是晶体管电路的输入输出电流传输比。根据 $\bar{\alpha}$ 的典型数值,$\bar{\beta}\gg 1(20\sim 200)$。将式(附 2.3.3)代入至式(附 2.2.1)后,可得

$$I_C=\bar{\beta}I_B+(1+\bar{\beta})I_{CBO}\approx\bar{\beta}I_B \tag{附 2.3.5}$$

式中,$(1+\bar{\beta})I_{CBO}$ 是基极开路($I_B=0$)时,流过集电极与发射极之间的电流,也称为穿透电流,用 I_{CEO} 表示。式(附 2.3.5)说明,在共射组态中,若 $\bar{\beta}$ 为常数,则输出电流 I_C 与输入电流 I_B 成线性关系。

图附 2.4(c)所示共集组态中,输入电流为 I_B,输出电流为 I_E。此时有

$$I_E=I_B+I_C=(1+\bar{\beta})I_B+I_{CEO}\approx(1+\bar{\beta})I_B \tag{附 2.3.6}$$

式(附 2.3.6)说明,在共集组态中,若 $\bar{\beta}$ 为常数,则输出电流 I_E 与输入电流 I_B 呈线性关系。

综上所述,晶体管是一种电流控制型器件,其输出电流与输入电流成线性关系,可以通过控制晶体管电路的输入电流来改变输出电流。晶体管在共射和共集组态下有电流放大作用,在共基组态下无电流放大作用。

附 3　场效晶体管及其沟道控制原理

场效晶体管简写为 FET(Field Effect Transistor)。由于其工作电流主要由多数载流子的漂移运动形成,所以又名单极型晶体管。与晶体管相比,场效晶体管具有输入阻抗高(可达 $10^9\ \Omega \sim 10^{15}\ \Omega$,而晶体管一般为 $10^2\ \Omega \sim 10^4\ \Omega$)、热稳定性好、噪声低、抗辐射能力强和制造工艺简单、易于大规模集成等优点,因而得到了广泛的应用。

根据结构和制造工艺的不同,场效晶体管分为两大类:绝缘栅型场效晶体管(简称 IGFET, Insulated Gate Field Effect Transistor)和结型场效晶体管(简称 JFET, Junction Type Field Effect Transistor);根据所用基片(衬底)半导体材料的不同,又可分 N 沟道和 P 沟道两类;另外,绝缘栅型场效晶体管根据导电机理的不同,还有增强型和耗尽型之分。

下面,针对上述各类场效晶体管,详细说明它们的基本结构及其导电机理。

附 3.1　N 沟道增强型绝缘栅型场效晶体管

图附 3.1(a)所示为 N 沟道增强型绝缘栅型场效晶体管的内部结构图。它以低掺杂的 P 型硅作为基片(也称为衬底 B),同时在其上扩散两个高掺杂的 N^+ 型区,并引出两个电极,分别称为源极 S 和漏极 D。P 型硅表面用热氧化的方法生成一层很薄的二氧化硅(SiO_2)绝缘层,然后在两个 N^+ 型区之间的绝缘层上再制作一层金属铝,对应的引出电极作为栅极 G。从结构上看,这种场效晶体管是由"金属-氧化物-半导体"组成,所以也称为 MOSFET(或 MOS, Metal-Oxide-Semiconductor)管。

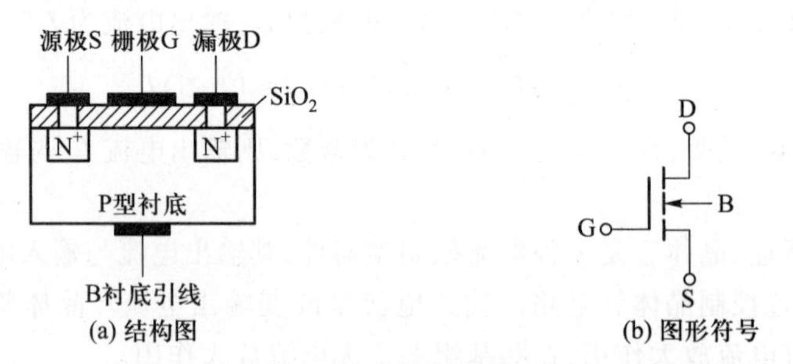

图附 3.1　N 沟道增强型绝缘栅型场效晶体管的内部结构及电路符号

从结构上看，由于栅极与其他电极绝缘，因此被称为绝缘栅场效晶体管。另外，当栅极和源极之间不加电压（即 $u_{GS}=0$）时，由于两个 N^+ 型区之间被 P 型衬底隔开（不存在导电沟道），所以无论漏极和源极之间的外加电压 u_{DS} 如何变化，都不会产生漏极电流（即 $i_D \equiv 0$）。

这种类型场效晶体管的电路符号如图附 3.1(b) 所示。其中，栅极的引线位置偏向源极，漏极与源极之间为三段虚线（表示 $u_{GS}=0$ 时无导电沟道），衬底上的箭头方向表示两个 PN 结正向导通时的电流方向（与晶体管的表示方式类似）。

与晶体管一样，场效晶体管也只有在各电极之间加上合适的工作电压后，才能充分发挥它的控制作用。在正常工作中，场效晶体管的衬底常和源极接在一起，由此，场效晶体管也相当于一个三端电子器件。下面，以图附 3.2 所示场效晶体管电路为例，分析场效晶体管的导电沟道性质及其导电控制原理。此电路中，栅源间加控制电压 u_{GS}（$u_{GS}>0$），漏源间加控制电压 u_{DS}（$u_{DS}>0$）。根据之前晶体管电路组态的分类原则，场效晶体管电路也有三种基本的组态：共栅（CG）、共源（CS）和共漏（CD），显然，图附 3.2 所示为共源（CS）接法。

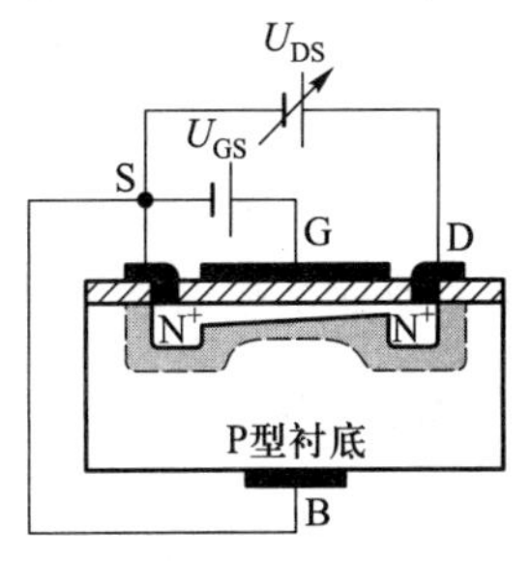

图附 3.2　共源（CS）接法的场效晶体管电路

首先，当 $u_{GS}=0$ 时，不存在导电沟道，此时无论 u_{DS} 如何变化，$i_D \equiv 0$。

若 $u_{GS}>0$（暂不考虑 u_{DS}，即 $u_{DS}=0$），由于衬底和源极是接在一起的，因此 u_{GS} 将在栅极与衬底之间产生一个垂直电场，其方向由栅极指向衬底。于是，P 型衬底中的多数载流子（空穴）向下运动，从而在表面留下不能移动的负离子，同时，P 型衬底中的少数载流子（电子）也会向上运动。由此，逐渐地在 P 型衬底表面形成了由负离子和电子构成的特殊层面，这一过程被称为感应出电子层（或 N 型层、反型层）。随着 u_{GS} 的增加，电子层从无到有，从断续到连续。当 u_{GS} 增加到某一定值后，该电子层使两个 N^+ 型区连通，从而使漏极和源极之间呈现低阻（沟道电阻比较小）。此时如果外加 u_{DS}，即有可能产生漏极电流 i_D。由于 i_D 通过的是两个 N^+ 型区之间的 N 型导电沟道，因此被称为 N 沟道场效晶体管。另外，i_D 还与 u_{GS} 有关，u_{GS} 越大，导电沟道越厚，沟道电阻越小，i_D 也就越大，因此被称为增强（E，enhance）型场效晶体管。一般，定义开始形成导电沟道所需要的最小栅源电压 u_{GS} 为开启电压，写成 $U_{GS(th)}$ 或 U_T。

在 $u_{GS}>U_T$ 的情况下加上 u_{DS}，产生的漏极电流 i_D 将由漏极流向源极。由于沟道电阻的存在，i_D 沿沟道方向会产生电压降，使栅极与沟道中各点的电场产生不均匀分布：近源端的电压差较高，近似为 u_{GS}；近漏端电压差较低，$u_{GD}=u_{GS}-$

u_{DS},所以沟道从源区至漏区逐渐变窄,呈楔形分布,如图附 3.2 所示。当 u_{DS} 较小(同时 u_{GS} 不变)时,由于沟道始终存在,所以 i_D 几乎随 u_{DS} 的增加而线性增加。

若 u_{DS} 增加到使 $u_{GD}=U_T$(即 $u_{DS}=u_{GS}-U_T$)后,近漏端处的沟道消失(称为预夹断),此时沟道由楔形分布变为三角形分布。此后,如果 u_{DS} 继续增加,夹断点将逐步向源区靠近。由于栅极至夹断点的电压差始终为($u_{GS}-U_T$),因此 u_{DS} 的增加部分将全部加在夹断区域(夹断点至漏区),形成较强的电场,使电子经夹断区漂移至漏区,从而维持漏极电流 i_D。这时,i_D 的大小主要取决于未夹断区内的压降,所以 i_D 几乎不随 u_{DS} 的增加而增加,而是趋于恒定值(或略有增加,也称为饱和)。此时,i_D 的大小变化将完全受 u_{GS} 的影响(u_{GS} 越大,i_D 越大)。

综上所述,场效晶体管是一种电压控制型器件,它利用栅源电压 u_{GS} 产生的电场效应来控制漏极电流 i_D。

附 3.2　N 沟道耗尽型绝缘栅型场效晶体管

从结构上看,耗尽(D,Depletion)型场效晶体管与增强型的基本相同,区别在于它在制造过程中,已经人为地在栅极下方的 SiO_2 绝缘层中掺入了大量的钾(K^+)或钠(Na^+)离子。这样,依靠这些正离子产生的电场,即使 $u_{GS}=0$,也能使 P 型衬底表面感应出 N 型的反型层,使两个 N^+ 型区连通,形成原始的 N 型导电沟道。此时如果外加 u_{DS},即有可能产生漏极电流 i_D。

图附 3.3 是这种类型场效晶体管的电路符号图。由图可见,它与增强型的区别在于漏极与源极之间为一条直线(表示 $u_{GS}=0$ 时已存在原始的导电沟道)。

从导电控制原理看,耗尽型场效晶体管中 u_{GS} 和 u_{DS} 的大小变化对沟道形状,以及漏极电流 i_D 的影响,与增强型的基本相同。区别在于:u_{GS} 可以减小至负值,此时原始导电沟道的厚度将变薄,沟道电阻增大,i_D 减小;当 u_{GS} 减小到某一定值后,导电沟道会消失,导致 $i_D\approx0$(类似于增强型尚未形成导电沟道时)。一般,定义使导电沟道消失所需要的栅源电压 u_{GS} 为夹断电压,写成 $U_{GS(off)}$ 或 U_P($U_P<0$)。

附 3.3　N 沟道结型场效晶体管

结型场效晶体管在结构上与绝缘栅型的不同。图附 3.4 左侧所示 N 沟道结型场效晶体管的内部结构和电路符号图。它是在一块低掺杂的 N 型半导体两侧扩散两个掺杂很高的 P^+ 型区,并形成两个 PN 结。然后,将两个 P^+ 型区连在一起,引出一个电极作为栅极 G;在 N 型半导体两端各引出一个电极,分别作为源极 S 和漏极 D。此时,夹在两个 PN 结中间的 N 型区即为漏极和源极之间的 N 型导电沟道。其电路符号如图附 3.4 右侧所示。

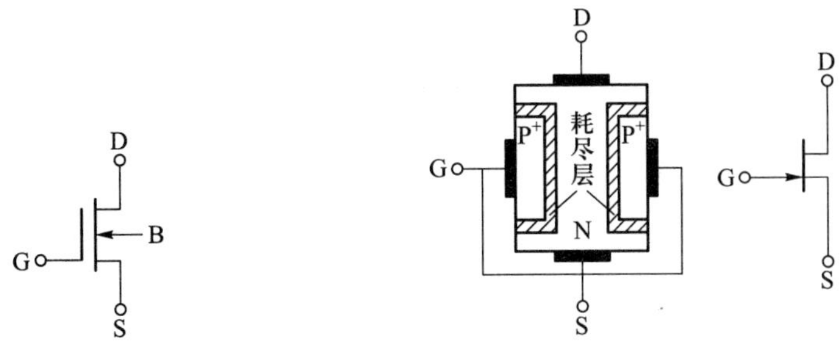

图附3.3　NMOS(D型)电路符号　图附3.4　结型场效晶体管的内部结构和电路符号

显然,结型场效晶体管在 $u_{GS}=0$ 时,就已存在原始的导电沟道。从导电控制原理看,其 u_{GS} 和 u_{DS} 的大小变化对沟道形状以及漏极电流 i_D 的影响,与耗尽型的基本相同,所以在实际使用中,往往将这种类型的场效晶体管归属于耗尽型。需要注意的是,结型场效晶体管在正常使用时,两个PN结必须加上反向偏压(即 $u_{GS}<0$),否则会出现栅极电流。

结型场效晶体管主要利用反偏电压 u_{GS} 使PN结的耗尽层宽度改变,从而使导电沟道的截面积改变,以达到控制漏极电流 i_D 的目的,所以又称为体内场效应器件;而绝缘栅型则主要通过改变衬底表层沟道的厚度来控制 i_D,因此被称为表面场效应器件。

附3.4　P沟道场效晶体管

上述各类N沟道场效晶体管,分别另有一种与之对偶的结构形式,称为P沟道。从结构上说,P沟道绝缘栅型场效晶体管是在制造中,将衬底改为N型半导体(P沟道结型场效晶体管则是将低掺杂的N型半导体区域改为P型);从工作机理上说,它们与N沟道场效晶体管相同,只是 u_{GS} 和 u_{DS} 的极性,以及 i_D 的方向均与N沟道场效晶体管相反。它们在电路中的符号表示分别如图附3.5(a)、(b)和(c)所示。

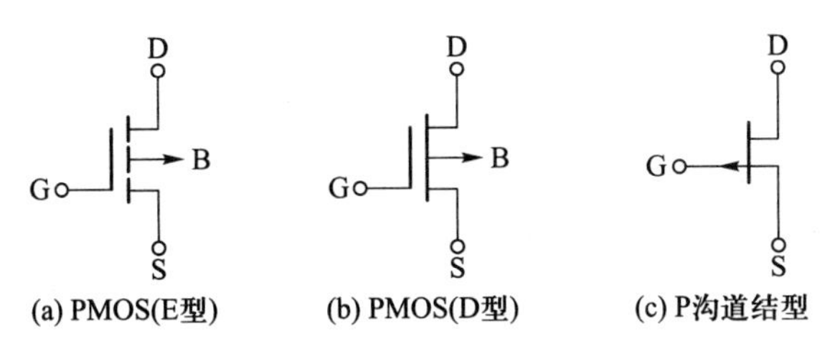

图附3.5　P沟道场效晶体管的电路符号

参考答案

习题 2

2.1 (a) $I=-1$ A;(b) $U=-2$ V;(c) $U=10$ V;(d) $U=-U_S+IR$

2.2 (a) $P=5$ W,发出功率;(b) $P=10$ W 吸收功率;(c) $P=I^2R$,吸收功率;$P_U=-UI$,发出功率

2.3 (1) 确知、周期、连续;(2) 确知、非周期、连续;(3) 确知、周期、离散;(4) 非周期、离散

2.4 $I_1=-3$ A,$I_2=4$ A,$I_5=3$ A,$I_6=0$ A,$I_7=-5$ A

2.5 $U_2=-19$ V,$U_3=14$ V,$U_5=11$ V,$U_7=-6$ V

2.6 $U=32$ V,$I=-4$ A

2.7 $I_1=\frac{90}{29}$ A,$I_2=-\frac{70}{29}$ A,$I_3=-\frac{20}{29}$ A,$I_4=-\frac{110}{29}$ A,$I_5=\frac{50}{29}$ A

2.8 $I_3=1$ A

$R_5=12\ \Omega$

$U_S=20$ V

2.9 $I_1=-1$ A,$I_2=-4$ A,$U_{ab}=7$ V

2.10 $I_1=1$ A

$I_2=1$ A

$I_3=2$ A

$I_4=2$ A

2.11 $P_{U_S}=15$ W(发出),$P_{I_S}=6$ W(发出),$U_{ab}=24$ V,$U_{bc}=0$ V

2.12 $\varphi_a=12$ V;$\varphi_b=50$ V

2.13 50,100,不能

2.14 $U_L=-\frac{\mu U_S R_L}{R_B+R_L+\mu R_B}$

2.15 $u_{ce}=-\beta\frac{u_s}{R_s+R_B}R_L$

2.16 $I_1=0$,$U_a=4$ V,$U_b=0$,$U_c=0$,$I_2=-2$ A,$I_3=5$ A,$I_4=-3$ A,$I_5=0$,$U_d=0$,$U_e=-7$ V,$U_f=19$ V,$U_g=3$ V,$I_6=5$ A

2.17 ce 开路:$\varphi_a=3.75$ V;ce 短路:$\varphi_a=1.7$ V

2.18 (1) $R_c=1$ kΩ (2) $U_{CE}=3$ V,$U_{BE}=0.65$ V (3) $I_1=0.2$ mA,$I_E=2.05$ mA

2.19 (1) $i_c=-1.334$ mA;(2) $U_e=-0.2/30\times10^3\times201\times200$ V$=-0.268$ V;(3) 电源的功

率(0.227+1.334)×9 W=14.046 W

2.20 (1)二极管电流为 2 mA,U_b=20 V (2)a 点电位≤-11 V

2.21 ΔU_0=-80 V

习题 3

3.1 1 mA,1.33 mA

3.2 (a)截止,U_{AO}=-12 V;(b)导通,U_{AO}=-15 V;(c)D_1 导通,D_2 截止,U_{AO}=0 V;(d)D_1 导通,D_2 截止,U_{AO}=0 V;(e)D_1、D_2 均导通 $U_{AO}\approx$50 mV

3.3

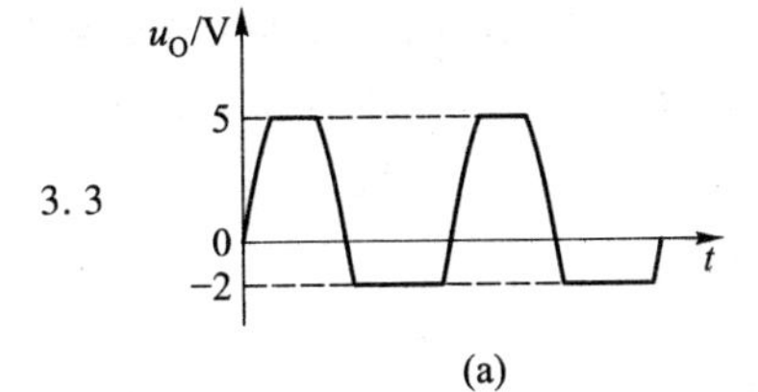

(a)

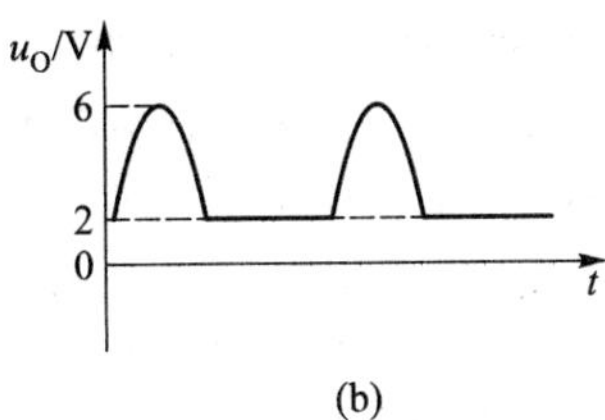

(b)

3.4

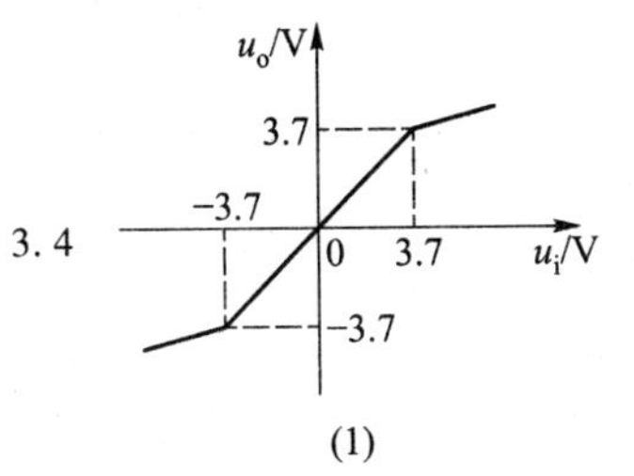

(1)

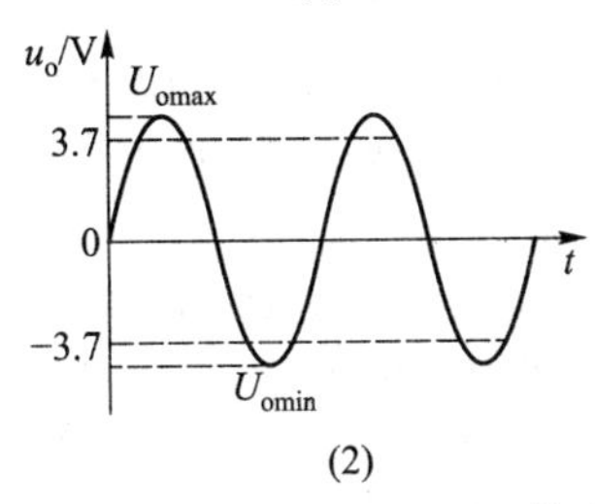

(2)

3.5 U_S=3 V 时,D_1 截止,D_2 ~ D_4 导通;U_S=0 V 时,D_1 导通,D_2 ~ D_4 截止

3.6 截止

3.7

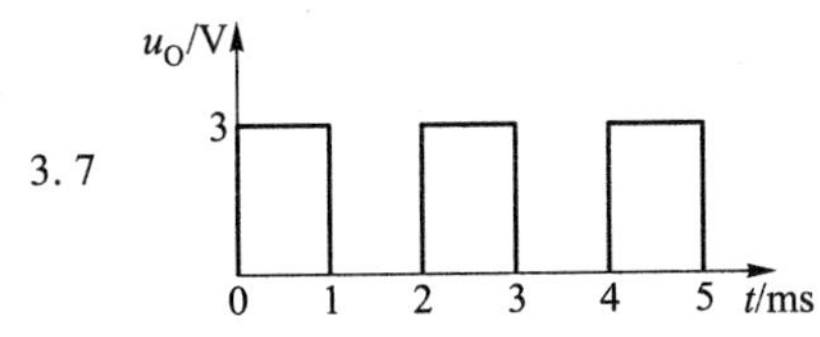

3.8 略

3.9

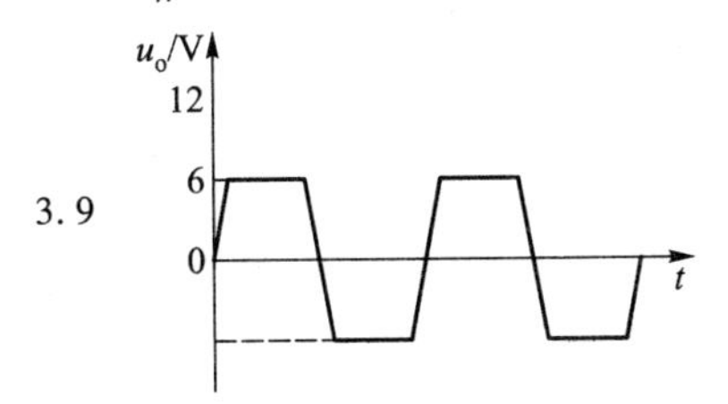

3.10 350 Ω≤R≤375 Ω

3.11 (1)u_L=(8+0.667cos ωt) V,0.667/8;(2)工作点 6 V,3 mA,u_L=(6+0.01cos ωt) V,0.01/6

3.12 (1)J_e 正偏,J_c 反偏,放大;(2)J_e、J_c 均正偏,饱和;(3)J_e、J_c 均反偏,截止;

(4) J_e 反偏，J_c 正偏，反向放大(或称倒置)状态

3.13　(a) 饱和(b) 截止(c) 放大

3.14　(a) 是 PNP 型锗管，①、②、③分别是 b、e、c 极；(b) 是 NPN 型硅管，①、②、③分别是 c、e、b 极；(c) 是 NPN 型锗管，①、②、③分别是 b、c、e 极；(d) 是 PNP 型硅管，①、②、③分别是 c、e、b 极

3.15　图(b)、(e)、(g)中的晶体管工作于放大状态。图(d)、(f)，其晶体管处于饱和状态。图(a)中晶体管工作于截止状态。图(c)中的晶体管工作于倒置状态，因为它的发射结被反向偏置，集电结被正向偏置。图(h)中的晶体管，其 $U_{BE}=2.7$ V，已远大于硅 NPN 型晶体管发射结正向偏置时的电压，故该管已损坏。分析：(1) 发射结与集电结的偏置情况是判断管子工作状态的依据；(2) 发射结正向偏置时，硅管和锗管的 $|U_{BE}|$ 分别为 0.6 ~ 0.8 V 和 0.2 ~ 0.4 V。当发射结正向偏置且 $|U_{BE}|$ 远远大于这一范围时，管子发射极与基极间已开路，而 $|U_{BE}|=0$ 时，两个电极间已短路，管子均可能已经损坏

3.16　(1) $I_B \approx 0.34$ mA、$I_C=16.66$ mA、$U_{CE}\approx 3.39$ V；(2) 饱和

3.17　(1) $I_B\approx 32.5$ μA、$I_C=6.5$ mA、$U_{CE}=-1.2$ V；(2)：(a) 当 $R_{b2}=2$ kΩ 时，截止；(b) 当 $R_{b1}=15$ kΩ 时，饱和；(c) 当 $R_e=100$ Ω 时，饱和

3.18　(a) N 沟道增强型 MOSFET。$U_{GS(th)}=1$ V。(b) P 沟道增强型 MOSFET。$U_{GS(th)}=-1$ V。

MOS 管饱和区与非饱和区的分界线方程为：$|U_{DS}|=|U_{GS}-U_{GS(th)}|$

3.19　(a) N 沟道 JFET。$U_{GS(off)}=-3.5$ V。(b) N 沟道耗尽型 MOS 管。$U_{GS(off)}=-1.5$ V。(c) P 沟道耗尽型 MOS 管。$U_{GS(off)}=0.75$ V。由输出特性画转移特性的方法如下：在输出特性上，作 $U_{DS}=C$(常数)的一条直线，找出对应的 I_D 与 U_{GS} 值，并将其画在转移特性(U_{GS} 与 I_D)的坐标系中

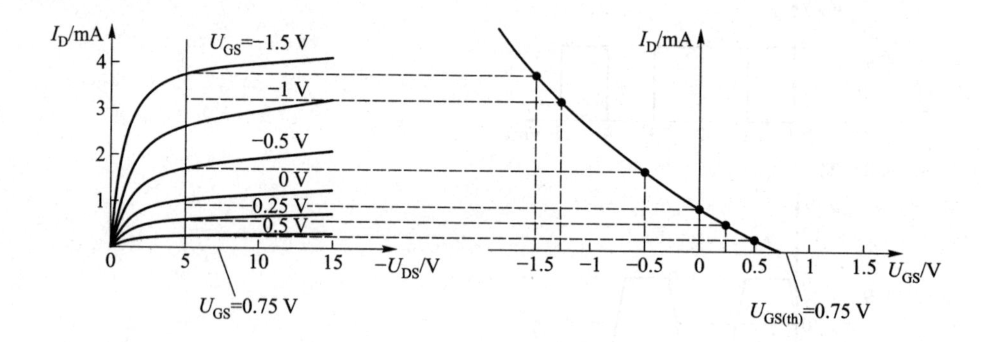

3.20　$I_D=0.18$ mA，$g_m=0.24$ mS

3.21　略

3.22　当 $u_I=4$ V 时，T 截止，当 $u_I=8$ V 时，T 工作在恒流区，当 $u_I=12$ V 时，T 工作在可变电阻区

3.23　$I_D=0.417$ mA　$U_{GS}=-0.17$ V　$U_{DS}=13.6$ V

3.24 -0.6 V

3.25 -10 mA

3.26 图略

3.27 (1) $U_O=1.099$ V,1.1 V (2) $A_f=10.99$,11

习题 4

4.1 1.5 Ω,$\frac{5}{6}$ Ω

4.2 40 Ω,42.2 Ω

4.3 10 Ω

4.4 (1) 6.03 Ω;(2) 6.075 Ω

4.5 (1) 5 V;(2) 150 V

4.6 0.5R

4.7 1.618 Ω

4.8 10 V

4.9 4.8 Ω

4.10 ① $A_u=\frac{-\beta_L}{r_{be}}(R_C/\!/R_L)$,② $R_i=R_b/\!/r_{be}$,③ $R_o=R_c$

4.11 图(a)① $A_u=\frac{-\beta_L}{r_{be}}(R_c/\!/R_L)$,② $R_i=R_b/\!/r_{be}$,③ $R_o=R_c$

图(b)① $A_u=\frac{-\beta(R_c/\!/R_L)}{r_{be}+(1+\beta)R_e}$,② $R_i=R_b/\!/[r_{be}+(1+\beta)R_e]$,③ $R_o=R_c$

4.12 0 A

4.13 1 A

4.14 0 A,-1 A

4.15 -2 A,-15 A,17 A,-4.2 A,10.8 A,-6.2 A

4.16 43/6 A,13/6 A,-23/6 A,11 A

4.17 1 A,0.5 A

4.18 0.75 A

4.19 2.4 V,108 W(发出),3.2 W(吸收)

4.20 4.5 V,1.5 V,0 V

4.21 略

4.22 -0.5 A,-1 A,-0.5 A,3.5/4 A,4.5/12 A,1/8 A

4.23 1 A,38.4 W

4.24 -1.5 S

4.25 28.2 W

4.26 32 Ω

4.27 -1.1 A

4.28　11/6 A,1/3 A,-7/6 A,5/6 A,13/6 A

4.29　-20/3 V

4.30　-5 V

4.31　12 A

4.32　3 A,0 A

4.33　18 V,10 Ω

4.34　(1) 10 Ω　1.6 W,(2) 0　0.8 A,(3) ∞　8 V

4.35　0.09 mA,7.04 V

4.36　20/3 V,20/9 Ω

4.37　-8 V,-5 Ω

4.38　0.8 mA,3.2 V

4.39　0.75 A,13.33 Ω

4.40　$\frac{2}{3}\times10^{-2}$ A,　1.5 kΩ

4.41　4 A

4.42　7.2 V

4.43　2/3 Ω,1/6 W

4.44　1.625 A

4.45　96/13 V

4.46　1.39 A

4.47　2 A,12 W

习题 5

5.1　略

5.2　(1) $380\sin(100\pi t+60^\circ)$ V　(2) 略　(3) 略

5.3　(1) $u_1=40\sqrt{2}\sin(100\pi t+30^\circ)$ V　　$u_2=-100\sqrt{2}\sin(100\pi t-150^\circ)$ V　(2) 0

5.4　30°

5.5　0.894 mA

5.6　(1) $4\angle 30^\circ$ A　(2) $10\angle -90^\circ$ A　(3) $100\angle 60^\circ$ V　(4) $220\angle -45^\circ$ V

5.7　$241.66\sqrt{2}\sin(\omega t+5.56^\circ)$ V　$241.66\sqrt{2}\sin(\omega t+54.44^\circ)$ V

5.8　$\sqrt{2}\sin(314t-90^\circ)$ A　$0.001\sqrt{2}\sin(314\,000t-90^\circ)$ A

5.9　$62.8\sqrt{2}\sin(314t+60^\circ)$ mV

5.10　$20\sqrt{2}\sin(10^6 t-120^\circ)$ V

5.11　$10\sqrt{2}$ A　100 V

5.12　略

5.13　(2.330 5-j9.352 3) Ω　(0.317 2+j0.639 6) Ω

5.14 (42+j6) Ω

5.15 20 Ω 10 mH 25 Ω 50 mH

5.16 5 Ω 5 Ω

5.17 250 W 0.5

5.18 (259.81+j150) VA = $300\angle 30^\circ$ VA 259.81 W 150 var 300 VA

5.19 1.679 H

5.20 60 Ω 0.4 H

5.21 33.5 VA $33.5\angle 53.1^\circ$ VA $67\angle -53.1^\circ$ VA $72\angle -33.5^\circ$ VA

5.22 (1)

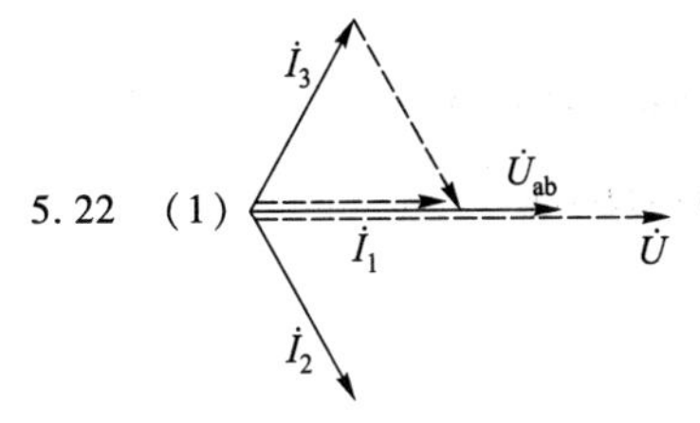

(2) 1 Ω $\sqrt{3}$ Ω $\sqrt{3}$ Ω

5.23 0.895 226.75 V 0.985

5.24 1 000 W 13.23 A 0.756 129.8 μF 0.909 1

5.25 22.5 Hz 8.81 mV 1.76

5.26 (1) 128.8 pF (2) 0.15 μA 228.9 μV

5.27 1 291 rad/s 1 000 rad/s

5.28 2 A 0 A 110 Ω

5.29 *LC* 串联谐振,与之并联的灯泡上电压为零,故不亮。与之串联的 110 V 灯泡这时因加上的电压为 220 V 而烧坏,也不亮。

5.30 1-2′;2-3′;3-1′

5.31 1-2′

5.32 35 mH

5.33 3.64 A,7.8 A

5.34 39 W(发出),7.87 W(发出)

5.35 W_1 = 1 018 W, W_2 = 490 W

5.36 Z = (16+j17.5) Ω

5.37 $\dot{I}_1 = 7.14\angle -74.4^\circ$ A, $\dot{I}_2 = 1.65\angle 168^\circ$ A, P_1 = 422 W, P_2 = 136 W, η = 32%

5.38 略

5.39 C = 0.357 μF

5.40 R_2 = 4.33 Ω, X_M = 5 Ω, X_{L1} = 10 Ω, X_{L2} = 7.5 Ω;或 X_{L1} = 5 Ω, X_{L2} = 7.5 Ω

5.41 4

5.42 $R\left(\frac{N_2-N_1}{N_2}\right)^2$

5.43 $\dot{U}_{AB}=\frac{N_2}{N_1}\dot{U}_s, Z_0=Z\left(\frac{N_2}{N_1}\right)^2$

5.44 (1) $X_C=125\ \Omega, N_1:N_2=0.2$;(2) $P_{max}=5$ W

5.45 (1)(2)(4) 是,正序;(3) 不是

5.46 10 A,5 716 W

5.47 30 A,17 148 W.

5.48 $10\sqrt{3}\angle 0°$ A,$10\sqrt{3}\angle -120°$ A,$10\sqrt{3}\angle 120°$ A,$Z=22\angle -30°\ \Omega$

5.49 $I_1=10$ A,$I_2=\frac{10}{\sqrt{3}}$ A,$U=110.85$ V

5.50 $0.656\angle -22.4°$ A,$0.656\angle -142.4°$ A,$0.656\angle 97.6°$ A.

5.51 $\dot{I}_{A1}=3.14\angle 90°$ A,$\dot{I}_{AB}=1\angle 0°$ A,$\tilde{S}=(300-942j)$ W

5.52 $I_{3\Delta}=3.02$ A,875 W

5.53 11.06 A,3 948 W

5.54 45 μF

5.55 $\dot{I}_A'=12.96\angle -45°$ A, $\dot{I}_A=21.24\angle -25.56°$ A, $\dot{I}_B=22.77\angle -171.53°$ A, $\dot{I}_C=12.96\angle 75°$ A

5.56 8 299 W,3 280 W

5.57 (1) $P_{W1}=9\ 839.8$ W,$P_{W2}=24\ 898.3$ W,$P_{总}=34\ 738.15$ W,$Q_{总}=26\ 082.1$ Var

(2) $P_{W1}=P_{W2}=11\ 552$ W

5.58 $L=55.1$ mH,$C=184$ μF

5.59 (1) $WL=\frac{1}{WC}=\sqrt{3}R, \dot{I}_A=\frac{\dot{U}_{AB}}{WL}\angle -30°$

(2) $\dot{I}_A=\frac{\dot{U}_{AB}}{WL}\angle -150°, \dot{I}_B=\frac{\dot{U}_{AB}}{WL}\angle -30°, \dot{I}_C=\frac{\dot{U}_{AB}}{WL}\angle 90°$

习题 6

6.1 $a_0=\frac{3}{2}U, a_n=\frac{U}{(n\pi)^2}[(-1)^n-1], b_n=-\frac{U}{n\pi}$

6.2 $u(t)=3+6\cos\left(\omega_1 t+\frac{\pi}{3}\right)+4\cos\left(2\omega_1 t+\frac{2\pi}{3}\right)+2\cos(3\omega_1 t+\pi)$

6.3 $f(t)=\frac{2U}{\pi}\sum_{k=-\infty}^{\infty}\left(\frac{1}{1-4k^2}\right)e^{jk\omega_1 t}$

6.4 $i(t)=[5\sqrt{2}\sin\omega t+1.2\sqrt{2}\sin(3\omega t-23.1°)]$ A,$P=528.8$ W

6.5 $U=50.25$ V,$I=5.92$ A,$P=183$ W

6.6 $i_R(t)=[15+20\sqrt{2}\sin(\omega t-45°)+5\sqrt{2}\sin(2\omega t-45°)]$ A

6.7 $i(t)=[0.4+0.15\sin(\omega t)+0.7\sin(3\omega t+45°)]$ A

$u_C(t)=[15\sin(\omega t)+26.25\sin(3\omega t-45°)]$ V

6.8 $i_R(t)=3\sin(2\omega t-90°)$ A, $i_L(t)=[\sqrt{2}\sin\omega t+3\sin(2\omega t-90°)]$ A

$i_C(t)=[\sqrt{2}\sin\omega t+5\sin(2\omega t-126.9°)]$ A

6.9 $i_1(t)=[1+2.58\sqrt{2}\sin(314t+152.4°)]$ A, $i_2(t)=[-1+1.95\sqrt{2}\sin(314t-27.6°)]$ A

100 W, 302 W

6.10 $W_1=500$ W, $W_2=10$ W

6.11 $L_1=1/3$ H, $L_2=1$ H, $R=10$ Ω

6.12 550 V

6.13 $F(\mathrm{j}\omega)=\dfrac{24.77\times10^4-6.28\times10\omega^2-\mathrm{j}1.26\times10^2\omega}{\omega^4-7.89\times10^3\omega^2+15.56\times10^6}$

6.14 $F(\mathrm{j}\omega)=\dfrac{2U}{\mathrm{j}\omega}\cos\omega T$

6.15 $L_1=0.01$ H, $L_2=1.25$ mH

6.16 18.08 V, 0.53 A, 0.3 A

6.17 16.35 W

6.18 $i_A=[0.476\sqrt{2}\sin(\omega t+30°)+0.143\sqrt{2}\sin(5\omega t+45°)]$ A

6.19 4.4 A, 200 W, 1 538 W

6.20 221.7 Ω 或 25.7 Ω

6.21 (1) $H(\mathrm{j}\omega)=\dfrac{-\omega^2LCR}{R-\omega^2LCR+\mathrm{j}\omega L}$

(2) $N(\mathrm{j}\omega)=\dfrac{R}{R+\mathrm{j}\omega L}$

(3) $Z(\mathrm{j}\omega)=\dfrac{\mathrm{j}\omega LR}{R+\mathrm{j}\omega L}-\mathrm{j}\dfrac{1}{\omega C}$

6.22 (a) 低通 (b) 高通 (c) 高通

习题 7

7.1 1 A, 3 A, 2 A, −4 V

7.2 0 A, 12 A/s, -144 A/s^2

7.3 略

7.4 2 A, 3 A

7.5 3 V, 6 V

7.6 $3.75\,\mathrm{e}^{-300t}$ V

7.7 $0<t\leqslant0.1$ s, $20t-10+10\mathrm{e}^{-2t}$

$t>0.1$ s, $(-8+10\mathrm{e}^{-0.2})\mathrm{e}^{-2(t-0.1)}$

7.8 略

7.9 $-0.317\mathrm{e}^{-500t}+0.075\sin(314t+12.87°)$ A

$3.167e^{-500t}+1.197\sin(314t-77.13°)$ A

7.10 $\left(\frac{2}{3}-\frac{4}{15}e^{-3t}\right)$ V

7.11 略

7.12 $(12-12e^{-0.5t})$ V, $(-4e^{-t}+8e^{-0.5t})$ V

7.13 略

7.14 $0.15e^{-100t}$ A, $(0.5+0.15e^{-100t}-0.33e^{-200t})$ A

7.15 $(12-3e^{-5t})$ V, $(2+e^{-90t})$ A

7.16 $\left\{\frac{1}{3}+\left(e^{-2}-\frac{1}{3}\right)e^{-1.5(t-1)}\cdot\varepsilon(t-1)+e^{-2t}[\varepsilon(t)-\varepsilon(t-1)]\right\}$ A

7.17 $(-4.5+7.5e^{-10t})$ V

7.18 略

7.19 $Ae^{-\frac{5\,000}{3}t}\sin\left(\frac{5\,000\sqrt{3}}{3}t+\theta\right)$

7.20 $(0.64e^{-500t}-0.04e^{-2\,000t})$ A

7.21 e^{-t} A, e^{-t} V

7.22 10 A, 16 V, $\left(-\frac{2}{3}e^{-2t}+\frac{32}{3}e^{-8t}\right)$ A

7.23 $(2-4e^{-3t}+3e^{-4t})$ V, $(1+e^{-3t}-1.5e^{-4t})$ A

7.24 $(5-62.5te^{-25t})$ V

7.25 $15.3e^{-12.5t}\sin(21.65t+161°)$

7.26 略

7.27 $[-10\delta(t)+25e^{-t}\cdot\varepsilon(t)]$ A

7.28 $(12-5.4e^{-10t}+7.8e^{-50t})$ V, $(-0.3e^{-10t}+0.78e^{-50t})$ A

7.29 $i_L(t)=\{600t[\varepsilon(t)-\varepsilon(t-0.000\,67)]+(1-1.168\,6e^{-1\,000t})\varepsilon(t-0.000\,67)\}$ A

7.30 $i_L(t)=\left\{(1-60t)\left[\varepsilon(t)-\varepsilon\left(t-\frac{t}{150}\right)\right]+1.168\,6e^{-100t}\varepsilon\left(t-\frac{1}{150}\right)\right\}$ A

7.31 $u_2(t)=\begin{cases}3+6e^{-200t} & 0\leqslant t\leqslant 40\text{ ms}\\ 3-66e^{-2\,200(t-0.04)} & 40<t\leqslant 50\text{ ms}\end{cases}$

7.32 $L=0.621$ H

7.33 $u_C=\begin{cases}6+18e^{-100t} & 0\leqslant t\leqslant 10.99\text{ ms}\\ 12e^{-50(t-t_1)} & t>t_1=10.99\text{ ms}\end{cases}$

7.34 $u_C=10^6t,\ u_2=-10^6t$

7.35 $i_L(t)=\begin{cases}\frac{U_S}{R+R_e}e^{-t/\tau}=0.01e^{-100t} & 0<t<5\text{ ms}\\ 0.01-0.003\,935e^{-10^4(t-0.005)} & 5\text{ ms}<t<10\text{ ms}\end{cases}$

$u_C(t)=\begin{cases}10 & 0<t<5\text{ ms}\\ 9.9-3.897e^{-10^4(t-0.005)} & 5\text{ ms}<t<10\text{ ms}\end{cases}$

7.36　$7\ \Omega<R<12\ \Omega$

习题 8

8.1　(1) $3e^{-t}-2.5e^{-1.5t}$　　(2) $e^{-t}+0.5e^{-2t}\cos(2t+90°)$

(3) $\frac{t^2}{2}e^{-t}-te^{-t}+2e^{-t}$　　(4) $\frac{2}{3}+\frac{1}{12}e^{-3t}-(0.5t+0.75)e^{-t}$

8.2　$\left(\frac{10}{3}-5e^{-10t}+\frac{5}{3}e^{-30t}\right)$ A

8.3　$[2\sin 5t+8.2006e^{-3t}\sin(4t+142.43°)]$ A

8.4　$\left(\frac{1}{3}e^{-t}-0.241e^{-2.618t}-0.09215e^{-0.382t}\right)$ A

8.5　(2) $\frac{4s+20}{(s+2)(s+8)}$, (3) $(2e^{-2t}+2e^{-8t})$ V

8.6　$\frac{1}{2}(35-15e^{-200t}-1000te^{-200t})\varepsilon(t)$ V

8.7　$\frac{2s^2+2s+1}{s(s^2+2s+2)}$

8.8　$(-e^{-2t}+2e^{-3t})\varepsilon(t)$　　$\frac{1}{6}+0.5e^{-2t}-\frac{2}{3}e^{-3t}$

8.9　$\frac{1}{s^2+s+1}$

8.10　$\frac{1}{s^2+s+2}$

8.11　略

8.12　$0.5-0.5e^{-200t}$

8.13　$[4(1-e^{-t})\varepsilon(t)-4(1-e^{-(t-T_1)})\varepsilon(t-T_1)+e^{-(t-T_2)}\varepsilon(t-T_2)+e^{-(t-T_3)}\varepsilon(t-T_3)]$ V

8.14　$(2+0.5e^{-\frac{5}{8}t})$ A

8.15　$(5-3e^{-2t})$ A

8.16　(1) $\frac{50s}{(s+4.5)(s+8)}$　　(2) $40\sin(6t+30°)$ V

8.17　$\left(-\frac{5}{18}e^{-0.5t}+\frac{25}{9}e^{-5t}\right)\varepsilon(t)$ A

8.18　$(3.5-2e^{-(t-0.1)}-1.5e^{-2(t-0.1)})\varepsilon(t-0.1)$ A

8.19　(1) $(1+12e^{-2t}-14e^{-t})$ A　(2) $[1-4.4e^{-t}+2.68\sin(2t+116.6°)]$ A

8.20　(1) $3e^{-t}+4e^{t}-e^{-t}-4e^{t}$ $3+e^{-t}-4e^{t}$ V　(2) 略

(3) $u_2(t)=\{[6+5e^{-t}-4e^{t}]\varepsilon(t)-[6+2e^{-(t-t_0)}-8e^{(t-t_0)}]\varepsilon(t-t_0)+[-e^{-(t-2t_0)}-4e^{(t-2t_0)}]\varepsilon(t-2t_0)\}$ V

8.21　$53.3\sin(2t+21.9°)$ V

8.22　$\int_0^{t_0}e_1(\tau)h(t-\tau)d\tau+\int_{t_0}^{t}e_2(\tau)h(t-\tau)d\tau$

8.23 $e_1(0)g(t)+\int_0^{t_0} e_1'(\tau)g(t-\tau)\mathrm{d}\tau+\int_{t_0}^{t} e_2'(\tau)g(t-\tau)\mathrm{d}\tau-[e_1(t_0)-e_2(t_0)]g(t-t_0)$

8.24 $[(t-1+\mathrm{e}^{-t})\varepsilon(t)+(1-t)\varepsilon(t-1)]$ A

8.25 $10(\mathrm{e}^{-t}-\mathrm{e}^{-2t})\varepsilon(t)+(2+10\mathrm{e}^{-2t}-10.63\mathrm{e}^{-t})\varepsilon(t-0.2)$

8.26 $$\begin{bmatrix}\dfrac{\mathrm{d}u_C}{\mathrm{d}t}\\ \dfrac{\mathrm{d}i_L}{\mathrm{d}t}\end{bmatrix}=\begin{bmatrix}-4 & 2\\ -0.5 & 0\end{bmatrix}\begin{bmatrix}u_C\\ i_L\end{bmatrix}+\begin{bmatrix}0\\ 0.5\end{bmatrix}[u_S]$$

$u_C(t)=(1-1.077\ 35\mathrm{e}^{-0.268t}+0.077\ 35\mathrm{e}^{-3.732t})$ V

$i_L(t)=(2-2.010\ 36\mathrm{e}^{-0.268t}+0.010\ 36\mathrm{e}^{-3.732t})$ A

8.27 $$\begin{bmatrix}\dfrac{\mathrm{d}u_C}{\mathrm{d}t}\\ \dfrac{\mathrm{d}i_1}{\mathrm{d}t}\\ \dfrac{\mathrm{d}i_2}{\mathrm{d}t}\end{bmatrix}=\begin{bmatrix}0 & -1 & -1\\ 1 & -1 & 0\\ 2 & 0 & -4\end{bmatrix}\begin{bmatrix}u_C\\ i_1\\ i_2\end{bmatrix}+\begin{bmatrix}0\\ -1\\ 0\end{bmatrix}[u_S]$$

8.28 $$\begin{bmatrix}\dfrac{\mathrm{d}u_{C2}}{\mathrm{d}t}\\ \dfrac{\mathrm{d}u_{C3}}{\mathrm{d}t}\\ \dfrac{\mathrm{d}u_{C4}}{\mathrm{d}t}\\ \dfrac{\mathrm{d}i_7}{\mathrm{d}t}\\ \dfrac{\mathrm{d}i_8}{\mathrm{d}t}\end{bmatrix}=\begin{bmatrix}0,0,0,\dfrac{1}{C_2},0\\ 0,\dfrac{1}{C_3R_6},\dfrac{1}{C_3R_6},\dfrac{1}{C_3},0\\ 0,\dfrac{1}{C_4R_6},\dfrac{1}{C_4R_6},0,\dfrac{1}{C_4}\\ -\dfrac{1}{L_7},-\dfrac{1}{L_7},0,0,0\\ 0,0,-\dfrac{1}{L_8},0,-\dfrac{R_5}{L_8}\end{bmatrix}\begin{bmatrix}u_{C2}\\ u_{C3}\\ u_{C4}\\ i_7\\ i_8\end{bmatrix}+\begin{bmatrix}0,0\\ 0,0\\ -\dfrac{1}{C_4R_6},-\dfrac{1}{C_4}\\ 0,0\\ 0,-\dfrac{R_5}{L_8}\end{bmatrix}\begin{bmatrix}u_{S1}\\ i_{S9}\end{bmatrix}$$

习题 9

9.1 略

9.2

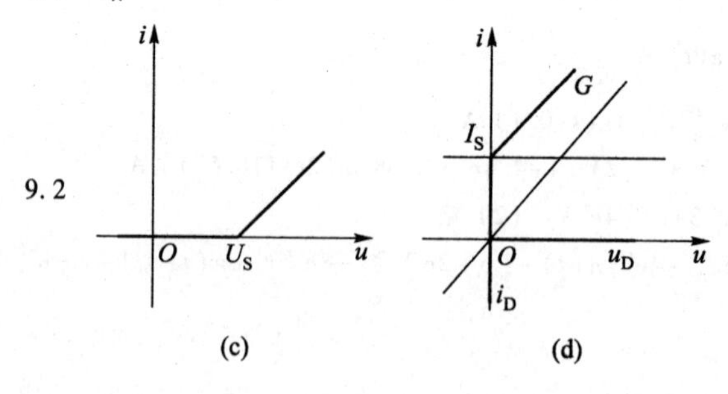

9.3

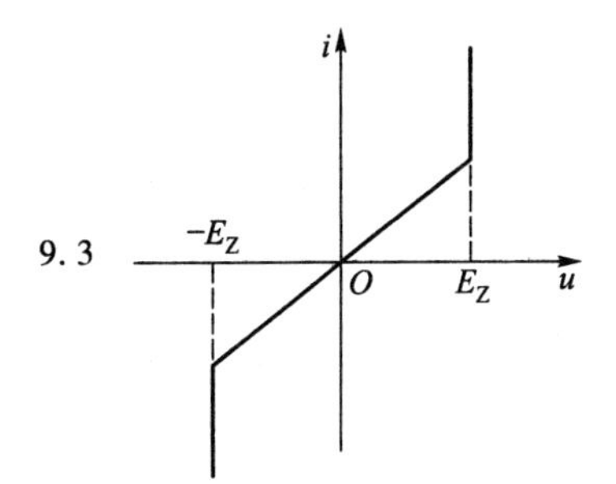

9.4

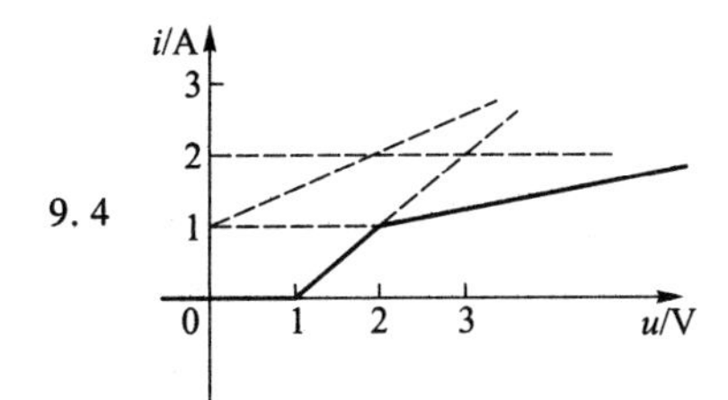

9.5 略

9.6 略

9.7 $I=2.2\ \text{A}\quad U=1.6\ \text{V}$

9.8 (1) $i=0$;(2) $i'=\frac{14.4-12}{13.2}\ \text{mA}=\frac{24}{132}\ \text{mA}$;(3) $i=0.104\ \text{mA}$

9.9 $U_R=13.5\ \text{V}\qquad I_R=4.1\ \text{A}$

9.10 $I=1\ \text{A}$、$U=2\ \text{V}$、$I_1=1\ \text{A}$

9.11 $0.1u_{n1}+2u_{n1}^2+I_0\left(e^{\frac{(u_{n1}-u_{n2})}{u_T}}-1\right)=I_{S1}$;$I_0\left(e^{\frac{(u_{n1}-u_{n2})}{u_T}}-1\right)-G_3u_{n3}=I_{S1}$

9.12 略

9.13 $\begin{cases}U_1^3+U_1+I_2^3=3\\U_1^3-I_2^3-I_2=-2\end{cases}$

9.14 略

9.15 $i=I_Q+i_1=\left[1-\frac{1}{7}\sin\omega t\right]\ \text{A}$

9.16 $i=I_Q+i_1=[6+0.05\cos(\omega t)]\ \text{A}$

9.17 $i=I_Q+i_1=[2+0.002\cos t]\ \text{A}$,$u=U_Q+u_1=[2+0.001\cos t]\ \text{A}$

9.18 略

9.19 (1) $U_{OC}=8\ \text{V}$、$R_i=\frac{8}{3}\ \Omega$;(2) 串大于$\frac{5}{6}\ \Omega$的线性电阻;(3) 串线性电阻$\frac{77}{6}\ \Omega$、$U_m=0.25\ \text{V}$

9.20 (1) $U_{oc}=12\ \text{V}$,$R_{eq}=1\ \Omega$;(2) $U_1=I_1^2=4\ \text{V}$

9.21 I_2 为 2.18 A

9.22 $I_{BQ}=0.16$ mA;$r_{be}=0.24$ kΩ;$U_{o1}=-0.95$ V;$U_{o2}=0.99$ V

9.23 略

9.24 $U_{DSQ}\approx7$ V,$I_{DQ}\approx1.3$ mA。

9.25 略

9.26 略

参考文献

[1] Anant Sgarwal, Jeffrey H. Lang. 模拟和数字电子电路基础[M]. 北京:清华大学出版社,2008.

[2] James W. Nilsson, Susan A. Riedel. 电路[M]. 7版. 北京:电子工业出版社,2005.

[3] 汪荣源. 电路理论基础[M]. 杭州,浙江大学出版社,1997.

[4] 裴留庆. 电路理论基础[M]. 北京:北京师范大学出版社,1983.

[5] 王志功,沈永朝. 电路与电子线路基础——电路部分[M]. 北京:高等教育出版社,2012.

[6] 战胜录. 电路系统的理论基础[M]. 大连:大连工学院出版社,1988.

[7] 于歆杰,朱桂萍,陆文娟. 电路原理[M]. 北京:清华大学出版社,2007.

[8] 江辑光,刘秀成. 电路原理[M]. 2版. 北京:清华大学出版社,2007.

[9] 陈洪亮,张峰,田社平. 电路基础[M]. 北京:高等教育出版社,2007.

[10] 邱关源. 电路[M]. 4版. 北京:高等教育出版社,1999.

[11] 范承志,孙盾,童梅,张红岩. 电路原理[M]. 4版. 北京:机械工业出版社,2014.

[12] 童诗白,华成英. 模拟电子技术基础[M]. 4版. 北京:高等教育出版社,2006.

[13] 郑君里,龚绍文. 电路原理课程改革之路[J]. 电子电气教学学报,2007,29(3):1—7.

郑重声明